中国国家标准汇编

2009年修订-31

中国标准出版社　编

中国标准出版社

北京

图书在版编目（CIP）数据

中国国家标准汇编：2009年修订．31/中国标准出版社编．—北京：中国标准出版社，2010

ISBN 978-7-5066-6030-3

Ⅰ．①中…　Ⅱ．①中…　Ⅲ．①国家标准-汇编-中国-2009　Ⅳ．①T-652.1

中国版本图书馆CIP数据核字（2010）第174289号

中国标准出版社出版发行
北京复兴门外三里河北街16号
邮政编码：100045

网址 www.spc.net.cn
电话：68523946　68517548
中国标准出版社秦皇岛印刷厂印刷
各地新华书店经销

*

开本 880×1230 1/16　印张 39.5　字数 1 157 千字
2010年11月第一版　2010年11月第一次印刷

*

定价 220.00 元

ISBN 978-7-5066-6030-3

出 版 说 明

1.《中国国家标准汇编》是一部大型综合性国家标准全集。自1983年起，按国家标准顺序号以精装本、平装本两种装帧形式陆续分册汇编出版。它在一定程度上反映了我国建国以来标准化事业发展的基本情况和主要成就，是各级标准化管理机构，工矿企事业单位，农林牧副渔系统，科研、设计、教学等部门必不可少的工具书。

2.《中国国家标准汇编》收入我国每年正式发布的全部国家标准，分为"制定"卷和"修订"卷两种编辑版本。

"制定"卷收入上一年度我国发布的、新制定的国家标准，顺延前年度标准编号分成若干分册，封面和书脊上注明"20××年制定"字样及分册号，分册号一直连续。各分册中的标准是按照标准编号顺序连续排列的，如有标准顺序号缺号的，除特殊情况注明外，暂为空号。

"修订"卷收入上一年度我国发布的、修订的国家标准，视篇幅分设若干分册，但与"制定"卷分册号无关联，仅在封面和书脊上注明"20××年修订-1，-2，-3，……"字样。"修订"卷各分册中的标准，仍按标准编号顺序排列(但不连续)；如有遗漏的，均在当年最后一分册中补齐。需提请读者注意的是，个别非顺延前年度标准编号的新制定的国家标准没有收入在"制定"卷中，而是收入在"修订"卷中。

读者配套购买《中国国家标准汇编》"制定"卷和"修订"卷则可收齐上一年度我国制定和修订的全部国家标准。

3. 由于读者需求的变化，自1996年起，《中国国家标准汇编》仅出版精装本。

4. 2009年我国制修订国家标准共3 158项。本分册为"2009年修订-31"，收入新制修订的国家标准40项。

中国标准出版社
2010年8月

目　录

ICS 11.080.01
C 47

中华人民共和国国家标准

GB 18282.4—2009/ISO 11140-4:2007

医疗保健产品灭菌 化学指示物 第4部分:用于替代性BD类蒸汽渗透测试的二类指示物

Sterilization of health care products—Chemical indicators—Part 4:Class 2 indicators as an alternative to the Bowie and Dick-type test for detection of steam penetration

(ISO 11140-4:2007,IDT)

2009-11-15 发布 2010-12-01 实施

中华人民共和国国家质量监督检验检疫总局
中国国家标准化管理委员会 发布

前　言

本部分的全部技术内容为强制性。

GB 18282《医疗保健产品灭菌　化学指示物》标准由以下几部分组成：

——第1部分：通则；

——第3部分：用于BD类蒸汽渗透测试的二类指示物系统；

——第4部分：用于替代性BD类蒸汽渗透测试的二类指示物；

——第5部分：用于BD类空气排除测试的二类指示物。

本部分为GB 18282的第4部分。

本部分等同采用ISO 11140-4:2007《医疗保健产品灭菌　化学指示物　第4部分：用于替代性BD类蒸汽渗透测试的二类指示物》。

本部分与ISO 11140-4:2007相比，主要差异如下：

——按照GB/T 1.1的要求进行了一些编辑上的修改；

——删除国际标准的前言；

——对于本部分中引用的其他国际标准，若已转化为我国标准，本部分将引用的国际标准号替换为相应的国家标准号，并在第2章中注明采用关系。

本部分的附录A～附录L为规范性附录。

本部分由国家食品药品监督管理局提出。

本部分由全国消毒技术与设备标准化技术委员会(SAC/TC 200)归口。

本部分起草单位：国家食品药品监督管理局广州医疗器械质量监督检验中心、山东新华医疗器械股份有限公司、3M中国有限公司。

本部分主要起草人：胡相华、黄鸿新、袁秦、卢文娟、何晓帆、王久儒、黄靖雄。

引　言

BD测试是对用于已包装的和多孔的负载灭菌的蒸汽灭菌器的性能测试。该测试用于证实灭菌器是否符合 EN 285，并作为国际标准 ISO 17665-1 中的一项常规性能测试。测试方法参见 EN 285。

BD测试的失败是影响负载均匀一致灭菌的各种可能原因的综合体现。而不能仅归结于空气残留、漏气或含有非冷凝气体，有必要调查其他可能的原因。

BD测试是对多孔负载医疗保健产品灭菌的高真空灭菌器是否能成功排除空气的测试。成功的BD测试说明蒸汽能快速而均匀地渗透测试包[1]。由于排除空气阶段的效率不足，在排除空气阶段有空气泄漏，或蒸汽供应中有非冷凝气体，使测试包中存在空气会导致测试失败。其他可能阻碍蒸汽渗透的因素也会影响测试结果。BD测试并不一定能证明曾达到灭菌要求的温度，或在灭菌所需时间内保持该温度。

BD测试的测试包由以下两部分组成：

a）　小型标准测试负载；

b）　检测蒸汽存在的化学指示物系统。

BD测试[1]最初用粗布巾作为测试负载，EN 285 所述测试则使用了棉布单。

替代BD测试的指示物可以使用其他材料作为测试负载，其内部所使用的化学指示物系统必须是专为这种测试负载所设计的。不同国家的许多不同测试都一直被称作BD测试，本部分中采用“BD类测试”这个术语。

GB 18282 的本部分详细说明了指示物系统在与其专用的测试负载共同使用时应达到的性能。测试负载内部可预装指示物系统以供一次性使用，亦可供重复使用（每次使用前需更换测试负载内部的指示物系统）。

GB 18282 的本部分中描述的指示物用于指示蒸汽渗透不足。指示物的性能应与 GB 18282.3 中所描述的BD类测试指示物的性能具有等同性，但无需完全一致。等同性的含义是，在已知差别范围内对蒸汽渗透有相似的反应并能提供蒸汽渗透必要水平的保障。导致蒸汽渗透不足的原因很多，符合此要求的指示物无需指明其具体原因。

医疗保健产品灭菌　化学指示物 第4部分:用于替代性BD类蒸汽渗透测试的二类指示物

1　范围

GB 18282的本部分规定了二类指示物的性能要求,在针对医疗保健包装产品(如器械和多孔性负载等)灭菌用蒸汽灭菌器进行的BD类测试中,该二类指示物可供选择使用。

注:BD类测试用于蒸汽灭菌器的日常检测及灭菌过程的评价。

符合GB 18282的本部分要求的指示物结合有一种特殊材料作为测试负载。测试负载可以一次性使用,也可以重复使用。GB 18282的本部分对测试负载未作要求,但规定了结合有专用测试负载的指示物的性能要求。符合GB 18282的本部分要求的指示物可用于确认蒸汽渗透不足,但无需指明其产生原因。

本部分不包含确认此指示物系统对不带负压排气过程的灭菌器是否适用的测试方法。

2　规范性引用文件

下列文件中的条款通过GB 18282的本部分的引用而成为本部分的条款。凡是注日期的引用文件,其随后所有的修改单(不包括勘误的内容)或修订版均不适用于本部分,然而,鼓励根据本部分达成协议的各方研究是否可使用这些文件的最新版本。凡是不注日期的引用文件,其最新版本适用于本部分。

GB/T 11501　摄影　密度测量　第3部分:光谱条件(GB/T 11501—2008,ISO 5-3:1995,IDT)

GB/T 12823.1　摄影　密度测量　第1部分:术语、符号和表示法(GB/T 12823.1—2008,ISO 5-1:1984,IDT)

GB/T 12823.4—2008　摄影　密度测量　第4部分:反射密度的几何条件(ISO 5-4:1995,IDT)

GB/T 16839.2—1997　热电偶　第2部分:允差(IEC 60584-2:1982,IDT)

ISO 187:1990　纸、纸板和纸浆　处理和试验的标准大气条件、大气条件监测和试样处理程序

ISO 2248　包装　运输包装件　跌落试验

ISO 10012-1　测量设备的质量保证要求　第1部分:测量设备的计量认证体系

ISO 11140-1:2005　医疗保健产品灭菌　化学指示物　第1部分:通则

ISO/CIE 10526:1999　比色法用CIE标准施照体

IEC 60584-2/am1:1989　热电偶　第2部分:允差　1号修改单

IEC 60751:1983　工业用铂电阻温度传感器

IEC 60751/am1:1986　工业用铂电阻温度传感器　1号修改单

EN 285:2006　灭菌　蒸汽灭菌器　大型灭菌器

3　术语和定义

ISO 11140-1确立的以及下列术语和定义适用于GB 18282的本部分。

3.1

气团　air pocket

标准测试包中残留、漏入或注入的空气的浓缩物或非冷凝气体。

3.2

腔内参考温度　chamber reference temperature

蒸汽暴露装置内部特定参考测量点测得的温度。

注：参考测量点一般设在腔内的排水管或活动排水口。

3.3

暴露时间　exposure time

腔内参考温度保持在灭菌温度范围内的时期。

3.4

预组装包　pre-assembled pack

随时可用的指示物，其内部的指示物系统在生产过程中已被提前装入其测试负载中。

3.5

参考稳定期　reference fault period

腔内参考温度达到设定操作温度后的 30 s。

3.6

灭菌温度　sterilization temperature

灭菌温度范围的下限。

注：此处和下文中的“灭菌”一词并不表示在测试周期条件下一定呈灭菌状态。

3.7

灭菌温度范围　sterilization temperature band

温度范围，下限为灭菌温度，上限为维持时间内负载可能经历的最高允许温度。

注：温度限值通常设为整数，单位为℃。

3.8

腔-包温差　temperature depression

热力学温差(绝对温标)，计算公式为：

腔内参考温度(℃)－标准测试包内温度(℃)。

3.9

测试平衡时间　test equilibration time

在温度测量仪器的精度范围内，腔内参考温度达到设定的操作温度时起至标准测试包内温度达到腔内参考温度时止的时间段。

3.10

用户组装包　user-assembled pack

使用前由用户将指示物系统装入测试负载中的指示物。

4　通用要求

4.1　ISO 11140-1 的要求适用。

4.2　性能测试前测试样品必须符合 ISO 187 的要求。

4.3　产品是否符合 GB 18282 的本部分取决于其是否符合第 6 章的性能要求。

4.4　指示物应有足够强度，以耐受蒸汽灭菌及其后的处理。按附录 A 进行测试。

4.5　GB 18282 的本部分符合性测试的测试周期应包括低大气压排气周期，跨大气压排气周期和高大气压排气周期(见表 1 和第 B.1 章、第 B.2 章、第 B.3 章)。限于特定排气周期使用的指示物或指示物系统，只需测试该特定排气周期即可。

4.6　将温度传感器和温度记录设备连接使用，记录规定测量点的温度值。GB 18282 的本部分符合性测试中所用温度测量仪器应符合下列要求：

a) 温度传感器应为符合 IEC 60751:1983 及其 1986 年 1 号修订案的 A 级铂电阻，或符合 GB/T 16839.2—1997 中 1 级允差表的热电偶；

b) 温度传感器的运行特性不应受使用环境(如压力、蒸汽、真空)的影响；

c) 温度传感器的在水中的响应时间：$\pi_{90}\leqslant 0.5$ s；

d) 当处在温度已知的热源中时(灭菌温度范围内的温度，误差为±0.1 ℃)，所有温度传感器测得值的差别应不超过 0.5 ℃；

e) 温度记录设备应至少可记录 6 个温度传感器所测的温度，采样间隔应不超过 2.5 s。所有数据都用于说明测试结果；

f) 测量范围应包含 0 ℃～150 ℃。最小刻度应不超过 1 ℃，分辨率应不低于 0.5 ℃，记录纸速度应不低于 15 mm/min。仪器显示和记录的各数据之差应不超过 0.1 ℃；

g) 在 20 ℃±3 ℃的环境温度下测试时，0 ℃～150 ℃间温度记录设备的误差(不包括温度传感器的误差)限值应不超过 0.25%。环境温度变化产生的附加误差应不超过 0.04%；

h) 用可溯源至国家标准(或基准)的工作标准(或参考标准)进行校准。仪器应有有效的检测证书。

5 指示物系统的构成

5.1 指示剂分散于衬底上的指示物系统应符合下列要求：

a) 指示剂应覆盖不少于 30%的衬底表面，相邻指示剂区域间的距离不超过 20 mm。指示剂的分布应能清晰地显示颜色变化；

b) 目力观察，衬底的颜色应均匀一致；

c) 指示物系统的衬底与制造商规定的有变化(或无变化)指示物中的指示剂应有不少于 0.3 的相对反射密度差异。

按附录 C 进行测试。

5.2 当指示物系统根据指示剂的移动来显示变化时，指示剂使用前后的分布模式应能清楚说明结果。

5.3 若指示物系统用于用户组装包，处理前和处理后用户应均可使用持久性墨水在其上进行标记，且处理前的标记处理后应保持清晰。

5.4 如制造商提供的是已预装入测试负载内的指示物系统，若条件允许，处理后应可在指示物或指示物系统上进行标记。

6 性能要求

6.1 与制造商规定的测试负载一同进行测试时，以下三种情况指示物应显示符合 5.1c)、均匀一致的颜色变化(温度误差为 $^{+1.5}_{\ 0}$ ℃，时间误差为±5 s)：

——134 ℃饱和蒸汽中暴露 3.5 min；

——121 ℃饱和蒸汽中暴露 15 min；

——制造商规定的其他温度饱和蒸汽中暴露相应的时间。

用蒸汽暴露装置按附录 D 进行测试。蒸汽暴露装置应按附录 B 的标准测试周期操作，见表 1。

限于特定排气周期的指示物应仅使用特定周期测试(见 ISO 11140-1:2005 的 5.7)。

灭菌温度范围广的指示物，如同时可用于 121 ℃操作周期和 134 ℃操作周期的指示物，测试时两种温度下指示物的颜色变化深浅或色饱和度可能有所不同。如果符合以下条件，则可认为其符合要求：

a) 其他性能均符合 GB 18282 的本部分的要求；

b) 使用说明上有颜色变化性质的清楚规定(见 ISO 11140-1:2005 的 5.8)。

6.2 暴露在已证实会产生渗透失败情况的测试周期时，指示物应不显示颜色变化，或显示不完全、不均匀的颜色变化。无论用何种方法来实现渗透失败(例如空气残留、空气泄漏或空气注入)，暴露于该条件时，指示物应能显示渗透失败。能产生渗透失败情况的测试周期见表1。腔内参考温度和维持时间应包括134 ℃下3.5 min，121 ℃下15 min，或制造商规定的其他温度及相应的维持时间（温度误差为$^{+1.5}_{0}$ ℃，时间误差为±5 s）。

按附录E进行测试。

按附录F确定渗透失败情况的重现性。

表1 测试周期一览表

测试条件	附录B的标准测试周期		
	B.1 低大气压脉动	B.2 跨大气压脉动	B.3 高大气压脉动
渗透成功周期（见6.1）	√	√	√
渗透失败周期（见6.2）——改变排气阶段	√	√	×
渗透失败周期（见6.2）——引入泄漏	√	×	×
渗透失败周期（见6.2）——空气注入	√	×	√
√＝需要测试。 ×＝无需测试。			

6.3 暴露在140 ℃±2 ℃干热下不少于30 min后，指示物系统应无可辨别的颜色变化。

某些指示物的指示物系统暴露于干热下会显示轻微的颜色变化。若变化轻微，或变化的程度与暴露于符合6.1要求的蒸汽时的变化程度明显不同且在制造商规定的限度内，则也可认为其符合要求。

按附录G进行测试。

6.4 限于121 ℃灭菌的指示物，如果不能耐受加热至140 ℃，则应将其暴露于干热130 ℃±2 ℃不少于45 min进行测试。

按附录G进行测试。

6.5 在操作过程中，以目力检查，用于重复性使用用户组装包的指示物系统应无指示剂移至测试负载材料上。在使用过程中，预组装包和用于一次性使用用户组装包的指示物系统中的指示剂在测试负载上的转移程度不能损害产品的使用。

按6.1和附录D进行测试后以目力检查。

6.6 在制造商规定的有效期内，指示物应符合GB 18282的本部分的要求。

老化时指示物出现的任何改变（如果有），显示的变化程度应与暴露于饱和蒸汽（见6.1）时显示的变化程度不同，并能使指示物系统失活以阻止其进一步发生变化，或对照6.1和6.2的要求不影响指示物系统的性能。

按附录H进行测试，或按附录I加速老化后再进行测试。

7 包装和标签

7.1 每个指示物或指示物系统应标有：

a) 产品适用的灭菌温度；

b) 可溯源生产过程的独特编码；

c) 规定贮存条件下的有效期；

d) 图1概括的全部内容（至少）。

每个标题附近应有不小于5 mm×20 mm的空白，以供用户使用时填写需要的内容。若指示物系统的大小不能满足填写要求，则每个指示物或指示物系统应提供一种保留相关内容永久记录的方法（需印有如图1所列内容），用不褪色的墨水书写。

周期号	场所
设备编号	部门
日期	操作员
监控员	结果

注：这只是建议格式，也可采用其他格式和(或)文字。

图1　每个指示物上应给出或附有的规定记录内容

7.2　对于组装好的指示物，如已装入测试负载中的指示物系统，测试负载外部应标明产品适用的灭菌温度、制造商名称、生产批号和生产日期。此外，应提供识别单个特定指示物的方法，或在测试负载外部提供操作员书写被测设备编号和日期的位置。

若制造商提供限于特定灭菌周期的类似产品，则应有一种识别标志，能指引用户从产品使用说明中确定产品的使用限制。这种识别标志应标在指示物和指示物系统上，若用户使用前不可见，还应标示于测试负载外部。

7.3　运输包装应便于产品迁移。在制造商规定的贮存和运输条件下，包装应能保证有效期内指示物的性能不受影响。

制造商应保留相关证明文件。

7.4　每个包装外应标有产品适用的灭菌温度。

7.5　制造商提供的信息(见 ISO 11140-1:2005 的 5.8)应包括指示物的详细使用说明以确保正确指示测试结果。

7.6　若购买者需要，制造商应为每批供应产品提供符合 GB 18282 的本部分要求的证明。

8　质量保证

8.1　质量保证体系应能保证产品符合第 6 章的性能要求。

8.2　应妥为保留记录以确保必要时召回问题批次的产品。

8.3　生产和销售记录应保留 5 a 或产品声明有效期的 2 倍(二者中取其长者)。符合记录保留要求的示例见 GB/T 19001—2000[6]。

附　录　A
（规范性附录）
蒸汽灭菌过程中和灭菌后指示物强度的确定

A.1　仪器

蒸汽暴露装置，见附录J。

A.2　步骤

A.2.1　在指示物或指示物系统规定的适用灭菌温度下，将指示物暴露于3个连续测试周期，按第B.1章和第B.2章（见4.5）规定的标准测试周期测试。对于仅用于一种排气阶段的指示物，只测试相应的测试周期即可。在脉动排气阶段和干燥阶段，抽真空的压力变化率不得低于400 kPa/min。

压力变化率按下式确定（见图A.1）：

$$p_3 = 0.125(7p_1 + p_2) \quad \cdots\cdots(A.1)$$

$$p_4 = 0.5(p_1 + p_2) \quad \cdots\cdots(A.2)$$

$$\Delta p/\Delta t = (p_3 - p_4)/(t_4 - t_3) \quad \cdots\cdots(A.3)$$

式中：

p_1——最后一次空气脉动排气及操作阶段中的最大绝对压力，单位为千帕（kPa）；

p_2——最后一次空气脉动排气（蒸汽进入腔内达到必要的操作压力以使腔内参考温度达到灭菌温度之前）及干燥阶段中的最小绝对压力，单位为千帕（kPa）；

p_3——通过式（A.1）计算所得的压力，单位为千帕（kPa）；

p_4——通过式（A.2）计算所得的压力，单位为千帕（kPa）；

t_3——对应于 p_3 的时间，单位为分（min）；

t_4——对应于 p_4 的时间，单位为分（min）；

$\Delta p/\Delta t$——压力变化率，单位为千帕每分（kPa/min）。

A.2.2　将预组装的或用户组装的指示物从蒸汽暴露装置中取出，检查指示物是否有肉眼可见的损坏（如封口打开或变形），并记录结果。

A.2.3　若指示物仍保持完整，则按照ISO 2248进行从1 m高处至一坚硬水平表面的跌落试验，并记录结果。

注：水泥或水磨石表面适用。

A.2.4　从3个不同批次产品中各抽取3件样品进行测试。可同时对9个样品进行测试。

A.2.5　若能证实跌落试验中的损坏不影响指示物使用过程中的性能，不视为跌落试验失败。对于重复性使用的测试负载，若能证实跌落试验后的损坏不影响负载的再次使用，也不视为跌落试验失败。

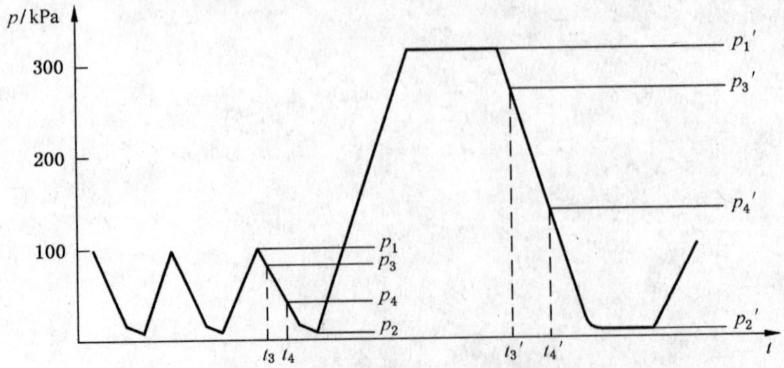

图A.1　压力变化率的确定

附 录 B
（规范性附录）
标准测试周期

B.1 周期 1:低大气压脉动排气

低大气压脉动排气标准测试周期应由以下步骤组成:

a) 腔内抽真空至 5.0 kPa;

b) 蒸汽进入至压力达到 97.0 kPa;

c) 重复 a)和 b)三次;

d) 如果使用空气注入,应在蒸汽进入至暴露时间过程中压力达到 75 kPa～105 kPa 时进行并完成(如图 B.1 箭头所示);

e) 蒸汽进入至达到设定的操作压力(蒸汽进入阶段的具体要求见第 B.4 章);

f) 暴露时间;

g) 抽真空至 5.0 kPa;

h) 连通大气。

各压力点实际达到的压力应按照蒸汽暴露装置的允差确定(见附录 J)。

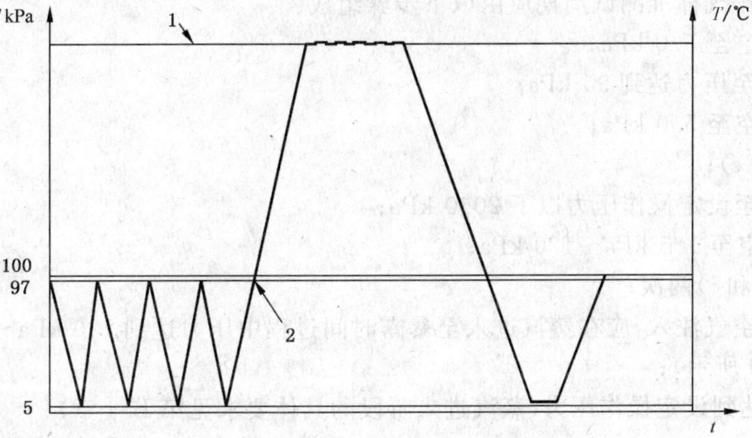

1——设定操作压力(kPa);

2——空气注入。

图 B.1 标准测试周期——低大气压排气

B.2 周期 2:跨大气压脉动排气

跨大气压脉动排气标准测试周期应由以下步骤组成:

a) 腔内抽真空至 5.0 kPa;

b) 蒸汽进入至压力达到 150 kPa;

c) 腔内抽真空至 50 kPa;

d) 重复 b)和 c)三次;

e) 蒸汽进入至压力达到设定操作压力以下 10.0 kPa;

f) 腔内抽真空至 110 kPa～120 kPa;

g) 重复 e)和 f)一次;

h) 蒸汽进入达到设定的操作压力(蒸汽进入阶段的具体要求见第 B.4 章);

i) 暴露时间;

j) 抽真空至 5.0 kPa;

k) 连通大气。

各压力点实际达到的压力应按照蒸汽暴露装置的允差确定(见附录 J)。

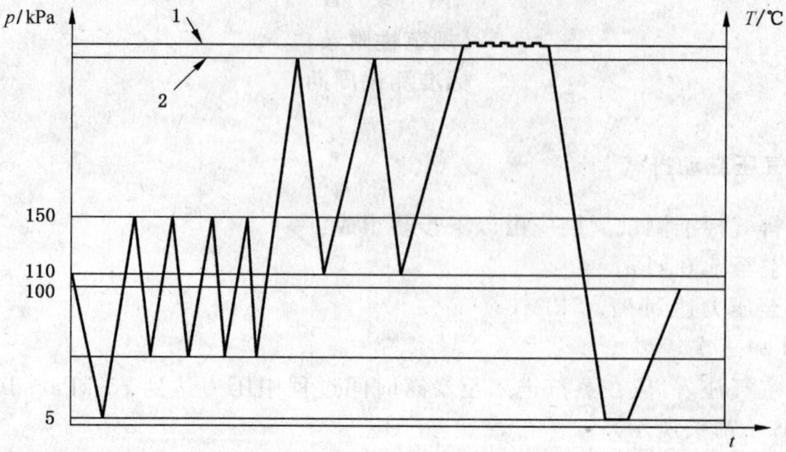

1——设定操作压力(kPa);

2——设定操作压力以下 10 kPa。

图 B.2 标准测试周期——跨大气压排气

B.3 周期 3:高大气压脉动排气

高大气压脉动排气标准测试周期应由以下步骤组成:

a) 腔内抽真空至 5.0 kPa;

b) 蒸汽进入至压力达到 95 kPa;

c) 腔内抽真空至 5.0 kPa;

d) 重复 b)和 c);

e) 蒸汽进入至设定操作压力以下 20.0 kPa;

f) 腔内抽真空至 105 kPa~120 kPa;

g) 再重复 e)和 f)两次;

h) 如果使用空气注入,应在蒸汽进入至暴露时间过程中压力达到 120 kPa~130 kPa 时注入空气(如图 B.3 所示);

i) 蒸汽进入达到设定操作压力(蒸汽进入阶段的具体要求见第 B.4 章);

j) 暴露时间;

k) 抽真空至 5.0 kPa;

l) 连通大气。

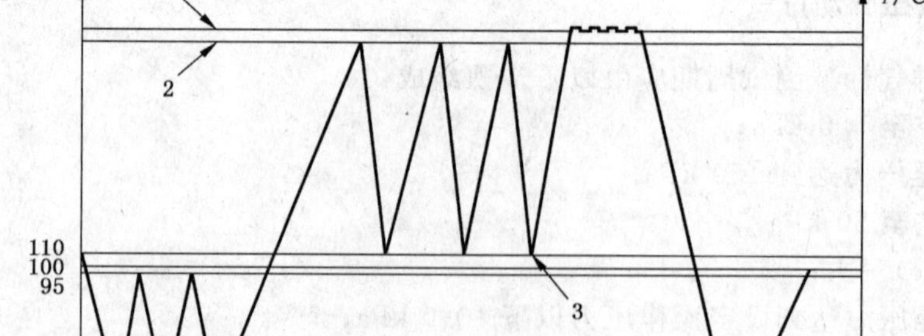

1——设定操作压力(kPa);

2——设定操作压力以下 20 kPa;

3——空气注入。

图 B.3 标准测试周期——高大气压排气

B.4 蒸汽进入时的允许限度

B.4.1 蒸汽进入超过 100 kPa 至达到设定操作压力的过程中，或高大气压排气周期中压力从最后一次脉动的最低点上升至暴露时间设定操作压力的过程中，压力的上升速度应在 100 $kPa\cdot min^{-1}$～250 $kPa\cdot min^{-1}$之间，如图 B.4 所示。

B.4.2 选择指示物的适用灭菌温度作为暴露时间的操作温度，并按该温度(±0.2 ℃)下的饱和蒸汽温度设定操作压力。

B.4.3 比较腔内达到 100 kPa 时的腔内参考温度和最后一次高大气压脉动最低点的腔内参考温度，两者中较大值与蒸汽进入阶段的设定温度间腔内参考温度曲线的积分值[定义为温度上升期累积暴露(ICE)]不应超过 $T_R\times(12\times T_R/6)$，其中 T_R 为设定温度(℃)减去 100 ℃。

例如，设定温度为 134 ℃，积分不得超过[34×(12×34/6)]=2 312 s·℃，

又如，设定温度为 121 ℃，积分不得超过[21×(12×21/6)]=882 s·℃。

注 1：这一限制是为了确保蒸汽进入不会造成指示物暴露于设定值外环境的时间过长。ICE 用式(B.1)计算：

$$ICE=\sum_{t_0}^{t_1}(T_1-T_0)\cdot dt \quad \cdots\cdots(B.1)$$

式中：

T_1——t_1 时的腔内参考温度，单位为摄氏度(℃)；

T_0——100 ℃或最后一次有效脉动时的最低温度，单位为摄氏度(℃)；

dt——1 s；

t_0——腔内参考温度达到 T_0 时的时间，单位为秒(s)；

t_1——t_0 后，腔内参考温度 T_c 达到设定操作温度 T_R(如 134 ℃)的时间，单位为秒(s)。

注 2：本附录描述的测试周期均由三个主要阶段组成：排气阶段，暴露时间阶段(相当于灭菌阶段)和后真空阶段。排气阶段所达到的温度及维持时间的长短对指示物性能有重要影响。此处描述的周期并非意于模拟任何商业用周期，只求提供一个全面的、大多数商业用周期都能达到的效果。

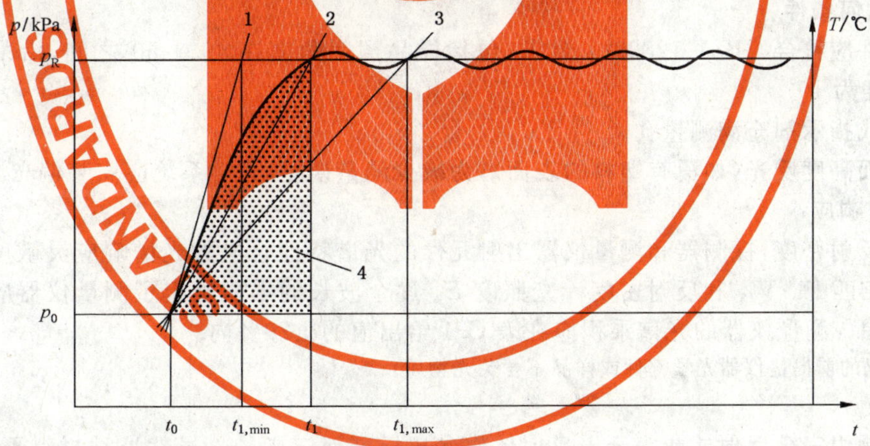

1——蒸汽进入过程中的最大压力上升速度$(p_R-p_0)/t_{1\,min}$；

2——压力上升速度；

3——蒸汽进入过程中的最小压力上升速度$(p_R-p_0)/t_{1\,max}$；

4——温度上升期累积暴露：由 T_0 线和$(t_0\sim t_1)$段 T_c 曲线围成的面积；

$t_{1\,max}$——以最低压力上升速度(100 kPa/min)达到灭菌温度所需的温度上升时间；

$t_{1\,min}$——以最高压力上升速度(250 kPa/min)达到灭菌温度所需的温度上升时间；

p_R——与设定操作温度相对应的饱和蒸汽压力，单位为千帕(kPa)；

p_0——与温度 T_0 相对应的饱和蒸汽压力，单位为千帕(kPa)；

T_0——100 ℃或最后一次有效脉动的最低温度，单位为摄氏度(℃)；

T_c——腔内参考温度，单位为摄氏度(℃)。

图 B.4 蒸汽进入

附 录 C
（规范性附录）
通过测定相对反射密度评估衬底与有/无变化的指示物系统之间颜色的可见差异

C.1 原理

有变化的指示物和衬底的相对反射密度（见 GB/T 12823.1 定义）由以下方法（基于 GB/T 11501 和 GB/T 12823.4）确定，需设参比。

相对反射密度 D_{Rf}用下式计算：

$$D_{Rf} = -\log_{10} R_f \quad \cdots\cdots\cdots\cdots(C.1)$$

$$R_f = \Phi_c / \Phi_{ce} \quad \cdots\cdots\cdots\cdots(C.2)$$

式中：

Φ_c——指示物的反射通量；

Φ_{ce}——衬底的反射通量。

为全面定义一种光谱密度，必须规定测量系统的光源、光学系统和光谱响应。

C.2 仪器

C.2.1 蒸汽暴露装置，见附录 J。

C.2.2 施照体，入射通量的相对光谱功率分布应符合 CIE 标准施照体 D_{65} 的要求（见 ISO/CIE 10526：1999）。

注：近似于北方多云天气的日照。

C.2.3 光电反射光度计，示值与测试表面光反射强度误差应不大于 0.3%。该仪器应有下列特性：

C.2.3.1 光几何条件

光几何条件应符合 GB/T 12823.4 要求，包括样品照明角度在 40°～50°之间，沿采样孔中心法线（0°）的观察角度为 10°。

应使衬底或指示剂充满测量孔。

若被测表面高度反光（如覆有塑料的表面），为减少测量误差，光学系统应安装偏光滤光器。

C.2.3.2 光谱响应

对于视觉反射密度，探测器和测量仪器出射元件的光谱特性合成的光谱响应灵敏度应与明视觉光谱光效率 $V_{(\lambda)}$ 相匹配。$V_{(\lambda)}$ 和反射密度计光照度 E_A 逐个波长的乘积确定了测量仪器应符合的仪器光谱乘积 Π_V 范围。测量仪器的光谱乘积应在表 C.1 给出值的±20%内。

注：以上情况的前提是仪器光学部件或样品不含荧光物质。

C.2.3.3 校准

反射密度是由完全反射体或完全漫反射体作参比标准而定义的。虽然这种材料不存在，但其理论响应值可通过和另一合适参比标准比对得到，如用于校准密度计的浓缩硫酸钡板或搪瓷金属板。

仪器应用经计量的参比样品进行校准。

仪器示值应在参比样品计量值的±3%以内。

C.2.3.4 背衬

在测量衬底和指示物的反射密度读数时，样品应置于一背衬材料上，该背衬应由无光谱选择性漫反射的材料制造，且应具有 1.50 以上的标准反射密度值（见 GB/T 12823.4—2008 附录 A）。

C.3 测试方法

C.3.1 样品预处理

测试时应预先使样品保持在 23 ℃±2 ℃，相对湿度 50%±5%的环境中，并达到平衡。

推荐使用标准条件,因为有些材料当温度和相对湿度不同时,密度也会不同。

C.3.2 步骤

在指定的操作温度下,将含有指示剂的指示物暴露于蒸汽暴露装置的一个周期中,使指示剂在6.1条件颜色变化一致。

以衬底作参比标准,测试衬底上指示剂的相对反射密度。

从3批产品中各抽取3个指示物系统和3个根据6.6老化后的样品(见附录H、附录I)进行测试。

C.4 测试报告

测试报告应至少包含下列内容:

a) 指示物制造商的名称和地址;
b) 测试用指示物的批号;
c) 测试仪器的制造编号、型号和序列号;
d) 国家授权机构的可溯源性校准资料;
e) 指示物暴露过程的蒸汽温度记录图表;
f) 相对反射密度的平均值和范围;
g) 测试日期;
h) 测试员操作证。

表 C.1 给定波长和光照度的反射光度计要求的光谱乘积

波长 nm	反射密度计光照度 E_A	视觉密度的光谱乘积 Π_V
340	4	
350	5	
360	6	
370	8	
380	10	
390	12	
400	15	<1 000
410	18	1 322
420	21	1 914
430	25	2 447
440	29	2 811
450	33	3 090
460	38	3 346
470	43	3 582
480	48	3 818
490	54	4 041
500	60	4 276
510	66	4 513
520	72	4 702
530	79	4 825
540	86	4 905
550	93	4 957
560	100	4 989
570	107	5 000

表 C.1（续）

波长 nm	反射密度计光照度 E_A	视觉密度的光谱乘积 Π_V
580	114	4 989
590	122	4 956
600	129	4 902
610	136	4 827
620	144	4 731
630	151	4 593
640	158	4 433
650	165	4 238
660	172	4 013
670	179	3 749
680	185	3 490
690	192	3 188
700	198	2 901
710	204	2 622
720	210	2 334
730	216	2 041
740	222	1 732
750	227	1 431
760	232	1 146
770	237	≤1 000

附 录 D
（规范性附录）
暴露于饱和蒸汽后颜色改变均匀性的确定

D.1 仪器

D.1.1 蒸汽暴露装置（见附录J），设置成已证实排气良好、蒸汽能快速渗透标准测试包（见附录K）的测试周期。

D.1.2 标准测试包，见附录K。

D.1.3 温度传感器和温度记录设备，见4.6的测量仪器要求。

D.2 步骤

D.2.1 设定并保持6.1中规定的时间和温度，将指示物（或已结合用户组装包测试负载的指示物系统）暴露在蒸汽暴露装置的测试周期中。

D.2.2 测试周期结束后，将指示物从蒸汽暴露装置中移出，并检查其是否符合6.1的要求。

D.2.3 用低大气压排气周期进行3组测试，每组测试3批产品。以同样方法另取样品分别在跨大气压排气周期和高大气压排气周期下操作（见表1和附录B）。测试后的样品可用于附录C的测试。

D.2.4 每个系列3组测试前后，各用标准测试包测试一次，并用温度传感器监测，以证实测试周期在要求的限度内运行。

D.2.5 任一批产品都应进行各操作周期的测试。相邻测试之间蒸汽暴露装置炉门会冷却，若“卸下——装载——开始”的程序短而固定，则能达到最高的重现性。

附　录　E
（规范性附录）
替代指示物与BD测试之间等同性的确定

E.1　原理

本附录提供了3种不同的方法，用于比较替代指示物的灵敏度和使用标准测试包（见附录K）及测温设备的BD测试的灵敏度。在BD测试中，3种方法产生相似但不完全相同的结果，其结果取决于以下情况中产生的气团：

a）空气注入蒸汽暴露装置内产生的气团；

b）残留在蒸汽暴露装置腔内的空气产生的气团；

c）空气漏入蒸汽暴露装置腔内产生的气团（仅存在于低大气压排气阶段）。

E.2　仪器

E.2.1　蒸汽暴露装置（见附录J），应配备空气注入系统（见附录L）、阀门系统（包括当腔内气压低于环境气压时，能控制空气向腔内泄漏量的单向阀）以及测量空气进入速度的流量计。

E.2.2　标准测试包，见附录K。

E.2.3　温度记录设备，见4.6，应至少可记录6个温度传感器的读数，温度传感器应经过传感器连接接口安装入腔内。

E.3　步骤

E.3.1　在指示物的适用灭菌温度下进行标准测试包的测试。

E.3.2　拆开标准测试包的包装并置入5个～10个温度传感器，其中一个放在测试包的几何中心，其他的按一定模式排列在中心周围，监测几何中心30 mm半径范围内出现的腔-包温差。将一个温度传感器置于腔内规定测量点测试腔内参考温度。按附录K所述重新组装测试包。由于标准测试包温度最低点不一定在其几何中心，为提高测试结果的重现性，需在标准测试包中使用附加的温度传感器。在组装标准测试包时，将符合GB 18282.3[3]的化学试纸放入测试包内，有助于观察残留空气的位置并确定温度传感器放置的最佳位置。

E.3.3　如果标准测试包中温度传感器显示出两个或以上的腔-包温差，则应将其中最低的腔-包温差用于渗透失败情况的计算。

E.3.4　测试指示物时，采用以下条件产生渗透失败情况：

——在附录B所述的时间点向腔内注入空气。注入空气的体积和速度应由预实验决定。

——使一定量的空气漏入腔内，泄漏量用EN 285所述方法测定。漏入速度由预实验决定。

——改变排气阶段。根据预实验减小压力范围，必要时减少脉动排气的次数。

E.3.5　在测试中，改变产品的位置进行重复测试（在产品的使用说明书给出的限制范围内）。

E.3.6　用低大气压排气周期进行3组测试，每组3批产品，再分别用同样方法另取样品按表1和附录B所述的跨大气压排气周期、高大气压排气周期进行测试。

E.3.7　在每个系列3组测试前后，各用标准测试包进行1次测试并用热电偶监测，以证实周期在要求的限制内运行。

E.3.8　任一批产品都应按要求的3种工作周期进行3次测试，确保在仪器允许的误差范围各周期间内的测试结果一致。

E.3.9　每次测试后，按照6.2以目力检查指示物系统的颜色变化。

E.3.10　标准测试包中所有温度传感器的位置（见3.2）应记录在测试报告中。

附 录 F
(规范性附录)
采用空气注入,漏气或空气残留产生标准测试包渗透失败情况的重现性的确定

F.1 概述

由于标准测试包和替代指示物均应在灭菌腔内单独使用,不应有其他物品(腔内附件除外),所以不能将二者同时放入灭菌腔内测定并比较二者的效果。

因此,须制定一个操作条件标准化体系,使标准测试包始终产生稳定一致的结果,然后在标准条件下测试替代用指示物,确定所得的结果是否与标准测试包所得结果相一致。

蒸汽暴露装置工作周期中,尽管许多变量可以精密控制,但一些关键的变量(如腔内和负载内部的空气分布)很不稳定,难以控制且不能同时独立测定。

一个使标准测试包显示蒸汽渗透完全的工作周期不难控制,仅当空气存在时才较难控制。

运用统计学原理,以最少的周期和合理的变量测定方法来确定下列两种测试周期合适的允许条件:

——能够使蒸汽渗透失败的测试周期;

——能够使蒸汽渗透完全(渗透成功)的测试周期。

F.2 测试周期的允许条件

F.2.1 概述

以 F.2.2、F.2.3 中所述的条件作为标准测试包温度记录应满足的限制条件。每个周期运行时都应符合这些条件。此外,可通过保持阶段腔内参考温度与测试包内温度曲线间的面积积分计算参考失败总值(RIF),以简单比较各周期[见 F.2.2j)]。

F.2.2 渗透失败情况

对于使指示物显示蒸汽渗透不足的周期,监控蒸汽暴露装置和标准测试包的温度记录应符合下列条件(如图 F.1 所示):

a) 操作周期(包括蒸汽进入阶段)应符合附录 B;

b) 腔内达到设定操作压力至腔内参考温度达到设定温度的时间间隔不应超过 5 s。对于正确运行的蒸汽暴露装置,运行中的任何偏差仅因压力和温度传感器的响应时间不同而产生;

c) 腔内参考温度(T_C)达到设定温度(T_r)时,测得的标准测试包内温度(T_p)应显示腔-包温差(T_C-T_p)不低于 2 ℃;

d) 参考稳定期中腔-包温差应保持不低于 2 ℃;

e) 测试平衡时间为 90 s;

f) 参考稳定期开始时,腔-包温差(T_C-T_p)不应超过 7 ℃;

g) 参考稳定期结束时,腔-包温差(T_C-T_p)不应超过 4 ℃;

h) 最短允许平衡时间结束时,腔-包温差(T_C-T_p)不应超过 2 ℃;

i) 在暴露时间或 10 min(取其中较短者)末,腔-包温差(T_C-T_p)不应超过 1 ℃;

j) 参考失败总值(RIF)定义为腔内参考温度(T_C)变化曲线与标准测试包内温度(T_p)变化曲线之间围成的面积。对于一个 134 ℃,3.5 min 的周期,它的参考失败总值应在 120 s·℃和 525 s·℃之间;而对于 121 ℃,15 min 的周期,它的参考失败总值应在 120 s·℃和 1 080 s·℃之间;

k) 蒸汽进入速度应为 100 kPa/min～250 kPa/min。

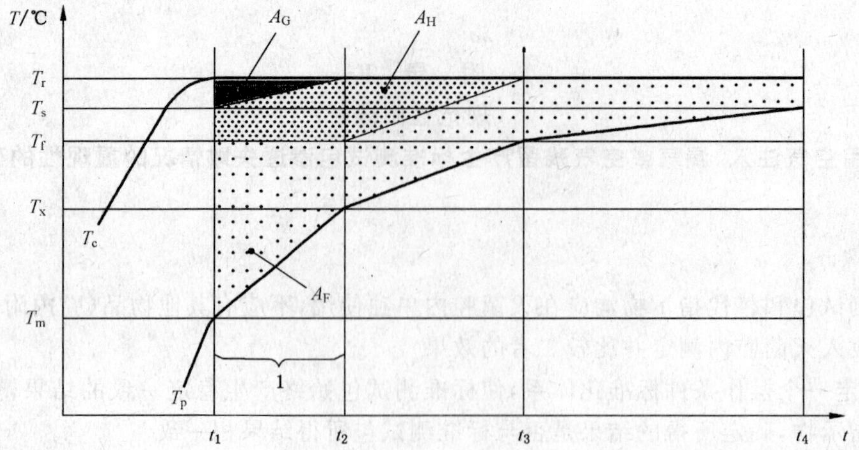

1——参考稳定期；

T_r——设定温度；

T_s——渗透成功情况中 t_1 时刻 T_p 的下限(即 T_r-1)；

T_f——渗透失败情况中 t_1 和 t_2 时刻 T_p 的上限(即 T_r-2)；

T_m——渗透失败情况中 t_1 时刻 T_p 的下限(即 T_r-7)；

T_x——渗透失败情况中 t_2 时刻 T_p 的下限(即 T_r-4)；

T_p——标准测试包内温度；

T_c——腔内参考温度；

t_1——腔内参考温度达设定温度 T_r 的时间；

t_2——参考稳定期末(t_1+30)s；

t_3——最短允许测试平衡时间结束点(t_1+90)s；

t_4——设定的暴露时间结束点；

A_F——渗透失败条件下测试包内温度(T_p)值的分布区域；

A_G——渗透成功条件下测试包内温度(T_p)值的分布区域；

A_H——介于渗透失败条件和渗透成功条件之间的测试包内温度(T_p)值分布区域，此时应指示测试失败，以确保达到渗透失败周期条件或渗透成功周期条件。

图 F.1 参考失败总值的积分

F.2.3 渗透成功情况

渗透成功周期是指指示物应显示蒸汽渗透完全的周期。

对于使指示物显示蒸汽渗透完全的周期，监控蒸汽暴露装置和标准测试包的温度记录应符合下列条件(如图 F.1 所示)：

a) 操作周期(包括蒸汽进入阶段)条件应符合附录 B；

b) 腔内达到设定操作压力的时间至腔内参考温度达到设定温度的时间间隔不应超过 5 s。对于正确运行的蒸汽暴露装置，运行中的任何偏差仅因压力和温度传感器的响应时间不同而产生；

c) 腔内参考温度(T_C)达到设定温度(T_r)时(即 t_1 时)，测得的标准测试包内温度(T_p)应显示腔-包温差(T_C-T_p)不超过 1 ℃；

d) 在测量仪器的精度范围内，参考稳定期末标准测试包内温度(T_p)和腔内参考温度(T_C)应无差异。

F.3 重现性的统计学评价

F.3.1 每天运行 10 个连续周期，测试 2 d。

F.3.2 根据周期运行记录，确认每个周期的运行都符合允许条件，并确定其 RIF 值〔见 F.2.2j)〕。

F.3.3 计算渗透失败周期两天连续运行周期的 RIF 值的平均值和方差估计值。无需假定或证实数据呈正态(高斯)分布。由于此测试为粗略性测试，F 统计表明这种假定并不重要。

F.3.4 进行 F 检验(方差比测试):

$$F=\frac{\text{方差估计值}_{\text{第1天}}{}^{2}}{\text{方差估计值}_{\text{第2天}}{}^{2}} \quad \cdots\cdots(\text{F.1})$$

自由度为 n_1-1 和 n_2-1。

标准 F 表为单边假设,因此当 H_1 方差$_{\text{第1天}}$=方差$_{\text{第2天}}$,$\alpha=0.05$ 时,上限由 δ_1/δ_2 和自由度 n_1-1、n_2-1确定,下限由 δ_2/δ_1 和自由度 n_2-1、n_1-1 确定。

F.3.5 比较计算所得 F 值与查表所得的 F 值显著性范围。也可使用该表计算可信区间。

附 录 G
（规范性附录）
暴露于干热后指示物颜色变化的确定

G.1 仪器

干热炉，能保持 140 ℃±2 ℃的恒温，并能在测试过程中保持小于 5%的相对湿度。

G.2 步骤

G.2.1 概述

取 3 批指示物系统进行测试，每批测试 3 次，每次进行如下 2 个测试。可以同时测试几个样品。

G.2.2 测试 1

G.2.2.1 预热干热炉至操作温度。

G.2.2.2 将指示物系统放入干热炉内，按 6.3 和 6.4 的要求将其暴露于干热下。达到规定暴露时间后，取出样品并检查其颜色变化。

G.2.3 测试 2

G.2.3.1 将与特定测试负载相结合的指示物系统（即指示物）与温度传感器固定在一起，一同置于 140 ℃±2 ℃干热中，测试指示物达到 134 ℃所需的时间。该时间定义为加热时间。

对于仅在 121 ℃灭菌温度使用的指示物，可将其置于 130 ℃±1 ℃，测试其达到 121 ℃所需的时间。

G.2.3.2 在高于 100 ℃的高温中使新的结合有测试负载的指示物系统（即指示物）样品干燥至恒重，或采用与此法等同的方法使用合适的干燥剂在较低的温度下使其干燥至恒重。

G.2.3.3 将干燥的指示物迅速移入炉内，防止指示物重新水合，维持干热温度在 140 ℃±2 ℃，持续（加热时间+30）min，取出样品并检查其颜色变化。

限于 121 ℃灭菌温度使用的指示物可采用 130 ℃±2 ℃的干热温度。

附　录　H
（规范性附录）
产品有效期的确定

H.1　产品有效期的确定应按照测试前订立的书面方案进行测试。

H.2　产品的样品应保存在常规包装内，贮存于不低于最大温湿度推荐值的环境中（必须进行控制和监测）。

H.3　在贮存期间和贮存结束后，产品必须符合所有的性能要求，并通过测试验证。

H.4　所有贮存测试结果应在测试结束后保留至少 5 a。此后，在产品销售期间应保留结论性报告。

附　录　I
（规范性附录）
测试样品的加速老化

I.1　把指示物或指示物系统放在有孔托盘上，水平置于干燥器内，其下方为能在65 ℃时提供约80%相对湿度环境的饱和溶液。

用于控制湿度的盐溶液应选用不与指示剂发生反应的溶质(如氯化钠)。

I.2　准备足够的指示物或指示物系统样品，其数量应满足5.1b)和6.1～6.6的测试所需，以证实其符合要求。

I.3　将干燥器密封并放置在内部温度均一的热炉内，以65 ℃±2 ℃加热7 d。推荐使用有连续温度记录装置的以多叶离心扇作为混合器和推进器来进行空气循环的机械对流炉。

I.4　测试前，将指示物系统移入规定条件中放置24 h(见4.2)。

附 录 J
（规范性附录）
蒸汽暴露装置和测试用蒸汽

J.1 概述

J.1.1 蒸汽暴露装置应包括用于已包装的物品和多孔的负载灭菌的蒸汽灭菌器(符合 EN 285 要求)，腔内可用空间为 250 L～750 L,且符合本附录规定的周期控制的附加要求。

J.1.2 控制系统应能使蒸汽暴露装置按附录 B 规定的标准测试周期进行测试。

J.2 仪器

J.2.1 概述

仪器应符合 EN 285:2006 中的 6.2.1、6.2.2 及 6.2.3。

J.2.2 指示器、控制器和记录传感器

记录传感器与自动控制器应相对独立。

也可以使用同时具有指示、控制和记录功能的多功能仪，但每个测量点和每个测量变量必须至少有两个传感器。系统应能自我监测，如检测到变量超过规定准确度范围时会自动报警。

J.2.3 校准

测量温度和压力的仪器应经过计量校准。计量过程和计量结果的存档须按照 ISO 10012-1 进行。

每组测试前后都应进行校准。一组测试应包含能证实产品符合 GB 18282 的本部分要求的所有测试。

如果测试用设备测试前校准符合要求，但测试后再校准时不符合要求，那么这组测试结果不能证明产品符合要求。

J.3 周期控制

J.3.1 蒸汽控制

应能使腔内蒸汽保持在所选操作压力的±2 kPa 内。

J.3.2 空气探测器

若装有空气探测器，则周期程序应可保证空气探测器与周期控制系统独立运作。

J.3.3 信号

在排气、蒸汽注入或灭菌维持阶段中，达到任一参考测量点预先设定的腔内温度、腔内压力或持续时间点时，应能自动产生操作信号从而启动辅助设备(如空气注入系统)。

J.4 操作周期阶段及控制限度要求

J.4.1 周期阶段

自动控制器应便于选择和调整下列各个周期阶段：

a） 真空：为使排气阶段初期有效运作，应能达到不超过 4.5 kPa 的极限压力；

b） 排气：通过注入蒸汽和真空的交替去除空气；

应能调整压力范围，以提供低大气压和高大气压两种脉动。脉动的数量应在 0～8 个(或以上)的范围内可调；

c） 蒸汽进入直至达到预设的暴露条件(见 6.1 和 6.2)；

d） 暴露时间：保持阶段，压力应控制在设定操作压力的±2 kPa 范围内；

e) 后真空:为去除蒸汽(终止指示物反应)并干燥负载,应能达到不超过 5 kPa 的极限压力;

f) 连通大气:用大气压平衡腔内气压。

J.4.2 控制限度

J.4.2.1 压力控制点的压力值在 4 kPa～16 kPa 范围内应能重复达到不超过±1.0 kPa 的准确度,在 16 kPa～385 kPa 范围内应能重复达到不超过±2.0 kPa 的准确度。

J.4.2.2 时间控制在 2 s～60 min 范围内应能重复达到±1 s 的准确度。

J.4.2.3 温度控制在 50 ℃～145 ℃范围内应能重复达到±0.5 ℃的准确度。

J.4.2.4 蒸汽进入期间压力改变速度应在 100 kPa/min～250 kPa/min 范围内。

J.4.2.5 真空阶段压力改变速度应能调节到不低于 400 kPa/min(见附录 A)。

J.5 蒸汽供给

J.5.1 蒸汽供给中应特别注意非冷凝气体的含量,确保水分含量或过热蒸汽在规定的限制内,最好低于蒸汽暴露装置和与其连接同一蒸汽供给源的设备所要求的蒸汽极限值。按 EN 285:2006 中 22.1 测试时,蒸汽包含的非冷凝气体应不超过 3.5%(体积分数)。按 EN 285:2006 中 22.2 测试时,蒸汽的干燥度应不小于 0.95。常压下测得的自由蒸汽过热程度应不超过 25 ℃。按 EN 285:2006 中 22.3 测试。

J.5.2 除非制造商能证明即使污染物浓度较高也不会影响指示物和指示物系统的性能,否则蒸汽暴露装置腔内供给蒸汽形成的凝结物应符合下列要求:

电导率:≤15 μS/cm

pH 值:5～8

pH 值可通过试纸条或溶液等化学指示物检测。其他干扰物质,如磷酸盐、氯化物、硫酸盐、可氧化物等,应由制造商鉴定并标示于标签上。

附 录 K
（规范性附录）
标准测试包

K.1 本附录内容源自 EN 285，但为改善再现性对其误差范围做了修改。

K.2 测试包应由漂白纯棉布单组成。尺寸大约为 900 mm×1 200 mm，经纱应为 30 线/cm±6 线/cm，纬纱应为 27 线/cm±5 线/cm，单位面积重量应为 185 g/m^2±5 g/m^2，无折边。

K.3 无论新的或脏的棉布单都应进行清洗，并应避免加任何织物清洗剂。织物清洗剂会影响织物的性质，并可能含有会导致产生非冷凝气体的挥发物。

K.4 布单应干燥，并在温度为 20 ℃～30 ℃、相对湿度为 40%～60%的环境中达到平衡后才能使用。

K.5 平衡后，布单应叠成大约 220 mm×300 mm，用手压好之后，摞成高度大约 250 mm。测试包应采用相似的包布进行包裹，并用宽度不超过 25 mm 的扎带进行紧固。测试包的总重量应为 7.0 kg±0.14 kg(大约需要 30 张布单)。将测试包在蒸汽暴露装置中连续暴露 4 个测试周期(见第 B.2 章)。测试周期结束后，从蒸汽暴露装置中取出测试包，并在温度为 20 ℃～30 ℃、相对湿度为 40%～60%的环境中达到平衡，然后才可用于测试。在每次使用间隔期间，测试包应置于温度 20 ℃～30 ℃，相对湿度 40%～60%的环境中达到平衡。若测试包在测试结束后 1 h 内不使用，可将其存放在能提供并保持上述条件的工作室内。

使用过后，布单将会收缩。如果 250 mm 厚的布单重量超过 7.14 kg，布单就不能再使用。

K.6 使用前，应用合适的校准过的温湿度探头测量测试包的温湿度。测试前其内部温度应为 20 ℃～30 ℃，相对湿度应为 40%～60%。可用纸张湿度计测量测试包的温湿度。

附　录　L
（规范性附录）
空气注入系统

L.1　空气注入系统应由下列部件组成：

a）复动式气缸；

b）充气通路，塞体的一面能对空气施加 100 kPa～1 000 kPa 的预定压力；

c）可调限制器，在充气时，通过限制塞体在预定的位置活动来控制充气量；

d）驱动通路，能从塞体非充气端加压，从而将空气以所需速度注入蒸汽暴露装置腔内；

e）连接蒸汽暴露装置的通路，带有能微调空气注入速度的流量调节装置，以及用于隔开注入系统和蒸汽暴露装置的终端阀门。

空气注入系统应能防止蒸汽暴露装置中的蒸汽返流。

应确保终端阀门打开前充气通路与气缸能有效隔离，否则将无法控制进入蒸汽暴露装置腔内的空气。通过改变冲程长度和(或)充气压力来控制进入的空气量。

L.2　不同压力和冲程组合下的空气排出量应进行校准，采用以下方法：在大气压下向下排水收集排出气体，测得所排出的水量。

L.3　空气注入腔内的速度和位置应事先确定并存档，以达到重现性要求（见附录 F）。

L.4　图 L.1 是一个合适的空气注入系统设计图。也可使用其他类似的装置。

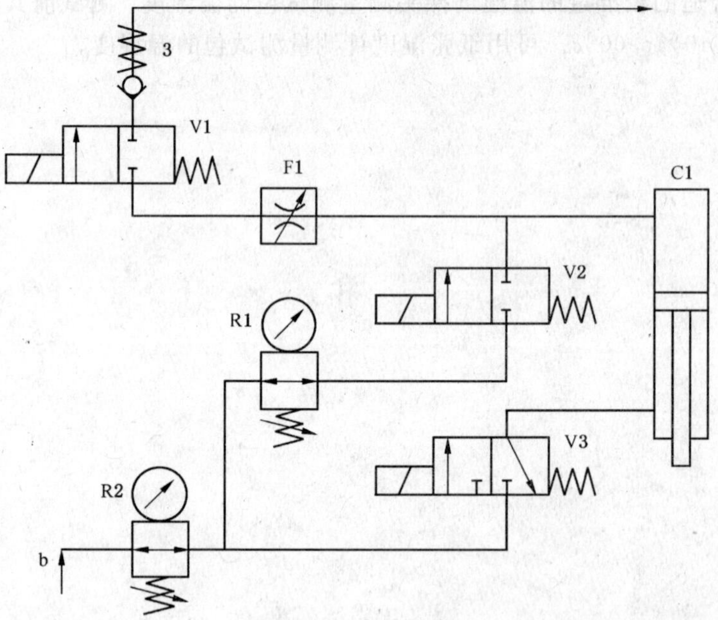

1——空气注入端；
2——1 MPa(10 Bar)空气供给；
3——单向阀；
C1——无油气缸，通过改变冲程和(或)压力来控制注入空气量；
R1，R2——压力调节器；
V1，V2，V3——电控阀；
F1——流量控制阀。

注 1：采用如下阀门设置：
充气：V2 开，V1 和 V3 关；
注入：V1 和 V3 开，V2 关。

注 2：150 mm 冲程×50 mm 内径的汽缸适用。

图 L.1　空气注入系统设计示意图

参 考 文 献

[1] BOWIE,J. H. KELSEY,J. C. and THOMPSON,G. R. ,Lancet,i,(1963),p. 586

[2] ISO 17665-1 医疗保健产品灭菌 湿热 第1部分:医疗器材灭菌过程的发展,确认和常规监测的要求

[3] GB 18282.3 医疗保健产品灭菌 化学指示物 第3部分:用于BD类蒸汽渗透测试的二类指示物系统(ISO 11140-3:2007,IDT)

[4] ISO 15882 医疗保健产品灭菌 化学指示物 选择、使用和结果解释的指南

[5] ISO 5636-3 纸和纸板 透气度的测定(中等范围) 第3部分:本特生法

[6] GB/T 19001—2000 质量管理体系 要求(ISO 9001:2000,IDT)

[7] ISO 17665-2 医疗保健产品灭菌 湿热 第2部分:ISO 17665-1的应用指南

ICS 27.010
F 01

中华人民共和国国家标准

GB/T 18292—2009
代替 GB/T 18292—2001

生活锅炉经济运行

Economical operation of domestic boilers

2009-03-11 发布

2009-11-01 实施

中华人民共和国国家质量监督检验检疫总局
中国国家标准化管理委员会
发布

前　言

本标准代替 GB/T 18292—2001《生活锅炉经济运行》。

本标准与 GB/T 18292—2001 相比主要技术内容变化如下：

——明确了本标准适用于以煤、油、气为燃料，以水为介质的固定式锅炉及其具体适用范围，同时明确本标准不适用于有机热载体炉、热风炉、余热锅炉及电加热锅炉；

——规范性引用文件中增加《蒸汽锅炉安全技术监察规程》、《热水锅炉安全技术监察规程》、《小型和常压热水锅炉安全监察规定》、GB 8978《污水综合排放标准》、GB/T 16811《工业锅炉水处理设施运行效果与监测》、JB/T 7985《小型锅炉和常压热水锅炉技术条件》及 JB/T 10094《工业锅炉通用技术条件》；

——对生活锅炉给予明确定义，对经济运行的定义作了适当修改(3.1、3.2)；

——修改、调整了对生活锅炉经济运行的基本要求(4.1、4.2、4.3、4.4、4.5、4.8、4.9、4.11、4.13、4.14 及表 1)；

——明确了生活锅炉经济运行分级的基本要求(第 5 章)；

——对生活锅炉运行热效率及其他技术指标进行了调整，并对生活锅炉经济运行级别作出了综合评判规定(6.1、6.2、6.3、6.4、6.6 及表 2、表 3、表 4、表 5、表 7)；

——明确了生活锅炉运行热效率测试与其他技术指标测试的方法，并明确测试应在锅炉实际工况下运行时进行(7.1、7.2)；

——对考核方法及要求进行了部分修改和调整(8.2、8.5)；

——制定了生活锅炉运行记录格式《生活锅炉运行记录表》和生活锅炉经济运行考核记录统一格式《生活锅炉经济运行考核表》(附录 A、附录 B)。

本标准的附录 B 为规范性附录，附录 A 为资料性附录。

本标准由全国能源基础与管理标准化技术委员会提出并归口。

本标准负责起草单位：中国标准化研究院、浙江省特种设备检验研究院、广州天鹿锅炉有限公司、西安能源研究会。

本标准参加起草单位：上海昱真水处理科技有限公司、陕西省渭南锅炉厂、陕西升基利科技有限公司、陕西科汇热工技术有限责任公司、浙江特富锅炉有限公司。

本标准主要起草人：柴隆谟、贾铁鹰、丁守宝、成德芳、席代国、王雅珍、孙路、向西成、张建联、邓龙强、赵国凌。

本标准所代替标准的历次版本发布情况为：

——GB/T 18292—2001。

生活锅炉经济运行

1 范围

本标准规定了生活锅炉经济运行的定义、基本要求、运行分级、技术指标、监测方法与考核。

本标准适用于以煤、油、气为燃料，以水为介质的固定式额定工作压力小于或等于 1.0 MPa 且额定蒸发量小于 1 t/h 的蒸汽锅炉或额定热功率小于 0.7 MW 的承压热水锅炉和常压热水锅炉。

本标准不适用于有机热载体炉、热风炉、余热锅炉及电加热锅炉。

2 规范性引用文件

下列文件中的条款通过本标准的引用而成为本标准的条款。凡是注日期的引用文件，其随后所有的修改单(不包括勘误的内容)或修订版均不适用于本标准，然而，鼓励根据本标准达成协议的各方研究是否可使用这些文件的最新版本。凡是不注日期的引用文件，其最新版本适用于本标准。

GB/T 4272 设备及管道绝热技术通则

GB 5749 生活饮用水卫生标准

GB 8978—1996 污水综合排放标准

GB/T 10820 生活锅炉热效率及热工试验方法

GB 13271 锅炉大气污染物排放标准

GB/T 15317 工业锅炉节能监测方法

GB/T 16811 工业锅炉水处理设施运行效果与监测

GB 50041 锅炉房设计规范

GB 50273 工业锅炉安装工程施工及验收规范

JB/T 7985 小型锅炉和常压热水锅炉技术条件

JB/T 10094 工业锅炉通用技术条件

蒸汽锅炉安全技术监察规程

热水锅炉安全技术监察规程

小型和常压热水锅炉安全监察规定

3 术语和定义

下列术语和定义适用于本标准。

3.1

生活锅炉 domestic boilers

能提供一定参数的饱和蒸汽或热水，主要用于采暖、洗浴、餐饮等生活服务的热工设备。

3.2

经济运行 economical operation

在满足运行安全、可靠、保护环境和供热要求的前提下，通过科学管理、技术改造、提高运行操作水平，使在用生活锅炉处于高效、节能、节水的工作状态。

4 基本要求

4.1 生活锅炉使用单位应优先选用国家推荐的节能产品，不能选用国家公布的淘汰产品。

4.2　蒸汽锅炉应符合《蒸汽锅炉安全技术监察规程》；承压热水锅炉应符合《热水锅炉安全技术监察规程》；小型锅炉应符合《小型和常压热水锅炉安全监察规定》；常压热水锅炉应确保在不承压状态下运行。

4.3　生活锅炉锅炉房的设计、布置和建造应考虑到对周围环境的影响和便于对锅炉进行操作、检修；锅炉房应有足够的光线和良好的通风条件，其设计应符合 GB 50041 的规定。

4.4　生活锅炉安装应符合设计要求，并按照制造厂提供的安装使用说明书进行，蒸汽锅炉和承压热水锅炉安装应符合 GB 50273 的规定，常压热水锅炉系统应符合 JB/T 7985 的要求。锅炉安装完毕，应进行包括热工性能测试在内的竣工验收，蒸汽锅炉和承压热水锅炉应取得锅炉使用登记证。

4.5　生活锅炉水处理可采用锅内加药处理或锅外物理化学处理方法，给水和锅水监测按 GB/T 16811 执行。饮用水锅炉的水质应符合 GB 5749 的规定。锅炉房排污水应符合 GB 8978—1996 中二级标准的规定。

4.6　生活锅炉大气污染物排放指标应符合 GB 13271 的要求。

4.7　生活锅炉及其附属设备和热力管道的保温应符合 GB/T 4272 的要求。

4.8　生活锅炉的辅机应选用高效低噪产品，不应使用国家公布的淘汰产品，锅炉房的噪声应符合 GB 50041 的有关规定。原有生活锅炉的辅机属国家公布的淘汰产品，应更换为高效低噪产品。

4.9　生活锅炉运行应制定操作规程，锅炉的运行人员应按规定进行安全、经济运行等内容培训，蒸汽锅炉和承压热水锅炉运行人员需持政府主管职能部门颁发的特种设备作业人员证上岗。

4.10　生活锅炉运行时应合理配风，尽可能保持良好的运行工况，压力、温度、水位等运行参数应保持相对稳定。锅炉宜在 75％～100％额定出力下运行。

4.11　生活锅炉应选用与设计燃料同一类的燃料为运行燃料。燃煤锅炉应积极推广清洁煤燃料及其相应的燃烧方式。

4.12　生活锅炉受热面应定期除垢清灰，保持清洁。使用清灰剂等化学药剂，应防止炉内结渣、受热面沾污及腐蚀和造成影响锅炉安全性的炉内爆震。

4.13　生活锅炉运行中，应经常对汽水管道、阀门、仪表及保温结构和锅炉烟风道、炉墙、炉门、烟箱、风机及除尘设备以及供油、供气等燃料供应系统管道、阀门的严密性进行检查，发现泄漏、损坏应及时修理。

4.14　生活锅炉运行应配备燃料耗量计量器具、汽或水流量计、压力表、温度计等能反映锅炉经济运行状态的仪器、仪表。在用仪器、仪表应在校验周期内，按规定定期检查、校正和维护。燃油、燃气锅炉应按锅炉安全技术监察规程和 JB/T 10094 的要求配备燃烧过程自控装置。

4.15　生活锅炉应做好运行工况记录和检修记录。运行工况记录的主要项目应符合表 1 的规定。

4.16　蒸汽锅炉运行记录表和热水锅炉运行记录表参见附录 A。

表 1　锅炉运行工况记录项目

锅炉类型	记录项目
蒸汽锅炉	运行时间
	燃料品种及消耗量
	蒸汽压力、温度
	蒸汽流量或给水流量
	燃煤锅炉炉渣可燃物含量[a]
	水质化验数据
	排烟温度
	排污次数及时间

表 1（续）

锅炉类型	记录项目
热水锅炉	运行时间
	燃料品种及消耗量
	进出水压力、温度
	热水流量、补水量
	燃煤锅炉炉渣可燃物含量[a]
	水质化验数据
	排烟温度
	排污次数及时间
注：对海拔高度在 2 000 m 以上的地区，每季记录大气压力。	
a 对额定蒸发量≥0.5 t/h 或额定热功率≥0.35 MW 的锅炉进行，煤种变化时应化验并记录；煤种无变化时每半年进行一次。	

5　运行分级

生活锅炉经济运行综合评判分三个运行级别：一级（运行）、二级（运行）、三级（运行）。三级运行为达到经济运行的基本要求，对新安装的锅炉，从投运之日起两年以内的，应以二级运行为达到经济运行的基本要求。对达到一级、二级运行的锅炉使用单位，可向其颁发"一级运行"、"二级运行"标志。

6　技术指标

6.1　生活锅炉经济运行热效率指标分三个级别，各级别热效率指标应不小于表 2 的规定值。

表 2　生活锅炉运行热效率[a]

%

锅炉额定蒸发量 D/(t/h)或额定热功率 Q/MW	等级	使用燃料									
		烟煤			贫煤	无烟煤			褐煤	油[b]	气[b]
		Ⅰ类	Ⅱ类	Ⅲ类		Ⅰ类	Ⅱ类	Ⅲ类			
$D<0.5$ 或 $Q<0.35$	一级	62	65	68	66	58	56	61	63	83	84
	二级	59	62	65	62	56	53	57	61	78	79
	三级	57	60	63	60	52	50	53	59	73	74
$0.5\leqslant D<1$ 或 $0.35\leqslant Q<0.7$	一级	67	70	73	70	62	60	66	67	84	86
	二级	63	65	68	66	58	56	60	63	80	82
	三级	59	61	64	62	54	52	55	60	76	77
$0.7\leqslant Q\leqslant1.4$	一级	69	72	75	72	65	64	69	70	86	88
	二级	65	68	71	69	62	60	65	67	83	85
	三级	63	65	68	67	58	56	61	65	79	80
$Q>1.4$	一级	72	75	78	75	68	66	74	74	86	88
	二级	70	72	75	73	64	64	71	72	83	85
	三级	67	70	73	71	63	62	68	70	80	82

a　表中数值为在用锅炉实际工况下运行时的热效率值。

b　油为轻柴油，气为天然气。

6.2 生活锅炉经济运行排烟温度指标分三个级别，各等级指标应不大于表 3 的规定值。

表 3 生活锅炉运行排烟温度规定值 ℃

锅炉额定蒸发量 D/(t/h) 或额定热功率 Q/MW	蒸汽锅炉			热水锅炉		
	一级	二级	三级	一级	二级	三级
0.5≤D<1 或 0.35≤Q<0.7	230	250	270	210	230	250
0.7≤Q≤1.4	—	—	—	200	220	240
Q>1.4	—	—	—	180	200	220

6.3 燃煤生活锅炉经济运行炉渣可燃物含量指标应不大于表 4 的规定值。

表 4 燃煤生活锅炉运行炉渣可燃物含量 %

锅炉额定蒸发量 D/(t/h) 或额定热功率 Q/MW	使用煤种							
	烟煤			贫煤	无烟煤			褐煤
	Ⅰ类	Ⅱ类	Ⅲ类		Ⅰ类	Ⅱ类	Ⅲ类	
0.5≤D<1 或 0.35≤Q<0.7	23	20	18	20	25	28	23	20
0.7≤Q≤1.4	20	18	16	18	20	23	18	18
Q>1.4	18	16	14	16	18	20	15	16

6.4 生活锅炉经济运行排烟处空气系数指标分三个等级，各等级指标应不大于表 5 的规定值。

表 5 生活锅炉运行排烟处空气系数

燃料	燃烧方式	空气系数		
		一级	二级	三级
煤	层燃	2.0	2.2	2.4
油、气[a]	室燃	1.20	1.25	1.30

[a] 油为轻柴油，气为天然气。

6.5 生活锅炉经济运行炉体外表面温度指标应不大于表 6 的规定值。

表 6 生活锅炉运行炉体外表面温度规定值 ℃

炉体部位	侧面	炉顶
炉体外表面距门、孔边缘 300 mm 以外处	50	70

6.6 生活锅炉经济运行级别以锅炉运行热效率所达到的等级为总控制指标，结合表 3～表 6 所列各单项指标的达标情况进行综合评判，各单项指标以达到三等(含三等)以上要求为达标，评判结果如表 7 所示。

表 7 生活锅炉经济运行综合评判级别

<table>
<tr><th colspan="2">锅炉运行热效率</th><th>一等</th><th>二等</th><th>三等</th><th>不达标</th></tr>
<tr><td rowspan="4">各单项指标</td><td>全部达标</td><td>一级运行</td><td rowspan="2">二级运行</td><td rowspan="3">三级运行</td><td rowspan="3">不符合经济运行基本要求</td></tr>
<tr><td>一项不达标</td><td>二级运行</td></tr>
<tr><td>二项不达标</td><td>三级运行</td><td>三级运行</td></tr>
<tr><td>三项及以上不达标</td><td colspan="4">不符合经济运行基本要求</td></tr>
</table>

7 监测方法

7.1 生活锅炉运行热效率的测试方法参见 GB/T 10820 的规定进行；其他技术指标的测试方法按 GB/T 15317 的规定进行。

7.2 生活锅炉经济运行技术指标的测试应在锅炉实际工况下运行时进行。

8 考核

8.1 生活锅炉经济运行首先应符合第 4 章基本要求中的各项规定。

8.2 生活锅炉经济运行应符合第 6 章技术指标中的各项要求。对额定蒸发量小于 0.5 t/h 的蒸汽锅炉或额定热功率小于 0.35 MW 的热水锅炉只按 6.1 的要求考核运行热效率指标。

8.3 生活锅炉经济运行考核时测定的技术数据有效期为 2 年。

8.4 生活锅炉经济运行技术指标综合评判，按 6.6 的规定进行。

8.5 生活锅炉经济运行考核表参见附录 B。

附　录　A
（资料性附录）
生活锅炉运行记录表

表 A.1　蒸汽锅炉运行记录表

____年____月____日　　星期____　　____号炉　　燃料品种________　　本日共运行____小时

项　目	早　班								中　班								夜　班							
蒸汽压力/MPa																								
给水温度/℃																								
进风温度/℃																								
炉膛压力/Pa																								
炉膛出口烟温/℃																								
排烟温度/℃																								
省煤器出口水温/℃																								
烟气含氧量/%																								
送风机电流/A																								
引风机电流/A																								
给水泵电流/A																								
锅筒水位																								
水位表冲洗																								
排污时间/s																								
除尘器出灰量/kg																								
安全装置校验																								
清洁工作																								

表 A.1（续）

项目	早班								中班								夜班							
计量记录	汽表读数				蒸汽产量		(t)		汽表读数				蒸汽产量		(t)		汽表读数				蒸汽产量		(t)	
	水表读数				用水量		(t)		水表读数				用水量		(t)		水表读数				用水量		(t)	
	燃料表读数				燃料耗量		(t 或 m^3)		燃料表读数				燃料耗量		(t 或 m^3)		燃料表读数				燃料耗量		(t 或 m^3)	
	电表读数				用电量		(kW·h)		电表读数				用电量		(kW·h)		电表读数				用电量		(kW·h)	
	燃气(水)比				排污量		(t)		燃气(水)比				排污量		(t)		燃气(水)比				排污量		(t)	
水质记录	给水硬度		锅水 pH 值		锅水碱度		锅水氯根		给水硬度		锅水 pH 值		锅水碱度		锅水氯根		给水硬度		锅水 pH 值		锅水碱度		锅水氯根	
	(mmol/L)		/		(mmol/L)		(mg/L)		(mmol/L)		/		(mmol/L)		(mg/L)		(mmol/L)		/		(mmol/L)		(mg/L)	
水箱水位																								
运行人员																								
其他情况记录																								

表 A.2 热水锅炉运行记录表

____年____月____日　　星期____　　____号炉　　燃料品种________________　　本日共运行____小时

项目	早班								中班								夜班							
出水压力/MPa																								
进水温度/℃																								
出水温度/℃																								
进风温度/℃																								
炉膛压力/Pa																								
炉膛出口烟温/℃																								
排烟温度/℃																								

表 A.2（续）

项 目	早 班								中 班								夜 班							
烟气含氧量/%																								
送风机电流/A																								
引风机电流/A																								
补水泵电流/A																								
循环泵电流/A																								
排污时间/s																								
除尘器出灰量/kg																								
安全装置校验																								
清洁工作																								
计量记录	热水表读数				热水产量		(t)		热水表读数				热水产量		(t)		热水表读数				热水产量		(t)	
	补水表读数				补水量		(t)		补水表读数				补水量		(t)		补水表读数				补水量		(t)	
	燃料表读数				燃料耗量		(t 或 m^3)		燃料表读数				燃料耗量		(t 或 m^3)		燃料表读数				燃料耗量		(t 或 m^3)	
	电表读数				用电量		(kW·h)		电表读数				用电量		(kW·h)		电表读数				用电量		(kW·h)	
水质记录	补水硬度	锅水 pH 值	锅水硬度	锅水碱度	锅水氯根				补水硬度	锅水 pH 值	锅水硬度	锅水碱度	锅水氯根				补水硬度	锅水 pH 值	锅水硬度	锅水碱度	锅水氯根			
	(mmol/L)	/	(mmol/L)	(mmol/L)	(mg/L)				(mmol/L)	/	(mmol/L)	(mmol/L)	(mg/L)				(mmol/L)	/	(mmol/L)	(mmol/L)	(mg/L)			
水箱水位																								
运行人员																								
其他情况记录																								

附　录　B
（规范性附录）
生活锅炉经济运行考核表

表 B.1　生活锅炉经济运行考核表

被考核单位		考核日期	
锅炉型号规格		燃料品种	
额定蒸发量(t/h)或 额定热功率(MW)		有无尾部受热面	
考核单位		考核监测负责人(签字)	
考核依据		考核监测负责人职称	
基本要求考核	考核结果：		

	考核项目		规定值	测试结果
技术指标考核	运行热效率/%	一等		
		二等		
		三等		
	运行排烟温度/℃	一等		
		二等		
		三等		
	运行炉渣可燃物含量/%			
	运行排烟处空气系数	一等		
		二等		
		三等		
	运行炉体外表面温度/℃			

考核结论、处理意见及建议：

考核单位负责人：(签字)

考核单位：(盖章)

______年______月______日

ICS 07.040
A 76

中华人民共和国国家标准

GB/T 18314—2009
代替 GB/T 18314—2001

全球定位系统(GPS)测量规范

Specifications for global positioning system (GPS) surveys

2009-02-06 发布　　2009-06-01 实施

中华人民共和国国家质量监督检验检疫总局
中国国家标准化管理委员会　发布

前　言

本标准代替GB/T 18314—2001《全球定位系统(GPS)测量规范》。本标准与GB/T 18314—2001相比主要变化如下：

——增加了基本规定；

——修改了级别划分和精度指标；

——修改了选点、埋石、仪器、外业成果记录的部分内容；

——修改了部分观测技术要求；

——修改了部分数据处理的内容。

本标准的附录B、附录C、附录D、附录F为规范性附录，附录A、附录E为资料性附录。

本标准由国家测绘局提出。

本标准由全国地理信息标准化技术委员会归口。

本标准由国家测绘局测绘标准化研究所、国家测绘局第一大地测量队、国家基础地理信息中心负责起草。

本标准主要起草人：肖学年、岳建利、张鹏、宋耀东。

本标准所代替标准的历次版本发布情况为：

——GB/T 18314—2001。

全球定位系统(GPS)测量规范

1 范围

本标准规定了利用全球定位系统(GPS)静态测量技术,建立GPS控制网的布设原则、测量方法、精度指标和技术要求。

本标准适用于国家和局部GPS控制网的设计、布测和数据处理。

2 规范性引用文件

下列文件中的条款通过本标准的引用而成为本标准的条款。凡是注日期的引用文件,其随后所有的修改单(不包括勘误的内容)或修订版均不适用于本标准,然而,鼓励根据本标准达成协议的各方研究是否可使用这些文件的最新版本。凡是不注日期的引用文件,其最新版本适用于本标准。

GB/T 12897 国家一、二等水准测量规范

GB/T 12898 国家三、四等水准测量规范

GB/T 17942 国家三角测量规范

CH 1002 测绘产品检查验收规定

CH 1003 测绘产品质量评定标准

CH/T 1004 测绘技术设计规定

CH/T 2008 全球导航卫星系统连续运行参考站网建设规范

CH/T 8016 全球定位系统(GPS)测量型接收机检定规程

3 术语和定义

下列术语和定义适用于本标准。

3.1

观测时段 observation session

测站上开始接收卫星信号到停止接收,连续观测的时间间隔,简称时段。

3.2

同步观测 simultaneous observation

两台或两台以上接收机同时对同一组卫星进行的观测。

3.3

同步观测环 simultaneous observation loop

三台或三台以上接收机同步观测所获得的基线向量构成的闭合环。

3.4

异步观测环 independent observation loop

由非同步观测获得的基线向量构成的闭合环。

3.5

数据剔除率 percentage of data rejection

同一时段中,删除的观测值个数与获取的观测值总数的比值。

3.6

GPS 静态定位 static GPS positioning

通过在多个测站上进行同步观测,确定测站之间相对位置的GPS定位测量。

3.7

卫星定位连续运行基准站　continuously operating reference station;CORS

由卫星定位系统接收机(含天线)、计算机、气象设备、通讯设备及电源设备、观测墩等构成的观测系统。它长期连续跟踪观测卫星信号,通过数据通信网络定时、实时或按数据中心的要求将观测数据传输到数据中心。它可独立或组网提供实时、快速或事后的数据服务。

3.8

单基线解　single baseline solution

在多台 GPS 接收机同步观测中,每次选取两台接收机的 GPS 观测数据解算相应的基线向量。

3.9

多基线解　multi-baseline solution

从 $m(m\geqslant 3)$ 台 GPS 接收机同步观测值中,由 $m-1$ 条独立基线构成观测方程,统一解算出 $m-1$ 条基线向量。

3.10

国际导航卫星系统服务　international GNSS service;IGS

提供全球导航卫星系统,包括 GPS、GLONASS、GALILEO 等卫星星历,卫星钟差以及相应卫星系统的地面基准站坐标等方面信息的国际组织。

4　基本规定

4.1　GPS 测量采用 2000 国家大地坐标系统,其定义和参考椭球参数见附录 A。GPS 测量采用 GPS 时间系统。手簿记录宜采用世界协调时(UTC)。

4.2　用于各级 GPS 网测量的仪器应经法定计量检定合格,并在其检验有效期内使用。

4.3　各级 GPS 网测量采用中误差作为精度的技术指标,以 2 倍中误差作为极限误差。

4.4　当需要提供 1980 西安坐标系、1954 年北京坐标系或其他坐标系成果时,应按坐标转换方法求得这些坐标系中的坐标。1980 西安坐标系及 1954 年北京坐标系的参考椭球基本参数见附录 A。

5　级别划分和测量精度

5.1　级别划分

GPS 测量按照精度和用途分为 A、B、C、D、E 级。

5.2　测量精度

5.2.1　A 级 GPS 网由卫星定位连续运行基准站构成,其精度应不低于表 1 的要求。

表 1

级别	坐标年变化率中误差		相对精度	地心坐标各分量年平均中误差/mm
	水平分量/(mm/a)	垂直分量/(mm/a)		
A	2	3	1×10^{-8}	0.5

5.2.2　B、C、D 和 E 级的精度应不低于表 2 的要求。

表 2

级别	相邻点基线分量中误差		相邻点间平均距离/km
	水平分量/mm	垂直分量/mm	
B	5	10	50
C	10	20	20
D	20	40	5
E	20	40	3

5.2.3 用于建立国家二等大地控制网和三、四等大地控制网的GPS测量，在满足5.2.2规定的B、C和D级精度要求的基础上，其相对精度应分别不低于1×10^{-7}、1×10^{-6}和1×10^{-5}。

5.2.4 各级GPS网点相邻点的GPS测量大地高差的精度，应不低于表2规定的各级相邻点基线垂直分量的要求。

5.3 用途

5.3.1 用于建立国家一等大地控制网，进行全球性的地球动力学研究、地壳形变测量和精密定轨等的GPS测量，应满足A级GPS测量的精度要求。

5.3.2 用于建立国家二等大地控制网，建立地方或城市坐标基准框架、区域性的地球动力学研究、地壳形变测量、局部形变监测和各种精密工程测量等的GPS测量，应满足B级GPS测量的精度要求。

5.3.3 用于建立三等大地控制网，以及建立区域、城市及工程测量的基本控制网等的GPS测量，应满足C级GPS测量的精度要求。

5.3.4 用于建立四等大地控制网的GPS测量应满足D级GPS测量的精度要求。

5.3.5 用于中小城市、城镇以及测图、地籍、土地信息、房产、物探、勘测、建筑施工等的控制测量等的GPS测量，应满足D、E级GPS测量的精度要求。

6 布设的原则

6.1 基本原则

6.1.1 各级GPS网一般逐级布设，在保证精度、密度等技术要求时可跨级布设。

6.1.2 各级GPS网的布设应根据其布设目的、精度要求、卫星状况、接收机类型和数量、测区已有的资料、测区地形和交通状况以及作业效率等因素综合考虑，按照优化设计原则进行。

6.1.3 各级GPS网最简异步观测环或附合路线的边数应不大于表3的规定。

表3

级别	B	C	D	E
闭合环或附合路线的边数/条	6	6	8	10

6.1.4 各级GPS网点位应均匀分布，相邻点间距离最大不宜超过该网平均点间距的2倍。

6.1.5 新布设的GPS网应与附近已有的国家高等级GPS点进行联测，联测点数不应少于3点。

6.1.6 为求定GPS点在某一参考坐标系中坐标，应与该参考坐标系中的原有控制点联测，联测的总点数不应少于3点。在需用常规测量方法加密控制网的地区，D、E级网点应有1～2方向通视。

6.1.7 A、B级网应逐点联测高程，C级网应根据区域似大地水准面精化要求联测高程，D、E级网可依具体情况联测高程。

6.1.8 A、B级网点的高程联测精度应不低于二等水准测量精度，C级网点的高程联测精度应不低于三等水准测量精度，D、E级网点按四等水准测量或与其精度相当的方法进行高程联测。各级网高程联测的测量方法和技术要求应按GB/T 12897或GB/T 12898规定执行。

6.1.9 B、C、D、E级网布设时，测区内高于施测级别的GPS网点均应作为本级别GPS网的控制点（或框架点），并在观测时纳入相应级别的GPS网中一并施测。

6.1.10 在局部补充、加密低等级的GPS网点时，采用的高等级GPS网点点数应不少于4个。

6.1.11 各级GPS网按观测方法可采用基于A级点、区域卫星连续运行基准站网、临时连续运行基准站网等的点观测模式，或以多个同步观测环为基本组成的网观测模式。网观测模式中的同步环之间，应以边连接或点连接的方式进行网的构建。

6.1.12 采用GPS测量建立各等级大地控制网时，其布设还应遵循以下原则：

a) 用于国家一等大地控制网时，其点位应均匀分布，覆盖我国国土。在满足条件的情况下，点位宜布设在国家一等水准路线附近或国家一等水准网的结点处。

b) 用于国家二等大地控制网时,应综合考虑应用服务和对国家一、二等水准网的大尺度稳定性监测等因素,统一设计,布设成连续网。点位应在均匀分布的基础上,尽可能与国家一、二等水准网的结点、已有国家高等级 GPS 点、地壳形变监测网点、基本验潮站等重合。

c) 用于三等大地控制网布测时,应满足国家基本比例尺测图的基本需求,并结合水准测量、重力测量技术,精化区域似大地水准面。

6.2 GPS 点命名

6.2.1 GPS 点名应以该点位所在地命名,无法区分时可在点名后加注(一)、(二)等予以区别。少数民族地区应使用规范的音译汉语名,在译音后可附上原文。

6.2.2 新旧点重合时,应采用旧点名,不得更改。如原点位所在地名称已变更,应在新点名后以括号注明旧点名。如与水准点重合时,应在新点名后以括号注明水准点等级和编号。

6.2.3 点名书写应准确、正规,一律以国务院公布的简化汉字为准。

6.2.4 当对 GPS 点编制点号时,应整体考虑,统一编号,点号应唯一,且适于计算机管理。

6.3 技术设计

6.3.1 GPS 网布测前应进行技术设计,以得到最优的布测方案。技术设计书的格式、内容、要求与审批程序按照 CH/T 1004 执行。

6.3.2 技术设计前应搜集以下资料,并应对资料进行分析研究,必要时应进行实地勘察。

a) 测区范围既有的国家三角点、导线点、天文重力水准点、水准点、甚长基线干涉测量站、卫星激光测距站、天文台和已有的 GPS 站点资料,包括点之记、网图、成果表、技术总结等。

b) 测区范围内有关的地形图、交通图及测区总体建设规划和近期发展方面的资料。若任务需要,还应搜集有关的地震、地质资料、验潮站等相关资料。

6.3.3 技术设计后应上交以下资料:

a) 技术设计书与专业设计书(附 GPS 点位设计图);

b) 野外踏勘技术总结等。

7 选点

7.1 选点准备

7.1.1 选点人员在实地选点前,应收集有关布网任务与测区的资料,包括测区 1:50 000 或更大比例尺地形图,已有各类控制点、卫星定位连续运行基准站的资料等。

7.1.2 选点人员应充分了解和研究测区情况,特别是交通、通讯、供电、气象、地质及大地点等情况。

7.2 点位基本要求

7.2.1 各级 GPS 点点位的基本要求如下:

a) 应便于安置接收设备和操作,视野开阔,视场内障碍物的高度角不宜超过 15°。

b) 远离大功率无线电发射源(如电视台、电台、微波站等),其距离不小于 200 m;远离高压输电线和微波无线电信号传送通道,其距离不应小于 50 m。

c) 附近不应有强烈反射卫星信号的物件(如大型建筑物等)。

d) 交通方便,并有利于其他测量手段扩展和联测。

e) 地面基础稳定,易于标石的长期保存。

f) 充分利用符合要求的已有控制点。

g) 选站时应尽可能使测站附近的局部环境(地形、地貌、植被等)与周围的大环境保持一致,以减少气象元素的代表性误差。

7.2.2 A 级 GPS 点点位还应符合 CH/T 2008 的有关规定。

7.3 辅助点与方位点

7.3.1 非基岩的 A、B 级 GPS 点的附近宜埋设辅助点,并测定其与该点的距离和高差,精度应优于±5 mm。

7.3.2 各级 GPS 网点可视需要设立与其通视的方位点，方位点应目标明显，观测方便，方位点距网点的距离一般不小于 300 m。

7.4 选点作业

7.4.1 选点人员应按照技术设计书经过踏勘，在实地按 7.2 的要求选定点位，并在实地加以标定。

7.4.2 当利用旧点时，应检查旧点的稳定性、可靠性和完好性，符合要求方可利用。

7.4.3 需要水准联测的 GPS 点，应实地踏勘水准路线情况，选择联测水准点并绘出联测路线图。

7.4.4 不论新选定的点或利用旧点（包括辅助点与方位点），均应实地按附录 B 的要求绘制点之记，其内容要求在现场详细记录，不得追记。

7.4.5 A、B 级 GPS 网点在其点之记中应填写地质概要、构造背景及地形地质构造略图。

7.4.6 点位周围有高于 10°的障碍物时，应绘制点的环视图，其形式见附录 B。

7.4.7 一个网区选点完成后，应绘制 GPS 网选点图。

7.5 选点后应上交的资料

选点结束后应上交下列资料：

a) GPS 网点点之记、环视图；

b) GPS 网选点图（测区较小，选点、埋石与观测一期完成时，可以展点图代替）；

c) 选点工作总结。

8 埋石

8.1 标石

8.1.1 各级 GPS 点均应埋设固定的标石或标志。

8.1.2 GPS 点标石类型分为天线墩、基本标石和普通标石（各种标石的规格见附录 B）。A 级 GPS 点标石与相关设施的技术要求按 CH/T 2008 的有关规定执行。B 级 GPS 点应埋设天线墩，C、D、E 级 GPS 点在满足标石稳定、易于长期保存的前提下，可根据具体情况选用。

8.1.3 各种类型的标石应设有中心标志。基岩和基本标石的中心标志应用铜或不锈钢制作。普通标石的中心标志可用铁或坚硬的复合材料制作。标志中心应刻有清晰、精细的十字线或嵌入不同颜色金属（不锈钢或铜）制作的直径小于 0.5 mm 的中心点。用于区域似大地水准面精化的 GPS 点，其标志还应满足水准测量的要求。

8.1.4 各种天线墩应安置强制对中装置。强制对中装置的对中误差不应大于 1 mm。

8.2 埋石作业

8.2.1 标石应用混凝土灌制。在有条件的地区，也可用整块花岗石、青石等坚硬石料凿制，但其规格应不小于同类标石的规定。

8.2.2 埋设天线墩、基岩标石、基本标石时，应现场浇灌混凝土。普通标石可预先制做，然后运往各点埋设。

8.2.3 埋设标石，须使各层标志中心严格在同一铅垂线上，其偏差不应大于 2 mm。

8.2.4 当利用旧点时，应首先确认该点标石完好，并符合相应规格和埋石要求，且能长期保存。必要时需要挖开标石侧面查看标石情况。如遇上标石被破坏，可以下标石为准，重埋上标石。

8.2.5 方位点应埋设普通标石，并加适当标注，以便与控制点相区分。

8.2.6 埋石所占土地，应经土地使用者或管理部门同意，并办理相应手续。新埋标石时应办理测量标志委托保管书，一式三份，交标石的保管单位或个人，上交和存档各一份。利用旧点时需对委托保管书进行核实，若委托保管情况不落实应重新办理。

8.2.7 B、C 级 GPS 网点标石埋设后，至少需经过一个雨季，冻土地区至少需经过一个冻解期，基岩或岩层标石至少需经一个月后，方可用于观测。

8.3 标石外部整饰

8.3.1 B、C、D、E 级 GPS 点混凝土标石灌制时，均应在标石上表面压印控制点的类级、埋设年代，B、C 级 GPS 点还应在标石侧面压印“国家设施　请勿碰动”字样。

8.3.2 B 级 GPS 网点标石埋设后，宜在周围砌筑混凝土方井或圆井护框，其内径根据情况而定，但至少不小于 0.6 m，高为 0.2 m。

8.3.3 荒漠或平原不易寻找的控制点还需在其近旁埋设指示碑，其规格参见 GB/T 12898。

8.4 关键工序的控制

在标石建造的施工现场，应拍摄下列照片：

a) 钢筋骨架照片，应能反映骨架捆扎的形状和尺寸；

b) 标石坑照片，应能反映标石坑和基座坑的形状和尺寸；

c) 基座建造后照片，应能反映基座的形状及钢筋骨架或预制涵管安置是否正确；

d) 标志安置照片，应能反映标志安置是否平直、端正；

e) 标石整饰后照片，应能反映标石整饰是否规范；

f) 标石埋设位置远景照片，应能反映标石埋设位置的地物、地貌景观。

8.5 埋石后上交的资料

埋石结束后应上交以下资料：

a) GPS 点之记；

b) 测量标志委托保管书；

c) 标石建造拍摄的照片；

d) 埋石工作总结。

9 仪器

9.1 接收机选用

A 级网测量采用的 GPS 接收机的选用按 CH/T 2008 的有关规定执行，B、C、D、E 级 GPS 网按表 4 规定执行。

表 4

级　别	B	C	D、E
单频/双频	双频/全波长	双频/全波长	双频或单频
观测量至少有	L1、L2 载波相位	L1、L2 载波相位	L1 载波相位
同步观测接收机数	≥4	≥3	≥2

9.2 仪器检验

9.2.1 接收机检验

9.2.1.1 新购置的 GPS 接收机，以及当接收机天线受到强烈撞击，或更新接收机部件后，或更新天线与接收机的匹配关系后的接收机，应按规定进行全面检验后使用。

9.2.1.2 GPS 接收机检验的内容、方法和技术要求，按 CH/T 8016 规定执行。

9.2.1.3 不同类型的接收机参加共同作业时，应在已知基线上进行比对测试，超过相应等级限差时不得使用。

9.2.1.4 天线或基座的圆水准器、光学对中器、天线高量尺，在作业期间至少 1 个月检校一次。

9.2.2 辅助设备检验

GPS 测量所用通风干湿表、空盒气压表和其他辅助设备应定期送计量检定部门检验，并在有效期内使用。气象仪表的主要技术要求见附录 C。

9.3 仪器维护

9.3.1 GPS接收机等仪器应指定专人保管，不论采用何种运输方式，均应有专人押运，并应采取防震措施，不得碰撞、倒置或重压。

9.3.2 作业期间，应严格遵守技术规定和操作要求，未经允许非作业人员不得擅自操作仪器。

9.3.3 接收仪器应注意防震、防潮、防晒、防尘、防蚀、防辐射；电缆线不应扭折，不应在地面拖拉、辗砸，其接头和连接器应保持清洁。

9.3.4 作业结束后，应及时擦净接收机上的水汽和尘埃，及时存放在仪器箱内。仪器箱应置于通风、干燥阴凉处，箱内干燥剂呈粉红色时，应及时更换。

9.3.5 仪器交接时应按规定的一般检视的项目进行检查，并填写交接情况记录。

9.3.6 接收机在使用外接电源前，应检查电源电压是否正常，电池正负极切勿接反。

9.3.7 当天线置于楼顶、高标及其他设施的顶端作业时，应采取加固措施，雷雨天气时应有避雷设施或停止观测。

9.3.8 接收机在室内存放期间，室内应定期通风，每隔1～2个月应通电检查一次，接收机内电池要保持充满电状态，外接电池应按其要求按时充放电。

9.3.9 严禁拆卸接收机各部件，天线电缆不得擅自切割改装、改换型号或接长。如发生故障，应认真记录并报告有关部门，请专业人员维修。

10 观测

10.1 基本技术规定

10.1.1 A级GPS网观测的技术要求按CH/T 2008的有关规定执行。

10.1.2 B、C、D、E级GPS网观测的基本技术规定应符合表5的要求。

表5

项　目	级　别			
	B	C	D	E
卫星截止高度角/(°)	10	15	15	15
同时观测有效卫星数	≥4	≥4	≥4	≥4
有效观测卫星总数	≥20	≥6	≥4	≥4
观测时段数	≥3	≥2	≥1.6	≥1.6
时段长度	≥23 h	≥4 h	≥60 min	≥40 min
采样间隔/s	30	10～30	5～15	5～15

注1：计算有效观测卫星总数时，应将各时段的有效观测卫星数扣除其间的重复卫星数。

注2：观测时段长度，应为开始记录数据到结束记录的时间段。

注3：观测时段数≥1.6，指采用网观测模式时，每站至少观测一时段，其中二次设站点数应不少于GPS网总点数的60%。

注4：采用基于卫星定位连续运行基准站点观测模式时，可连续观测，但观测时间应不低于表中规定的各时段观测时间的和。

10.1.3 B、C、D、E级GPS网测量可不观测气象元素，而只记录天气状况。

10.1.4 GPS测量时，观测数据文件名中应包含测站名或测站号、观测单元、测站类型、日期、时段号等信息。

10.1.5 雷电、风暴天气时，不宜进行B级网GPS观测。

10.2 观测区的划分

10.2.1 B、C、D、E级GPS网的布测视测区范围的大小，可实行分区观测。当实行分区观测时，相邻分区间至少应有 4 个公共点。

10.2.2 任一个同步观测子区或观测单元子区参加观测的接收机台数应符合表 4 的规定。

10.3 观测计划

作业调度者根据测区地形和交通状况、采用的 GPS 作业方法设计的基线的最短观测时间等因素综合考虑，编制观测计划表，按该表对作业组下达相应阶段的作业调度命令。同时依照实际作业的进展情况，及时做出必要的调整。

10.4 观测前的准备

10.4.1 GPS 接收机在开始观测前，应进行预热和静置，具体要求按接收机操作手册进行。

10.4.2 天线安置应符合下列要求：

a) 用三脚架安置天线时，其对中误差不应大于 1 mm；

b) B 级 CPS 测量，天线定向标志线应指向正北，顾及当地磁偏角修正后，其定向误差应不大于 ±5°，对于定向标志不明显的接收机天线，可预先设置标记，每次按此标记安置仪器；

c) 天线集成体上的圆水准气泡必须居中，没有圆水准气泡的天线，可调整天线基座脚螺旋，使在天线互为 120°方向上量取的天线高互差小于 3 mm。

10.5 观测作业的要求

10.5.1 观测组应严格按规定的时间进行作业。

10.5.2 经检查接收机电源电缆和天线等各项连接无误，方可开机。

10.5.3 开机后经检验有关指示灯与仪表显示正常后，方可进行自测试并输入测站、观测单元和时段等控制信息。

10.5.4 接收机启动前与作业过程中，应随时逐项填写测量手簿中的记录项目，测量手簿格式、记录内容及要求见附录 D。

10.5.5 接收机开始记录数据后，观测员可使用专用功能键和选择菜单，查看测站信息、接收卫星数、卫星号、卫星健康状况、各通道信噪比、相位测量残差、实时定位的结果及其变化、存储介质记录和电源情况等，如发现异常情况或未预料到的情况，应记录在测量手簿的备注栏内，并及时报告作业调度者。

10.5.6 每时段观测开始及结束前各记录一次观测卫星号、天气状况、实时定位经纬度和大地高、PDOP 值等。一次在时段开始时，一次在时段结束时。时段长度超过 2 h，应每当 UTC 整点时增加观测记录上述内容一次，夜间放宽到 4 h。

10.5.7 每时段观测前后应各量取天线高一次，其测量方法及要求见附录 D。两次量高之差不应大于 3 mm，取平均值作为最后天线高。若互差超限，应查明原因，提出处理意见记入测量手簿记事栏。

10.5.8 除特殊情况外，不宜进行偏心观测。若实施偏心观测时，应测定归心元素，其方法可参考附录 E 或 GB/T 17942。

10.5.9 观测员要细心操作，观测期间防止接收设备震动，更不得移动，要防止人员和其他物体碰动天线或阻挡信号。

10.5.10 观测期间，不应在天线附近 50 m 以内使用电台，10 m 以内使用对讲机。

10.5.11 天气太冷时，接收机应适当保暖；天气很热时，接收机应避免阳光直接照晒，确保接收机正常工作。

10.5.12 一时段观测过程中不应进行以下操作：

a) 接收机重新启动；

b) 进行自测试；

c) 改变卫星截止高度角；

d) 改变数据采样间隔；

e) 改变天线位置；

f) 按动关闭文件和删除文件等功能键。

10.5.13 经检查,所有规定作业项目均已全面完成,并符合要求,记录与资料完整无误,方可迁站。

11 外业成果记录

11.1 A级GPS网外业成果记录

A级GPS网外业成果记录的内容和要求按CH/T 2008的有关规定执行。

11.2 B、C、D、E级GPS网外业成果记录

11.2.1 记录类型

GPS测量作业所获取的成果记录应包括以下三类:

a) 观测数据;

b) 测量手簿;

c) 其他记录,包括偏心观测资料等。

11.2.2 记录内容

11.2.2.1 观测记录项目应包括以下主要内容:

a) 观测数据(原始观测数据和Rinex格式数据);

b) 对应观测值的GPS时间;

c) 测站和接收机初始信息:测站名、测站号、观测单元号、时段号、近似坐标及高程、天线及接收机型号和编号、天线高与天线高量位置及方式、观测日期、采样间隔、卫星截止高度角。

11.2.2.2 测量手簿格式见附录D。

11.2.3 记录要求

11.2.3.1 观测前和观测过程中应按要求及时填写各项内容,书写要认真细致,字迹清晰、工整、美观。

11.2.3.2 测量手簿各项观测记录一律使用铅笔,不应刮、涂改,不应转抄或追记,如有读、记错误,可整齐划掉,将正确数据写在上面并注明原因。其中天线高、气象读数等原始记录不应连环涂改。

11.2.3.3 手簿整饰,存储介质注记和各种计算一律使用蓝黑墨水书写。

11.2.3.4 外业观测中接收机内存储介质上的数据文件应及时拷贝成一式两份,并在外存储介质外面适当处制贴标签,注明网区名、点名、点号、观测单元号、时段号、文件名、采集日期、测量手簿编号等。两份存储介质应分别保存在专人保管的防水、防静电的资料箱内。

11.2.3.5 接收机内所存数据文件卸载到外存介质上时,不应进行剔除、删改或编辑。

11.2.3.6 测量手簿应事先连续编印页码并装订成册,不应缺损。其他记录,应分别装订成册。

12 数据处理

12.1 基本要求

12.1.1 A、B级GPS网基线数据处理应采用高精度数据处理专用的软件,C、D、E级GPS网基线解算可采用随接收机配备的商用软件。

12.1.2 数据处理软件应经有关部门的试验鉴定并经业务部门批准方能使用。

12.1.3 A级GPS网应以适当数量和分布均匀的IGS站的坐标和原始观测数据为起算数据;B级GPS网以适当数量和分布均匀的A级GPS网点或IGS站的坐标和原始观测数据为起算数据;C、D、E级GPS网以适当数量和分布均匀的A、B级GPS网网点的坐标和原始观测数据为起算数据。

12.1.4 各种起算数据应进行数据完整性、正确性和可靠性检核。

12.2 外业数据质量检核

12.2.1 同一时段观测值的数据剔除率不宜大于10%。

12.2.2 采用点观测模式时,不同点间不进行重复基线、同步环和异步环的数据检验,但同一点不同时段的基线数据应按12.2.3～12.2.7进行各种数据检验。

12.2.3 A级GPS网观测数据的检核按CH/T 2008的有关规定执行。

12.2.4　B 级 GPS 网基线外业预处理和 C、D、E 级 GPS 网基线处理，复测基线的长度较差 d_S 应满足公式(1)的规定：

$$d_S \leqslant 2\sqrt{2}\sigma \qquad \cdots\cdots(1)$$

式中：

σ——基线测量中误差，单位为毫米(mm)，其计算按 12.2.5 规定执行。

12.2.5　B、C、D、E 级 GPS 网基线测量中误差 σ 采用外业测量时使用的 GPS 接收机的标称精度。计算时边长按实际平均边长计算。

12.2.6　B、C、D、E 级 GPS 网同步环闭合差，不宜超过附录 F 的规定。

12.2.7　B、C、D、E 级 GPS 网外业基线处理结果，其独立闭合环或附合路线坐标闭合差 W_S 和各坐标分量闭合差(W_X、W_Y、W_Z)应满足公式(2)的规定。

$$\begin{aligned} W_X &\leqslant 3\sqrt{n}\sigma \\ W_Y &\leqslant 3\sqrt{n}\sigma \\ W_Z &\leqslant 3\sqrt{n}\sigma \\ W_S &\leqslant 3\sqrt{3n}\sigma \end{aligned} \qquad \cdots\cdots(2)$$

式中：

n——闭合环边数；

σ——基线测量中误差，单位为毫米(mm)，其计算按 12.2.5 规定执行；

$W_S = \sqrt{W_X{}^2 + W_Y{}^2 + W_Z{}^2}$ 。

12.3　基线向量解算

12.3.1　准备工作

基线向量解算前应进行以下准备：

a）基线解算前，应按规范、技术设计和 CH/T 1002 的要求及时对外业全部资料全面检查和验收，其重点包括成果是否符合规范要求，观测数据质量分析是否合理等；

b）当采用不同类型接收机时，应将观测数据转换成标准交换格式；

c）高标点、偏心观测点，应根据天线高记录、投影手簿或归心用纸等计算归心改正数，计算公式见附录 E 或 GB/T 17942 的有关规定。

12.3.2　解算方案

解算方案要求如下：

a）根据外业施测的精度要求和实际情况、软件的功能和精度，可采用多基线解或单基线解；

b）起算点的选取应根据测量已知点的情况确定坐标起算点，每个同步观测图形应至少选定一个起算点。

12.3.3　基线向量解算

基线向量解算基本要求如下：

a）A、B 级 GPS 网基线精处理应采用精密星历。C 级及以下各级网基线处理时，可采用广播星历。

b）B、C、D、E 级网 GPS 观测值均应加入对流层延迟修正，对流层延迟修正模型中的气象元素可采用标准气象元素。

c）基线解算，按同步观测时段为单位进行。按多基线解时，每个时段须提供一组独立基线向量及其完全的方差—协方差阵；按单基线解时，须提供每条基线分量及其方差—协方差阵。

d）B、C 级 GPS 网，基线解算可采用双差解、单差解。D、E 级 GPS 网根据基线长度允许采用不同的数据处理模型。但是长度小于 15 km 的基线，应采用双差固定解。长度大于 15 km 的基线可在双差固定解和双差浮点解中选择最优结果。

12.4 A、B级GPS网基线处理结果质量检核

12.4.1 A、B级GPS网基线处理后应计算基线的分量ΔX、ΔY、ΔZ及边长的重复性，还应对各基线边长、南北分量、东西分量和垂直分量的重复性进行固定误差与比例误差的直线拟合，作为衡量基线精度的参考指标。重复性定义见公式(3)：

$$R=\left[\frac{\dfrac{n}{n-1}\cdot\sum_{i=1}^{n}\dfrac{(C_i-C_m)^2}{\sigma_{C_i}^2}}{\sum_{i=1}^{n}1/\sigma_{C_i}^2}\right]^{1/2} \qquad \cdots\cdots(3)$$

式中：

n——同一基线的总观测时段数；

C_i——一个时段的基线某一分量或边长；

$\sigma_{C_i}^2$——该时段i相应于C_i分量的方差；

C_m——各时段的加权平均值。

12.4.2 B级GPS网同一基线和其各分量不同时段的较差(d_S、$d_{\Delta X}$、$d_{\Delta Y}$、$d_{\Delta Z}$)，应满足公式(4)的规定，式中同一基线和其各分量R值(R_S、$R_{\Delta X}$、$R_{\Delta Y}$、$R_{\Delta Z}$)按公式(3)计算。

$$\begin{aligned} d_{\Delta X} &\leqslant 3\sqrt{2}R_{\Delta X}\\ d_{\Delta Y} &\leqslant 3\sqrt{2}R_{\Delta Y}\\ d_{\Delta Z} &\leqslant 3\sqrt{2}R_{\Delta Z}\\ d_S &\leqslant 3\sqrt{2}R_S \end{aligned} \qquad \cdots\cdots(4)$$

12.4.3 B级GPS网基线处理后，独立闭合环或附合路线坐标分量闭合差(W_X、W_Y、W_Z)应满足公式(5)：

$$\begin{aligned} W_X &\leqslant 2\sigma_{WX}\\ W_Y &\leqslant 2\sigma_{WY}\\ W_Z &\leqslant 2\sigma_{WZ} \end{aligned} \qquad \cdots\cdots(5)$$

其中：

$$\begin{aligned} \sigma_{WX}^2 &= \sum_{i=1}^{r}\sigma_{\Delta X(i)}^2\\ \sigma_{WY}^2 &= \sum_{i=1}^{r}\sigma_{\Delta Y(i)}^2\\ \sigma_{WZ}^2 &= \sum_{i=1}^{r}\sigma_{\Delta Z(i)}^2 \end{aligned} \qquad \cdots\cdots(6)$$

公式(6)中r为环线中的基线数，$\sigma_{C(i)}^2$($C=\Delta X,\Delta Y,\Delta Z$)为环线中第$i$条基线$C$分量的方差。环线全长闭合差应满足公式(7)、公式(8)、公式(9)、公式(10)：

$$W\leqslant 3\sigma_W \qquad \cdots\cdots(7)$$

$$\sigma_W^2=\sum_{i=1}^{r}WD_{bi}W^{\mathrm{T}} \qquad \cdots\cdots(8)$$

$$W=\left[\frac{\omega_{\Delta X}}{\omega}\quad\frac{\omega_{\Delta Y}}{\omega}\quad\frac{\omega_{\Delta Z}}{\omega}\right] \qquad \cdots\cdots(9)$$

$$\omega=\sqrt{\omega_{\Delta X}^2+\omega_{\Delta Y}^2+\omega_{\Delta Z}^2} \qquad \cdots\cdots(10)$$

式中：

D_{bi}——环线中第i条基线方差一协方差阵。

12.5 重测和补测

12.5.1 未按施测方案要求，外业缺测、漏测，或数据处理后，观测数据不满足表5的规定时，有关成果应及时补测。

12.5.2 允许舍弃在复测基线边长较差、同步环闭合差、独立环或附合路线闭合差检验中超限的基线，而不必进行该基线或与该基线有关的同步图形的重测，但应保证舍弃基线后的独立环所含基线数满足

表 3 的规定，否则，应重测该基线有关的同步图形。

12.5.3 对需补测或重测的观测时段或基线，要具体分析原因，在满足表 4 要求的前提下，尽量安排一起进行同步观测。

12.5.4 补测或重测的分析应写入数据处理报告。

12.6 GPS 网平差

12.6.1 A、B 级 GPS 网无约束平差

12.6.1.1 无约束平差时，根据外业作业期的分期及作业技术要求的不同，可以分成若干子区，分别进行无约束平差。若进行相邻子区间联合无约束平差时，可引入若干系统误差参数(尺度、定向等)，并对每一系统误差参数进行显著性检验。

12.6.1.2 无约束平差应进行方差分量因子估值 σ^2 检验和每个改正数粗差的检验。

12.6.1.3 无约束平差应输出 2000 国家大地坐标系中各点的地心坐标和大地坐标、各基线的改正数和基线向量平差值、各基线的地心坐标分量、大地坐标分量及其精度等。

12.6.2 A、B 级 GPS 网整体平差

12.6.2.1 整体平差应在 2000 国家大地坐标系或国际地球参考框架(ITRF)中进行。各子网历元不同时，应利用板块运动模型和速度场进行统一归算。

12.6.2.2 整体平差中，应引入起算点的全方差—协方差阵，并乘以适当的松弛因子定权。

12.6.2.3 整体平差应进行验后单位权方差因子 σ^2 的检验和转换参数的显著性检验。检验后，应消去不显著的转换参数，并重新平差。

12.6.2.4 整体平差后，应输出 2000 国家大地坐标系中各点的地心坐标和大地坐标、各基线的地心坐标分量和大地坐标分量、各基线改正数、平差值及其精度等。

12.6.2.5 A、B 级 GPS 网平差后，其精度应分别符合表 1 和表 2 的规定，国家二等大地控制网还应符合 5.2.3 的规定。

12.6.3 C、D、E 级 GPS 网无约束平差

12.6.3.1 在基线向量检核符合要求后，以三维基线向量及其相应方差—协方差阵作为观测信息，以一个点在 2000 国家大地坐标系中的三维坐标作为起算依据，进行无约束平差。无约束平差应输出 2000 国家大地坐标系中各点的三维坐标、各基线向量及其改正数和其精度。

12.6.3.2 无约束平差中，基线分量的改正数绝对值($V_{\Delta X}$、$V_{\Delta Y}$、$V_{\Delta Z}$)应满足公式(11)的要求。

$$\begin{aligned} V_{\Delta X} &\leqslant 3\sigma \\ V_{\Delta Y} &\leqslant 3\sigma \\ V_{\Delta Z} &\leqslant 3\sigma \end{aligned} \qquad \cdots\cdots (11)$$

式中：

σ——基线测量中误差，单位为毫米(mm)，其计算按 12.2.5 规定执行。

12.6.4 C、D、E 级 GPS 网约束平差

12.6.4.1 利用无约束平差后的观测量，应选择在 2000 国家大地坐标系或地方独立坐标系中进行三维约束平差或二维约束平差。平差中，对已知点坐标、已知距离和已知方位，可以强制约束，也可加权约束。

12.6.4.2 平差结果应包括相应坐标系中的三维或二维坐标、基线向量改正数、基线边长、方位、转换参数及其相应的精度。

12.6.4.3 约束平差中，基线分量改正数与经过 12.6.3.2 规定的粗差剔除后的无约束平差结果的同一基线，相应改正数较差的绝对值($dV_{\Delta X}$、$dV_{\Delta Y}$、$dV_{\Delta Z}$)应满足公式(12)的要求。

$$\begin{aligned} dV_{\Delta X} &\leqslant 2\sigma \\ dV_{\Delta Y} &\leqslant 2\sigma \\ dV_{\Delta Z} &\leqslant 2\sigma \end{aligned} \qquad \cdots\cdots (12)$$

式中：

σ——基线测量中误差，单位为毫米(mm)，其计算按 12.2.5 规定执行。

12.6.5 C、D、E 级 GPS 网平差后，其精度应符合表 2 的规定，国家三、四等大地控制网还应符合 5.2.3 的规定。

12.7 数据处理成果整理和技术总结编写

12.7.1 基线解算、无约束平差和约束平差(或整体平差)的结果，均应拷贝到磁(光)盘和打印各一份文件。磁(光)盘要装盒，打印成果要装订成册，并要贴上标签，注明资料内容。

12.7.2 外业技术总结应包括下列各项内容：

a) 测区范围与位置，自然地理条件，气候特点，交通及电讯、供电等情况；

b) 任务来源，测区已有测量成果，项目名称，施测目的和基本精度要求；

c) 施测单位，施测起讫时间，作业人员数量，技术状况；

d) 作业技术依据；

e) 作业仪器类型、精度以及检验和使用情况；

f) 点位观测条件的评价，埋石与重合点情况；

g) 联测方法、完成各级点数与补测、重测情况，以及作业中存在问题的说明；

h) 外业观测数据质量分析与数据检核情况。

12.7.3 内业技术总结应包含以下内容：

a) 数据处理方案、所采用的软件、星历、起算数据、坐标系统、历元，以及无约束平差、约束平差情况；

b) 误差检验及相关参数和平差结果的精度估计等；

c) 上交成果中尚存问题和需要说明的其他问题、建议或改进意见；

d) 各种附表与附图。

13 成果验收与上交资料

13.1 成果验收

13.1.1 成果验收按 CH 1002 的规定执行。交送验收的成果，包括观测记录的存储介质及其备份，内容与数量必须齐全、完整无损，各项注记、整饰应符合要求。

13.1.2 验收重点包括下列各项：

a) 实施方案是否符合规范和技术设计要求；

b) 补测、重测和数据剔除是否合理；

c) 数据处理的软件是否符合要求，处理的项目是否齐全，起算数据是否正确；

d) 各项技术指标是否达到要求。

13.1.3 验收完成后，应写出成果验收报告。在验收报告中应按 CH 1003 的规定对成果质量做出评定。

13.2 上交资料

上交的资料包括下列各项：

a) 测量任务书(或合同书)、技术设计书；

b) 点之记、环视图、测量标志委托保管书、选点和埋石资料；

c) 接收设备、气象及其他仪器的检验资料；

d) 外业观测记录、测量手簿及其他记录；

e) 数据处理中生成的文件、资料和成果表；

f) GPS 网展点图；

g) 技术总结和成果验收报告。

附　录　A
（资料性附录）
大地坐标系有关说明

A.1　2000 国家大地坐标系统的定义和地球椭球参数

2000 国家大地坐标系的原点为包括海洋和大气的整个地球的质量中心；2000 国家大地坐标系的 Z 轴由原点指向历元 2000.0 的地球参考极的方向，该历元的指向由国际时间局给定的历元为 1984.0 的初始指向推算，定向的时间演化保证相对于地壳不产生残余的全球旋转，X 轴由原点指向格林尼治参考子午线与地球赤道面（历元 2000.0）的交点，Y 轴与 Z 轴、X 轴构成右手正交坐标系。采用广义相对论意义下的尺度。2000 国家大地坐标系采用的地球椭球参数的数值为：

长半轴：$a=6\ 378\ 137\ \text{m}$

扁率：$f=1/298.257\ 222\ 101$

地心引力常数：$GM=3.986\ 004\ 418\times10^{14}\ \text{m}^3\text{s}^{-2}$

自转角速度：$\omega=7.292\ 115\times10^{-5}\ \text{rads}^{-1}$

A.2　1980 西安坐标系的参考椭球基本参数

长半径：$a=6\ 378\ 140\ \text{m}$

地球总质量与引力常数之积：$GM=3\ 986\ 005\times10^{8}\ \text{m}^3\text{s}^{-2}$

地球引力场二阶带谐系数：$J_2=108\ 263\times10^{-8}$

地球自转角速度：$\omega=7\ 292\ 115\times10^{-11}\ \text{rads}^{-1}$

A.3　1954 年北京坐标系参考椭球基本参数

长半径：$a=6\ 378\ 245\ \text{m}$

扁率：$f=1/298.3$

附 录 B
（规范性附录）
选点与埋石资料及其说明

B.1 点之记

B.1.1 GPS点点之记见表B.1。

表 B.1 点之记

网区：平陆区　　　　所在图幅：I49E008013　　　点号：C002

<table>
<tr><td>点名</td><td>南疙疸</td><td>级别</td><td>B</td><td>概略位置</td><td colspan="3">$B=34°50'$　$L=111°10'$　$H=484$ m</td></tr>
<tr><td>所在地</td><td colspan="3">山西省平陆县城关镇上岭村</td><td>最近住所及距离</td><td colspan="3">平陆县城县招待所，距点位 8 km</td></tr>
<tr><td>地类</td><td>山地</td><td>土质</td><td>黄土</td><td>冻土深度</td><td></td><td>解冻深度</td><td></td></tr>
<tr><td colspan="2">最近电信设施</td><td colspan="2">平陆县城邮电局</td><td>供电情况</td><td colspan="3">上岭村每天可提供交流电</td></tr>
<tr><td colspan="2">最近水源及距离</td><td colspan="2">上岭村有自来水，
距点 800 m</td><td>石子来源</td><td>点位附近</td><td>沙子来源</td><td>县城建筑公司</td></tr>
<tr><td>本点交通情况（至本点通路与最近车站、码头名称及距离）</td><td colspan="3">由三门峡乘车轮渡过黄河，向北约 8 km 到山西平陆县城，再由平陆县城乘车向东南约 7 km 至上岭村，再步行约 800 m 到点上。每天有两班车，两轮人力车可到达点位。</td><td>交通路线图</td><td colspan="3">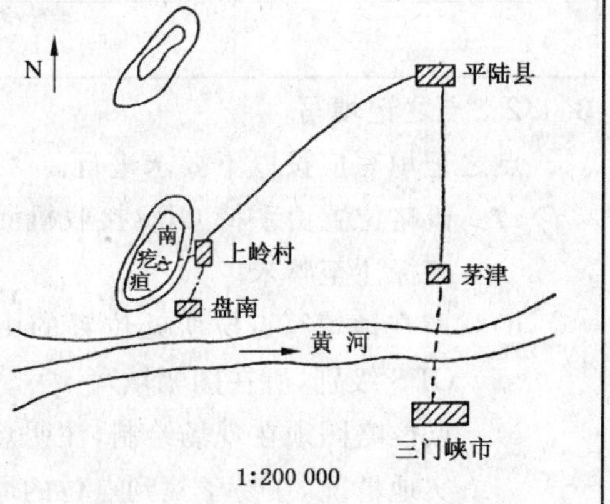
</td></tr>
<tr><td colspan="4">选 点 情 况</td><td colspan="4">点 位 略 图</td></tr>
<tr><td>单位</td><td colspan="3">国家测绘局第一大地测量队</td><td colspan="4" rowspan="5">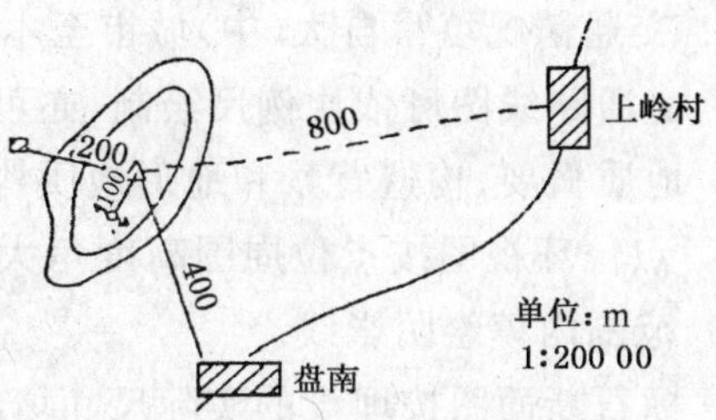
</td></tr>
<tr><td>选点员</td><td>李纯</td><td colspan="2">日期 2000.6.5</td></tr>
<tr><td colspan="2">是否需联测坐标与高程</td><td colspan="2">联测高程</td></tr>
<tr><td colspan="2">联测等级与方法</td><td colspan="2">二等水准测量</td></tr>
<tr><td colspan="2">起始水准点及距离</td><td colspan="2">点号为Ⅱ西三 023，距离本点 1.5 km，联测里程大约 2 km。</td></tr>
</table>

表 B.1（续）

<table>
<tr><td colspan="4">地质概要、构造背景</td><td colspan="2">地形地质构造略图</td></tr>
<tr><td colspan="4"></td><td colspan="2"></td></tr>
<tr><td colspan="4">埋　石　情　况</td><td>标石断面图</td><td>接收天线计划位置</td></tr>
<tr><td>单 位</td><td colspan="3">国家测绘局第一大地测量队</td><td rowspan="6">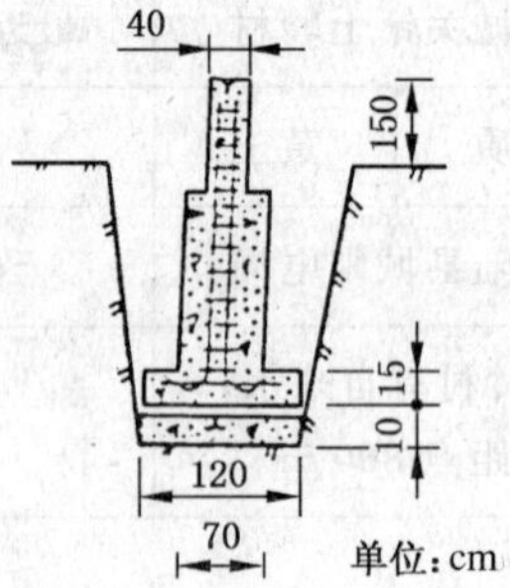
</td><td rowspan="6">天线可直接安置在墩标顶面上</td></tr>
<tr><td>埋石员</td><td>张勇</td><td>日期</td><td>2000.7.12</td></tr>
<tr><td colspan="2">利用旧点及情况</td><td colspan="2">利用原有的墩标</td></tr>
<tr><td colspan="2">保管人</td><td colspan="2">陈生明</td></tr>
<tr><td colspan="2">保管人单位及职务</td><td colspan="2">山西省平陆县上岭村会计</td></tr>
<tr><td colspan="2">保管人住址</td><td colspan="2">山西省平陆县上岭村</td></tr>
<tr><td colspan="2">备　　注</td><td colspan="4"></td></tr>
</table>

B.1.2　点之记填写

点之记填写应按以下要求进行。

a)　概略位置由手持 GPS 接收机测定，经纬度按手持 GPS 接收机的显示填写，概略高程采用大地高标注至整米。

b)　所在地填写点位所处位置的由省(直辖市)至最小行政区的名称及点位具体位置，级别填写 GPS 级别，所在图幅填写 1：5 万地形图图幅号，网区填测区地名。

c)　点位略图须在现场绘制，注明点位至主要特征地貌(地物)的方向和距离。绘图比例尺可根据实地情况，在易于找到点位的原则下适当变通。

d)　电信情况填写点位周边电信情况。

e)　地类根据实际情况按如下类别填写：荒地、耕地、园地、林地、草地、沙漠、戈壁、楼顶。

f)　土质按如下类别填写埋石坑底的土质，黄土、沙土、沙砾土、盐碱土、黏土、基岩。

g)　最近水源填写最近水源位置及距点位的距离。

h)　交通情况填写自大(中)城市至本点的汽车运行路线，并注明交通工具到点情况。

i)　交通路线图可依比例尺绘制，亦可绘制交通情况示意图。

j)　地质概要、构造背景和地形地质构造图，根据工程项目需要，由专业地质人员填绘制。

k)　点位环视图按点位周围高度角大于 10°的遮挡地貌(地物)方向及高度角绘制遮挡范围，遮挡范围内填绘阴影线。

l)　标石断面图按埋设的实际尺寸填绘。

B.2　GPS 点环视图

GPS 点环视图见图 B.1。

东局点环视图

（周围有高于10°障碍物时绘制）

网区名：陆原　　　　　　　　　　　　　图幅：H18E001003

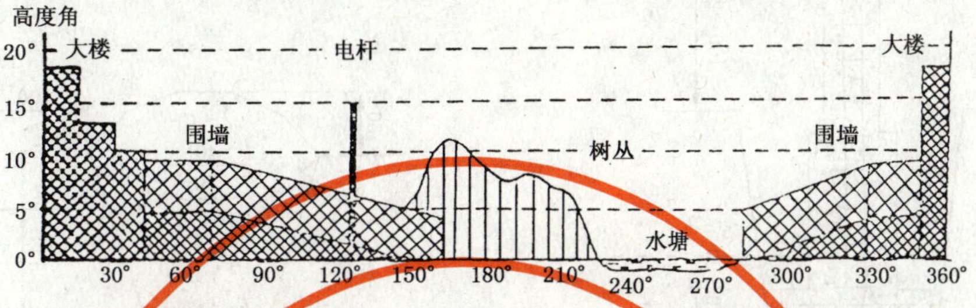

高于10°障碍物水平投影占总数5%　　　　　　　绘 制 者：张承海

绘制日期：2001.3.10

图 B.1

B.3　标石类型图

标石类型图见图B.2、图B.3、图B.4、图B.5、图B.6、图B.7、图B.8、图B.9、图B.10、图B.11。

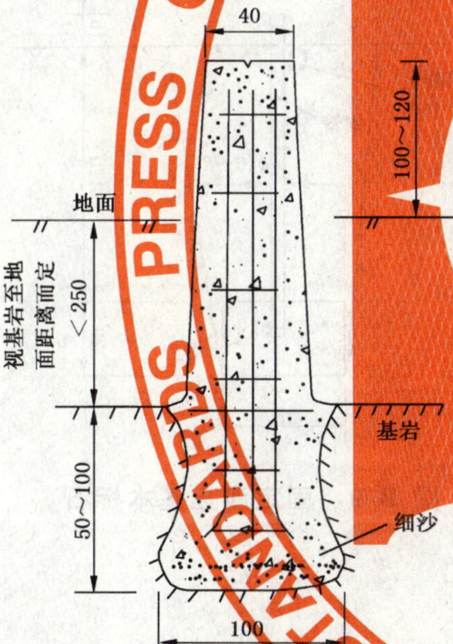

图 B.2　基岩天线墩

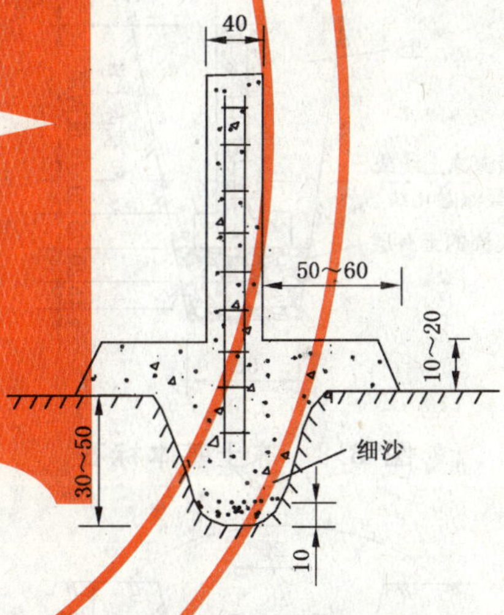

图 B.3　岩石天线墩

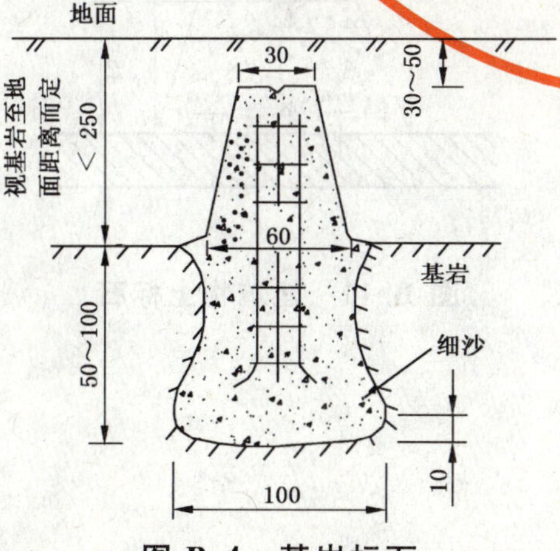

图 B.4　基岩标石

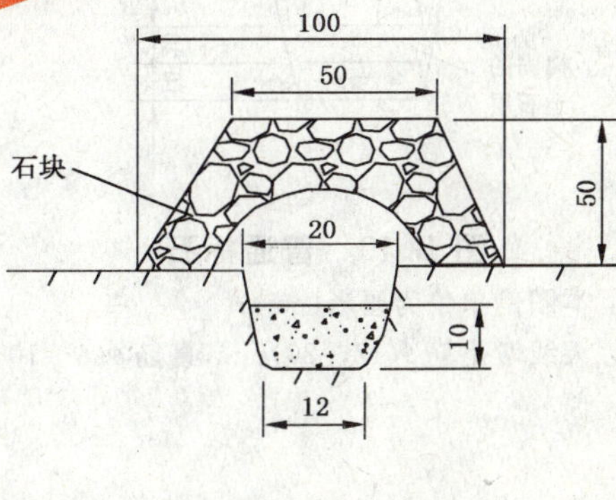

图 B.5　岩层普通标石
大型混凝土上标石

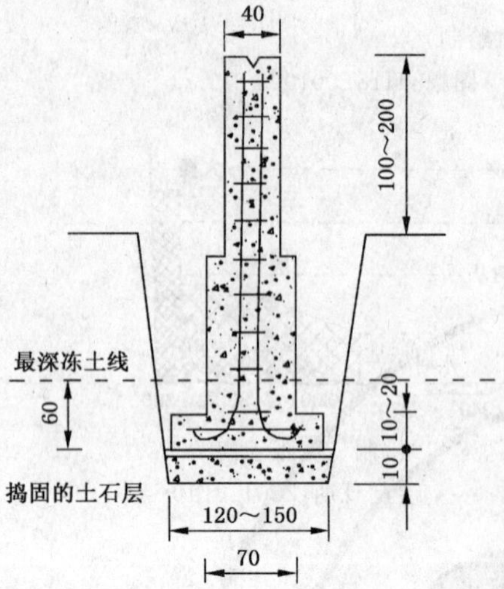

图 B.6　土层天线墩

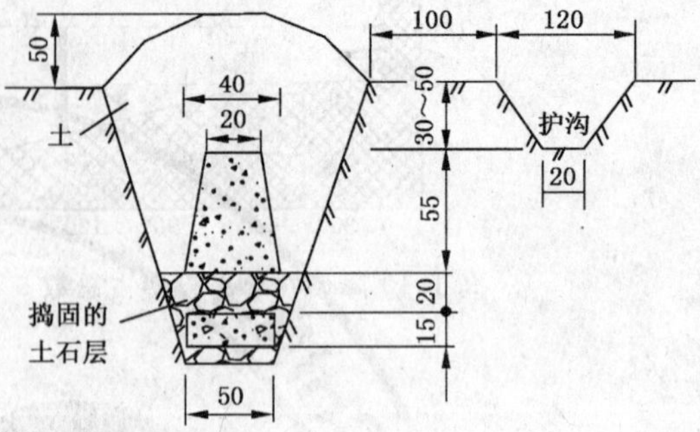

图 B.7　普通基本标石

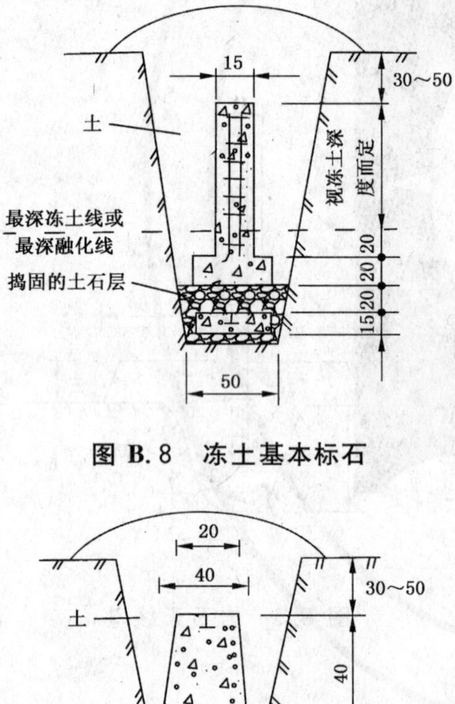

图 B.8　冻土基本标石

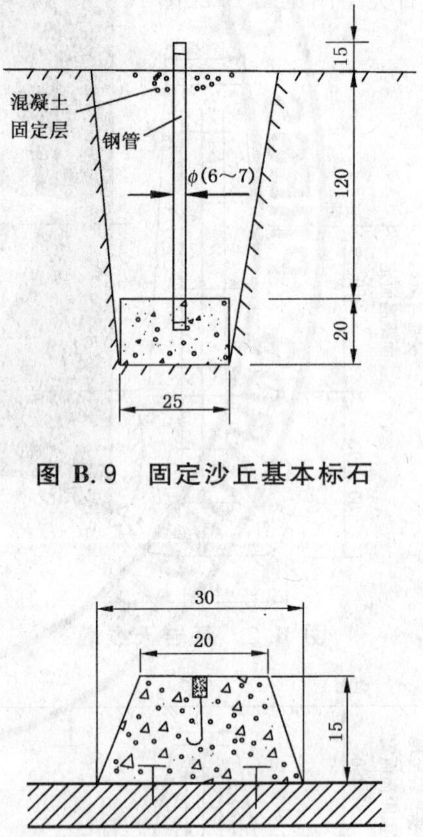

图 B.9　固定沙丘基本标石

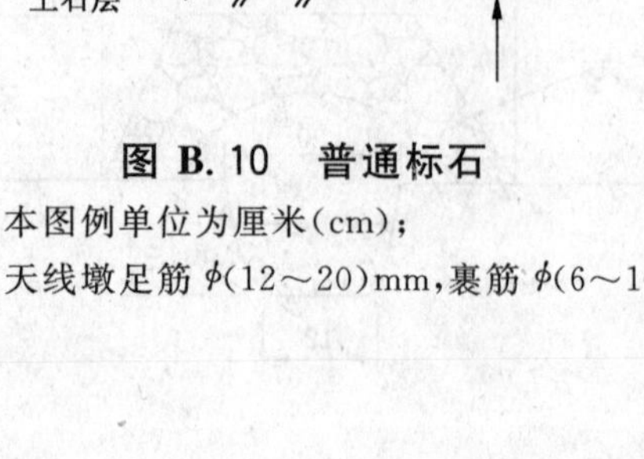

图 B.10　普通标石

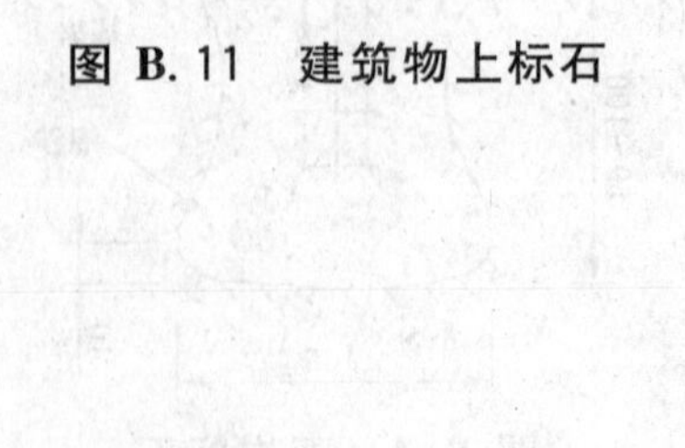

图 B.11　建筑物上标石

注 1：本图例单位为厘米(cm)；

注 2：天线墩足筋 $\phi(12\sim20)$mm，裹筋 $\phi(6\sim10)$mm。

附　录　C
（规范性附录）
气象仪表的主要技术要求

C.1　通风干湿表的主要技术要求和使用

C.1.1　主要技术要求如下：

a）在温度－10 ℃～＋45 ℃的范围内，可测10％～100％的相对湿度；

b）温度表的刻度应在－26 ℃～＋51 ℃或－26 ℃～＋41 ℃的范围内，其最小分度值应为0.2 ℃；

c）通风器开动后，在第4分钟末，温度表球部周围的通风速度不应小于2.5 m/s，在第6分钟末，不应小于2.2 m/s；

d）每分钟末通风速度的改变不应大于0.2 m/s。

C.1.2　通风干湿表遇有下列情况之一时，应进行再检定。

a）在同一海拔高度上，发条盒转动第二周的作用时间增长6 s以上；

b）检定或更换温度表；

c）修理及更换配件；

d）对检定结果有怀疑时。

C.2　空盒气压表的主要技术要求和使用

C.2.1　主要技术要求如下：

a）空盒气压表应能在大气压力53 329 Pa～106 658 Pa，空气温度为－10 ℃～＋40 ℃的条件下正常工作；

b）温度系数的变化，每度不应超过±27 Pa；

c）示值修正值的最大差值不应超过绝对值400 Pa；

d）空盒气压表的空盒组、传动系统和指示部分应连接牢固，无松脱和摩擦现象；

e）当空盒气压表倾斜45°时，转击表身，指针位置的改变不应大于±53 Pa；

f）当正、反方向转动调节螺丝时，指针的位移量不应小于4 000 Pa；

g）空盒气压表的刻度盘表面应呈白色，刻线清晰，无划痕缺陷；

h）指针应平直，具有弹性，末端应扭转90°角，且与刻度盘表面垂直，指针与度盘表面的间距为0.3 mm～1.0 mm。

C.2.2　空盒气压表遇有下列情况之一时，应进行再检验：

a）气压表被剧烈震动过，或对示值有怀疑时；

b）气压表的读数与本站水银气压表的气压相比较，经过示值修正后，其差值超过±400 Pa。

附　录　D
（规范性附录）
测量手簿记录及有关要求

D.1　测量手簿

D.1.1　测量手簿封面见图 D.1。

GPS 测 量 观 测 手 簿

手簿编号 No. ______

测量级别______________

起止日期______________

项目名称______________

点　　名______________

点　　号______________

测量单位______________

图 D.1　GPS 测量手簿封面

D.1.2 GPS 测量手簿记录格式见图 D.2。

点　号		点　名		图幅编号	
观测记录员		观测日期		时段号	
接收机型号 及编号		天线类型及 其编号		存储介质类型及 编号	
原始观测数据 文件名		Rinex 格式数据 文件名		备份存储介质 类型及编号	
近似纬度	° ′ ″ N	近似经度	° ′ ″ E	近似高程	m
采样间隔	s	开始记录时间	h　min	结束记录时间	h　min
天线高测定		天线高测定方法及略图		点位略图	
测前： 测定值______m 修正值______m 天线高______m 平均值______m	测后： ______m ______m ______m ______m				
时间(UTC)		跟踪卫星数		PDOP	
记 事					

图 D.2　GPS 测量手簿记录格式

D.2　测量手簿记录内容及要求

D.2.1 GPS 测量手簿记录内容及要求如下：

a) 点号、点名。

b) 图幅编号：填写点位所在的 1∶50 000 地形图图幅编号。

c) 观测员、记录员。

d) 时段号、观测日期：每个测站时段号按顺序连续编写，如：01、02、03…；观测时间填写年、月、日，并打一斜线填写年积日。

e) 接收机型号及编号、天线类型及编号：填写全名，如“Ashtech ZXtreme”、“扼流圈双波段天线”，主机及天线编号(S/N、P/N)从主机及天线上查取，填写完整。

f) 存储介质及编号、备份存储介质及编号。

g) 原始数据数据文件名、Rinex 格式数据文件名。

h) 近似纬度、近似经度、近似高程：近似经纬度填至 1′，近似高程填至 100 m。

i) 采样间隔、开始记录时间、结束记录时间：采样间隔填写接收机实际设置的数据采样率。

j) 站时段号、日时段号。

k) 天线高及其测定方法及略图：测定方法见 D.3，各项测定值取至 0.001 m。

l) 点位略图：按点附近地形地物绘制，应有 3 个标定点位的地物点，比例尺大小视点位具体情况确定。点位环境发生变化后，应注明新增障碍物的性质，如：树林、建筑物等。

m) 测站作业记录：记载有效观测卫星数、PDOP 值等，B 级每 4 h 记录一次，C 级每 2 h 记录一次，D 级、E 级观测开始与结束时各记录一次。

n) 记事：记载天气状况，填写开机时的天气状况，按晴、多云、阴、小雨、中雨、大雨、小雪、中雪、大雪、风力、风向选一填写，同时记录云量及分布；记载是否进行偏心观测，其记录在何手簿，以及整个观测是过程中出现的重要问题，出现时间及其处理情况。

D.3 天线高测定方法及要求

D.3.1 天线墩上天线高测定

用天线高量测杆或小钢卷尺从厂家规定的天线高量测基准面彼此相隔 120°的三个位置分别量取至天线墩中心标志面的垂直距离，互差应小于 2 mm，取平均值为天线高 h。

D.3.2 三脚架上天线高测定

备有专用测高标尺的接收设备，将标尺插入天线的专用孔中，下端垂准中心标志，直接读出天线高(或需加一常数)。

其他接收设备，可采用倾斜测量方法。从脚架三个空档(互成 120°)，测量天线高量测基准面至中心标志面的距离，互差应小于 3 mm，取平均值为 L，天线底盘半径为 R，按天线高公式(D.1)求出。

$$h = \sqrt{L^2 - R^2} \qquad \cdots\cdots (D.1)$$

D.3.3 觇标仪器台上天线高测定

按 D.3.1 方法量取天线高量测基准面至仪器台上表面的高差 h'，再量取仪器台的厚度 h''，再用钢卷尺不同部位，量取仪器台下表面至中心标志面的高差三次，其互差不应大于 5 mm，取平均值为最后结果 h'''，则天线高按公式(D.2)求出。

$$h = h' + h'' + h''' \qquad \cdots\cdots (D.2)$$

D.3.4 在 GPS 测量手簿中应绘出天线高量测方法略图。

附 录 E
（资料性附录）
归心元素测定与计算

E.1 归心元素的测定

E.1.1 GPS 方法

如图 E.1 所示，P 为标志中心，A 为已测 GPS 点，B 为 GPS 方位点。

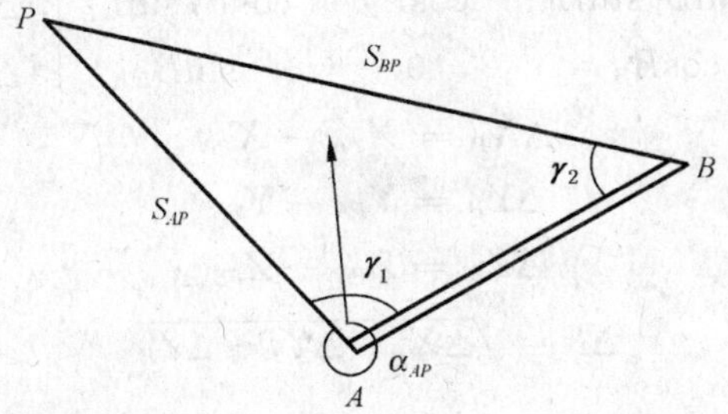

图 E.1

在 A、B 点上安置接收机，观测一时段后，交换天线，再观测一时段，共两时段，获得 A、B 点 WGS-84 坐标。用经纬仪以三等三角测量的要求观测水平角 γ_1、γ_2 各 4 测回，用红外测距仪，观测 4 测回，得到 AP 间的距离 S_{AP}，与 BP 间的距离 S_{BP}，用水准测量或经纬仪高程方法分别测出 PA 间的高差 h_{AP} 与 PB 间的高差 h_{BP}，即可计算出归心元素 ΔX_A、ΔY_A、Δh_{AP} 与 α_{AP}。

E.1.2 纯 GPS 方法

在 A、P 点上安置接收机，观测一时段后，交换天线再观测一时段，共两时段，获得 A、P 点间的 WGS-84 坐标系坐标差 ΔX_{AP}、ΔY_{AP}、ΔZ_{AP}。时段长度：双频接收机不得少于 30 min，单频接收机不得少于 1 h。

E.1.3 三角联测方法

若已知 P 点至某一方向的大地方位角，可通过 P 点上对该方向与 PA 方向间角度观测求出 α_{PA}，进而得到 α_{AP}，以代替 E.1.1 通过测角求 α_{AP} 的方法。按三等三角测量要求，角度观测 4 测回。

E.2 归心元素计算

已知 A、B 两点的 2000 国家大地坐标系中空间直角坐标分别为 X_A、Y_A、Z_A 与 X_B、Y_B、Z_B，以 A 点坐标为原点，按公式(E.1)求得 B 点在 A 点站心坐标系中的站心地平坐标：

$$\begin{bmatrix} X_B \\ Y_B \\ Z_B \end{bmatrix} = \begin{bmatrix} -\sin B_A \cos L_A & -\sin B_A \sin L_A & \cos B_A \\ -\sin L_A & \cos L_A & 0 \\ \cos B_A \cos L_A & \cos B_A \sin L_A & \sin B_A \end{bmatrix} \begin{bmatrix} X_B - X_A \\ Y_B - Y_A \\ Z_B - Z_A \end{bmatrix} \qquad \cdots\cdots\cdots\cdots(\text{E.1})$$

式中：

$B_A = \arctan(Z_A / \sqrt{X_A^2 + Y_A^2})$

$L_A = \arcsin(Y_A / \sqrt{X_A^2 + Y_A^2})$

然后按公式(E.2)、公式(E.3)、公式(E.4)、公式(E.5)、公式(E.6)计算 α_{AP}：

$$\alpha_{BA} = \arctan y_B / x_B \qquad \cdots\cdots\cdots\cdots(\text{E.2})$$

$$\alpha_{AP} = \alpha_{BA} + (360° - \gamma_1) \qquad \cdots\cdots\cdots\cdots(\text{E.3})$$

$$\alpha_{AP} = \alpha_{PA} - 180° = \alpha_{BA} + (180° - \gamma_1) \qquad \cdots\cdots\cdots\cdots(\text{E.4})$$

$$\Delta X_A = S_{AP}\cos\alpha_{PA} \qquad \text{(E.5)}$$

$$\Delta Y_A = S_{AP}\sin\alpha_{PA} \qquad \text{(E.6)}$$

$\Delta Z_A = \Delta h_{AP} = h_{AP}$（$A$ 点高于 P 点时取正，反之取负）。

用类似的公式和方法，可求得归心元素 ΔX_B、ΔY_B、Δh_{BP}。

为检核 ΔX_A、ΔY_A、Δh_{AP} 计算的正确性，可依公式(E.7)、公式(E.8)分别求出 P 点球心直角坐标。

$$\begin{pmatrix} X_{PA} \\ Y_{PA} \\ Z_{PA} \end{pmatrix} = \begin{pmatrix} -\sin B_A\cos L_A & -\sin L_A & \cos B_A\cos L_A \\ -\sin B_A\sin L_A & \cos L_A & \cos B_A\sin L_A \\ \cos B_A & 0 & \sin B_A \end{pmatrix} \begin{pmatrix} \Delta X_A \\ \Delta Y_A \\ \Delta Z_A \end{pmatrix} + \begin{pmatrix} X_A \\ Y_A \\ Z_A \end{pmatrix} \qquad \text{(E.7)}$$

$$\begin{pmatrix} X_{PB} \\ Y_{PB} \\ Z_{PB} \end{pmatrix} = \begin{pmatrix} -\sin B_B\cos L_B & -\sin L_B & \cos B_B\cos L_B \\ -\sin B_B\sin L_B & \cos L_B & \cos B_B\sin L_B \\ \cos B_B & 0 & \sin B_B \end{pmatrix} \begin{pmatrix} \Delta X_B \\ \Delta Y_B \\ \Delta Z_B \end{pmatrix} + \begin{pmatrix} X_B \\ Y_B \\ Z_B \end{pmatrix} \qquad \text{(E.8)}$$

$$\begin{aligned} \Delta X_P &= X_{PA} - X_{PB} \\ \Delta Y_P &= Y_{PA} - Y_{PB} \\ \Delta Z_P &= Z_{PA} - Z_{PB} \end{aligned} \qquad \text{(E.9)}$$

则

$$\Delta R = \sqrt{\Delta X_P^2 + \Delta Y_P^2 + \Delta Z_P^2} \qquad \text{(E.10)}$$

ΔR 应小于 $4\sqrt{3}$ mm。

附 录 F
（规范性附录）
同步观测环检核

三边同步环中只有两个同步边成果可以视为独立的成果，第三边成果应为其余两边的代数和。由于模型误差和处理软件的内在缺陷，第三边处理结果与前两边的代数和常不为零，其差值应符合公式（F.1）：

$$
\begin{aligned}
W_X &\leqslant \frac{\sqrt{3}}{5}\sigma \\
W_Y &\leqslant \frac{\sqrt{3}}{5}\sigma \\
W_Z &\leqslant \frac{\sqrt{3}}{5}\sigma
\end{aligned}
\qquad \cdots\cdots\cdots\cdots (F.1)
$$

式中：

σ——基线测量中误差，单位为毫米（mm）；其计算按 12.2.5 规定执行。

对于四站以上同步观测时段，在处理完各边观测值后，应检查一切可能的三边环闭合差。

ICS 07.040
A 75

中华人民共和国国家标准

GB/T 18317—2009
代替 GB/T 18317—2001

专题地图信息分类与代码

Classification and code for thematic map information

2009-05-06 发布　　2009-10-01 实施

中华人民共和国国家质量监督检验检疫总局
中国国家标准化管理委员会　发布

前　言

本标准代替 GB/T 18317—2001《专题地图信息分类与代码》。

本标准与 GB/T 18317—2001 相比,主要变化如下:

a) 增加了规范性引用文件。

b) 改变了原有标准中的部分结构,同时为避免原标准主题类中的“地理基础”与本标准中“专题地图内容信息”的基础设施等子类冲突,将“地理基础”主题类中的基础地理信息一级子类的分类与代码直接引用 GB/T 13923《基础地理信息要素分类与代码》,在专题地图信息分类与代码表中不再体现。

c) 丰富了专题信息内容,增加了与当前社会密切相关的专题信息如生态环境保护、生物资源、气候资源和水利设施等内容。

本标准由国家测绘局提出。

本标准由全国地理信息标准化技术委员会(SAC/TC 230)归口。

本标准起草单位:中国测绘科学研究院、中国科学院地理科学与资源研究所、国家基础地理信息中心、国家发展和改革委员会宏观经济研究院、建设综合勘察设计研究院。

本标准主要起草人:王红、苏山舞、廖克、王英杰、李莉、曾澜、王丹、田娟。

本标准于 2001 年首次发布。

专题地图信息分类与代码

1 范围

本标准规定了专题地图信息的分类与代码。

本标准适用于专题地图数据库建设与管理，包括专题地图分类、编码和管理。

2 规范性引用文件

下列文件中的条款通过本标准的引用而成为本标准的条款。凡是注日期的引用文件，其随后所有的修改单(不包括勘误的内容)或修订版均不适用于本标准，然而，鼓励根据本标准达成协议的各方研究是否可使用这些文件的最新版本。凡是不注日期的引用文件，其最新版本适用于本标准。

GB/T 16820 地图学术语

GB/T 13923 基础地理信息要素分类与代码

3 术语和定义

GB/T 16820 确立的及以下术语和定义适用于本标准。

3.1

专题地图 thematic map

着重表示自然或社会现象中的某一种或几种要素，即集中表现某种主题内容的地图。

3.2

专题地图信息 thematic map information

突出表示自然或社会现象中的某一种或几种要素的地图信息，包括专题内容要素、表示方式和附加的地图说明信息。

4 信息分类、编码原则与方法

4.1 信息分类原则

4.1.1 以专题地图的内容信息为主要分类对象，兼顾专题地图表达手段和地图说明信息等各种制图要素。

4.1.2 可扩充性原则，各类专题地图信息组成一个多层次的整体，同时保持其自身的开放性、可扩充性，分类编码体系为内容扩充留出较大的代码空间。

4.1.3 专题地图的内容信息分类按内容要素特征形成科学、系统的分类体系。一级子类从自然、社会、环境三方面分类；二级子类、三级子类根据各专业或行业通用分类方法，兼顾专题制图的实用性进行分类。

4.1.4 专题地图中基础地理信息分类与代码按 GB/T 13923 执行。

4.1.5 复合型的专题内容信息按主词进行分类。

4.2 信息编码原则

4.2.1 规范性原则，代码的结构、类型以及编写的格式统一，便于系统的检索和调用。

4.2.2 合理性原则，编码体系的结构与信息的分类体系相适应，反映客观系统的层次、机理及其相关联系的特性。

4.2.3 实用性原则，代码的含意清晰，反映出要素的特点，以助记忆。

4.2.4 简单性原则，代码的结构尽量简单，长度尽量短。

4.2.5 等长性原则，无论分类体系中级数多少，其代码长度相等。

4.3 信息分类

按信息的结构特征及其在专题制图中的作用，将专题地图信息分为专题内容信息、专题地图表达信息、说明信息三个主题类。每个主题类下分若干一级子类，每个一级子类再进一步地细分为二级子类、三级子类。专题内容信息分类到三级，专题地图表达信息与说明信息分类到二级子类。分类体系见表1。

表1 专题地图信息分类体系

主题类	一级子类	二级子类数	三级子类数
专题内容信息	自然条件	7	27
	自然资源	7	23
	基础设施	5	21
	社会经济	5	36
	生态与环境	5	33
	其他专用地图信息	2	
专题地图表达信息	地理单元	5	
	统计单元	2	
	网格单元	2	
	表示方法	12	
	符号系统	4	
	色彩体系	3	
	地图注记	2	
说明信息	数学基础说明	3	
	图例	2	
	地理底图说明	2	
	图历记录	3	
	地图文字说明	4	
	版权说明	3	
合计数	19	78	140

4.4 专题地图信息代码及扩充原则

4.4.1 采用6位数字型代码，其结构如下：

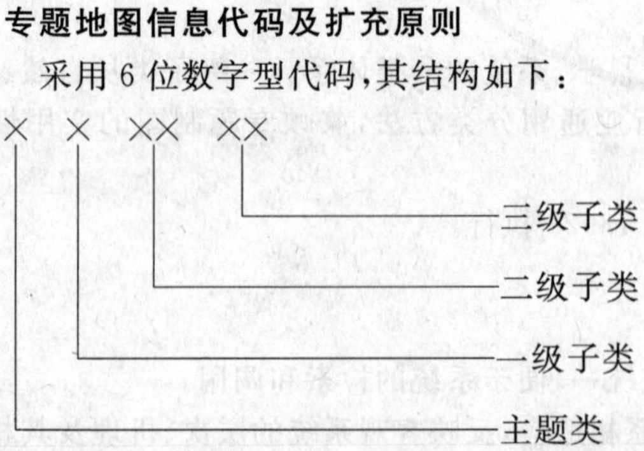

第一位代表主题类，用一位数字1～9表示；

第二位代表一级子类，用一位数字1～9表示；

第三、四位代表二级子类，用两位数字01～99表示；

第五、六位代表三级子类，用两位数字01～99表示；

本标准对所有专题地图信息进行统一6位编码。

4.4.2 专题地图信息代码扩充原则

a) 本代码体系留有适当的后备容量，一级子类、二级子类、三级子类均可以根据专业或行业需要扩充。

b) 新增类应与原有体系保持线性独立，新增类与原有要素不应相互覆盖。

c) 增加新的子类或要素时应不打乱已建立的分类体系，以便以后扩充。

d) 扩充的专题要素的代码应具有唯一性，不应与已有代码重复。

5 分类与代码

专题地图信息分类与代码见表2。

表2 专题地图信息分类与代码

主题类	一级子类	二级子类	三级子类	名 称
100000				**专题内容信息**
	110000			**自然条件**
		110100		地质
			110101	区域地质
			110102	构造地质
			110103	水文地质
			110104	工程地质
			110105	环境地质
			110106	地球物理
			110107	地球化学
		110200		地貌
			110201	地貌类型
			110202	特殊地貌
			110203	地势
		110300		气象与气候
			110301	高空气流
			110302	太阳辐射
			110303	日照
			110304	气温
			110305	降水
			110306	风力、风向
			110307	积温
		110400		水文
			110401	陆地水文
			110402	海洋水文
		110500		土壤

表 2（续）

主题类	一级子类	二级子类	三级子类	名　　称
			110501	土壤类型
			110502	土壤母质
			110503	土壤养分
			110504	土壤化学
		110600		植被
			110601	植被类型
			110602	植物区系
		110700		动物
			110701	动物区系
			110702	动物分布
	120000			自然资源
		120100		水资源
			120101	地表水资源
			120102	地下水资源
		120200		土地资源
			120201	土地资源类型
			120202	土地覆盖
			120203	土地利用
		120300		气候资源
			120301	太阳能
			120302	风能
		120400		矿产资源
			120401	金属矿产
			120402	非金属矿产
			120403	能源矿产
		120500		生物资源
			120501	森林资源
			120502	草地资源
			120503	药用植物资源
			120504	其他植物资源
			120505	动物资源
		120600		海洋资源
			120601	海底矿产资源
			120602	海洋生物资源
			120603	滩涂养殖

表 2（续）

主题类	一级子类	二级子类	三级子类	名　称
		120700		旅游资源
			120701	地文景观
			120702	水域风光
			120703	生物景观
			120704	天象与气候景观
			120705	遗址遗迹
	130000			**基础设施**
		130100		交通运输
			130101	铁路
			130102	公路
			130103	水运
			130104	航空
			130105	航海
			130106	管道
			130107	城市道路
			130108	有轨交通
		130200		水利设施
			130201	挡水设施
			130202	输配水设施
			130203	提水发电设施
		130300		能源设施
			130301	发电设施
			130302	输变电设施
			130303	热力及燃气管道
		130400		通讯设施
			130401	邮政
			130402	电信
			130403	移动通讯
			130404	计算机网络与服务
			130405	广播电视传输服务
			130406	卫星传输服务
		130500		仓储设施
			130501	农产品仓储
	140000			**社会经济**
		140100		人口

表 2（续）

主题类	一级子类	二级子类	三级子类	名　　称
			140101	人口分布与数量
			140102	性别构成
			140103	年龄构成
			140104	受教育程度
			140105	职业构成
			140106	民族构成
			140107	人口迁移
			140108	人口自然变化
			140109	家庭
			140110	婚姻
			140111	生育
		140200		经济发展
			140201	第一产业
			140202	第二产业
			140203	第三产业
			140204	国民生产总值
			140205	人均国民收入
			140206	财政收支
			140207	对外经济贸易
			140208	商业(国内贸易)
			140209	金融
			140210	社会保障
		140300		社会发展
			140301	教育
			140302	科技
			140303	文化
			140304	体育
			140305	娱乐
			140306	传媒
			140307	公共管理和社会组织
			140308	国际组织
		140400		医疗卫生
			140401	医疗
			140402	卫生与保健
			140403	防疫

表 2（续）

主题类	一级子类	二级子类	三级子类	名　　称
			140404	流行病
		140500		规划
			140501	城乡规划
			140502	风景名胜区规划
			140503	建设监督与管理
	150000			生态与环境
		150100		灾害
			150101	气象灾害
			150102	地质灾害
			150103	地震灾害
			150104	植物病虫害
			150105	洪涝灾害
			150106	干旱灾害
			150107	海洋灾害
			150108	森林火灾
		150200		环境污染
			150201	空气污染
			150202	水体污染
			150203	固体废弃物污染
			150204	土壤污染
			150205	光污染
			150206	声污染
		150300		生态环境变化
			150301	气候变化
			150302	植被变化
			150303	土地利用变化
			150304	水质变化
			150305	土地荒漠化
			150306	土壤侵蚀
			150307	土壤盐碱化
			150308	土壤退化
		150400		生态环境保护
			150401	自然保护区
			150402	地质公园
			150403	森林公园

表 2（续）

主题类	一级子类	二级子类	三级子类	名　　称
			150404	重点野生动物保护
			150405	重点珍稀植物保护
		150500		环境评价
			150501	生物丰度指数
			150502	植被覆盖指数
			150503	水网密度指数
			150504	土地退化指数
			150505	环境质量指数
			150506	环境承载力
	160000			**其他专用地图信息**
		160100		行星
		160200		宇航
200000				**专题地图表达信息**
	210000			**地理单元**
		210100		地貌形态单元
		210200		土地单元
		210300		自然景观单元
		210400		生态环境单元
		210500		流域单元
	220000			**统计单元**
		220100		行政单元
		220200		邮政分区单元
	230000			**网格单元**
		230100		经纬网
		230200		公里网
	240000			**表示方法**
		240100		个体符号法
		240200		线状符号法
		240300		等值线法
		240400		范围线法
		240500		质底法
		240600		量底法
		240700		点值法
		240800		定点统计图表法
		240900		分区统计图表法

表 2 (续)

主题类	一级子类	二级子类	三级子类	名　称
		241000		分级统计图法
		241100		运动线法
		241200		网格法
	250000			**符号系统**
		250100		点状符号
		250200		线状符号
		250300		面状符号
		250400		体状符号
	260000			**色彩体系**
		260100		CMYK(青、品、黄、黑)
		260200		RGB(红、绿、蓝)
		260300		HSB(色相、饱和度、明度)
	270000			**地图注记**
		270100		名称注记
		270200		说明注记
300000				**说明信息**
	310000			**数学基础说明**
		310100		坐标系
		310200		投影
		310300		比例尺
	320000			**图例**
		320100		符号
		320200		文字
	330000			**地理底图说明**
		330100		底图符号化原则
		330200		信息概括原则
	340000			**图历记录**
		340100		作者及编制时间
		340200		使用资料记录
		340300		资料(数据)处理记录
	350000			**地图文字说明**
		350100		文本
		350200		作者及编写时间
		350300		使用资料记录
		350400		资料(数据)处理记录

表 2（续）

主题类	一级子类	二级子类	三级子类	名　　称
	360000			**版权说明**
		360100		图书在版编目(CIP)数据
		360200		出版单位
		360300		出版时间

参考文献

[1] GB/T 4754—2002 国民经济行业分类.

[2] GB/T 18972—2003 旅游资源分类、调查与评价.

[3] HJ/T 192—2006 生态环境状况评价技术规范(试行).

[4] 中华人民共和国统计局.中国统计年鉴 2007[S].北京:中国统计出版社.

ICS 59.080.30
W 04

中华人民共和国国家标准

GB/T 18318.1—2009
代替 GB/T 18318—2001

纺织品　弯曲性能的测定
第1部分:斜面法

Textiles—Determination of bending behavior—Part 1:Incline method

(ISO 9073-7:1995,Textiles—Test methods for nonwovens—
Part 7:Determination of bending length,MOD)

2009-09-30 发布　　　　2010-03-01 实施

中华人民共和国国家质量监督检验检疫总局
中国国家标准化管理委员会　发布

前　言

GB/T 18318《纺织品　弯曲性能的测定》包括以下部分：

——第1部分：斜面法；

——第2部分：心形法；

——第3部分：格莱法；

——第4部分：悬臂法；

——第5部分：纯弯曲法；

——第6部分：马鞍法。

本部分为GB/T 18318的第1部分。

本部分采用重新起草法修改采用ISO 9073-7:1995《纺织品　非织造布试验方法　第7部分：弯曲长度的测定》。本部分与ISO 9073-7:1995相比有以下主要差异：

——标准名称修改，适用范围扩大，不仅适用于非织造布，也适用于其他种类的织物；

——规范性引用文件中由我国标准代替了国际标准，删除了引用的ISO 186纸板取样方法；

——规范性引用文件中增加了GB/T 4669(见第2章和8.1)；

——第6章由"按产品标准的规定或有关协议取样"代替了"按ISO 186取样"；

——删除了8.2中记录时间"(8±2)s后"；

——增加了计算结果"保留三位有效数字"(见9.3)；

——将9.3的注调整至附录A中A.1的注；

——删除第1章的注1和8.2的注8。

本部分代替GB/T 18318—2001《纺织品　织物弯曲长度的测定》。本部分与GB/T 18318—2001相比有以下主要差异：

——标准名称修改，由单独标准变为系列标准的部分；

——增加了注3(见5.3)；

——增加了第6章；

——更正了公式(1)。

本部分的附录A是资料性附录。

本部分由中国纺织工业协会提出。

本部分由全国纺织品标准化技术委员会基础标准分会(SAC/TC 209/SC 1)归口。

本部分起草单位：纺织工业标准化研究所、国家纺织制品质量监督检验中心。

本部分主要起草人：郑宇英、王颖。

本部分所代替标准的历次版本发布情况为：

——GB/T 18318—2001。

纺织品　弯曲性能的测定
第1部分:斜面法

1　范围

GB/T 18318的本部分规定了采用斜面法测定织物弯曲长度的方法,给出了根据弯曲长度计算抗弯刚度的公式。

本部分适用于各类织物。

2　规范性引用文件

下列文件中的条款通过GB/T 18318的本部分的引用而成为本部分的条款。凡是注日期的引用文件,其随后所有的修改单(不包括勘误的内容)或修订版均不适用于本部分,然而,鼓励根据本部分达成协议的各方研究是否可使用这些文件的最新版本。凡是不注日期的引用文件,其最新版本适用于本部分。

GB/T 4669　纺织品　机织物　单位长度质量和单位面积质量的测定(GB/T 4669—2008,ISO 3801:1977,MOD)

GB/T 6529　纺织品　调湿和试验用标准大气(GB/T 6529—2008,ISO 139:2005,MOD)

GB/T 24218.1　纺织品　非织造布试验方法　第1部分:单位面积质量的测定(GB/T 24218.1—2009,ISO 9073-1:1995,MOD)

3　术语和定义

下列术语和定义适用于GB/T 18318的本部分。

3.1

弯曲长度　bending length

一端握持、另一端悬空的矩形织物试样在自重作用下弯曲至7.1°时的长度。

3.2

抗弯刚度　flexural rigidity

单位宽度材料的微小弯矩变化与其相应曲率变化之比。

注:抗弯刚度可根据弯曲长度计算。

4　原理

一矩形试样放在水平平台上,试样长轴与平台长轴平行。沿平台长轴方向推进试样,使其伸出平台并在自重下弯曲。伸出部分端悬空,由尺子压住仍在平台上的试样另一部分。

当试样的头端通过平台的前缘达到与水平线呈41.5°倾角的斜面上时,伸出长度等于试样弯曲长度的两倍(参见附录A),由此可计算弯曲长度。

5　仪器

一种适当的弯曲长度仪(如图1所示)。

5.1　水平装置。

5.2　平台:宽度(40±2)mm,长度不小于250 mm,支撑在高出桌面至少150 mm的高度上。通过平台前缘的斜面与水平台底面成41.5°夹角。平台支撑的侧面与斜面的交线为 L_1 和 L_2。

在距平台前缘的(10±1)mm处作标记D。

注：为避免试样粘附，平台表面宜涂有或盖有一层聚四氟乙烯(PTFE)。

5.3　钢尺：宽度(25±1)mm，长度不小于平台长度，质量为(250±10)g，刻度为毫米，其下表面有橡胶层。

注：钢尺厚度为3.5 mm，可获得准确的质量。

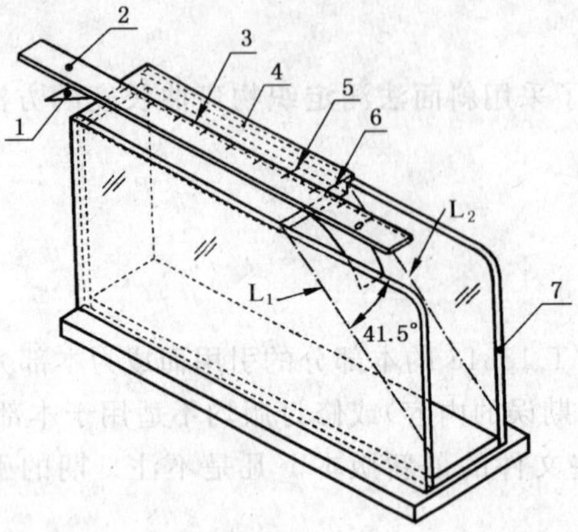

1——试样；
2——钢尺；
3——刻度；
4——平台；
5——标记(D)；
6——平台前缘；
7——平台支撑。

图1　弯曲长度仪示意图

6　取样

按产品标准的规定或有关协议取样。

7　试样的准备和调湿

7.1　随机剪取12块试样，试样尺寸为(25±1)mm×(250±1)mm。其中6块试样的长边平行于织物的纵向，6块试样的长边平行于织物的横向。试样至少取至离布边100 mm，并尽可能少用手摸。

注1：有卷边或扭转趋势的织物应当在剪取试样前调湿。如果试样的卷曲或扭转现象明显，可将试样放在平面间轻压几个小时。对于特别柔软、卷曲或扭转现象严重的织物，不宜用此法。

注2：可取与纵向呈45°方向的附加试样。

注3：用于生产控制时，试样的数量可减少至每个方向3块。

7.2　在GB/T 6529规定的大气中调湿和试验。

8　步骤

8.1　按GB/T 4669或GB/T 24218.1测定和计算试样的单位面积质量。

8.2　调节仪器的水平。将试样放在平台上，试样的一端与平台的前缘重合。将钢尺放在试样上，钢尺的零点与平台上的标记D对准。

以一定的速度向前推动钢尺和试样，使试样伸出平台的前缘，并在其自重下弯曲，直到试样伸出端与斜面接触。记录标记D对应的钢尺刻度作为试样的伸出长度。

8.3 重复8.2,对同一试样的另一面进行试验。再次重复对试样的另一端的两面进行试验。

注:放置仪器要有利于观察钢尺上的零点和试样与斜面的接触,在水平方向保证读数的准确。

9 结果的表示

9.1 取伸出长度的一半作为弯曲长度,每个试样记录四个弯曲长度,以此计算每个试样的平均弯曲长度。

9.2 分别计算两个方向各试样的平均弯曲长度 C,单位为厘米。

9.3 根据式(1)分别计算两个方向的平均单位宽度的抗弯刚度,保留三位有效数字。

$$G = m \times C^3 \times 10^{-3} \qquad \cdots\cdots(1)$$

式中:

G——单位宽度的抗弯刚度,单位为毫牛厘米(mN·cm);

m——试样的单位面积质量,单位为克每平方米(g/m²);

C——试样的平均弯曲长度,单位为厘米(cm)。

9.4 分别计算两个方向的弯曲长度和抗弯刚度的平均值变异系数 CV。

10 试验报告

试验报告应包括以下内容:

a) 说明试验是按GB/T 18318的本部分进行的;

b) 样品的描述;

c) 试验的试样数量;

d) 各方向的弯曲长度平均值及其变异系数;

e) 各方向的抗弯刚度平均值及其变异系数;

f) 任何偏离本部分的细节;

g) 试验日期。

附　录　A
（资料性附录）
抗弯刚度、弯曲长度和伸出长度

A.1　抗弯刚度可用式(A.1)悬臂梁在其自重下变形的函数表示(仅用于很小的变形)，示意图见图A.1。

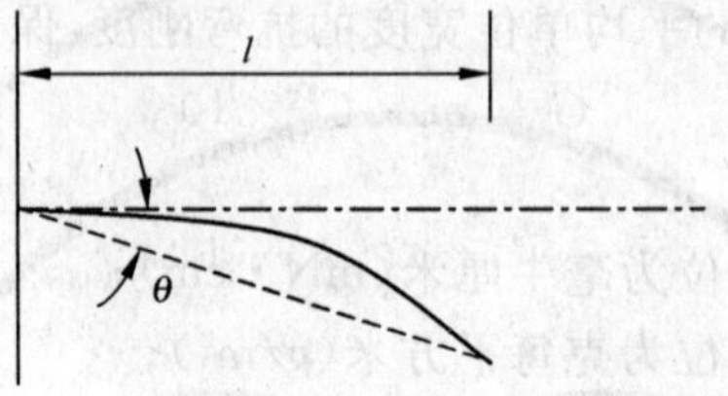

图 A.1

$$G = \frac{1}{\tan\theta/\cos(0.5\theta)} \times \frac{pl^3}{8} \qquad \cdots\cdots(A.1)$$

式中：

G——单位宽度的抗弯刚度；

θ——悬臂端的变形角；

p——单位面积的重量(=单位面积质量×重力加速度)；

l——悬臂长度。

注：该式采用的重力加速度 9.81 m/s^2 修约至 10 m/s^2。

A.2　当 $\theta=7.1°$时　设 $l=C$(弯曲长度)，则

$$G = pC^3 \qquad \cdots\cdots(A.2)$$

A.3　为了便于测量，该方法中使用相对于变形角 $\theta=41.5°$的悬臂长度。

当 $\theta=41.5°$　设 $l=L$(伸出长度)，则

$$G = pL^3/8 \qquad \cdots\cdots(A.3)$$

由式(A.2)和式(A.3)可知：$C=L/2$

因此，弯曲长度等于伸出长度的一半。

ICS 59.080.30
W 04

中华人民共和国国家标准

GB/T 18318.2—2009

纺织品　弯曲性能的测定
第2部分：心形法

Textiles—Determination of bending behaviour—
Part 2: Heart loop method

2009-09-30 发布　　　　2010-03-01 实施

中华人民共和国国家质量监督检验检疫总局
中国国家标准化管理委员会　发布

前　言

GB/T 18318《纺织品　弯曲性能的测定》包括以下部分：

——第1部分：斜面法；

——第2部分：心形法；

——第3部分：格莱法；

——第4部分：悬臂法；

——第5部分：纯弯曲法；

——第6部分：马鞍法。

本部分为GB/T 18318的第2部分。

本部分由中国纺织工业协会提出。

本部分由全国纺织品标准化技术委员会基础标准分会(SAC/TC 209/SC 1)归口。

本部分起草单位：国家纺织制品质量监督检验中心、中纺标(北京)检验认证中心有限公司。

本部分主要起草人：任鹤宁、王宝军、龚迎秋。

纺织品　弯曲性能的测定
第2部分:心形法

1　范围

GB/T 18318的本部分规定了采用心形法测定纺织品弯曲环高度的方法。

本部分适用于各类纺织品,尤其适用于较柔软和易卷边的织物。

2　规范性引用文件

下列文件中的条款通过GB/T 18318的本部分的引用而成为本部分的条款。凡是注日期的引用文件,其随后所有的修改单(不包括勘误的内容)或修订版均不适用于本部分,然而,鼓励根据本部分达成协议的各方研究是否可使用这些文件的最新版本。凡是不注日期的引用文件,其最新版本适用于本部分。

GB/T 6529　纺织品　调湿和试验用标准大气(GB/T 6529—2008,ISO 139:2005,MOD)

3　原理

把长条形试样两端反向叠合后夹到试验架上,试样呈心形悬挂,测定心形环的高度,以此衡量试样的弯曲性能。

4　仪器及用具

4.1　试样架,如图1所示,试样架高度不低于300 mm。

4.2　测长计,精度不低于1 mm。

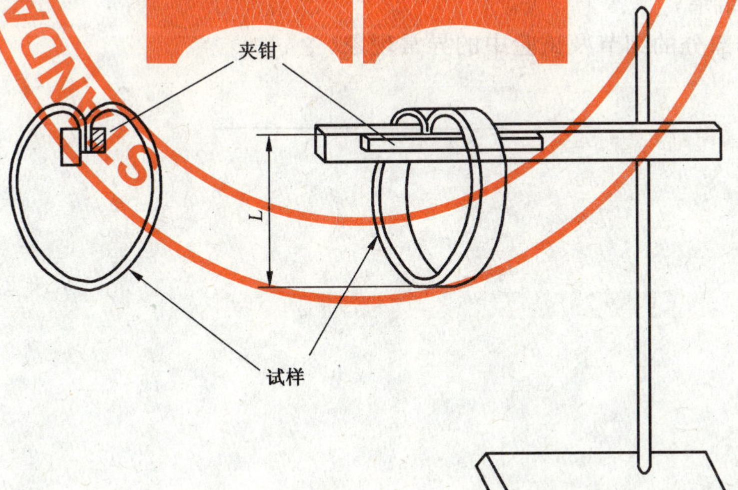

图1　试样架及试样的夹持

5　调湿及试验用标准大气

5.1　调湿和试验标准大气采用GB/T 6529规定的标准大气。

5.2 试验前样品应在松弛状态下调湿平衡，调湿的方法和要求按 GB/T 6529 的规定，公定回潮率为 0 的样品可直接测定。

6 样品及试样准备

6.1 样品

按产品标准或有关各方商定抽样。从每个样品中取一个实验室样品：织物类裁取 0.5 m 以上的全幅样，取样时避开匹端 2 m 以上；纺织制品不少于 1 个独立单元。

6.2 试样

在实验室样品上避开影响试验结果的疵点和褶皱裁取宽 20 mm、长 250 mm 的试样，经、纬（或纵、横）向各 5 块。试样应距布边至少 150 mm 均匀分布在样品上，保证每块试样不在相同的纵向和横向位置上。

7 程序

7.1 取 1 条试样将其两端反向叠合，使测试面朝外，夹到试验架夹样器上，试样形成圈状并呈心形自然悬挂，试样成圈部分的有效长度为 200 mm 。

7.2 试样悬挂 1 min 后，测定心形圈顶端至最低点之间的距离 L(mm)，以此作为试样的弯曲环高度。

7.3 分别测定试样正面和反面的弯曲环高度 L。

7.4 分别计算经向、纬向各 5 个试样正面、反面 10 个测量值的平均值，结果修约至整数位。

8 试验报告

报告应包括以下内容：

a) 说明试验是按 GB/T 18318 的本部分进行的，并报告试验日期；

b) 样品名称、编号、原料、主要规格等；

c) 仪器型号及试验环境条件；

d) 所采用的主要的试验参数；

e) 7.4 的试验结果；

f) 任何偏离本部分的细节及试验中的异常现象。

ICS 59.080.30
W 04

中华人民共和国国家标准

GB/T 18318.3—2009

纺织品 弯曲性能的测定
第3部分:格莱法

Textiles—Determination of bending behavior—
Part 3:Gurley method

2009-09-30 发布　　　　2010-03-01 实施

中华人民共和国国家质量监督检验检疫总局
中国国家标准化管理委员会　发布

前　言

GB/T 18318《纺织品　弯曲性能的测定》包括以下部分：

——第 1 部分：斜面法；

——第 2 部分：心形法；

——第 3 部分：格莱法；

——第 4 部分：悬臂法；

——第 5 部分：纯弯曲法；

——第 6 部分：马鞍法。

本部分为 GB/T 18318 的第 3 部分。

本部分由中国纺织工业协会提出。

本部分由全国纺织品标准化技术委员会基础标准分会(SAC/TC 209/SC 1)归口。

本部分主要起草单位：国家纺织制品质量监督检验中心、中纺标(北京)检验认证中心有限公司。

本部分主要起草人：姜慧霞、王宝军、龚迎秋。

纺织品　弯曲性能的测定
第3部分：格莱法

1　范围

GB/T 18318 的本部分规定了采用格莱法测定织物抗弯力的方法。

本部分适用于各类纺织织物，尤其适用于比较硬挺的织物。

2　规范性引用文件

下列文件中的条款通过 GB/T 18318 的本部分的引用而成为本部分的条款。凡是注日期的引用文件，其随后所有的修改单(不包括勘误的内容)或修订版均不适用于本部分，然而，鼓励根据本部分达成协议的各方研究是否可使用这些文件的最新版本。凡是不注日期的引用文件，其最新版本适用于本部分。

GB/T 6529　纺织品　调湿和试验用标准大气(GB/T 6529—2008，ISO 139：2005，MOD)

3　原理

把规定尺寸的试样夹于可左右摆动的试样杆的试样夹上，试样在外力作用下发生弯曲变形，测定试样离开摆锤舌片时需要的力。

4　仪器及用具

4.1　格莱式刚柔度试验仪，示意图如图 1，主要技术要求：

——指针负荷支距：a、b、c 距支点距离分别为 25 mm、50 mm 、100 mm；

——指针负荷：至少有 5 g、10 g、25 g、50 g、100 g、200 g 该 6 种规格；

——试样杆的转速为 2 r/min。

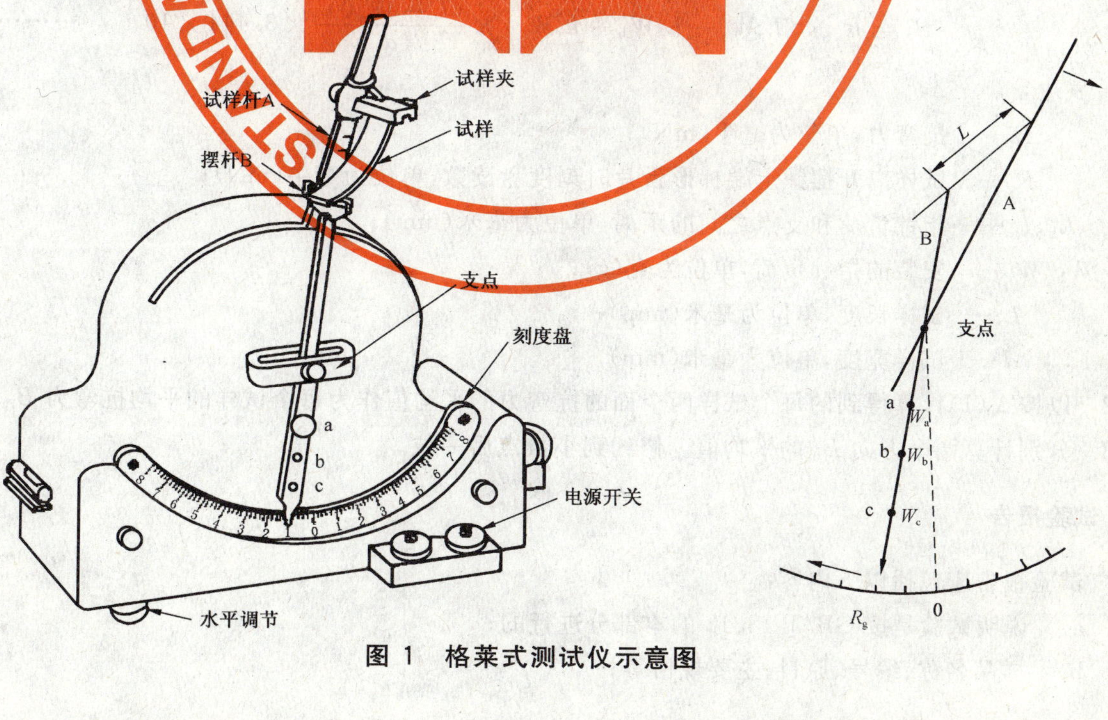

图 1　格莱式测试仪示意图

4.2 能达到相同效果的仪器均可使用。

5 取样

按产品标准的规定或有关协议取样。

6 试样的准备和调湿

6.1 在样品上避开影响试验结果的疵点和褶皱裁取宽 25 mm、长 90 mm 的试样，经、纬（纵、横）向各 5 块。试样应距布边至少 150 mm 均匀分布在样品上，保证每块试样不在相同的纵向和横向位置上。

注：如果经协商一致，长度和宽度也可以采用其他尺寸，并在试验报告中说明。

6.2 在 GB/T 6529 规定的大气中调湿和试验。

7 程序

7.1 调整仪器水平并使摆锤指针指向零位，试样夹持器下表面与摆锤上端的舌片轴相距 77 mm（试样夹上端与试样杆上的刻度平齐）。

7.2 将试样上端 6.5 mm 夹紧于试样夹内，下端 6.5 mm 与摆锤上端的梯形舌片的顶端相重叠。

7.3 选择合适的 1 到 3 个指针负荷，夹于支点下部支距分别为 L_a、L_b、L_c 的小孔 a、b、c 中，保证 R_g 读数在刻度盘满刻度范围内。

7.4 打开电源开关，按开始按钮，试样杆将带动试样左右摆动，读出试样脱离摆锤舌片时摆锤指针所指的刻度盘读数 R_g，按停止按钮。

7.5 重复 7.2～7.4，对试样的另一面进行测试。

7.6 重复 7.2～7.5，对剩下的试样进行测试。

8 试验结果的表示

8.1 根据式(1)分别计算两个方向各试样两个面的抗弯力。修约到小数点后两位。

$$B_r = R_g \times (L_a W_a + L_b W_b + L_c W_c) \times \frac{(L-13.0)^2}{d} \times 3.444 \times 10^{-3} \qquad \cdots\cdots\cdots\cdots(1)$$

式中：

B_r——抗弯力，单位为毫牛(mN)；

R_g——试样离开摆锤上端梯形舌片时刻度盘读数，单位为毫牛(mN)；

L_a、L_b、L_c——指针负荷和支点之间的距离，单位为毫米(mm)；

W_a、W_b、W_c——安装的指针负荷，单位为克(g)；

L——试样长度，单位为毫米(mm)；

d——试样宽度，单位为毫米(mm)。

8.2 以按式(1)计算得到的每个试样两个面的抗弯力的平均值作为每个试样的平均抗弯力 B_{rp}。

8.3 分别计算两个方向 B_{rp} 的平均值。修约到小数点后一位。

9 试验报告

试验报告应包括以下内容：

a) 说明试验是按 GB/T 18318 的本部分进行的；

b) 样品名称、编号、原料、主要规格等；

c) 仪器型号及试验环境条件；

d) 试验的试样数量及尺寸；

e) 各方向抗弯力的平均值；

f) 任何偏离本部分的细节；

g) 试验日期。

ICS 59.080.30
W 04

中华人民共和国国家标准

GB/T 18318.4—2009

纺织品　弯曲性能的测定
第4部分:悬臂法

Textiles—Determination of bending behaviour—
Part 4:Cantilever beam

2009-09-30 发布　　2010-03-01 实施

中华人民共和国国家质量监督检验检疫总局
中国国家标准化管理委员会　发布

前　言

GB/T 18318《纺织品　弯曲性能的测定》包括以下部分：

——第1部分：斜面法；

——第2部分：心形法；

——第3部分：格莱法；

——第4部分：悬臂法；

——第5部分：纯弯曲法；

——第6部分：马鞍法。

本部分为GB/T 18318的第4部分。

本部分由中国纺织工业协会提出。

本部分由全国纺织品标准化技术委员会基础标准分会(SAC/TC 209/SC 1)归口。

本部分主要起草单位：国家纺织制品质量监督检验中心、中纺标(北京)检验认证中心有限公司。

本部分主要起草人：姜慧霞、王宝军、龚迎秋。

纺织品　弯曲性能的测定
第4部分:悬臂法

1　范围

GB/T 18318 的本部分规定了用悬臂法测定织物弯矩的方法。

本部分适用于各类纺织织物,尤其适用于比较硬挺的织物。

2　规范性引用文件

下列文件中的条款通过 GB/T 18318 的本部分的引用而成为本部分的条款。凡是注日期的引用文件,其随后所有的修改单(不包括勘误的内容)或修订版均不适用于本部分,然而,鼓励根据本部分达成协议的各方研究是否可使用这些文件的最新版本。凡是不注日期的引用文件,其最新版本适用于本部分。

GB/T 3820　纺织品和纺织制品厚度的测定 (GB/T 3820—1997,ISO 5084:1996,IDT)

GB/T 6529　纺织品　调湿和试验用标准大气(GB/T 6529—2008, ISO 139:2005,MOD)

3　原理

将试样一端夹持在夹钳内,另一端与弯曲板接触,夹钳在外力作用下旋转,带动试样弯曲一定的角度,测定该角度时所对应的弯矩。

4　仪器

4.1　测试仪器示意图如图1,主要包括以下组成部分:

——夹钳,用来夹持试样,弯曲角度指示针(指针1)与其轴相连,能够绕旋转中心 O 以 60°/min 的速度顺时针旋转,也可以通过手动按钮控制其旋转。

——加载装置,包括摆锤、弯曲板、弯曲角度盘,载荷指示针(指针2)以及一系列可以自由组合的重锤,该装置能够绕 O 点几乎无摩擦地灵活转动。

——载荷指示盘,显示加载装置旋转角度为 θ 时,实际弯矩占加载装置对应弯矩总量的百分数。

——弯曲角度盘,精度为 1°,显示夹钳相对于加载装置所旋转的角度,区别于加载装置绕 O 点摆动的角度。

4.2　织物厚度仪,精度为 0.01 mm。

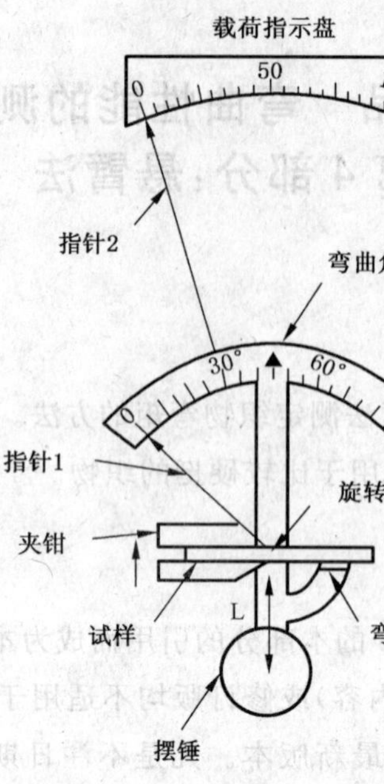

图 1　测试仪器示意图

5　取样

按产品标准的规定或有关协议取样。

6　试样的准备和调湿

6.1　在样品上避开影响试验结果的疵点和褶皱，裁取宽 25 mm、长不小于 50 mm 的试样，经、纬（纵、横）向各至少 5 块。试样应距布边至少 150 mm 均匀分布在样品上，保证每块试样不在相同的纵向和横向位置上。

6.2　在 GB/T 6529 规定的大气中调湿和试验。

7　试验步骤

7.1　按 GB/T 3820 测定和计算试样的厚度。

7.2　调节仪器水平，选择合适的重锤，将载荷指示针归零。

7.3　将弯曲板固定在合适的位置，夹钳和弯曲板之间的距离至少为试样厚度的 15 倍。打开仪器电源开关。

7.4　将试样夹在夹钳内（试样短边与夹持线平行），手动旋柄使试样弯曲，当载荷指示针的示数为 1 时，将弯曲角度指示针归零。

7.5　预试验，获得合适 M_0（摆锤和重锤提供的总弯矩）。按下开关，使弯曲角度指示针示数为 3°时，载荷指示针的示数在 5 到 10 之间。否则更换重锤，重复 7.2～7.4，直至获得合适的 M_0。

7.6　获得合适的 M_0 后，将载荷指示针归零。重复 7.3～7.4。按下开关，对各试样进行测试，记录将试样弯曲到规定的角度（通常取 30°或者 60°）时载荷指示针的示数。

8　结果计算与表示

8.1　按照式(1)分别计算经向、纬向（纵向、横向）各 5 块试样的弯矩 M_f。

$$M_f = \frac{M_0 \times M}{100} \quad \cdots\cdots (1)$$

式中：

M_f——弯矩，单位为牛米(N·m)；

M——载荷指示盘的读数；

M_0——载荷指示盘示数为100%时的弯矩总量，包括 a_1（摆锤和弯曲板对应的弯矩）和 a_2（重锤对应的弯矩）两部分，单位为牛米(N·m)。

8.2 分别计算各个方向弯矩的平均值，结果保留2位有效数字。

9 试验报告

试验报告应包括以下内容：

a) 说明试验是按GB/T 18318的本部分进行的；

b) 样品名称、编号、原料、主要规格等；

c) 仪器型号及试验环境条件；

d) 试样弯曲的角度；

e) 各个方向弯矩的平均值；

f) 任何偏离本部分的细节；

g) 试验日期。

ICS 59.080.30
W 04

中华人民共和国国家标准

GB/T 18318.5—2009

纺织品　弯曲性能的测定
第5部分:纯弯曲法

Textiles—Determination of bending behaviour—
Part 5:Pure bending method

2009-09-30 发布　　2010-03-01 实施

中华人民共和国国家质量监督检验检疫总局
中国国家标准化管理委员会　发布

前　言

GB/T 18318《纺织品　弯曲性能的测定》包括以下部分：

——第1部分：斜面法；

——第2部分：心形法；

——第3部分：格莱法；

——第4部分：悬臂法；

——第5部分：纯弯曲法；

——第6部分：马鞍法。

本部分为GB/T 18318的第5部分。

本部分由中国纺织工业协会提出。

本部分由全国纺织品标准化技术委员会基础标准分会(SAC/TC 209/SC 1)归口。

本部分主要起草单位：国家纺织制品质量监督检验中心、中纺标(北京)检验认证中心有限公司。

本部分主要起草人：李晓雯、王宝军。

纺织品 弯曲性能的测定
第5部分:纯弯曲法

1 范围

GB/T 18318的本部分规定了采用纯弯曲法测定织物弯曲性能的方法。通过试样的单位宽度弯距和曲率关系曲线图,计算抗弯刚度和弯曲滞后距来反映其弯曲性能。

本部分适用于各类织物,尤其适用于薄型织物。

2 规范性引用文件

下列文件中的条款通过GB/T 18318的本部分的引用而成为本部分的条款。凡是注日期的引用文件,其随后所有的修改单(不包括勘误的内容)或修订版均不适用于本部分,然而,鼓励根据本部分达成协议的各方研究是否可使用这些文件的最新版本。凡是不注日期的引用文件,其最新版本适用于本部分。

GB/T 6529 纺织品 调湿和试验用标准大气(GB/T 6529—2008,ISO 139:2005,MOD)

3 术语和定义

下列术语和定义适用于GB/T 18318的本部分。

3.1

抗弯刚度 flexural rigidity

单位宽度材料的微小弯矩变化与其相应曲率变化之比。

3.2

弯曲滞后距 bending hysteresis

试样在受力弯曲和回复过程中,弯曲至规定曲率时的单位宽度弯矩与回复至该曲率时的单位宽度弯矩之差。

4 原理

试样的一端被固定,另一端由移动夹头夹持并在一定的角度中沿着固定的轨道以恒定转速转动,得到试样的单位宽度弯矩和曲率的关系曲线图,由此计算试样的抗弯刚度和弯曲滞后距。

5 仪器及用具

5.1 仪器

5.1.1 纯弯曲法试验仪,示意图如图1,需满足以下条件:

——使试样在一定的曲率弧形中作准确的弯曲,且曲率能以速率0.5 cm^{-1}/s连续变化;

——能测定出试样微小弯矩;

——能记录试样的单位宽度弯矩和曲率的关系曲线。

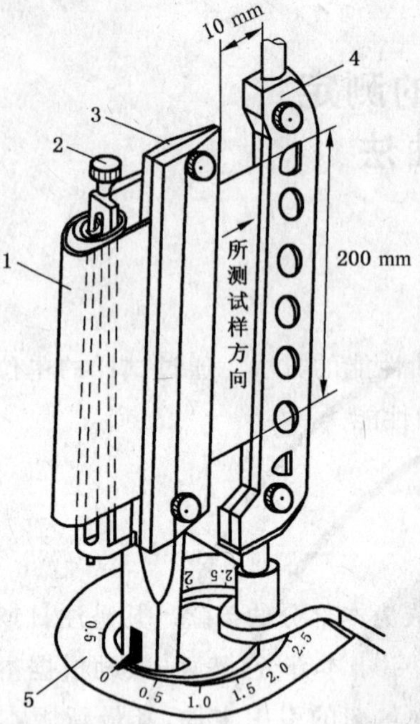

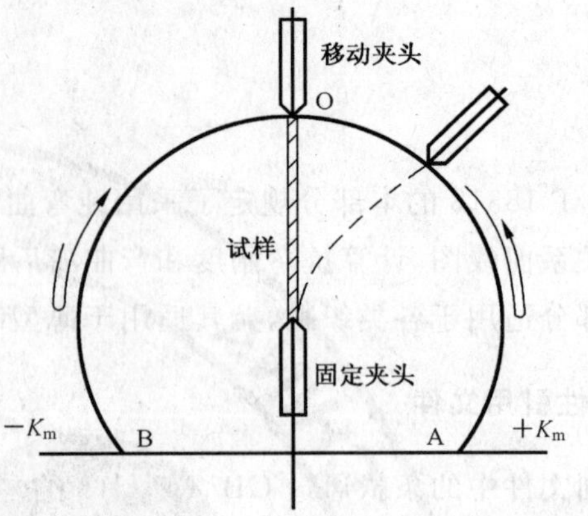

1——试样；
2——卷绕装置；
3——移动夹头；
4——固定夹头；
5——曲率指示盘。

图 1　纯弯曲法测试仪示意图

5.1.2　具有固定夹持器和移动夹持器，两夹持器间夹持距离 10 mm，移动夹持器可沿固定轨道绕固定夹持器左右旋转各不小于 135°；夹持试样的宽度不小于 200 mm；单位宽度弯矩测量精度为满刻度的 0.2%。

5.1.3　能达到相同效果的仪器均可使用。

5.2　用具

剪刀、尺子。

6　取样

按产品标准的规定或有关协议取样。

7　试样的准备和调湿

7.1　在样品上避开影响试验结果的疵点和褶皱，裁取宽 200 mm 、长 200 mm 的试样，经、纬（纵、横）向各 3 块，试样应距布边至少 150 mm 均匀分布在样品上，保证每块试样不在相同的纵向和横向位置上。

7.2　在 GB/T 6529 规定的大气中调湿和试验。

8　试验步骤

8.1　选择与试样厚度相应的夹片间距，将试样如图 1 所示安装在固定夹头与移动夹头上，保证测试方向与夹持口垂直，且两夹头之间的夹距为 10 mm。将剩余长度的试样卷绕在夹持器外侧的卷绕装置（见图 1）。

8.2　调节仪器和记录仪指示到零位。开启开关，移动夹头带动试样一端在一定的角度中沿着固定的轨道朝上极限曲率 $+K_m$ 移动，当它达到 $+K_m$ 后返回，并通过零点朝下极限曲率 $-K_m$ 移动，最后再回到零位，关闭开关，整个循环结束，得到试样单位宽度弯矩和曲率关系曲线图（见图 2）。

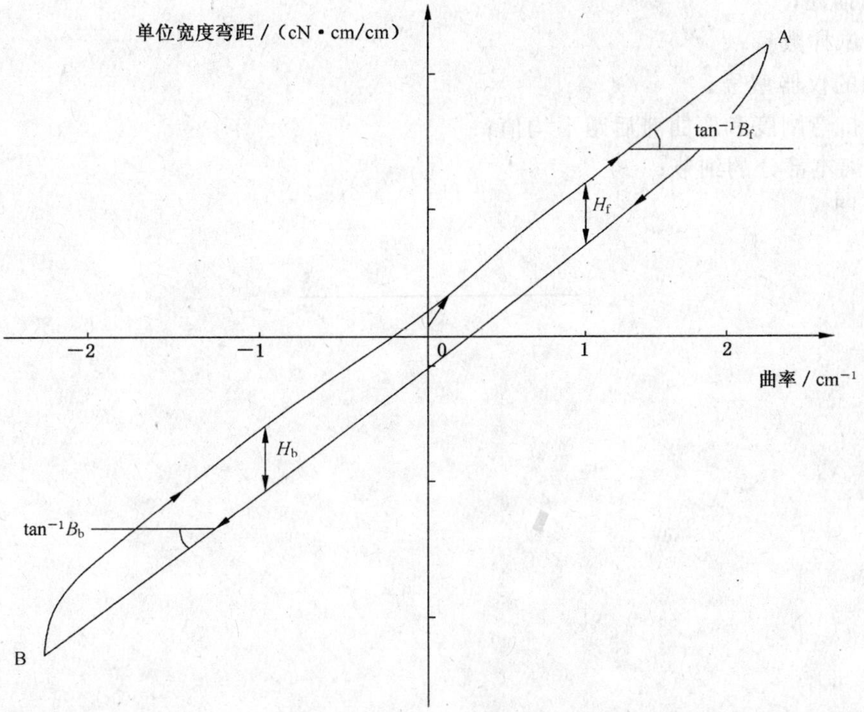

B_f——试样由零点朝上极限曲率$+K_m$转动过程中，单位宽度弯矩和曲率关系曲线上近似直线部分的斜率，单位为厘牛平方厘米每厘米（$cN \cdot cm^2/cm$）；

B_b——试样由零点朝下极限曲率$-K_m$转动过程中，单位宽度弯矩和曲率关系曲线上近似直线部分的斜率，单位为厘牛平方厘米每厘米（$cN \cdot cm^2/cm$）；

H_f——在曲率为+1时弯曲滞后距，单位为厘牛厘米每厘米（cN・cm/cm）；

H_b——在曲率为−1时弯曲滞后距，单位为厘牛厘米每厘米（cN・cm/cm）。

图2 单位宽度弯矩和曲率关系曲线示意图

8.3 重复8.1～8.2，直至测完所有6块试样，得到各试样的单位宽度弯矩和曲率关系曲线。

9 结果和计算

9.1 通过单位宽度弯矩和曲率关系曲线，计算每块试样两面的抗弯刚度B_f、B_b和弯曲滞后距H_f、H_b。

9.2 按式(1)计算每块试样的抗弯刚度：

$$B = \frac{1}{2}(B_f + B_b) \quad \cdots\cdots(1)$$

式中：

B——试样抗弯刚度，单位为厘牛平方厘米每厘米（$cN \cdot cm^2/cm$）。

9.3 按式(2)计算每块试样的弯曲滞后距：

$$H = \frac{1}{2}(H_f + H_b) \quad \cdots\cdots(2)$$

式中：

H——试样弯曲滞后距，单位为厘牛厘米每厘米（cN・cm/cm）。

9.4 分别计算试样各个方向抗弯刚度和弯曲滞后距的平均值，修约至0.000 1。

10 试验报告

试验报告应包括下列内容：

a) 试验是按GB/T 18318的本部分进行的；

b) 样品的描述；

c) 试验的试样数量；

d) 所使用的仪器型号；

e) 各方向抗弯刚度和弯曲滞后距平均值；

f) 任何偏离本部分的细节；

g) 试验日期。

ICS 21.100.10
J 12

GB

中华人民共和国国家标准

GB/T 18325.2—2009

滑动轴承　轴承疲劳
第2部分：金属轴承材料圆柱形试样试验

Plain bearings—Bearing fatigue—
Part 2: Test with a cylindrical specimen of a metallic bearing material

(ISO 7905-2:1995, MOD)

2009-05-26 发布　　2009-12-01 实施

中华人民共和国国家质量监督检验检疫总局
中国国家标准化管理委员会　发布

前　言

GB/T 18325《滑动轴承　轴承疲劳》由以下四部分组成：

——第1部分：流体动压润滑条件下试验机内和实际应用的滑动轴承疲劳强度；

——第2部分：金属轴承材料圆柱形试样试验；

——第3部分：金属多层轴承材料平带试验；

——第4部分：金属多层轴承材料轴瓦试验。

本部分为GB/T 18325的第2部分。

本部分修改采用ISO 7905-2:1995《滑动轴承　轴承疲劳　第2部分：金属轴承材料圆柱形试样试验》，本部分与ISO 7905-2:1995的主要差异如下：

——将国际标准规范性引用文件中作废的ISO 468:1992改为包含其引用内容的GB/T 1031—2009。

本部分由中国机械工业联合会提出。

本部分由全国滑动轴承标准化技术委员会(SAC/TC 236)归口。

本部分负责起草单位：中机生产力促进中心。

本部分参加起草单位：常州恒业轴瓦材料有限公司。

本部分由全国滑动轴承标准化技术委员会秘书处负责解释。

本部分为首次发布。

滑动轴承　轴承疲劳
第2部分:金属轴承材料圆柱形试样试验

1　范围

GB/T 18325的本部分规定了单独确定轴承材料(不附在钢背上)的疲劳极限的方法。

2　规范性引用文件

下列文件中的条款通过GB/T 18325的本部分的引用而成为本部分的条款。凡是注日期的引用文件,其随后所有的修改单(不包括勘误的内容)或修订版均不适用于本部分,然而,鼓励根据本部分达成协议的各方研究是否可使用这些文件的最新版本。凡是不注日期的引用文件,其最新版本适用于本部分。

GB/T 1031—2009　产品几何技术规范(GPS)　表面结构　轮廓法　表面粗糙度参数及其数值

3　试样

试样应为符合图1尺寸的圆柱形。

单位为毫米

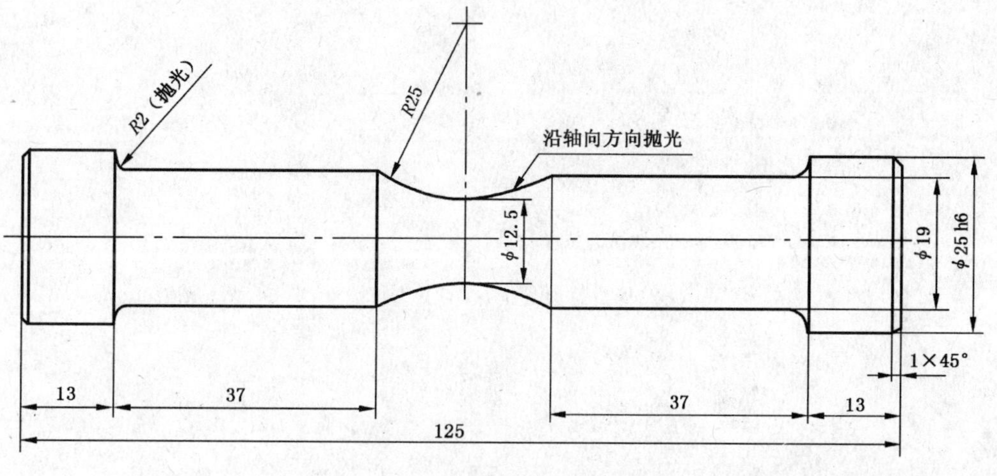

图1　试样尺寸及外形

轴承材料及试样的表面粗糙度应能代表轴承生产时使用的制造工艺。试验之前和过程中应尽量避免试样表面机械损伤或受到腐蚀。表面粗糙度 Rz 应小于6 μm(按照GB/T 1031—2009)。此试验方法的缺点在于试样缺少伴随轴承制造过程可能产生的残余应力,而且金相组织可能和加压在轴承钢背上的薄层的金相组织有很大的差别。

4　试验方法

极限的应力循环次数为 5×10^7 次。有限寿命的疲劳强度应以 10^7 次应力循环为单位记录下来。试验频率应在50 Hz～80 Hz之间。为了缩短试验时间和提高疲劳寿命的统计估值,可以用几个试验台同时试验。

5 试验结果的评价和表征

持久极限应力应以与详细说明的轴承材料相对应的温度波动在±2 ℃下的 σ_{el}-N 表格曲线来表征。通常，σ_{el}-N 曲线测试在 50×10^6 次应力循环时结束。持久极限应力可以引用特定的应力循环次数，例如：3×10^6，10×10^6，25×10^6 或者 50×10^6。在疲劳试验中，试样在指定的疲劳次数下没有失效的，应在试验报告中注明。由于一般情况下试验结果的分散性以及疲劳极限的统计学性，建议试验结果以统计方法为基础来评价。

另一种持久极限应力表征方法可以用应力柱状图来表示，画出应力和平均应力的关系曲线。金相检查可以提供损伤机理、腐蚀侵袭和热扩散的详细证明。

参 考 文 献

[1] GB/T 7308—2008 滑动轴承 有法兰或无法兰薄壁轴瓦 公差、结构要素和检验方法(ISO 3548:1999,IDT).

[2] GB/T 2889.1—2008 滑动轴承 术语、定义和分类 第1部分:设计、轴承材料及其性能(ISO 4378-1:1997,IDT).

ICS 21.100.10
J 12

中华人民共和国国家标准

GB/T 18325.3—2009/ISO 7905-3:1995

滑动轴承 轴承疲劳
第3部分:金属多层轴承材料平带试验

Plain bearings—Bearing fatigue—
Part 3:Test on plain strips of a metallic multilayer bearing material

(ISO 7905-3:1995,IDT)

2009-05-26 发布 2009-12-01 实施

中华人民共和国国家质量监督检验检疫总局
中国国家标准化管理委员会 发布

前　言

GB/T 18325《滑动轴承　轴承疲劳》由以下四部分组成：

——第1部分：流体动压润滑条件下试验机内和实际应用的滑动轴承疲劳强度；

——第2部分：金属轴承材料圆柱形试样试验；

——第3部分：金属多层轴承材料平带试验；

——第4部分：金属多层轴承材料轴瓦试验。

本部分为GB/T 18325的第3部分。

本部分等同采用ISO 7905-3:1995《滑动轴承　轴承疲劳　第3部分：金属多层轴承材料平带试验》。

本部分等同翻译ISO 7905-3:1995。

为便于使用，本部分做了下列编辑性修改：

——“本国际标准”一词改为“本部分”；

——删除国际标准的前言。

本部分由中国机械工业联合会提出。

本部分由全国滑动轴承标准化技术委员会(SAC/TC 236)归口。

本部分负责起草单位：中机生产力促进中心。

本部分参加起草单位：常州恒业轴瓦材料有限公司。

本部分由全国滑动轴承标准化技术委员会秘书处负责解释。

本部分为首次发布。

滑动轴承　轴承疲劳
第3部分：金属多层轴承材料平带试验

1　范围

GB/T 18325本部分规定了确定金属多层轴承材料平带疲劳极限的方法。除此之外，还可以研究液压和温度变化对带材的影响。

2　试样

试样应为符合图1尺寸的矩形截面扁平薄带。为避免在夹紧处开始破坏，试样边角应仔细磨削倒角，测试截面的轮廓应如图1所示。

单位为毫米

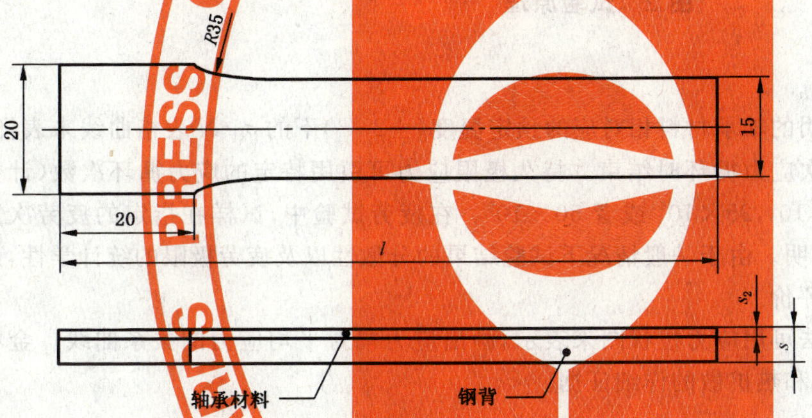

总厚度 s/mm	轴承金属和(或)镀覆层的厚度 s_2/mm	测试长度 l/mm
3～5	供需双方协商	75 100

图1　试样尺寸及外形

对于多层轴承材料，试样各层的尺寸应能代表制造工艺，而且试样应精加工至与成品一样的表面质量。试验之前和过程中应尽量避免试样表面机械损伤或受到腐蚀。此试验方法的缺点在于缺少轴承制造工艺中可能伴随产生的残余应力。

3　试验方法

试验原理见图2。试样应一端夹紧，另一端通过力或者位移施加载荷。载荷应在工作表面上从拉伸到压缩波动。另外，可以施加一个压缩或拉伸预应力，以便评估平均应力的相关性。试验设备宜置于装有润滑油的油箱中，润滑油温度波动在±2 ℃；或者是在环境温度波动在±2 ℃的空气中试验。

应通过装在轴承衬背上靠近夹紧点附近的应变片来测量弯曲应力。这样，在已知应变片和第一条裂纹的相对位置、衬层和钢背的厚度以及弹性模量的情况下，就可以估算出损坏截面处需要的弯曲应力。

注：平面多层带的弯曲状态下的应力可通过理论计算得出。

试验频率应在50 Hz～80 Hz之间。应使用着色渗透法或显微镜来进行裂纹检查。振幅应由力(F)或者位移(s)来控制。

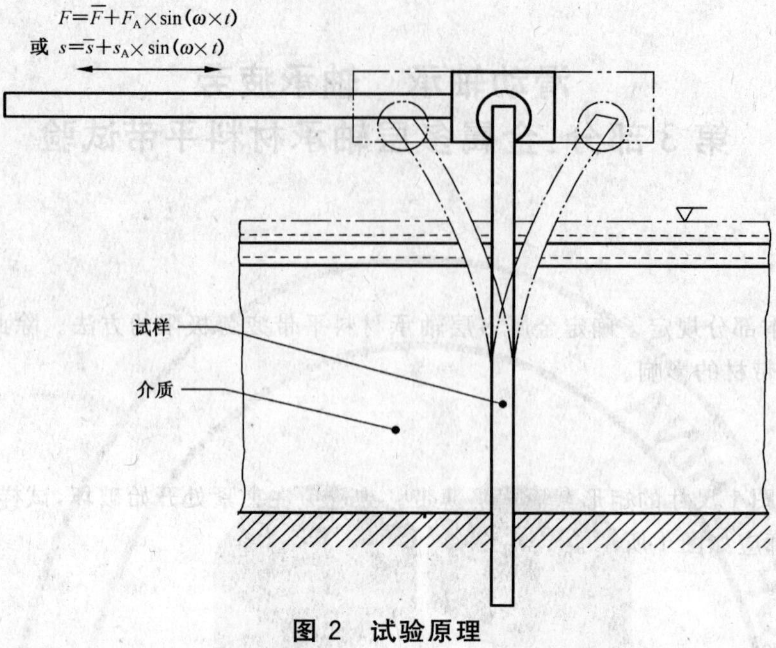

图 2 试验原理

4 试验结果的评价和表征

持久极限应力应以与详细说明的轴承材料相对应的预定温度(±2 ℃)下的 σ_{el}-N 表格曲线来表征。通常,σ_{el}-N 曲线测试在 50×10^6 次应力循环时结束。持久极限应力可引用特定的应力循环次数(计数记录仪见图 3),例如:3×10^6,10×10^6,25×10^6 或者 50×10^6。在疲劳试验中,试样在指定的疲劳次数下没有失效的,应在试验报告中注明。由于一般情况下试验结果的分散性以及疲劳极限的统计学性,建议试验结果以统计方法为基础来评价。

另一种持久极限应力表征方法可用应力柱状图来表示,画出应力幅对平均应力的关系曲线。金相检查可以提供损伤机理、腐蚀侵袭和热扩散的详细证据。

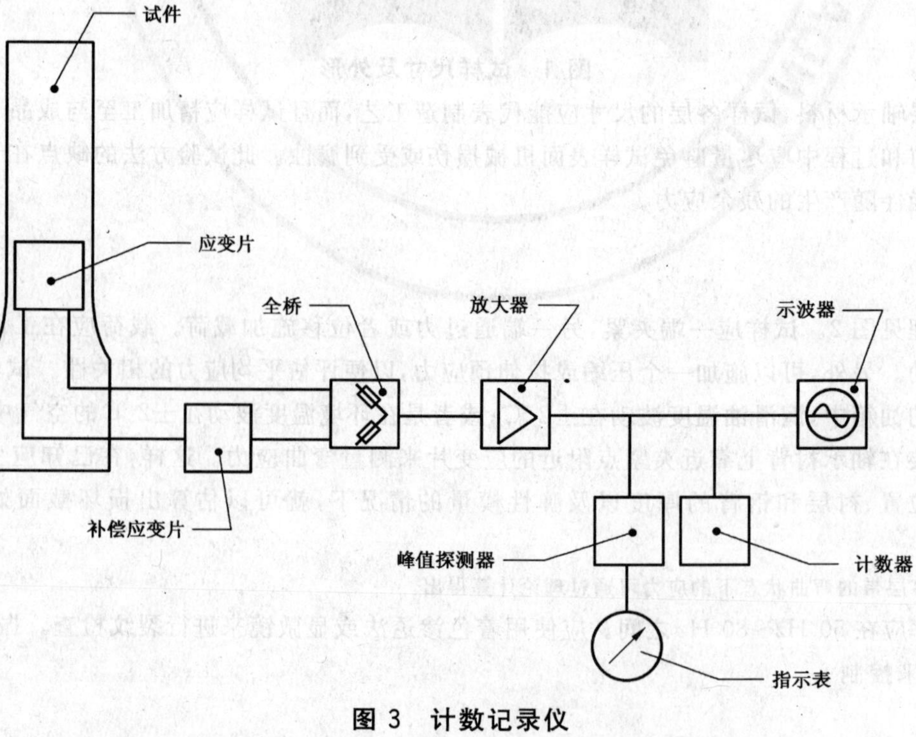

图 3 计数记录仪

参 考 文 献

[1] GB/T 7308—2008 滑动轴承 有法兰或无法兰薄壁轴瓦 公差、结构要素和检验方法(ISO 3548:1999,IDT).

[2] GB/T 2889.1—2008 滑动轴承 术语、定义和分类 第1部分:设计、轴承材料及其性能(ISO 4378-1:1997,IDT).

ICS 21.100.10
J 12

中华人民共和国国家标准

GB/T 18325.4—2009/ISO 7905-4:1995

滑动轴承　轴承疲劳
第4部分:金属多层轴承材料轴瓦试验

Plain bearings—Bearing fatigue—
Part 4:Test on half-bearings of a metallic multilayer bearing material

(ISO 7905-4:1995,IDT)

2009-05-26 发布　　2009-12-01 实施

中华人民共和国国家质量监督检验检疫总局
中国国家标准化管理委员会　发布

前　言

GB/T 18325《滑动轴承　轴承疲劳》由以下四部分组成：

——第1部分：流体动压润滑条件下试验机内和实际应用的滑动轴承疲劳强度；

——第2部分：金属轴承材料圆柱形试样试验；

——第3部分：金属多层轴承材料平带试验；

——第4部分：金属多层轴承材料轴瓦试验。

本部分为GB/T 18325的第4部分。

本部分等同采用ISO 7905-4:1995《滑动轴承　轴承疲劳　第4部分：金属多层轴承材料轴瓦试验》。

本部分等同翻译ISO 7905-4:1995。

为便于使用，本部分做了下列编辑性修改：

——"本国际标准"一词改为"本部分"；

——用小数点"."代替作为小数点的逗号","；

——删除国际标准的前言。

本部分的附录A是规范性附录。

本部分由中国机械工业联合会提出。

本部分由全国滑动轴承标准化技术委员会归口。

本部分负责起草单位：中机生产力促进中心。

本部分参加起草单位：常州恒业轴瓦材料有限公司。

本部分由全国滑动轴承标准化技术委员会秘书处负责解释。

本部分为首次发布。

滑动轴承　轴承疲劳
第4部分:金属多层轴承材料轴瓦试验

1　范围

GB/T 18325的本部分规定了确定金属多层轴承材料轴瓦持久疲劳极限的方法。

2　规范性引用文件

下列文件中的条款通过GB/T 18325的本部分的引用而成为本部分的条款。凡是注日期的引用文件,其随后所有的修改单(不包括勘误的内容)或修订版均不适用于本部分,然而,鼓励根据本部分达成协议的各方研究是否可使用这些文件的最新版本。凡是不注日期的引用文件,其最新版本适用于本部分。

GB/T 18325.3　滑动轴承　轴承疲劳　第3部分:金属多层轴承材料平带试验(GB/T 18325.3—2009,ISO 7905-3:1995,IDT)

TB/T 2984　滑动轴承　金属多层滑动轴承渗透无损检测(TB/T 2984—2000,eqv ISO 4386-3:1992)

3　试样

试样应为随时可以使用的轴瓦。通常,由于试验载荷条件,主应力位于轴瓦顶部。试验之前和过程中应尽量避免试样表面机械损伤或受到腐蚀。此试验方法的优点在于试样中存在着制造过程中伴随产生的残余应力。

4　试验方法

试验原理见图1。试样应一端夹紧,另一端在削薄分界面偏心处通过径向施加力或者位移的方法而加载。载荷应在工作表面内衬层从压到拉波动。另外,可预先施加一个压缩或拉伸预应力,以便评估平均应力的相关性。试验设备宜置于装有润滑油的油箱中,润滑油温度波动在±2 ℃;或者是环境温度波动在±2 ℃的空气中试验。

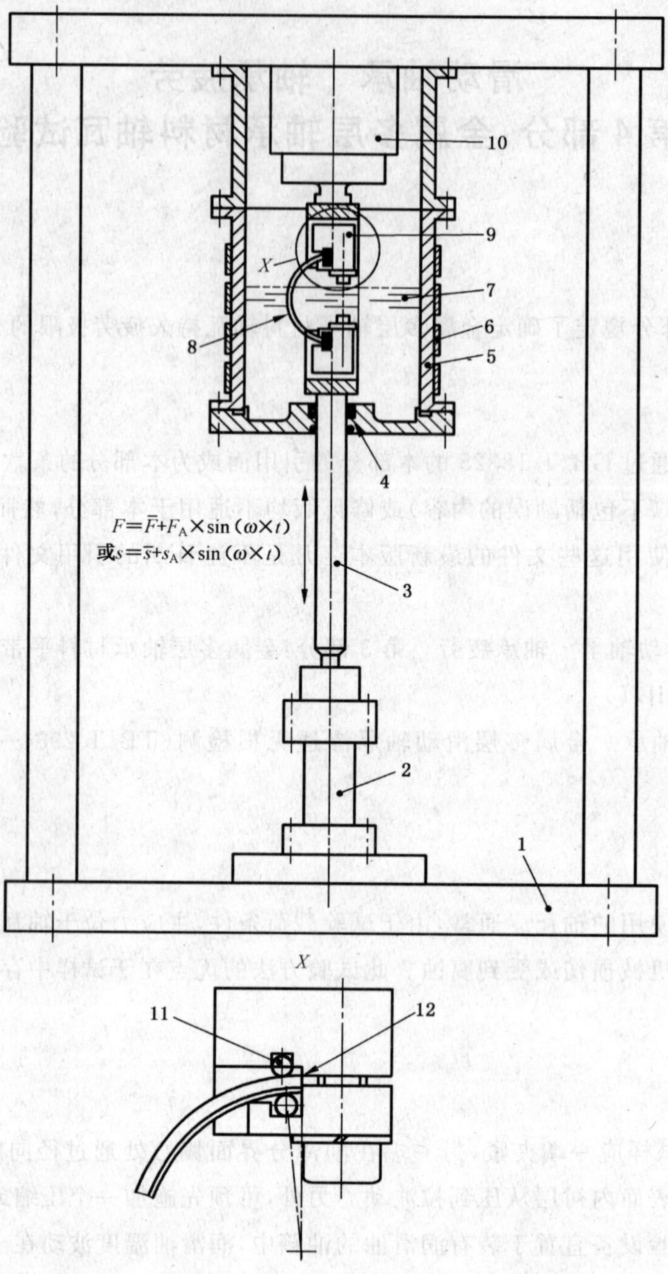

1——机架；
2——液压缸；
3——连接轴；
4——密封圈；
5——试样容器；
6——加热器；
7——试验液体；
8——轴瓦；
9——铰链夹紧梁；
10——测压元件；
11——径向滚珠；
12——支点夹紧梁。

图 1　试验原理

可通过装在瓦背顶部的应变片来测量弯曲应力。在已知钢背和衬层厚度以及弹性模量的情况下，就可计算出衬层内的应力。另外，夹紧端的径向力 F 可通过测力装置测量，或者通过悬臂梁理论和按照附录 A 计算的衬层中应力值。径向力值与衬层及钢背的厚度有很大关系，试验后通过显微断面来确定衬层及钢背的厚度。试验频率应在 50 Hz～80 Hz 之间。应使用着色渗透法(见 TB/T 2984)或显微镜来进行裂纹检查。

振幅应由力(F)或者位移(s)来控制。探测较厚金属层中裂纹的发生，可根据应变的衰减确定失效的开始(见 GB/T 18325.3)。

5 试验结果的评价和表征

持久极限应力应以与详细说明的轴承材料相对应的预定温度(±2 ℃)下的 σ_{el}-N 表格曲线来表征。通常，σ_{el}-N 曲线测试在 50×10^6 次应力循环时结束。持久极限应力可引用特定的应力循环次数，例如：3×10^6，10×10^6，25×10^6 或者 50×10^6。在疲劳试验中，试样在指定的疲劳次数下没有失效的，应在试验报告中注明。由于一般情况下试验结果的分散性以及疲劳极限的统计学性，建议试验结果以统计方法为基础来评价。

另一种持久极限应力表征方法可用应力柱状图来表示，画出应力幅对平均应力的关系曲线。金相检查可提供损伤机理、腐蚀侵袭和热扩散的详细证据。

附 录 A
(规范性附录)
应力的计算

A.1 应力的计算

轴瓦系统在图 A.1 中用半径 r_4,衬背厚度 s_1 描述,并和弹性模量 $E_{2,0}=50\times10^3$ MPa 及名义应力 σ_{nom} 有关。

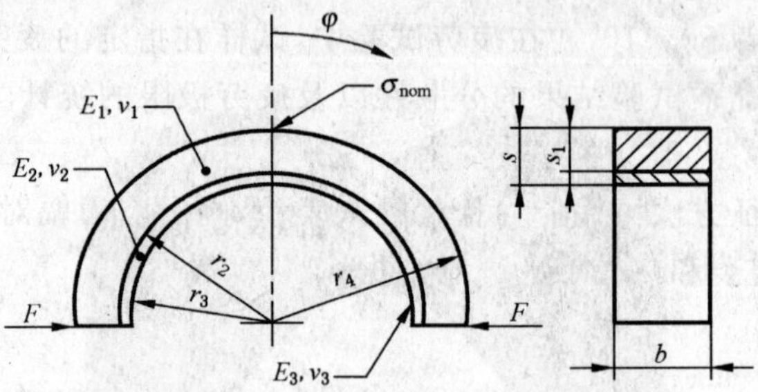

$$\bar{r}=(r_3+r_4)\times0.5$$

$$\sigma_{nom}=\frac{6\times F\times\bar{r}}{b\times s^2}$$

$$s^*=2\times\frac{r_4-r_3}{r_4+r_3}$$

$$s_1^*=\frac{r_4-r_2}{r_4-r_3}$$

$$E_2^*=E_2/50\times10^3$$

图 A.1 轴瓦系统

图 A.2 中给出了双层轴承中应力的计算方法和三层轴承镀覆层中应力的近似计算法。

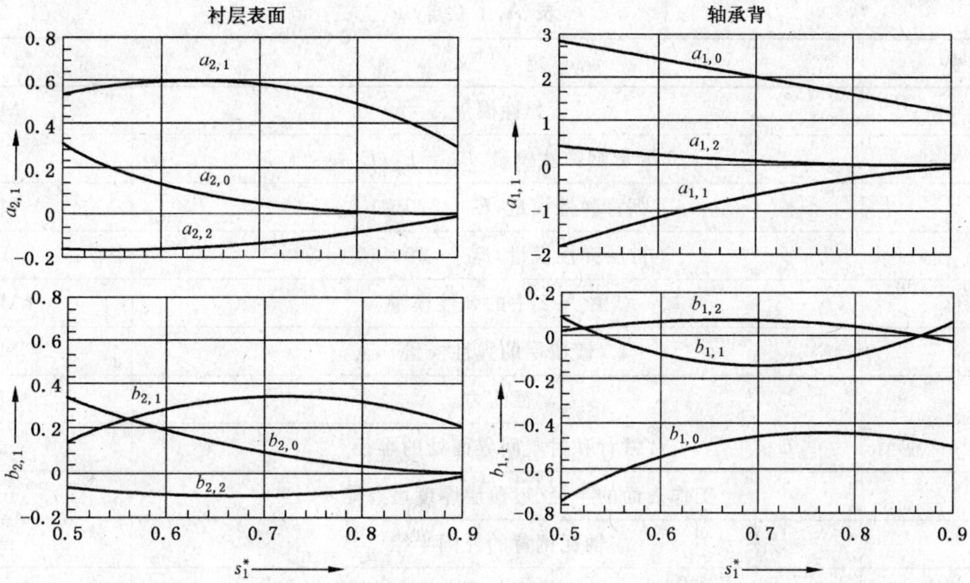

$a_{2,0}=1.8127-4.1812\times s_1^*+2.4186\times s_1^{*2}$

$a_{2,1}=-0.9422+4.9216\times s_1^*-3.9069\times s_1^{*2}$

$a_{2,2}=0.1525-1.1544\times s_1^*+1.0703\times s_1^{*2}$

$b_{2,0}=1.5511-3.2821\times s_1^*+1.7309\times s_1^{*2}$

$b_{2,1}=-1.9947+6.5920\times s_1^*-4.5933\times s_1^{*2}$

$b_{2,2}=0.6593-2.2550\times s_1^*+1.6647\times s_1^{*2}$

$A_2=a_{2,0}+a_{2,1}\times E_2^*+a_{2,2}\times E_2^{*2}$

$B_2=b_{2,0}+b_{2,1}\times E_2^*+b_{2,2}\times E_2^{*2}$

$\sigma_2^*=A_2+B_2\times s^*$

$\sigma_2=\sigma_2^*\times\sigma_{nom}$

$a_{1,0}=5.3866-5.7096\times s_1^*+1.1765\times s_1^{*2}$

$a_{1,1}=-7.1015+13.9625\times s_1^*-6.8190\times s_1^{*2}$

$a_{1,2}=2.6745-5.7955\times s_1^*+3.1475\times s_1^{*2}$

$b_{1,0}=-2.6739+5.7506\times s_1^*+3.6978\times s_1^{*2}$

$b_{1,1}=2.2096-6.6150\times s_1^*+4.6682\times s_1^{*2}$

$b_{1,2}=-0.5900+1.9231\times s_1^*-1.4286\times s_1^{*2}$

$A_1=a_{1,0}+a_{1,1}\times E_2^*+a_{1,2}\times E_2^{*2}$

$B_1=b_{1,0}+b_{1,1}\times E_2^*+b_{1,2}\times E_2^{*2}$

$\sigma_1^*=A_1+B_1\times s^*$

$\sigma_1=\sigma_1^*\times\sigma_{nom}$

镀覆层中应力的近似计算：$\sigma_3=\sigma_2\times E_3/E_2$

图 A.2 双层及三层轴瓦中应力值的计算

A.2 符号

符号及定义见表 A.1。

表 A.1 符号及定义

符 号	定 义	单 位
A_1	轴瓦衬背应力系数	—
$a_{1,i}$	i=0,1,2 时的轴瓦衬背外表的三个系数	—
A_2	衬层表面的应力系数	—
$a_{2,i}$	i=0,1,2 时的衬层表面的三个系数	—
b	轴瓦宽度	mm
B_1	轴瓦衬背应力系数	—
$b_{1,i}$	i=0,1,2 时的轴瓦衬背外表的三个系数	—
B_2	衬层表面的应力系数	—
$b_{2,i}$	i=0,1,2 时的轴瓦衬层表面的三个系数	—

表 A.1(续)

符 号	定 义	单 位
E	弹性模量	MPa
E^*	无量纲弹性模量,$E^*=E_2/E_{2,0}$	—
E_1	钢背弹性模量,$E_1=210\times10^3$	MPa
E_2	衬层弹性模量,$E_{2,0}=50\times10^3$	Pa
$E_{2,0}$	图 A.2 中的弹性模量	MPa
E_3	镀覆层的弹性模量	MPa
F	径向力	N
r_2	衬背和衬层间界面处的半径	mm
r_3	工作表面的半径(镀覆层厚度可忽略不计)	mm
r_4	轴瓦钢背的外圆半径	mm
s	轴瓦总厚度	mm
s^*	无量纲轴瓦总厚度,参见图 A.1	—
s_1	钢背厚度	mm
s_1^*	无量纲的钢背厚度,参见图 A.1	—
t	时间	s
σ	应力	MPa
σ^*	无量纲应力,$\sigma^*=\sigma/\sigma_{nom}$	—
σ_{el}	持久极限应力	MPa
σ_{nom}	名义应力	MPa
σ_1	轴瓦衬背外表处的应力	MPa
σ_1^*	轴瓦衬背外表处的无量纲应力	—
σ_2	衬层表面处的应力	MPa
σ_2^*	衬层表面处的无量纲应力	—
σ_3	镀覆层内的应力	MPa
σ_3^*	镀覆层内的无量纲应力	—

A.3 示例

给定的轴瓦数据如下:

$b=30$ mm

$E_1=210\times10^3$ MPa

$E_2=69\times10^3$ MPa

$E_3=22\times10^3$ MPa

$F=100$ N

$r_2=49.10$ mm

$r_3=48.52$ mm

$r_4=51.50$ mm

假设因为镀覆层(PbSn11)厚度相对较薄(0.02 mm),因而不会影响其他层的应力。

A.3.1 计算相对尺寸

计算公式参见图 A.1。

$s^*=0.06$ $s_1^*=0.8$ $E^*=1.38$

A.3.2 计算名义应力

计算公式参见图 A.1。

$\sigma_{nom}=111.1$ MPa

A.3.3 计算或读取系数 *a* 和 *b*

参见图 A.2。

工作表面：

$a_{2,0}=0.016$ $a_{2,1}=0.495$ $a_{2,2}=-0.086$

$b_{2,0}=0.033$ $b_{2,1}=0.339$ $b_{2,2}=-0.079$

衬背：

$a_{1,0}=1.572$ $a_{1,1}=-0.296$ $a_{1,2}=0.049$

$b_{1,0}=-0.440$ $b_{1,1}=-0.095$ $b_{1,2}=0.034$

A.3.4 计算或读取系数 *A* 和 *B*

工作表面：

$A_2=0.535$ $B_2=0.350$

衬背：

$A_1=1.257$ $B_1=-0.506$

A.3.5 计算无量纲应力

工作表面：$\sigma_2^*=0.556$

衬背：$\sigma_1^*=1.227$

A.3.6 计算实际应力

工作表面：$\sigma_2=61.8$ MPa

衬背：$\sigma_1=136.3$ MPa

A.3.7 镀覆层中应力的近似计算

$\sigma_3=136.3$ MPa

参 考 文 献

[1] GB/T 7308—2008 滑动轴承 有法兰或无法兰薄壁轴瓦 公差、结构要素和检验方法(ISO 3548:1999,IDT).

[2] GB/T 2889.1—2008 滑动轴承 术语、定义和分类 第1部分:设计、轴承材料及其性能(ISO 4378-1:1997,IDT).

ICS 17.160
N 73

中华人民共和国国家标准

GB/T 18328.1—2009/ISO 10813-1:2004
部分代替 GB/T 18328—2001

振动发生设备选择指南 第1部分:环境试验设备

Vibration generating machines—Guidance for selection—Part 1:Equipment for environmental testing

(ISO 10813-1:2004,IDT)

2009-04-24 发布　　　　2009-12-01 实施

中华人民共和国国家质量监督检验检疫总局
中国国家标准化管理委员会　发布

前　言

GB/T 18328—2009《振动发生设备选择指南》分为3部分。

本部分为GB/T 18328—2009的第1部分，其余部分以后制定。

本部分等同采用国际标准ISO 10813-1:2004《振动发生设备选择指南　第1部分:环境试验设备》(英文版)。

本部分等同翻译ISO 10813-1:2004以及其勘误ISO 10813-1:2004/Cor.1:2006，在标准结构和技术内容上与其完全一致。

为便于使用，本部分编辑性修改内容如下：

——删除了ISO 10813-1:2004的前言，重新编写了本部分前言；

——将“ISO 10813的本部分”一词改为“GB/T 18328的本部分”或“本部分”；

——用小数点符号“.”代替英文中作为小数点的逗号“,”；

——根据勘误ISO 10813-1:2004/Cor.1:2006对相关部分进行了修改；

——对ISO 10813-1:2004引用的其他国际标准，有被等同采用为我国标准的，用我国标准代替相应的国际标准，未被等同采用为我国标准的直接引用国际标准。

本部分是对GB/T 18328—2001《振动台选择指南》部分内容的修订。

本部分与GB/T 18328—2001相比主要变化内容如下：

——修改了标准名称；

——调整了标准结构，并在标准技术内容上有很大的变化；

——增加了引言；

——充实了附录A中的内容；

——增加了附录B。

本部分自实施之日起代替GB/T 18328的环境试验部分。

本部分的附录A和附录B为资料性附录。

本部分由全国机械振动、冲击与状态监测标准化技术委员会(SAC/TC 53)提出并归口。

本部分负责起草单位：北京机械工业自动化研究所。

本部分参加起草单位：长春试验机研究所有限公司、苏州试验仪器总厂、苏州东菱振动试验仪器有限公司、浙江大学。

本部分起草人：朱晓民、王晓华、栾海英、王学智、武元桢、江运泰、陈章位。

本部分所代替标准的历次版本发布情况为：

——GB/T 18328—2001。

引 言

如果进行某些试验需要购买新的试验设备，或者更新已有的装备，或在试验室人员推荐的试验装备之中进行选择，甚至提供服务的实验室自己要完成试验，选择一个合适的振动发生设备是急待解决的问题。如果能够同时考虑到以下各种因素，这类问题就可以很容易地解决了。

——试验的类型(环境试验、常规试验、强化试验、动态结构试验、故障诊断、校准等)；

——试验要求；

——试验条件(单一振动模式或复合振动模式、单纯振动试验或复合试验，例如动力学试验加气候试验)；

——试验对象。

本部分只涉及在环境试验中使用的设备并提供了主要是满足环境试验要求的那些设备的选择方法。但是，用户应该谨记的是，特殊的试验条件和试验对象对选择有重大影响。因而，激励一个被安放在振动发生设备台面上的气候实验箱中的试件，或激励具有各方向多谐振的大尺寸和(或)复杂形状的试件，需要的设备要比假设激励相同质量的刚性物体而依据本部分的方法所选定的设备要大。遗憾的是诸如这方面的问题很难被标准化，所以未纳入到本部分中。

如果希望试验设备能够用于不同类型的试验，那么在选取设备时宜充分考虑到所有可能的应用。GB/T 18328 的后续部分将涉及选取的振动发生器既适用于环境试验又适用于动态结构试验两种类型试验这一问题。在本部分中假定所选择的试验系统能够驱动受试试件达到规定的量级。为了能产生所期望的激励，宜使用合适的控制系统。控制系统的选择将在以后其他的标准中予以考虑。

这里要强调的是，振动发生系统是相当复杂的机械设备，所以需要具备一定的工程判断能力才能做出正确的选择。因此，当买方选择振动试验设备时，可以借助第三方的帮助。在这种情况下，本部分能够帮助买方确定是否可接受第三方所提供的解决方案。设计者和制造厂商也可以利用本部分来评估市场情况。

振动发生设备选择指南
第1部分:环境试验设备

1 范围

GB/T 18328 的本部分给出了根据试验要求选择用于振动环境试验的振动发生设备的方法指南。

本部分包含了以下方面的选择内容:

——设备类型;

——设备规格参数;

——主要部件(不包括控制系统)。

注:附录A给出了一些选择示例。

2 规范性引用文件

下列文件中的条款通过 GB/T 18328 的本部分的引用而成为本部分的条款。凡是注日期的引用文件,其随后所有的修改单(不包括勘误的内容)或修订版均不适用于本部分,然而,鼓励根据本部分达成协议的各方研究是否可使用这些文件的最新版本。凡是不注日期的引用文件,其最新版本适用于本部分。

GB/T 7670 电动振动发生系统(设备) 性能特性(GB/T 7670—2009,ISO 5344:2004,IDT)

GB/T 10179 液压伺服振动试验设备 特性的描述方法(GB/T 10179—2009,ISO 8626:1989,IDT)

ISO 2041 振动与冲击 词汇

ISO 15261 振动与冲击发生系统 词汇

3 术语和定义

GB/T 7670、GB/T 10179、ISO 2041 和 ISO 15261 确立的术语和定义适用于本部分。

4 振动试验要求

4.1 振动试验目的

振动试验的目的是考核产品在规定严酷程度的振动负荷下保持其工作特性和完整性的能力。根据任务的不同,试验可以分为功能试验、强度试验和耐振试验。

强度试验用来评估产品承受规定的严酷程度振动并在激励卸除后维持正常工作状态的能力。在进行强度试验时,振动可能会导致产品的机械损伤(疲劳),从而可以用来预计产品在承受振动状态下的使用寿命。

耐振试验用来评定产品在振动条件下运行和维持工作参数在可接受范围内的能力。通常在进行耐振试验时,产品在正常工作条件和受振状态下可以工作到规定的时间而不产生机械损伤,产品在运转期间的缺陷和故障宜被记录下来。

4.2 试验方法

4.2.1 概述

试验室振动试验方法可使用各种形式的正弦和多频激励:如定频正弦、扫描正弦、随机(窄带或宽带)以及混合式的。除此以外,激励可以是多向的或多点的、或多向多点的。

试验规范通常采用下列的波形：

——定频正弦；

——扫描正弦；

——宽带随机；

——时间历程；

——正弦拍频。

以上的试验波形在4.2.2～4.2.5中进行了简要的描述,其主要方面已由国际电工委员会(IEC)予以标准化(见参考文献[1]至[4]),然而,用户宜明了对于特殊的应用场合可以使用其他不同的波形。

附录B中给出了由IEC标准规定的有关试验方法对试验激励(从而对试验设备)的要求。

4.2.2 正弦振动

4.2.2.1 定频正弦振动

该激励是在感兴趣的频率范围内,连续施加给试件的一组规定幅值的单频正弦振动过程。手动调整频率和幅值,并由控制系统来保持位移和加速度的幅值。设置的试验条件包括频率范围(频带)、单个的固定频率、试验持续时间和位移、速度或加速度的幅值。

4.2.2.2 扫描正弦振动

这种激励是在低频段由位移,在高频段由加速度定义的等幅正弦信号。它在感兴趣的频率范围内,连续的从低频限扫到高频限,或反之。交越频率一般位于10 Hz～500 Hz的范围内。由专门的控制系统来保证位移和加速度的幅值。在扫频期间,试件的机械谐振以及在机械和性能上的异常表现都将被观测和识别。要确定的试验条件包括频率范围、位移和加速度幅值、交越频率、扫描率和试验持续时间。

4.2.3 宽带随机振动

在感兴趣的频率范围内,由近似实际工作条件的加速度谱密度形状所确定的宽带随机激励是在工作台面或试件的控制点处产生的。其试验条件包括试验频带内加速度谱密度的量级。

4.2.4 时间历程法

该试验是对试件施加一时间历程的激励,这个时间历程是用具有模拟短持续时间随机力作用特征的响应谱来表示的。时间历程可以来源于自然界的事件(自然时间历程),或来自随机取样,或作为一个合成信号(人工时间历程)获得。由于耦合方式的组合效果,它用内含宽带响应谱的单一试验波同时激出试件所有的模态。

该试验适用于在使用中承受短持续时间随机动态力(例如由地震、爆炸或运输引起的动态力)的试件。

要确定的试验条件包括感兴趣的频率范围,所需要的响应谱,时间历程的数值和持续时间,响应的峰值。

4.2.5 正弦拍频法

该试验是以预置次数的正弦拍频(见图1)对试件进行定频(其频率可以设为由实际应用得出的经验值或步长改变不超过1/2倍频程的量值)激励。这些固定频率可以是通过振动响应研究确定的临界频率。

要确定的试验条件包括频率范围,试验量级,正弦拍频周期数,正弦拍频次数。控制系统保证其交越频率以下的位移幅值和交越频率以上的加速度幅值。

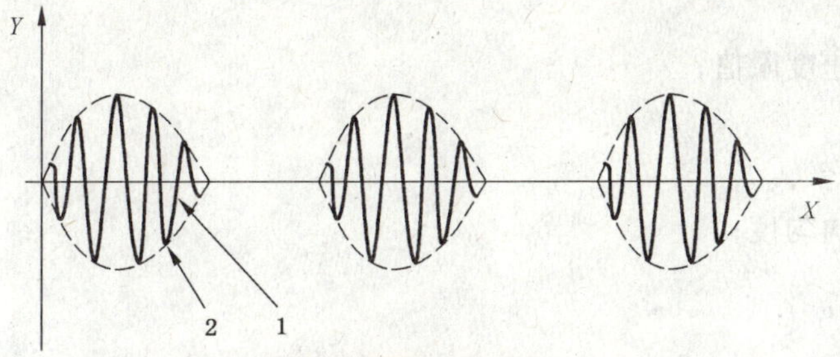

X——时间；

Y——振幅；

1——载波(试验频率)；

2——包络线(调制频率)。

图 1 正弦拍频的典型序列

5 振动发生器的主要类型和特性参数

5.1 振动发生器的主要类型

5.1.1 概述

振动发生器是振动发生系统中终端的控制元件，它产生预期的振动并将其传递到被试物体上。振动发生器的类型和性能决定了系统的主要指标，例如产生力的能力，容许负载，位移/速度/加速度幅值，频率范围和精度指标(允差、失真度、横向运动等)。根据它们的设计原理不同，振动发生器被分为电动、液压伺服、机械、电磁、压电、磁致伸缩等类型。在环境试验中最常用的是电动、液压伺服和机械三种类型的振动发生器。

5.1.2 电动振动发生器

这种类型的振动发生器是由一个固定磁场和一个交变磁场的相互作用来产生振动力的。该交变磁场是由运动线圈中的交变电流产生的，运动线圈是一个激励器。

包含电动振动发生器的振动发生系统被称为电动振动发生系统。它是由功率放大器、输入信号源和控制系统、测量仪器、磁场电源和辅助设备组成，此系统还可以包含一个辅助台。

5.1.3 液压伺服振动发生器

这种类型的振动发生器利用以预定模式变化的液体压力来产生振动力。在液压伺服振动发生器中，由伺服阀控制的液压作动器(用液体推动的活塞杆)将力和运动传递到试验对象。

包含液压振动发生器的振动发生系统被称为液压伺服振动发生系统。它主要由液压源系统、信号发生器、闭环控制系统、测量和辅助设备组成。

5.1.4 机械式振动发生器

这种类型的振动发生器是利用机械转动能量加以转换来产生振动力的。它又可以分为直接驱动式和反作用式两种类型。

在直接驱动式振动发生器中，试验对象被诸如连杆、曲柄或凸轮等传动机构直接驱动。

在反作用式的振动发生器中，不平衡质量的旋转运动(或往复运动)产生离心力。

包含机械式振动发生器的振动发生系统被称为机械振动发生系统。

5.2 主要参数

GB/T 7670 和 GB/T 10179 分别规定了电动振动发生器和液压振动发生器的性能特性。其中主要特性指标如下：

——额定力；

——允许静态负载；

——频率范围；

——位移、速度、加速度限值；

——失真度；

——横向运动比；

——台面运动的不均匀度；

——共振频率。

5.3 特性

5.3.1 电动振动发生器

电动振动发生器的典型性能参数见表1。制造商会提供振动发生系统额定力值的各种系列或等级。

当用户从某个某厂商处购买或者在自身使用的几套系统中进行选择时，推荐使用实际的规格单。

表1 电动振动发生器的性能参数

额定力/N	功率放大器输出/VA	频率范围/Hz	最大位移/mm	最大速度/(m/s)	空载最大加速度/(m/s^2)	最大负载/kg	运动系统的质量/kg
31.5	6.3	5～13 000	2.5	0.4	200	1.0	0.16
63	19	5～1 000	2.5	0.4	300	1.5	0.2
125	62.5	5～8 000	5.0	0.8	500	2.0	0.25
250	165	5～8 000	8.0	1.3	650	4.0	0.38
500	400	5～7 000	8.0	1.3	800	10.0	0.62
1 000	1 000	5～5 000	12.5	2.0	1 000	25.0	1.0
2 000	2 000	5～5 000	12.5	2.0	1 000	75.0	2.0
4 000	4 000	5～4 000	12.5	2.0	1 000	200.0	4.0
8 000	8 000	5～3 500	12.5	2.0	1 000	300.0	8.0
16 000	16 000	5～3 000	12.5	2.0	1 000	400.0	16.0
32 000	32 000	5～2 500	12.5	2.0	1 000	500.0	32.0
64 000	64 000	5～2 000	12.5	2.0	1 000	1 000.0	64.0
128 000	128 000	5～1 800	12.5	2.0	1 000	2 000.0	128.0
200 000	200 000	5～1 600	12.5	2.0	1000	3 125.0	200.0
注：不能同时获得各项振动参数的上限值。							

电动振动发生器的主要特点如下：

——任何形式的激励都可以实现：正弦(定频和扫频)、随机(宽带和窄带)等。

——易于控制(手动和自动)。

——频率范围宽：0.5 Hz～15 000 Hz(典型频率范围是5 Hz～5 000 Hz)；通常额定推力越低频率范围的上限越高。

——位移较大：最大可达±25 mm(典型的可达到±12.5 mm)；加速度：最大可达1 500 m/s^2(典型的可达到1 000 m/s^2)。

——额定力较大：最大可达400 kN(典型的可达到200 kN)。

——允许负载较大：最大可达4 000 kg(典型的可达到1 000 kg)。

——谐波失真度低：约为5%，不包括由于振动发生器和负载之间的谐振而使失真度增大的频带。

——台面横向运动和不均匀度：约为10%，不包括由于运动系统共振或试验负载偏置而引起非期望振动的频带。

电动振动发生器的一个缺点是在其台面上存在磁场。但是利用专门的补偿装置,可以将其减小到大约 0.001 T。

此外,额定力不是在整个频率范围内都可达到的,在低频段受额定行程限制,在中频段受到额定速度限制,在高频段则受到运动系统共振的限制。所能达到的加速度取决于负载质量的大小。GB/T 7670 规定了六种试验质量 m_0、m_1、m_4、m_{10}、m_{20}、m_{40},其中第一个质量为零即空载,其他的那些分别相应于台面所能产生的最大加速度:10 m/s²、40 m/s²、100 m/s²、200 m/s² 和 400 m/s²。

图 2 表示的是电动振动发生器在各种试验质量下其加速度(位移、速度)相对于频率的典型曲线。

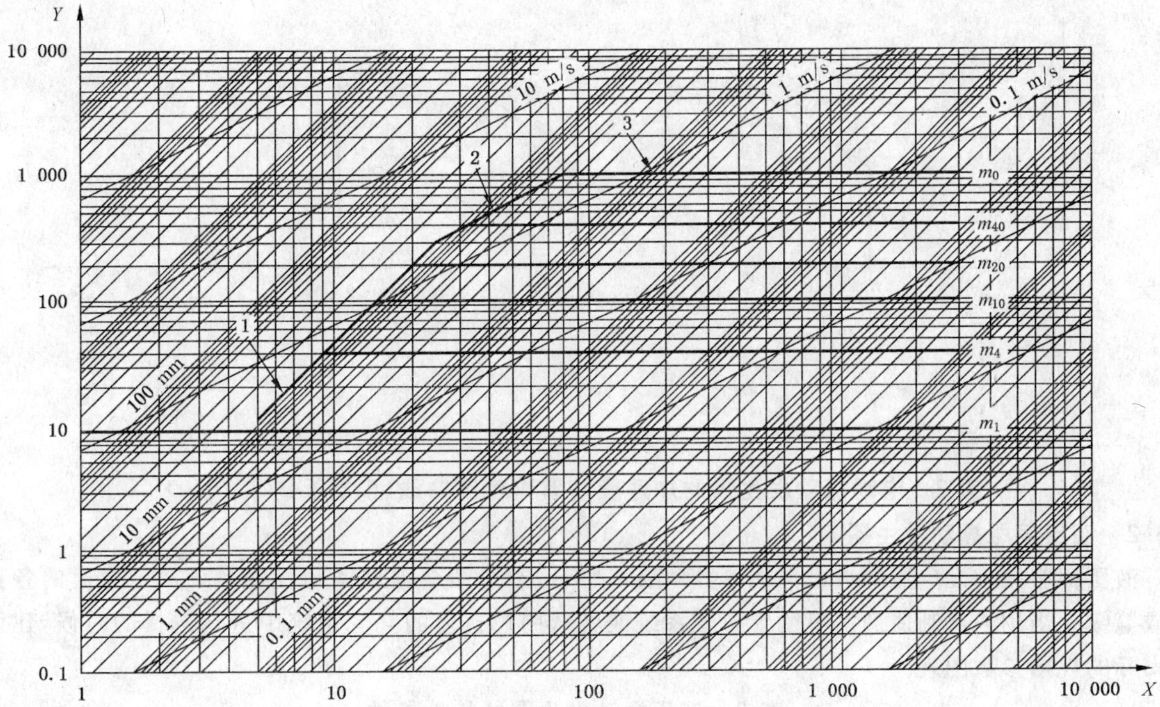

X——频率,Hz;

Y——加速度,m/s²;

1——位移限值;

2——速度限值;

3——最大加速度。

图 2 电动振动发生器的典型额定性能曲线

对于随机振动,其随机激振力的额定值按其加速度功率谱密度 $\Phi_a(f)$来定义,单位为(m/s²)²(Hz)(见 GB/T 7670)。

$f < 20$ Hz,$\Phi_a(f) = 0$;

20 Hz $< f <$ 100 Hz,$\Phi_a(f) = (f/100)^2\Phi_0$;

100 Hz $< f <$ 2 000 Hz,$\Phi_a(f) = \Phi_0$;

$f >$ 2 000 Hz,$\Phi_a(f) < \Phi_0(2\,000/f)^4$ 或 $10^{-4}\Phi_0$。

图 3 表示的是电动振动发生器加速度功率谱密度曲线。波峰因数(峰值与有效值之比)不宜小于 3。

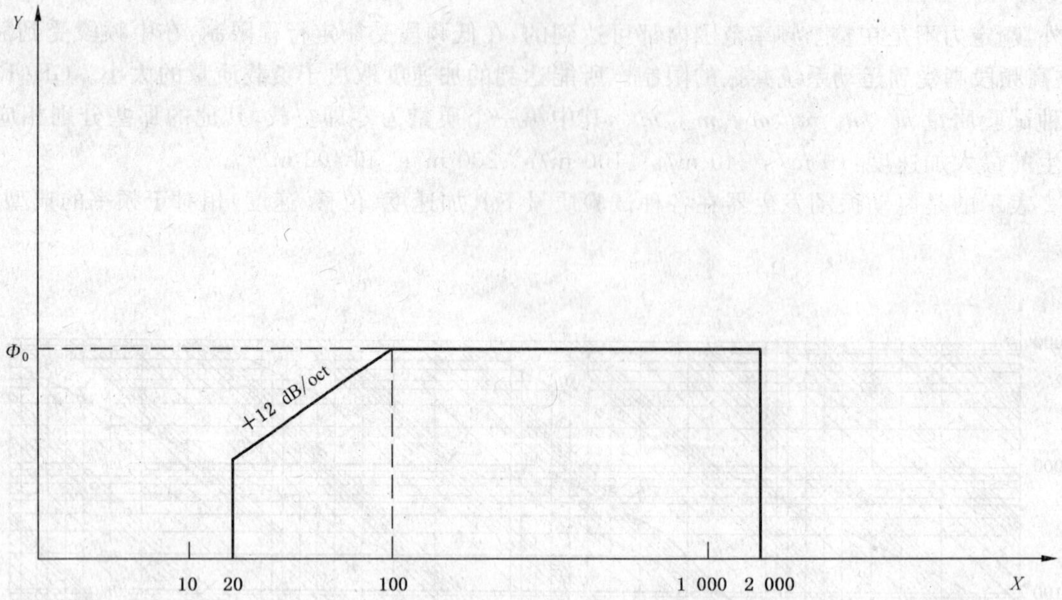

X——频率，Hz；

Y——加速度功率谱密度 Φ_a。

图 3 电动振动发生器的加速度功率谱密度曲线(引自 GB/T 7670)

5.3.2 液压伺服振动发生器

液压伺服振动发生器的典型性能参数由表 2 所示，制造商会提供振动发生系统额定力值的各种系列或等级。当用户从制造商那里购置一套系统或者从用户自己的几套系统中进行选择的时候，建议使用实际的规格参数图表。

表 2 液压振动发生器的特性参数

额定力/ N	频率范围/ Hz	最大位移/ mm	最大速度/ (m/s)	最大加速度/ (m/s²)	运动系统的质量/ kg
5 000	0.1～140	100	2.0	1 000	5
8 000	0.1～100	100	2.0	1 000	8
10 000	0.1～100	100	2.0	1 000	10
15 000	0.1～100	100	2.0	1 000	15
20 000	0.1～100	100	2.0	1 000	20
30 000	0.1～60	100	2.0	1 000	30
50 000	0.1～60	100	2.0	1 000	50
100 000	0.1～60	100	1.7	600	167
200 000	0.1～60	100	0.8	300	667
500 000	0.1～30	100	0.3	100	5 000
1 000 000	0.1～30	100	0.1	30	33 333

液压伺服振动发生器的主要特点如下：

——任何形式的激励都可能实现。

——易于控制(手动和自动)。

——频率范围往下可延伸至 d.c.,高频限制为 800 Hz(典型的不超过 100 Hz)。

——位移非常大,最大可达 200 mm;加速度大,最大可达 1 000 m/s^2;速度大,最大可达 10 m/s(典型的达到 2 m/s)。

——额定力非常大,最大可达 10 MN(典型的达到 1 MN)。

——允许负载非常大,最大可达到几吨。

——横向运动小,约为 5%~10%。

——工作台面无磁场。

——对负载偏置的敏感性低。

——在低频范围(作动器的固有频率以下)的谐波失真度大,最大可达 15%或更大。

——在固有频率以上频率段的谐波失真度低,在 5%的量级之内。

液压伺服振动发生器的额定性能曲线见图 4。该性能曲线与电动振动发生器相似,不同的是在高频段其振动力(加速度)急剧下降。

其随机振动的额定值与电动振动发生器的近似。额定力由其加速度功率谱密度 $\Phi_a(f)$[单位为 $(m/s^2)^2/Hz$]或者位移功率谱密度 $\Theta(f)$[单位为 $(m/s^2)^2/Hz$]定义。

$f < f_1, \Phi_a(f) = 0, \Theta(f) = 0$;

$$f_1 < f < f_2, \Phi_a(f) = \frac{f^4}{(f_2 f_3)^2}\Phi_0, \Theta(f) = \Theta_0;$$

$$f_2 < f < f_3, \Phi_a(f) = \frac{f^2}{f_3{}^2}\Phi_0, \Theta(f) = \frac{f_2{}^2}{f^2}\Theta_0;$$

$$f_3 < f < f_4, \Phi_a(f) = \Phi_0, \Theta(f) = \frac{(f_3 f_2)^2}{f^4}\Theta_0;$$

$$f_4 < f < f_5, \Phi_a(f) = \frac{f_4{}^2}{f^2}\Phi_0, \Theta(f) = \frac{f_4 f_3 f_2}{f^6}\Theta_0;$$

$$f_5 < f < f_6, \Phi_a(f) = \frac{(f_4 f_5)^2}{f^4}, \Theta(f) = \frac{(f_5 f_4 f_3 f_2)^2}{f^8}\Theta_0;$$

$f > f_6, \Phi_a(f) = 0, \Theta(f) = 0$。

其中:

f_1——频率范围的下限值;

f_2——等位移和等速度范围间的交越频率;

f_3——等速度和等加速度范围间的交越频率;

f_4——对应第一段功率谱密度限值的频率;

f_5——对应第二段功率谱密度限值的频率;

f_6——频率范围的上限值;

$$\Theta_0 = \Phi_0 \frac{1}{(2\pi f_2)^4}。$$

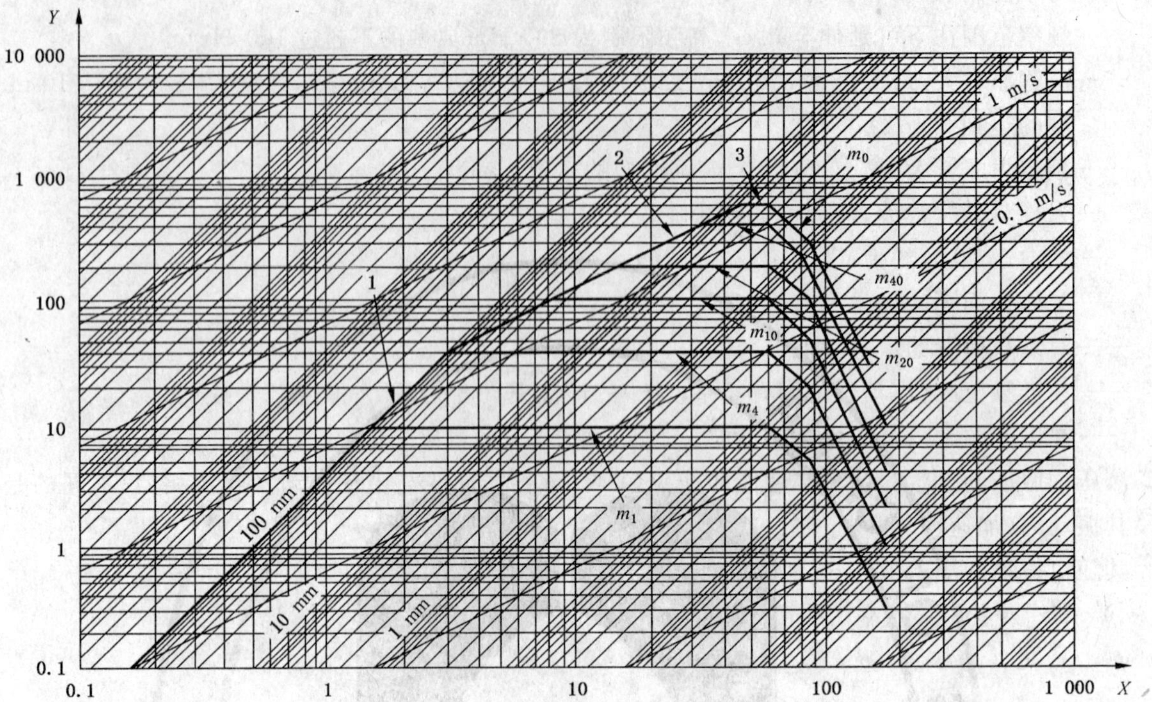

X——频率，Hz；

Y——加速度，m/s²；

1——位移限值；

2——速度限值；

3——最大加速度。

图 4　液压振动发生器的典型额定性能曲线

液压伺服振动发生器的加速度功率谱密度曲线如图 5 所示。其波峰因数(峰值与有效值之比)不宜小于 3。

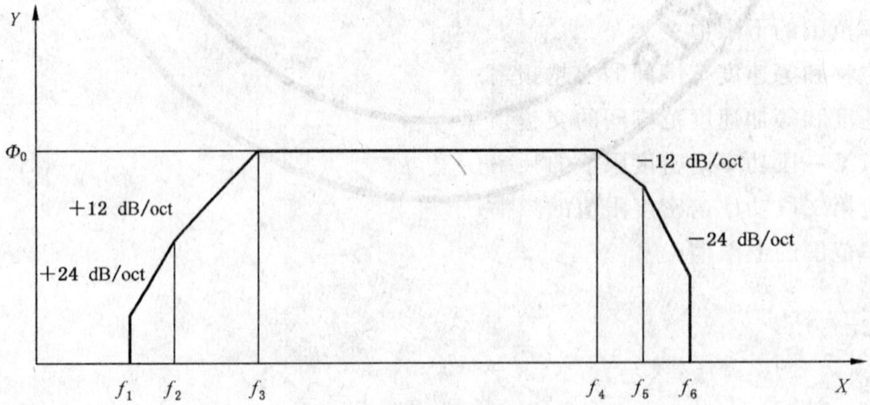

X——频率 f，Hz；

Y——加速度功率谱密度 Φ_a。

图 5　液压伺服振动发生器的加速度功率谱密度曲线(引自 ISO 8626)

5.3.3 机械式振动发生器

机械式振动发生器典型的性能参数见表3。

表3 机械式振动发生器典型的性能参数

额定负载/kg	频率范围/Hz	最大位移/mm	最大加速度/(m/s^2)	运动系统的质量/kg
5	5～100	±5	150	0.33
25	5～100	±5	150	1.66
50	5～100	±5	100	5.0
100	5～80	±3	100	10.0
250	5～80	±3	50	50.0
500	5～80	±3	50	100.0
1 000	5～80	±2.5	50	200.0

机械式振动发生器的主要特点如下：

——只能是定频正弦激励；

——难于控制；

——频率范围小：0.1 Hz～300 Hz(典型的频率范围 5 Hz～100 Hz)；

——位移小，一般在 5 mm 的量级之内，在次声频(亚音频)范围可以提高到 100 mm；

——加速度小，最大可达 300 m/s^2(典型的不超过 150 m/s^2)；

——允许负载最大可达几吨(典型的是几十到几百公斤)；

——谐波失真度较大(约为 15%到 25%，在高频段有窄带背景噪声)；

——横向运动大，在 25%的量级之内；

——工作台面无磁场；

——设计简单；

——成本低；

——位移(速度，加速度)不取决于负载质量；

——位移不取决于频率。

5.4 电动振动发生器、液压伺服振动发生器和机械式振动发生器之间的比较

三种类型振动发生器的主要性能比较见表4。

表4 电动振动发生器、液压伺服振动发生器和机械式振动发生器之间的比较

参　数	振动发生器的类型		
	电动振动发生器	液压伺服振动发生器	机械式振动发生器
额定力/kN	0.1～400	5～10 000	0.5～150
负载/kg	1 000	5 000	500
位移/mm	±25，典型的为±12.5	±200，典型的为±50	±100，典型的为±5
加速度(空载)/(m/s^2)	1 500，典型的为 1 000	1 000，典型的为 100	300，典型的为 100
频率/Hz	0.5～20 000， 典型的为 5～5 000	0～800， 典型的为 1～200	0.1～300， 典型的为 5～100
谐波失真度/%	2～5，最大可达 25， 在某些频率处更大	在固有频率以下为 15， 在固有频率以上为 5	20 以上
横向运动/%	5～10，最大可达 25， 在某些频率处更大	5～10	20 以上
台面不均匀度/%	5～10，最大可达 25， 在某些频率处更大	2～5	5～10

表 4（续）

参数	振动发生器的类型		
	电动振动发生器	液压伺服振动发生器	机械式振动发生器
台面磁场强/T	0.001 或以上	无	无
对负载偏置的敏感性	高	低	高
激励类型	全部	全部	固定频率
成本	高	高	低

图 6 给出了三种振动发生器的典型应用范围。

X——频率，Hz；

Y——速度，m/s；

1——液压伺服振动发生器；

2——机械式振动发生器；

3——电动振动发生器。

图 6　三种振动发生器典型应用范围的比较

6 振动发生器选择的建议

6.1 振动发生器类型选择

根据振动试验要求，所选的振动发生器应能在特定频率 f 或频率范围 $f_L \sim f_H$ 内，使质量为 m_s 的负载按照规定参数：位移 d，加速度 a 或加速度功率谱密度 $\Phi_a(f)$ 产生所要求的振动，且能满足允许的谐波失真度、横向运动、台面运动的不均匀度和在台面附近的磁场等要求。

为此要根据试验任务的要求以及 5.3 和 5.4 所描述的振动发生器的性能和特性来选择振动发生器的类型。

对于高频(1 000 Hz 以上)的试验，可供选用的只有电动振动发生器。

对于低频(次声频范围)的试验，最好选用液压伺服振动发生器。

对于中频(200 Hz 以下)的试验，三种类型的振动发生器都可以选用。

对于大位移(±25 mm 以上)的试验，一般宜选用液压振动发生器。

对于随机振动试验，电动和液压伺服振动发生器都可以选用。

对于大型负载(大于 1 000 kg)的试验，以选择液压伺服振动发生器为佳。

若所需完成的试验有使用各种振动发生器的可能性，则应进一步考虑精度特性，如允许的谐波失真度、横向运动、台面不均匀度和在台面附近的磁场大小。若试验不允许有磁场，则这实际上排除了或很大程度上限制了选用电动振动发生器的可能性，否则可优先选用电动振动发生器。但是，如果在精度特性上没有严格限制，则可选用机械式振动发生器，以便节约试验费用。

对于低频且要求大位移、大推力的试验，宜选择液压伺服振动发生器。

对于要求具备较宽的频率范围和小位移、大加速度的试验，宜选用电动振动发生器，它在正弦激励时产生的失真很小且在随机激励时能实现精确的控制。

对于随机振动，液压伺服振动发生器和电动振动发生器都可以使用。通常所选振动发生器的额定性能应该比试验条件所要求的为高。

6.2 设备规格参数的选择

6.2.1 概述

对一个振动发生系统的主要要求是，它应该能够按照试验条件使负载 m_s，在频率 f 处或频率范围 $f_L \sim f_H$ 内，以最大位移 d_{max}、最大速度 v_{max}、最大加速度 a_{max} 或以规定的加速度功率谱密度 $\Phi_a(f)$ 产生振动。

选择满足规定试验条件的振动发生系统性能参数的程序见 6.2.2～6.2.7。所确定的性能决定了被选用的振动发生器的特定规格。

在用公式(1)～公式(10)进行计算时需要一些数据，这些数据应由制造厂商提供。

6.2.2 频率范围

振动试验系统的频率范围应该大于试验要求的频率范围。所确定的系统频率范围受若干因素制约。

系统在低频工作时，对于振动器隔离系统、放大器的低频响应、甚至加速度计的低频响应都应该考虑进去。

振动试验系统标明的上限工作频率通常为运动部件共振频率的 1.1 倍。这个数值是一般化的原则，因为在试验中运动部件和产品的动态性能可使系统在某一个轴上产生极大的超出预期的振动。在系统性能的说明书中将会发现“可使用”这个术语，它的含义是最后的结果是不可预知的，而且适合进行试验的频率范围只能由最终的用户来决定。一般来说，试验中的频率范围上限主要取决于夹具、辅助台和设备的动态特性。

6.2.3 最大加速度

振动试验系统的最大加速度是在运动部件连续工作且不会产生过度机械疲劳和过应力条件下而确

定的最大加速度量级。最大加速度的量级将确保运动部件具有一个与其使用周期和工作强度成比例的合理寿命。

因为系统的最大加速度和力还和放大器的电流值成比例关系，所以大多数系统在设计时，放大器仅提供产生最大加速度和力够用的电流。然而，有这样的情况，放大器可以提供的电流比驱动系统达到最大的力和加速度所需的电流大得多。如果是这种情况，有可能使系统在工作时超过规定的限值，这将会缩短振动发生器的工作寿命，所以是不可取的。

6.2.4 力

根据运动件总质量 $m_z = m_e + m_s$ 和给定的加速度 a 可由公式(1)确定出振动发生器产生的力 F：

$$F = m_z a = (m_e + m_s) a \tag{1}$$

式中：

m_e——振动发生器运动部件的质量(见表1和表2)；

m_s——试件的质量，包括试验夹具和辅助台的质量。

对于正弦试验，力 F 可用 F_s 表示：

$$F_s = (m_e + m_s) a_{max} \tag{2}$$

式中：

a_{max}——规范规定的最大加速度。

对于随机试验，力 F_r 可根据 a_r 用公式(3)表达。

$$F_r = (m_e + m_s) a_r \tag{3}$$

式中：

a_r——宽频带内的均方根加速度；

$$a_r = [\Phi_a(f)\Delta f]^{1/2} \tag{4}$$

$\Phi_a(f)$——Δf 范围内的加速度功率谱密度。

为便于试验，公式(4)通常是在工作频率范围 Δf 内将加速度功率谱密度 $\Phi_a(f)$ 规定为一段顶部平坦的矩形曲线的假定条件下得到的。

6.2.5 运动部件的质量

运动部件的质量 m_e 是由试件质量 m_s 和表1、表2和表3中振动发生器的最大负载决定的。作为一次近似，可以假定 m_e 等于运动系统的质量并按表中负载质量所对应的那一列取值也即等于试件的质量，或运动系统质量按试件的质量取值。

另一种方法是依据 m_s、a_{max} 和 a_0 的数值，用公式(5)计算得到：

$$m_e = m_s \frac{a_{max}}{a_0 - a_{max}} \tag{5}$$

式中：

a_0——振动发生器的空载最大加速度($m_s = 0$)，可从表1、表2和表3中得到。

6.2.6 额定行程

电动振动发生器运动部件额定行程 S_L 的定义为：相对无负载系统的平衡位置向下的最大行程。它与最大位移幅值 d_{max}、运动总质量 m_z 和带负载质量 m_s 的运动系统固有频率 f_z 相关：

$$S_L > d_{max} + l_{st} = d_{max} + \frac{g_n}{4\pi^2 f_s^{\,2}} \tag{6}$$

式中：

l_{st}——在有负载情况下产生的相对于平衡位置的静位移；

g_n——标准重力加速度。

公式(6)可用无负载运动系统的固有频率 f_e 改写成公式(7)：

$$S_L > d_{max} + l_{st} = d_{max} + l_1 + l_2 = d_{max} + \frac{(1 + m_s/m_e) g_n}{4\pi^2 f_e^{\,2}} \tag{7}$$

或公式(8)：

$$S_L > d_{max} + \frac{a_0}{a_{max}} \frac{g_n}{4\pi^2 f_e^2} \qquad \cdots\cdots(8)$$

式中：

l_1——运动系统在其自身质量作用下的静位移；

l_2——在负载状态下运动系统产生的附加静位移。

对于液压伺服振动发生系统，额定行程 S_L 由公式(9)定义为以峰峰位移而定的活塞额定行程。

$$S_L > 2d_{max} = \frac{2a_{max}}{4\pi^2 f_L^2} \qquad \cdots\cdots(9)$$

式中：

f_L——频率范围的下限值。

上述所有的计算公式只有当振动发生器与基础是刚性安装时才能成立。否则，例如使用隔振器时，额定行程将小于以振动器体位移 d_b 值计算出来的额定行程：

$$d_b = d_{max} \frac{m_z}{m_b} \qquad \cdots\cdots(10)$$

式中：

m_z——运动件总质量；

m_b——振动器体质量。

注1：如果振动发生器安装有运动系统补偿装置，则 $S_L = d_{max}$。

注2：如果试验频率贯穿隔振系统的共振频率，且运动的总质量很大，振动器的台体将会剧烈振动，使得试验控制非常地困难。

6.2.7 最大速度

对于电动振动发生系统和液压伺服振动发生系统，最大速度 v_{max} 是由最大位移 d_{max} 和等位移范围与等速度范围间的交越频率 f_t(大约 20 Hz)确定的并按公式(11)计算：

$$v_{max} = 2\pi f_t d_{max} \qquad \cdots\cdots(11)$$

通常，电动振动发生系统和液压伺服振动发生系统的最大速度为 2 m/s。

注：为了求得位移 d 和速度 v 的幅值，最好采用作为频率函数的位移、速度和加速度的诺模图。

6.3 部件的选择

6.3.1 概述

为了达到所要求的振动发生系统的性能特性，除了振动发生器外，还应正确选择系统的部件，如电动振动发生系统的功率放大器和液压伺服振动发生系统的液压源系统和伺服阀。

对应于公式(12)～公式(23)计算所需的数据或如图7～图9的图表应由制造商提供。

6.3.2 功率放大器的选择

6.3.2.1 概述

功率放大器用于给电动振动发生器提供电流。要求其输出功率从数十瓦到数百千瓦，以产生数十牛顿(N)到数百千牛顿的力。

功率放大器的负载是随频率而变化的动圈的复阻抗。

功率放大器应满足下列要求：

——输出功率要与振动发生器在规定频率范围内产生的规定力相符；

——失真度低(小于1%～2%)；

——背景噪声低(信噪比不小于 50 dB)；

——连续工作能力(典型为 8 h)；

——在系统动圈发生故障的情况下仍能稳定工作。

6.3.2.2 输出功率

功率放大器的视在功率 P 可由公式(12)确定，单位为伏安(V·A)：

$$P = U \cdot I \qquad \cdots\cdots(12)$$

式中：

U——动圈的端电压，单位为伏(V)；

I——通过动圈的电流，单位为安(A)。

输出电压可由公式(13)确定：

$$U = E_c + (R + j\omega L)I \qquad \cdots\cdots(13)$$

式中：

E_c——反馈电动势，$E_c = Blv$；

R——动圈电阻；

ω——角频率；

L——动圈电感；

B——在动圈工作气隙中的磁通密度；

l——动圈导线的总长度；

v——动圈速度。

实际上，为了确保在等速度与等加速度范围间的交越频率上获得所要求的力，了解放大器的最大输出功率是十分必要的，该交越频率通常位于 30 Hz～100 Hz 范围内。

注：在 30 Hz 时，$v_{max}=2$ m/s；$a_{max}=400$ m/s²；在 80 Hz 时，$v_{max}=2$ m/s，$a_{max}=1\,000$ m/s²；在 100 Hz 时，$v_{max}=1.7$ m/s，$a_{max}=1\,000$ m/s²。

此时 $E_c \gg (R+j\omega L)I$，因此电压可由近似公式(14)求得：

$$U \approx E_c = Blv = \frac{Fv}{I} \qquad \cdots\cdots(14)$$

式中：

F——激振力。

则所需要的最大视在功率由公式(15)确定：

$$P = UI = Fv \qquad \cdots\cdots(15)$$

公式(14)的所有参数都是用均方根表示。通常，由振动发生器产生的力和速度也可用峰值 F_{peak}，和 v_{peak} 来表示。这种情况下，视在功率 P 按公式(16)计算：

$$P = 0.5F_{peak}v_{peak} \qquad \cdots\cdots(16)$$

式中：

v_{peak}——峰值时的速度。

6.3.2.3 线圈电流

动圈的电流由公式(17)确定：

$$I = 0.5\frac{F_{peak}v_{peak}}{U} \qquad \cdots\cdots(17)$$

输出电压 U 受到功率放大器输出级元件的电源电压的限制。若它们是晶体管，则限制电压为 50 V～150 V。

6.3.2.4 放大器负载

输出功率以及输出电流和电压取决于放大器负载(即动圈)，这些阻抗是随频率而变化的，如图 7 所示：

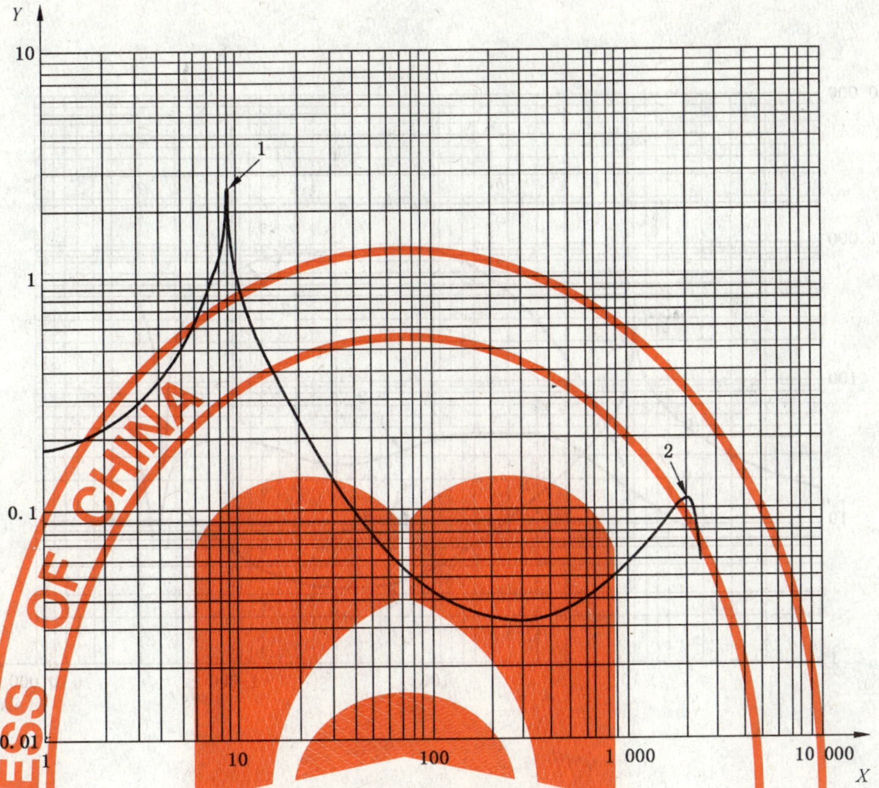

X——频率，Hz；

Y——阻抗，Ω；

1——悬挂的机械共振；

2——运动线圈部件的一阶共振。

图 7 放大器负载阻抗的示例

负载阻抗是由线圈的电参数以及线圈的运动而确定的，并按公式(18)计算：

$$Z = U/I = R_c + j\omega L_c + Z_m \qquad (18)$$

式中：

R_c——线圈的电阻性负载；

L_c——线圈的电感性负载；

ω——角频率；

Z_m——由线圈运动所产生的附加的电容性负载，$Z_m = 0.5 F_{peak} v_{peak} / I^2$；

F——力；

V——线圈速度；

I——电流。

在接近直流(DC)的低频处，线圈阻抗近似于电阻性负载 R_c，电感分量随频率增加。由于反电势的作用，线圈的阻抗在线圈悬挂的机械共振频率 f_s 处达到最大值。这个频率落在 7 Hz～60 Hz 的范围内。在所谓的机电共振频率处(200 Hz～400 Hz)，负载再次成为电阻性的，且近似等于 R_c。当频率进一步增高时，线圈阻抗随电感分量的增加而再次增加。

6.3.2.5 对放大器选择的建议

阻抗 Z、电流 I 和电压 U 与频率的典型关系曲线如图 8 所示。

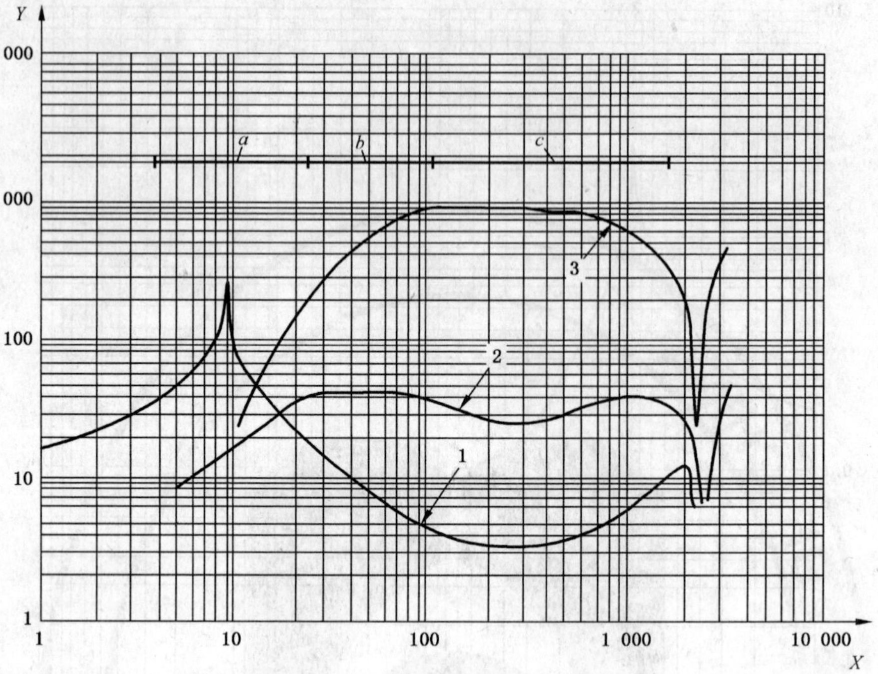

a——等位移；

b——等速度；

c——等加速度；

X——频率，Hz；

Y——阻抗、电压或电流；

1——阻抗；

2——电压；

3——电流。

图 8　阻抗、电流和电压和频率的典型曲线

输出功率是在从等速度向等加速度转换的交越频率 f_2 处达到最大输出功率。

为了更有效地使用功率放大器，其参数宜通过匹配的变压器与振动发生器阻抗相匹配。现代晶体管放大器一般不需要匹配变压器，并可直接与电动振动发生器连接。

用户可以从两种主要类型的功率放大器中选取：线性型和开关型。后者效率高（为 85%～90%，而线性功率放大器在同输出能力条件下，仅为 40%～55%）且可以大幅度降低运行费用，特别是对于功率为数十千瓦的大功率放大器。

6.3.3　液压油源的选择

液压油源的主要参数是供油平均流量 Q_m，它取决于给定供油压力下的最大振动速度 v_{max} 和额定力 F。这种特性曲线的各种模型在形式上略有不同。有关规定的模型中所述及的各参数之间关系的技术资料通常由制造商以表或图形（表格、诺谟图等）的方式提供。图 9 给出了图形表述的一个示例。以速度 v 和额定力 F 为基本参数，利用此诺谟图就能确定所要求的油的平均流量 Q_m。

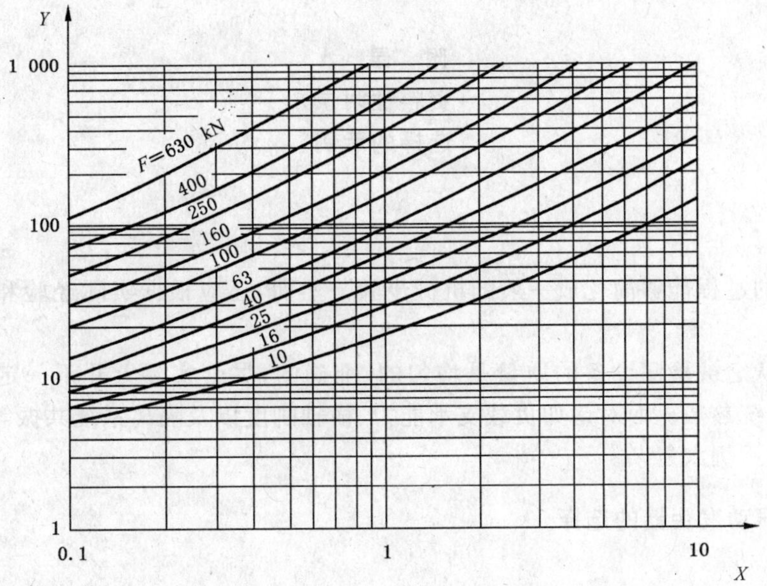

X——v_{peak},m/s;

Y——Q_m,l/min。

图 9 用于估算供油平均流量 Q_m(P=28 MPa)诺谟图的示例

按下述方法能够实现对 Q_m 的粗略计算。通常,力(此为压力)被部分地消耗了,用以克服重力的作用。于是,将最大力 F 和压力 P 再分成动态力分量 F_{peak}、P_{peak} 和静态力分量 F_{st}、P_{st},并通过公式(19)和公式(20)联立起来。

$$F_{peak} = a_{max} m_z = S_p P_{peak} \qquad (19)$$

$$F_{st} = g_n \times m_z = S_p P_{st} \qquad (20)$$

式中:

S_p——作动器油缸活塞的有效横截面积;

g_n——标准重力加速度。

假设液压油源系统的压力损失忽略不计,则所需的供油平均流量 Q_m 能按公式(21)计算:

$$Q_m = \frac{2}{\pi} \times v_{peak} \times S_p \qquad (21)$$

由公式(19)到公式(21)导出公式(22):

$$Q_m = \frac{2}{\pi} \times \frac{(a_{max} + g_n) \times v_{peak} \times F_{peak}}{a_{max} \times P} \qquad (22)$$

若系统模型配备了重力补偿装置,公式(22)可以简化成公式(23):

$$Q_m = \frac{2}{\pi} \times \frac{v_{peak} \times F_{peak}}{P} \qquad (23)$$

当考虑系统损失的情况时,按公式(22)或公式(23)所获得的结果宜乘上系数 1.1～1.2。

附 录 A
（资料性附录）
选择的示例

A.1 概述

确定系统要求的过程能够简化成一般的机械步骤。然而，还应根据实际经验和具体项目的技术知识考虑许多问题。

以下的示例中认定被检测设备的质量是均匀的、准确的，尽管实际上并不一定如此。对于这些示例，只考虑基本的系统参数。而对诸如负载支承能力、横轴刚度以及隔离系统共振等参数在示例中未予以考虑，因为这会使示例太复杂。

A.2 示例1：电动振动发生器的选择

A.2.1 试验条件

试验条件规定如下：

$m_s=80\ \text{kg}$；$a_{max}=40\ \text{m/s}^2$；$d_{max}=12.5\ \text{mm}$；$f_L=20\ \text{Hz}$；$f_H=2\,000\ \text{Hz}$；$\Phi_a(f)=0.5(\text{m/s}^2)^2/\text{Hz}$。

A.2.2 确定系统要求

系统参数按6.2和6.3计算：

——运动系统的质量（符合表1）：$m_e=4\ \text{kg}$；

——总质量：$m_z=m_e+m_s=84\ \text{kg}$；

——需要的力（正弦激励）：$F_s=m_z a_{max}=3.36\ \text{kN}$；

——需要的力（随机激励）：$a_r=\sqrt{\Phi_a(f)(f_H-f_L)}=31.5\ \text{m/s}^2$；$F_r=m_z a_r=2.65\ \text{kN}$；

——需要的行程（假定 $f_e=20\ \text{Hz}$）：$S_L=d_{max}+\dfrac{(1+m_s/m_e)}{4\pi^2 f_e^2}g_n=25.5\ \text{mm}$（若有静位移补偿装置时，$S_L=d_{max}$）；

——最大速度（假定交越频率，$f_t=25\ \text{Hz}$）：$v_{max}=2\pi f_t d_{max}=2.0\ \text{m/s}$（见6.2.7）；

——放大器输出功率：$P\approx 0.5F_s v_{max}=3\,360\ \text{VA}$；

——线圈电流（假定 $U=50\ \text{V}$）：$I=P/U=67.2\ \text{A}$；

——放大器负载：$Z=U/I=0.74\ \Omega$（在 f_t 附近电阻性负载）。

A.3 示例2：对要选择的电动振动发生器进行设备能力确认

A.3.1 试验条件

规定的正弦振动试验条件如下：

$m_s=35\ \text{kg}$（包括夹具质量25 kg）；$f_L=5\ \text{Hz}$；$f_H=500\ \text{Hz}$；$d_{max}=10.0\ \text{mm}$（对应5 Hz～19.49 Hz的频率范围）；$a_{max}=150\ \text{m/s}^2$（对应19.49 Hz～500 Hz的频率范围）。

A.3.2 要选择的用于试验的振动发生器

要校验其性能的振动发生器参数如下：

——运动系统的质量：$m_e=12\ \text{kg}$；

——额定力（正弦激励）：$m_s=10\ \text{kN}$；

——额定行程：$S_L=25.4\ \text{mm}$；

——额定速度：$v_{max,s}=2.0\ \text{m/s}$；

——最大允许加速度：$a_{max,s}=750\ \text{m/s}^2$。

A.3.3 系统要求的确定

系统参数按 6.2 和 6.3 计算：

——总质量：$m_z = m_e + m_s = 47$ kg；

——需要的力：$F_s = m_z a_{max} = 7.05$ kN；

——最大速度：$v_{max} = 2\pi f_t d_{max} = 1.225$ m/s(或 $v_{max} = \sqrt{a_{max} d_{max}} = 1.225$ m/s)；

——需要的行程(假定 $f_e = 15$ Hz)：$S_L = d_{max} + \frac{(1 + m_s/m_e)}{4\pi^2 f_e^2} g_n = 14.3$ mm(若有静位移补偿装置时，$S_L = d_{max} = 10$ mm)。

A.3.4 结论

要求的力、加速度、速度和行程都要在所选择系统的最大限值以内。性能试验时允许使用与实际质量不一样的试验负载，这样还将延长振动发生器使用寿命的维护时间周期。

A.4 示例 3：液压伺服振动发生器的选择

A.4.1 试验条件

规定的试验条件如下：

$m_z = 1\,000$ kg；$a_{max} = 40$ m/s^2；$f_L = 6$ Hz；$f_H = 60$ Hz。

A.4.2 系统要求的确定

系统要求的参数如下：

——需要的力(正弦激励)：$F_s = m_z a_{max} = 40$ kN；

——最大位移：$d_{max} = a_{max}/(4\pi^2 f_L^2) = 28$ mm；

——需要的行程：$S_L = 2d_{max} = 56$ mm；

——最大速度：$v_{max,L} = a_{max}/(2\pi f_L) = 1.06$ m/s；$v_{max,H} = a_{max}/(2\pi f_H) = 0.106$ m/s；

——供油平均流量(假定的特性模型如图 9 所示)：$Q_m = 60$ L/min。

附 录 B
(资料性附录)
IEC 试验方法标准中有关振动严酷程度的规定

B.1 概述

通常根据所关注的频率范围、试验持续时间和振幅来规定试验方法的振动严酷等级。

适用于所有试验方法的一般要求如下：

——总加速度谐波失真度：小于32%；

——横向运动：500 Hz以下小于25%，500 Hz以上小于50%；

——在负载固定点的台面运动的均匀度：500 Hz以下小于25%，500 Hz以上小于50%。

B.2 正弦振动(IEC 60068-2-6:1995)

试验要求包括：

——所关注的频率范围，单位为赫兹(Hz)：1～5 000(1～35、1～100、10～55、10～150、10～500、10～2 000、10～5 000、55～500、55～2 000、55～5 000、100～2 000)；

——位移幅值，单位为毫米(mm)：0.035～100(幅值不小于35 mm的，仅适用于1 Hz～10 Hz的频带)；

——加速度幅值，单位为米每二次方秒(m/s^2)：1～500；

——试验期间在每个轴向的扫频周期数：从1、2、5、10、20、50、100数系中选取；

——幅值允差：±15%。

B.3 随机振动(IEC 60068-2-64:1993)

试验要求包括：

——所关注的频率范围，单位为赫兹(Hz)：1～5 000(1～100、5～500、20～2 000、50～5 000)。

——加速度功率谱密度 $\Phi_a(f)$，以$(m/s^2)^2/Hz$为单位表示：0.05～100。

——均方根加速度 a，单位为米每二次方秒(m/s^2)：根据给定的加速度功率谱密度按公式(B.1)计算：

$$a=\left[\int_F \Phi_a(f)\,\mathrm{d}f\right]^{1/2}\approx[\Phi_a\Delta f]^{1/2} \qquad \cdots\cdots\cdots\cdots(B.1)$$

式中：

F——所关注的频率范围，单位为赫兹(Hz)；

Δf——F的宽度，单位为赫兹(Hz)。

——加速度功率谱密度的允差：±3 dB。

——均方根加速度允差：±10%。

B.4 时间历程法(IEC 60068-2-57:1999)

试验要求包括：

——所关注的频率范围，单位为赫兹(Hz)：0.1～2 000(0.1～10、1～35、1～100、5～35、10～100、10～150、10～500、10～2 000、55～2 000)。

——响应谱：

1) 零周期加速度(即工作台的最大峰值加速度),单位为米每二次方秒(m/s^2):通常从2、5、10、20、50、100、200…数系中选取;

2) 最大加速度值,单位为米每二次方秒(m/s^2):根据阻尼比和实际应用该值为零周期加速度值的2.24~6.5倍。

——时间历程的数目和持续时间:

1) 时间历程的数目:从1、2、3、5、10、20、30、50…数系中选取;

2) 时间历程的持续时间,单位为秒(s):从1、2、5、10、20、50…数系中选取;

3) 时间历程强烈部分的持续时间,用总持续时间的百分比表示:25、50、75。

——响应谱高峰值的数目:3~20(在规定的固有频率段内,对应所需要的响应谱值的70%的阈值)。

B.5 正弦拍频法(IEC 60068-2-59:1990)

试验要求包括:

——所关注的频率范围,单位为赫兹(Hz):0.1~100(0.1~10、1~35、1~100、5~35、10~100);

——位移 s 和加速度 a 的幅值:按表B.1所示的交越频率选取;

——正弦拍频中的循环数目:从3、5、10、20数系中选取;

——正弦拍频的次数:从1、2、5、10、20、50…数系中选取。

表 B.1 对应不同交越频率的试验强度

	交越频率/Hz																	
	0.8				1.6						8.0							
s/mm	40	80	120	200	10	20	30	50	100	200	0.4	0.8	1.2	2	4	8	12	20
a/(m/s^2)	1	2	3	5	1	2	3	5	10	20	1	2	3	5	10	20	30	50

参 考 文 献

[1] IEC 60068-2-6:1995 环境试验 第2部分:试验方法 试验Fc:振动(正弦).

[2] IEC 60068-2-57:1999 环境试验 第2部分:试验方法 试验Ff:振动(时间历程法).

[3] IEC 60068-2-59:1990 环境试验 第2部分:试验方法 试验Fe:振动(正弦拍频法).

[4] IEC 60068-2-64:1993 环境试验 第2部分:试验方法 试验Fh:宽带随机振动(数字控制)和导则.

ICS 29.220.20
K 84

中华人民共和国国家标准

GB/T 18332.1—2009
代替 GB/T 18332.1—2001

电动道路车辆用铅酸蓄电池

Lead-acid batteries used for electric road vehicles

(IEC 61982-1:2006, Secondary batteries for the propulsion of electric road vehicles—Part 1: Test parameters, MOD)

2009-05-06 发布　　2009-11-01 实施

中华人民共和国国家质量监督检验检疫总局
中国国家标准化管理委员会　发布

前　言

本部分修改采用IEC 61982-1:2006《电动道路车驱动用蓄电池　第1部分:试验参数》。本部分与IEC 61982-1:2006的主要差异如下:

——增加“低温容量”;

——增加“耐振动能力”;

——增加“快速充电能力”;

——增加“荷电保持能力”;

——增加“排气阀动作”;

——增加“安全性”;

——增加“防爆能力”;

——增加“循环耐久能力”;

——删除“应用试验”部分。

本部分代替GB/T 18332.1—2001《电动道路车辆用铅酸蓄电池》。本部分与GB/T 18332.1—2001相比主要变化如下:

——适用范围增加了“电动三轮车、高尔夫球车和旅游观光车。”;

——增加“排气阀动作”;

——增加“快速充电能力”;

——增加“峰值功率”;

——增加“防爆能力(阀控式蓄电池)”;

——修订“术语、代号”:将“大电流放电”改为“高倍率放电”;“低温－18 ℃放电”改为“低温容量”;“限压阀”改为“排气阀动作”;

——删除“过放电性能”。

本部分由中国电器工业协会提出。

本部分由全国铅酸蓄电池标准化技术委员会(SAC/TC 69)归口。

本部分起草单位:沈阳蓄电池研究所、深圳市今星光实业有限公司、浙江古越蓄电池有限公司、常州速派奇电源有限公司、江苏海恩电池公司、绍兴汇同蓄电池有限公司、江苏统博电气有限公司、江苏舜天松日新能源科技有限公司、南都电源动力股份有限公司、江苏双登集团有限公司、浙江天能电池有限公司、超威电源有限公司、江苏华富控股集团有限公司、丰日电气集团股份有限公司、淄博大洋电源有限公司、苏州市苏龙特种蓄电池有限公司、长兴诺力电源有限公司、上海海宝特种电源有限公司、新乡市卓威电源有限责任公司。

本部分主要起草人:伊晓波、刘金刚、曹苗根、杨涛、唐伯恩、朱文武、刘粤荣、钱照旺、童一波、邵双喜、杨元玲、周明明、居春山、宋永江、赵延安、姚志刚、杨新明、陈延祥、侯世民。

本部分所代替标准的历次版本发布情况为:

——GB/T 18332.1—2001。

电动道路车辆用铅酸蓄电池

1 范围

GB/T 18332 的本部分规定了电动道路车辆用铅酸蓄电池的技术要求、试验方法、检验规则、标志、包装、运输和贮存。

本部分适用于以蓄电池作为主要动力源的电动汽车、电动三轮车、高尔夫球车、旅游观光车等使用的铅酸蓄电池(以下简称蓄电池)和蓄电池组。

本部分不适用于起动用、电动助力用、牵引用等其他用途的蓄电池和蓄电池组。

2 规范性引用文件

下列文件中的条款通过 GB/T 18332 的本部分的引用而成为本部分的条款。凡是注日期的引用文件,其随后所有的修改单(不包括勘误的内容)或修订版均不适用于本部分,然而,鼓励根据本部分达成协议的各方研究是否可使用这些文件的最新版本。凡是不注日期的引用文件,其最新版本适用于本部分。

GB/T 2900.41 电工术语 原电池和蓄电池(GB/T 2900.41—2008,IEC 60050(482):2003,IDT)

3 术语和定义、代号

GB/T 2900.41 确立的以及下列术语和定义适用于本部分。

3.1

额定容量 rated capacity

在 25 ℃的条件下,测得的并由制造商宣称的电池的容量值;用 3 小时率容量 C_3(Ah)表示。

3.2

实际容量 actual capacity

在规定的条件下,蓄电池实际所能放出的电量;用 C_a(Ah)表示。

3.3

3 小时率电流 current at 3 hour rate

表示蓄电池充放电电流大小的术语,其数值为 $C_3/3$;用 I_3(A)表示。

3.4

荷电保持能力 charge retention

在规定的条件下,完全充电的蓄电池开路贮存后的容量保存性能;用 R(%)表示。

3.5

高倍率放电 high rate discharge

在规定的条件下,蓄电池所能够提供的高倍率放电能力。

3.6

低温容量 capacity at low temperature

在−18 ℃的低温条件下,蓄电池所能放出的电量。

3.7

密封反应效率 hermetic reaction efficiency

在规定的条件下,阀控式蓄电池内部水分解产生的气体通过负极吸收还原成水的效率;用 η(%)

表示。

3.8

排气阀动作　vented valve operation

在规定的条件下，阀控式蓄电池排气阀开启和关闭的压力范围。

3.9

安全性　safety

在规定的条件下，蓄电池外观状态的表现情况。

3.10

防爆能力　explosion-proof capability

阀控式蓄电池在通常的过充电条件下排气阀阻止外部火源点燃内部气体的能力。

3.11

排气式电动道路车辆用铅酸蓄电池　vented lead-acid batteries for electric road vehicles

电池盖上具有通道，允许电解和蒸发产物自由地从电池逸出到大气中的电动道路车辆用铅酸蓄电池（简称：排气式蓄电池）。

3.12

阀控式电动道路车辆用铅酸蓄电池　VRLA batteries for electric road vehicles

带有阀的电动道路车辆用铅酸蓄电池，在电池内压超出预定值时允许气体逸出（简称：阀控式蓄电池）。

注：这种电池或电池组在正常情况下不能添加电解质。

3.13

峰值功率　peak power

蓄电池的端电压降至开路值的2/3时的最大功率。

4　产品的分类与型号

4.1　分类

蓄电池根据结构不同分为两类：

第一类：排气式蓄电池；

第二类：阀控式蓄电池。

4.2　产品名称、规格型号与尺寸

4.2.1　产品名称含义：

例如：n — EV (F) — 80

- 80：3小时率额定容量值，80 Ah；
- (F)：特征代号，阀控式；
- EV：类型代号，电动车辆；
- n：串联单体蓄电池数，$n=2,3,4,6$（一个单体不标注）。

4.2.2　产品规格型号与尺寸（见表1）

表 1　产品规格型号与尺寸

序号	规格型号	标称电压/V	额定容量/Ah（3 小时率）	最大外形尺寸/mm 长 l	宽 b	总高 h	质量（不带液）/kg 最大值
1	6-EV-40	12	40	260	172	240	15.2
2	6-EV-80	12	80	362	172	272	20.8
3	6-EV-100	12	100	372	172	276	30.4
4	6-EV-150	12	150	500	180	288	49
注：产品规格型号与尺寸制造厂也可与用户商定。							

4.3　端子位置

4.3.1　端子位置可分为四种类型，如图 1[a)～d)]。

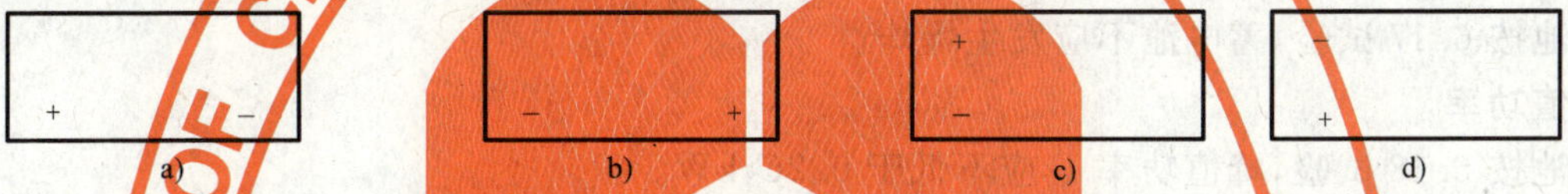

图 1　端子的位置示意图

4.3.2　端子的位置以及对端子的外观、结构等具体要求也可与用户商定。

5　要求

5.1　产品名称、规格型号与尺寸

蓄电池按 6.2 检验时蓄电池产品名称、规格型号与尺寸应符合 4.2 规定。

5.2　外观

蓄电池按 6.3 检验时，外观不得有变形、裂纹、划痕及清洁无酸液，且标志清晰。

5.3　极性

蓄电池按 6.4 检验时，极性应与标志的极性符号一致。

5.4　蓄电池质量

蓄电池按 6.5 检验时，蓄电池质量应不超过表 1 规定的数值。

5.5　3 小时率容量

蓄电池按 6.6 及表 2 程序试验时，第一次放电容量应不低于 $0.85C_3$；第十次放电容量或之前放电容量应达到 C_3。

5.6　高倍率放电

蓄电池按 6.7.1 试验，放电时间应不低于 30 min；

蓄电池按 6.7.2 试验，放电电压应不低于 1.40 V/单体。

5.7　荷电保持能力

蓄电池按 6.8 试验，容量保存率 R 应不低于 85%。

5.8　低温容量

蓄电池按 6.9.1 试验，放电时间应不低于 5 min；

蓄电池按 6.9.2 试验，放电容量应不低于 $0.5C_3$。

5.9　循环耐久能力

蓄电池按 6.10 试验，循环次数应不低于 400 次。

5.10 快速充电能力

蓄电池按 6.11 试验，放电容量应不低于 0.8 C_3。

5.11 密封反应效率（适用于阀控式蓄电池）

蓄电池按 6.12 试验，密封反应效率 η 应不低于 95%。

5.12 排气阀动作（适用于阀控式蓄电池）

蓄电池按 6.13 试验，排气阀应在 1 kPa～49 kPa 的压力范围内可靠地开启和关闭。

5.13 安全性

蓄电池按 6.14 试验，不应有漏液及其他异常现象。

5.14 耐振动能力

蓄电池按 6.15 试验，端电压应不低于额定电压，外观不得出现漏液、变形等异常现象。

5.15 水损耗（适用于排气式蓄电池）

蓄电池按 6.16 试验，其水损耗应不大于 3 g/Ah。

5.16 防爆能力（适用于阀控式蓄电池）

蓄电池按 6.17 试验，蓄电池不应发生爆炸。

5.17 峰值功率

蓄电池按 6.18 试验，峰值功率 P 应不低于 0.2C_3 kW。

6 试验方法

6.1 试验条件

6.1.1 环境条件

除另有规定外，试验应在温度 15 ℃～35 ℃、相对湿度 25%～85%、大气压力 86 kPa～106 kPa 的环境中进行。

6.1.2 测量仪器、仪表

6.1.2.1 电压测量

测量蓄电池端电压用的仪表应是具有 0.5 级或更高精度的电压表，其内阻至少为 1 000 Ω/V。

6.1.2.2 电流测量

测量电流用的仪表应是具有 0.5 级或更高精度的电流表。

6.1.2.3 温度测量

测量温度用的温度计应具有适当的量程。其分度值不应大于 1 ℃，温度计的标定精度应不低于0.5 ℃。

6.1.2.4 时间测量

测量时间用的仪表应按时、分、秒分度。至少应具有每小时±1 s 的精度。

6.1.2.5 尺寸测量

测量蓄电池外形尺寸的量具精度应不低于±0.1%。

6.1.2.6 质量称量

称量蓄电池质量的衡器，应具有±0.05%以上的精度。

6.1.2.7 压力测量

测量压力用仪表精度应不低于±10%。

6.1.2.8 容积测量

测量容积的量筒或滴定管应具有±1%以上的精度。

6.1.3 电解液

蓄电池使用的电解液由制造厂规定。

6.1.4 试验进行前的预处理

6.1.4.1 试验应在蓄电池生产后的 60 d 内进行，试验前所有蓄电池必须进行完全充电。

6.1.4.2 蓄电池的完全充电

6.1.4.2.1 恒流充电（适用于排气式蓄电池）

蓄电池在温度为 25 ℃±5 ℃的环境中，以 $0.5I_3$(A)电流充电至单体蓄电池平均电压为 2.4 V±0.1 V后，改用 $0.25I_3$(A)电流继续充电，在充电末期连续 3 h 内蓄电池电压变化为大于 0.05 V/h，且电解液密度符合制造厂规定时，认为蓄电池已完全充电。

6.1.4.2.2 恒压充电（适用于阀控式蓄电池）

蓄电池在温度为 25 ℃±5 ℃的环境中，以单体蓄电池平均电压为 2.60 V±0.10 V(限流 I_3 A)的恒定电压连续充电 20 h，认为蓄电池已完全充电。

6.1.4.2.3 按制造厂提供的完全充电方法。

6.2 产品名称、规格型号与尺寸

检查产品名称、规格型号并用符合精度的量具测量蓄电池的外形尺寸。

6.3 外观检验

用目视检查蓄电池的外观。

6.4 极性检验

用符合精度的电压表或反极仪检查蓄电池极性。

6.5 质量检查

擦净蓄电池表面，用符合精度的衡器称量蓄电池的质量。

6.6 3小时率容量

6.6.1 蓄电池经完全充电后，在温度为 25 ℃±2 ℃的环境中静置 5 h，以 I_3(A)电流连续放电至单体蓄电池平均电压达 1.68 V 时终止，在放电过程中，放电电流的波动不得超过规定值的±1%。

6.6.2 测量并记录放电开始时和放电终止时蓄电池的电解液温度（阀控式蓄电池测量表面温度）、电解液的密度（排气式蓄电池）和端电压值，放电期间每隔 30 min 测记一次，放电终止时记录放电持续的时间 T。

6.6.3 按式(1)计算蓄电池的实际容量 C_a。

$$C_a = \frac{I_3 \times T}{1 + \lambda(t - 25)} \quad \cdots\cdots(1)$$

式中：

T——放电持续时间，单位为小时(h)；

t——放电过程蓄电池平均温度，单位为摄氏度(℃)；

C_a——基准温度 25 ℃时实际容量，单位为安时(Ah)；

λ——温度系数，单位为每摄氏度(1/℃)；数值为 0.006 5。

6.6.4 放电结束后，蓄电池进行完全充电。

6.7 高倍率放电

6.7.1 经 6.6 试验且符合 5.5 要求的蓄电池完全充电后，在温度为 25 ℃±2 ℃的环境中静置 5 h，然后以 $3I_3$(A)电流放电至单体蓄电池平均电压为 1.50V 时终止，记录放电持续时间。

6.7.2 蓄电池经完全充电后，在温度为 25 ℃±2 ℃的环境中静置 5 h，然后以 $9I_3$(A)电流放电 3 min，测记蓄电池端电压值。

6.8 荷电保持能力

经 6.6 试验且符合 5.5 要求的蓄电池完全充电后，擦净表面，在温度为 25 ℃±5 ℃的环境中开路静置 30 d 然后按 6.6 进行容量试验。

根据式(2)计算容量保存率 R：

$$R = C_r / C_a \times 100\% \quad \cdots\cdots(2)$$

式中：

R——容量保存率，%；

C_a——容量保存率试验前按 6.6 试验求得的实际容量最大值，单位为安时(Ah)；

C_r——静置后求得的放电容量值，单位为安时(Ah)。

6.9 低温容量

6.9.1 经 6.6 试验且符合 5.5 要求的蓄电池完全充电后，在温度 −18 ℃±1 ℃环境中搁置 16 h～24 h，然后在该环境中以 $6I_3$(A)的电流连续放电至单体蓄电池平均电压为 1.40 V 时终止，记录放电时间。

6.9.2 蓄电池经完全充电后，在温度 −18 ℃±1 ℃环境中搁置 16 h～24 h，然后在该环境中以 I_3(A)的电流连续放电至单体蓄电池平均电压为 1.40 V 时终止，记录放电时间，并以放电电流(A)乘以放电时间(h)计算放电容量值。

6.10 循环耐久能力

6.10.1 经 6.6 试验且符合 5.5 要求的蓄电池完全充电后，在温度 25 ℃±2 ℃的环境中以 $0.75I_3$(A)的电流放电 3 h，然后以恒压 14.40 V±0.1 V[限流 $0.9I_3$(A)]充电 9 h，以上为 1 个放充循环次数。

6.10.2 蓄电池连续进行 49 个放充循环后，第 50 次按 6.6 进行容量放电。

6.10.3 蓄电池完全充电后继续按 6.10.1 进行放充循环，每循环到第 $n\times50$(n=1,2,3,…)次时进行容量放电检验，当放电容量低于 $0.80C_3$ 时，按 6.6 再进行一次容量验证，若验证容量值不低于 $0.80C_3$，则继续进行下一放充循环；若验证容量低于 $0.80C_3$ 时，放充循环终止，该 50 次循环不计入循环次数之内。

6.10.4 循环次数应为放充循环次数加上循环前进行试验的次数。

6.11 快速充电能力

6.11.1 经 6.6 试验且符合 5.5 要求的蓄电池完全充电后，在温度 20 ℃±5 ℃的条件下，以 I_3(A)电流放电至单体蓄电池平均电压为 1.85 V，然后以 $6I_3$(A)恒流充电到端电压为 16.00 V，并以 16.00 V 电压恒压充电至充电结束，两阶段充电时间总计为 1 h。

6.11.2 蓄电池在温度 20 ℃±5 ℃的条件下，以 I_3(A)电流放电至单体蓄电池平均电压为 1.68 V，记录放电时间，并以放电电流(A)乘以放电时间(h)计算放电容量值。

6.12 密封反应效率

6.12.1 完全充电的蓄电池，在 25 ℃±2 ℃的环境中，以 $0.3I_3$(A)电流连续充电 48 h。然后再以 $0.15I_3$(A)电流连续充电 29 h，从改电流的第 25 h 起开始收集气体 5 h，收集装置如图 2。

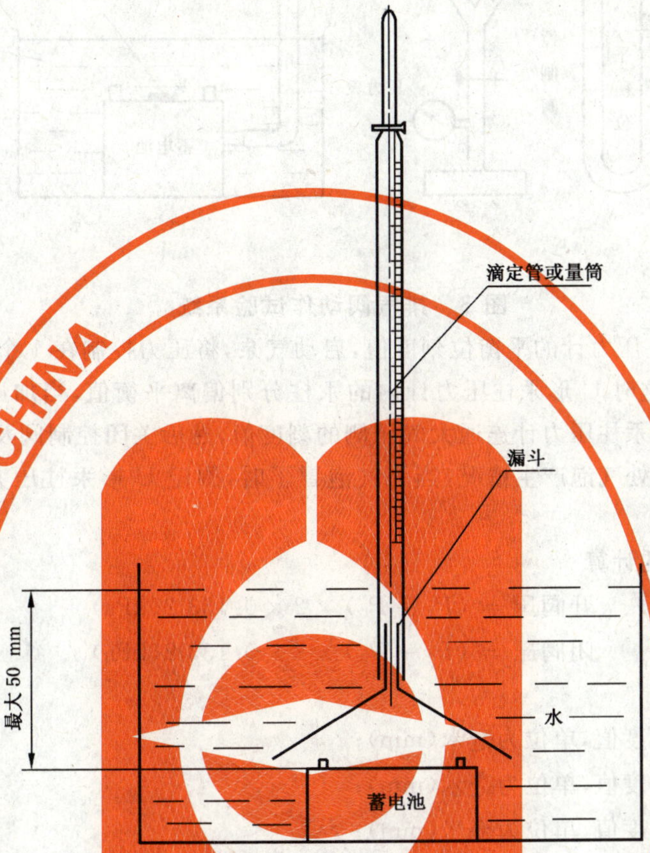

图 2 密封反应效率试验气体收集示图

6.12.2 按式(3)和式(4)计算密封反应效率

$$V = \frac{P}{101.3} \cdot \frac{298}{(T+273)} \cdot \frac{V_1}{nQ} \quad \cdots\cdots(3)$$

$$\eta = (1 - \frac{V}{684}) \times 100\% \quad \cdots\cdots(4)$$

式中：

V——在标准状态下，蓄电池充入 1 Ah 电量所放出的气体量，单位为毫升每安时(mL/Ah)；

P——收集气体时的大气压，单位为千帕(kPa)；

T——滴定管或量筒的环境温度，单位为摄氏度(℃)；

V_1——收集的蓄电池放出的气体量，单位为毫升(mL)；

n——单体电池数；

Q——收集气体期间充入的电量，单位为安时(Ah)；

684——标准状态下，蓄电池充入 1 Ah 电量理论气体发生量，单位为毫升(mL)。

6.13 排气阀动作

在温度为 25 ℃±5 ℃的环境中，按图 3 所示方法将完全充电的蓄电池连接到测量装置，并置于水槽中，水槽液面至电池顶部的距离不超过 10 mm。

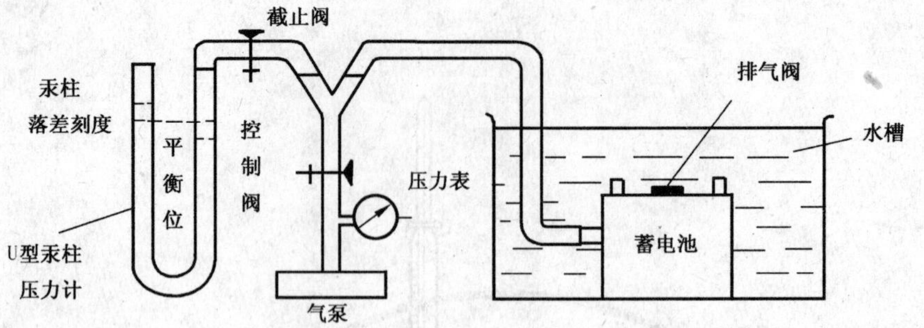

图 3 排气阀动作试验系统

6.13.1 先测记U形汞柱压力计的平衡位刻度值，启动气泵，将压力控制在1个大气压力，缓慢打开控制阀给蓄电池内部加压，这时U形汞柱压力计内的汞柱分别偏离平衡值，当加压至排气阀部位冒出气泡时刻，关闭截止阀，测记汞柱压力计连通大气压侧的刻度值，然后关闭控制阀及气泵并打开截止阀，通过自然减压法观察排气阀处气泡产生情况，当无气泡冒了时，测记U形汞柱压力计汞柱连通大气压侧的刻度值。

6.13.2 开阀压、闭阀压的计算

$$开阀压=(P_1-P_0)\times 2\times 0.1332(\mathrm{kPa})$$

$$闭阀压=(P_2-P_0)\times 2\times 0.1332(\mathrm{kPa})$$

式中：

P_0——平衡位汞柱刻度值，单位为毫米(mm)；

P_1——开阀时汞柱刻度值，单位为毫米(mm)；

P_2——闭阀时汞柱刻度值，单位为毫米(mm)；

0.133 2——1 mm汞柱(Hg)压力值，单位为千帕(kPa)。

6.14 安全性

蓄电池完全充电后，在温度为25 ℃±5 ℃的环境中以0.7I_3(A)电流连续充电5 h，然后检查有无漏液，外观是否正常。

6.15 耐振动能力

6.15.1 蓄电池完全充电后在温度为25 ℃±5 ℃的环境中，以正立状态紧固在振动台上。

6.15.2 蓄电池应经受频率为30 Hz～35 Hz，最大加速度为30 m/s^2的垂直振动2 h。

6.15.3 振动试验后，检查蓄电池端电压及外观是否正常。

6.16 水损耗

6.16.1 经6.6试验且符合5.5要求的蓄电池完全充电后，擦净蓄电池表面，并称量质量到准确度±0.05%。

6.16.2 蓄电池放置在温度40 ℃±2 ℃的水浴中，蓄电池上缘漏出水面不得超过25 mm，蓄电池之间和蓄电池与水浴壁之间的距离不得少于25 mm。

6.16.3 蓄电池用恒压14.4 V±0.1 V充电500 h。

6.16.4 蓄电池充电结束后，擦净蓄电池表面，立即进行质量称量，并计算水损耗质量。

6.17 防爆能力

6.17.1 试验应在确认安全措施得以保证后进行。

6.17.2 以0.2I_3(A)电流对完全充电状态下的蓄电池进行过充电1 h。

6.17.3 在不中止充电情况下，在蓄电池顶部的排气孔附近，用直流24 V电源(功率500 W)，熔断5 A保险丝(保险丝距排气孔2 mm～4 mm)反复试验两次。

6.18 峰值功率试验

6.18.1 经 7.17 3 h 率容量试验达到额定容量值的蓄电池完全充电后，在 25 ℃±2℃ 的环境中开路静置 24 h，测量并记录蓄电池开路电压(U)值。

6.18.2 蓄电池以电流 $I_1=2\times I_3$(A)放电 20 s，测量并记录蓄电池的端电压 U_1 值，间断 5 min；不经再充电蓄电池以电流 $I_2=10\times I_3$(A)放电 5 s，测量并记录蓄电池电压 U_2 值。

注：端电压应在每只蓄电池的端子处测量，确定无外部电压降干扰试验结果。

6.18.3 按式(5)计算蓄电池的峰值功率 P：

$$\text{峰值功率}\ P=\frac{4U^2(I_2-I_1)}{9(U_1-U_2)} \qquad \cdots\cdots(5)$$

7 检验规则

7.1 检验分类

检验分为出厂检验、周期检验和型式检验。

7.1.1 出厂检验、周期检验

凡提出交货的产品，必须按出厂检验项目和周期检验项目进行检验，检验的项目及检验样品数量见表 3。

7.1.2 型式检验

遇有下列情况之一时，应抽样进行型式检验，作型式检验必须是经出厂检验合格的产品。

a) 试制的新产品；

b) 产品结构、工艺配方或原材料有更改时；

c) 批量生产的产品按表 2 规定进行的定期抽样检验；

d) 用户要求的检验；

e) 政府行为的检验。

同系列蓄电池型式检验时一般选取产量最大的型号抽样。

7.2 型式检验项目与全项试验程序见表 2。

7.3 出厂检验和周期检验项目、样品数量和检验周期见表 3。

7.4 判定规则

7.4.1 依检验现象评定的检验项目，以检验现象进行判定。

7.4.2 依检验数据评定的检验项目，以全部参试蓄电池的测试数据作为该项目的判定数据，若有一只参试电池的测试数据不符合本标准要求时，型式试验则判定该批产品不合格，周期检验可加倍复测，如仍有一只达不到要求，则判定该批产品不合格。

7.5 产品检验合格后方可出厂，并附有产品检验合格的文件。

表 2 型式试验项目与全项试验程序

序号	试验项目	蓄电池编号				
		1	2	3	4	5
1	外观、极性	√	√	√	√	√
2	外形尺寸、质量	√	√	√	√	√
3～12	3 小时率容量	√	√	√	√	√
13	低温容量	√	√	√	√	√
14	荷电保持能力	√				

表 2（续）

序号	试验项目	蓄电池编号				
		1	2	3	4	5
14	循环耐久能力		√			
14	密封反应效率			√		
14	高倍率放电				√	
14	峰值功率					√
15	快速充电能力					√
15	耐振动能力					√
15	排气阀动作	√				
15	安全性			√		
15	防爆能力				√	

表 3　出厂检验和周期检验项目、样品数量和检验周期

序号	检验分类	试验项目	试验数量	试验周期
1	出厂检验	外观、极性、质量检查	全数	
2		外形尺寸检查	1%	
3	周期检验	3 小时率容量	2 只	每月 1 次
4		高倍率放电		每月 1 次
5		低温容量		每月 1 次
6		快速充电能力		每月 1 次
7		峰值功率		每月 1 次
8		密封反应效率	各 1 只	半年 1 次
9		排气阀动作		半年 1 次
10		安全性		半年 1 次
11		防爆能力		半年 1 次
12		耐振动能力		半年 1 次
13		荷电保持能力		半年 1 次
14		循环耐久能力		每年 1 次

8　标志、包装、运输、贮存

8.1　标志

8.1.1　蓄电池产品上应有下列标志：

a)　制造厂名；

b)　产品型号或规格；

c)　制造日期；

d)　商标；

e)　极性符号；

f)　环保标志。

8.1.2 包装箱外壁应有下列标志：

a) 产品名称、型号规格、数量；

b) 产品标准编号；

c) 每箱的净重及毛重；

d) 标明防潮、不准倒置、轻放等字样；

e) 厂名、厂址。

8.2 包装

8.2.1 蓄电池的包装应符合防潮、防振的要求。

8.2.2 包装箱内应装入随同产品供应的文件：

a) 装箱单；

b) 产品合格证明；

c) 产品使用说明书。

8.3 运输

8.3.1 在运输过程中，产品不得受剧烈机械冲撞、曝晒、雨淋、不得倒置。

8.3.2 在装卸过程中，产品应轻放，严防摔掷翻滚、重压。

8.4 贮存

8.4.1 产品应贮存在温度为 5 ℃～40 ℃的干燥，清洁及通风良好的仓库内。

8.4.2 应不受阳光直射，离热源(暖气设备等)不得少于 2 m。

8.4.3 不得倒置及卧放，不得受任何机械冲击或重压。

8.5 使用时的注意事项

使用蓄电池时，要使用户根据需要以正确的状态来使用，应利用使用说明书或其他适当方法来介绍电池的使用条件、注意事项及禁止事项，同时注明以下使用中的注意事项：

a) 蓄电池不得短路；

b) 蓄电池不得放置于密闭的容器内；

c) 蓄电池远离火源；

d) 充电时注意事项；

e) 蓄电池破损时的处理方法；

f) 不得随意解剖；

g) 不得随意丢弃。

ICS 73.040
D 23

中华人民共和国国家标准

GB/T 18342—2009
代替 GB/T 18342—2001

链条炉排锅炉用煤技术条件

Specifications of coal for chain and travelling grate stoker boiler

2009-03-11 发布　　　　2009-11-01 实施

中华人民共和国国家质量监督检验检疫总局
中国国家标准化管理委员会　发布

前　言

本标准代替 GB/T 18342—2001《链条炉排锅炉用煤技术条件》，与原标准相比主要作了如下修改：

——标准正文第 2 章“规范性引用文件”中将 GB/T 189 改为 GB/T 17608，同时增加对 GB/T 19494.1 和 GB/T 19494.2 的引用；

——将链条炉排锅炉用煤技术条件的Ⅰ级和Ⅱ级修改为块煤和混煤的技术条件；

——增加了对“质量检验和验收”的技术要求(第 4 章)；

——表 1 及表 2 中全硫的技术要求改为“≤0.75，>0.75～1.00，>1.00～1.50”；

——表 2 粒度的技术要求改为“<30(<3 mm 的不大于 25%)”；

——删除表 2 中挥发分的技术要求“6.50～10.00($Q_{net,ar}$>21 MJ/kg)”，将挥发分的技术要求“10.01～20.00($Q_{net,ar}$>17.7 MJ/kg)”改为“>8.00～20.00($Q_{net,ar}$>18.50 MJ/kg)”；

——表 2 中的发热量由 21.70 MJ/kg 改为 21.5 MJ/kg。

本标准由中国煤炭工业协会提出。

本标准由全国煤炭标准化技术委员会归口。

本标准起草单位：煤炭科学研究总院北京煤化工研究分院。

本标准主要起草人：姜英、陈洪博、张国光、吴宽鸿。

本标准所代替标准的历次版本发布情况为：

——GB/T 18342—2001。

链条炉排锅炉用煤技术条件

1 范围

本标准规定了链条炉排锅炉用煤的技术要求、试验方法和检验验收依据。

本标准适用于各类链条炉排锅炉。

2 规范性引用文件

下列文件中的条款通过本标准的引用而成为本标准的条款。凡是注日期的引用文件，其随后所有的修改单(不包括勘误的内容)或修订版均不适用于本标准，然而，鼓励根据本标准达成协议的各方研究是否可使用这些文件的最新版本。凡是不注日期的引用文件，其最新版本适用于本标准。

GB 474　煤样的制备方法(GB 474—2008,ISO 18283:2006,MOD)

GB 475　商品煤样人工采取方法(GB 475—2008,ISO 18283:2006,MOD)

GB/T 211　煤中全水分的测定方法(GB/T 211—2007,ISO 589:2003,Hard coal—Determination of total moisture,NEQ)

GB/T 212　煤的工业分析方法(GB/T 212—2008,ISO 11722:1999,Solid mineral fuels—Hard coal—Determination of moisture in the general analysis test sample by drying in nitrogen, ISO 1171:1997,Solid mineral fuels—Determination of ash,ISO 562:1998,Hard coal and coke—Determination of volatile matter,NEQ)

GB/T 213　煤的发热量测定方法(GB/T 213—2008,ISO 1928:1995,Solid mineral fuels—Determination of gross calorific value by the bomb calorimetric method and calculation of net calorific value,MOD)

GB/T 214　煤中全硫的测定方法(GB/T 214—2007,ISO 334:1992,Solid mineral fuels—Determination of total sulfur—Eschka method,ISO 351:1996,Solid mineral fuels—Determination of total sulfur—High temperature combustion method,NEQ)

GB/T 219　煤灰熔融性的测定方法(GB/T 219—2008,ISO 540:1995,Solid mineral fuels—Determination of fusibility of ash—High-temperature tube method,MOD)

GB/T 17608　煤炭产品品种和等级划分

GB/T 18666　商品煤质量抽查和验收方法

GB/T 19494.1　煤炭机械化采样　第1部分:采样方法(GB/T 19494.1—2004,ISO 13909-1:2001,Hard coal and coke—Mechanical sampling—Part 1:General introduction,NEQ)

GB/T 19494.2　煤炭机械化采样　第2部分:煤样的制备(GB/T 19494.1—2004,ISO 13909-1:2001,Hard coal and coke—Mechanical sampling—Part 1:General introduction,NEQ)

MT/T 1　商品煤含矸率和限下率的测定方法

3 技术要求和试验方法

3.1　链条炉排锅炉用煤分为块煤和混煤，宜将块煤用于链条炉排锅炉。

3.2　链条炉排锅炉用块煤和混煤的技术要求和试验方法见表1和表2。

表 1 链条炉排锅炉用块煤的技术要求和试验方法

项目	符号	单位	技术要求	试验方法
粒度	—	mm	6～25	GB/T 17608
限下率	—	%	<30.00	MT/T 1
全水分	M_t	%	≤12.0	GB/T 211
挥发分	V_{daf}	%	≥22.00	GB/T 212
灰分	A_d	%	≤25.00	GB/T 212
发热量	$Q_{net,ar}$	MJ/kg	≥21.00	GB/T 213
全硫	$S_{t,d}$	%	≤0.75； >0.75～1.00； >1.00～1.50	GB/T 214
煤灰熔融性 软化温度	ST	℃	≥1 250； ≥1 150(A_d≤18.00%时)	GB/T 219
焦渣特征	CRC	—	≤5	GB/T 212

表 2 链条炉排锅炉用混煤的技术要求和试验方法

项目	符号	单位	技术要求	试验方法
粒度	—	mm	<50(<6 mm 的不大于 30%)； <30(<3 mm 的不大于 25%)	GB/T 17608
挥发分	V_{daf}	%	>20.00； >8.00～20.00($Q_{net,ar}$>18.50 MJ/kg)	GB/T 212
灰分	A_d	%	≤30.00	GB/T 212
发热量	$Q_{net,ar}$	MJ/kg	>21.50； >20.00～21.50； >16.50～20.00	GB/T 213
全硫[a]	$S_{t,d}$	%	≤0.75； >0.75～1.00； >1.00～1.50	GB/T 214
煤灰熔融性 软化温度	ST	℃	≥1 250； ≥1 150(A_d≤18.00%时)	GB/T 219
焦渣特征	CRC	—	≤5	GB/T 212

[a] 全硫($S_{t,d}$)大于 1.5%时，应添加固硫剂或有脱硫装置。

4 质量检验和验收

4.1 煤样的采取和制备

煤样按 GB 475 或 GB/T 19494.1 的规定采取，按 GB 474 或 GB/T 19494.2 的规定制备。

4.2 发送煤炭应附有质量证明书。

4.3 产品质量的检验和验收按 GB/T 18666 的规定执行。

ICS 35.240.30
A 19

中华人民共和国国家标准

GB/T 18358—2009
代替 GB/T 18358—2001

中小学教科书幅面尺寸及版面通用要求

General requirements of trim size and type area for primary and secondary school textbooks

2009-09-30 发布　　2010-02-01 实施

中华人民共和国国家质量监督检验检疫总局
中国国家标准化管理委员会　发布

前言

本标准代替 GB/T 18358—2001。与 GB/T 18358—2001 比较，本标准在以下方面做了修改和补充：

1. 充分考虑教科书版面设计的多样性，对分栏设计的版面提出了具体要求；

2. 对以图为主的教科书及艺术、音乐、美术、外语等学科的教科书，只要求版心尺寸符合规定，版面行数、字数不受限制；

3. 对义务教育小学阶段教科书汉字上加注拼音和理科教科书文字叙述中涉及的公式、符号高于单个字符，造成版面行距加大、行数减少的情况，增加了一定的灵活性；

4. GB/T 18358—2001 在前言中提出，“由于设备及再版等原因，中小学教科书仍可过渡性使用非标准的 787 mm×1092 mm 16 开规格，过渡期为五年。”鉴于目前我国现有印刷设备的实际状况，尚未具备以 B5 规格取代 184 mm×260 mm 规格(787 mm×1092 mm 16 开)的条件，因此，184 mm×260 mm 规格仍可继续延长使用五年。

本标准的附录 A 为规范性附录。

本标准由全国信息与文献标准化技术委员会提出并归口。

本标准起草单位：中国出版科学研究所、中央教育科学研究所、人民教育出版社、北京师范大学出版社。

本标准主要起草人：魏玉山、蔡逊、蔡京生、沙晓青、马迎莺、刘颖丽、刘玉柱、蒋列平、郑军。

本标准所代替标准的历次版本发布情况为：

——GB/T 18358—2001。

中小学教科书幅面尺寸及版面通用要求

1 范围

本标准规定了中小学教科书应采用的幅面尺寸及版面规格参数。

本标准适用于普通中小学使用的各种教科书。中小学生使用的教学辅助用书可参照采用本标准。

2 规范性引用文件

下列文件中的条款通过本标准的引用而成为本标准的条款。凡是注日期的引用文件，其随后所有的修改单(不包括勘误的内容)或修订版均不适用于本标准，然而，鼓励根据本标准达成协议的各方研究是否可使用这些文件的最新版本。凡是不注日期的引用文件，其最新版本适用于本标准。

GB/T 788—1999 图书和杂志开本及其幅面尺寸(neq ISO 6716:1983)

GB/T 9851.2 印刷技术术语 第2部分:印前术语

CY/T 50 出版术语

3 术语和定义

GB/T 9851.2 和 CY/T 50 界定的以及下列术语和定义适用于本标准。

3.1

版面 type area

印刷成品幅面中，图文和空白部分的总和。

[GB/T 9851.2—2008,定义 3.1]

3.2

版心 text block

印版或印刷成品幅面中规定的印刷区域(不含出血图像、书眉和页码)。

3.3

字号 type size

区分单个字符大小的表示方法。

[GB/T 9851.2—2008,定义 4.2]

4 幅面尺寸及版面要求

4.1 幅面尺寸

义务教育(1～9 年级)教科书的幅面尺寸应采用 GB/T 788－1999 表 1 中的 A5 和 B5。

高中教科书的幅面尺寸应采用 GB/T 788－1999 表 1 中的 A5、B5 和 A4。

4.2 版面

4.2.1 版心

各种幅面尺寸的版心规格须符合表 1 的要求。

表 1 所示的版心规格，适用于各类以文字为主的中小学教科书。以图为主的中小学教科书在设计时版心可大于表 1 规定的尺寸，但订口、切口、天头、地脚宽度不得小于 7 mm。

采用分栏设计的教科书，应视学科特点合理分配栏宽，在达到便于学生学习的最佳视觉效果的前提下尽量提高版面利用率。分栏设计的教科书，版心范围以各栏的外侧边界为准。

4.2.2 字体和字号

4.2.2.1 正文用字

按不同的年级和学科，正文用字(不含少数民族文字和外文)字体、字号分为四类。

a类：21 P～16 P(2号～3号字)，正楷体为主，适用于义务教育1～3年级各科教科书。

b类：14 P(4号字)，正楷体和书宋体为主，由正楷体逐渐过渡到书宋体，适用于义务教育2～4年级各科教科书。

c类：12 P(小4号字)，书宋体为主，适用于义务教育5～9年级和高中各科教科书。

d类：10.5 P(5号字)，书宋体为主，适用于高中理科教科书。

注：P——Point，1 P≈0.35 mm。

4.2.2.2 目录、注释等用字

目录、注释等可参照正文用字适当减小，但义务教育小学阶段教科书的最小用字不得小于10.5 P(5号字)，义务教初中阶段和高中教科书的最小用字不得小于9 P(小5号字)。

4.2.3 行数和字数

各种幅面尺寸和类别以文字(不含少数民族文字和外文)为主的中小学教科书，每面行数和每行字数须符合表1的要求。

以图为主的教科书及艺术、音乐、美术、外语等学科的教科书，版心规格应符合表1的要求，但不受版面行数、每行字数限制。

义务教育小学阶段教科书汉字上加注拼音和理科教科书文字叙述中涉及的公式、符号高于单个字符，造成版面行距加大，行数可相应减少。

表1 中小学教科书幅面尺寸及版面基本参数

幅面尺寸代号	成品规格 mm	类别	版心规格 mm	字号	每面行数	每行字数
A5	148×210	a类	106×168	21 P(2号) 16 P(3号)	— 20	— 19
		b类	108×167	14 P(4号)	22	22
		c类	106×164	12 P(小4号)	25	25
		d类	107×166	10.5 P(5号)	28	29
B5	169×239	a类	128×194	21 P(2号) 16 P(3号)	— 23	— 23
		b类	128×191	14 P(4号)	25	26
		c类	128×190	12 P(小4号)	29	30
		d类	129×196	10.5 P(5号)	33	35
A4	210×297	c类	166×244	12 P(小4号)	37	39

附 录 A
（规范性附录）
非标准中小学教科书幅面尺寸及版面基本参数

中小学教科书使用的非标准规格幅面尺寸及版面基本数见表 A.1。

表 A.1 非标准中小学教科书幅面尺寸及版面基本参数

成品规格 mm	类别	版心规格 mm	字号	每面行数	每行字数
184×260	a 类	144×210	21 P(2 号) 16 P(3 号)	— 25	— 26
	b 类	143×214	14 P(4 号)	28	29
	c 类	144×210	12 P(小 4 号)	32	34
	d 类	144×208	10.5 P(5 号)	35	39

ICS 37.100.01
A 17

中华人民共和国国家标准

GB/T 18359—2009
代替 GB/T 18359—2001

中小学教科书用纸、印制质量要求和检验方法

General requirements and test methods of paper and printing qualities for primary and secondary school textbooks

2009-07-16 发布　　2009-12-01 实施

中华人民共和国国家质量监督检验检疫总局
中国国家标准化管理委员会　发布

前　言

本标准代替 GB/T 18359—2001《中小学教科书用纸、印制质量标准和检验方法》。

本标准与 GB/T 18359—2001 相比，主要变化如下：

——按照 GB/T 1.1—2000 的要求对标准格式进行了修改。

——修改了标准的名称，将原标准名称中的“标准”更改为“要求”。

——对纸张的分类及使用方法重新表述，新增涂布美术印刷纸和彩色胶版印刷纸的纸张类型，修改原标准中纸张的技术要求。

——增加纸张吸水性的定量技术要求和检验方法，取代原标准中施胶度的定量技术要求和检验方法。

——增加制版方面的技术要求和检验方法。

——增加覆膜质量的定量技术要求和检验方法。

——增加胶粘订书刊粘接强度的定量技术要求及检验方法。

——增加教科书成品批量抽检办法。

本标准由新闻出版总署提出。

本标准由全国印刷标准化技术委员会归口。

本标准起草单位：人民教育出版社、中国制浆造纸研究院、芬欧汇川（常熟）纸业有限公司、河南银鸽实业投资股份有限公司、安徽新华印刷股份有限公司、河南第一新华印刷厂。

本标准起草人：沙晓青、陈曦、蔡京生、郭绪、谢志强、邢红权、袁晓宇、韩四喜、黄志军、徐汉宾。

本标准于 2001 年首次发布，本次为第一次修订。

中小学教科书用纸、印制质量要求和检验方法

1 范围

本标准规定了中小学教科书用纸、制版、印刷、装订等质量要求和检验方法，包括成品批质量抽检方法及包装、运输、贮存的要求。

本标准适用于普通中小学使用的各种教科书。中小学教学辅助用书及其他类别的教科书可参照采用本标准。

2 规范性引用文件

下列文件中的条款通过本标准的引用而成为本标准的条款。凡是注日期的引用文件，其随后所有的修改单(不包括勘误的内容)或修订版均不适用于本标准，然而，鼓励根据本标准达成协议的各方研究是否可使用这些文件的最新版本。凡是不注日期的引用文件，其最新版本适用于本标准。

GB/T 450 纸和纸板 试样的采取及试样纵横向、正反面的测定(GB/T 450—2008,ISO 186:2002,MOD)

GB/T 451.1 纸和纸板尺寸及偏斜度的测定

GB/T 451.2 纸和纸板定量的测定(GB/T 451.2—2002,eqv ISO 536:1995)

GB/T 456 纸和纸板平滑度的测定(别克法)(GB/T 456—2002,idt ISO 5627:1995)

GB/T 457 纸和纸板 耐折度的测定(GB/T 457—2008,ISO 5626:1993,MOD)

GB/T 459 纸和纸板伸缩性的测定(GB/T 459—2002,eqv ISO 5635:1978)

GB/T 462 纸、纸板和纸浆 分析试样水分的测定(GB/T 462—2008,ISO 287:1985,ISO 638:1978,MOD)

GB/T 1540 纸和纸板吸水性的测定(可勃法)(GB/T 1540—2002,neq ISO 535:1991)

GB/T 1541 纸和纸板 尘埃度的测定

GB/T 1543 纸和纸板 不透明度(纸背衬)的测定(漫反射法)(GB/T 1543—2005,ISO 2471:1998,MOD)

GB/T 1545 纸、纸板和纸浆 水抽提液酸度或碱度的测定(GB/T 1545—2008,ISO 6588:1981,MOD)

GB/T 7974 纸、纸板和纸浆亮度(白度)的测定 漫射/垂直法(GB/T 7974—2002,neq ISO 2470:1999)

GB/T 10335.1 涂布纸和纸板 涂布美术印刷纸(铜版纸)

GB/T 10739 纸、纸板和纸浆试样处理和试验的标准大气条件(GB/T 10739—2002,eqv ISO 187:1990)

GB/T 12911 纸和纸板油墨吸收性的测定法

GB/T 12914—2008 纸和纸板 抗张强度的测定(ISO 1924-1:1992,ISO 1924-2: 1994,MOD)

GB/T 22363 纸和纸板粗糙度的测定(空气泄漏法) 本特生法和印刷表面法(GB/T 22363—2008,ISO 8791-2:1990,ISO 8791-4:1992,MOD)

GB/T 22365—2008 纸和纸板印刷表面强度的测定(ISO 3783:1980,MOD)

CY/T 5 平版印刷品质量要求及检验法

CY/T 30　胶印印版制作(CY/T 30—1999,eqv ISO 12218:1997)

CY/T 40　书刊装订用 EVA 热熔胶使用要求及检测方法

CY 42　纸质印刷品覆膜过程控制及检测方法　第 1 部分:基本要求

QB/T 1012　胶版印刷纸

QB/T 1211　胶印书刊纸

QB/T 2358　塑料薄膜包装袋　热合强度试验方法

QB/T 2693　彩色胶版印刷纸

3　技术要求

3.1　纸张要求

3.1.1　中小学教科书正文应使用 QB/T 2693 规定的彩色胶版印刷纸、QB/T 1012 规定的胶版印刷纸或 QB/T 1211 规定的胶印书刊纸,封面应使用 120 g/m^2 及以上的彩色胶版印刷纸或 GB/T 10335.1 规定的涂布美术印刷纸,彩色插页应使用 90 g/m^2 及以上的彩色胶版印刷纸、胶版印刷纸或涂布美术印刷纸。美术教科书彩色内文应使用涂布美术印刷纸。

3.1.2　纸张的技术指标应符合表 1 的规定。

表 1　纸张技术要求

<table>
<tr><th rowspan="2" colspan="3">指标名称</th><th rowspan="2">单　位</th><th colspan="4">规　定</th></tr>
<tr><th>胶印书刊纸</th><th>胶版印刷纸</th><th>彩色胶版印刷纸</th><th>涂布美术印刷纸</th></tr>
<tr><td>1</td><td colspan="2">定量</td><td>g/m^2</td><td>55.0
60.0
70.0
80.0
90.0</td><td>55.0
60.0
70.0
80.0
90.0</td><td>60.0
70.0
80.0
90.0
100.0
120.0</td><td>90.0　100.0
105.0　115.0
128.0　157.0
175.0　200.0</td></tr>
<tr><td>2</td><td colspan="2">定量偏差</td><td>%</td><td>±4</td><td>±4</td><td>±4</td><td>±5</td></tr>
<tr><td rowspan="4">3</td><td rowspan="4">厚度偏差</td><td>55 g/m^2</td><td rowspan="4">μm</td><td colspan="2">65±6.0</td><td colspan="2">/</td></tr>
<tr><td>60 g/m^2</td><td colspan="2">70±7.0</td><td colspan="2">/</td></tr>
<tr><td>70 g/m^2</td><td colspan="2">82±8.0</td><td colspan="2">/</td></tr>
<tr><td>80 g/m^2</td><td colspan="2">94±9.0</td><td colspan="2">/</td></tr>
<tr><td>4</td><td colspan="2">亮(白)度</td><td>%</td><td>72.0～80.0</td><td>75.0～85.0</td><td>80.0～90.0</td><td>85.0～90.0</td></tr>
<tr><td>5</td><td colspan="2">不透明度　≥</td><td>%</td><td>80.0</td><td>82.0</td><td>85.0</td><td>90.0</td></tr>
<tr><td rowspan="2">6</td><td rowspan="2">平滑度</td><td>正反面平均　≥</td><td>s</td><td>30</td><td>30</td><td>30</td><td>/</td></tr>
<tr><td>正反面差　≤</td><td>%</td><td>30</td><td>30</td><td>20</td><td>/</td></tr>
<tr><td>7</td><td colspan="2">印刷表面粗糙度　≤</td><td>μm</td><td>/</td><td>/</td><td>5.3</td><td>2.8</td></tr>
<tr><td>8</td><td colspan="2">油墨吸收性</td><td>%</td><td>/</td><td>/</td><td>/</td><td>15～28</td></tr>
<tr><td rowspan="2">9</td><td rowspan="2">抗张指数</td><td>卷筒纸(纵向)　≥</td><td>N·m/g</td><td>35.0</td><td>35.0</td><td>40.0</td><td>/</td></tr>
<tr><td>平板纸(纵横平均)　≥</td><td>N·m/g</td><td>27.0</td><td>27.0</td><td>30.0</td><td>/</td></tr>
<tr><td>10</td><td colspan="2">吸水性</td><td>g/m^2</td><td colspan="3">20.0～40.0</td><td>/</td></tr>
<tr><td>11</td><td colspan="2">伸缩性(横向)　≤</td><td>%</td><td>3.0</td><td>3.0</td><td>2.0</td><td>/</td></tr>
</table>

表 1（续）

	指标名称			单位	规定			
					胶印书刊纸	胶版印刷纸	彩色胶版印刷纸	涂布美术印刷纸
12	耐折度（横向） ≥			次	8	8	12	/
13	尘埃度	其中	≥0.2 mm^2～0.5 mm^2 的尘埃不多于	个/m^2	100	80	60	32
			>0.5 mm^2～1.5 mm^2 的尘埃不多于		2	2	2	2
			>1.5 mm^2 的尘埃		不应有	不应有	不应有	不应有
14	印刷表面强度（中黏度拉毛油、正反面均） ≥			m/s	0.8	1.0	1.2	1.4
15	pH ≥				6.8			/
16	交货水分			%	4.0～8.0			

3.1.3　卷筒纸宽度偏差应不超过±3 mm，卷筒直径为 800 mm±50 mm；全张平板纸尺寸偏差应不超过±3 mm，偏斜度应不超过 3 mm。

3.1.4　卷筒纸每卷的接头不多于 2 个，外包装及接头处应有明确标识。

3.1.5　同批纸的亮（白）度差值不大于 3.0%。

3.1.6　纸张在印刷过程中不应有透印和明显的掉毛、掉粉现象。纸张应平整，纤维组织应均匀，色泽应一致，每批纸张均不应有明显差异。

3.1.7　纸面不应有影响印刷使用的外观纸病，如砂子、硬质块、褶皱及各种条痕、斑点、透光点、裂口、孔眼等，无纸片、残张、破损、折角等。按 5.1.17、5.1.18 方法检测，有纸病试样部分总质量应不超过试样总质量的 1%。

3.2　分色片要求

分色片应符合：

a）实地密度≥3.50；

b）片基灰雾密度≤0.15；

c）对角线套准误差≤0.01%；

d）网线数（网点频率）：单色图像为 40 cm^{-1}～48 cm^{-1}，彩色图像为 48 cm^{-1}～70 cm^{-1}；

注：cm^{-1} 即线/cm。

e）软片线性化的阶调值误差≤±2%；

f）文字、网点无破裂；

g）版面干净，无脏迹、划痕和折痕。

3.3　印版制作要求

3.3.1　测控条上 50% 的阶调值转移到印版的阶调值减少量，见表 2。

表 2　测控条上 50% 的阶调值转移到印版的阶调值减少量

网线数/cm^{-1}	50% 控制块的阶调值减少量/%
50	3.0～4.0
60	3.5～5.0
70	4.5～6.0
注 1：在该范围内阶调值减少量与网线数成正比。 注 2：上述数据对应的是阳图型 PS 版。	

3.3.2 测控条上独立的、不透明的、直径大于25 μm的网点都应以不变的形状转移到胶印印版上。

3.4 印刷要求

3.4.1 单色印刷应符合：

a) 印刷墨色均匀，印页折标印刷实地密度测量值：0.9～1.3；

b) 文字清晰，无重影、缺笔、断划、糊字、缺字等；

c) 图内文字清楚；

d) 线条、表格清楚，无明显模糊不清；

e) 页面无明显褶皱、折痕、脏迹；

f) 正反面套印允差≤2.0 mm。

3.4.2 彩色印刷应符合：

a) 印刷实地密度测量值应符合表3的要求。

表3 印刷实地密度测量值

色别	纸张类型	
	涂布美术印刷纸	彩色胶版印刷纸/胶版印刷纸
黄(Y)	0.85～1.20	0.80～1.05
品红(M)	1.25～1.60	1.10～1.40
青(C)	1.30～1.65	1.10～1.40
黑(K)	1.40～1.80	1.00～1.50

注1：表中测量值为ISO标准T状态下密度值。

注2：上述密度值为绝对密度值。

b) 亮调阶调值至少3%(60 cm^{-1})网点可以再现。

c) 文字清晰，无重影、缺笔、断划、糊字、缺字等。

d) 图像层次分明，网点清晰，印刷相对反差值K应符合表4要求。

表4 印刷相对反差K值

色别	纸张类型	
	涂布美术印刷纸	彩色胶版印刷纸/胶版印刷纸
黄(Y)	≥0.25	≥0.20
品红(M)	≥0.35	≥0.28
青(C)		
黑(K)		

注：

$K = (D_{实地} - D_{75\%网点})/D_{实地}$

式中$D_{实地}$表示实地密度；$D_{75\%网点}$表示75%网点的密度。

e) 套印误差≤0.20 mm。

f) 颜色符合付印样，同批产品同色印刷实地密度允许误差应符合表5的要求。

表 5 同批产品同色印刷实地密度允许误差

色 别	纸张类型	
	涂布美术印刷纸	彩色胶版印刷纸/胶版印刷纸
黄(Y)	≤0.10	≤0.15
品红(M)	≤0.15	≤0.20
青(C)	≤0.15	≤0.20
黑(K)	≤0.20	≤0.25

g) 版面干净，图像完整，页面无明显褶皱、折痕、脏迹。

3.5 装订要求

3.5.1 折页与配页

a) 三折及三折以上书帖，应划口排除空气；

b) 书帖平服整齐，无明显皱褶、折角、残页、套帖、缩帖和脏迹；

c) 以页码中心点为准，相连两页之间页码位置允许误差≤4.0 mm，全书页码位置允许误差≤7.0 mm，画面接版允许误差≤1.5 mm；

d) 页码和版面顺序正确，无错帖。

3.5.2 封面覆膜、上光

a) 覆膜粘接强度≥2.67 N/cm，或者当薄膜与印刷品剥离时，所有图文上的油墨都应全部或部分转移到薄膜胶面上；

b) 覆膜后分割的齐边尺寸准确，标称尺寸允差±1 mm；

c) 覆膜前后色差应符合表 6 的要求：

表 6 覆膜产品四色实地油墨色差要求

膜类型	黑(B)	品红(M)	青(C)	黄(Y)
亮光膜	≤3	≤3	≤3	≤3
亚光膜	≤10	≤7	≤7	≤7

d) 表面干净、平整、不模糊，无脏迹、明显卷曲、皱折、破口、起膜、气泡、亏膜、划痕；

e) 封面上光均匀，无划痕、脏迹。

3.5.3 胶粘装订

3.5.3.1 书芯订联

a) 黏合剂应符合 CY/T 40 的要求。

b) 铣背深度以书帖被铣透为准，以保证黏合剂能渗透到书帖最里页，不出现散页、脱页和书背折断现象。铣背歪斜度(天头到地脚)≤1.0 mm。

c) 施胶厚度≤1.5 mm。

d) 胶粘订书刊粘接强度要求：在书册胶订成书后，胶层与书页的粘接强度≥4.5 N/cm。

3.5.3.2 包封面

a) 侧胶选用应符合 CY/T 40 的要求；

b) 侧胶宽度为 3.0 mm～7.0 mm，无侧胶粘接不牢或缺胶、溢胶、粘连图文等缺陷；

c) 粘贴封面应正确、平整；

d) 定型后的书背应平直，无明显空背、褶皱、挂胶等缺陷。

3.5.4 骑马订装

a) 配帖顺序正确。

b) 订位为钉锯外订眼距书芯长上下各 1/4 处,允许误差±3.0 mm。钉锯均订在折缝线上,允差≤1.0 mm。

c) 无坏钉、漏订及重订,书册平服,钉脚平整、牢固。

3.5.5 成品质量

教科书成品外观质量应符合表 7 要求:

表 7 成品外观质量要求

指标名称	允差值、范围或描述
成品幅面裁切尺寸误差	≤±1.5 mm
成品歪斜	≤2.0 mm
封面勒口与书芯前口误差	≤1.5 mm
岗线	≤1.0 mm
书背字平移、歪斜误差	书厚≤10 mm:允差≤1 mm
	10 mm<书厚≤20 mm:允差≤2 mm
	20 mm<书厚≤30 mm:允差≤2.5 mm
	书厚>30 mm:允差≤3 mm
切口	无明显刀花、破头、无毛边
整体外观	整洁平服,无压痕、脏迹、小页

4 成品批质量抽检方法

教科书成品批质量抽检采用一次抽样方案,抽样方案样本大小、合格判定指标按表 8 执行。当抽样中不合格样品数大于合格判定数时,检验结果为批质量不合格。

表 8 一次抽样、判定方案(检查水平为 S-3,AQL 值为 6.5) 单位:册

批量	151~500	501~3 200	3 201~35 000	35 001~500 000	>500 000
样本量	8	13	20	32	50
合格判定数	1	2	3	5	7

5 检验方法

5.1 纸张质量检验

5.1.1 纸张试样的采取和处理按 GB/T 450 和 GB/T 10739 的规定进行。

5.1.2 纸张的尺寸和偏差检验按 GB/T 451.1 的规定进行。

5.1.3 纸张的定量检验按 GB/T 451.2 的规定进行。

5.1.4 纸张的亮(白)度检验按 GB/T 7974 的规定进行。

5.1.5 纸张的不透明度检验按 GB/T 1543 的规定进行。

5.1.6 纸张的平滑度检验按 GB/T 456 的规定进行。

5.1.7 印刷表面粗糙度检验按 GB/T 22363 的规定进行。夹样压力为 980 kPa,彩色胶版纸应使用软垫,涂布美术印刷纸应使用硬垫。

5.1.8 纸张的油墨吸收性检验按 GB/T 12911 的规定进行。

5.1.9 纸张的抗张指数检验按 GB/T 12914—2008 的规定进行,如有争议以恒速拉伸法仲裁。

5.1.10 纸张的吸水性检验按 GB/T 1540 的规定进行。

5.1.11 纸张伸缩率检验按 GB/T 459 的规定进行。

5.1.12 纸张的耐折度检验按 GB/T 457 的规定进行。

5.1.13 纸张的尘埃度检验按 GB/T 1541 的规定进行。

5.1.14 纸张的印刷表面强度按 GB/T 22365—2008 的规定进行，使用国产中黏度拉毛油，如有争议以电动加速法进行仲裁。

5.1.15 纸张的 pH 检验按 GB/T 1545 的规定进行。

5.1.16 纸张的水分检验按 GB/T 462 的规定进行。

5.1.17 卷筒纸内部纸病的测定：取卷筒纸的外部 10 层，去掉最外部 5 层，其余 5 层为样品。将其切成 0.05 m^2 的试样，选择并称重有纸病的试样，求出有纸病的试样占总试样的质量百分比。

5.1.18 平板纸纸病的测定：每批纸随机抽取 10 张作为样品，将其切成 0.05 m^2 的试样，选择并称重有纸病的试样，求出有纸病的试样占总试样的质量百分比。

5.2 分色片质量检测方法

按 CY/T 30 中的规定进行。

5.3 印版制作质量检测方法

按 CY/T 30 中的规定进行。

5.4 印刷质量检测方法

按照 CY/T 5 中的规定进行。

5.5 装订质量检验方法

5.5.1 折页与配页检测方法

3.5.1 中 a)、b)、d)三项使用目测法，人工手动检查，c)项使用精度为 0.1 mm 的标准直尺进行。

5.5.2 封面覆膜、上光质量检测方法

按 CY 42 规定的方法进行。

5.5.3 胶粘装订检测方法

5.5.3.1 书芯订联检测方法

5.5.3.1.1 黏合剂检测按照 CY/T 40 的要求进行。

5.5.3.1.2 铣背深度检测用人工目测法检查，铣背歪斜度和施胶厚度使用精度为 0.1 mm 的标准直尺检测。

5.5.3.1.3 胶粘订书刊粘接强度检测方法

在 23±3℃环境下，将所测试胶粘订样书的中心页，通过一平板中间的细条缝，此时该书页两侧其他书页应以该条缝为中心线，平铺于平板之上。为使其平铺可以使用重物静压其上。之后用夹具将书页固定住，以使书页可以均匀承受缓慢增加的静态拉力。一般情况下，夹具的位移速度不应大于 5 mm/s。

当书页所受外力 F 与书页长 L 的比值≥4.5 N/cm，书页未从书背处脱落即可判定该胶订样书的粘接强度合格。

5.5.3.2 包封面检测方法

5.5.3.2.1 测胶检测按照 CY/T 40 的要求进行。

5.5.3.2.2 侧胶宽度使用精度为 0.1 mm 的标准直尺人工测量。

5.5.3.2.3 侧胶粘接情况和书背要求由人工目测检查。

5.5.4 骑马订装检测方法

3.5.4 中的 a)和 c)用人工目测法进行检测，b)使用精度为 0.1 mm 的标准直尺进行检测。

5.6 成品质量检测方法

5.6.1 表 7 中的成品幅面裁切尺寸误差、成品歪斜、封面勒口与书芯前口误差、岗线、书背字平移、歪斜误差使用精度为 0.1 mm 的标准直尺，进行人工测量检查。

5.6.2 表 7 中的切口、整体外观直接人工目测检查。

6 包装、运输、贮存

6.1 包装

印刷成品用专用包装材料包紧、包实；每包有符合相关标准与规定的标识。

6.2 运输

不允许踩踏、重压或从高处扔下，注意防雨、防潮、防晒、防腐。

6.3 贮存

环境温度、湿度适宜。注意防潮、防晒、防油污、防蛀、防腐、不能重压。

ICS 35.040
A 24

中华人民共和国国家标准

GB/T 18391.1—2009/ISO/IEC 11179-1:2004
代替 GB/T 18391.1—2002

信息技术　元数据注册系统(MDR)
第1部分:框架

Information technology—Metadata registries (MDR)—
Part 1:Framework

(ISO/IEC 11179-1:2004,IDT)

2009-09-30 发布　　　　2009-12-01 实施

中华人民共和国国家质量监督检验检疫总局
中国国家标准化管理委员会　发布

前　言

GB/T 18391《信息技术　元数据注册系统(MDR)》分为六个部分:

——第1部分:框架;

——第2部分:分类;

——第3部分:注册系统元模型与基本属性;

——第4部分:数据定义的形成;

——第5部分:命名和标识原则;

——第6部分:注册。

本部分为GB/T 18391的第1部分,等同采用ISO/IEC 11179-1:2004《信息技术　元数据注册系统(MDR)　第1部分:框架》(英文版),仅有编辑性修改。

本部分代替GB/T 18391.1—2002《信息技术　数据元的规范与标准化　第1部分:数据元的规范与标准化框架》。

本部分与GB/T 18391.1—2002相比主要变化如下:

——标准的名称发生了变更;

——标准规范的对象进行了扩展,由上一版的数据元扩展为管理项;

——本部分第5章、第6章、第7章的名称发生了变化;

——本部分删除了上一版的附录A和附录B;

——本部分增加了参考文献。

为了保持与英文版本的一致性,英文版中斜体或加粗表示的内容本部分也使用斜体或加粗表示,第3章中术语的英文名称保留英文版本中的大小写格式。

本部分由中国标准化研究院提出。

本部分由全国信息技术标准化技术委员会(SAC/TC 28)归口。

本部分由中国标准化研究院起草。

本部分主要起草人:邢立强、孙广芝、李小林、刘植婷、史立武。

本部分于2002年7月首次发布,本次为第一次修订。

引　言

GB/T 18391《信息技术　元数据注册系统(MDR)》描述了数据的语义、数据的表示以及这些数据描述的注册。通过这些描述,可以找到语义的确切理解及数据的有用描述。

本标准的目的在于促进:

——数据的标准描述;

——组织内以及组织间对数据的一致理解;

——跨越时间、空间和应用对数据的重用和标准化;

——组织内和组织间数据的协同及标准化;

——数据成分的管理;

——数据成分的重用。

本标准共有6个部分。每部分旨在解决上述需求的一个方面。各部分简述如下:

——第1部分:框架。标准概述和基本概念。

——第2部分:分类。元数据注册系统中分类方案的管理。

——第3部分:注册系统元模型与基本属性。元数据注册系统基本概念模型,包括基本属性和关系。

——第4部分:数据定义的形成。给出了构成高质量数据元及其成分定义的规则与指南。

——第5部分:命名和标识原则。描述了如何为数据元及其成分建立命名约定。

——第6部分:注册。规定了符合GB/T 18391的元数据注册系统注册过程的角色和要求。

通常,将描述性数据称为元数据,即,元数据是用于描述其他数据的数据。随着元数据概念的发展,元数据现在一般指用于描述某些其他对象的数据。在本标准中,将元数据范围界定为更为传统的用法,即关于数据的描述。

元数据注册系统是支持注册功能的一个元数据数据库。注册实现三个主要目的:标识、来源和质量监控。标识由赋予(注册系统内)每个注册对象一个唯一的标识符来实现;来源指明元数据及其描述对象的来源;质量监控确保元数据完成其所被赋予的任务。

元数据注册系统用于管理数据的语义。对数据的理解是设计、协调、标准化、应用、重用以及交换数据的基础。设计元数据注册系统的基本模型,目的在于获取数据语义的所有基本成分,而与应用或主题域无关。

元数据注册系统的目标是,各类应用能够确定在现有的元数据注册系统中是否存在合适的对象。如果确认需要一个新对象,鼓励通过适当修改现有描述来派生,以免类似的描述产生不必要的差异。注册也可以辨别两个或多个管理项描述的是否是同一对象,更为重要的是,可以发现在一个或多个方面存在显著差异的管理项是否使用了相似或相同的名称。

在本标准中,数据的基本容器也称为数据元。它可以抽象地存在,也可存在于某个应用系统中,但其描述是相同的。数据元描述既有语义成分,也有表示成分。语义可以进一步细分为语境型和符号型。

语境语义由数据元概念(DEC)描述。数据元概念描述数据所指的对象种类和用于度量该对象的独特特征。符号语义由概念域(CD)描述。概念域是种类的集合,它不必是有限集合。在此,种类表示数据元值域中允许值的含义。

元数据注册系统中,通过与一个特定对象关联的名称、定义、数据类型和相关对象给出该对象的含义。由于名称和定义仅传递一个对象的有限信息,因此,含义的程度是有限的。在一个注册系统中,该对象和其语义相关对象的关系将提供附加信息,而该附加信息与语义相关对象的多少有关。

表示成分是一个数据元可以使用的允许值。每个值对应于概念域中的一个种类。这些允许值的集合称之为值域(VD)。值域可以通过枚举、规则或它们的组合规定所有被允许的值。值所遵循的计算模型由其数据类型给出。

语义和表示成分由 GB/T 18391.3 规定的元数据注册系统的概念模型所包含的属性来描述。符合 GB/T 18391 的元数据注册系统可以描述多种类型的数据。事实上,第 3 部分描述的属性是数据元,并可以注册在一个 GB/T 18391 的元数据注册系统中。而且,描述符或者元数据属性的任何集合都可以理解为数据元,并在元数据注册系统中注册。

这样会产生两个主要结果:

——元数据注册系统可以描述它自身;

——GB/T 18391 没有定义元数据的层次或级别。

因此,GB/T 18391 是一个通用的描述框架,适用于任何类型、任何组织,和任何目的数据。本标准不解决其他的数据管理需要,如数据模型、应用规范、程序代码、项目规划、业务规划和业务政策,这些需要应在别的地方另行解决。

数据处理和电子数据交换应用的增长,在很大程度上取决于数据库中数据的准确、可靠、可控和可校验。正确而恰当地使用数据与解释数据的前提之一,是数据的使用者和拥有者对数据的含义和描述特征(如,表示)有一致的理解。为了达成共识,须定义若干基本属性。

这里规定的基本属性适于对数据字典内容加以定义和规范,也适用于各种管理项集合间的交换或引用。基本属性中的"基本"意味着这些属性对于完整地规范管理项是共同需要的,以确保它们能够适用于各种功能,如:

——信息处理系统的设计;

——数据库中数据的检索;

——用于数据交换的 EDI 报文设计;

——元数据注册系统的维护;

——数据管理;

——字典设计;

——字典管理;

——信息处理系统的应用。

"基本"还隐含着它们独立于任何下述内容:

——应用环境;

——管理项描述的对象的功能;

——抽象层;

——管理项的分组;

——信息处理系统或数据交换报文设计的方法;

——元数据注册系统。

"基本"并不意味着 GB/T 18391.3 中规定的属性在所有情况下都是必需的。这些基本属性被分为:必选、条件选、可选几种类型。

信息技术 元数据注册系统(MDR) 第1部分:框架

1 范围

GB/T 18391 规定了描述数据所需元数据的种类和质量,以及一个元数据注册系统(MDR)中元数据的管理和使用。本标准用于对数据的表示、概念、含义以及它们之间的关系进行形式化表述,以使人和机器都能理解,而与产生数据的机构无关。本标准不适用于在机器层上以比特和字节对数据进行的物理表示。

GB/T 18391 中的元数据是指对数据的描述,而并非其广义概念。GB/T 18391 的本部分提供了理解各个部分并使之建立联系的途径,它是从概念上理解元数据和元数据注册系统的基础。

2 规范性引用文件

下列文件中的条款通过 GB/T 18391 的本部分的引用而成为本部分的条款。凡是注日期的引用文件,其随后所有的修改单(不包括勘误的内容)或修订版均不适用于本部分,然而,鼓励根据本部分达成协议的各方研究是否可使用这些文件的最新版本。凡是不注日期的引用文件,其最新版本适用于本部分。

GB/T 15237.1—2000 术语工作 词汇 第1部分:理论与应用(eqv ISO 1087-1:2000)

GB/T 18391.2 信息技术 元数据注册系统(MDR) 第2部分:分类(GB/T 18391.1—2009,ISO/IEC 11179-2:2005,IDT)

GB/T 18391.3 信息技术 元数据注册系统(MDR) 第3部分:注册系统元模型与基本属性(GB/T 18391.3—2009,ISO/IEC 11179-3:2003,IDT)

GB/T 18391.4 信息技术 元数据注册系统(MDR) 第4部分:数据定义的形成(GB/T 18391.4—2009,ISO/IEC 11179-4:2004,IDT)

GB/T 18391.5 信息技术 元数据注册系统(MDR) 第5部分:命名和标识原则(GB/T 18391.5—2009,ISO/IEC 11179-5:2005,IDT)

GB/T 18391.6 信息技术 元数据注册系统(MDR) 第6部分:注册(GB/T 18391.6—2009,ISO/IEC 11179-6:2005,IDT)

ISO 704:2000 术语工作 原则与方法

3 术语和定义

下列术语和定义适用于 GB/T 18391 的本部分。

3.1 建模构件的定义

本条定义了 GB/T 18391 本部分中使用到的建模构件。

3.1.1

属性 attribute

一个对象或实体的特征。

3.1.2

类 class

具有相同属性、操作、方法、关系和语义的对象集合的描述。

[ISO/IEC 19501-1:2001,定义 2.5.2.9]

3.1.3

(元数据注册系统中)标识符　identifier

在一个规定的语境中,能够用来唯一标识与其关联的事物的字符序列。

注:名称不宜用做标识符,因为它是语言相关的。

3.1.4

关系　relationship

模型元素之间的联系。

[ISO/IEC 19501-1:2001,定义 2.5.2.36]

3.2 本部分的通用术语

本条定义了 3.1 没有涉及但 GB/T 18391 各部分可能用到的通用术语。

3.2.1

基本属性　basic attribute

在元数据项的规范中通常需要的元数据项属性。

3.2.2

特征　characteristic

一个对象或对象集特性的抽象结果。

注:特征用于描述概念。

3.2.3

概念　concept

通过对特征的独特组合而形成的知识单元。

[GB/T 15237.1—2000,定义 3.2.1]

3.2.4

概念体系　concept system

根据概念间相互关系构造的概念集合。

3.2.5

概念数据模型　conceptual data model

概念模型　conceptual model

用抽象观念表示现实世界的数据模型。

注:一个概念模型表示人们对一个体系的理解。

3.2.6

数据　data

信息的可再解释的形式化表示,以适用于通信、解释或处理。

注:数据可以由人工或自动的方式加工、处理。

[GB/T 5271.1—2000,定义 01.01.02]

3.2.7

数据模型　data model

数据的图形或文字表示,指明其特性、结构和相互间关系。

3.2.8

定义　definition

描述一个概念,并区别于其他相关概念的表述。

[GB/T 15237.1—2000,定义 3.3.1]

3.2.9

指称　designation

指明一个概念的符号表示。

[GB/T 15237.1—2000,定义 3.4.1]

3.2.10

实体　entity

任何现存、曾经存在的或可能存在的具体的或抽象的事物,包括事物间的关联。

示例:一个人、对象(物体)、事件、观念、过程等等。

注:实体的存在不依赖于是否有关于它的可用数据。

[ISO/IEC 2382-17:1999,定义 17.02.05]

3.2.11

本质特征　essential characteristic

理解一个概念所必不可少的特征。

3.2.12

外延　extension

〈术语学〉与一个概念对应的全体对象。

注:本术语在 GB/T 18391.3 中有不同的含义。

3.2.13

一般概念　general concept

对应两个或两个以上对象的概念,由于共同的特性而形成一个组。

注:一般概念的示例有“行星”、“城堡”。

3.2.14

个别概念　individual concept

仅对应一个对象的概念。

注:个别概念的示例有“土星”、“坎菲尔镇”。

3.2.15

内涵　intension

〈术语学〉组成概念的特征的集合。

3.2.16

元数据　metadata

定义和描述其他数据的数据。

3.2.17

元数据项　metadata item

元数据对象的一个实例。

3.2.18

元数据对象　metadata object

由元模型定义的一个对象类型。

3.2.19

元数据注册系统　metadata registry;MDR

用于注册元数据的信息系统。

3.2.20

元模型　metamodel

规定一个或多个其他数据模型的数据模型。

3.2.21

名称　name

用语言表述的一个对象的指称。

3.2.22

对象　object

可感知或可想象的任何事物。

注：对象可以是物质的(如,一台发动机、一张纸、一枚宝石)、非物质的(如,转化率、一个项目计划),或假想的(如,一头独角兽)。

3.2.23

注册项　registry item

记录在元数据注册系统中的一个元数据项。

3.2.24

注册系统元模型　registry metamodel

规定一个元数据注册系统的元模型。

3.2.25

术语体系　terminological system

为每个概念赋予指称的概念体系。

3.3　用于元模型的术语

本条定义了用于 GB/T 18391 本部分的术语,它们是 GB/T 18391.3 中规定的元模型中元数据对象的名称。

3.3.1

管理项　administered item

在管理记录中记录其管理信息的注册项。

3.3.2

管理记录　administration record

一个管理项的管理信息的总和。

3.3.3

管理状态　administrative status

注册机构处理注册请求中赋予管理过程状态的指称。

注：注册机构确定管理状态的值及相关含义。参见注册状态。

3.3.4

分类方案　classification scheme

根据对象具有的共同特征将对象进行排列或分组的描述性信息。

3.3.5

分类方案项　classification scheme item;CSI

分类方案的内容项。

注：它可以是分类或本体中的一个节点,叙词表中的一个术语等。

3.3.6

概念域　conceptual domain;CD

有效的值含义的集合。

注：概念域中的值含义既可枚举也可通过描述表达。

3.3.7

语境　context

一个对象被定义或被使用的环境、目的和角度。

注：本术语在 GB/T 18391.3 中有不同的含义。

3.3.8

数据元　data element;DE

由一组属性规定其定义、标识、表示和允许值的数据单元。

3.3.9

数据元概念　data element concept;DEC

能以数据元的形式表示的概念,其描述与任何特定表示法无关。

3.3.10

数据标识符　data identifier;DI

注册机构内一个管理项的唯一标识符。

3.3.11

数据类型　datatype

一些可区分的值的集合,这种区别由这些值的性质以及对这些值的运算所表征。

[GB/T 18221—2000,定义 4.11]

3.3.12

维度　dimensionality

无单位的计量表述。

注:一个数量是具有一个相关计量单位的值。32 ℉、0 ℃、100 美元和 10 令(纸)是数量。两个计量单位之间的等价由在一个计量单位度量的值与另一个计量单位度量的值之间保持有一个一一对应关系的数量来决定,并独立于语境,其特征运算是相同的。等价的计量单位在此意义上具有相同的维度。这里定义的等价在所有计量单位集合中形成了一个等价关系。每类等价对应一个维度。"华氏温度"和"摄氏温度"的计量单位具有相同的维度,因为对于相同的数量,每个由华氏计量的值,同样存在一个由摄氏计量的值,反之亦然。对于每个计量单位的数量可以进行同样的运算。大家熟悉的一一对应的数量等式有:$C^\circ=5/9\times(F^\circ-32)$和 $F^\circ=9/5\times C^\circ+32$。

3.3.13

可枚举概念域　enumerated conceptual domain

所有值含义由一个列表进行规定的概念域。

3.3.14

可枚举值域　enumerated value domain

所有允许值由一个列表进行规定的值域。

3.3.15

国际代码分配符　international code designator;ICD

一个组织标识方案的标识符。

注:依据 ISO/IEC 6523-1:1998 的 3.8。

3.3.16

项标识符　item identifier

一个项的标识符。

3.3.17

项注册机构标识符　item registration authority identifier

对项进行注册的注册机构的标识符。

3.3.18

不可枚举概念域　non-enumerated conceptual domain

所有值含义不能由一个列表进行规定的概念域。

3.3.19

不可枚举概念域描述　non-enumerated conceptual domain description

概念域的所有值含义集合的规则、参照或范围的描述或说明。

3.3.20

不可枚举值域　non-enumerated value domain

通过一个描述而不是通过所有允许值列表来规定的值域。

3.3.21

不可枚举值域描述　non-enumerated value domain description

值域所有允许值集合的规则、参照或范围的描述或说明。

3.3.22

对象类　object class

可以对其界限和含义进行明确的标识,且特性和行为遵循相同规则的观念、抽象概念或现实世界中事物的集合。

3.3.23

组织　organization

为了某种目的,一个或多个人运作或被指定运作的一个特定机构架构。

[ISO/IEC 6523-1:1998,定义 3.1]

3.3.24

组织标识符　organization identifier

在一个组织标识方案中赋予一个组织,且在该方案中具有唯一性的标识符。

[ISO/IEC 6523-1:1998,定义 3.10]

3.3.25

组织内部机构　organization part

一个组织内由于信息交换而需要标识的任何部门、分支机构或其他实体。

3.3.26

组织内部机构标识符　organization part identifier;OPI

分配给一个特定组织内部机构的一个标识符。

[ISO/IEC 6523-1:1998,定义 3.11]

3.3.27

OPI 来源　organization part identifier source

组织内部机构标识符的来源。

注:依据 ISO/IEC 6523-1:1998,定义 3.12。

3.3.28

允许值　permissible value

在一个特定值域中允许的一个值含义的表达。

3.3.29

特性　property

一个对象类所有成员所共有的特征。

3.3.30

注册者　registrar

一个注册机构的代表。

3.3.31

注册　registration

一个管理项与其注册机构之间的关系。

3.3.32

注册机构　registration authority;RA

负责维护一个注册库的组织。

3.3.33

注册机构标识符　registration authority identifier

赋予一个注册机构的标识符。

3.3.34

注册状态　registration status

一个管理项在注册生命周期中状态的一个指称。

3.3.35

表示类　representation class

表示的类型分类。

3.3.36

计量单位　unit of measure

用于计量相关值的实际单位。

注：相关概念域的维度必须与指定的计量单位相称。

3.3.37

值　value

数据的值。

3.3.38

值域　value domain; VD

允许值的集合。

3.3.39

值含义　value meaning

一个值的含义或语义内容。

注：给定一个允许值，其值含义的表示应与(且不限定)对应值的表示无关。

3.3.40

值含义描述　value meaning description

一个值含义的描述。

3.3.41

版本　version

管理项唯一的版本标识符。

3.4　GB/T 18391 的本部分特定术语

本条定义了本部分的专用术语，这些术语不适用于本标准的其他部分。

3.4.1

数据构造构件　data construct

一个元数据项描述的对象。

注：个体的数据元、值域、数据元概念、概念域、对象类和特性均为数据构造构件。

3.4.2

数量　quantity

与一个计量单位关联的值。

4　缩略语

本章给出了第3章已定义的一些术语的缩略词。

CD——概念域(Conceptual Domain)

DE——数据元(Data Element)

DEC——数据元概念(Data Element Concept)

DI——数据标识符(Data Identifier)

EDI——电子数据交换(Electronic Data Interchange)

IEC——国际电工委员会(International Electrotechnical Commission)

ICD——国际代码分配符(International Code Designator)

ISO——国际标准化组织(International Organization for Standardization)

JTC1——第1联合技术委员会(Joint Technical Committee 1)

MDR——元数据注册系统(Metadata Registry)

OPI——组织内部机构标识符(Organization Part Identifier)

RA——注册机构(Registration Authority)

SC32——ISO/IEC JTC1 第32分委员会(ISO/IEC JTC1/Sub-committee 32)

5 术语学原理

GB/T 18391用到的术语学理论方面的概念应与ISO 704和GB/T 15237.1保持一致,必要的理论简述如下:

在术语学理论中,一个对象是可以想象或可感知到的事物。**概念**是特征的独特组合而成的智力构造构件、思想单元或知识单元。概念由称为特征的共同元素来组织或分组。本质特征对于理解一个概念来说是必不可少的。其他特征则是非本质的。构成一个概念的特征总和称为概念的内涵。一个概念所指对象的集合是其外延。

在自然语言中,概念由定义规定的一个唯一的内涵和外延来表述。

一个**指称**(术语、名称,或符号)表示一个概念。

一个**一般概念**对应两个或多个对象。一个**个别概念**仅对应一个对象。也就是说,一个一般概念的外延包括两个或多个对象,一个个别概念的外延仅包括一个对象。

一个概念体系是概念的集合,该集合依据概念间的关系来构造。一个术语体系是一个概念体系,其中每一个概念都具有指称。

6 元数据

6.1 概念

在GB/T 18391中,**元数据**是定义和描述其他数据的数据。这意味着元数据是数据,当数据以这种方式来使用时,就成了元数据。只有在特定的环境下、出于特定的目的或从特定的角度来看,数据才成为元数据。数据用作元数据的环境、目的或角度的集合称为**语境**。因此,在一定的语境中,元数据就是关于数据的数据。

由于元数据也是数据,因此,元数据可以存储在数据库中,并通过模型来组织。一些模型仅适用于特定的应用,其他一些则更通用。本标准的第3部分(注册系统元模型与基本属性)介绍和描述的模型是通用的。该模型表示的是人们对用来描述数据构造的元数据以及元数据之间关系的理解,却不一定涉及在元数据注册系统应用中元数据是如何表示的。这种模型称为概念模型。概念模型用于人类的阅读和理解。

描述元数据的模型常常被称为**元模型**。在这个意义上,GB/T 18391.3介绍的概念模型是一个元模型。

6.2 数据元的基本模型

图1并非规范性的,但阐明了本条的基本思想。

鉴于 GB/T 18391 的目的，一个**数据元**由以下两部分组成：

——**数据元概念**：数据元概念是能以一个**数据元**的形式表示的**概念**，其描述与任何特定表示法无关。

——**表示**：表示由值域、数据类型、计量单位(如果需要)、表示类(可选)组成。

基于数据建模的视角和 GB/T 18391 的目的，一个数据元概念由两部分组成：

——**对象类**：可以对其界限和含义进行明确的标识，且特性和行为遵循相同规则的观念、抽象概念或现实世界中事物的集合。

——**特性**：一个对象类所有成员所共有的特征。

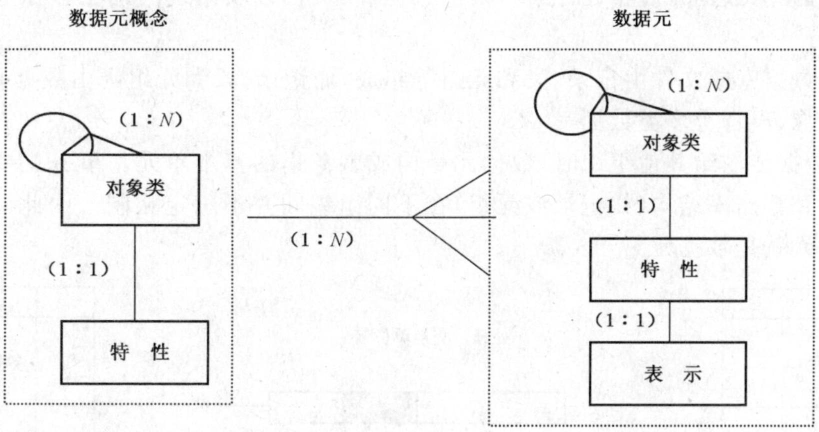

本图为资料性的，而非规范性的。

图 1 数据元的基本模型

对象类是我们希望采集和存储数据的事物。对象类是概念，在面向对象的模型中与类相对应，在实体-关系模型中与实体对应，例如轿车、人、家庭、雇员和定单等。特性用来区别和描述对象，是对象类的特征，但不一定是本质特征，它们构成对象类的内涵。特性也是概念，对应于面向对象模型或实体-关系模型中的属性(不包括相关的数据类型)，例如颜色、模型、性别、年龄、收入、地址、价格等。

对象类可能是**一般概念**。当对象类所对应的对象集有两个或多个元素时，就是一般概念。上段的例子就是一般概念。记录级数据以这种方式描述。对象类也可以是**个别概念**。当对象类对应的对象集仅有一个元素时，就是个别概念，例如“美国自然人集合”或“澳大利亚服务行业公司集合”。聚合数据以这种方式描述。特性作为个别概念的例子有：平均收入或总收入。

将一个实际的对象类或特性和它们的名称区分开来是很重要的。这是概念和它们的指称之间的差别。对象类和特性是概念；它们的名称是指称。复杂性起因于人们通过词汇(指称)来传达概念，这样很容易对概念和表示概念的指称产生混淆。例如，绝大多数人看到收入这个词时，一定会确信他们可以无歧义地解释它。但是，收入这一指称传达给所有读者的概念可能并不相同，而且，更为重要的是，收入的每个实例(场合)可能并不指向同一个概念。

也不是所有的想法都能用一种自然语言来简单地表达。例如，“women between the ages of 15 and 45 who have had at least one live birth in the last 12 months”是一个有效的对象类，但却难以用英语命名。某些想法用一种自然语言可能比用另一种自然语言更容易表述。德语单词 *Götterdämmerung* 就没有简单的英语对应词。

当一个表示与一个数据元概念联系在一起时，就产生了一个数据元。表示描述数据的形式，包括值域、数据类型、表示类(可选的)，必要时还包括计量单位。**值域**是数据元允许值的集合。例如，表示家庭年收入的数据元可能用非负整数集(以美元为单位)作为它的一个有效值集。这就是它的值域。

要生成概念上相近的数据元时，如果必要，一个数据元概念可以与不同的值域关联。表示相似事实的方法有许多,但是,事实反映的概念是相同的。以个人出生国这个数据元概念为例,GB/T 2659 中包含了世界各国 7 种不同的表示法。每种都包含了一个值集合,都可以用作与该数据元概念关联的值域。7 种关联中的每一种就形成一个数据元。对于数据的不同表示法,允许值、数据类型、表示类和可能的计量单位都会随之发生变化。

关于数据元描述注册和管理的详细内容参见 ISO/IEC TR 20943-1:2002《获得元数据注册系统内容一致性的规程　第 1 部分:数据元》。

6.3　数据管理与交换中的数据元

图 2 简明刻画了数据元存在的场合。数据元出现在数据库、文档和事务集中。数据元是组织管理数据的基本单位,因此,数据元对于设计组织内的数据库、文档以及组织间用于数据通信的事务集是必不可少的组成部分。

在组织内部,数据库或文件由记录、段和元组等组成,而记录、段和元组则由数据元组成。数据元本身包含有字符、图像、声音等多类数据。

组织需要将数据传输给其他组织时,数据元是构成事务集的基本单元。事务主要发生于数据库间或文件间,但文件和数据库结构(如记录或元组)在不同组织间并不一定相同。因此,信息(数据加上理解)传输的公共单元就是数据元。

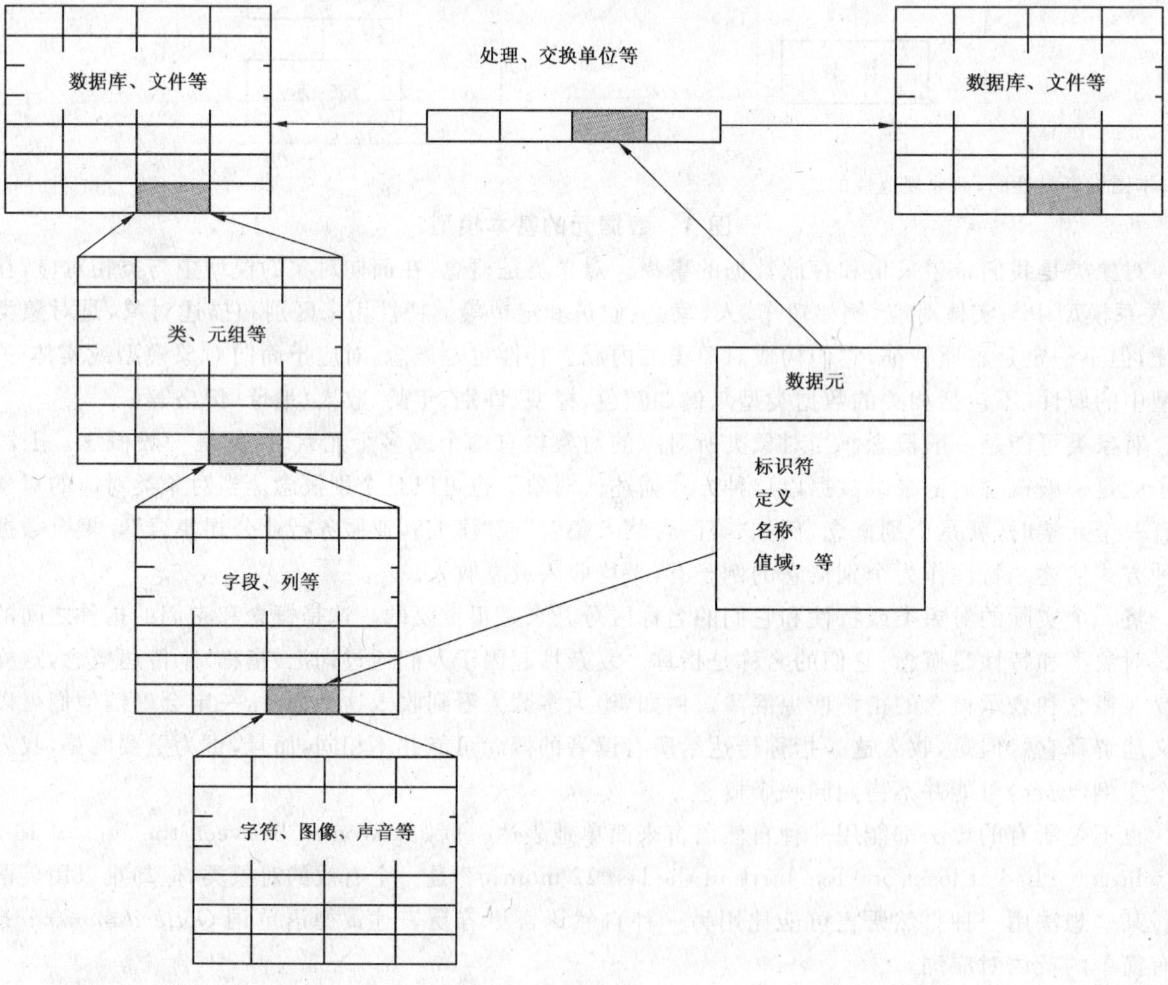

本图为资料性的,而非规范性的。

图 2　数据元和其他数据概念

6.4　值域的基本模型

图 3 本身并非规范性的,但阐明了本条的基本观点。

值域是允许值的集合。一个**允许值**是某个值和该值的含义的组合。该关联含义称为**值含义**。值域是一个或多个数据元有效值的集合,用于在信息系统和数据交换中确认数据的有效性。它也是描述一个数据元的元数据的必要构成部分。特别是,值域是数据元所表示的数据内容、形式和结构的指南。

值域有两种(非互斥的)子类:

——**可枚举值域**:由允许值(值和它们的含义)列表规定的值域;

——**不可枚举值域**:由描述规定的值域。

一个可枚举值域是包含了它的所有值及关联含义的一个列表。每对值和含义称为一个**允许值**。每个值的含义称为**值含义**。

一个不可枚举值域由一个描述来规定。**不可枚举值域描述**准确描述了属于该值域的允许值,例如"大于0小于1的全部实数"。

概念的外延构成了**概念域**,每个值域都是概念域的一个元素。一个概念域是一个值含义集合。一个概念域的内涵是它的值含义。多个值域可能是同一个概念域的外延,但一个值域只与一个概念域关联。概念域之间可以存在关系,所以可能创建概念域的一个概念体系。值域之间也可以存在关系,根据这些关系提供的框架,就能够获得相关值域和它们关联概念的结构。

概念域也有两种(非互斥的)子类:

——**可枚举概念域**:由值含义列表规定的概念域;

——**不可枚举概念域**:由描述规定的概念域。

可枚举概念域的值含义可以明确地枚举。该类型概念域对应于可枚举类型的值域。不可枚举概念域的值含义由称为**不可枚举概念域描述**的规则来表述。这样,值含义并非明确的列出,这个规则描述了不可枚举值域中允许值的含义。这种类型的概念域对应于不可枚举类型的值域。参见ISO/IEC TR 20943-3《元数据注册系统内容一致性的规程 第3部分:值域》。

描述数据有时需要计量单位。如果在数据库中记录温度,为了准确理解值的含义,就必须使用计量单位(如,华氏或摄氏)。再如,火星上岩石的质量由克来计量。但是,计量单位不仅仅限于物理量,货币(如,美元、里拉、英镑)和其他社会经济度量标准也是计量单位。

如果一个计量单位的任何量可以转化为另一种计量单位下等同的量,则这些计量单位彼此之间是等价的。所有等价的计量单位被认为具有相同的维。例如,所有的货币具有相同的维。速度的计量,如海里/小时或米/秒,具有相同的维。两个经常被错误认为具有相同维的计量单位是:磅(重量单位)和克。磅是计量力的,而克是计量质量的。

计量单位与值域关联,维与概念域关联。

一些值域中包含了彼此很相似的值。要么是值本身相似,要么是值的含义相同。当出现这些相似时,这些值域也许是同一个概念域的外延。下面的示例表明了本条这个观点和其他观点。

示例1:相似的不可枚举值域

概念域名称:概率

概念域定义:大于0小于1的实数

值域名称(1):概率——2位有效数字

值域描述:精确到2位的所有大于0小于1的实数。

计量单位精确度:小数点后精确到2位

值域名称(2):概率——5位有效数字

值域描述:精确到5位的所有大于0小于1的实数。

计量单位精确度:小数点后精确到5位

示例 2:相似的可枚举值域

概念域名称:世界各国 *概念域定义*:现有世界各国名称或代码的列表 -------------------------------- *值域名称(1)*:国家代码——2 位字母码 *允许值*: 〈AF,基本地理政治实体“阿富汗民主共和国”〉 〈AL,基本地理政治实体“阿尔巴尼亚人民社会主义共和国”〉 ... 〈ZW,基本地理政治实体“津巴布韦共和国”〉 -------------------------------- *值域名称(2)*:国家代码——3 位字母码 *允许值*: 〈AFG,基本地理政治实体“阿富汗民主共和国”〉 〈ALB,基本地理政治实体“阿尔巴尼亚人民社会主义共和国”〉 ... 〈ZWE,基本地理政治实体“津巴布韦共和国”〉

每个值域表示两种概念:数据元概念(间接地)和概念域(直接地)。数据元概念是与一个数据元关联的概念。值域是数据元的表示,因此也间接地表达了数据元概念。但是,值域与一个概念域直接关联来表示概念,与数据元无关。

关于值域注册和管理的详细示例见 ISO/IEC 20943-3《元数据注册系统内容一致性的规程　第 3 部分:值域》。

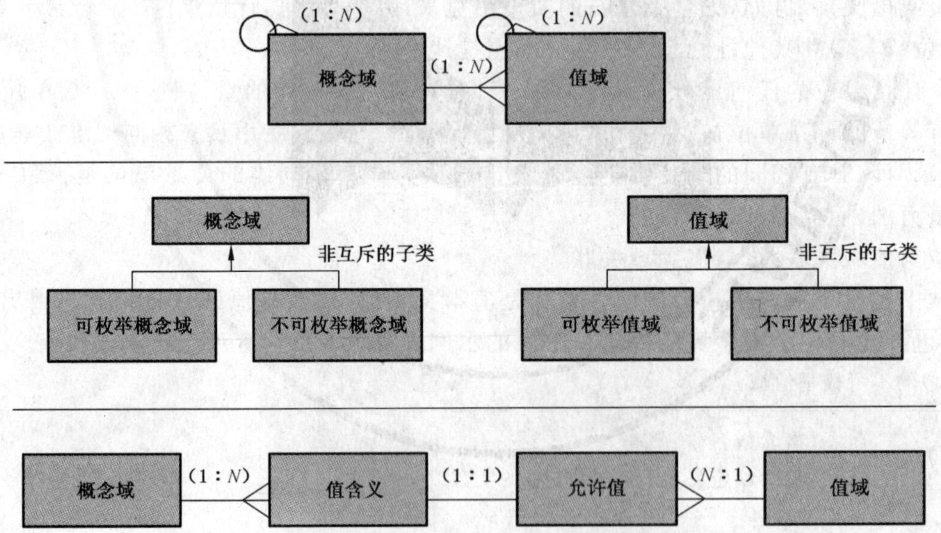

图 3　值域的基本模型

6.5　分类方案的基本原理

鉴于 GB/T 18391 的目的,**分类方案**是旨在对对象进行分类的一个概念体系。它有特定的结构,限定的内容范围,并将对象指定给体系中已经定义的概念。将概念指定给一个对象的过程称之为分类。概念体系中联系概念的关系联系着其相关概念分类的对象。总之,任何用于对象分类的概念体系,都是一个分类方案。

分类方案的内容范围划定分类方案覆盖的主题范围。分类方案的范围是方案概念体系中最宽泛的概念,理论上,它决定一个对象是否可以在该方案下进行分类。

概念体系,特别是分类方案可以通过许多途径进行结构化。该结构定义可能存在于概念之间的关系类型,每个分类方案可以使概念与对象关联。在一个特定的分类方案中,关联概念和方案中与关联概念相关的其他概念一起,提供了一个可以用于理解对象含义的概念框架。该框架受分类方案范围的限定。

一个概念体系可以由一个术语体系来表示。指称用于表示体系中的每一个概念,并可以用做关联对象的关键字,以便达到搜索、索引或其他目的。

关系体系是概念体系的一个特殊类型。关系体系中的关系类型就是概念。一个关系类型有 N 个自变量,称为一个 n 元关系类型。“N 个对象的集合使用 n 元关系类型分类”这个陈述意味着 N 个对象之间存在着一种给定关系类型的关系。

7 元数据注册系统

7.1 概述

元数据也是数据,因此,元数据可以存储在一个数据库中。支持注册功能的一个元数据的数据库就是一个元数据注册系统(MDR)。GB/T 18391.3 给出了一个描述数据的元数据注册系统的概念模型。GB/T 18391.6 描述了 GB/T 18391 注册各方面的要求和规程。对于实际的元数据注册系统,可能还有其他的要求和规程,但这些不在本标准的范围之内。GB/T 18391.4 和 GB/T 18391.5 分别描述了生成良好定义和开发命名协议的规则、指南。GB/T 18391.2 描述了分类的作用。ISO/IEC TR 20943-1 描述了注册数据元时的建议和准则。ISO/IEC TR 20943-3 描述了注册值域时的建议和准则。

一个元数据注册系统包含描述数据构造的元数据。用于描述一个特定数据构造(如,数据元)的所有属性总体上称为一个元数据对象。当具体描述一个特定的数据构造时,实例化后的这些属性称为一个元数据项。元数据项注册之后(如,将元数据登录在元数据注册系统中)成为注册系统项。如果这个注册系统项(如,一个数据元)需要进行管理,也称为管理项。

注:在一般用法上,注册一个描述数据构造的元数据项也被认为是注册该数据构造。实际上,数据构造并不存储在元数据注册系统中,存储的是其描述。这类似于政府跟踪机动车辆的注册系统。每个机动车辆的一个描述登录在注册系统中,而不是车辆本身。但是,人们认为他们注册的是自己的机动车辆,而不是描述。

7.2 GB/T 18391 MDR 的总体模型

GB/T 18391 的概念模型包含两个主要部分:概念层和表示(或句法)层。概念层包括数据元概念类和概念域类。这两种类都表示概念。表示层包括数据元类和值域类。这两种类都表示数据值的容器。第 6 章给出了图 4 包括的每个类的描述。

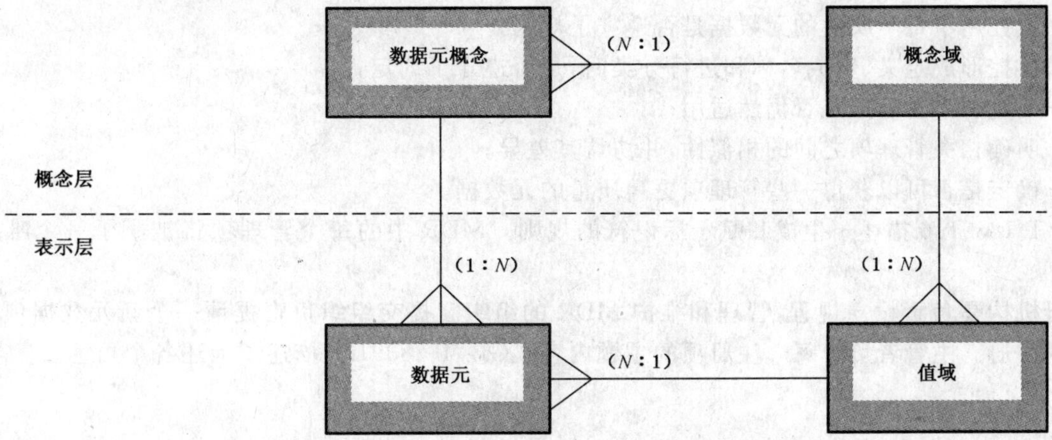

图 4 GB/T 18391 元数据注册系统总体模型

图4给出了4个类的若干基本事实：

——一个数据元是一个数据元概念和一个表示(主要是一个值域)的结合体；

——多个数据元可以共享相同数据元概念，这意味着一个数据元概念可以用多个不同方式表示；

——数据元可以共享相同的表示，这意味着一个值域可以被其他数据元重复利用；

——值域不是必然与一个数据元关联，可以单独管理；

——不同值域所有允许值所对应的值含义都相同时，这些值域在概念上是等价的，因此，对应相同的概念域；

——不同值域部分允许值所对应的值含义相同时，这些值域在概念上是相关的，因此，在包含有其各自概念域的概念体系中共享一个由共同的值含义构成的概念域；

——许多值域可以共享相同的概念域；

——一个数据元概念仅与一个概念域相关，因此共享相同数据元概念的所有数据元共享概念上相关的表示。

第6章描述了图4中没有涉及到的其他事实，在此应提及的有：

——数据元概念之间的关系可以在一个元数据注册系统中得以维护，这就意味着数据元概念的一个概念体系可以得到维护。

——概念域之间的关系可以在一个元数据注册系统中得以维护，这就意味着概念域的一个概念体系可以得到维护。

本章随后将描述元数据注册系统中元数据的注册与管理的一些基本内容。

7.3 注册概要

GB/T 18391.6规定的注册和管理功能将MDR与元数据数据库区分开来。这些功能的实现途径是GB/T 18391.3规定的元模型设计的一个主要的部分。

注册是应用于MDR的一系列的规则、操作和规程。GB/T 18391.6详细描述了如何遵照GB/T 18391进行注册。注册带来的三个最重要的结果是监控元数据质量的能力、起源(元数据的来源)和向MDR中每个描述对象赋予标识符。注册还需要一系列的规程来管理注册系统、提交用于注册的对象的元数据、维护已提交元数据的主题域。对于一个元数据注册系统的实际实现，可能还有一些其他的要求，但这些不在本标准范围之内。

每个管理项都用一个统一和规定好的方式来维护。标识符、质量措施、主管组织、名称和定义都是一般元数据需要管理的部分。注册是产生或维护用于管理的和用于其他目的的详细元数据的过程。

通过使用注册状态来监控元数据质量。状态记录了质量的级别。GB/T 18391.6规定了各个级别。每个管理项被赋予一个注册状态，该状态可以随时间而变化。另外，元数据质量是多层面的，也就是说，监控元数据质量有若干个目的。主要的目的有：

——监控用于每个属性的元数据是否遵守了规则；

——监控形成定义、生成名称和进行分类时，是否遵守了约定；

——确定一个管理项是否仍然适用；

——明确相关管理项之间的相似性，并协调其差异；

——确定是否可以获得一些管理项更高质量的元数据。

GB/T 18391.6描述了生成和赋予标识符的规则。MDR中的每个管理项将被赋予一个唯一的标识符。

注册机构是负责设立规程，管理和维护MDR的组织。提交组织负责提请一个新元数据项在注册系统中的注册。主管者负责每个注册项的主题内容。GB/T 18391.6描述了上述各个角色。

8 GB/T 18391综述

8.1 各部分介绍

本条介绍了GB/T 18391的各部分的要点及重要性。

8.1.1 第1部分

GB/T 18391.1 框架，介绍并讨论了理解本套标准所必需的数据元、值域、数据元概念、概念域和分类方案的基本概念，并提供了使 GB/T 18391 各部分关联起来的语境。

8.1.2 第2部分

GB/T 18391.2 分类，提供了管理分类方案这个概念体系的概念模型。这些方案中的概念通过分类过程而与管理项关联。图书馆员、术语学家、语言学家和计算机科学家更精通分类过程，因此本部分不再对此进行描述。从分类中派生出的其他的语义内容才是重点。

将一个对象与来自一个或多个分类方案中的一个或多个概念关联能提供：

——对对象的更多的理解；

——相似对象的比较信息；

——主题域(由分类方案的范围定义)语境中对一个对象的理解；

——区别相似概念含义细微差异的能力。

因此，分类方案的管理是最大化 MDR 中信息潜能的重要部分。GB/T 18391.2 为此提供了框架。

8.1.3 第3部分

GB/T 18391.3 注册系统的元模型及基本属性，规定了 MDR 的一个概念模型。该模型的范围仅限于数据元、数据元概念、值域、概念域、分类方案以及其他相关类的基本属性集。GB/T 18391.3—2001 规定的数据元基本属性也包括在此修订版中。

注册系统元模型用 UML 表达，为了方便阅读，将其分为6个区。模型中的所有内容都在文本中得到了描述。图表注释框中的若干内容也在文本中得到了描述。

文件中给出了模型中使用到的所有建模构造(类、属性和关系)的列表。这个属性集合就是“基本属性”。第2、4、5、6部分描述的属性都包含在注册系统的元模型之中。

注册系统元模型并不是一个组织希望记录的所有元数据的完全描述，因此，设计中，该模型可以根据需要进行扩展。但是，扩展就本质而言，并不是本标准的组成部分。

该部分还用一章描述了符合一致性的条件，一致性表现为严格一致性(符合所有条款)和一致性(符合所有条款，但存在其他条款)。

8.1.4 第4部分

GB/T 18391.4 数据定义的形成，是开发无歧义数据元定义的手册。GB/T 18391.4 给出了大量规则与指南，确切规定了如何形成数据定义。准确、形式完好的定义是获得数据一致理解的一个关键条件。形式完好的定义对于信息的交换也是必要的。只有每一位用户对数据有共同和准确的理解，其交换才能是无障碍的。

定义的有效性是元数据质量的一个方面，遵循第4部分的规则与指南可以保证定义的有效性。

8.1.5 第5部分

GB/T 18391.5 命名与标识原则，是赋予管理项指称的手册。指称是命名和标识一个特定数据构造的宽泛术语。

通过命名约定产生数据构造的名称。命名约定是特定语境中生成名称的算法，形成一个命名约定需要语义、句法和词法规则。名称仅是提供数据构造某些语义的一种简单手段，但语义并不完整。句法和词法解决成分(如，允许的字符)、格式以及其他方面的问题。

可以赋予数据构造多个名称，但可以将其中一个作为首选的名称。通常，每个名称在产生该名称的语境内使用。

标识符是在元数据的管理和交换中用于表示数据构造的指称。注册机构分配给每个数据构造一个唯一的标识符，该标识符在注册系统的语境中是独一无二的。数据构造的标识符可以用来无歧义地定位数据构造。

8.1.6　第6部分

GB/T 18391.6 注册，提供了为每个数据构造分配一个独一无二的标识符以及注册申请者如何在一个注册机构注册数据构造的操作指南。本部分对已注册管理项的维护也做了规定。注册主要解决MDR中元数据的标识、质量和出处等问题。

管理项的标识符由注册机构的标识符、注册机构内分配给管理项的唯一标识符和版本组合而成。每个注册系统由数据构造逻辑上和功能上隶属的注册机构来维护。例如，有关化学的数据构造很有可能注册在化学品厂商注册机构下。

注册远比仅仅表明一个元数据项是否已被注册来的复杂。尽管倾向于坚持只注册"好的"元数据，但很难实际操作。因此，将管理项质量的改进划分为不同水平，称作注册状态。另外，在这些质量水平间还存在着管理状态的层次。整体上，这些状态层次被称为管理状态。它们表明在现行注册生命周期中一个管理项所处的位置。

MDR管理元数据的出处和责任链，描述了注册机构、数据主管者、主管组织和提交组织的任务和角色，并给出了注册流程的框架。

注册既是过程也是目标。标识符、质量状态、生命周期状态的制定以及出处的描述都是目标。实现这些目标的规则是过程。

8.2　GB/T 18391 第1～6部分应用的基本规则

GB/T 18391 的每部分有助于元数据产生、组织和注册的不同侧面。每部分应与其他部分配合使用。GB/T 18391.1 确立了各部分间的关系，并就作为一个总体如何应用给出了指导。GB/T 18391.3 规定了注册申请者应为每一个注册对象提供的元数据项，并给出了每个基本属性的详尽特征。由于名称、定义和标识在管理描述数据构造的元数据中很重要，在以下两个部分进行了专门而又广泛的论述，构造数据元的定义应遵循 GB/T 18391.4，标识和命名应遵循 GB/T 18391.5 确立的原则。GB/T 18391.2 规定了一组用于分类方案及其成分注册和管理的属性。元数据项可以作为注册系统项注册在 MDR 中，并作为管理项得到管理，GB/T 18391.6 就这些步骤提供了指南。

9　一致性

本部分并没有特定的一致性标准。GB/T 18391.1 是将各部分标准联结起来的一个框架。因此，本部分不存在一致性的问题。本标准的其他各部分都有自己的一致性条款。

参 考 文 献

[1] GB/T 1988 信息技术 信息交换用七位编码字符集

[2] GB/T 2659—2000 世界各国和地区名称代码

[3] GB/T 4880(所有部分) 语种名称代码

[4] GB/T 5271 信息技术 词汇

[5] GB/T 7408 数据元和交换格式 信息交换 日期和时间表示法

[6] GB/T 9387.1 信息技术 开放系统互连 基本参考模型 第1部分:基本模型

[7] GB/T 11383 信息技术 信息交换用八位代码结构和编码规则

[8] GB/T 15273 信息处理 八位单字节编码图形字符集

[9] GB/T 15417 文献 多语种叙词表编制规则

[10] GB/T 16262 信息技术 抽象语法记法一(ASN.1)

[11] GB/T 16647 信息技术 信息资源词典系统(IRDS)框架

[12] GB/Z 18219 信息技术 数据管理参考模型

[13] GB/T 18221—2000 信息技术 程序设计语言、环境与系统软件接口 独立于语言的数据类型

[14] GB/T 20000.1—2002 标准化工作指南 第1部分:标准化和相关活动的通用词汇

[15] GB/T 20001.1—2001 标准编写规则 第1部分:术语

[16] Barr,Avron & Feigenbaum,Edward A. *The Handbook of Artificial Intelligence*(3 Volumes) William Kaufman,Inc. ,1981

[17] Gosh,Sakti P. *Data Base organization for Data Management*,Second Edition. New York: Academic Press,Inc. ,1986

[18] Herman G T. Theory Algorithms. Ralston,Anthony & Reilly,Jr. ,Edwin D. *Encyclopedia of Computer Science and Engineering*,Second Edition. Van Nostrand Reinhold Company Inc. ,1983

[19] ISO/IEC 2375 *Information technology—Procedure for registration of escape sequences and coded character sets*

[20] ISO 2788 *Documentation—Guidelines for the establishment and development of monolingual thesauri*

[21] ISO 6093 *Information processing—Representation of numerical values in character strings for information interchange*

[22] ISO 6862 *Information and documentation—Mathematical coded character set for bibliographic information interchange*

[23] ISO/IEC 6937 *Information technology—Coded graphic character set for text communication—Latin alphabet*

[24] ISO TR 9007 *Information processing systems—Concepts and terminology for the conceptual schema and the information base*

[25] ISO/IEC TR 9789 *Information technology—Guidelines for the organization and representation of data elements for data interchange—Coding methods and principles*

[26] ISO/IEC 10646 *Information technology—Universal Multiple—Octet Coded Character Set (UCS)*

[27] ISO/IEC TR 20943 (all parts) *Information technology—Procedures for achieving metadata registry content consistency*

[28] Judith J Newton, Daniel C Wahl. *Manual for Data Administration*. National Institute of Standards and Technology, 1993

[29] Tasker, Dan. *Fourth Generation Data*. Prentice Hall, 1989

ICS 35.040
A 24

中华人民共和国国家标准

GB/T 18391.2—2009/ISO/IEC 11179-2:2005
代替 GB/T 18391.2—2003

信息技术　元数据注册系统(MDR)
第2部分:分类

Information technology—Metadata registries (MDR)—
Part 2:Classification

(ISO/IEC 11179-2:2005,IDT)

2009-09-30 发布　　2009-12-01 实施

中华人民共和国国家质量监督检验检疫总局
中国国家标准化管理委员会　发布

前言

GB/T 18391《信息技术 元数据注册系统(MDR)》分为六个部分：

——第1部分：框架；

——第2部分：分类；

——第3部分：注册系统元模型与基本属性；

——第4部分：数据定义的形成；

——第5部分：命名和标识原则；

——第6部分：注册。

本部分为 GB/T 18391 的第2部分，等同采用 ISO/IEC 11179-2:2005《信息技术 元数据注册系统(MDR) 第2部分：分类》(英文版)，仅有编辑性修改。

为了便于使用，本部分对 ISO/IEC 11179-2:2005 做了下列编辑性修改：

——删除了范围一章中的一个示例。

本部分代替 GB/T 18391.2—2003《信息技术 数据元的规范与标准化 第2部分：数据元的分类》。

本部分与 GB/T 18391.2—2003 相比主要变化如下：

——标准名称的改变；

——分类对象的扩展：GB/T 18391.2—2003 主要用于对数据元的分类，修订后的本部分，适用于数据元、对象类、特性、表示、值域、数据元概念等多种类型的管理项；

——新增了附录A；

——UML 的使用：在附录A中给出了含有分类方案属性的 MDR 元模型区的 UML 图。

为了保持与英文版本的一致性，英文版中斜体表示的内容本部分也使用斜体表示，第3章中术语的英文名称保留英文版本中的大小写格式。

为了便于使用和理解，本部分在各个 UML 图后面均附上了 ISO/IEC 11179-2:2005 中的 UML 原图。

本部分的附录A为规范性附录。

本部分由中国标准化研究院提出。

本部分由全国信息技术标准化技术委员会(SAC/TC 28)归口。

本部分由中国标准化研究院起草。

本部分主要起草人：孙广芝、邢立强、史立武、李小林、刘植婷。

本部分于2003年7月首次发布，本次为第一次修订。

引 言

GB/T 18391 的本部分重点描述元数据注册系统(MDR)模型中称之为分类区(GB/T 18391.3,4.10)的部分。分类区允许注册和管理一个完整的分类方案或其一部分。作为可选,一个分类方案可以用来对管理项进行分类,管理项是注册于一个元数据注册簿的事物。

就分类方案的设计,并据此建立和推广分类结构而言,存在众多的尝试。出于 GB/T 18391 本部分的目的,关键词、主题词表、分类法和本体均为经过认真考虑的分类方案的类型,且各自具有不同的功能。这些分类方案对于现实世界中对象(包括 MDR 中管理项)的文档化,具有巨大的作用。

对现实世界的对象进行分类有多重目的。分类可帮助用户从巨大的对象集合中找到某一个对象,方便对对象集合的管理与分析,并通过继承传递那些由名称和定义等属性无法完整规范的语义内容。

当对一个 MDR 中的管理项进行分类时,本部分所含分类方案的作用在于:

——派生和形成抽象和应用管理项;

——确保适当属性和属性值的继承;

——从受控词表中派生名称;

——消除歧义;

——识别上位、同位和下位管理项概念;

——识别管理项之间的关系;

——辅助模块化设计的名称和定义的开发。

另外,为了能够保证生成足以支持电子数据交换的数据元,就需要标准化的数据设计规程,这一需求也推动了 GB/T 18391 的研制。

以上所提到的每类分类方案都有其长处和短处,为发挥其特定作用奠定了基础。例如:关键词是有助于用户定位潜在有用管理项的快捷方式;主题词表是一种更结构化的方式,使描述性术语编排于宽的、窄的和相关的分类类目结构中;分类法提供了一种分类结构,该结构具有从一般分类到具体分类含义继承的功能;与相关的认识论一起,本体将提供丰富而又定义严格的结构(如具有多个继承的有向非循环图),可以传递软件所需的信息,如在智能信息服务提供方面有用的智能代理和媒介。

信息技术　元数据注册系统(MDR)
第2部分:分类

1　范围

GB/T 18391的本部分重申并详细阐述了GB/T 18391.3—2009所给出的在MDR中对分类方案进行注册以及对管理项进行分类的程序和技术。所有类型的管理项,包括对象类、特性、表示、值域、数据元概念以及数据元自身,都可以被分类。

本部分确定了一系列原则、方法和程序,用于规范在为各类管理项与一个或多个分类方案间建立关联时(至少)要记录的信息。这些信息包括分类方案的名称、定义、内容以及其他方面,它们可以通过属性集的使用来获得。本部分将阐述一些特定的属性以及这些属性内容的结构。用户在必要时,可以扩展该属性集。分类法或本体可以带有附加信息;例如,为了更加全面地限定特定管理项的分类,提供一个可用于对象类、特性或表示分类单元的建议性限定词集。本部分概括了GB/T 18391.3—2009中规定的基本属性和模型。

本部分的示例表明如何通过此处阐述的属性将选定的数据元组分与分类方案联系起来。一个或多个分类方案的使用,旨在为开发可以提高语义精度和设计完整性的元数据提供一个合理的概念基础。

本部分并不确立一个特定的分类方案作为范例。认可一种具体的分类方案和(或)一种具体的认识论并不在本部分的范围之内,而是由其他的标准委员会制定,适于某个特定的研究领域。分类方案的功能及其内容的使用具有可竞争性。其他标准委员会正在开发或已经开发了适应本部分的、用于分类的规范语言和(或)具体的技术手段和结构。对于每一项分类结构,最好记录其开发方法以及如何扩展和维护。依据可扩展性原则,这些属性可被增加到本部分所规定的属性之中,但本部分并不包含这些属性。

正如GB/T 18391.6的描述和规定,每个注册机构可以依据它认为合适的分类方案、结构以及内容对管理项进行分类。在文档化管理项的分类时,注册机构可以依据本部分规定的原则、方法、规程和属性进行。

2　规范性引用文件

下列文件中的条款通过GB/T 18391的本部分的引用而成为本部分的条款。凡是注日期的引用文件,其随后所有的修改单(不包括勘误的内容)或修订版均不适用于本部分,然而,鼓励根据本部分达成协议的各方研究是否可使用这些文件的最新版本。凡是不注日期的引用文件,其最新版本适用于本部分。

GB/T 18391.1　信息技术　元数据注册系统(MDR)　第1部分:框架(GB/T 18391.1—2009,ISO/IEC 11179-1:2004,IDT)

GB/T 18391.3　信息技术　元数据注册系统(MDR)　第3部分:注册系统元模型与基本属性(GB/T 18391.3—2009,ISO/IEC 11179-3:2003,IDT)

GB/T 18391.4　信息技术　元数据注册系统(MDR)　第4部分:数据定义的形成(GB/T 18391.4—2009,ISO/IEC 11179-4:2004,IDT)

GB/T 18391.5　信息技术　元数据注册系统(MDR)　第5部分:命名和标识原则(GB/T 18391.5—2009,ISO/IEC 11179-5:2005,IDT)

GB/T 18391.6　信息技术　元数据注册系统(MDR)　第6部分:注册(GB/T 18391.6—2009,

ISO/IEC 11179-6:2004,IDT)

3 术语和定义

下列术语和定义适用于 GB/T 18391 的本部分。

3.1

属性 attribute

一个对象或实体的特征。

3.2

分类方案 Classification Scheme

根据对象具有的共同特征,将对象进行排列或分组的描述性信息。

3.3

分类方案项 Classification Scheme Item

CSI

分类方案的内容项。

3.4

分类方案项关系 Classification Scheme Item Relationship

分类方案中各个项之间的关系。

3.5

分类方案项关系类型描述 classification scheme item relationship type description

一个分类方案中某个分类方案项与一个或多个其他分类方案项之间的关系类型的描述。

3.6

分类方案项类型名称 classification scheme item type name

分类方案项类型的名称。

3.7

分类方案项值 classification scheme item value

分类方案项的一个实例。

3.8

分类方案从属关系 classification scheme membership

分类方案与其所属的项的关系。

3.9

分类方案类型名称 classification scheme type name

分类方案类型的名称。

3.10

概念 Concept

通过对特征的独特组合而形成的知识单元。

3.11

名称 name

人们标识事物和概念的基本手段。

3.12

术语条目 Terminological Entry

包含一个语境(主题域)内特定管理项的术语单元信息的一个条目。

4 分类方案的属性

分类方案应通过记录其属性来注册在一个 MDR 中。一个已注册分类方案至少应有一个管理记录和一个分类方案类型名称。作为可选,可记录本章所列的以下属性。

表1给出了可以记录在一个MDR中的分类体系的属性。“图”指的是在附录A中出现该属性的UML图的编号。用加粗字体表示的属性是包含了多个属性组分的数据类型。

表1 分类方案的属性

属性	出现次数	图
指称—名称	每一术语条目语言区出现1次	A.2
指称—首选指称	每一术语条目语言区出现0或1次	A.2
指称—**语言标识符**	每一术语条目语言区出现1次	A.2
定义—定义文本	每一术语条目语言区出现1次	A.2
定义—首选定义	每一术语条目语言区出现0或1次	A.2
定义—来源引用	每一术语条目语言区出现0或1次	A.2
定义—**语言标识符**	每一术语条目语言区出现1次	A.2
语境—**管理记录**	每一语境出现1次	A.2
语境—描述	每一语境出现1次	A.2
语境—**描述语言标识符**	每一语境出现0或1次	A.2
分类方案—类型名称(类名)	每一分类方案出现1次	A.1
分类方案项—值	每一分类方案项出现1次	A.1
分类方案项—类型名称(类名)	每一分类方案项出现0或1次	A.1
分类方案项关系—类型描述	每一分类方案项关系类型描述出现1次	A.1
管理记录—**项标识符**	每一分类方案出现1次	A.4
管理记录—注册状态	每一分类方案出现1次	A.4
管理记录—管理状态	每一分类方案出现1次	A.4
管理记录—生成日期	每一分类方案出现1次	A.4
管理记录—上次修改日期	每一分类方案出现0或1次	A.4
管理记录—有效日期	每一分类方案出现0或1次	A.4
管理记录—截至日期	每一分类方案出现0或1次	A.4
管理记录—修改描述	每一分类方案出现0或1次	A.4
管理记录—管理注解	每一分类方案出现0或1次	A.4
管理记录—说明性备注	每一分类方案出现0或1次	A.4
管理记录—未定事宜	每一分类方案出现0或1次	A.4
管理记录—起源	每一分类方案出现0或1次	A.4
引用文档—标识符	每一引用文档出现1次	A.3
引用文档—类型描述	每一引用文档出现0或1次	A.3
引用文档—**语言标识符**	每一引用文档出现0或1次	A.3
引用文档—标题	每一引用文档出现0或1次	A.3
引用文档—组织名称	每一引用文档出现1或多次	A.3
引用文档—组织通信地址	每一引用文档出现0或1次	A.3

表 1（续）

属性	出现次数	图
提交—组织名称	每一分类方案出现 1 次	A.3
提交—组织通信地址	每一分类方案出现 0 或 1 次	A.3
提交—联系	每一分类方案出现 1 次	A.3
管理员—组织名称	每一分类方案出现 1 次	A.3
管理员—组织通信地址	每一分类方案出现 0 或 1 次	A.3
管理员—联系	每一分类方案出现 1 次	A.3
注册机构—组织名称	每一分类方案出现 1 次	A.3
注册机构—组织通信地址	每一分类方案出现 0 或 1 次	A.3
注册机构—注册机构标识符	每一分类方案出现 1 次	A.3
注册机构—文档语言标识符	每一分类方案出现 1 或多次	A.3
注册员—标识符	每一分类方案出现 1 或多次	A.3
注册员—联系	每一分类方案出现 1 或多次	A.3

5 管理项分类机制

一个 MDR 中一个管理项通过一个分类方案进行分类时，应记录如下关系：Administered_item_classification（管理项分类），见图 A.1。

附 录 A
（规范性附录）
含分类方案属性的 MDR 元模型区

图 A.1 分类元模型区

图 A.1 在 ISO/IEC 11179-2:2005 中的 UML 原图:

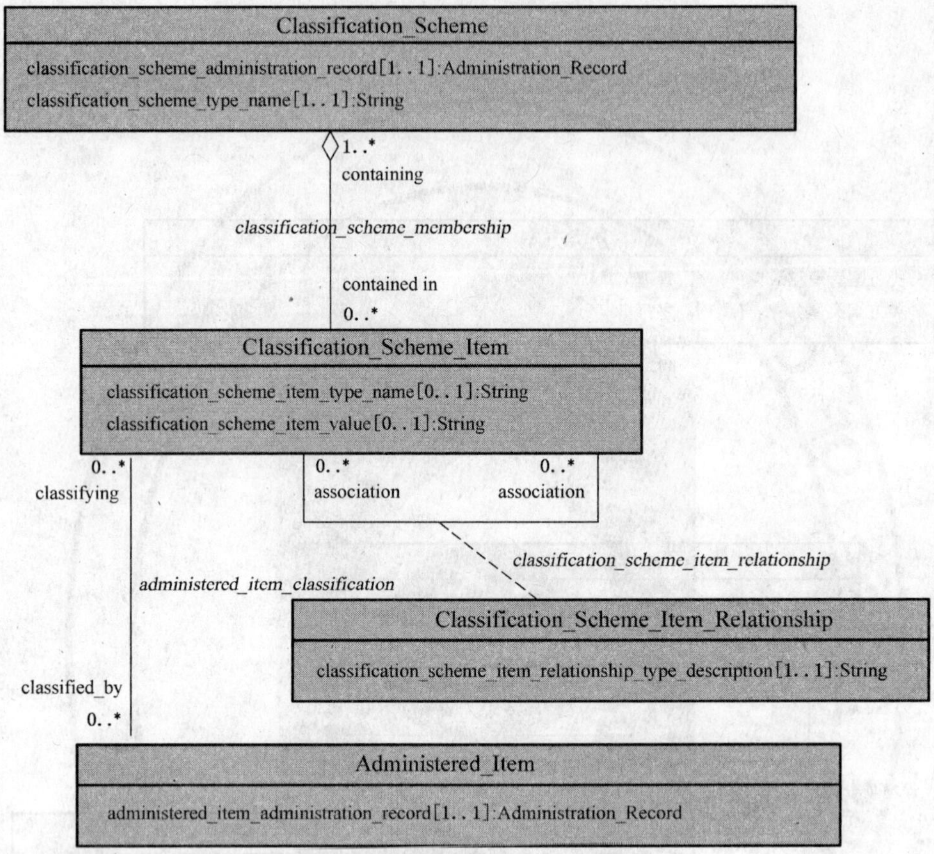

Figure A.1—Classification metamodel region

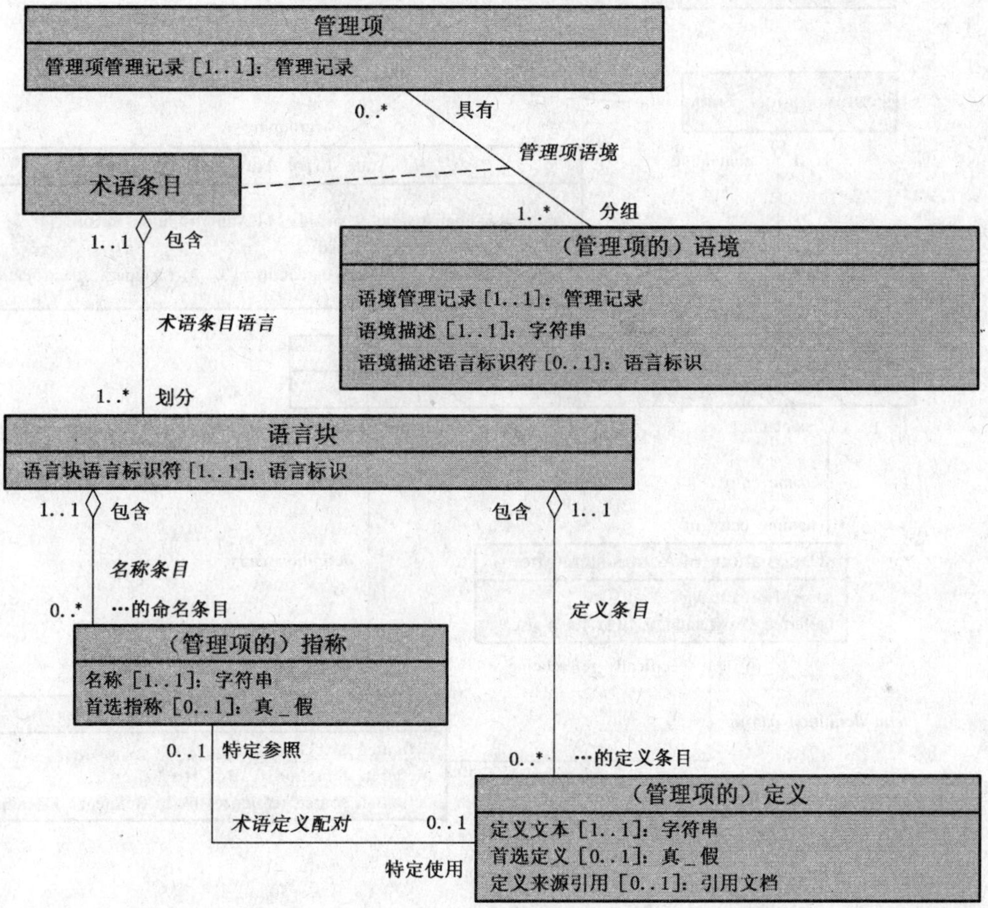

图 A.2　命名和定义元模型区

图 A.2 在 ISO/IEC 11179-2:2005 中的 UML 原图：

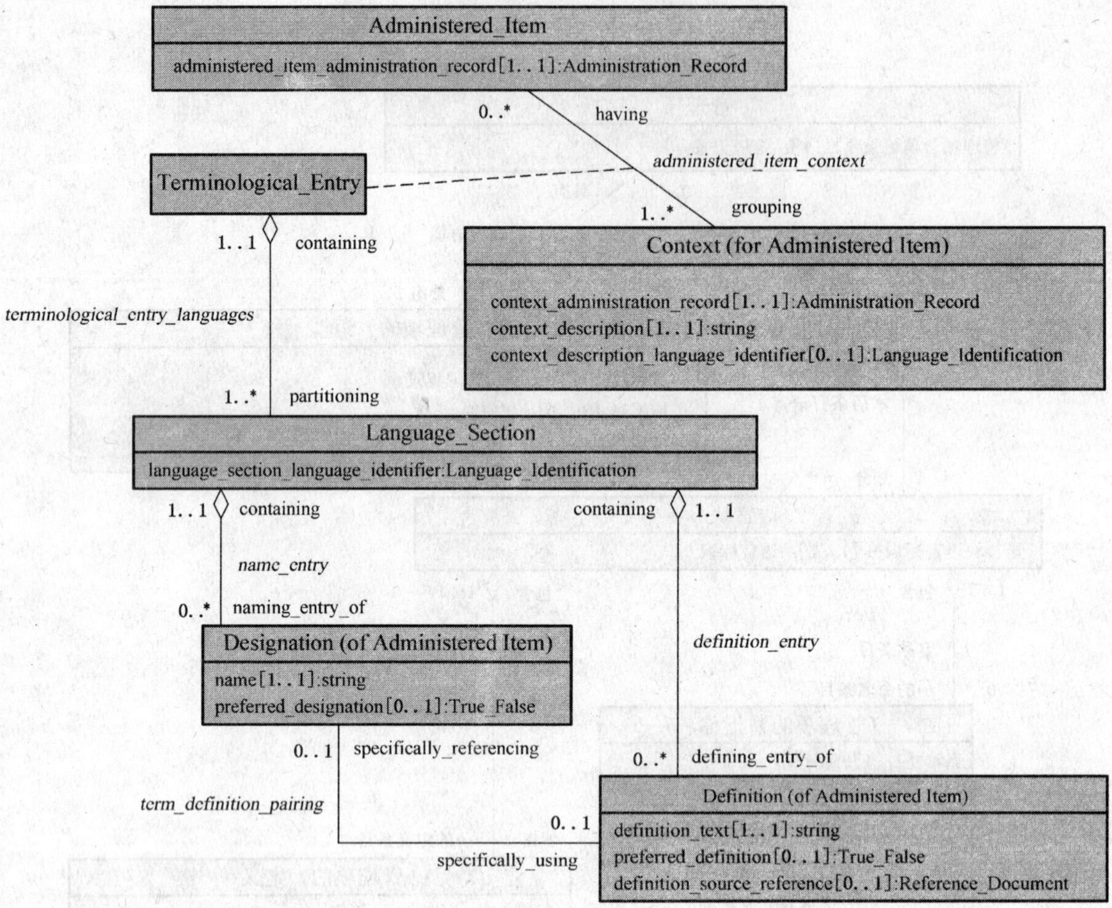

Figure A.2—Naming and Definition metamodel region

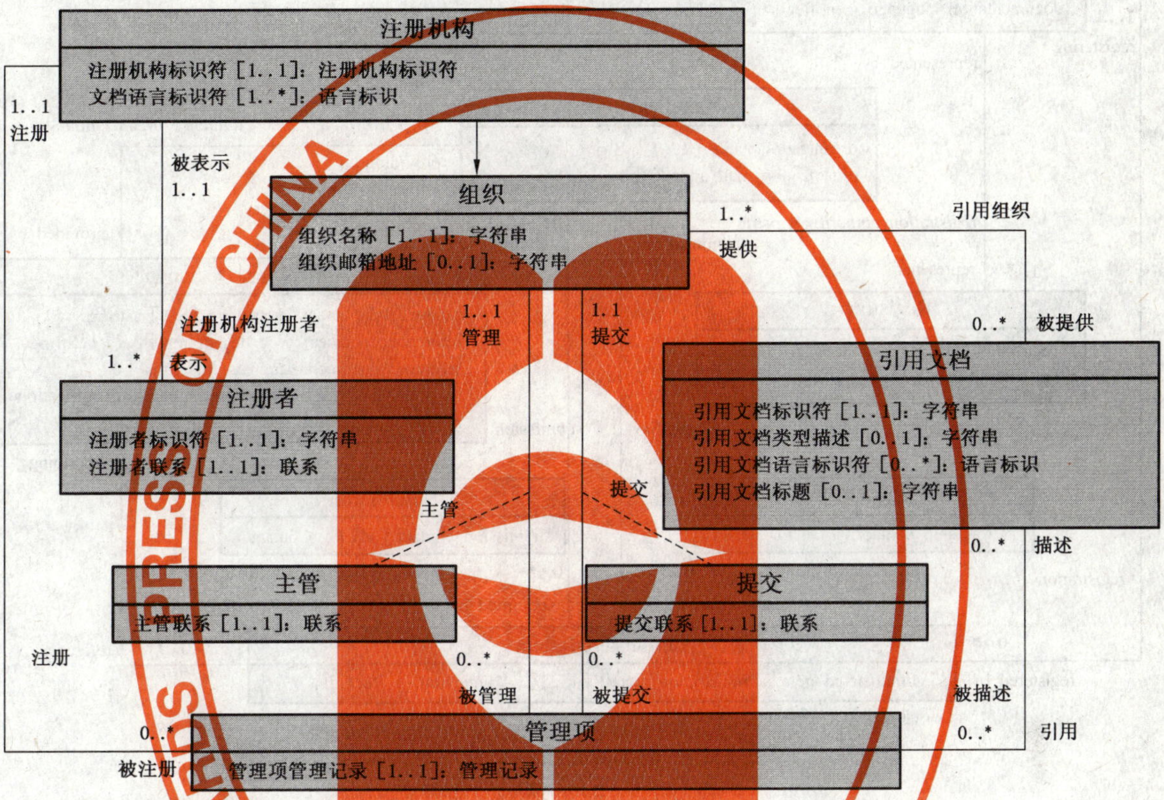

图 A.3　管理和标识元模型区

图 A.3 在 ISO/IEC 11179-2:2005 中的 UML 原图:

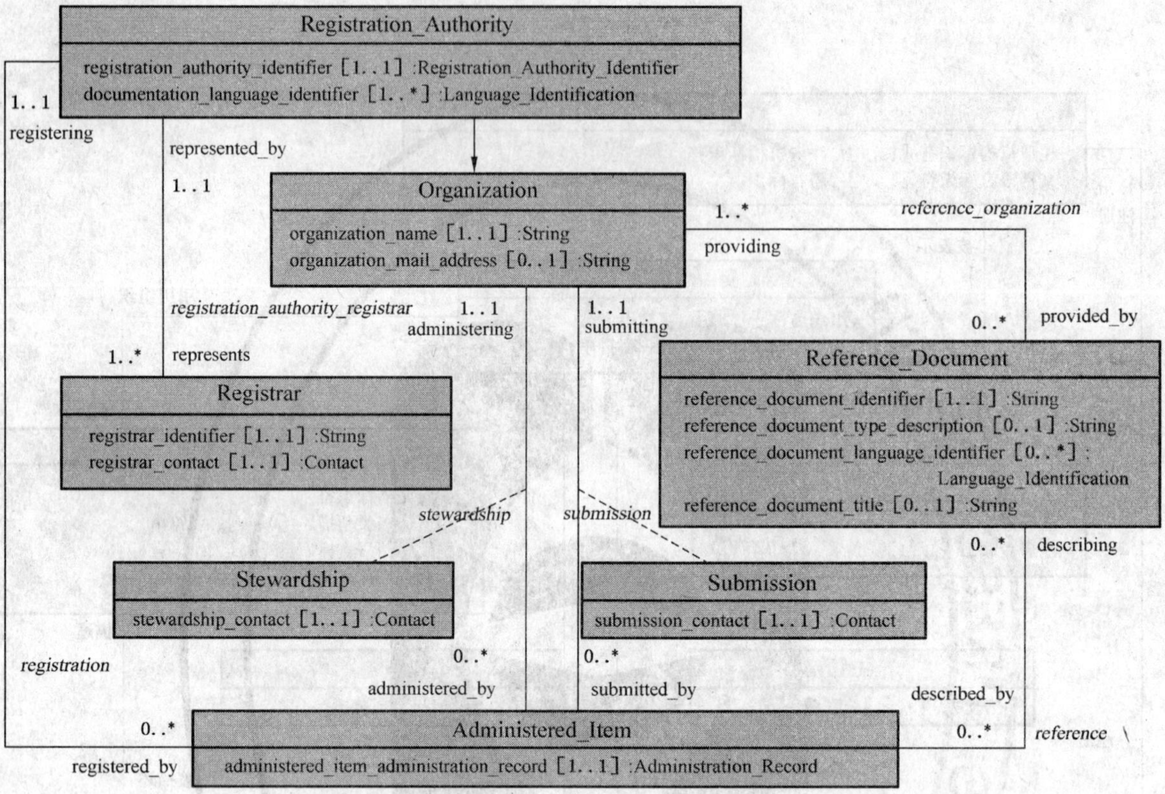

Figure A.3—Administration and identification metamodel region

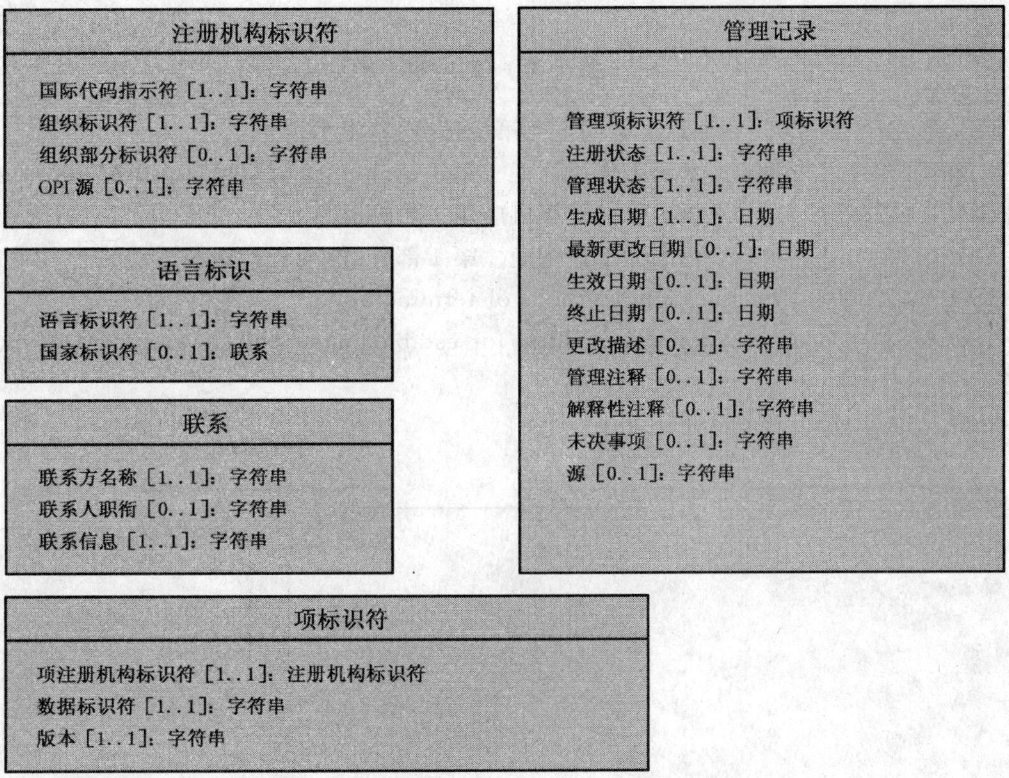

图 A.4 管理和标识区——复合数据类型的类

图 A.4 在 ISO/IEC 11179-2:2005 中的 UML 原图：

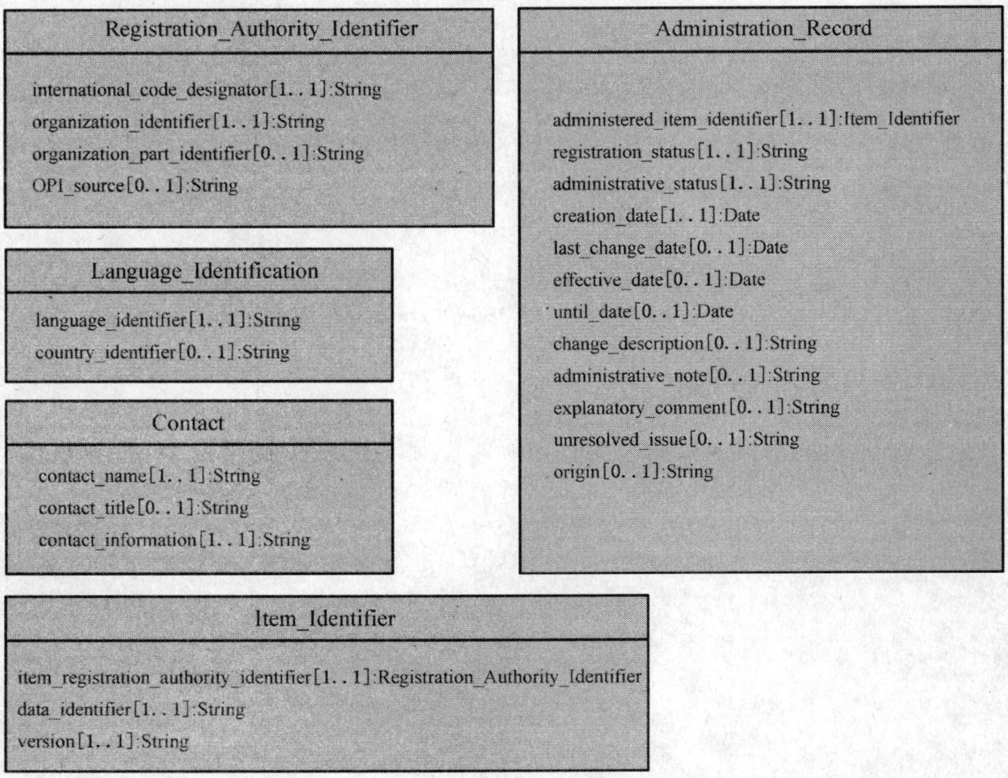

Figure A.4—Administration and identification region—Classes used as Composite Datatypes

参 考 文 献

[1] GB/T 5271.1—2000 信息技术词汇 第1部分:基本术语

[2] GB/T 15237.1—2000 术语工作 词汇 第1部分:理论与应用(eqv ISO 1087-1:2000)

[3] GB/T 16786—2007 术语工作 计算机应用 数据类目

[4] GB/T 20000.1—2002 标准化工作指南 第1部分:标准化和相关活动的通用词汇

[5] ISO 704:2000 Principles and methods of terminology

[6] ISO 2788 Documentation—Guidelines for establishment and development of monolingual thesauri

[7] ISO 5964 Multilingual Thesauri

ICS 35.040
A 24

中华人民共和国国家标准

GB/T 18391.3—2009/ISO/IEC 11179-3:2003
代替 GB/T 18391.3—2001

信息技术 元数据注册系统(MDR) 第3部分:注册系统元模型与基本属性

Information technology—Metadata registries (MDR)—
Part 3: Registry metamodel and basic attributes

(ISO/IEC 11179-3:2003, IDT)

2009-09-30 发布 2009-12-01 实施

中华人民共和国国家质量监督检验检疫总局
中国国家标准化管理委员会 发布

前　言

GB/T 18391《信息技术　元数据注册系统(MDR)》包括以下几部分:

——第1部分:框架;

——第2部分:分类;

——第3部分:注册系统元模型与基本属性;

——第4部分:数据定义的形成;

——第5部分:命名和标识原则;

——第6部分:注册。

GB/T 18391的本部分等同采用ISO/IEC 11179-3:2003《信息技术　元数据注册系统(MDR)　第3部分:注册系统元模型与基本属性》(英文版),仅有编辑性修改。

本部分代替GB/T 18391.3—2001《信息技术　数据元的规范与标准化　第3部分:数据元的基本属性》。

本部分与GB/T 18391.3—2001相比主要变化如下:

——名称变更:从《信息技术　数据元的规范与标准化　第3部分:数据元的基本属性》变更为《信息技术　元数据注册系统(MDR)　第3部分:注册系统元模型与基本属性》;

——以"元数据注册系统元模型"为核心增加了新概念,包括构成元模型构件的类、属性、复合属性、关系或关联类,以及描述元模型的六种功能区等;

——应用建模思想,采用统一建模语言(UML)建立、描述元数据注册系统元模型;

——对标准文本结构进行了调整:增加了第4章"元数据注册系统的结构"、第6章"一致性",以新的附录A～附录C内容置换了原标准附录A～附录D的内容。

为了突出显示本部分所专用的术语和概念,并且保持与英文版本的一致性,凡在英文版中斜体或加粗表示的内容本部分也使用斜体或加粗表示,第3章中术语的英文名称保留英文版本中的大小写格式。

为了便于使用和理解,本部分在表达注册系统元模型的各个UML图后面均附上了ISO/IEC 11179-3:2003中的UML原图。

本部分的附录A、附录B和附录C均为资料性附录。

本部分由中国标准研究化研究院提出。

本部分由全国信息技术标准化技术委员会归口。

本部分由中国标准研究化研究院负责起草。

本部分主要起草人:李小林、孙广芝、邢立强、史立武、刘植婷、胡涵景。

GB/T 18391.3于2001年首次发布,本次为第一次修订。

引 言

数据处理和电子数据交换在很大程度上依赖于数据库中所记录数据的准确性、可靠性、可控制性和可校验性。数据的提供者和使用者对数据的含义和表达有共同的理解是正确而恰当地使用与解释数据的前提。要促进这样一种共同的认识,就必须定义数据的若干特征或者属性。这些数据特征通称"元数据",即"定义和描述其他数据的数据"。GB/T 18391 的本部分内容规定了数据元的属性以及相关元数据的属性,其中元数据在元数据注册系统中是作为元数据项而被指定和注册的。

元数据注册系统结构被规定于概念数据模型的形式之中。元数据注册系统被用来保存关于数据元和与"数据元概念"、"概念域"、"值域"等概念相关联的信息。一般地,这些都被认为是"元数据项"。这样的元数据是清晰定义、记录、分析、分类和管理数据所必需的。

在考虑数据和元数据时,重要的是对数据/元数据的类型以及这些类型的实例进行区别。GB/T 18391的本部分的第 4 章详细说明了元数据对象的类型,这些元数据对象构成了元数据注册系统结构。元数据注册系统将被组装成这些元数据对象(元数据项)的实例。举例来说,在一个应用数据库内,它们依次定义了数据类型。换句话说,元数据实例规定了应用级数据的类型。反过来说,应用数据库将由那些如同已定义了数据类型的实例一样的真实世界数据组装而成。

在完整元数据注册系统不能适用的场合,GB/T 18391 的本部分还描述了元数据项的基本属性。

GB/T 18391 的本部分对信息开发者、信息管理者、数据管理者、标准研制者和其他的使数据可理解和可共享的责任者来说都是有意义的。GB/T 18391 对于穿越学科领域以及信息技术来说,具有广泛的适用性。

信息技术　元数据注册系统(MDR)
第3部分:注册系统元模型与基本属性

1　范围

GB/T 18391 的本部分首要目的是规定元数据注册系统的结构(见 1.1),同时规定了描述元数据项所需的基本属性,这些属性可用于完整元数据注册系统不适用的场合(例如:在其他标准的规范当中)(见 1.2)。

1.3 标识了目前不涉及的方面。

1.4 给出了本部分可以适用的活动示例。

1.1　元数据注册系统结构

一个全面的元数据注册系统的管理功能需要一系列规则和程序。这些规则和程序在后面各章及附录中陈述,并且被补充在本文档的下述各处:

a)　元数据对象的定义见 GB/T 18391 的本部分 3.3;

b)　在概念数据模型形式中的注册系统结构见 GB/T 18391 的本部分第 4 章。

注册系统的各个方面在 GB/T 18391 的其他部分中展开,如下所述:

a)　本标准的总体框架结构在 GB/T 18391.1 中进行了规定;

b)　元数据分类的规则和指南见 GB/T 18391.2;

c)　定义的形成规则和指南见 GB/T 18391.4;

d)　元数据的命名与标识规则见 GB/T 18391.5;

e)　注册元数据的规则和指南见 GB/T 18391.6。

虽然模型图示使用了 UML 符号表达,但 GB/T 18391 的本部分并不假定或认可任何特定的系统环境、数据库管理系统、数据库设计范例、系统开发方法、数据定义语言、命令语言、系统接口、用户接口、计算平台,以及任何实现所要求的技术。GB/T 18391 的本部分并不直接适于通信和信息处理系统中数据的现实使用。

1.2　元数据项的基本属性

GB/T 18391 的本部分也规定了基本属性,这些属性是描述元数据项所必需的,且其可用于完整元数据注册系统不能适用的场合(例如:在其他标准的规范当中),这些基本属性在第 5 章中进行了描述。

1.3　目前不涉及的方面

GB/T 18391 的本部分目前不支持下列要求:

a)　复杂数据的结构、封装、构造型和继承;

b)　在某个语境内部强调名称的唯一性;

c)　语境的命名协议规范;

d)　除名称以外的指称(例如:图标);

e)　除日期之外的时间规范;

f)　为元模型中的属性规定概念域和值域;

g)　XML 文档或 XML 模式的注册;

h)　访问注册系统的应用程序接口(APIs)和关联绑定;

i)　除名称和定义之外的多语言支持;

j)　文化的适应性。

预计这些要求的部分或全部内容将在GB/T 18391本部分的未来版本、或者同类标准或技术报告所涉及。

1.4 适用领域

GB/T 18391的本部分所适用的活动包括：

a) 元数据注册系统的定义、规范和内容，包括在不同数据元集合之间的交换和引用；

b) 为数据交换而设计和规范面向应用的数据模型、数据库和消息类型；

c) 通信和信息处理系统中数据的现实使用；

d) 不同元数据集合之间的交换和引用。

2 规范性引用文件

下列文件中的条款通过GB/T 18391的本部分的引用而成为本部分的条款。凡是注日期的引用文件，其随后所有的修改单(不包括勘误的内容)或修订版均不适用于本部分，然而，鼓励根据本部分达成协议的各方研究是否可使用这些文件的最新版本。凡是不注日期的引用文件，其最新版本适用于本部分。

GB/T 2659—2000 世界各国和地区名称代码(eqv ISO 3166-1:1997)

GB 3101—1993 有关量、单位和符号的一般原则(eqv ISO 31-0:1992)

GB/T 4880.2—2000 语种名称代码 第2部分:3字母代码(eqv ISO 639-2:1998)

GB/T 5271.1—2000 信息技术 词汇 第1部分:基本术语(eqv ISO/IEC 2382-1:1993)

GB/T 7408—2005 数据元和交换格式 信息交换 日期和时间表示法(ISO 8601:2000,IDT)

GB/T 15237.1—2000 术语工作 词汇 第1部分:理论与应用(eqv ISO 1087-1:2000)

GB/T 16786—2007 术语工作 计算机应用 数据类目(ISO 12620:1999,NEQ)

GB/T 18221—2000 信息技术 程序设计语言、环境与系统软件接口 独立于语言的数据类型(idt ISO/IEC 11404:1996)

GB/T 18391.1 信息技术 元数据注册系统(MDR) 第1部分:框架(GB/T 18391.1—2009,ISO/IEC 11179-1:2004,IDT)

GB/T 18391.2 信息技术 元数据注册系统(MDR) 第2部分:分类(GB/T 18391.2—2009,ISO/IEC 11179-2:2005,IDT)

GB/T 18391.4 信息技术 元数据注册系统(MDR) 第4部分:数据定义的形成(GB/T 18391.4—2009,ISO/IEC 11179-4:2004,IDT)

GB/T 18391.5 信息技术 元数据注册系统(MDR) 第5部分:命名与标识原则(GB/T 18391.5—2009,ISO/IEC 11179-5:2005,IDT)

GB/T 18391.6 信息技术 元数据注册系统(MDR) 第6部分:注册(GB/T 18391.6—2009,ISO/IEC 11179-6:2004,IDT)

ISO/IEC 2382-17:1993 信息技术 词汇 第17部分:数据库(Information technology—Vocabulary—Part 17:Databases)

ISO 5127:2001 信息与文档 词汇(Information and documentation—Vocabulary)

ISO/IEC 6523-1:1998 信息技术 组织与组织成分的标识结构 第1部分:组织标识方案的标识(Information technology—Structure for the identification of organization and organization parts—Part 1:Identification of organization identification schemes)

ISO/IEC 6523-2:1998 信息技术 组织与组织成分的标识结构 第2部分:组织标识方案的注册(Information technology—Structure for the identification of organization and organization parts—Part 2:Registration of organization identification schemes)

ISO/IEC 19501-1:2002 信息技术 统一建模语言(UML) 第1部分:规范(Information technology—Unified Modeling Language (UML)—Part 1:Specification)

3 术语和定义及缩略语

下列术语和定义适用于GB/T 18391的本部分，其中：

3.1定义了元模型构件，用于详细说明注册系统元模型；

3.2列出了宽泛的术语和它们的定义，用于3.1或3.3都未能包括的情形；

3.3定义了由元模型自身决定的元数据对象。

附录A给出了按字母顺序排列的本章全部术语索引表。

3.1 元模型构件的定义

本条定义了在第4章中用于详细说明注册系统元模型的元模型构件。

3.1.1

关联 association

〈元模型〉两个**类**之间的一种语义**关系**。

注1：关联是关系的一个类型。

注2：改写自ISO/IEC 19501-1:2001，定义2.5.2.3。

3.1.2

关联类 association class

〈元模型〉作为**类**的**关联**。

注1：它不仅与一个类集合有关，而且定义属于该**关系**本身的一个要素集合。

注2：改写自 ISO/IEC 19501-1:2001，定义2.5.2.4。

3.1.3

属性 attribute

〈元模型〉一个**对象**或**实体**的**特征**。

3.1.4

类 class

〈元模型〉一个**对象**集的描述，该对象集拥有公共的**属性**、操作、方法、**关系**和语义。

[ISO/IEC 19501-1:2001，定义2.5.2.9]

3.1.5

复合属性 composite attribute

〈元模型〉**数据类型**是非原子化的**属性**。

3.1.6

复合数据类型 composite datatype

〈元模型〉作为**类**的**数据类型**。

注：**复合数据类型**是用作**复合属性**的**数据类型**。

3.1.7

泛化 generalization

〈元模型〉一个相对一般的**类**（双亲）与一个相对具体的**类**（子女）之间的一种**关系**，后者与前者完全一致（即，后者具有前者所有的**属性**和**关系**），并增加了附加信息。

注1：**泛化**是一种**关系**类型。

注2：改写自 ISO/IEC 19501-1:2001，定义2.5.2.24。

3.1.8

（元数据注册系统中）标识符 identifier (in Metadata Registry)

〈元模型〉在一个指定的语境中，能够唯一标识与之关联的一个字符序列。

注：一个**名称**不宜用作标识符，因为它在语义上不是中性的。

3.1.9

(注册系统元模型中)关系　relationship (in registry metamodel)

〈元模型〉模型元素之间的一个联接。

注：在 GB/T 18391.3 中，一个关系或是一种**关联**，或是一种**泛化**。

[ISO/IEC 19501-1:2001，定义 2.5.2.36]

3.2　GB/T 18391 的本部分所用到的宽泛术语

3.2.1

属性实例　attribute instance

属性的一个具体实例。

注：修改自 ISO 2382-17:1993 (17.02.13)，以便把属性的一个实例与它的值区别开。

3.2.2

属性值　attribute value

与**属性实例**关联的值。

注：修改自 ISO 2382-17:1993 (17.02.13)，以便把属性的一个实例与它的值区别开。

3.2.3

基本属性　basic attribute

在其规范中普遍需要的**元数据项**的**属性**。

3.2.4

绑定　binding

从一个框架或规范到另一个框架或规范的映射。

3.2.5

特征　characteristic

一个**对象**或对象集特性的抽象结果。

注：特征是用来描述概念的。

3.2.6

公共属性　common attribute

适用于元数据项的各种类型的一种**基本属性**。

3.2.7

(元数据注册系统的)公共设施　common facility (of Metadata Registry)

由**元数据注册系统**提供的、适于该注册系统所有**管理项**类型的设施。

注：GB/T 18391.3 的本版本规定的公共设施有：

——管理与标识设施(见 4.8)；

——命名与定义设施(见 4.9)；

——分类设施 (见 4.10)。

3.2.8

概念数据模型　conceptual data model

一个**数据模型**，它表达了现实世界的抽象见解。

3.2.9

条件选　conditional

在某一规定条件下所要求的。

注 1：适用于元数据项属性的三种约束状态之一，表明该属性所要求的条件。参见**必选**(3.2.17) 和**可选**(3.2.28)。

注 2：约束状态适用于元数据项注册状态为“已记录”及更高级状态。

3.2.10

数据　data

信息的可再解释的形式化表示，以适用于通信、解释或处理。

注：可以通过人工或自动手段处理数据。

[GB/T 5271.1—2000，定义 01.01.02]

3.2.11

数据模型　data model

数据的一种图形和/或文字表示，说明数据的特性、结构和内部关系。

3.2.12

定义　definition

描述一个概念，并区别于其他相关概念的表述。

[GB/T 15237.1—2000，定义 3.3.1]

注：参见(管理项的)定义(3.3.58)。

3.2.13

指称　designation

以符号指代的概念表示。

注：参见(管理项的)指称(3.3.67) 和名称(3.2.26)。

3.2.14

实体　entity

存在的或可能存在的具体的或抽象的事物，包括事物间的关联。

示例：一个人、对象、事件、想法、过程等等。

注：请注意一个实体，其相关数据是否可用。

[ISO/IEC 2382-17：1999，定义 17.02.05]。

3.2.15

扩展　extension

〈GB/T 18391.3〉 GB/T 18391.3 未定义的要素。

〈注册系统元模型〉一个类、属性或者关系，其元数据注册系统的实现提供了 GB/T 18391.3 未定义的要素。

3.2.16

语言　language

用于交流的符号系统，通常包括词汇和规则。

[ISO 5127：2001。定义 1.1.2.01]

3.2.17

必选　mandatory

总是要求的。

注 1：适用于元数据项属性的三种约束状态之一，表明该属性所要求的条件。参见条件选(3.2.9) 和可选(3.2.28)。

注 2：约束状态适用于元数据项注册状态为"已记录"及更高级状态。

3.2.18

元数据　metadata

定义和描述其他数据的数据。

3.2.19

元数据项　metadata item

元数据对象的一个实例。

注1：在 GB/T 18391 各部分中，本术语仅适用于本部分第4章元模型描述的元数据对象的实例。示例包括数据元、数据元概念和允许值域等的实例。

注2：一个具有关联属性的元数据项，适于作为元数据对象的示例说明。

3.2.20

元数据对象　metadata object

由元模型定义的一个对象类型。

注：在 GB/T 18391 各部分中，本术语仅适用于本部分第4章元模型描述的元数据对象。示例包括数据元、数据元概念和允许值域等，完整明细表见3.3。

3.2.21

元数据注册簿　metadata register

由一个**元数据注册系统**维护的信息库或数据库。

3.2.22

元数据注册系统　Metadata Registry

MDR

注册**元数据**的信息系统。

注：相应的信息存储或数据库称为**元数据注册簿**。

3.2.23

元数据集　metadata set

元数据的任一集合。

3.2.24

元模型　metamodel

说明一个或多个其他数据模型的一个**数据模型**。

3.2.25

元模型构件　metamodel construct

建模符号的一个单位。

注：3.1定义了本部分所用的元模型构件。

3.2.26

名称　name

用语言表达的一个**对象**的**指称**。

注：参见(**管理项的**)**名称**(3.3.83)。

3.2.27

对象　object

可感知或可想象到的任何事物。

注1：对象可以是物质的(如：一个发动机、一张纸、一块钻石)、非物质的(如：转化率、某项目计划)或者臆想的(如：独角兽)。

注2：改写自 GB/T 15237.1—2000，定义3.1.1。

3.2.28

可选　optional

允许但并非必要的。

注1：适用于元数据项属性的三种约束状态之一，表明该属性所要求的条件。参见**条件选**(3.2.9)和**必选**(3.2.17)。

注2：约束状态适用于元数据项注册状态为"已记录"及更高级状态。

3.2.29

注册项 registry item

记录在**元数据注册系统**中的一个**元数据项**。

3.2.30

注册系统元模型 registry metamodel

说明一个**元数据注册系统**的一个**元模型**。

3.2.31

相关元数据引用 related metadata reference

一个元数据项到另一个元数据项的引用。

注：一个注册机构可以选用**引用文档**、**管理注解**或者**解释性备注**来记录**相关元数据引用**。

3.2.32

(元数据的)主管 stewardship (of metadata)

对适用于一个或多个**管理项**的**管理记录**进行维护的职责。

注1：元数据的注册职责可以不同于元数据的主管职责。

注2：参见(**管理项的**)**主管**(3.3.129)。

3.3 元模型中元数据对象的列表

本条给出了第4章元数据模型中元数据对象名称的术语定义。每个元数据对象基于3.1中的某个元模型构件(即,类、属性、复合属性、关系或关联类)模拟而来。每条定义之后注明了适用于该元数据对象的元模型构件。对属性,相关类也作了标识。

本条中术语的英文名称遵循了元数据模型的大写约定,即类、关联类以及复合数据类型的英文名称首字母大写,而属性或关系的英文名称首字母不必大写。

3.3.1

管理项 Administered Item

通过**管理记录**记录管理信息的**注册项**。

注1：元模型构件:类。

注2：4.7.2列出了本部分规定的**管理项**类型。

3.3.2

管理项分类 administered item classification

依据一个规定的**分类方案**对**管理项**进行分类的**关系**。

注：元模型构件:关系。

3.3.3

管理项语境 administered item context

为**管理项**提供一个**语境**的**关系**。

注：元模型构件:关系。

3.3.4

管理项标识符 administered item identifier

赋予一个**管理项**的**标识符**。

注：元模型构件:**管理记录**的属性。

3.3.5

管理记录 Administration Record

有关一个**管理项**的管理信息的总和。

注：元模型构件:复合数据类型。

3.3.6

管理注解　administrative note

关于**管理项**的概要性注释。

注：元模型构件：**管理记录**的属性。

3.3.7

管理状态　administrative status

注册机构处理注册请求中赋予管理过程状态的一个**指称**。

注1：元模型构件：**管理记录**的属性。

注2：元模型构件："管理状态"的赋值及相关含义由每个**注册机构**确定。请对照"**注册状态**"。

3.3.8

更改描述　change description

对**管理项**自前一个版本以来所发生的变化的描述。

注：元模型构件：**管理记录**的属性。

3.3.9

分类方案　Classification Scheme

根据**对象**具有的共同**特征**将对象进行排列或划分成组的描述性信息。

示例：起源、成分、结构、应用和功能等。参见GB/T 18391.2。

注：元模型构件：类。

3.3.10

注：在ISO/IEC 11179-3:2003的修改单中已将本条术语删除。

3.3.11

分类方案项　Classification Scheme Item

CSI

分类方案的内容项。

注1：元模型构件：类。

注2：它可以是分类法或本体论中的一个节点、主题词表中的一个术语等。

3.3.12

分类方案项关系　Classification Scheme Item Relationship

分类方案中各个项之间的**关系**。

注：元模型构件：关联类。

3.3.13

分类方案项关系类型描述　classification scheme item relationship type description

一个**分类方案**中某个**分类方案项**与一个或多个其他**分类方案项**之间的**关系**类型的描述。

注：元模型构件：**分类方案项关系**的属性。

3.3.14

分类方案项类型名称　classification scheme item type name

分类方案项类型的**名称**。

注：元模型构件：**分类方案项**的属性。

3.3.15

分类方案项值　classification scheme item value

分类方案项的一个实例。

注：元模型构件：**分类方案项**的属性。

3.3.16

分类方案从属关系　classification scheme membership

分类方案与其所属的项的关系。

注：元模型构件:关系。

3.3.17

分类方案类型名称　classification scheme type name

分类方案类型的名称。

注：元模型构件:分类方案的属性。

3.3.18

概念　Concept

通过对特征的独特组合而形成的知识单元。

注：元模型构件:类。

[GB/T 15237.1—2000,定义 3.2.1]

3.3.19

概念关系　Concept Relationship/concept relationship

两个或更多概念间的一个语义链接。

注 1：元模型构件:关联类。

注 2：一个关联类既是一个关联也是一个类。关联的名称首字母用小写字母。类的名称首字母大写。

3.3.20

概念关系类型描述　concept relationship type description

两个或更多概念间关系类型的一个描述。

注：元模型构件:概念关系的属性。

3.3.21

概念域　Conceptual Domain

CD

有效的值含义的一个集合。

注 1：元模型构件:类。

注 2：值含义既可枚举也可通过一个描述来表达。

3.3.22

注：在 ISO/IEC 11179-3:2003 的修改单中已将本条术语删除。

3.3.23

概念域关系　Conceptual Domain Relationship/conceptual domain relationship

两个或更多概念域间的一个关系。

注 1：元模型构件:关联类。

注 2：一个关联类既是一个关联也是一个类。关联的名称首字母用小写字母。类的名称首字母大写。

3.3.24

概念域关系类型描述　conceptual domain relationship type description

两个或更多概念域之间关系类型的描述。

注：元模型构件:概念域关系的属性。

3.3.25

概念域表示　conceptual domain representation

一个概念域和一个值域之间的一种关系。

注：元模型构件:关系。

3.3.26

联系方 Contact

一个个体、组织(组织的分支机构或组织中的个人)的角色实例,在一个具体语境中,他可以发收信息项、物质对象和/或人员。

注:元模型构件:复合数据类型。

3.3.27

联系信息 contact information

能够定位和/或联络到一个**联系方**的信息。

注:元模型构件:**联系方**的属性。

3.3.28

联系方名称 contact name

联系方的**名称**。

注:元模型构件:**联系方**的属性。

3.3.29

联系方职衔 contact title

联系方职位的**名称**。

注:元模型构件:**联系方**的属性。

3.3.30

(管理项的)语境 Context (for administered item)

一个**名称**或**定义**被使用的一个论域。

注:元模型构件:类。

3.3.31

注:在 ISO/IEC 11179-3:2003 的修改单中已将本条术语删除。

3.3.32

语境描述 context description

语境的文本描述。

注:元模型构件:**语境**的属性。

3.3.33

语境描述语言标识符 context description language identifier

用于**语境描述**的**语言**的**标识符**。

注:元模型构件:**语境**的属性。

3.3.34

国家标识符 country identifier

〈语言标识〉可进一步指明与**语言**相关联的地理政治区域的国家的**标识符**。

注 1:元模型构件:**语言标识**的属性。

注:2:使用 GB/T 2659—2000 中三位数字代码,如果需要,可以扩展。

3.3.35

生成日期 creation date

管理项生成的日期。

注:元模型构件:**管理记录**的属性。

3.3.36

数据元 Data Element

DE

由一个**属性**集合规定其**定义**、标识、表示和**允许值**的一个**数据**单元。

注:元模型构件:类。

3.3.37

注：在 ISO/IEC 11179-3:2003 的修改单中已将本条术语删除。

3.3.38

数据元概念　Data Element Concept

DEC

以一个**数据元**的形式来表示的一个**概念**,其描述与任何特定表示法无关。

注：元模型构件:类。

3.3.39

注：在 ISO/IEC 11179-3:2003 的修改单中已将本条术语删除。

3.3.40

数据元概念概念域关系　data element concept conceptual domain relationship

一个**数据元概念**和其**概念域**之间的**关系**。

注：元模型构件:关系。

3.3.41

数据元概念表达　data element concept expression

一个**数据元**和一个**数据元概念**之间的**关系**。

注：元模型构件:关系。

3.3.42

数据元概念对象类　data element concept object class

关于**数据元概念**的一个**对象类**的**指称**。

注：元模型构件:**数据元概念**的属性。

3.3.43

数据元概念特性　data element concept property

关于**数据元概念**的一个**特性**的**指称**。

注：元模型构件:**数据元概念**的属性。

3.3.44

数据元概念关系　Data Element Concept Relationship/data element concept relationship

两个或更多**数据元概念**之间的**关系**。

注 1：元模型构件:关联类。

注 2：一个关联类既是一个关联也是一个类。关联的名称首字母用小写字母。类的名称首字母大写。

3.3.45

数据元概念关系类型描述　data element concept relationship type description

两个或更多**数据元概念**之间**关系**类型的描述。

注：元模型构件:**数据元概念关系**的属性。

3.3.46

数据元派生　Data Element Derivation

派生的**数据元**与控制它的形成规则以及形成它的**数据元**之间的**关系**。

注：元模型构件:关联类。

3.3.47

数据元示例　Data Element Example

数据元有代表性的例证。

注：元模型构件:类。

3.3.48

数据元示例项　data element example item

数据元实际例证的事例。

注：元模型构件：数据元示例的属性。

3.3.49

数据元精度　data element precision

一个数据元的特异性程度。

注1：元模型构件：数据元的属性。

注2：以十进制的若干数位表达，可用于任何相关联的数据元的值。如果没有规定，缺省精度可取自相关值域的度量单位精度。

3.3.50

数据元表示　data element representation

一个数据元与其值域之间的关系。

注：元模型构件：关系。

3.3.51

数据元表示类　data element representation class

一个数据元表示的类。

注：元模型构件：关系。

3.3.52

数据标识符　data identifier

一个注册机构内一个管理项的唯一标识符。

注：元模型构件：项标识符的属性。

3.3.53

数据类型　Datatype

一些可区分的值的集合，这种区别由这些值的特性以及对这些值的运算所表征。

[GB/T 18221—2000,4.11]

注：元模型构件：复合数据类型。

3.3.54

数据类型注释　datatype annotation

对数据类型作进一步定义的说明性信息。

注：元模型构件：数据类型的属性。

3.3.55

数据类型描述　datatype description

对数据类型作进一步阐明的描述性信息。

注：元模型构件：数据类型的属性。

3.3.56

数据类型名称　datatype name

数据类型的一个指称。

注：元模型构件：数据类型的属性。

3.3.57

数据类型模式引用　datatype scheme reference

标识数据类型规范来源的一个依据。

注1：在GB/T 18391.3的本版本中，引用的方式由注册机构指定。

注2：元模型构件：数据类型的属性。

3.3.58

(管理项的)定义　Definition (of Administered Item)

管理项在一个语境中的定义。

注1：元模型构件：类。

注2：参见定义(3.2.12)。

3.3.59

定义来源引用　definition source reference

定义来源的一个依据。

注：元模型构件：定义的属性。

3.3.60

定义文本　definition text

定义的文本。

注：元模型构件：定义的属性。

3.3.61

派生输入　derivation input

为一个数据元派生而规定来源数据元的关系。

注：元模型构件：关系。

3.3.62

派生输出　derivation output

表明一个数据元派生的结果的关系。

注：元模型构件：关系。

3.3.63

派生规则　Derivation Rule

规定派生的逻辑的、数学的或其他的运算。

注：元模型构件：类。

3.3.64

注：在ISO/IEC 11179-3:2003的修改单中已将本条术语删除。

3.3.65

派生规则应用　derivation rule application

规定一个数据元派生的派生规则的关系。

注：元模型构件：关系。

3.3.66

派生规则规范　derivation rule specification

一个数据元派生的说明性文本。

注：元模型构件：派生规则的属性。

3.3.67

(管理项的)指称　Designation (of Administered Item)

一个管理项在一个语境中的指称。

注1：元模型构件：类。

注2：参见指称(3.2.13)。

3.3.68

维度　dimensionality

〈概念域〉无单位的一种度量表达。

注1：元模型构件：概念域的属性。

注2：GB 3101—1993规定了物理量纲(如，长度、质量、速度)。本部分也允许一些非物理量纲(如货币、质量指标这样的价值尺度)。

注3：参见度量单位(3.3.134)。

3.3.69

文档语言标识符　documentation language identifier

注册机构用于文档记录的**语言**的**标识符**。

注：元模型构件：**注册机构**的属性。

3.3.70

生效日期　effective date

一个**管理项**对注册系统用户生效的日期。

注：元模型构件：**管理记录**的属性。

3.3.71

可枚举概念域　Enumerated Conceptual Domain

一个**概念域**，它是由其全部**值含义**的一个列表给定的。

注：元模型构件：类。

3.3.72

可枚举值域　Enumerated Value Domain

一个**值域**，它是由其全部**允许值**的一个列表给定的。

注：元模型构件：类。

3.3.73

范例　exemplification

一个**数据元示例**与该**数据元**之间的**关系**。

注：元模型构件：关系。

3.3.74

解释性备注　explanatory comment

关于**管理项**的描述性备注。

注：元模型构件：**管理记录**的属性。

3.3.75

国际代码分配符　international code designator

一个组织标识方案的**标识符**。

注1：元模型构件：**注册机构标识符**的属性。

注2：依据ISO/IEC 6523-1:1998，定义3.8。

注3：参见GB/T 18391.6。

3.3.76

项标识符　Item Identifier

一个项的**标识符**。

注：元模型构件：复合数据类型。

3.3.77

项注册机构标识符　item registration authority identifier

对项进行注册的**注册机构**的**标识符**。

注1：元模型构件：**项标识符**的属性。

注2：参见GB/T 18391.6。

3.3.78

语言标识　Language Identification

为了特定的目的，用于标识**语言**或语言变更的**标识符**集合。

注：元模型构件：复合数据类型。

3.3.79

语言标识符 language identifier

一个**术语条目**中表明某种**语言**的**名称**的信息。

注1：使用GB/T 4880.2中的三字符字母代码和名称，必要时可扩展。

注2：元模型构件：**语言标识**的属性。

3.3.80

语言块 Language Section

一个**术语条目**中包含有关一种**语言**信息的部分。

注：元模型构件：类。

3.3.81

语言块语言标识符 language section language identifier

用于对**指称**和**定义**集合进行分组的**语言**的**标识符**。

注：元模型构件：**语言块**的属性。

3.3.82

最新更改日期 last change date

管理项最近修改的日期。

注：元模型构件：**管理记录**的属性。

3.3.83

名称 name

〈管理项〉在一个特定**语境**中指定给一个**管理项**的**名称**。

注1：元模型构件：**指称**的属性。

注2：参见**名称**(3.2.27)。

3.3.84

不可枚举概念域 Non-enumerated Conceptual Domain

一个**概念域**，它不能由全部的有效**值含义**的一个列表给定。

注：元模型构件：类。

3.3.85

不可枚举概念域描述 non-enumerated conceptual domain description

关于**概念域**的全部**值含义**集合的规则、引用或范围的一个描述或说明。

注：元模型构件：**不可枚举概念域**的属性。

3.3.86

不可枚举值域 Non-enumerated Value Domain

一个**值域**，它是通过一个描述而不是给出一个全部**允许值**列表来给定的。

注：元模型构件：类。

3.3.87

不可枚举值域描述 non-enumerated value domain description

关于**值域**中所有**允许值**集合的规则、引用或范围的描述或说明。

注：元模型构件：**不可枚举值域**的属性。

3.3.88

对象类 Object Class

想法、抽象概念或现实世界中事物的一个集合，它可以用明确的界限和含义进行标识，其特性和表现遵循相同的规则。

注：元模型构件：类。

3.3.89

注：在 ISO/IEC 11179-3:2003 的修改单中已将本条术语删除。

3.3.90

对象类限定词　object class qualifier

数据元概念对象类的一个限定词。

注：元模型构件：数据元概念的属性。

3.3.91

组织　Organization

为了某种目的，一个或多个人运作或指定其运作的一个特定机构架构。

注1：元模型构件：类。

注2：ISO/IEC 6523-1 所提及的组织种类包括下列一些示例：

a) 依法组成的法人组织；
b) 提供商品或服务的非法人组织或机构。包括：
   1) 合伙经营；
   2) 所有权或管理由一群个人授权的社会或其他非赢利组织或类似团体；
   3) 独资企业；
   4) 政府机关。
c) 在信息交换需要标识时，对上述组织类型进行分组。

[ISO/IEC 6523-1:1998，定义 3.1]

3.3.92

组织标识符　organization identifier

在一个组织标识方案中赋予一个组织，且在该方案中具有唯一性的标识符。

注：元模型构件：注册机构标识符的属性。

[ISO/IEC 6523-1:1998，定义 3.10]

3.3.93

组织通信地址　organization mail address

组织的自然、邮政或递送地址。

注1：元模型构件：组织的属性。

注2：包括市镇街道以及"邮箱"之类的通信地址。

3.3.94

组织名称　organization name

组织的一个指称。

注1：元模型构件：组织的属性。

注2：为注册机构所知晓的组织的名称。

3.3.95

组织内部机构　organization part

一个组织内由于信息交换而需要标识的部门、机构或其他实体。

[ISO/IEC 6523-1:1998，定义 3.2]

3.3.96

组织内部机构标识符　organization part identifier

opi

分配给一个特定组织内部机构的一个标识符。

注1：元模型构件：注册机构标识符的属性。

注2：参见 GB/T 18391.6。

[依据 ISO/IEC 6523-1:1998，定义 3.11]

3.3.97

组织内部机构标识符来源　organization part identifier source

组织内部机构标识符的来源。

注1：元模型构件：注册机构标识符的属性。

注2：参见GB/T 18391.6。

[依据ISO/IEC 6523-1:1998，定义3.12]

3.3.98

起源　origin

〈管理项〉管理项的来源（文件、项目、学科或模型）。

注：元模型构件：管理记录的属性。

3.3.99

允许值　Permissible Value

在一个具体值域中，被允许的一个值含义的一个表达。

注：元模型构件：类。

3.3.100

允许值起始日期　permissible value begin date

值在值域中得到允许的日期。

注1：元模型构件：允许值的属性。

注2：注册机构可以决定这个日期是否为该值含义在注册系统生效的日期，或该值含义成为来源域之部分的日期，或者某些其他日期。

3.3.101

允许值终止日期　permissible value end date

值在值域中不再允许的日期。

注1：元模型构件：允许值的属性。

注2：注册机构可以决定这个日期是否为该值含义在注册系统不再生效的日期，或该值含义不再成为来源域之部分的日期，或者某些其他日期。

3.3.102

允许值含义　permissible value meaning

一个可枚举概念域中一个值含义与一个可枚举值域中一个允许值之间的关系。

注：元模型构件：关系。

3.3.103

允许值集合　permissible value set

一个可枚举值域的允许值的集合。

注：元模型构件：关系。

3.3.104

许可值　permitted value

如同在可枚举值域中一个允许值那样使用的一个值。

注：元模型构件：关系。

3.3.105

首选定义　preferred definition

用以表明管理项的某个定义文本在一种语言中是首选定义的指示符。

注：元模型构件：定义的属性。

3.3.106

首选指称　preferred designation

用以表明管理项的某个名称在一种语言中是首选术语的指示符。

注1：元模型构件：指称的属性。

注2：见GB/T 16786—2007中的"主要条目术语"。

3.3.107

特性 Property

一个**对象类**所有成员所共有的一个**特征**。

注：元模型构件：类。

3.3.108

注：在 ISO/IEC 11179-3:2003 的修改单中已将本条术语删除。

3.3.109

特性限定词 property qualifier

数据元概念特性的一个限定词。

注：元模型构件：**数据元概念**的属性。

3.3.110

引用 reference

一个**引用文档**与一个**管理项**之间的关系。

注：元模型构件：关系。

3.3.111

引用文档 Reference Document

一份文档，它为查阅一个主题提供相关细节。

注：元模型构件：类。

3.3.112

引用文档标识符 reference document identifier

引用文档的一个**标识符**。

注：元模型构件：**引用文档**的属性。

3.3.113

引用文档语言标识符 reference document language identifier

引用文档所使用的自然或专用**语言**的**标识符**。

注：元模型构件：**引用文档**的属性。

3.3.114

引用文档标题 reference document title

引用文档的标题。

注：元模型构件：**引用文档**的属性。

3.3.115

引用文档类型描述 reference document type description

引用文档类型的一个描述。

注：元模型构件：**引用文档**的属性。

3.3.116

引用组织 reference organization

一份**引用文档**与一个**组织**之间的**关系**。

注：元模型构件：关系。

3.3.117

注册者 Registrar

一个**注册机构**的代表。

注：元模型构件：类。

3.3.118

注册者联系　registrar contact

与一个**注册者**相关联的联系信息。

注：元模型构件：**注册者**的属性。

3.3.119

注册者标识符　registrar identifier

用于**注册者**的标识符。

注：元模型构件：**注册者**的属性。

3.3.120

注册　registration

一个**管理项**与**注册机构**之间的**关系**。

注：元模型构件：关系。

3.3.121

注册机构　Registration Authority

RA

负责维护一个注册簿的**组织**。

注：元模型构件：类。

3.3.122

注册机构标识符　registration authority identifier

赋予一个**注册机构**的**标识符**。

注1：元模型构件：**注册机构**的属性。

注2：参见 GB/T 18391.6 和 ISO/IEC 6523-2。

3.3.123

注册机构标识符　Registration Authority Identifier

赋予一个**注册机构**的**标识符**。

注1：元模型构件：**复合数据类型**。

注2：参见 GB/T 18391.6 和 ISO/IEC 6523-2。

3.3.124

注册机构注册者　registration authority registrar

一个**注册机构**和一个**注册者**之间的**关系**。

注：元模型构件：关系。

3.3.125

注册状态　registration status

一个**管理项**在注册生命周期中状态的一个**指称**。

注1：元模型构件：**管理记录**的属性。

注2：GB/T 18391.6 中描述了这些指称值。

3.3.126

表示类　Representation Class

表示的类型分类。

注：元模型构件：类。

3.3.127

注：在 ISO/IEC 11179-3:2003 的修改单中已将本条术语删除。

3.3.128

表示类限定词　representation class qualifier

用于命名**数据元**和**值域**的**表示类**的一个限定词。

注：元模型构件：**数据元**的属性。

3.3.129

(管理项的)主管　Stewardship (of Administered Item)

元数据主管中涉及的**管理项**、**联系**和**组织**之间的**关系**。

注1:元模型构件:关联类。

注2:参见(元数据的)**主管**(3.2.32)。

3.3.130

主管联系　stewardship contact

与一个**主管**相关联的联系信息。

注:元模型构件:**主管**的属性。

3.3.131

(管理项的)提交　Submission (of Administered Item)

元数据提交中涉及的**管理项**、**联系**和**组织**之间的**关系**。

注:元模型构件:关联类。

3.3.132

提交联系　submission contact

与一个**提交**相关联的联系信息。

注:元模型构件:**提交**的属性。

3.3.133

术语条目　Terminological Entry

包含一个**语境**(主题域)内特定**管理项**的术语单元信息的一个条目。

注:元模型构件:类。

3.3.134

度量单位　Unit of Measure

〈值域〉用于度量相关值的实际计量单位。

注1:元模型构件:复合数据类型。

注2:GB 3101—1993 规定了一个物理度量体系(国际单位制)。物理度量只是度量的一种类型。数值度量是度量的另一种类型。GB/T 18391.3 允许使用任何适当的度量体系。

注3:相关**概念域**(3.3.21)的**维数**(3.3.68) 必须与指定的**度量单位**相适应。

3.3.135

度量单位名称　unit of measure name

一个**度量单位**的名称。

注:元模型构件:**度量单位**的属性。

3.3.136

度量单位精度　unit of measure precision

一个**度量单位**的特异性程度。

注1:元模型构件:**度量单位**的属性。

注2:以十进制的若干数位表达,可用于任何相关联的**数据元**的值。可用作**数据元**自身没有规定精度时的缺省值。

3.3.137

未决事项　unresolved issue

尚未解决的有关**管理项**彻底文档化的任何问题。

注:元模型构件:**管理记录**的属性。

3.3.138

终止日期　until date

一个**管理项**在注册系统中不再有效的日期。

注:元模型构件:**管理项**的属性。

3.3.139

值　Value

一个数据的值。

注：元模型构件：类。

3.3.140

值域　Value Domain

VD

允许值的一个集合。

注1：元模型构件：类。

注2：**值域**提供表示，但并不隐含与**值**可能关联的**数据元概念**，也不表明**值**的含义。

注3：**允许值**既可枚举，也可通过一个描述来表达。

3.3.141

注：在ISO/IEC 11179-3:2003的修改单中已将本条术语删除。

3.3.142

值域数据类型　value domain datatype

一个**值域**使用的**数据类型**。

注：元模型构件：**值域**的属性。

3.3.143

值域格式　value domain format

值的表示结构的一个模板。

示例：表示日期用YYYY-MM-DD的值域格式。

注：元模型构件：**值域**的属性。

3.3.144

值域最多字符数　value domain maximum character quantity

用于表示**数据元**值的最多字符数量。

注1：元模型构件：**值域**的属性。

注2：仅适用于字符型数据类型。

3.3.145

值域关系　Value Domain Relationship/value domain relationship

两个或更多**值域**间的一个**关系**。

注1：元模型构件：关联类。

注2：一个关联类既是一个关联也是一个类。关联的名称首字母用小写字母。类的名称首字母大写。

3.3.146

值域关系类型描述　value domain relationship type description

两个或更多**值域**间**关系**类型的描述。

注：元模型构件：**值域关系**的属性。

3.3.147

值域表示类　value domain representation class

一个**值域**的表示的类。

注：元模型构件：关系。

3.3.148

值域度量单位　value domain unit of measure

一个**值域**所用的度量单位。

注：元模型构件：**值域**的属性。

3.3.149

值项　value item

一个具体**值域**(即实际的**值**)中**值含义**的一个表示。

注：元模型构件:**值**的属性。

3.3.150

值含义　Value Meaning

一个**值**的含义或语义内容。

注1：元模型构件:类。

注2：一个注册系统中**值含义**表示应独立(且不应受制)于任何相应**值域**中它们的表示。

3.3.151

值含义起始日期　value meaning begin date

值含义在**概念域**中生效的日期。

注1：元模型构件:**值含义**的属性。

注2：注册机构可以决定这个日期是否在该**值含义**在注册系统内生效的日期,或该**值含义**成为来源域之一部分的日期,或者某些其他日期。

3.3.152

值含义描述　value meaning description

值含义的一个描述。

注：元模型构件:**值含义**的属性。

3.3.153

值含义终止日期　value meaning end date

值含义变为失效的日期。

注1：元模型构件:**值含义**的属性。

注2：注册机构可以决定这个日期是否在该**值含义**在注册系统内不再有效的日期,或该**值含义**不再为来源域之一部分的日期,或者某些其他日期。

3.3.154

值含义标识符　value meaning identifier

一个**值含义**的唯一性**标识符**。

注：元模型构件:**值含义**的属性。

3.3.155

值含义集合　value meaning set

一个**概念域**与一个**值含义**集合之间的**关系**。

注：元模型构件:关系。

3.3.156

版本　version

管理项唯一的版本**标识符**。

注：元模型构件:**项标识符**的属性。

3.4　缩略语列表

本文档主题域中使用下列缩略语。

3.4.1

CD

Conceptual Domain 概念域

3.4.2

CSI

Classification Scheme Item 分类方案项

3.4.3

DE

Data Element 数据元

3.4.4

DEC

Data Element Concept 数据元概念

3.4.5

MDR

Metadata Registry 元数据注册系统

3.4.6

opi

organization part identifier 组织内部机构标识符

3.4.7

RA

Registration Authority 注册机构

3.4.8

VD

Value Domain 值域

4 元数据注册系统的结构

4.1 元数据注册系统的元模型

一个元模型是描述其他模型的一个模型。一个元模型为理解特定模型的准确结构及其成分提供一种机制，它对于用户和/或软件工具成功地共用该特定模型来说是必需的。

GB/T 18391的本部分用一个元模型来描述*元数据注册系统*的结构。该注册系统依次将被用于描述和模拟其他数据，例如：关于企业、公共管理或商业应用方面的数据。该*注册系统元模型*是作为一个概念数据模型来被规定的，亦即描述自然世界中相关信息是如何构造为模型的。换句话说，人的头脑是怎样习惯地对信息进行思考的。

作为一个概念模型，不需要把模型中的属性与数据库中的字段、列、对象以及其他事项作一对一地匹配。每一属性可对应的不只是一个字段，并且某些实体和关系可以由多个字段实现，而不必在意一个实现对于每个关系或实体是否都有一个表。该元模型不需要在物理上作特定的实现。

由这种元模型描述的框架结构可以分为多种实现。这些实现可以是数据库、数据仓库、元数据注册簿、元数据注册系统、词典及其他等等。

本模型表明了基于属性最小与最大出现次数的约束。基于最大出现次数的约束对所有注册状态均有效，基于最小出现次数的约束只在元数据项注册状态为“已记录”或更高级别时有效，换句话说，注册状态为“已记录”即表明了全部的必选属性都已经文档化。

4.2 元模型的应用

*元数据注册系统*元模型的目标是：

——为概念、术语、值域和值含义提供统一的认识；

——促进对所描述的数据的共同理解；

——共享和复用实现的内容。

一个元模型需要在人和/或系统之间协调数据的表示，以便存储、操纵和交换数据。本元模型将帮助注册者维护不同注册系统之间的一致性，并能够使系统工具和信息注册系统按数据的属性、分类、定义、命名、标识和注册来存储、操纵和交换元数据。由此，数据内容的一致性便为系统工具与信息注册系统之间的互操作提供了支持。

使用本元模型，到每个工具集模式的映射均可实现。本元模型构件能够被翻译成各工具集的语言，而保留原始模型所表达的概念。

可以设想某个实现者将使用本概念数据模型来开发一个更加规范的、兴趣范围相同的逻辑数据模型。一个逻辑数据模型描述了同样的数据，但只在一个信息系统内部进行构造，它常常被称为一个信息系统模型。一个逻辑数据模型能够直接用于数据库设计。

4.3 元模型的规定

当用一个模型来规定另一个模型时，容易困惑读者的是：在特定之处涉及的是哪个模型。为了减少这种困惑，本文档在模型自身被规范时与模型被用作规范时特意使用了不同的术语。

本文档用统一建模语言(UML)的一个子集来规定*注册系统元模型*。对于本文档使用的模型构件，用术语“元模型构件”；而对于本文档规定的模型构件，用术语“元数据对象”。被使用的元模型构件是：类、关系、关联类、属性、复合属性及复合数据类型，这些术语在3.1条中定义，并且在附录B中描述了它们的使用。被说明的元数据对象在3.3条中定义，并且作为本章的主题内容。

然而，两个模型之间的确很相似。例如：在模型中所规定的“对象类”相当于用于规定模型的元模型构件“类”，而在模型中所规定的“特性”相当于用于规定模型的元模型构件“属性”。不同的术语用于清晰地区别要涉及的是哪一个模型，而不是因为它们表达了不同的概念。本文档在两个级别上都使用的一个术语是“数据类型”，但该术语所适用的具体级别应能从其应用的语境中显现出来。

4.4 类型、实例和值

在考虑数据和元数据时，重要的是区别二者之间的数据/元数据类型，以及这些类型的实例与它们的关联值。本元模型规定了类、属性和关系。它们的任何特定实例都将是具体的类型，并且位于任意时间点上，该实例还应有一个具体的值。作为示例，本文档定义了*属性实例*和*属性值*，但同样原理也适用于类、关系以及定义在3.1条中的所有其他元模型构件。

本文档第4章详细说明了元数据对象的类型，这些元数据对象构成了元数据注册系统结构。元数据注册系统将被组装成这些元数据对象(元数据项)的实例。举例来说，在一个应用数据库内，它们依次定义了数据类型。换句话说，元数据实例规定了应用级数据的类型。反过来说，应用数据库将由那些如同已定义了数据类型的实例一样的真实世界数据组装而成。

注：GB/T 16647—1996 信息资源词典系统(IRDS)框架解释了不同级别建模的概念。

4.5 可扩展性

不要预期本元模型将完全适用于所有的用户。特定的部门(如文档管理、科学数据、统计数据)所要求的元数据属性不在本标准中述及。如果这些属性不违反本标准的元模型所规定的结构和内容中的任何固有规则，这样的扩展就应视作具有一致性。类、关系以及属性可附加到本概念数据模型上。

本标准的实现可包含作为一个实现的部分的扩展，并且/或者它们可提供设施以允许注册系统用户定义他们自己的扩展。

4.6 日期引用

在本标准中，日期是注册管理记录和注册系统操作的重要属性。就本标准而言，“日期”指的是公历日期(见GB/T 7408—2005)，且与默认的表达式 YYYY-MM-DD (即年-月-日)相关联。例如：2001年10月12日如果被引用为数字形式就应当是2001-10-12，而不是像12-10-2001那样(这可能会同2001年12月10日相混淆)。

目前，附加到日期中的时间规范应作为本标准的一项用户扩展加以考虑。

4.7 元模型描述

出于描述的目的，元模型被分为六个功能区的组合：

适用于全部管理项的公共设施（见图 1）：

——管理与标识（见 4.8）；

——命名与定义（见 4.9）；

——分类（见 4.10）。

特定类型管理项的描述：

——数据元概念（见 4.11）；

——概念域与值域（见 4.12）；

——数据元（见 4.13）。

模型的功能区划分只是出于描述目的，不具有其他含义。

注：如果第 4 章中的图与文本之间存在差异，应优先接受文本。

4.7.1 公共设施

图 1 阐明了注册系统中管理项的三种公共设施之间的关系。

这些公共设施适用于下面的所有管理项：

——管理项只被标识一次，并且在注册系统内作为单个项来管理。

——管理项应至少在一个语境中被命名和定义，也可以在多个语境中被命名和定义。在每个语境内部，名称和定义可由一种或多种语言所指定。

——管理项可由 0 或多种分类方案进行分类。

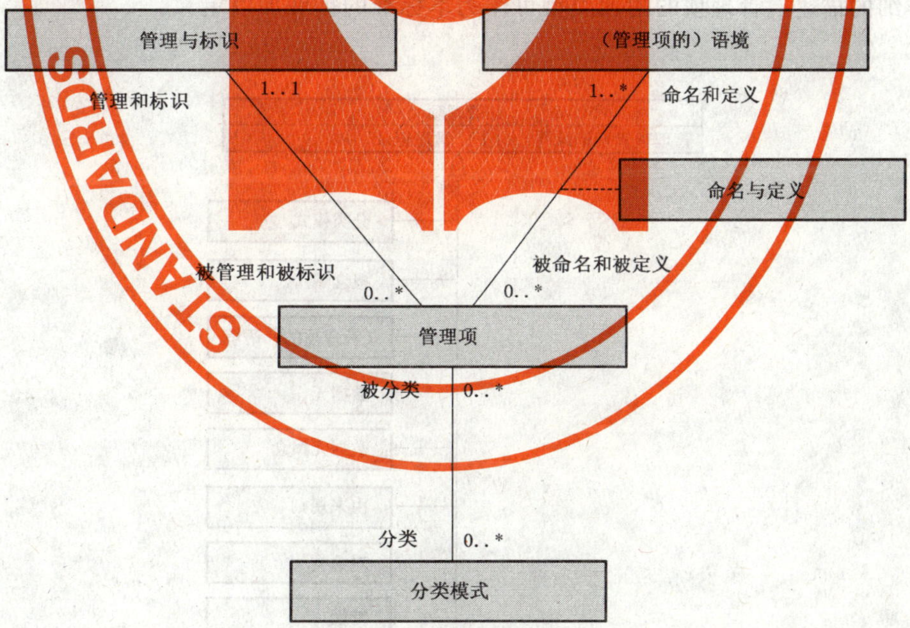

图 1 适用于全部管理项的公共设施

图 1 的原图为：

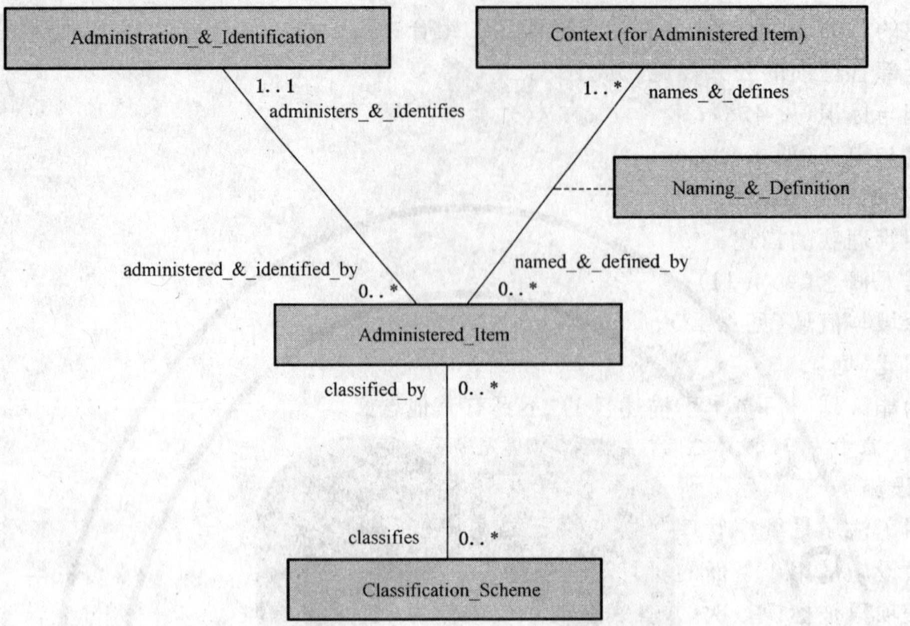

Figure 1—Common facilities for all Administered Items

4.7.2 管理项的类型

GB/T 18391 的本部分规定了图 2 所列出的管理项的类型。图中显示的这些管理项在本章后面内容中有更加详细的描述。管理项的附加类型可作为本标准的扩展加以定义。

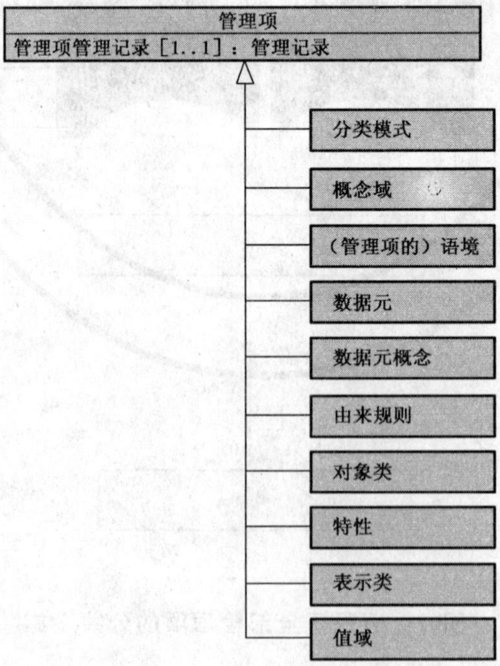

图 2 管理项的类型

图 2 的原图为:

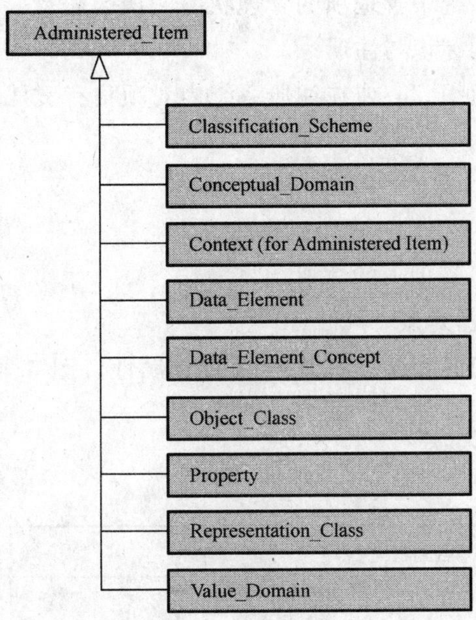

Figure 2—Types of Administered Items

4.7.3 高层元模型概貌

图 3 显示了元模型核心部分的高层概貌。

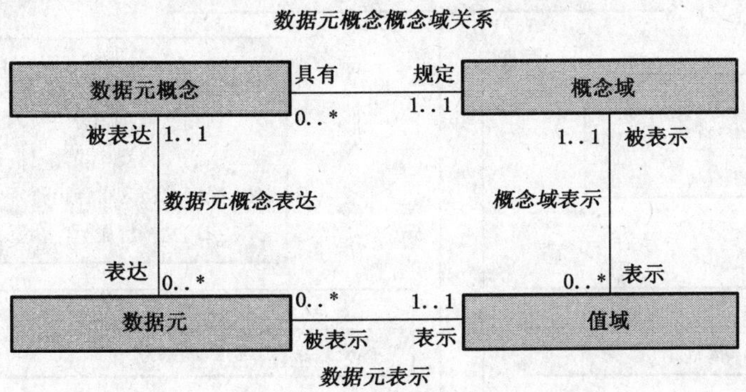

图 3 高层元模型

图 3 的原图为:

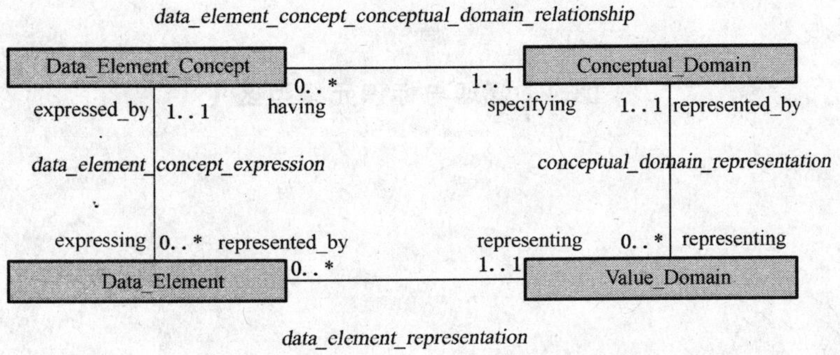

Figure 3—High-level metamodel

4.8 管理与标识区

管理与标识区支持着注册系统中管理项的管理状况。该区述及：

——提交到注册系统的项的标识与注册；

——提交项至注册系统的组织，和/或在注册系统内对项负有责任的组织，包括注册机构；

——组织的联系信息；

——支持文档化；

——各管理项间的关系。

在 GB/T 18391.6 中描述了管理项的注册。

4.8.1 管理与标识区内的元数据对象

图 4 显示了支持管理与标识的类、关系、属性和复合属性。图 5 显示了用于复合属性的复合数据类型。

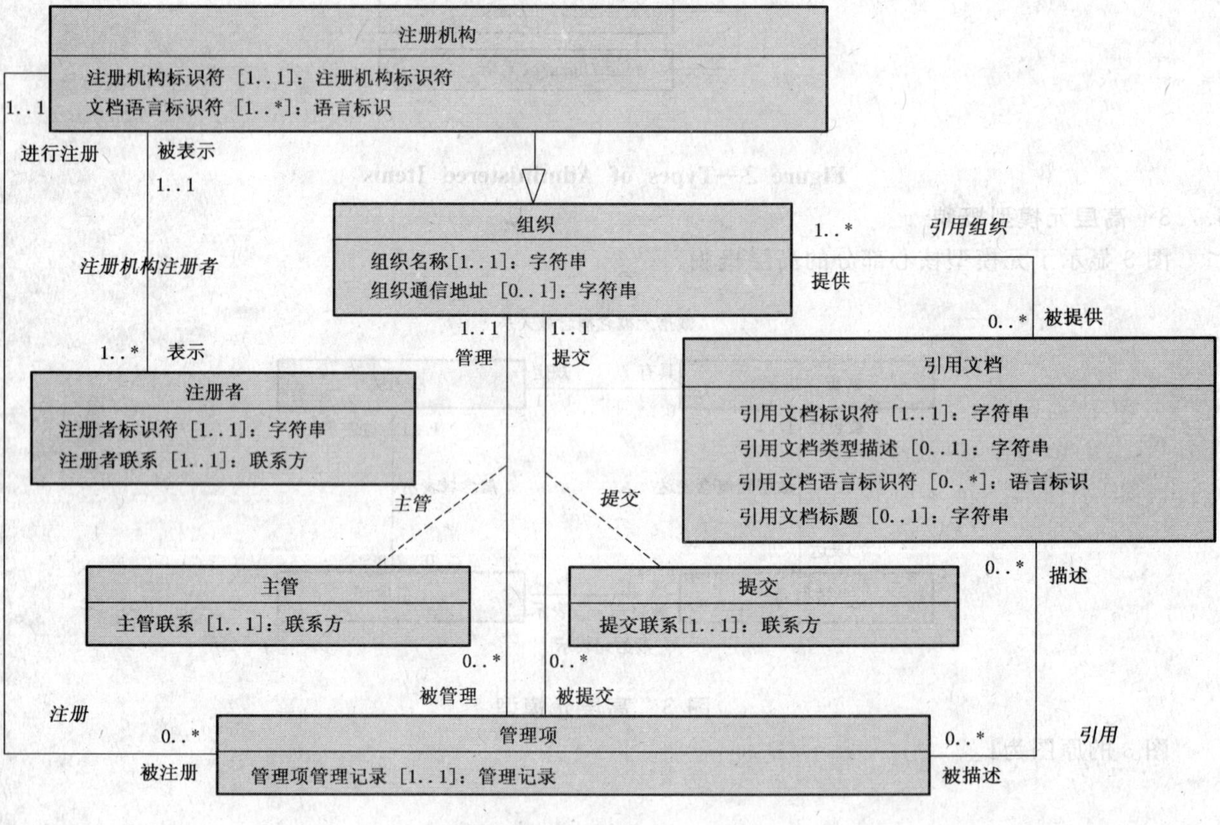

图 4 管理与标识元模型区

图 4 的原图为：

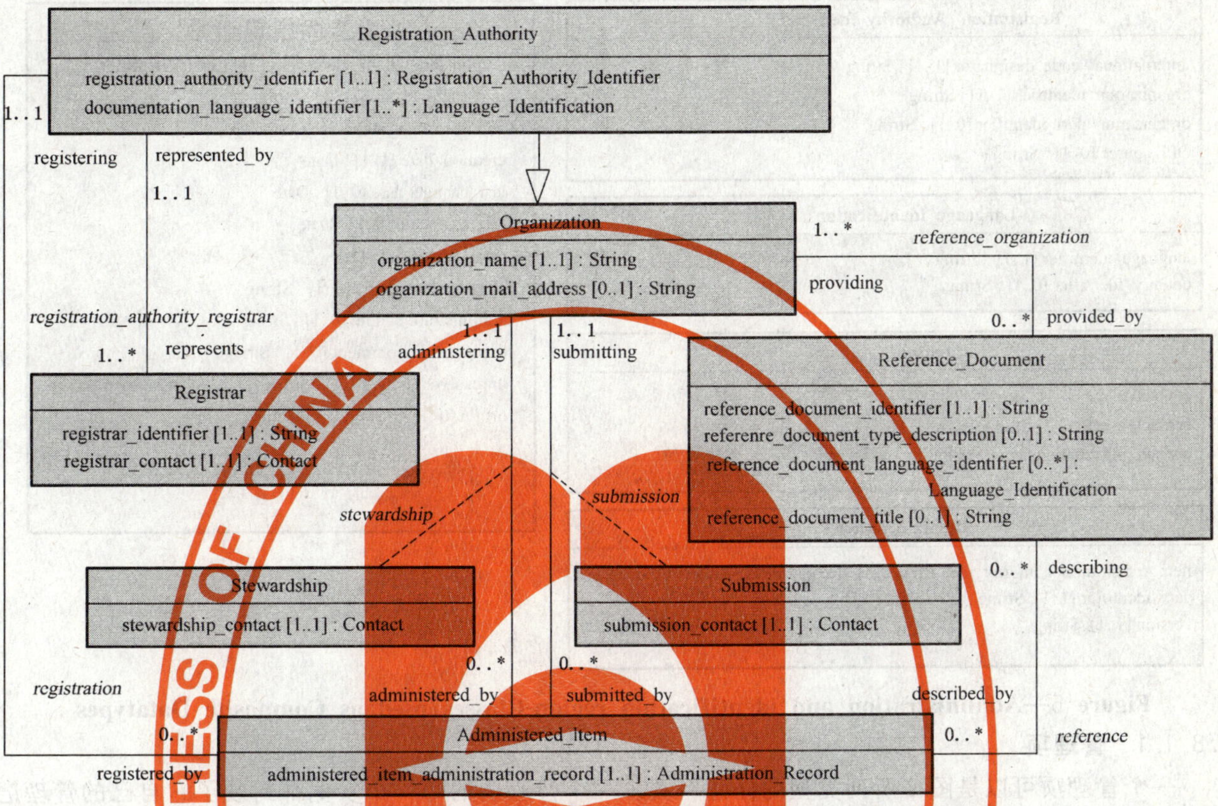

Figure 4—Administration and identification metamodel region

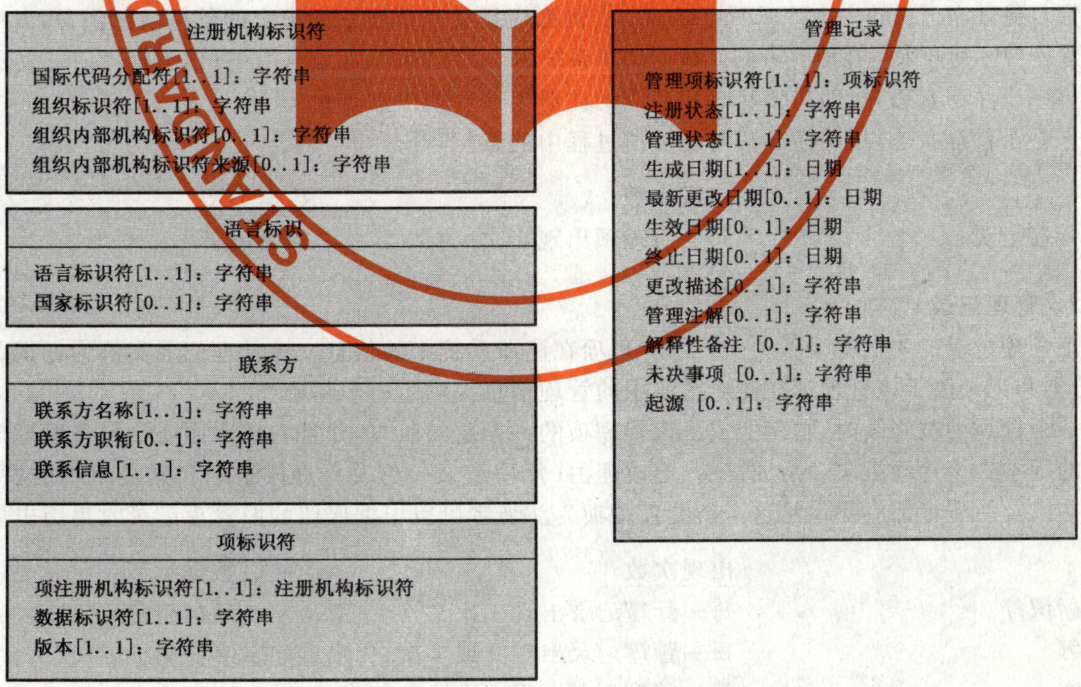

图 5　管理与标识区　用作复合数据类型的类

图 5 的原图为：

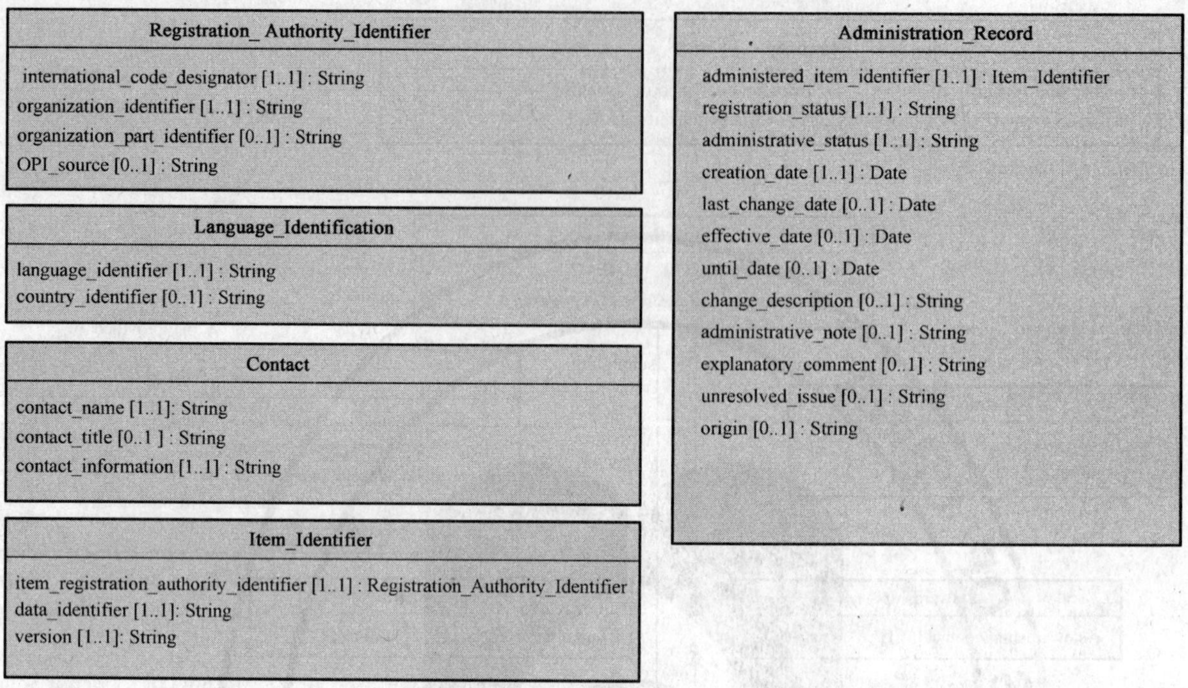

Figure 5—Administration and identification region-Classes used as Composite Datatypes

4.8.1.1 管理项

一个*管理项*可以是图 2 所列类型的任意一类。一个*管理项*的每一个实例都封装了它自己的*管理记录*。一个*管理项*由一个*组织*去*提交*，在图 4 中表现为*提交*关系。一个*管理项*由一个*注册机构*来*注册*，在图 4 中表现为*注册*关系。一个*管理项*由一个组织*管理*，在图 4 中表现为*主管*关系。一个*管理项*可由 0 或多个*引用文件*进行*描述*，在图 4 中表现为*引用*关系。

贯穿自身*管理记录*的一个*管理项*的每一个实例都应具有一个唯一标识它的*管理项标识符*，以便把它同其他*管理项*区别开来。在所有者的元数据注册系统中，每一个*管理项*都应具有（作为*管理记录*成分的）：

——一个*注册状态*，指明与该状态相适应的注册生命周期中的点；

——一个*管理状态*，指明*注册机构*的注册过程中的点。

属性	出现次数	数据类型
管理项管理记录	每一管理项出现 1 次	*管理记录*

4.8.1.2 管理记录

一个*管理记录*的实例记录了关于一个管理项在注册系统中的信息。该*管理记录*实例为标识、命名、定义、分类和记录关于该管理项在注册系统中的管理信息提供了一个基础。

当一个*管理项*被修改时，它就变成了该*管理项*的一个新的版本，并且它也因而需要自身*管理记录*的一个新的版本。该*管理记录—生成日期*、更改理由（*管理记录—更改*）、责任组织和提交组织的*联系人*、*注册机构*以及*注册者*都应提供给这个新的*管理项*。*注册者*可以根据保留的旧*管理记录*收集历史信息。

属性	出现次数	数据类型
管理项标识符	每一*管理记录*出现 1 次	*项标识符*
管理注解	每一*管理记录*出现 0 或 1 次	字符串
管理状态	每一*管理记录*出现 1 次	字符串
更改描述	根据最新更改日期的存在的情况，每一管理记录出现 1 次	字符串

生成日期	每一*管理记录*出现1次	日期
生效日期	每一*管理记录*出现0或1次	日期
解释性备注	每一*管理记录*出现0或1次	字符串
最新更改日期	每一*管理记录*出现0或1次	日期
起源	每一*管理记录*出现0或1次	字符串
注册状态	每一*管理记录*出现1次	字符串
未决事项	每一*管理记录*出现0或1次	字符串
终止日期	每一*管理记录*出现0或1次	日期

4.8.1.3 联系方

复合数据类型*联系方*用于确定*注册者联系*、*主管联系*和*提交联系*的联系信息。

属性	出现次数	数据类型
联系信息	每一*联系方*出现1次	字符串
联系方名称	每一*联系方*出现1次	字符串
联系方职衔	每一*联系方*出现0或1次	字符串

4.8.1.4 项标识符

复合数据类型*项标识符*用于确定一个*管理项*的唯一性标识符。*项标识符*由显示在下列属性列表中的三个部分组成。*项注册机构标识符*标识了自身的*注册机构*。数据标识符唯一标识了在注册机构内的一个管理项。数据标识符在注册机构内部对于一个*管理项*的每一出现次数来说都应是唯一的。版本用于区别同样*管理项*在经历更改后的多实例情况。

属性	出现次数	数据类型
项注册机构标识符	每一*项标识符*出现1次	*注册机构标识符*
数据标识符	每一*项标识符*出现1次	字符串
版本	每一*项标识符*出现1次	字符串

4.8.1.5 语言标识

复合数据类型*语言标识*用作某种语言的一个标识符。它被用于：

——*注册机构*类，以标识注册机构的缺省语言；

——*引用文件*类，以标识在该文件内所使用的语言；

——命名和定义区域的*语言块*类，以标识在那个块内名称和定义所使用的语言。

此标识符包含一个必选的*语言标识符*和一个可选的*国家标识符*，后者被用来区别不同国家中语言使用方面的变异。

属性	出现次数	数据类型
语言标识符	每一*语言标识*出现1次	字符串 注：因扩展需要时，使用选自 GB/T 4880.2 中的3位字符字母代码。
国家标识符	每一*语言标识*出现0或1次	字符串 注：因扩展需要时，使用选自 GB/T 2659 中的3位数字代码。

4.8.1.6 组织

就元数据注册系统而论，一个*组织*可能扮演着一个或多个角色。GB/T 18391 的本部分目前公认的角色是：*注册机构*、*引用组织*、（*管理项*的）主管者——表现为关系*主管*——以及（*管理项*的）提交者——表现为关系*提交*。

属性	出现次数	数据类型
组织名称	每一*组织*出现1次	字符串
组织通信地址	每一*组织*出现0或1次	字符串

4.8.1.7 引用文档

一个*管理项*可以由图4中显示为*引用*关系的一个或多个*引用文档*来*描述*。必须标识*引用文档*来源的*组织*,在图4中显示为*引用组织*关系。

属性	出现次数	数据类型
引用文档标识符	每一*引用文档*出现1次	字符串
引用文档语言标识符	每一*引用文档*出现次数为从0到多次(没有语言预示着使用与注册机构文档语言标识符指定的同样语言)	*语言标识*
引用文档标题	每一*引用文档*出现0或1次	字符串
引用文档类型描述	相对于每一*引用文档*出现0或1次	字符串

4.8.1.8 注册者

一个*注册机构*通过图4显示成关系*注册机构注册者*的一个或多个*注册者*来表现。*注册者*是在*元数据注册系统*中执行管理步骤来注册*管理项*的人员。

属性	出现次数	数据类型
注册者标识符	相对于*注册机构*中的每一个*注册者*出现1次	字符串
注册者联系	相对于*注册机构*中的每一个*注册者*出现1次	*联系方*

4.8.1.9 注册机构

一个*注册机构*是经授权注册*元数据*的任何一个*组织*。一个*注册机构*是*组织*的一个子类型,并且继承了组织的全部属性和关系。一个*管理项*有其自身的*注册机构*,在图4中显示为关系*注册*。一个*注册机构*可以注册多个*管理项*。

属性	出现次数	数据类型
注册机构标识符	每一*注册机构*出现1次	*注册机构标识符*
文档语言标识符	每一*注册机构*出现次数为从1到多次	*语言标识*

4.8.1.10 注册机构标识符

复合数据类型*注册机构标识符*用于唯一地标识一个*注册机构*。该标识符每一成分取值的来源由GB/T 18391.6进行规定。

属性	出现次数	数据类型
国际代码分配符	每一*注册机构标识符*出现1次	字符串
组织标识符	每一*注册机构标识符*出现1次	字符串
组织内部机构标识符(OPI)	每一*注册机构标识符*出现0或1次	字符串
组织内部机构标识符(OPI)来源	每一*注册机构标识符*出现0或1次	字符串

4.8.1.11 主管

一个*组织*应确定负责管理每一个*管理项*的主管者,在图4中表现为*主管*关系。该关系为*管理项*确定了一个*主管联系*。

属性	出现次数	数据类型
主管联系	每一主管出现 1 次	*联系方*

4.8.1.12 **提交**

对于每一个*管理项*,都应有一个*组织*被标识为*提交者*,在图 4 中表现为*提交关系*。该关系为*管理项*确定了一个*提交联系*。

属性	出现次数	数据类型
提交联系	每一提交出现 1 次	*联系方*

4.9 命名与定义区

命名与定义区被用于管理管理项的名称与定义以及名称的语境。它认可一个管理项可以有多个名称,其变化依赖于学科、地点、技术,及其他等等。

4.9.1 命名与定义区内的元数据对象

图 6 描绘了命名与定义区。元模型的这个区域以 ISO TC 37 开发的术语模型为基础,并与那个模型相一致。

GB/T 18391.4 提供了数据定义的形成规则与指南。

GB/T 18391.5 提供了在一个语境内对管理项进行命名和标识的规则。

在 4.8.1 和图 5 中描述了基于复合属性而作为数据类型的类,因为这些类也用于管理与标识区域中。

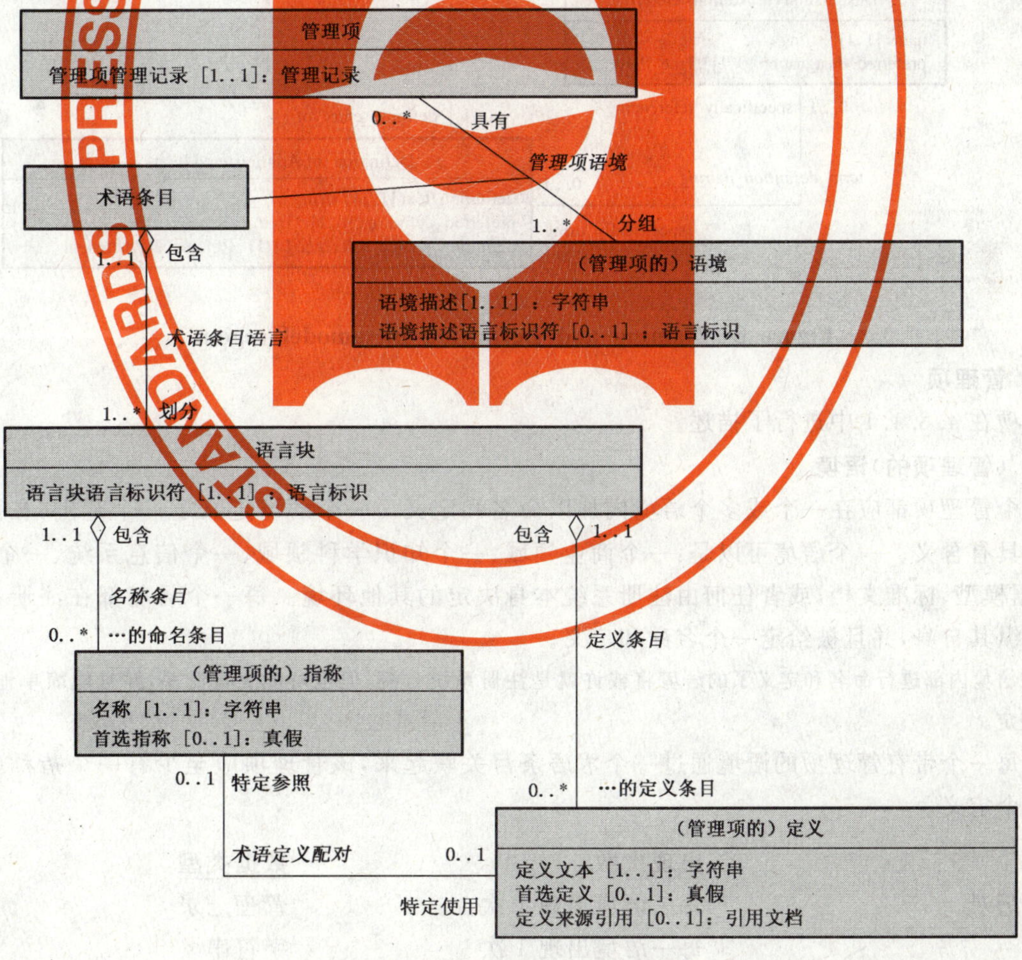

图 6 命名与定义元模型区

注:语境继承了来自于其父辈管理项的管理记录(见图 2)。

图 6 的原图为：

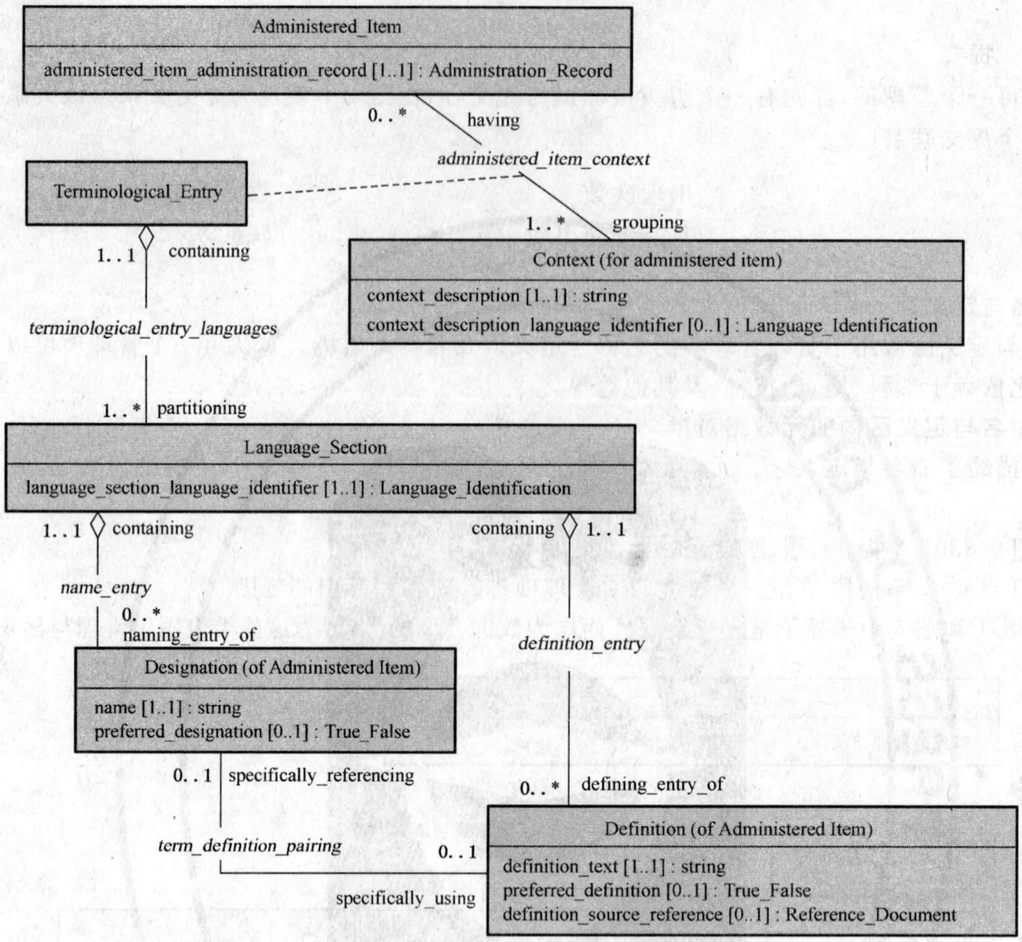

Figure 6—Naming and Definition metamodel region

4.9.1.1 管理项

*管理项*在 4.8.1.1 中进行了描述。

4.9.1.2 （管理项的）语境

每一个*管理项*都应在一个或多个*语境*内加以命名和定义。一个*语境*定义了一个范围，在该范围内主题数据具有含义。一个*语境*可以是：一个商业领域、一个知识学科领域、一个信息系统、一个数据库、文件、数据模型、标准文档，或者任何由注册系统本身决定的其他环境。每一个*语境*都在注册系统内由*管理项*操纵其自身，并且被给定一个*名称*和*定义*。

注：在*语境*内部进行命名和定义了的*语境*将或许就是注册系统自身，但也可能更宽泛些，并且能简单地由本标准指定。

为使每一个带有*管理项*的语境通过一个*术语条目*关联起来，该管理项应至少有一个*指称*（*名称*）且至少有一个*定义*。

属性	出现次数	数据类型
语境管理记录	每一*语境*出现 1 次	*管理记录*
语境描述	每一*语境*出现 1 次	字符串
语境描述语言标识符	每一*语境*出现 0 或 1 次	*语言标识*

4.9.1.3 术语条目

一个*术语条目*对应于特定*语境*中的一个*管理项*。它提供了*指称*和*定义*划分成*语言块*的一个分组，以允许在多语言语境内部命名和定义*管理项*。

每一个特定语境中，一个管理项可以具有一个或多个*术语条目*。每一个*术语条目*含有一个或多个*语言块*，在图 6 中被表达为*术语条目语言*关系。

4.9.1.4 语言块

如果一个注册系统支持多语言，则与特定名称和定义相关联的语言就需要被标识。一个*语言块*依据*语言*划分了一个*术语条目*，在图 6 中被表达为关系*术语条目语言*。一个*语言块语言标识符*标识了与特定*语言块*相关联的*语言*。一个*语言块*含有 0 或多个*指称*，在图 6 中被表达为关系*名称条目*。一个*语言块*含有 0 或多个*定义*，在图 6 中被表达为关系*定义条目*。

属性	出现次数	数据类型
语言块语言标识符	每一*语言块*出现 1 次	*语言标识*

4.9.1.5 (管理项的)定义

*定义*类为特定*语境*中的一个*管理项*提供了在*术语条目*中*语言块*的*定义条目*。换句话说，一个*管理项*的定义由特定*语境*的特定语言确定。在相同*语言块*内部给出多个*定义*时，这些定义中的一个可以被确定作为*首选定义*。

属性	出现次数	数据类型
定义文本	每一*定义*出现 1 次	字符串
定义来源引用	每一*定义*出现 0 或 1 次	*引用文档*
首选定义	每一*定义*出现 0 或 1 次	真假

4.9.1.6 (管理项的)指称

*指称*类为一个特定*语境*中的一个*管理项*提供了在*术语条目*中*语言块*的*命名条目*。换句话说，一个*管理项*的名称由特定*语境*的特定语言确定。在相同语言块内部给出多个*指称*时，这些指称中的一个可以被确定作为*首选指称*。

属性	出现次数	数据类型
名称	每一*指称*出现 1 次	字符串
首选指称	每一*指称*出现 0 或 1 次	真假

4.10 分类区

图 7 描绘了分类区。

分类区域为注册和管理*分类方案*及其要素*分类方案项*提供了设施。在注册系统内*分类方案*可有选择地用于对*管理项*进行分类。有些分类方案对现实世界中的对象进行分类比对注册系统中的元数据对象进行分类更为适用。

GB/T 18391.2 为使数据与*分类方案*相关联提供了程序和技术。

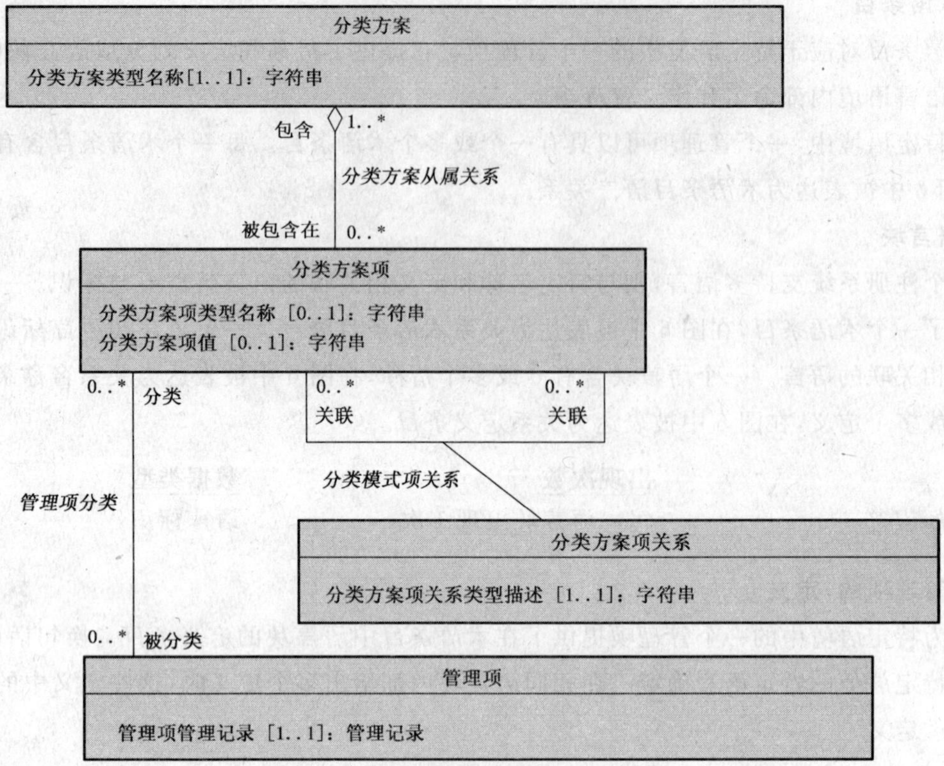

图 7　分类元模型区域

注：分类方案继承了来自于其父辈管理项的管理纪录(见图 2)。

图 7 的原图为：

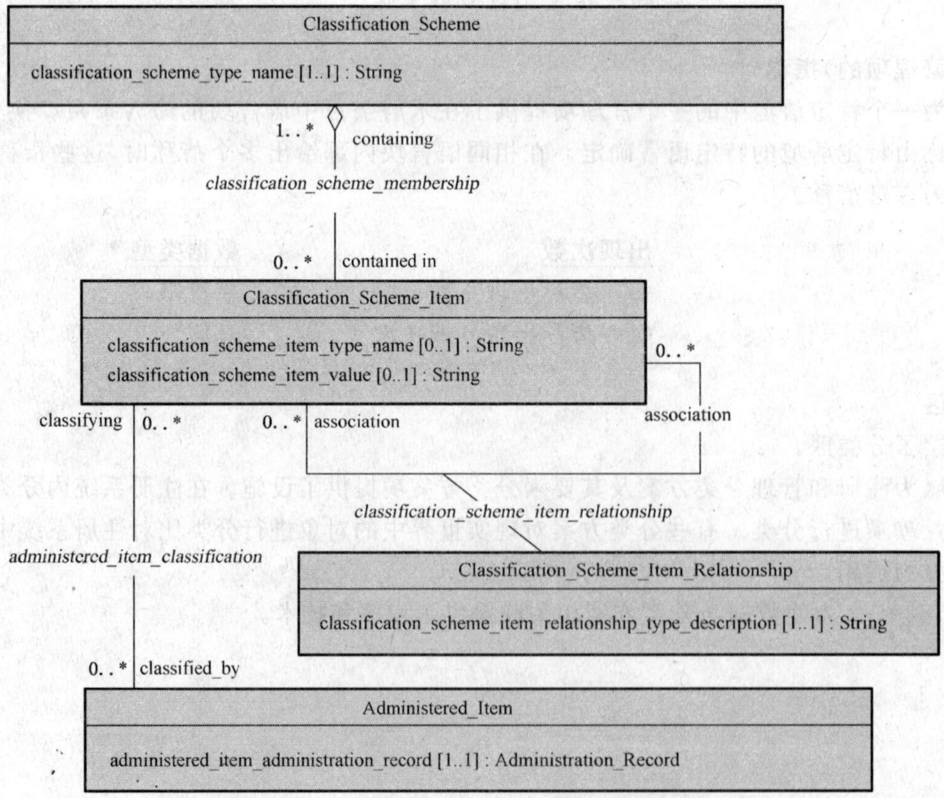

Figure 7—Classification metamodel region

4.10.1 分类区内的元数据对象

4.10.1.1 管理项

*管理项*在4.8.1.1中进行了描述。

一个*管理项*可在0或多个*分类方案*中通过与其相关联的一个或多个*分类方案项*进行分类，在图7中表现为关系*管理项分类*。这种分类是可选的。

4.10.1.2 分类方案

一个*分类方案*可以是一种分类法、一个网络、一个本体，或者其他专门名词的体系。该分类也可以只是特性词(或术语)的一个受控词汇列表。这个列表可取自于一种分类法的“叶子级”。

一个*分类方案*是*管理项*的一个子类型，它继承了管理项的属性和关系，使管理项得以标识、命名、定义并有选择地进行分类。

一个*管理项*被命名于特定*语境*内部，并且在不同的*语境*中可以有不同的*名称*。作为一个*管理项*本身来说，一个*分类方案*也被命名于一个或多个*语境*内部。为使一个被考虑的*管理项*在一个*分类方案*内部具有一个*名称*，该*管理项*和*分类方案*必须共享一个共同的*语境*。

属性	允许出现次数	数据类型
管理项管理记录	每一(自*管理项*继承的)*分类方案*允许出现1次	*管理记录*
分类方案类型名称	每一*分类方案*允许出现1次	字符串

4.10.1.3 分类方案项

一个*分类方案项*在一个*分类方案*内部代表一个单个项，在图7中表现为关系*分类方案从属关系*。该分类方案项可以具有*分类方案项类型名称*、*分类方案项值*两者之一，或两者都有。

属性	允许出现次数	数据类型
分类方案项类型名称	每一*分类方案项*允许出现0或1次	字符串
分类方案项值	每一*分类方案项*允许出现0或1次	字符串

4.10.1.4 分类方案项关系

一个*分类方案项关系*在一个*分类方案*内部关联了两个或更多的*分类方案项*。这种关系在大数量的*分类方案项*中起辅助引导作用。

属性	允许出现次数	数据类型
分类方案项关系类型描述	每一*分类方案项关系*允许出现1次	字符串

4.11 数据元概念区

数据元概念区在图8中进行了图解说明。该区旨在维护关于数据元开发的概念方面的信息。在此区中，元数据对象集中于语义学方面。这些概念与任何内在或外在的物理表示无关。在此区域中的元数据对象是对象类(围绕着概念和概念关系)和特性，它们可以组合成数据元概念。

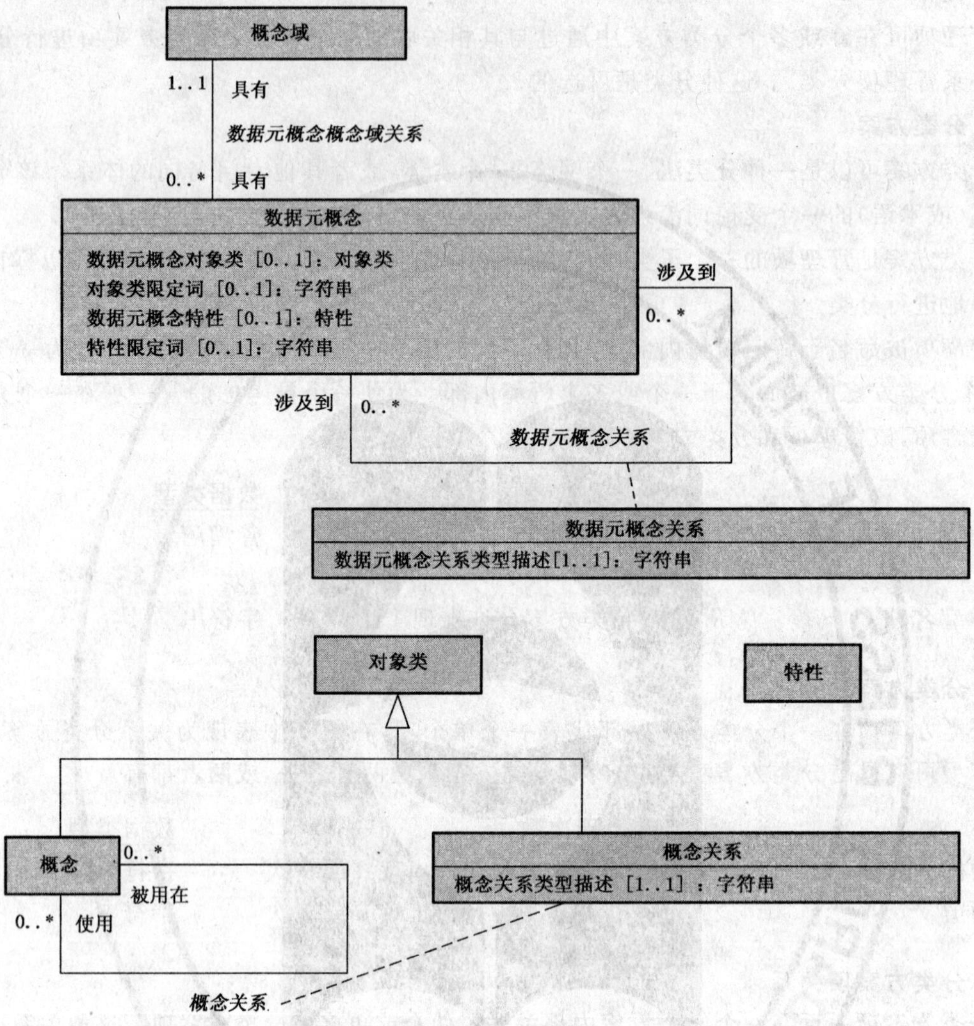

图 8　数据元概念元模型区域

注：数据元概念、对象类和特性分别继承了来自于其各自父辈管理项的管理记录(见图 2)。

图 8 的原图为：

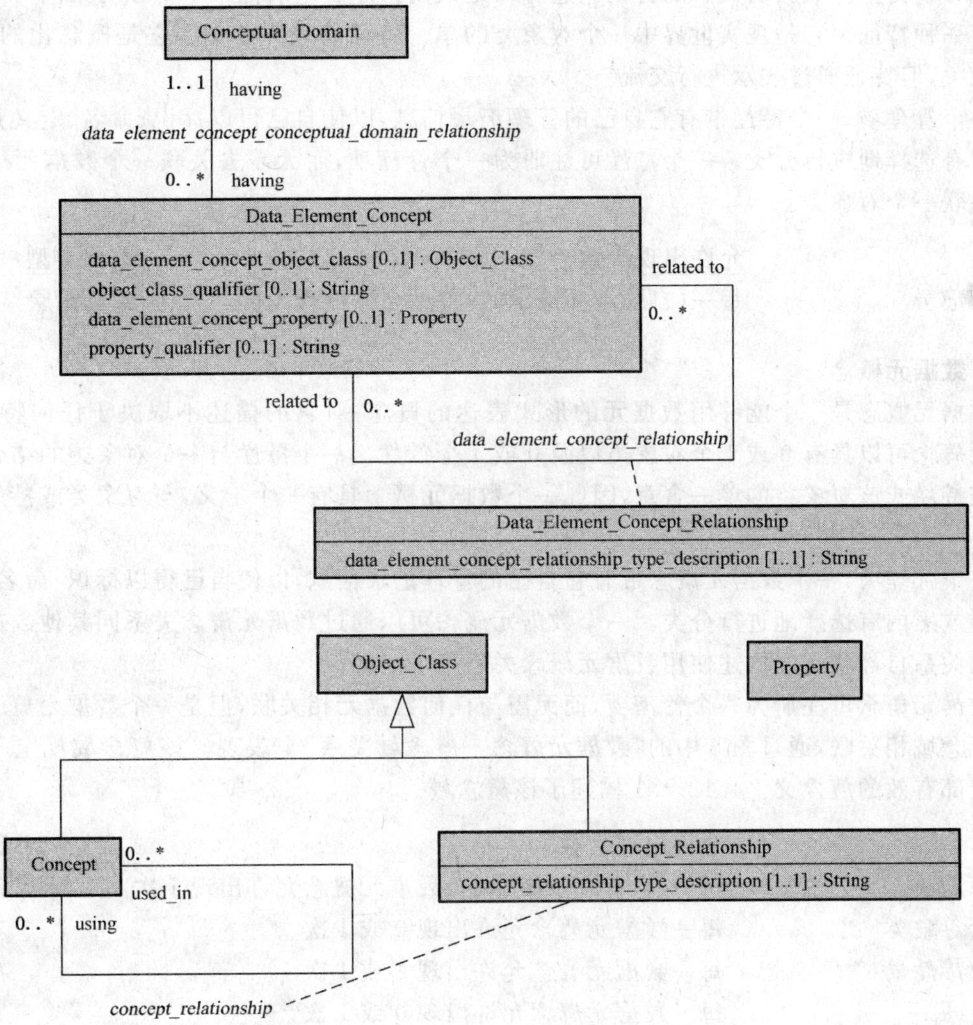

Figure 8—Data Element Concept metamodel region

4.11.1 数据元概念区中的元数据对象

4.11.1.1 对象类

*对象类*是想法、抽象物、或现实世界事物的集合，它们有明确的边界和含义，且其特性和表现都遵循相同的准则。对象类既可以是单个的，也可以是成组的相关概念、抽象物或现实事物。一个*对象类*可以是单个思想单元(如：*概念*)，或者是构成一个较复杂概念的相互有关的概念集合(如：*概念关系*)。一个*概念*和一个*概念关系*是一个*对象类*的子类型。每一个概念关系都带有一个描述该关系自然状态的*概念关系类型描述*。

作为一个*管理项*，一个*对象类*带有它自己的*管理记录*信息，以使自己得以标识、命名、定义并且在一个*分类方案*内有选择地进行分类。一个*对象类*可注册为一个*管理项*，而无需去关联一个*数据元概念*或通过*管理项*去关联一个*特性*。

属性	允许出现次数	数据类型
管理项管理记录	每一(自*管理项*继承的)*对象类*允许出现 1 次	*管理记录*
概念关系类型描述	每一*概念关系*允许出现 1 次	字符串

4.11.1.2 特性

特性是*对象类*全体成员所共有的特征。它可以是人们自然使用的把某个单独对象同另外的对象区别开的任何一种特征。它是现实世界中一个*对象类*的单一特征的人为感知。它是概念化的，因此与特定表示法无关，但特征通过表示进行交流。

作为一个*管理项*，一个*特性*带有它自己的*管理记录*信息，以使自己得以标识、命名、定义并且在一个*分类方案*内有选择地进行分类。一个*特性*可注册为一个*管理项*，而无需去关联一个*数据元概念*或通过*管理项*去关联一个*对象类*。

属性	允许出现次数	数据类型
管理项管理记录	每一(自*管理项*继承的)*特性*允许出现 1 次	*管理记录*

4.11.1.3 数据元概念

一个数据元概念是一个能够用数据元的形式表达的概念，对它的描述不取决于任何特定表示法。一个*数据元概念*可以具有 0 或 1 个*对象类*以及 0 或 1 个*特性*。一个*特性*与一个*对象类*的结合给出的含义超越了该*特性*或该*对象类*的单一含意，因此一个数据元概念具有一个*定义*，与*对象类*或*特性*的*定义*无关。

作为一个*管理项*，一个*数据元概念*带有它自己的*管理记录*信息，以使自己得以标识、命名、定义并且在一个*分类方案*内有选择地进行分类。一个*数据元概念*可以通过*数据元概念关系*同其他*数据元概念*相关联。对该关系自然状态的描述使用*数据元概念关系类型描述*。

一个*数据元概念*可注册为一个*管理项*，而无需与任何*数据元*相关联，但是一个*数据元概念*应当确切地与一个概念域相关联，通过图 8 中的"*数据元概念—概念域关系*"来表现。该*概念域*规定了一个*数据元概念*的全部有效的*值含义*。4.12.1.1 描述了该*概念域*。

属性	允许出现次数	数据类型
管理项管理记录	每一(自*管理项*继承的)*数据元概念*允许出现 1 次	*管理记录*
数据元概念对象类	每一*数据元概念*允许出现 0 或 1 次	*对象类*
数据元概念特性	每一*数据元概念*允许出现 0 或 1 次	*特性*
对象类限定词	每一*数据元概念*允许出现 0 或 1 次	字符串
特性限定词	每一*数据元概念*允许出现 0 或 1 次	字符串

4.12 概念域和值域区

元模型的这个区论及了*概念域*和*值域*的管理。这些域可被视作逻辑代码集合和物理代码集合。*概念域*支持*数据元概念*，*值域*支持*数据元*。图 9 中图示说明了这个区。

图 9 概念域和值域元模型区域

注：概念域、值域和表示类分别继承了来自于其各自父辈管理项的管理记录(见图 2)。

图 9 的原图为：

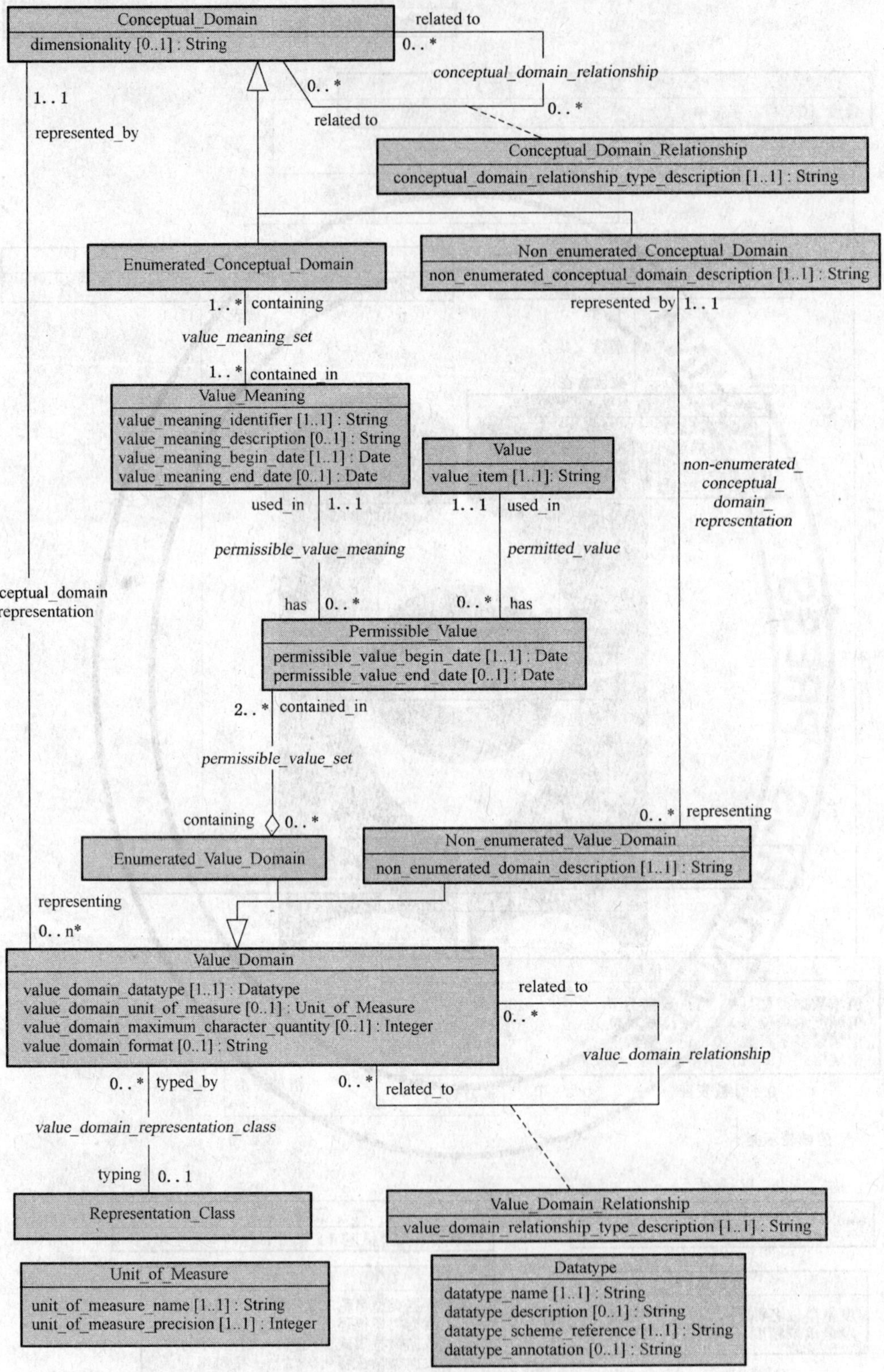

Figure 9—Conceptual and value domain metamodel region

4.12.1 概念域和值域区内的元数据对象

4.12.1.1 概念域

一个*概念域*是*值含义*的一个集合,它或者是枚举的,或者是通过描述表达的。

作为一个*管理项*,一个*概念域*带有它自己的*管理记录*信息,以使自己得以标识、命名、定义并且在一个*分类方案*内有选择地进行分类。

一个*概念域*可以通过图9中的*概念域关系*同其他*概念域*相关联。对该关系自然状态的描述使用*概念域关系类型描述*。通过*概念域关系*,一个*概念域*可以由其他*概念域*组成,或者可以是一个更大*概念域*的一个成员(成分)。

一个*概念域*可以规定某种像"线性度量"这样的约束作为它的*维度*。当一个*维度*确定后,任何基于这个概念域的值域都应规定一个与该*维度*相一致的*度量单位*。

属性	允许出现次数	数据类型
管理项管理记录	每一(自*管理项*继承的)*概念域*允许出现1次	*管理记录*
维度	每一*概念域*允许出现0或1次	字符串

4.12.1.2 可枚举概念域

一个*概念域*有时包含一个有限的、允许枚举出来的概念详细名录。这样一个*概念域*被称为一个*可枚举概念域*。可枚举概念域的一个示例是在GB/T 2659—2000中规定的国家概念。作为*概念域*的一个子类型,一个*可枚举概念域*继承了概念域的属性和关系。

4.12.1.3 值含义

*可枚举概念域*的每一个成员都有一个*值含义*,以使它区别于其他成员。在GB/T 2659—2000示例中,作为被指定的每一国家的概念都有其*值含义*。在一个注册系统中的*值含义*表示应独立于(并且不受制于)它们在任何相应*值域*中的表示。一个具体的*值含义*可以有一个以上的由允许值表示的含义——每一个都来自于确切的*可枚举概念域*。

属性	允许出现次数	数据类型
值含义标识符	每一*值含义*允许出现1次	字符串
值含义起始日期	每一*值含义*允许出现1次	日期
值含义描述	每一*值含义*允许出现0或1次	字符串
值含义终止日期	每一*值含义*允许出现0或1次	日期

4.12.1.4 不可枚举概念域

一个*概念域*不能被表达为有限个*值含义*集合,就称作*不可枚举概念域*。它可以通过一个描述或规定来表达,例如:一个规则、一个程序,或者一个范围(即:区间)。作为*概念域*的一个子类型,一个*不可枚举概念域*继承了概念域的属性和关系。

属性	允许出现次数	数据类型
不可枚举概念域描述	每一*不可枚举概念域*允许出现1次	字符串

4.12.1.5 值域

一个表示的关键成分之一是其*值域*。一个*值域*规定了表示,但没有暗示为值与*数据元概念*相关联,也不暗示作为值的含义。

一个*值域*同一个*概念域*相关联。一个*值域*给出了*概念域*的表示。一个*概念域*和一个*值域*集合的示例是GB/T 2659—2000。例如,GB/T 2659描述了7个*值域*集合:中文简称、英文简称、两字符拉丁字母代码、三字符拉丁字母代码、阿拉伯数字代码、中文全称和英文全称。

作为一个*管理项*,一个*值域*带有它自己的*管理记录*信息,以使自己得以标识、命名、定义并且在一个分类方案内有选择地进行分类。

一个*值域*可以通过*值域关系*同其他*值域*相关联。对该关系自然状态的描述使用*值域关系类型描述*。通过*值域关系*,一个*值域*可以由其他*值域*组合而成,或者可以是一个更大*值域*的成员(成分)。

属性	允许出现次数	数据类型
管理项管理记录	每一(自*管理项*继承的)*值域*允许出现 1 次	*管理记录*
值域数据类型	每一*值域*允许出现 1 次	*数据类型*
值域格式	每一*值域*允许出现 0 或 1 次	字符串
值域最多字符数	每一*值域*允许出现 0 或 1 次	整型
值域度量单位	每一*值域*允许出现 0 或 1 次	*度量单位*

4.12.1.6 可枚举值域

一个*可枚举值域*是可将*值域*表达成两个或更多*允许值*的一个明确集合的那种值域。作为值域的一个子类型,一个*可枚举值域*继承了值域的属性和关系。

4.12.1.7 允许值

一个*允许值*是*可枚举值域*内部*值含义*的一个表达。它是组成一个*可枚举值域*的这种值集合中的一个值。每一*允许值*都同*值含义*相关联。

属性	允许出现次数	数据类型
允许值起始日期	每一*允许值*允许出现 1 次	日期
允许值终止日期	每一*允许值*允许出现 0 或 1 次	日期

4.12.1.8 值

这里指的是同*可枚举值域*中的一个*允许值*相关联的实际值。

属性	允许出现次数	数据类型
值项	每一*值*允许出现 1 次	字符串

4.12.1.9 不可枚举值域

一个*值域*可以通过一个描述或说明来表达,如:一个规则、一个程序,或者一个范围(即:区间),而不是像*允许值*的一个明确集合那样,这样一个*值域*称为*不可枚举值域*。作为*值域*的一个子类型,一个*不可枚举值域*继承了值域的属性和关系。

属性	允许出现次数	数据类型
不可枚举值域描述	每一*不可枚举值域*允许出现 1 次	字符串

4.12.1.10 数据类型

一个*值域*是与一种*数据类型*——确切值的集合相关联的,由那些值的特性并基于那些值的操作来刻划,例如:为描述由*数据元*执行操作而决定的*数据元*值,使用字母、数字和/或符号集合的类别。

一个*数据类型*由一个*数据类型名称*来指称,并且由一个*数据类型描述*来描述。*数据类型名称*通常从一些外部来源取得,由一个*数据类型模式引用*来指称。附加信息可以用*数据类型注释*有选择地给出。

属性	允许出现次数	数据类型
数据类型名称	每一*数据类型*允许出现 1 次	字符串
数据类型描述	每一*数据类型*允许出现 1 次	字符串
数据类型模式引用	每一*数据类型*允许出现 1 次	字符串
数据类型注释	每一*数据类型*允许出现 0 或 1 次	字符串

4.12.1.11 度量单位

如果出于有意，一个*值域*可以同一个*度量单位*相关联，该*度量单位*可规定任何与数据元相关联的值。该度量单位由一个*度量单位名称*来指称。该度量单位在被指定时必须同规定在相应的*概念域*中的*维度*相一致。可以有选择地规定一个*度量单位精度*，以十进制数的位数安放所支持的相关*数据元*值。此精度应视作可为任何具体*数据元*取代的缺省值。

属性	允许出现次数	数据类型
度量单位名称	每一*度量单位*允许出现 1 次	字符串
度量单位精度	每一*度量单位*允许出现 0 或 1 次	整数型

4.13 数据元区

图 10 中图示说明了用来论及*数据元*管理的数据元元模型区域。*数据元*为一些关于概念或抽象事物的信息(例如：一个事实、一项命题、一次观测，等等)提供了形式表示。*数据元*是可复用和可共享的*数据元概念*的表示。

4.13.1 数据元区域中的元数据对象

4.13.1.1 数据元

一个*数据元*可被看做是一个组织感兴趣的数据的基本单元。它是由属性集合的含义决定其定义、标识、表示、以及允许值的一个数据单元。

注：在一般使用过程中，术语*数据元*和*数据元类型*是交替使用的，本文使用较短的术语*数据元*。

作为一个*管理项*，一个*数据元*带有它自己的*管理记录*信息，以使自己得以标识、命名、定义并且在一个*分类方案*内有选择地进行分类。

当一个*数据元概念*被赋予一个表示时，就形成了一个*数据元*。一个表示的关键成分之一是其*值域*，即限定的有效值。

一个*数据元*是一个*数据元概念*、一个*值域*，以及一个可选的*表示类*之间的关联。*数据元*与一个*表示类*的这种关联既可以是直接的(如图 10 中由关系*数据元表示类*显示)，也可以通过值域来关联(如图 10 中由关系*值域表示类*显示)。如果没有同*数据元概念*和*值域*相关联，一个*数据元*不能作为一个管理项来注册。

可以规定一个*表示类*限定词，以用于限定数据元的名称。

一个*数据元精度*可被用于去规定关联数据元值所允许的十进制位数。假如不作指定，应使用源于相关联*值域*的*度量单位精度*。

属性	允许出现次数	数据类型
管理项管理记录	每一(自*管理项*继承的)*数据元*允许出现 1 次	*管理记录*
表示类限定词	每一*数据元*允许出现 0 或 1 次	字符串
数据元精度	每一*数据元*允许出现 0 或 1 次	整数型

4.13.1.2 数据元概念

*数据元概念*在 4.11.1.3 数据元概念区域中进行了描述。对于每个关联，不同*数据元*的结果可使一个*数据元概念*关联几个*值域*。

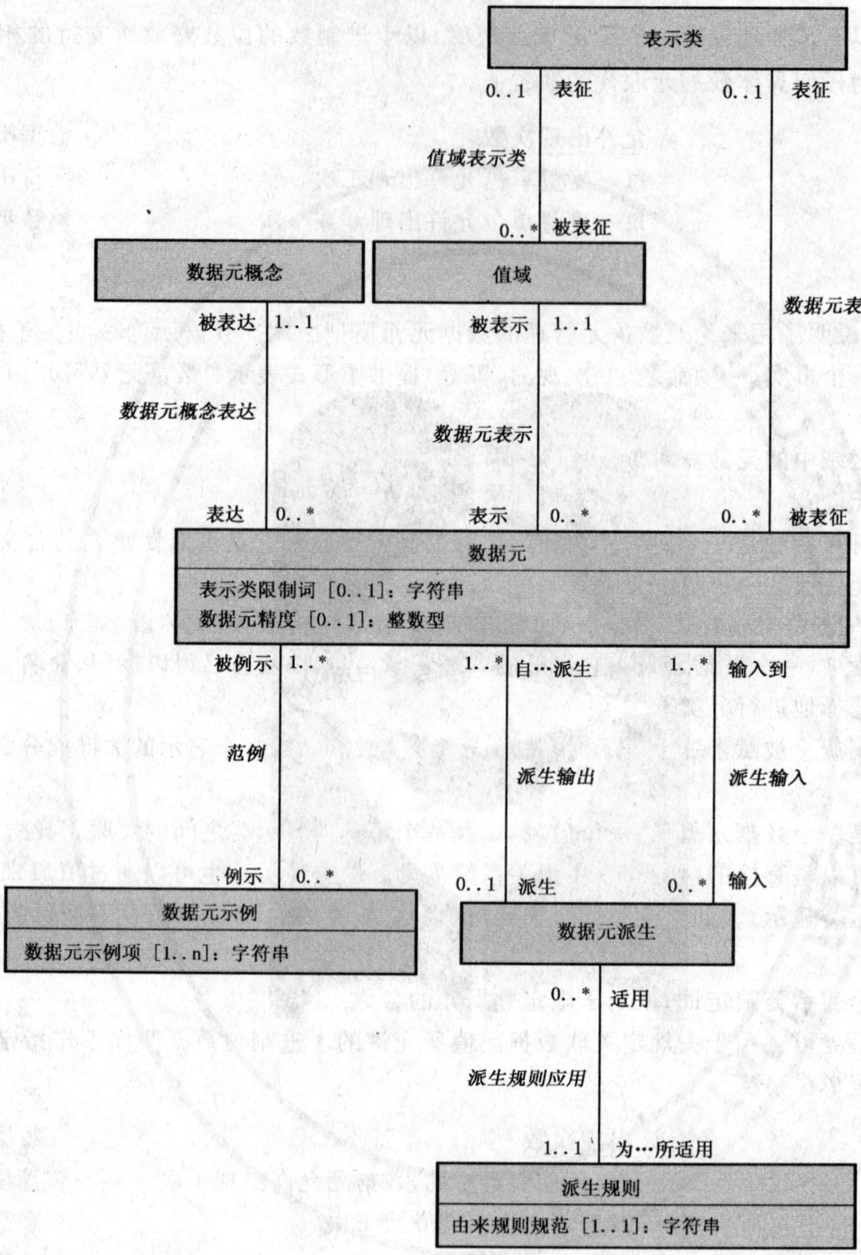

图 10 数据元元模型区域

图10的原图为：

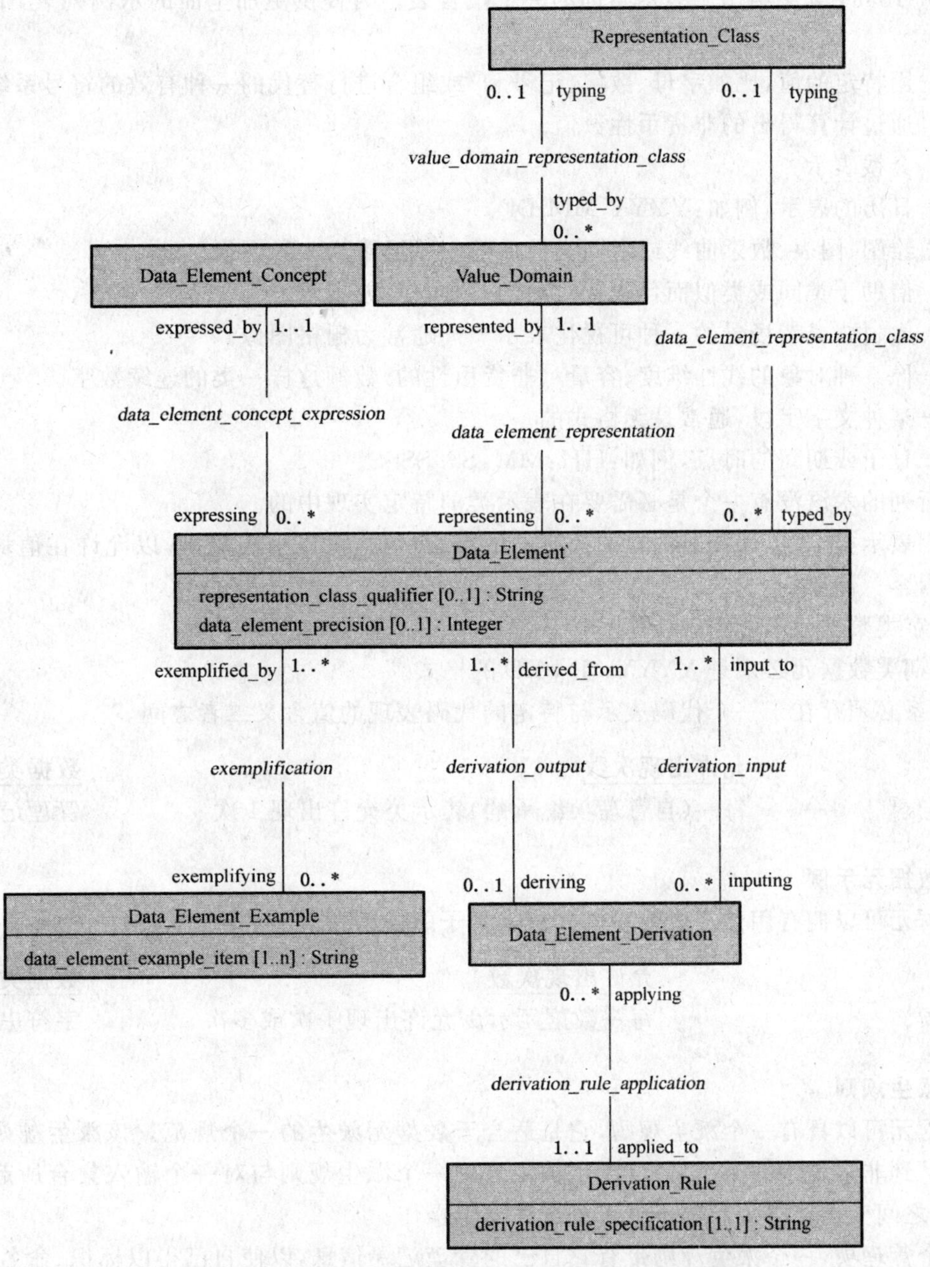

Figure 10—Data Element metamodel region

4.13.1.3 值域

*值域*在4.12.1.5概念域和值域区域中进行了描述。一个*值域*规定了表示，但没有暗示为值与*数据元概念*相关联，也不暗示作为值的含义。一个*值域*可以同若干*数据元*相关联。

4.13.1.4 表示类

*表示类*是关于表示的*分类方案*。类的集合使得注册系统中元素之间的区分变得容易。例如，一个以表示类“数额”作分类的数据元与一个作为“数字”来分类的元素是不同的。比较这些元素的内容，或者使用它们一起执行计算或许将使人无法理解。

作为一个*管理项*，一个*表示类*带有它自己的*管理记录*信息，以使自己得以标识、命名、定义并且在一个*分类方案*内有选择地进行分类。

表示类的主要意图在于为数据元/值域归类提供一个离散且完整的高级(粗粒度)定义集合。这有助于商业规则应用术语的用户。

表示类是一种机制，通过该机制一个项的功能和/或表象归类可传达到用户。

在 GB/T 18391.5 中给出了表示类词的一个报告表。为提供更加全面的示例列表，下面所列出的已被扩展。

代码——用特定的值，比如字母、数字、记号和/或组合进行替代的一种有效的符号系统。

合计——通过计算得出的非货币性数值。

货币——金钱表示。

日期——日历的表示，例如：YYYY-MM-DD。

图形——绘图、图表、数学曲线或者同类性质的——通常为矢量图像。

图标——借助于类同或类似而代表着对象的一种符号或表示。

图像——人、物，或者场景的一种可视化表示——通常为栅格图像。

数量——像某种对象的线性维度、容量/(非货币性的)数额这样一类的连续数字。

文本——某种文字字段，通常是无格式的。

时间——日子或期间的时点，例如：HH：MM：SS. SSSS。

这个表所列的术语没有一个是必需要在表示类的特定实现中的。

通过使用表示类，可以保持对内容的控制。依靠表示类，可以引出规则，以允许在值域内部和值域之间的强制内容。例如：

"一个数字类数据元不能用于计算。"

"一个日期类数据元必须是 YYYY-MM-DD 的格式。"

"一个关系必须存在于一个代码表示与特定的代码表现的值含义二者之间。"

属性	允许出现次数	数据类型
管理项管理记录	每一(自*管理项*继承的)*表示类*允许出现 1 次	*管理记录*

4.13.1.5 数据元示例

一个*数据元*可以拥有用于提供代表该*数据元*例子的*数据元示例*。

属性	允许出现次数	数据类型
数据元示例项	每一*数据元示例*允许出现 1 次或多次	字符串

4.13.1.6 派生规则

一个*数据元*可以具有一个*派生规则*，它是适合于*数据元派生*的一个规范。该*派生规则*可以从简单操作如"减法"到非常复杂的派生集合(派生被定义为一个派生规则与对一个输入集合所起的作用之间的一个关系)之间变化。*派生规则*不限于算法和逻辑操作。

作为一个*管理项*，一个*派生规则*带有它自己的*管理记录*信息，以使自己得以标识、命名、定义并且在一个*分类方案*内有选择地进行分类。

一个*派生规则*可以被注册为一个*管理项*，而不需要与任何*数据元派生*相关联。

属性	允许出现次数	数据类型
管理项管理记录	每一(自*管理项*继承的)*派生规则*允许出现 1 次	*管理记录*
派生规则规范	每一*派生规则*允许出现 1 次	字符串

4.13.1.7 数据元派生

一个*数据元派生*是*派生规则*对一个或多个输入数据元、对派生一个或多个输出数据元的应用。

4.14 整理过的元模型

一个整理过的元模型如图 11 显示。它联合了数据元概念、数据元，以及模型区域中的概念域和值域。

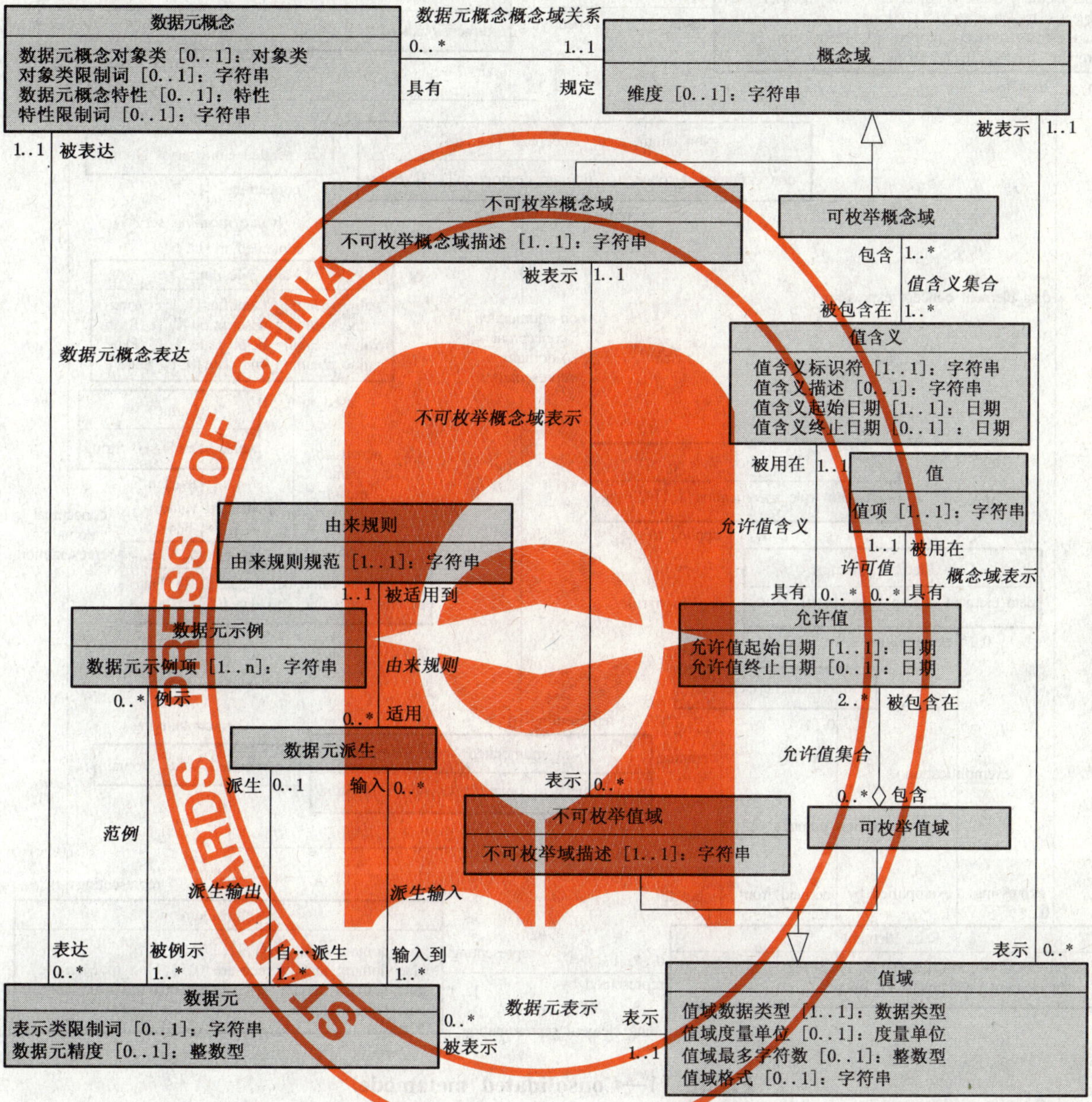

图 11 整理过的元模型

注：数据元概念、概念域、数据元、派生规则和值域分别继承了来自于其各自父辈管理项的管理记录（见图 2）。

图 11 的原图为：

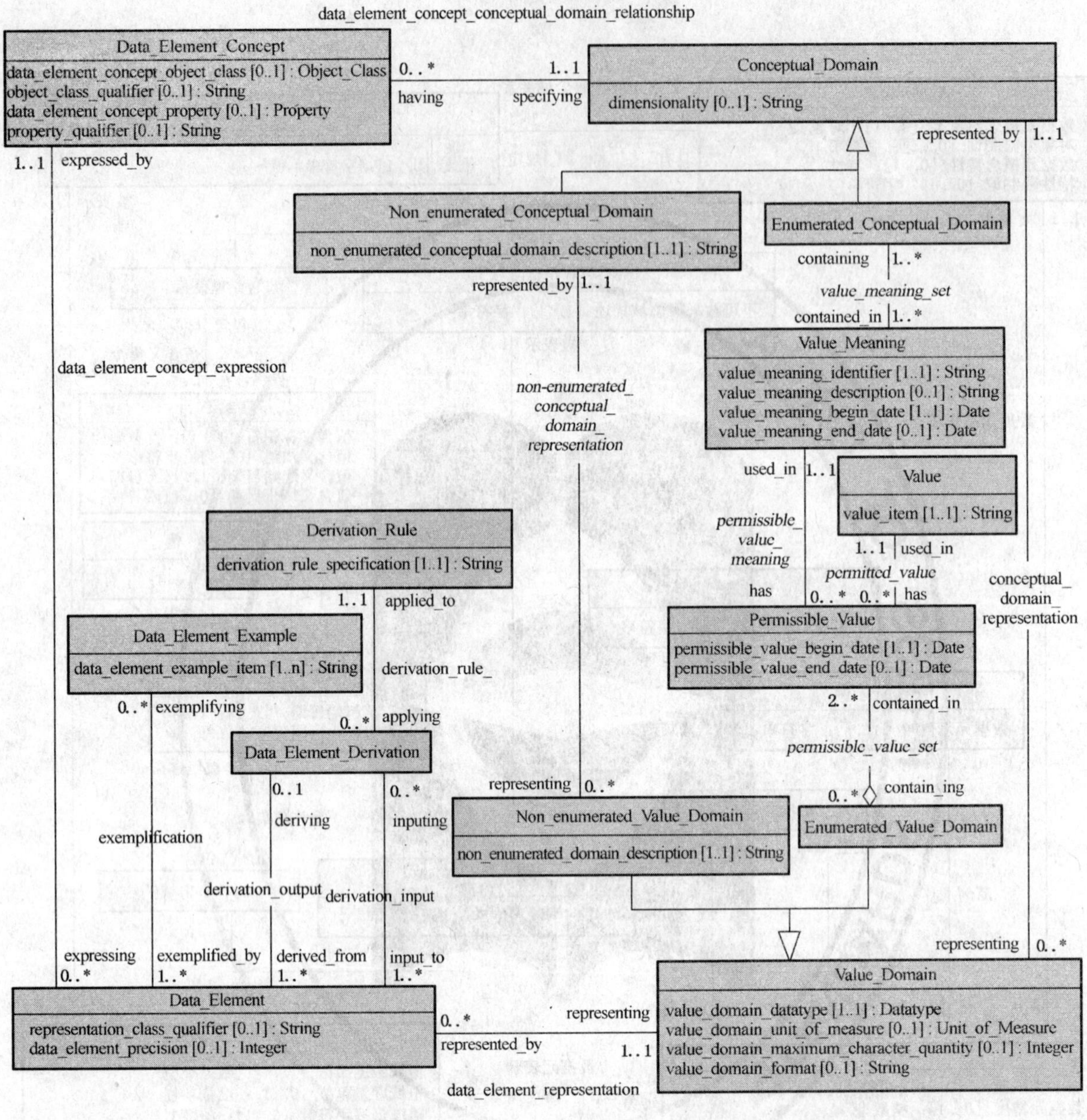

Figure 11—Consolidated metamodel

5 基本属性

5.1 基本属性的使用

第 4 章描述了注册系统中具体元数据的一个模型。然而，有时元数据规范的要求存在于注册系统的语境之外，例如当作一项国际标准的部分。

一个元数据的规范由一系列属性，以及这些属性之间的关系组成。本章规定了用在不同于元数据注册系统的语境中的一系列*基本*属性。*基本*意味着规定元数据项时频繁需要这些属性。本章规定的这些属性在某种意义上也被认为是*基本*的，当元数据项被用于具体语境时，可以要求附加属性。

*基本*不意味着本章所介绍的全部标准化属性在所有情况中都作要求。这些基本属性之间的差异是：

——必选的：总是被要求的；

——条件选:在确切指定的条件下提出的要求;

——可选的:允许但不是必需的。

注:不同于注册系统的语境中的某些基本属性(尤其是标识符)所规定的约束与在注册系统中元数据项所规定的约束是不同的,正如第4章所定义的那样。

本章旨在提供与GB/T 18391.3—2001的连续性,那个版本关注于数据元的基本属性。然而,本章范围的扩展超出了数据元,还包括:数据元概念、概念域、值域、允许值以及值含义。可以在附录C中找到2001版的基本属性、2009版的基本属性以及2009版的元模型之间的映射。

5.2 公共属性

本条所列出的属性是管理项的全部类型所共有的。这些属性更进一步分类为:标识的、定义的、管理的,以及关系的。

5.2.1 用于标识的属性

属性	允许出现次数
名称	每一元数据项允许出现1次或多次(*见注1*)。
语境名称	每一元数据项允许出现0次或多次。如果多于一个*名称*属性存在,则是必需的。
语境标识符	每一元数据项允许出现0次或1次。如果语境名称在其使用环境内部不唯一(例如:一项标准),则是必需的。
语境描述	每一*语境名称*允许出现1次。
项标识符	每一元数据项允许出现0次或1次。如果名称在其给出的*语境*内部不唯一,则是必需的(*见注2*)。
项标识符-数据标识符	每一*项标识符*允许出现1次(一个*项标识符*的必选成分)。
项标识符-项注册机构标识符	每一*项标识符*允许出现0或1次(一个*项标识符*的可选成分——*见注3*)。
版本	每一元数据项允许出现0次或1次(*见注4*)。

注1:如果在给定的语境内部规定了一个以上的名称,则通常推荐一个名称作为"首选的(名称)",并且其他的(名称)作为"同义名称"。

注2:当*项标识符*在一个注册系统内部是必选时(见4.8.1.4),则它在非注册系统使用中就仅仅是条件选的。一个*项标识符*的要求可以被限定的名称和/或语境名称消除,以便确保合并的唯一性。

注3:当*项注册机构标识符*在一个注册系统内部是必选时(见4.8.1.4),则它在非注册系统设置中就是可选的。

注4:在一个注册系统内部,*版本*是*项标识符*的一部分。在非注册系统设置中,*版本*可以独立于*项标识符*使用。

5.2.2 用于定义的属性

属性	允许出现次数
定义	元数据项得到使用的每一*语境*允许出现1次(见注)。
定义语言标识符	每一*定义*允许出现0或1次。
定义来源引用	每一*定义*允许出现0或1次。

注:当若干*定义*被分配给相同的元数据项时,*定义*的语义宜跨越所有的语境而具有相同含义(如果语义不同,各自的元数据项宜被指定)。然而,不同的*语境*可能需要不同的用于表达语义的术语,因而允许对每个*语境*单独定义。

5.2.3 用于管理的属性

管理的属性主要与注册系统中记录的元数据项相关联。因此在非注册系统设置中它们是可选的。

属性	允许出现次数
备注	每一元数据项允许出现0或1次。

注册状态	每一元数据项允许出现0或1次。
主管组织名称	每一元数据项允许出现0或1次。
提交组织名称	每一元数据项允许出现0或1次。

5.2.4 用于关系的属性

属性	允许出现次数
分类方案名称	在其内进行元数据项分类的每一*分类方案*允许出现1次。
分类方案标识符	每一*分类方案名称*允许出现0或1次。如果在一个语境内部*分类方案名称*不唯一，则是必需的。
分类方案类型名称	在其内进行元数据项分类的每一*分类方案*允许出现1次。
分类方案项类型名称	在其内进行元数据项分类的每一*分类方案*允许出现0或1次(*见注1*)。
分类方案项值	据此对元数据项进行分类的每一*分类方案项*允许出现1次。
相关元数据引用	每一元数据项允许出现0或多次(*见注2*)。
关系类型	每一*相关元数据引用*允许出现1次。

注1：在4.10.1中，元模型论述了作为*分类方案类型*的关键字。

注2：一个注册机构可以选用*引用文档*、*管理注解*或*解释性备注*来记录*相关元数据引用*。

5.3 规定数据元概念的属性

本条列出的属性是规定数据元概念的。

属性	允许出现次数
对象类名称	每一*数据元概念*允许出现1次。
对象类标识符	每一*对象类名称*允许出现0或1次。
特性名称	每一*数据元概念*允许出现1次。
特性标识符	每一*特性名称*允许出现0或1次。

5.4 规定数据元的属性

本条列出的属性是规定数据元的。

属性	允许出现次数
值域名称	每一*数据元*允许出现0或1次。
值域标识符	每一*数据元*允许出现0或1次。
数据类型名称	每一*数据元*允许出现0或1次。如果既不规定*值域名称*也不规定*值域标识符*，则是必需的。
数据类型模式引用	每一*数据类型名称*允许出现0或1次。
表示记法	每一*数据元*允许出现0或1次。
表示类	每一*数据元*允许出现0或1次。
最大长度	每一*数据元*允许出现0或1次。
最小长度	每一*数据元*允许出现0或1次。

5.5 规定概念域的属性

本条列出的属性是规定概念域的。

属性	允许出现次数
维度	每一*概念域*允许出现0或1次。

5.6 规定值域的属性

本条列出的属性是规定值域的。

属性	允许出现次数
数据类型名称	每一*值域*允许出现 1 次。
数据类型模式引用	每一*数据类型名称*允许出现 0 或 1 次。
度量单位名称	每一*值域*允许出现 0 或 1 次。

5.7 规定允许值的属性

本条列出的属性是规定允许值的。

属性	允许出现次数
值	每一*允许值*允许出现 1 次。
允许值起始日期	每一*允许值*允许出现 0 或 1 次。
允许值终止日期	每一*允许值*允许出现 0 或 1 次。

5.8 规定值含义的属性

本条列出的属性是规定值含义的。

属性	允许出现次数
值含义描述	每一*值含义*允许出现 1 次。
值含义标识符	每一*值含义*允许出现 0 或 1 次。
值含义起始日期	每一*值含义*允许出现 0 或 1 次。
值含义终止日期	每一*值含义*允许出现 0 或 1 次。

6 一致性

GB/T 18391 的本部分规定了一个概念模型，而不是一个物理实现。因此，该元模型不需要像规定的那样严格地在物理上实现，但要能够做到在实现与元模型之间明确无二义的双向映射。

GB/T 18391 的本部分也为不需要或者不适用完整概念模型的情形规定了一个基本属性列表。

一致性既可以由概念模型声明，也可以由基本属性声明，或者由两者声明，见 6.2 条。一致性声明应指定一致性的程度和级别，如下所述。

6.1 一致性程度

对于涉及同时需要互操作性与扩展性的情况，在"严格一致"实现与"一致性"实现之间进行区别是必要的。GB/T 18391 的本部分描述了促进互操作性的规范。扩展要以用户、采购方、公共机构以及行业的要求为根据，并且：

a) 扩展不由 GB/T 18391 的本部分直接规定；

b) 扩展在 GB/T 18391 的本部分之外进行规定和协商；

c) 扩展可为 GB/T 18391 的本部分未来的版本起着实验用法的作用。

严格一致实现可能会被有用性所限制，但能最大程度地用到 GB/T 18391 的本部分。一致性实现可能会有较多的使用，但使用 GB/T 18391 本部分的程度却可能较小。

6.1.1 严格一致实现

严格一致实现：

a) 应支持全部必选的、可选的以及条件选的数据元属性和关系；

b) 不应使用、测试、访问，或探查任何扩展特征，或者扩展数据元属性；

c) 不应认可、使用,或允许依赖于未规定、未定义,或定义了实现行为的数据元属性产品。

注:元模型或基本属性的扩展使用可能会引起未定义的行为。

6.1.2 一致性实现

一致性实现:

a) 应当支持全部必选的、可选的以及条件选的数据元属性和关系;

b) 作为实现许可,使用、测试、访问,或探查任何扩展特征,或者扩展数据元属性;

c) 可以认可、作用于,或承认依赖定义实现行为的数据元属性的产品。

注1:所有的严格一致实现也是一致性实现。

注2:元模型或基本属性的扩展使用可能会引起未定义的行为。

6.2 一致性的级别

一个实现可以一致于本标准的两个一致性级别中的任何一个。

6.2.1 1级一致性

只支持和使用在第5章中规定的那些元数据元素、关系以及特性;

6.2.2 2级一致性

支持并且可以使用在第4章中规定的全部元数据元素、关系以及特性。

6.3 约束

在GB/T 18391的本部分中所规定的特性和关系被声明为必选、条件选或者可选。

为了一致性的目的:

a) 应存在必选特性和关系,并且应当与GB/T 18391的本部分的规定相一致;

b) 如果满足关联条件,那么在GB/T 18391的本部分内部作为条件选而规定的任何事物都应处理为必选的,并且应当不另外出现;

c) 可选的特性和关系对于存在来说不是必需的,但如果它们确实存在,它们就应当与GB/T 18391的本部分的规定相一致。

假如并且仅仅是假如相关联元数据项的注册状态为记录或更高级时,这样的约束就是强制性的。

6.4 与本部分先前版本的一致性

下面是GB/T 18391.3—2001中的注册项和它们的约束属性,不论每个项现在是否已被认为过时:

——**标识类属性**:名称(必选)、标识符(条件选)、版本(条件选)、注册机构(条件选)、同义名称(可选,*过时*)、语境(条件选);

——**定义类属性**:定义(必选);

——**关系类属性**:分类方案(可选)、关键字(可选,*过时*)、相关数据引用(可选,*过时*),关系类型(条件选);

——**表示类属性**:表示类别(必选,*过时*)、表示形式(必选,*过时*)、数据元值的数据类型(必选)、数据元值的最大长度(必选)、数据元值的最小长度(必选,*过时*)、表示格式(条件选,*过时*)、数据元允许值(必选,*过时*);

——**管理类属性**:主管组织(可选)、注册状态(条件选)、提交组织(可选)、备注(可选)。

附录C阐述了2001版的属性与新的元模型的属性之间的关系。

6.5 实现一致性声明(ICS)

一个声称与GB/T 18391的本部分相一致的实现应包含一个实现一致性声明,以表明:

a) 是一致还是严格一致(6.1);

b) 一致性是对应于级别1、级别2(6.2),还是二者兼顾;

c) 支持或使用什么扩展。

6.6 注册的角色和职责

一致性需要在注册机构的角色与职责语境中加以考虑，如GB/T 18391.6“注册”的覆盖范围。

系统扩展的一致性要求程序的形式化、角色的协商以及团体之间的职责，并且指导软件产品的寻址使用和来自其他系统的变换。这些方面的形式化必须与以上所述中的一致性要求相一致，并且注册机构的角色应与GB/T 18391.6中的陈述相符。

附 录 A
(资料性附录)
按汉语拼音字母顺序排列的术语表

术语	定义在	术语	定义在
版本	3.3.156	分类方案项类型名称	3.3.14
绑定	3.2.4	分类方案项值	3.3.15
必选	3.2.17	复合数据类型	3.1.6
(元数据注册系统中的)标识符	3.1.8	复合属性	3.1.5
表示类	3.3.126	概念	3.3.18
表示类限定词	3.3.128	概念关系	3.3.19
不可枚举概念域	3.3.84	概念关系类型描述	3.3.20
不可枚举概念域描述	3.3.85	概念数据模型	3.2.8
不可枚举值域	3.3.86	概念域	3.3.21
不可枚举值域描述	3.3.87	概念域表示	3.3.25
CD	3.3.21,3.4.1	概念域关系	3.3.23
CSI	3.3.11,3.4.2	概念域关系类型描述	3.3.24
DE	3.3.36,3.4.3	更改描述	3.3.8
DEC	3.3.38,3.4.4	公共设施	3.2.7
定义	3.2.12	公共属性	3.2.6
(管理项的)定义	3.3.58	关联	3.1.1
定义来源引用	3.3.59	关联类	3.1.2
定义文本	3.3.60	(注册系统元模型中)关系	3.1.9
度量单位	3.3.134	管理记录	3.3.5
度量单位精度	3.3.136	管理项	3.3.1
度量单位名称	3.3.135	管理项标识符	3.3.4
对象	3.2.27	管理项分类	3.3.2
对象类	3.3.88	管理项语境	3.3.3
对象类限定词	3.3.90	管理注解	3.3.6
泛化	3.1.7	管理状态	3.3.7
范例	3.3.73	国际代码分配符	3.3.75
分类方案	3.3.9	国家标识符	3.3.34
分类方案从属关系	3.3.16	基本属性	3.2.3
分类方案类型名称	3.3.17	解释性备注	3.3.74
分类方案项	3.3.11	可枚举概念域	3.3.71
分类方案项关系	3.3.12	可枚举值域	3.3.72
分类方案项关系类型描述	3.3.13	可选	3.2.28

表（续）

术语	定义在	术语	定义在
扩展	3.2.15	数据元表示	3.3.50
类	3.1.4	数据元表示类	3.3.51
联系方	3.3.26	数据元概念	3.3.38
联系方名称	3.3.28	数据元概念表达	3.3.41
联系方职衔	3.3.29	数据元概念对象类	3.3.42
联系信息	3.3.27	数据元概念概念域的关系	3.3.40
MDR	3.2.22，3.4.5	数据元概念关系	3.3.44
名称	3.2.26	数据元概念关系类型描述	3.3.45
(管理项)名称	3.3.83	数据元概念特性	3.3.43
opi	3.3.96，3.4.6	数据元精度	3.3.49
派生规则	3.3.63	数据元派生	3.3.46
派生规则规范	3.3.66	数据元示例	3.3.47
派生规则应用	3.3.65	数据元示例项	3.3.48
派生输出	3.3.62	特性	3.3.107
派生输入	3.3.61	特性限定词	3.3.109
起源	3.3.98	特征	3.2.5
RA	3.3.121，3.4.7	(管理项的)提交	3.3.131
生成日期	3.3.35	提交联系	3.3.132
生效日期	3.3.70	条件选	3.2.9
实体	3.2.14	VD	3.3.140，3.4.8
首选定义	3.3.105	维度	3.3.68
首选指称	3.3.106	未决事项	3.3.137
属性	3.1.3	文档语言标识符	3.3.69
属性实例	3.2.1	相关元数据引用	3.2.31
属性值	3.2.2	项标识符	3.3.76
术语条目	3.3.133	项注册机构标识符	3.3.77
数据	3.2.10	许可值	3.3.104
数据标识符	3.3.52	引用	3.3.110
数据类型	3.3.53	引用文档	3.3.111
数据类型描述	3.3.55	引用文档标识符	3.3.112
数据类型名称	3.3.56	引用文档标题	3.3.114
数据类型模式引用	3.3.57	引用文档类型描述	3.3.115
数据类型注释	3.3.54	引用文档语言标识符	3.3.113
数据模型	3.2.11	引用组织	3.3.116
数据元	3.3.36	(管理项的)语境	3.3.30

表（续）

术语	定义在	术语	定义在
语境描述	3.3.32	值域格式	3.3.143
语境描述语言标识符	3.3.33	值域关系	3.3.145
语言	3.2.16	值域关系类型描述	3.3.146
语言标识	3.3.78	值域数据类型	3.3.142
语言标识符	3.3.79	值域最多字符数	3.3.144
语言块	3.3.80	指称	3.2.13
语言块语言标识符	3.3.81	(管理项的)指称	3.3.67
元模型	3.2.24	终止日期	3.3.138
元模型构件	3.2.25	(管理项的)主管	3.3.129
元数据	3.2.18	(元数据的)主管	3.2.32
元数据对象	3.2.20	主管联系	3.3.130
元数据集	3.2.23	注册	3.3.120
元数据项	3.2.19	注册机构	3.3.121
元数据注册簿	3.2.21	注册机构标识符	3.3.122
元数据注册系统	3.2.22	注册机构标识符	3.3.123
允许值	3.3.99	注册机构注册者	3.3.124
允许值含义	3.3.102	注册项	3.2.29
允许值集合	3.3.103	注册元系统模型	3.2.30
允许值起始日期	3.3.100	注册者	3.3.117
允许值终止日期	3.3.101	注册者标识符	3.3.119
值	3.3.139	注册者联系	3.3.118
值含义	3.3.150	注册状态	3.3.125
值含义标识符	3.3.154	组织	3.3.91
值含义集合	3.3.155	组织标识符	3.3.92
值含义描述	3.3.152	组织名称	3.3.94
值含义起始日期	3.3.151	组织内部机构	3.3.95
值含义终止日期	3.3.153	组织内部机构标识符	3.3.96
值项	3.3.149	组织内部机构标识符来源	3.3.97
值域	3.3.140	组织通信地址	3.3.93
值域表示类	3.3.147	最新更改日期	3.3.82
值域度量单位	3.3.148		

附 录 B
（资料性附录）
建模符号表示

注：在 GB/T 18391 的本部分中，第 4 章元模型是用统一建模语言（UML）表达的。本附录介绍 UML 句法。

B.1 建模符号

统一建模语言（UML）用于描述本元模型。这种符号表示法特别适合于文档化一个概念数据模式。描述（元元模型）所用的结构是可兼容的，并且部分地由被描述的元模型来描述。因为这是一个*概念数据模型*，故仅仅使用了数据元概念信息。对 UML 更完整的描述是在 ISO/IEC 19501-1 之中。

对象模型提供了四种基本建模类型的对象：类（表现为图中的矩形）、类之间的*关联*（表现为图中的线）、操作，以及关联着这些类的属性。例如，属性描述员工与他们拥有的汽车可建模如图 B.1 所示：

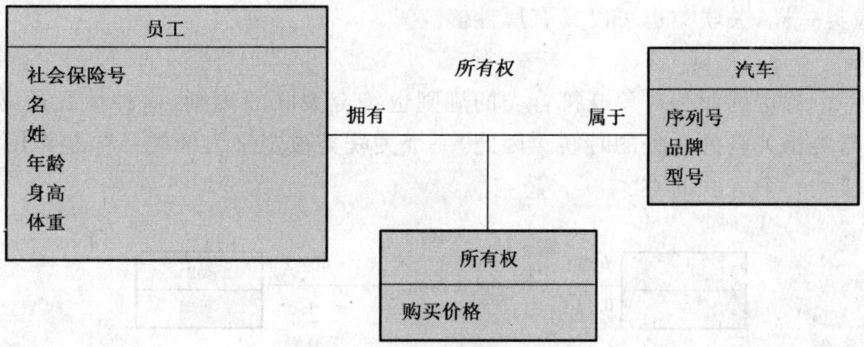

图 B.1 建模图范例

目前没显示操作。

B.1.1 类

类（实体）用矩形表示，是关于业务处理信息的事宜。一个类具有独特性和典型性，即它自己的特性。类可以是人，地点，概念，事件或其他基本事物。例如，员工和汽车都是类。类的名称写在矩形的顶部区域。

图 B.2 "类"的符号表示

如下所述，实体可有属性。

B.1.2 关联

类与一个或多个其他类之间存在基于业务的关联（关系）。这些关联是双向的，例如，员工有一辆车，反过来车为该员工所拥有，这种车和员工之间的关联称为所有权。在 UML 图中这些类之间的联接用线来表示。

图 B.3 "关联"的符号表示

线绘制在矩形之间，以标识参与关联的类。关联中每一个类的角色被指定在关联线的相应端。*关联*的名称显示在关联线接近中间的位置上。

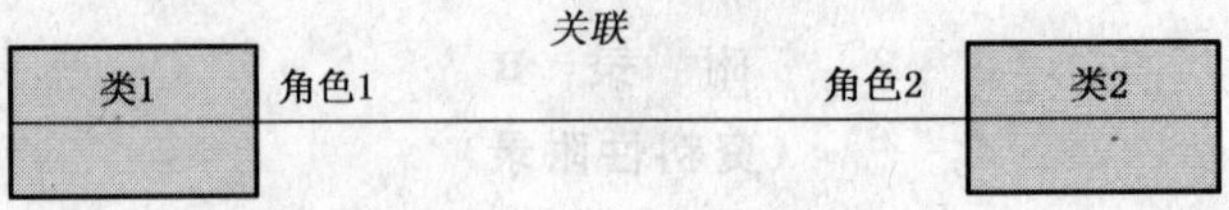

图 B.4 类之间关系的符号表示

标明在关联两端的类实例数目为其*基数*，表示成最小值和最大值，用“..”分开。

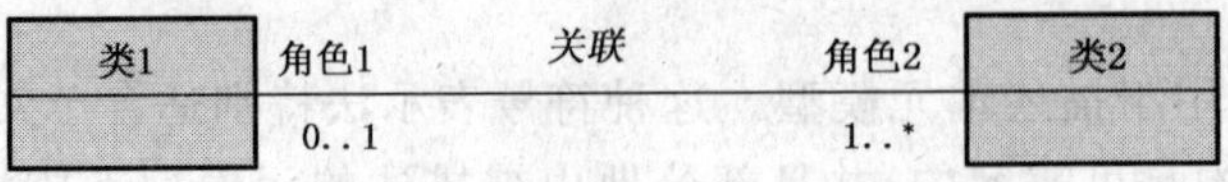

图 B.5 带有基数的关系的符号表示

这个示例表明类 1 可与最少一个、最多若干个类 2 相关联。类 2 可与最少 0 个(即关联是可选的)、最多一个类 1 相关联。

如下所述，像类一样，关联类也可以具有属性。

B.1.3 关联类

有些情况下一个特定的业务对象既符合类的规则也符合关联的规则，这种情况通常出现在一个关联自身具有一个与类相关联的业务的时候。因此，一个*关联类*被定义为像类一样起作用的关联，它表示成一个用虚线连接到一个关联的类。

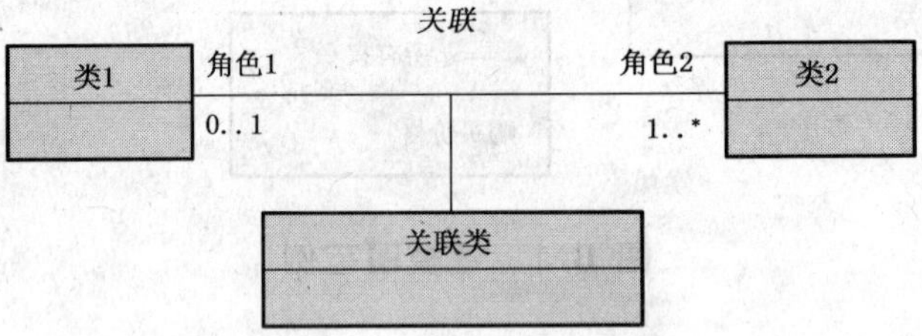

图 B.6 “关联类”的符号表示

B.1.4 子类

类可以分解成详细级别逐渐增加的层次。每一个父类都可以有子类。这是一种泛化/特化的关联。

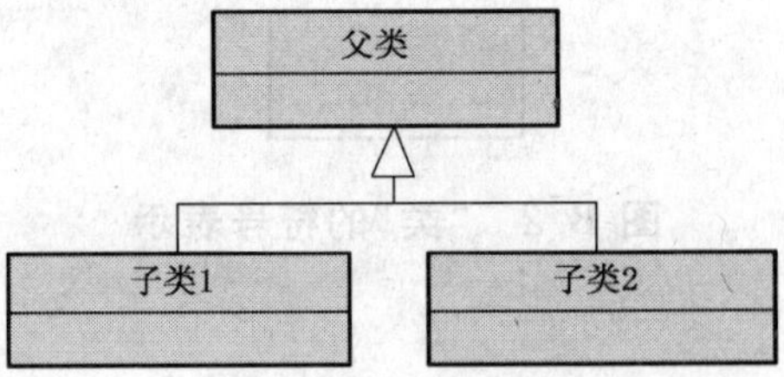

图 B.7 “父类/子类”的符号表示

子类继承父类的所有属性。除了继承的属性，每一个子类还有自己的独有属性。此外，子类参与其父类所参与的全部关联。

B.1.5 聚合

一个类有时由成分类构成。当一个类由各“部分”集合而成时，各组成部分与表现为这些部分集合的类之间是一种特殊关系。一个聚合由一个位于关联线终端的中空菱形表示。菱形的顶点指向集合类。

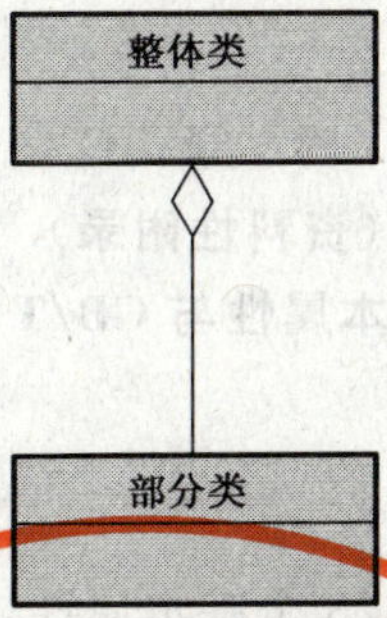

图 B.8　聚合的符号表示

B.1.6　组合

一个类有时由成分类构成，而这些部分类在没有整体类的情况下是无法存在的。当一个类由各“部分”集合而成时，组成部分与表现为这些部分集合的类之间是一种特殊关系。一个组合由一个位于关联线终端的实心菱形表示，菱形的顶点指向集合类。

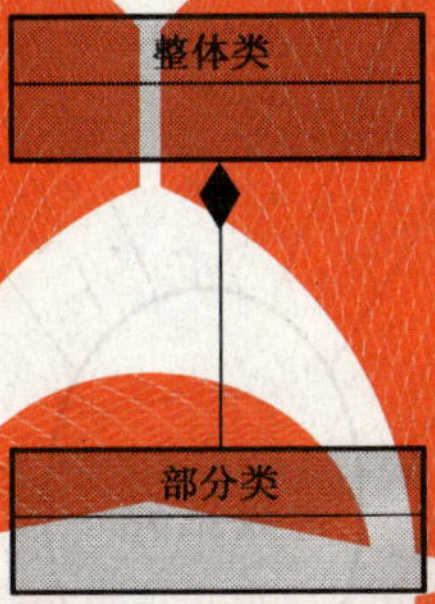

图 B.9　组合聚合的符号表示

B.1.7　属性

类或关联类的*特性*(或特征)是由属性来描述的。每个属性表示一种*事实*。独处于其他信息的建模对象之间，属性具有一个真实的*允许值*。在本文档中，我们把属性名称显示在类名称的下面区域。对于属性约束，必选属性用[1..1]表示，可选属性用[0..1]表示。一个属性可以有一个数据类型，用冒号与属性名称(及选择的属性约束)隔开。

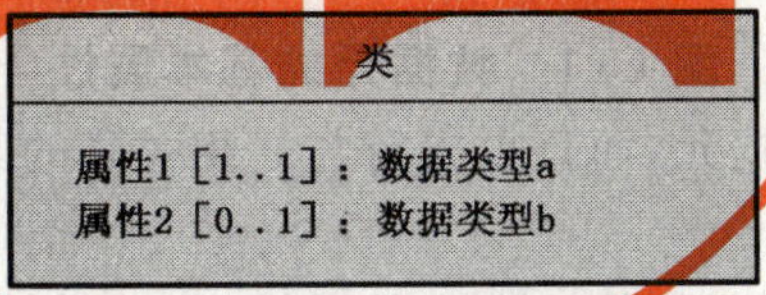

图 B.10　具有属性的类的符号表示

B.1.8　复合属性与复合数据类型

一个数据类型本身可以是一个类。在本文中，术语*复合属性*是指有一个类作为其数据类型的属性。术语*复合数据类型*是指一个类被用作数据类型。

注：在 ISO/IEC 19501-1 中，都不把复合属性或复合数据类型规定为一个术语。

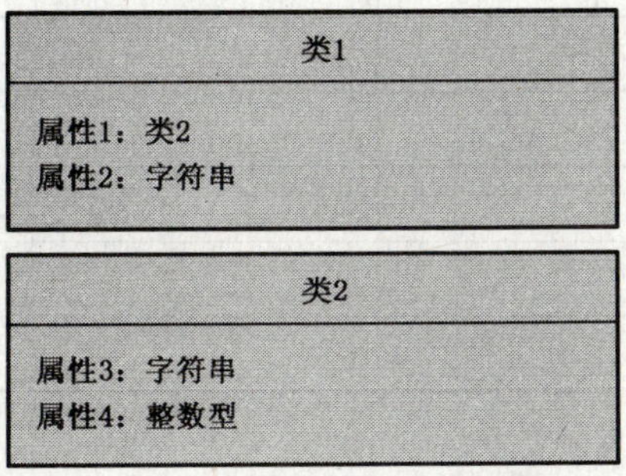

图 B.11　组合属性的符号表示

附 录 C
（资料性附录）
GB/T 18931.3—2009 元模型与基本属性与 GB/T 18931.3—2001 基本属性的映射

C.1 概述

GB/T 18391.3—2001 列出了数据元的 23 个基本属性，如图 C.1 所示。

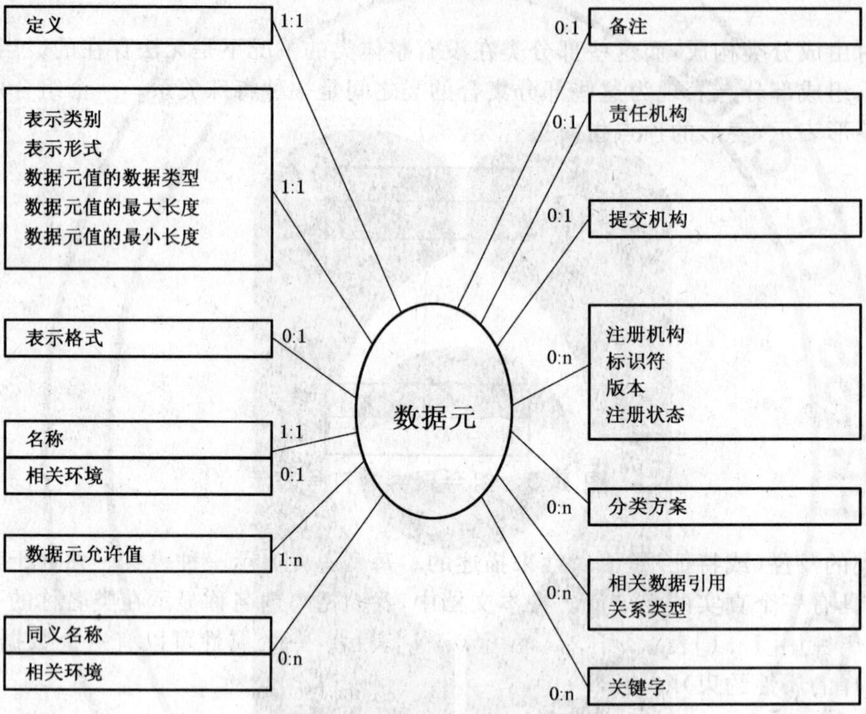

图 C.1 数据元的基本属性

本标准的这个版本不仅支持数据元，而且也支持与之相关联的其他元数据项，如：数据元概念、概念域和值域。

本附录将 2001 版的基本属性映射到第 4 章中的元模型，以及第 5 章中的新的基本属性。

C.1.1 本附录中表结构的描述

本附录中的表的结构如下：

	2001 版第 6 章	2009 版第 4 章	2009 版第 5 章
属性名称：			
定义：			
约束：			
条件：			
数据类型：			
备注：			

来自管理项路径：(……)

C.1.1.1 列的描述

表中的各列使用如下:

——第1列:关于行的标记。

——第2列:GB/T 18391.3—2001第6章中什么是被指定的。

——第3列:GB/T 18391.3—2009第4章中什么是被指定的。

——第4列:GB/T 18391.3—2009第5章中什么是被指定的。

C.1.1.2 行的描述

表中的各行使用如下,它表示来自由列确定的该条的在特定单元中的值(见上表)。

注:出于在下面文本中引用的目的,各行从第1行开始计算,并忽略列的标题。

——第1行:属性名称-容纳属性的名称。对于第3列,它被指定为:"类名"."属性名称",在这里就是用"类名"来指明包含该属性的元模型中的类别。

——第2行:定义-容纳该属性的定义。

——第3行:约束-容纳该属性的约束(三选一:必选、可选的或条件选)。

——第4行:条件-若约束是"条件选",该行就容纳了应用它的条件。(若它对于任何一列都不相关,则整个一行可以省略)。

——第5行:数据类型-容纳该属性的数据类型。

——第6行:备注-容纳解释性注释(若它与任何一列都不相关,则整个该行可以省略)。

注释记号"N/A"表明对于一个特定的列,该行是"不适用的"。

C.1.1.3 第1行第3列中属性名称的规定

对于新旧基本属性(分别对应第4列和第2列),属性名称是直白的。在元模型中(第3列),等价的属性需被指定在一个特定类别的语境中。指定了语境的类别名称在先,然后是属性,在它们中间用一个小圆点"."来标记。

"类名称"."属性名称"

例如:"项标识符"."版本"

C.1.1.4 对来自命名属性的管理项路径的规定

这个信息显示了已命名的属性如何与管理项相关联,且仅适用于第3列。它已被放置在表后以节省空间,并使得此路径更易读。它规定了这种路径需要在元模型中引导以便到达任何具体管理项的已命名属性(关于符号的说明见后面)。只要该属性是基于管理项类别的,就不必浏览且可省略该行。

除了指明在类别语境中元模型属性(第1行第3列)外,"管理项路径"还显示了类是如何与一个管理项相关联的。对于在该模型内部从一个类到另一个类的引导关系和/或复合属性来说,它是必要的。对于公共属性(也就是那些应用于管理项的属性),引导的出发点是父类"管理项"。对于规定管理项特定子类的属性来说,引导的出发点是那个子类(例如数据元)。"圆点"符号被用于下面的描述。

注1:使用下述符号约定:

——类名称和复合数据类型是要首字母大写的,例如:"Item Identifier(项标识符)"

——属性名称要全盘小写,例如:"version(版本)"

——关系的名称要要全盘小写并且是斜体的,例如:"*name entry(名称条目)*"

注2:使用斜体字来显示关系仅适用于引导路径的规定。在本表第2行(定义)中,斜体字被用于辨别来自于定义的术语。

示例1:**属性"version(版本)"**

在这个示例中,该属性是一个公共属性(也就是它能应用于任意类型的管理项),所以引导要从父类"管理项"出发。

"Administered Item(管理项)"."administered item administration record(管理项管理记录)"."Administration Record(管理记录)"."administered item identifier(管理项标识符)"."Item Identifier(项标识符)"."version(版本)"

在该模型中规定了如下路径:

——从类"管理项"经由它的属性"管理项管理记录"到达复合数据类型"管理记录",然后

——从类"管理记录"经由它的属性"管理项标识符"到达复合数据类型"项标识符"以及它的属性"版本"。

示例 2:**属性"datatype name(数据类型名称)"**

在这个示例中,该属性是专门针对数据元的,所以引导要从管理项的"数据元"子类出发。

"Data Element(数据元)"."*data element representation*(数据元表示)"."Value Domain(值域)"."value domain datatype(值域数据类型)"."Datatype(数据类型)"."datatype name(数据类型名称)"

在该模型中规定了如下路径:

——从类"数据元"经由它的关系"数据元表示"到达关联类"值域",然后

——从类"值域"经由它的属性"值域数据类型"到达复合数据类型"数据类型"以及它的属性"数据类型名称"。

C.2 基本属性的映射

本附录中属性的排列与本部分第 5 章所排列的相同。

C.2.1 公共的标识类属性

C.2.1.1 名称

	2001 版第 6 章	2009 版第 4 章	2009 版第 5 章
属性名称:	名称	"(管理项的)指称"."名称"	名称
定义:	赋予数据元的单个或多个字词的指称	在一个特定语境内确定给一个管理项的名称	在一个特定语境内确定给一个元数据项的名称
约束:	必选	必选	必选
数据类型:	字符串	字符串	字符串
备注:		如果一个特定语境中还存在同义名称,属性"首选指称"可以被用于指定原本的名称	

C.2.1.1.1 来自管理项的路径

"Administered Item(管理项)"."*administered item context*(*管理项语境*)"."Terminological Entry(术语条目)"."*terminological entry languages*(*术语条目语言*)"."Language Section(语言块)"."*name entry*(*名称条目*)"。

C.2.1.2 同义名称

	2001 版第 6 章	2009 版第 4 章	2009 版第 5 章
属性名称：	同义名称	“(管理项的)指称”.“名称”	名称
定义：	与给定名称有区别但表示相同的数据元概念的单个或多个字词的指称	在一个特定语境内确定给一个管理项的名称	在一个特定语境内确定给一个元数据项的名称
约束：	可选	可选	可选
数据类型：	字符串	字符串	字符串
备注：	在确定的应用环境中，同义名称常常是熟悉的名称。如果是这种情况的话，要使用属性“语境”来指明这个环境。假如有更多的同义名称存在，则属性“同义名称”和“语境”应作为一对属性来规定	在相同或者不同的语境中，一个管理项可以具有多个名称。在特定语境中，“名称”与“同义名称”的区别可由属性“首选指称”来指定，对于首选名称来说，此属性为“真”，而对于所有的“同义名称”来说，则为“假”	在相同或者不同的语境中，一个元数据项可以具有多个名称。在特定语境中，“名称”与“同义名称”的区别可由属性“首选指称”来指定，对于首选名称来说，此属性为“真”，而对于所有的“同义名称”来说，则为“假”

C.2.1.2.1 来自管理项的路径

“Administered Item(管理项)”.“*administered item context*(*管理项语境*)”.“Terminological Entry(术语条目)”.“*terminological entry languages*(*术语条目语言*)”.“Language Section(语言块)”.“*name entry*(*名称条目*)”。

C.2.1.3 语境名称

	2001 版第 6 章	2009 版第 4 章	2009 版第 5 章
属性名称：	语境	“(管理项的)指称”.“名称” 注：这里所提及的“管理项”是语境自身，而不是关于提供语境的管理项	语境名称
定义：	对使用或产生名称和/或同义名称的应用环境或应用规程的指明或描述 注：本标准的最新版本把指称与描述作了区分	*语境*：使用名称或定义的论域 *名称*：在一个特定语境(此处关于该语境的语境很可能就是该注册系统)内确定给一个管理项(在此场合为语境)的名称	*语境*：使用名称或定义的论域 *名称*：在一个特定语境(此处关于某个语境的语境是语境在其中得以使用的设置)内确定给一个元数据项(在此场合为语境)的名称
约束：	条件选	必选	条件选
条件：	对属性“同义名称”的每一次出现来说，本属性都是必选的。当属性“名称”存在于一个信息交换过程时，本属性是必选的	N/A	如果相对于某个特定元数据项存在着一个以上的名称属性，就是必选的
数据类型：	字符串	字符串	字符串
备注：	为属性“名称”指定属性“语境”对于任何注册机构的注册程序成分来说是必选的	作为一个管理项本身，用于一个注册系统内部的任何语境都必须给出*名称*和*定义*。一个语境必须自身存在于一个语境之内，大多数的语境将很可能就是该注册系统(一个语境可以为其自身提供语境)	

C.2.1.3.1 来自管理项的路径

"Administered Item(管理项)"[(1)]."*administered item context*(*管理项语境*)"."Context(语境)"."context administration record(语境管理记录)"."Administration Record(管理记录)"."Administered Item(管理项)"[(2)]."*administered item context*(*管理项语境*)"."Terminological Entry(术语条目)"."*terminological entry languages*(*术语条目语言*)"."Language Section(语言块)"."name entry(名称条目)"。

注:[(1)] [(2)]第一个"管理项"是所提供的语境;第二个"管理项"是语境自身。

C.2.1.4 语境标识符

	2001 版第 6 章	2009 版第 4 章	2009 版第 5 章
属性名称:	不支持	"语境"."语境管理记录"."管理记录"."管理项标识符"	语境标识符
定义:	N/A	*语境*:使用名称或定义的论域 *管理项标识符*:赋予管理项(在此场合为语境)的唯一标识符	*语境*:使用名称或定义的论域 *语境标识符*:在所使用的语境内部赋予*语境*的唯一标识符
约束:	N/A	必选	条件选
条件:	N/A	N/A	如果*语境名称*对于它所使用的语境来说不唯一,就是必选的
数据类型:	N/A	字符串	字符串
备注:		作为一个管理项本身来说,任何用于一个注册系统内部的语境都必须被给定一个*管理项标识符*	

C.2.1.4.1 来自管理项的路径

"Administered Item(管理项)"."*administered item context*(*管理项语境*)"。

C.2.1.5 语境描述

	2001 版第 6 章	2009 版第 4 章	2009 版第 5 章
属性名称:	语境	"语境"."语境描述"	语境描述
定义:	对使用或产生名称和/或同义名称的应用环境或应用规程的指明或描述 注:新的元模型把指明和描述作了区分	*语境*:使用名称或定义的论域 *语境描述*:语境的文本描述	*语境*:使用名称或定义的论域 *语境描述*:语境的文本描述
约束:	条件选	必选	条件选
条件:	对属性"同义名称"的每一次出现来说,本属性都是必选的。当属性"名称"存在于一个信息交换过程时,本属性是必选的	N/A	如果要使用*语境名称*,就是必选的
数据类型:	字符串	字符串	字符串
备注:	为属性"名称"指定属性"语境"对于任何注册机构的注册程序成分来说是必选的	在 GB/T 18391 本部分的这一版本中,*语境描述*和*语境名称*是作为两个分立的属性而存在的	在 GB/T 18391 本部分的这一版本中,*语境描述*和*语境名称*是作为两个分立的属性而存在的

C.2.1.5.1 来自管理项的路径

"Administered Item(管理项)"."*administered item context*(*管理项语境*)"。

C.2.1.6 项标识符-数据标识符

	2001 版第 6 章	2009 版第 4 章	2009 版第 5 章
属性名称:	标识符	"项标识符"."数据标识符"	项标识符-数据标识符
定义:	在一个注册机构内与语言无关的一个数据元的唯一标识符	在一个注册机构内部赋予一个管理项的唯一标识符	在一个特定语境内赋予一个元数据项的唯一标识符
约束:	条件选	必选	条件选
条件:	如果属性"数据元名称"在一个注册机构内不是唯一的,那么本属性就是必选的	N/A	如果属性*名称*在一个语境内不是唯一的,那么本属性就是必选的
数据类型:	字符	字符串	字符串
备注:	唯一标识符的分配可作为任何注册机构的注册程序的必选部分		通过限定*名称*和/或*语境*名称能够消除一个*项标识符*的必要条件,从而保证这种结合的唯一性

C.2.1.6.1 来自管理项的路径

"Administered Item(管理项)"."administered item administration record(管理项管理记录)"."Administration Record(管理记录)"."administered item identifier(管理项标识符)"。

C.2.1.7 项注册机构标识符

	2001 版第 6 章	2009 版第 4 章	2009 版第 5 章
属性名称:	注册机构	"项标识符"."项注册机构标识符"	项标识符-项注册机构标识符
定义:	经授权可对数据元注册的组织	(在 GB/T 18391 第 6 部分描述的)分配到注册机构注册项的一个标识符	(在 GB/T 18391 第 6 部分描述的)分配到注册机构注册项的一个标识符
约束:	条件选	必选	条件选
条件:	每一个出现的标识符都应指明一个注册机构	N/A	如果在使用的语境内*项标识符-数据标识符*不是唯一的,那么本属性就是必选的
数据类型:	字符串	字符串	字符串

C.2.1.7.1 来自管理项的路径

"Administered Item(管理项)"."administered item administration record(管理项管理记录)"."Administration Record(管理记录)"."administered item identifier(管理项标识符)"。

C.2.1.8 版本

	2001 版第 6 章	2009 版第 4 章	2009 版第 5 章
属性名称:	版本	"项标识符"."版本"	版本
定义:	在一个注册机构内的一系列逐渐完善的数据元规范中,某个数据元规范发布的标识	管理项的唯一性版本标识符	元数据项的唯一性版本标识符

表（续）

	2001 版第 6 章	2009 版第 4 章	2009 版第 5 章
约束：	条件选	必选	可选
条件：	当对属性进行了更新，并且这种更新满足注册机构制定的新版本维护规则时，则本属性就是必选的	N/A	N/A
数据类型：	字符	字符串	字符串

C.2.1.8.1 来自管理项的路径

"Administered Item(管理项)"."administered item administration record(管理项管理记录)"."Administration Record(管理记录)"."administered item identifier(管理项标识符)"。

C.2.2 公共的定义类属性

C.2.2.1 定义

	2001 版第 6 章	2009 版第 4 章	2009 版第 5 章
属性名称：	定义	"(管理项的)定义"."定义文本"	定义
定义：	表达一个数据元的本质特性并使其区别于所有其他数据元的陈述	*定义*：在一个语境内管理项的定义 *定义文本*：定义的文本	在一个语境内元数据项的定义
约束：	必选	必选	必选
数据类型：	字符串	字符串	字符串
备注：		如果在一个特定语境内给出了一个以上的定义，那么其中的一个定义可根据属性"首选定义"为"真"的设置而被指定为首选的	

C.2.2.1.1 来自管理项的路径

"Administered Item(管理项)".*"administered item context (管理项语境)"*."Terminological Entry(术语条目)".*"terminological entry languages (术语条目语言)"*."Language Section(语言块)".*"definition entry (定义条目)"*。

C.2.2.2 定义语言

	2001 版第 6 章	2009 版第 4 章	2009 版第 5 章
属性名称：	不支持	"语言块"."语言块语言标识符"	定义语言标识符
定义：	N/A	术语条目中所使用的语言的标识符，它既适用于名称又适用于定义	在定义中使用的语言的标识符
约束：	N/A	可选	可选
数据类型：	N/A	字符串	字符串

C.2.2.2.1 来自管理项的路径

"Administered Item(管理项)".*"administered item context (管理项语境)"*."Terminological Entry(术语条目)"。

C.2.2.3 定义来源引用

	2001 版第 6 章	2009 版第 4 章	2009 版第 5 章
属性名称：	不支持	“定义”.“定义来源引用”	定义来源引用
定义：	N/A	定义来源的一个依据	定义来源的一个依据
约束：	N/A	可选	可选
数据类型：	N/A	字符串	字符串

C.2.2.3.1 来自管理项的路径

“Administered Item(管理项)”.“*administered item context*(管理项语境)”.“Terminological Entry(术语条目)”.“*terminological entry languages*(术语条目语言)”.“Language Section(语言块)”.“*definition entry*(定义条目)”。

C.2.3 公共的管理类属性

C.2.3.1 备注

	2001 版第 6 章	2009 版第 4 章	2009 版第 5 章
属性名称：	备注	“管理记录”.“解释性注释”	备注
定义：	数据元的注释	关于管理项的描述性注释	关于元数据项的描述性注释
约束：	可选	可选	可选
数据类型：	字符串	字符串	字符串

C.2.3.1.1 来自管理项的路径

“Administered Item(管理项)”.“administered item administration record(管理项管理记录)”。

C.2.3.2 注册状态

	2001 版第 6 章	2009 版第 4 章	2009 版第 5 章
属性名称：	注册状态	“管理记录”.“注册状态”	注册状态
定义：	数据元在其注册的生存期内状态的标示	管理项在其注册的生存期内状态的标示	元数据项在其注册的生存期内状态的标示
约束：	条件选	必选	可选
条件：	在注册机构所规定的数据元生存期内，本属性是必选的	N/A	N/A
数据类型：	字符	字符串	字符串
备注：	判别注册状态的类型和注册状态的确定应当遵循在数据元注册规程中所阐述的规则(见 GB/T 18391.6)		

C.2.3.2.1 来自管理项的路径

“Administered Item(管理项)”.“administered item administration record(管理项管理记录)”。

C.2.3.3 主管机构

	2001版第6章	2009版第4章	2009版第5章
属性名称：	主管机构	“组织”.“组织名称”	主管机构
定义：	对必选属性内容负责的组织或组织内部的部门。数据元就是由这些必选属性的内容来规定的	*组织*：为了某种目的，一个或多个人运作或指定其运作的一个特定机构架构 *主管*：元数据主管中涉及的**管理项**、**联系**和**组织**之间的**关系**	对必选属性内容负责的组织或组织内部的部门。元数据项就是由这些必选属性的内容来规定的
约束：	可选	必选	可选
数据类型：	字符串	字符串	字符串
备注：	该组织应当被视为数据元的“拥有者”		

C.2.3.3.1 来自管理项的路径

“Administered Item(管理项)”.“stewardship(主管)”。

C.2.3.4 提交组织

	2001版第6章	2009版第4章	2009版第5章
属性名称：	提交机构	“组织”.“组织名称”	提交机构
定义：	为数据元字典的增补、更改或注销(撤消)而提交数据元的组织或组织内的部门	*组织*：为了某种目的，一个或多个人运作或指定其运作的一个特定机构架构 *提交*：元数据提交中涉及的**管理项**、**联系**和**组织**之间的**关系**	为元数据注册系统的增补、更改或注销(撤消)而提交元数据项的组织或组织内的部门
约束：	可选	必选	可选
数据类型：	字符串	字符串	字符串

C.2.3.4.1 来自管理项的路径

“Administered Item(管理项)”.“submission(提交)”。

C.2.4 公共的关系类属性

C.2.4.1 分类方案名称

	2001版第6章	2009版第4章	2009版第5章
属性名称：	分类方案	“(管理项的)指称”.“名称” 注：此处提及的“管理项”是分类方案，不是被进行分类的管理项	分类方案名称
定义：	根据对象的来源、组成、结构、应用、功能等共同特征，将对象排列或划分成组的方案的分类引用	*分类方案*：根据对象具有的共同特征，将对象进行排列或划分成组的描述性信息 *名称*：在一个特定语境内确定给一个管理项(在此场合为分类方案)的名称	根据对象具有的共同特征，专门将对象排列或划分成组的名称
约束：	可选	条件选	条件选

表（续）

	2001 版第 6 章	2009 版第 4 章	2009 版第 5 章
条件：	N/A	如果分类方案被使用，则其名称就是必选的	如果分类方案被使用，则其名称就是必选的
数据类型：	字符串	字符串	字符串
备注：	此定义不指定引用是否要依名称或标识符而定		

C.2.4.1.1 来自管理项的路径

"Administered Item(管理项)"[(1)]."*administered item classification*(*管理项分类*)"."Classification Scheme Item(分类方案项)"."*classification scheme membership*(*分类方案从属关系*)"."Classification Scheme(分类方案)"."classification scheme administration record(分类方案管理记录)"."Administration Record(管理记录)"."Administered Item(管理项)"[(2)]."*administered item context*(*管理项语境*)"."Terminological Entry(术语条目)"."*terminological entry languages*(*术语条目语言*)"."Language Section(语言块)"."name entry(名称条目)"。

注：[(1)] [(2)]：第一个"管理项"是被分类的事物。第二个"管理项"是分类方案本身。

C.2.4.2 分类方案标识符

	2001 版第 6 章	2009 版第 4 章	2009 版第 5 章
属性名称：	分类方案	"分类方案"."分类方案管理记录"."管理记录"."管理项标识符"	分类方案标识符
定义：	根据对象的来源、组成、结构、应用、功能等共同特征，将对象排列或划分成组的方案的分类引用	*分类方案*：根据对象具有的共同特征，将对象进行排列或划分成组的描述性信息 *管理项标识符*：在一个注册机构内部赋予一个管理项(在此场合为分类方案)的标识符	根据对象具有的共同特征，专门将对象排列或划分成组的标识符
约束：	可选	条件选	可选
条件：	N/A	如果一个分类方案被使用，则其管理项标识符就是必选的	N/A
数据类型：	字符串	字符串	字符串
备注：	此定义不指定引用是否要依名称或标识符而定		

C.2.4.2.1 来自管理项的路径

"Administered Item(管理项)"."*administered item classification*(*管理项分类*)"."Classification Scheme Item(分类方案项)"."*classification scheme membership*(*分类方案从属关系*)"。

C.2.4.3 分类方案类型名称

	2001 版第 6 章	2009 版第 4 章	2009 版第 5 章
属性名称：	不支持	"分类方案"."分类方案类型名称"	分类方案类型名称
定义：	N/A	分类方案类型的名称	分类方案类型的名称
约束：	N/A	条件选	可选
条件：	N/A	如果出现有分类方案，则分类方案*类型名称*就是必选的	N/A
数据类型：	N/A	字符串	字符串

C.2.4.3.1 来自管理项的路径

“Administered Item(管理项)”.“*administered item classification*(*管理项分类*)”.“Classification Scheme Item(分类方案项)”.“*classification scheme membership*(*分类方案从属关系*)”。

C.2.4.4 分类方案项类型名称

	2001 版第 6 章	2009 版第 4 章	2009 版第 5 章
属性名称:	不支持	“分类方案项”.“分类方案项类型名称”	分类方案项类型名称
定义:	N/A	分类方案项的类型的名称	分类方案项的类型的名称
约束:	N/A	可选	可选
数据类型:	N/A	字符串	字符串

C.2.4.4.1 来自管理项的路径

“Administered Item(管理项)”.“*administered item classification*(*管理项分类*)”。

C.2.4.5 分类方案项值

	2001 版第 6 章	2009 版第 4 章	2009 版第 5 章
属性名称:	关键字	“分类方案项”.“分类方案项值”	分类方案项值
定义:	用于数据元检索的一个或多个有意义的字词	分类方案项的一个实例	分类方案项的一个实例
约束:	可选	可选	可选
数据类型:	字符串	字符串	
备注:	本属性可作为记录的关键字(搜索键)与所研究的数据元相关联	GB/T 18391.3 的 2009 版视关键字为一个的分类方案类型,即作为分类方案项值来表现的特殊关键字	GB/T 18391.3 的 2009 版视关键字为一个的分类方案类型,即作为分类方案项值来表现的特殊关键字

C.2.4.5.1 来自管理项的路径

“Administered Item(管理项)”.“administered item classification(管理项分类)”。

C.2.4.6 相关元数据引用

	2001 版第 6 章	2009 版第 4 章	2009 版第 5 章
属性名称:	相关数据引用	“管理记录”.“管理注解”或“管理记录”.“解释性备注”或“引用文档”.“引用文档标识符”	相关元数据引用
定义:	数据元与相关数据之间的引用	*管理注解*:关于*管理项*的概要性注释 *解释性备注*:关于*管理项*的描述性注释 *引用文档*:为查阅一个主题提供相关细节的一份文档 *引用文档标识符*:引用文档的一个标识符	从一个元数据项到另一个元数据项的一个引用
约束:	可选	可选	可选
数据类型:	字符串	字符串	字符串
备注:	如果本属性存在,则它应当与属性“关系类型”作为一对属性来规定		

C.2.4.6.1 来自管理项的路径

对于“administrative note(管理注解)”:

“Administered Item(管理项)”.“administered item administration record(管理项管理记录)”。

对于“explanatory comment(解释性备注)”:

“Administered Item(管理项)”.“administered item administration record(管理项管理记录)”。

对于“reference document identifier(引用文档标识符)”:

“Administered Item(管理项)”.“reference(引用)”。

C.2.4.7 关系类型

	2001 版第 6 章	2009 版第 4 章	2009 版第 5 章
属性名称:	关系类型	“引用文档”.“引用文档类型描述”	关系类型
定义:	数据元与相关数据之间关系特征的一种表达	与另一个数据元概念相关联的类型描述,关联表现为本数据元概念去修改另一个数据元概念、被另一个数据元概念所修改,或者以别的方式连接	由相关元数据引用标识的关系类型的描述
约束:	条件选	条件选或可选	条件选
条件:	若属性“相关数据引用”存在,则本属性就是必选	如果使用引用文档,则“引用文档类型描述”就是可选的	若属性“相关元数据引用”存在,则本属性就是必选的
数据类型:	字符串	字符串	字符串
备注:	关系类型的示例有:“…的限定符”、“由…限定”、“…的主体”、“…的部分”、“物理条件”、“外部引用”、“更高级的标准”、“数据元概念”	见 C.2.4.6 相关元数据引用	

C.2.4.7.1 来自管理项的路径

“Administered Item(管理项)”.“reference(引用)”。

C.2.5 规定数据元概念的属性

C.2.5.1 对象类名称

	2001 版第 6 章	2009 版第 4 章	2009 版第 5 章
属性名称:	不支持	“(管理的)指称”.“名称” 注:适用于此处的管理项是对象类	对象类名称
定义:	N/A	*数据元概念对象类*:关于数据元概念的一个对象类的指称 *名称*:在一个特定语境内确定给一个管理项(在此场合为对象类)的名称	关于数据元概念的一个对象类的指称
约束:	N/A	可选	可选
数据类型:	N/A	字符串	字符串

C.2.5.1.1 来自数据元概念的路径

“Data Element Concept(数据元概念)”.“data element concept object class(数据元概念对象类)”.“Object Class(对象类)”.“object class administration record(对象类管理记录)”.“Administration Record(管理记录)”.“Administered Item(管理项)”.“*administered item context*(*管理项语境*)”.

“Terminological Entry(术语条目)”.“*terminological entry languages*(*术语条目语言*)”.“Language Section(语言块)”.“name entry(名称条目)”。

C.2.5.2 对象类标识符

	2001 版第 6 章	2009 版第 4 章	2009 版第 5 章
属性名称:	不支持	“管理记录”.“管理项标识符” 注:适用于此处的管理项是对象类	对象类标识符
定义:	N/A	*管理项标识符*:在一个注册机构内部赋予一个管理项(在此场合为对象类)的标识符	赋予一个*数据元概念*的对象类标识符
约束:	N/A	可选	可选
数据类型:	N/A	字符串	字符串

C.2.5.2.1 来自数据元概念的路径

“Data Element Concept(数据元概念)”.“data element concept object class(数据元概念对象类)”.“Object Class(对象类)”.“object class administration record(对象类管理记录)”。

C.2.5.3 特性名称

	2001 版第 6 章	2009 版第 4 章	2009 版第 5 章
属性名称:	不支持	“(管理的)指称”.“名称” 注:适用于此处的管理项是特性	特性名称
定义:	N/A	*数据元概念特性*:关于数据元概念的一个特性的指称 *名称*:在一个特定语境内确定给一个管理项(在此场合为特性)的名称	关于*数据元概念*的一个特性的指称
约束:	N/A	可选	可选
数据类型:	N/A	字符串	字符串

C.2.5.3.1 来自数据元概念的路径

“Data Element Concept(数据元概念)”.“data element concept property(数据元概念特性)”.“Property(特性)”.“property administration record(特性管理记录)”.“Administration Record(管理记录)”.“Administered Item(管理项)”.“*administered item context*(*管理项语境*)”.“Terminological Entry(术语条目)”.“*terminological entry languages*(*术语条目语言*)”.“Language Section(语言块)”.“name entry(名称条目)”。

C.2.5.4 特性标识符

	2001 版第 6 章	2009 版第 4 章	2009 版第 5 章
属性名称:	不支持	“管理记录”.“管理项标识符” 注:适用于此处的管理项是特性	特性标识符
定义:	N/A	*管理项标识符*:在一个注册机构内部赋予一个管理项(在此场合为特性)的标识符	赋予一个*数据元概念*的特性标识符
约束:	N/A	可选	可选
数据类型:	N/A	字符串	字符串

C.2.5.4.1 来自数据元概念的路径

"Data Element Concept(数据元概念)"."data element concept property(数据元概念特性)"."Property(特性)"."property administration record(特性管理记录)"。

C.2.6 规定数据元的属性

C.2.6.1 表示类别

	2001 版第 6 章	2009 版第 4 章	2009 版第 5 章
属性名称:	表示类别	不支持	不支持
定义:	用于表示数据元的符号、字符或其他表示的类型	N/A	N/A
约束:	必选	N/A	N/A
数据类型:	字符串	N/A	N/A
备注:	表示类别应当由相关的标准来规定。 可以用作表示类别的示例有: ——字符表示法(ISO/IEC 646); ——字符/符号表示法(ISO 第 143 号注册出版物); ——条码表示法(EIA-556); ——图形表示法		

C.2.6.2 表示类

	2001 版第 6 章	2009 版第 4 章	2009 版第 5 章
属性名称:	表示形式	"(管理的)指称"."名称" 注:适用于此处的管理项是表示类	表示类
定义:	数据元表示形式的名称或描述,例如:"数值"、"代码"、"文本"、"图标"	*表示类*:表示类型的分类 *名称*:在一个特定语境内确定给一个管理项(在此场合为表示类)的名称	数据元表示的类的名称
约束:	必选	可选	可选
数据类型:	字符串	字符串	字符串
备注:	1. 见 GB/T 18391.2 的有关适用术语("特性词"或"类别词")。 2. 示例 1:对于名为"出生地代码"的数据元来说,本属性相当于"代码"。 3. 示例 2:对于数据元"产品描述"来说,本属性相当于"文本"。 4. 示例 3:对于数据元"托运物重量"来说,本属性相当于"数值"	关于表示类词的列表见 4.13.1.4	关于表示类词的列表见 4.13.1.4

C.2.6.2.1 来自数据元的路径

"Data Element(数据元)".*"data element representation class(数据元表示类)"*."Representation Class(表示类)"."Administration Record(管理记录)"."Administered Item(管理项)".*"administered item context(管理项语境)"*."Terminological Entry(术语条目)".*"terminological entry languages(术语条目语言)"*."Language Section(语言块)"."name entry(名称条目)"。

C.2.6.3　值域名称

	2001版第6章	2009版第4章	2009版第5章
属性名称：	不直接支持	“(管理的)指称”.“名称” 注：适用于此处的管理项是值域	值域名称
定义：	N/A	*值域*：允许值的一个集合。它提供表示，但并不隐含与值可能关联的数据元概念，也不表明值的含义。 *名称*：在一个特定语境内确定给一个管理项(在此场合为值域)的名称	为数据元提供表示的值域的名称
约束：	N/A	必选	可选
数据类型：	N/A	字符串	字符串
备注：	最近似等价的是“数据元允许值”，但这个实际上表示的是值		

C.2.6.3.1　来自数据元的路径

“Data Element(数据元)”.“*data element representation*(*数据元表示*)”.“Value Domain(值域)”.“value domain administration record(值域管理记录)”.“Administration Record(管理记录)”.“Administered Item(管理项)”.“*administered item context*(*管理项语境*)”.“Terminological Entry(术语条目)”.“*terminological entry languages*(*术语条目语言*)”.“Language Section(语言块)”.“name entry(名称条目)”。

C.2.6.4　值域标识符

	2001版第6章	2009版第4章	2009版第5章
属性名称：	不直接支持	“管理记录”.“管理项标识符”	值域标识符
定义：	N/A	*值域*：允许值的一个集合。它提供表示，但并不隐含与值可能关联的数据元概念，也不表明值的含义 *管理项标识符*：在一个注册机构内部赋予一个管理项(在此场合为值域)的标识符	为数据元提供表示的值域标识符
约束：	N/A	必选	可选
数据类型：	N/A	字符串	字符串
备注：	最近似等价的是“数据元允许值”，但这个实际上表示的是值		

C.2.6.4.1　来自数据元的路径

“Data Element(数据元)”.“*data element representation*(*数据元表示*)”.“Value Domain(值域)”.“value domain administration record(值域管理记录)”。

C.2.6.5 数据类型名称

	2001 版第 6 章	2009 版第 4 章	2009 版第 5 章
属性名称：	数据元值的数据类型	“数据类型”.“数据类型名称”	数据类型名称
定义：	表示数据元值的不同值的一个集合	数据类型：一些可区分的值的集合，这种区别由这些值的特性以及对这些值的运算所表征 *数据类型名称*：数据类型的一个指称	*数据类型名称*：数据类型的一个指称
约束：	必选	必选	条件选
条件：	N/A	N/A	如果既不规定值域名称，也不规定值域标识符，则为必选的
数据类型：	字符串	字符串	字符串
备注：	示例：可能的实例为：“字符”、“序数”、“整数”、“实数”、“比例数”、“二进制数”、“有理数”。 注：示例显示了属性是由数据类型名称预示的，反之定义暗示了数据类型是值的一个集合	在元模型中，数据类型是值域的一个属性，不直接作为数据元的属性	

C.2.6.5.1 来自数据元的路径

“Data Element(数据元)”.“*data element representation* (*数据元表示*)”.“Value Domain(值域)”.“value domain datatype(值域数据类型)”。

C.2.6.6 数据类型模式引用

	2001 版第 6 章	2009 版第 4 章	2009 版第 5 章
属性名称：	不支持	“数据类型”.“数据类型模式引用”	数据类型模式引用
定义：	N/A	标识数据类型规范来源的一个依据	标识数据类型规范来源的一个依据
约束：	N/A	必选	条件选
条件：	N/A	N/A	如果规定了*数据类型名称*，则为必选的
数据类型：	N/A	字符串	字符串
备注：		在元模型中，数据类型是值域的一个属性，不直接作为数据元的属性	

C.2.6.6.1 来自数据元的路径

“Data Element(数据元)”.“*data element representation* (*数据元表示*)”.“Value Domain(值域)”.“value domain datatype(值域数据类型)”。

C.2.6.7 最大长度

	2001 版第 6 章	2009 版第 4 章	2009 版第 5 章
属性名称：	数据元值的最大长度	"值域"."值域最多字符数"	最大长度
定义：	表示数据元值的(与数据类型相对应的)存储单元的最大数目	用于表示数据元值的最多字符数量。 注：仅适用于字符型的数据类型	表示数据元值的(与数据类型相对应的)存储单元的最大数目
约束：	必选	可选	可选
数据类型：	整型	整型	整型
备注：	1. 示例 1： 对于数据元"发票号码"来说，属性"数据类型"的实例为"字符"，并且属性"数据元值的最大长度"的实例值为"17"。那么"发票号码"的数据元值最大不应超过 17 个字符。 2. "数据元值的最大和最小位数"这两个属性表明数据元值是"不变的"(最大长度与最小长度相等)还是"可变的"(最大长度与最小长度不同)	不是严格等价的，因为最大长度仅适用于字符型的数据类型	

C.2.6.7.1 来自数据元的路径

"Data element(数据元)"."data element representation(数据元表示)"。

C.2.6.8 最小长度

	2001 版第 6 章	2009 版第 4 章	2009 版第 5 章
属性名称：	数据元值的最小长度	不支持	最小长度
定义：	表示数据元值的(与数据类型相对应的)存储单元的最小数目	N/A	表示数据元值的(与数据类型相对应的)存储单元的最小数目
约束：	必选	N/A	可选
数据类型：	整型	N/A	整型
备注：	1. 示例 1： 对于数据元"产品描述"来说，属性"数据类型"的实例为"字符"，并且属性"数据元值的最小长度"的实例值为"10"。那么"产品描述"的数据元值最小不应少于 10 个字符。 2. "数据元值的最大长度和最小长度"这两个属性表明数据元值是"不变的"(最大长度与最小长度相等)还是"可变的"(最大长度与最小长度不同)		

C.2.6.9 表示记法

	2001 版第 6 章	2009 版第 4 章	2009 版第 5 章
属性名称:	表示格式	不支持	表示记法
定义:	用字符串表示数据元值的格式	N/A	用一个字符串表示数据元值中字符的格式记法
约束:	条件选	N/A	可选
条件:	如果数据元属于"定量数据"类,那么本属性就是必选。如果属性"表示形式"是"代码",当代码表示需要有具体的结构或格式时,则建议使用本属性		
数据类型:	字符串		字符串
备注:	1. 对于定量数据来说,区别整数、十进制标记和浮点计数法是必要的。 示例: 整数可以用"n"来表示;对于十进制标记来说,在十进制标记前后的字符数目被规定成:n(5).n(3);对于浮点计数法来说,一个带有指数的值应当遵循 ISO 6093,其格式约定为:n(3).n(3)E2,这里的"E2"表示最大可以是 10 的 2 次幂。 2. 对于有具体结构或格式的代码表达来说,代码结构中每个位置的字符类型对于有效意义来说都是重要的。 示例: 数据元"航班"有一个国际代码表达结构,它是由代表航空公司的两位字母字符后接三位标识航线(从起点指向目的地)的数字组成的。属性"表示格式"的内容为"AA999"		

C.2.6.10 数据元允许值

	2001 版第 6 章	2009 版第 4 章	2009 版第 5 章
属性名称:	数据元允许值	等价效能见值域	等价效能见值域
定义:	根据相应属性中所规定的表示形式、格式、数据类型和最大与最小长度而决定的数据元的允许实例表示的集合。该集合可以根据名称、引用来源、实例表达的枚举,或者根据实例生成规则来规定	N/A	N/A
约束:	必选	N/A	N/A
数据类型:	字符串	N/A	N/A
备注:	当数据元允许值是编码表示的枚举形式时,每一个数据元值及其实例都应当成对表示		

C.2.7 规定概念域的属性

C.2.7.1 维度

	2001版第6章	2009版第4章	2009版第5章
属性名称：	不支持	“概念域”.“维度”	维度
定义：	N/A	适于某一概念的维度	适于某一概念的维度
约束：	N/A	可选	可选
数据类型：	N/A	字符串	字符串
备注：		例如：长度、质量、速率、货币	例如：长度、质量、速率、货币

C.2.8 规定值域的属性

C.2.8.1 数据类型名称

	2001版第6章	2009版第4章	2009版第5章
属性名称：	见“数据元值的数据类型”(C.2.6.5)	“值域”.“值域数据类型”.“数据类型”.“数据类型名称”	数据类型名称
定义：	N/A	*数据类型*：一些可区分的值的集合，这种区别由这些值的特性以及对这些值的运算所表征 *数据类型名称*：数据类型的一个指称	*数据类型名称*：数据类型的一个指称
约束：		必选	必选
数据类型：		字符串	字符串

C.2.8.2 数据类型模式引用

	2001版第6章	2009版第4章	2009版第5章
属性名称：	不支持	“值域”.“值域数据类型”.“数据类型”.“数据类型模式引用”	数据类型模式引用
定义：		标识数据类型规范来源的一个依据	标识数据类型规范来源的一个依据
约束：		必选	可选
数据类型：		字符串	字符串

C.2.8.3 度量单位名称

	2001版第6章	2009版第4章	2009版第5章
属性名称：	不支持	“值域”.“值域度量单位”.“度量单位”.“度量单位名称”	度量单位名称
定义：		一个度量单位的名称	一个度量单位的名称
约束：		可选	可选
数据类型：		字符串	字符串

C.2.9 规定允许值的属性

C.2.9.1 值

	2001 版第 6 章	2009 版第 4 章	2009 版第 5 章
属性名称：	见“数据元允许值”(C.2.6.10)	“允许值”.“许可值”.“值”.“值项”	值
定义：	N/A	在特定值域中某值含义的一个表示。实际的值	在特定值域中某值含义的一个表示。实际的值
约束：	N/A	必选	必选
数据类型：	N/A	字符串	字符串
备注：			

C.2.9.2 允许值起始日期

	2001 版第 6 章	2009 版第 4 章	2009 版第 5 章
属性名称：	不支持	“允许值”.“允许值起始日期”	允许值起始日期
定义：	N/A	值在值域中得到允许的日期	值在值域中得到允许的日期
约束：	N/A	可选	可选
数据类型：	N/A	日期型	日期型

C.2.9.3 允许值终止日期

	2001 版第 6 章	2009 版第 4 章	2009 版第 5 章
属性名称：	不支持	“允许值”.“允许值终止日期”	允许值终止日期
定义：	N/A	值在值域中不再允许的日期	值在值域中不再允许的日期
约束：	N/A	可选	可选
数据类型：	N/A	日期型	日期型

C.2.10 规定值含义的属性

C.2.10.1 值含义描述

	2001 版第 6 章	2009 版第 4 章	2009 版第 5 章
属性名称：	不支持	“值含义”.“值含义描述”	值含义描述
定义：	N/A	值含义的一个描述	值含义的一个描述
约束：	N/A	必选	必选
数据类型：	N/A	字符串	字符串

C.2.10.2 值含义标识符

	2001 版第 6 章	2009 版第 4 章	2009 版第 5 章
属性名称：	不支持	“值含义”.“值含义标识符”	值含义标识符
定义：	N/A	一个值含义的唯一性标识符	一个值含义的唯一性标识符
约束：	N/A	必选	可选
数据类型：	N/A	字符串	字符串

C.2.10.3 值含义起始日期

	2001版第6章	2009版第4章	2009版第5章
属性名称：	不支持	“值含义”.“值含义起始日期”	值含义起始日期
定义：	N/A	值含义在概念域中生效的日期	值含义在概念域中生效的日期
约束：	N/A	可选	可选
数据类型：	N/A	日期型	日期型

C.2.10.4 值含义终止日期

	2001版第6章	2009版第4章	2009版第5章
属性名称：	不支持	“值含义”.“值含义终止日期”	值含义终止日期
定义：	N/A	值含义变为失效的日期	值含义变为失效的日期
约束：	N/A	可选	可选
数据类型：	N/A	日期型	日期型

参 考 文 献

[1] ISO/IEC TR 9007:1987 信息处理系统 概念模式和信息基础的概念与术语
TR 9007 提供了基于概念建模的信息。

[2] GB/T 16647—1996 信息技术 信息资源词典系统(IRDS)框架(idt ISO/IEC 10027:1990)
GB/T 16647—1996 描述了建模层级的概念。

[3] ISO/IEC TR 15452:2000 信息技术 数据值域的规范
TR 15452 描述了值域的规范,它预期将被 ISO/IEC TR 20943-3 替代。

[4] ISO/IEC TR 20943-1(待发布) 信息技术 实现元数据注册系统内容的一致性 第 1 部分:数据元
ISO/IEC 11179-3 发布期间尚在制定中的 TR 20943-1 将为在 11179-3 的元数据注册系统中记录数据元提供指南。

[5] ISO/IEC TR 20943-3(待发布)信息技术 实现元数据注册系统内容的一致性 第 3 部分:值域
ISO/IEC 11179-3 发布期间尚在制定中的 TR 20943-3 将为在 11179-3 的元数据注册系统中记录值域提供指南。

ICS 35.040
A 24

中华人民共和国国家标准

GB/T 18391.4—2009/ISO/IEC 11179-4:2004
代替 GB/T 18391.4—2001

信息技术 元数据注册系统(MDR) 第4部分:数据定义的形成

Information technology—Metadata registries (MDR)— Part 4:Formulation of data definitions

(ISO/IEC 11179-4:2004,IDT)

2009-09-30 发布 2009-12-01 实施

中华人民共和国国家质量监督检验检疫总局
中国国家标准化管理委员会 发布

前　言

GB/T 18391《信息技术　元数据注册系统(MDR)》分为六个部分:

——第 1 部分:框架;

——第 2 部分:分类;

——第 3 部分:注册系统元模型与基本属性;

——第 4 部分:数据定义的形成;

——第 5 部分:命名和标识原则;

——第 6 部分:注册。

本部分为 GB/T 18391 的第 4 部分,等同采用 ISO/IEC 11179-4:2004《信息技术　元数据注册系统(MDR)　第 4 部分:数据定义的形成》(英文版),仅有编辑性修改。

本部分代替 GB/T 18391.4—2001《信息技术　数据元的规范与标准化　第 4 部分:数据定义的编写规则与指南》。

本部分与 GB/T 18391.4—2001 相比主要变化如下:

——名称变更为:《信息技术　元数据注册系统(MDR)　第 4 部分:数据定义的形成》;

——4.1 和 5.2 中的"规则"改为"要求";

——4.2 和 5.3 中的"指南"改为"建议";

——取消了 4.1a)具有唯一性(在出现此定义的任何数据字典中);

——增加了 4.2h) 适合被定义的元数据项的类型。

为了保持与英文版本的一致性,英文版中斜体表示的内容本部分也使用斜体表示,第 3 章中术语的英文名称保留英文版本中的大小写格式。

本部分由中国标准化研究院提出。

本部分由全国信息技术标准化技术委员会归口。

本部分由中国标准化研究院负责起草。

本部分主要起草人:刘植婷、邢立强、李小林、史立武、孙广芝。

本部分于 2001 年首次发布,本次为第一次修订。

引　言

数据处理和电子数据交换很大程度上依赖于数据库中数据记录的准确性、可靠性、可控性和可校验性。数据的正确而恰当的使用与解释的前提是数据的提供者和使用者都对数据的含义和表示有共同的理解。为了促进这种共同的理解，应定义数据的若干特性或属性。这些数据的特性通称为“元数据”，即“描述数据的数据”。GB/T 18391 的本部分给出了基于元数据注册系统的数据定义形成的要求与建议。这些定义的目的在于确定、描述、解释和澄清数据的含义，以促进数据元的标准化和可重复使用，并促进信息系统的数据共享与集成。

*元数据注册系统*的结构用一个概念数据模型的形式来规定。*元数据注册系统*被用来保存数据元和有关概念的信息，例如，“数据元概念”、“概念域”和“值域”。通常，它们都被看作是“元数据项”。这样的元数据对于清晰地描述、记录、分析、分类和管理数据是必需的。

GB/T 18391 的本部分规定的定义要求与建议并不总是适用于在词汇和语言字典中出现的术语定义。应用在语言字典和元数据注册系统中的要求之间存在着差异。GB/T 18391 的要求比自然语言字典的要求有更多的限制。例如，语言字典可以有包含术语或字词的多种意义的多种定义，然而为特定语境所研制的数据定义不宜在该语境内具有多种意义。数据定义是用来说明一个概念或多个概念的，这些概念通过数据集、数据值、数据元或其他的元数据项来表示。可以确立一个单一的参考定义，其他定义可以声明与其等价(如，可以在一种语言中建立一个参考定义，其他语言的定义可以声明与其等价)。元数据项可以在特定语境内有一个首选定义，不赞成使用其他的定义。

许多数据定义包含着自身需要被定义的术语(例如，“费用”，“津贴”，“递送”)。某些术语在不同的行业部门中可能具有不同的定义。因此，大多数元数据注册系统有必要对定义所用术语建立一个关联词汇表。

信息技术　元数据注册系统(MDR)
第4部分:数据定义的形成

1　范围

GB/T 18391的本部分规定了构建数据和元数据定义的要求与建议。本部分仅描述了定义的语义方面,而不考虑定义的格式。尤其当用于GB/T 18391第3部分所规定的元数据注册系统的内容时,可广泛用于确定数据和元数据的定义。

这些要求与建议适合于形成数据元和其他数据构件类型的定义,这里的数据构件类型可以是实体类型、实体、关系、属性、对象类型(或类)、对象、复合物、代码条目、元数据项,以及由XML标记引用的数据。

2　一致性

GB/T 18391的本部分可以独立地使用,例如,用于定义一个元数据注册系统语境外的数据元。如果在研制定义中已经遵循了这些要求与建议,就可以声明与本部分一致。

在GB/T 18391元数据注册系统的语境中,当确立GB/T 18391.6中所规定的注册状态时,本部分应构成关于定义的规则。

3　术语和定义

下列术语和定义适用于GB/T 18391的本部分。

3.1

概念域　Conceptual Domain

有效的值含义的一个集合。

注:概念域中的值含义既可枚举也可通过描述表达。

[GB/T 18391.3—2009,定义3.3.21]

3.2

概念　Concept

通过对特征的独特组合而形成的知识单元。

[GB/T 15237.1—2000,定义3.2.1]

3.3

数据　data

信息的可再解释的形式化表示,以适用于通信、解释或处理。

注:数据可以由人工或自动的方式加工、处理。

[GB/T 5271.1—2000,定义01.01.02]

3.4

数据元　data element

由一个属性集合规定其定义、标识、表示和允许值的一个数据单元。

[GB/T 18391.3—2009,定义3.3.36]

3.5

数据元概念　Data Element Concept

以一个数据元的形式来表示的一个概念,其描述与任何特定表示法无关。

[GB/T 18391.3—2009,定义3.3.38]

3.6

定义　definition

描述一个概念,并区别于其他相关概念的表述。

[GB/T 15237.1—2000,定义 3.3.1]

3.7

元数据　metadata

定义和描述其他数据的数据。

[GB/T 15237.1—2000,定义 3.2.18]

3.8

元数据注册(系统)　Metadata Registry

用于注册元数据的信息系统。

[GB/T 18391.3—2009,定义 3.2.22]

3.9

元数据项　metadata item

元数据对象的一个实例。

注 1:在 GB/T 18391 各部分中,本术语仅适用于 GB/T 18391.3—2009 第 4 章由元模型描述的元数据对象的实例。示例包括数据元、数据元概念、允许值等的实例。

注 2:一个元数据项有相关的属性,适合于其所实例化的元数据对象。

[GB/T 18391.3—2009,定义 3.2.19]

3.10

元数据对象　metadata object

由元模型定义的一个对象类型。

注:在 GB/T 18391 各部分中,该术语仅适用于 GB/T 18391 .3—2009 第 4 章由元模型描述的元数据对象。示例包括数据元、数据元概念、允许值等。完全列表见 GB/T 18391.3—2009 的 3.3。

[GB/T 18391.3—2009,定义 3.2.20]

3.11

名称　name

用语言表述的一个对象的指称。

[GB/T 18391.3—2008,定义 3.2.26]

3.12

值域　Value Domain

允许值的集合。

注 1:值域提供表示,但并不隐含与值可能关联的数据元概念,也不表明值的含义。

注 2:允许值可枚举,或可通过一个描述来表达。

[GB/T 18391.3—2009,定义 3.3.140]

4　数据定义要求与建议的概要

为了方便使用者,本章提供不含解释的要求和建议,目的是在理解了这些要求和建议之后使本部分便于使用。对这些要求与建议的说明和示例在第 5 章给出,以确保对其准确含义的理解。

4.1　要求

数据定义应:

a)　用单数形式阐述;

b) 要阐述其概念是什么，而不是仅阐述其概念不是什么；

c) 用描述性的短语或句子阐述；

d) 仅可使用人们普遍理解的缩略语；

e) 表述中不应包括其他数据或基本概念的定义。

4.2 建议

数据定义宜：

a) 阐述概念的基本含义；

b) 准确而无歧义；

c) 简练；

d) 能单独成立；

e) 表述中不应加入理由、功能用法、领域信息或程序信息；

f) 避免循环定义；

g) 对相关定义使用相同的术语和一致的逻辑结构；

h) 适合被定义的元数据项的类型。

5 规定

5.1 前提

数据用于特定的目的。使用上的不同，需要某些要求与建议具有不同的表现形式。例如，数据定义在不同的语境中通常要求有不同的层级。5.3a)列举了不同定义需要不同层级的实例。5.3a)“阐述概念的基本含义”的实现取决于语境。传达一个特定定义基本含义的主要特性，因数据的通用或专用层级而异。例如，在航空运输业的语境中“飞机场”这个概念的通用定义也许是适用的，而在商业航空运输业的语境中，定义“飞机场”这个概念所需的主要和基本特性可能是专用的。在元数据注册系统内，由于语言的不同或者群体(如儿童、普通公众或学科领域的专家们)的不同，可以有多个等价定义。有关不同语境中概念之间关系的论述以及如何利用特性来区别不同的概念，见 GB/T 10112—1999 第 5 章。撰写的定义应使用户和共享数据的接收方易于理解。

5.2 要求

为了使有关规范化数据定义结构的要求易于理解，下面给出了有关说明和示例。每项要求之后都附有对其含义的简要说明。说明之后，则是一些示例。每项说明均给出了好的示例，必要时还给出了常见的不好的示例，以说明定义的编写错误。为了说明好的示例与不好的示例之间的差别，在这些示例后附有对原因的说明。应注意，下面是有关数据元定义的示例，并且这些定义是说明性的。

数据定义应：

a) 以单数形式阐述

说明：数据定义所表述的概念应使用单数形式表述(概念本身为复数时除外)。

示例：“物品编号”

1) 好的定义：标识一种物品的一个参考号。

2) 不好的定义：标识物品的参考号。

原因：不好的定义使用了复数的“物品(articles)”，含义不清楚，因为它可能隐含着一个“物品编号”指代多件物品。

b) 要阐述其概念是什么，而不仅是阐述其概念不是什么

说明：编写定义时，仅阐述其概念不是什么并不能对概念作出唯一的定义。

示例：“运费金额”

1) 好的定义：发货人把货物从一个地方运到另一个地方所花费的费用金额。

2） 不好的定义：与包装、提供的文件、装货、卸货和保险无关的各项费用。

原因：不好的定义没有明确说明这个数据的含义。

c） 用描述性的短语或句子阐述（在大多数语言中）

说明：（在大多数语言中）需要使用短语来表述包含概念的基本特性的准确定义。不能使用一个或多个简单的同义词来陈述，也不能以不同的顺序简单地来重复这些名称词。如果需要使用多个描述性短语，则应使用完整的、语法正确的句子。

示例："代理人名称"

1） 好的定义：被授权代表另一方的那一方的名称。

2） 不好的定义：代表。

原因："代表"是这个数据元名称的近似同义词，不适宜用作定义。

d） 仅可使用人们普遍理解的缩略语

说明：对包括简称和首字母在内的缩略语含义的理解，通常受到特定环境的限制。环境不同，同一缩写词也许会引起误解或混淆。因此，为了避免歧义，在定义中应使用全称，而不用缩略语。

如果缩略语是人们普遍理解的词，例如"即(i. e.)"和"例如(e. g.)"，或缩略语比合成词的全称更容易理解，而且其本身已被作为一个词采用，例如"雷达(radar)"代表"无线电定位装置(radio detecting and ranging)"，这种缩略语作为例外，可以在定义中使用。

所有简称在第一次出现时，必须予以说明。

示例 1："潮高"

1） 好的定义：从平均海平面(MSL)到具体潮水平面的垂直距离。

2） 不好的定义：从 MSL 到具体潮水平面的垂直距离。

原因：不好的定义表达的不清楚，因为缩略语 MSL 不为人们普遍理解，一些使用者可能需要参阅其他资料才可确定其含义。因为没有全称，所以在词汇表中很难找到或根本找不到这个术语。

示例 2："密度计量单位"

1） 好的定义：测量物质密度所使用的单位，以单位体积质量(m. p. u.)表示(例如：磅/立方英尺；千克/立方米)。

2） 不好的定义：测量物质密度所使用的单位，以 m. p. u. 表示(例如：磅/立方英尺；千克/立方米)。

原因：m. p. u. 不是常用的缩略语，一些使用者可能不理解它的含义。对该缩略语应写出全称。

e） 表述中不应包括其他数据定义或其他内涵概念

说明：如下面的示例所示，次要的数据元或相关概念的定义不应出现在主要数据元定义中。术语的定义应使用相关术语词汇编写。如果需要有次要的数据元定义，可用一个注释，附在主要定义正文的末尾或作为词典的分立条目。相关定义可通过关系属性(例如，相互参照)得到。

示例 1："样品类型码"

1） 好的定义：标识样品种类的代码。

2） 不好的定义：标识被采集的样品种类的代码。样品是一个为试验而采集的少量样本。它既可用做试验的实际样品，又可用做质量控制的代替样品。质量控制样品是用来检验实际样品结果的代替样品。

原因：不好的定义嵌入了两个与当前定义无关的定义。它们是"样品"的定义和"质量控制样品"的定义。

示例 2："发行银行跟单信用证号码"

1） 好的定义：由发行银行分配给跟单信用证的号码。

2） 不好的定义：由发行银行分配给跟单信用证的号码。跟单信用证是一份文件，在此文件中，银行声明它已签发了跟单信用证，凭此跟单信用证，受益人可以得到支付、接受或按照某些条款和条件进行协商，无须出示担保文件和诸如汇票一类的东西。

原因：不好的定义含有一个应收入词汇表的概念定义。

5.3 建议

数据定义宜:

a) 阐述概念的基本含义

说明:概念中的所有基本特性应出现在语境所对应的相关层级的定义中,避免包含非基本特性。层级的详尽程度取决于系统用户和环境的要求。

示例1:“托运货物装货序号”(预期语境:任何运输形式)

1) 好的定义:指明托运货物在一种运输工具或运输设备中的装载顺序号。

2) 不好的定义:指明托运货物在卡车上的装载顺序号。

原因:在预期语境下,托运货物可由各种运输方式实现,如卡车、船只或货运列车。托运货物并不仅局限于卡车运输。

示例2:“发票金额”

1) 好的定义:一张发票上的收费总计。

2) 不好的定义:发票上所列一切收费项目的总计,一方面要考虑减去诸如折扣和让利等数额,另一方面要加上保险费、运输费、装卸费等费用。

原因:不好的定义包含了与主题无关的内容。

b) 准确而不含糊

说明:被定义的概念的确切含义和解释应在定义中一目了然。定义应足够清楚明了,使之只存在一种解释。

示例:“收货日期”

1) 好的定义:收货方收到货物的日期。

2) 不好的定义:具体货物运抵的日期。

原因:不好的定义没有说明由什么来决定“货物运抵”了。“货物运抵”可理解为产品在预期的目的地卸下的行为,也可理解为客户实际收到这个产品的地点。有可能客户根本没有收到已被卸在货场的产品,也许客户在产品被卸在货场的几天之后才收到它。

c) 简练

说明:定义应简洁明了易于理解,应避免使用诸如“为了本元数据注册系统”、“要描述的术语是”之类无关的限定性短语。

示例:“字符集名称”

1) 好的定义:对数据进行编码的表音或表意符号集合的名称。

2) 不好的定义:为了元数据注册系统或其他地方所用的系统软硬件能力(处理一个或多个脚本中进行编码的数据)的目的,对数据进行编码的表音或表意符号集合的名称。

原因:在不好的定义中,在“对数据进行编码的表音或表意符号集合的名称”之前的所有短语,都是无关的限定性短语。

d) 能单独成立

说明:概念的含义,从定义本身就能体现出来。理解定义的含义,不需要附加说明和引证。

示例:“学校所在城市名”

1) 好的定义:学校所在城市的名称。

2) 不好的定义:见“学校地点”。

原因:不好的定义不能单独成立,它需要借助另一个定义(学校地点)才能理解本定义的含义。

e) 表述中不应加入理由、功能用法、领域信息或程序信息

说明:尽管它们通常是必要的,但这样的表述不应归入定义本身,因为它们含有与定义无关的信息。如果它们确实有用,可以把这类表述列为不同的元数据属性(见 GB/T 18391.3)。然而,在定义后增加示例是允许的。

1) 用于定义的原理不宜作为定义的组成部分(例如:如果一个数据元使用了英里而不用公

里,其理由不宜在定义中说明)。

2) 诸如"此数据元不应用于……"的功能用法不宜出现在定义中。

3) 关于程序方面的注释,例如,"这个数据元与数据元×××一同连用"这样的话不宜在定义中出现,而应当使用GB/T 18391.3规定的"相关数据参照"和"关系类型"属性。

示例:"数据字段标记"

1) 好的定义:索引、主题词表、查询、数据库等的数据字段标识。

2) 不好的定义:索引、主题词表、查询、数据库等的数据字段标识。数据字段标识用于诸如摘要、表格中的栏目等信息单元。

原因:不好的定义含有功能用法的陈述,以"数据字段标识用于……"开始的陈述应从定义中删去。如果必须有此陈述的话,应将其放在其他属性中。

f) 避免循环定义

说明:两个定义不应相互根据另一定义来为自身定义。一个定义也不应使用另一个概念的定义作为自身的定义。因为这样会导致定义一个概念时,需借助另一个概念,反之,在定义另一个概念时,又需借助原来已给出的那个概念。

示例:带有不好定义的两个数据元

1) "雇员ID号码":分配给每一位雇员的号码。

2) "雇员":对应于雇员ID号码的人员。

原因:每个定义其含义涉及另一个定义。每个定义都没有指明含义。

g) 对相关定义使用相同的术语和一致的逻辑结构

说明:对相类似的或相关的定义,应使用相同的术语和句法。

示例:下面的示例也阐明了这一观点。两个定义都与相关概念有关,因此应有相同的逻辑结构和相类似的术语。

1) 发货日期:供货方发送货物的日期。

2) 收货日期:收货方收到货物的日期。

原因:使用相同的术语和句法有利于理解。否则,使用者不知道使用同义的术语和变化了的句法是否意味着有一些不同。

h) 适合被定义的元数据项的类型

说明:元数据注册系统中不同类型的元数据项(例如,数据元概念、数据元、概念域和值域)都起着不同的作用,这些宜反映在定义中。

示例:

数据元概念:"工作等级最高工资额"。

定义:对于相关的工作等级所允许的最高工资。

注:这个数据元概念并不涉及特定的值域。

概念域:"货币金额"。

定义:用货币的单位来表示的总额。

注:此定义涉及货币流通的"幅度",但不针对特定的货币。

数据元1:"欧洲工作等级最高工资额"。

定义:对于相关的工作等级所允许的最高工资(用欧元表示)。

数据元2:"美国工作等级最高工资额"。

定义:对于相关的工作等级所允许的最高工资(用美元表示)。

注:数据元定义可给出明确的值域,因为这样可以完全地将两个数据元区别开来。

参 考 文 献

[1] ISO 704:2000 术语工作 原则与方法

[2] GB/T 15237.1—2000 术语工作 词汇 第1部分:理论与应用

[3] GB/T 5271.1—2000 信息技术 词汇 第1部分:基本术语

[4] GB/T 18391.3—2009 信息技术 元数据注册系统(MDR) 第3部分:注册系统元模型与基本属性

ICS 35.040
A 24

中华人民共和国国家标准

GB/T 18391.5—2009/ISO/IEC 11179-5:2005
代替 GB/T 18391.5—2001

信息技术 元数据注册系统(MDR) 第5部分:命名和标识原则

**Information technology—Metadata registries (MDR)—
Part 5: Naming and identification principles**

(ISO/IEC 11179-5:2005,IDT)

2009-09-30 发布　　2009-12-01 实施

中华人民共和国国家质量监督检验检疫总局
中国国家标准化管理委员会　发布

前　言

GB/T 18391《信息技术　元数据注册系统(MDR)》分为六个部分:

——第1部分:框架;

——第2部分:分类;

——第3部分:注册系统元模型与基本属性;

——第4部分:数据定义的形成;

——第5部分:命名和标识原则;

——第6部分:注册。

本部分为GB/T 18391的第5部分,等同采用ISO/IEC 11179-5:2005《信息技术　元数据注册系统(MDR)　第5部分:命名和标识原则》(英文版),仅有编辑性修改。

本部分代替GB/T 18391.5—2001《信息技术　数据元的规范与标准化　第5部分:数据元的命名和标识原则》。

本部分与GB/T 18391.5—2001相比主要变化如下:

——名称变更为:《信息技术　元数据注册系统(MDR)　第5部分:命名和标识原则》;

——术语和定义部分增加了"管理项"、"命名约定"等术语,而删除了"注册机构标识符"、"版本标识符"等术语;

——删除了原标准中的第7章"分类词表应用指南";

——附录A增加了大量的示例来说明命名和标识原则,原附录B改为"亚洲语言命名约定示例",原附录C被删除。

本部分的附录A、附录B均为资料性附录。

本部分由中国标准化研究院提出。

本部分由全国信息技术标准化技术委员会(SAC/TC 28)归口。

本部分由中国标准化研究院负责起草。

本部分主要起草人:史立武、邢立强、孙广芝、李小林、刘植婷。

本部分于2001年首次发布,本次修订为第一次修订。

信息技术　元数据注册系统(MDR)
第5部分:命名和标识原则

1　范围

GB/T 18391的本部分给出了对下列管理项的命名和标识的说明:数据元概念、概念域、数据元和值域。本部分描述了标识的组成部分和结构。准确地定义这些标识的目的,是为了唯一标识这些注册系统内的管理项。本部分还描述了MDR中的命名,给出了形成命名约定的原则和规则,并给出了命名约定的示例。在这里所描述的命名原则主要适用于数据元概念、概念域、数据元和值域的名称。本部分所使用的"管理项",就是指这四项。本部分应与建立管理项的属性、分类、定义和注册的规则和过程的那些部分共同使用。

附录A给出了英文术语的示例。然而,当对用于名称的术语进行适当控制时,其目的就是使得这些规则对其他国家的语言也有效,即使那些语言使用的是表意文字,如日语,汉语或朝鲜语。附录B给出了规则的亚洲语言版本。

命名规则不包括在不同语言中建立语义等价的命名规则。在建立语义等价时,命名必须通过其他方法来补充,如本体论或受控词表。

2　规范性引用文件

下列文件中的条款通过GB/T 18391的本部分的引用而成为本部分的条款。凡是注日期的引用文件,其随后所有的修改单(不包括勘误的内容)或修订版均不适用于本部分,然而,鼓励根据本部分达成协议的各方研究是否可使用这些文件的最新版本。凡是不注日期的引用文件,其最新版本适用于本部分。

GB/T 18391.1　信息技术　元数据注册系统(MDR)　第1部分:框架(GB/T 18391.1—2009,ISO/IEC 11179-1:2004,IDT)

GB/T 18391.2　信息技术　元数据注册系统(MDR)　第2部分:分类(GB/T 18391.2—2009,ISO/IEC 11179-2:2005,IDT)

GB/T 18391.3　信息技术　元数据注册系统(MDR)　第3部分:注册系统元模型与基本属性(GB/T 18391.3—2009,ISO/IEC 11179-3:2003,IDT)

GB/T 18391.6　信息技术　元数据注册系统(MDR)　第6部分:注册(GB/T 18391.6—2009,ISO/IEC 11179-6:2005,IDT)

3　术语和定义

下列术语和定义适用于GB/T 18391的本部分。

3.1

管理项　administered item

通过管理记录记录管理信息的注册项。

[GB/T 18391.3—2009,定义3.3.1]

3.2

语境　context

一个名称或定义被使用的一个论域。

[GB/T 18391.3—2009,定义3.3.30]

3.3

词法　lexical

与一种语言的词或词汇有关，区别于其自身的语法和结构。

3.4

名称　name

用语言表述的一个对象的指称。

［GB/T 18391.3—2009，定义 3.2.26］

3.5

名称部分　name part (part of name)

作为管理项名称的一部分来使用的离散的术语。

3.6

命名约定　naming convention

生成名称及其关联内容的规则集合。

3.7

对象类术语　object class term

管理项名称的一部分，用于表示管理项所属的对象类。

3.8

原则　principle

为特定目的或结果的行为而制定的基本且主要的主张。

注：原则通常由一个或多个规则支持。

3.9

特性术语　property term

包含有特性类的管理项名称的一部分，表示对象类的特性。

3.10

限定词术语　qualifier term

区分概念的一个或多个词。

3.11

表示术语　representation term

指定的表示类的具体示例。

3.12

规则　rule

控制行为、过程、条件和/或关系的声明。

3.13

语义学　semantics

与字词含义有关的语言学分支。

3.14

分隔符　separator

在名称中起连接和分隔作用的符号或空格，又称分界符。

3.15

结构集　structure set

在某个论域中的概念，以及这些概念和其他概念之间的关系，例如：数据模型、分类体系和本体。

3.16

句法　syntax

独立于其含义或其解释和用法的字符或字符组之间的关系，是一种语言的表达结构以及管理语言结构的规则。

4 注册系统中的数据标识符

在注册机构的注册库内，每个管理项应有一个唯一的数据标识符。

注册机构标识符、数据标识符和版本标识符的组合应构成一个管理项的唯一标识。见GB/T 18391.6。注册的任何管理项都被分配一个标识符。同时，管理项可：

——依照 GB/T 18391.2 进行分类；

——依照 GB/T 18391.3 进行规范；

——依照 GB/T 18391.4 进行定义；

——依照 GB/T 18391.5 进行命名；

——依照 GB/T 18391.6 进行注册。

5 标识

注册机构标识符(registration authority identifier，RAI)，数据标识符(data identifier，DI)和版本标识符(version identifier，VI)构成了国际注册数据标识符(international registration data identifier，IRDI)。对于一个管理项来说，IRDI 是必需的。数据标识符由一个注册机构来分配；在一个注册机构的域内，数据标识符应唯一。关于注册机构的要求和 IRDI 的进一步讨论，见 GB/T 18391.6。

由于每个注册机构都可以决定它自身的 DI 分配方案，因此无法保证 DI 自身唯一标识一个管理项。例如，若两个注册机构都使用 6 位数字顺序号，那就有可能出现两个管理项具有相同的 DI；但是，这两个管理项几乎肯定不同。所以说，DI 和 RAI 对于管理项的标识都是十分必要的。

如果一个管理项的特定属性发生变化，则应生成和注册该管理项的一个新版本。注册者应确定这些属性。在这种情况下，需要一个 VI，以完成一个管理项的唯一标识。进一步的说明，见 GB/T 18391.6。

当在各信息系统之间、组织之间和希望共享一个特定的管理项的参与方之间进行数据交换，但是可能不使用相同的名称或语境时，可以将 IRDI 作为键。

GB/T 18391 不规定唯一的 DI 的格式或内容。

6 名称

6.1 注册系统中的名称

在注册机构的注册系统内，一个管理项应至少有一个名称。如果管理项还有其他名称，则对首选的名称进行标识。注册系统中的任何管理项的命名都应遵循命名约定。附录给出了适用于管理项命名约定的示例。通过这些原则的扩展来研制其他的命名约定。

在一个语境内，一个管理项应至少有一个名称。见 GB/T 18391.3。

6.2 命名约定

管理项的每个名称是在语境内规定的。命名约定描述了如何形成一个名称。命名约定可以是简单描述性的；例如，注册机构不控制特定语境中名称的形成，而仅仅是注册已有的名称。当注册机构(或同等意义的机构)期望遵守命名约定时，命名约定还可以是规定性的，它规定了应如何形成名称。规定性的命名约定的目标包括名称的一致性、表现形式和语义。一个有效的命名约定还应排除那些与管理项不相关的信息，如数据元的输入源或在一个文件中它的字段位置。

命名约定也可以在一个引用文件中规定。命名约定应涵盖命名的所有方面。包括：

——命名约定的范围，例如，已确定的行业(产业)名称；

——建立名称的机构；

——管理那些在名称中使用的术语的来源和内容的语义规则，例如，从数据模型中得到的术语、在学科中公共使用的术语等；

——涵盖所需的术语顺序的句法规则；

——涵盖所管理的术语列表，名称长度，字符集和语言的词法规则；

——确定名称是否必须唯一的规则。

7 命名约定的制定

7.1 简介

本章列出了用来制定命名约定的原则。规则是从原则中导出的;这些规则构成了命名约定。句法、语义和词法规则由诸如各公司或为业务部门制定标准的团体来更改;每个组织都能确定自身语境中的名称构成的规则。在不同组织,例如公司或为业务部门制定标准的团体中,句法、语义和词法规则也会不同,因为每个组织都可制定自身语境中的命名规则。附录A和附录B给出了命名约定规则的示例,这些规则都与本章中给出的原则是一致的。

描述性的命名约定可适用于那些不受注册机构或早期进入注册系统的其他机构控制的管理项。描述性命名约定至少应记录范围和机构规则,适当的时候也可记录语义、句法、词法和唯一性规则。

规定性的命名约定除了记录描述性的命名约定所需的范围和机构规则外,还应记录语义、句法、词法和唯一性规则。

——语义规则使得含义可被传达。

——句法规则使这些项按一致的、规定的顺序相关联。

——词法(词的构成和词汇)规则减少了项的冗余并增加了准确性。

——唯一性规则记录了如何防止在命名约定范围内同名现象的出现。

附录A中的示例给出了如何从一个项的集合中构成每个管理项的名称,该项选自命名约定的可用的多个术语的集合(其他管理项的名称可通过基于本部分所描述的那些规则而构成)。项的名称也可从所组成的管理项的名称中得出,项的名称表现为管理项名称的含义(语义)以及名称中相对或绝对的位置(句法)。它们可以但不必需用分隔符来划分。这些名称可遵从于词法规则。一个机构,如,一个企业的数据管理者或一个关于国际业务部门命名标准的审批委员会应管理每个项的集合或取值范围。

7.2 范围原则

命名约定的范围规定了命名约定的有效范围。根据MDR,命名约定的范围可宽可窄,这应由注册机构或其他有关机构来做出适当的决定。该范围应记录命名约定是描述性的还是规定性的。

在MDR中给出的每个命名约定的范围应被记录。

7.3 机构原则

分配名称或遵守命名约定的机构的标识对于命名约定的完整记录是必要的。

在MDR中给出的每个命名约定的机构应被记录。

7.4 语义原则

语义涉及到名称各部分和给它们划定界限的分隔符的含义。语义规则集记录了名称是否传达了含义,如果传达,则记录如何传达。

名称各部分可从标识(分类)成员中关系的结构集中得到。见附录A语义规则集的示例。

在MDR中给出的每个命名约定的语义规则应被记录。

7.5 句法原则

句法规定了在一个名称内各部分的排列。这个排列可以按相对的或绝对的,或两者的组合来规定。

相对排列按照其他部分来规定某部分的位置,例如,一个命名约定中的规则可以要求一个限定词术语应总是出现在所限定词术语的前面。

绝对排列规定某部分的固定出现位置,例如,规则可能要求特性术语总是放置在名称的最后部分。

在MDR中给出的每个命名约定的句法规则应被记录。

见附录A句法规则集的示例。

7.6 词法原则

词法问题涉及到名称的表现形式:首选的和非首选的术语,同义词,缩写词,各部分长度,拼写,允许的字符集以及大小写敏感性等等。应用词法规则的结果应是由特定命名约定管理的所有名称都有一致的表现形式。

在 MDR 中给出的每个命名约定的词法规则应被记录。

见附录 A 词法规则集的示例。

7.7 唯一性原则

在名称的范围中，可以有或没有对名称的唯一性要求。在 MDR 中给出的名称唯一性规则应被记录。

附 录 A
（资料性附录）
MDR注册系统内名称命名约定示例

A.1 概述

本附录中的规则都是从第7章所描述的原则中导出的。同时，还包括一些示例。这些示例给出了注册系统内名称的构成，并可适用于在主题领域机构语境下参照这些示例进行命名。这一完整的过程产生出数据元的名称；其他管理项名称在这个过程中产生。

这些示例都是按美式英语来写的。其他语言的用户可以规定不同的或附加的语义、句法和词法规则，以使得命名约定适合本地语言。例如，可以将在术语中引用词的权威拼法这一规则增加到词法规则中。附录B给出了亚洲语言的示例。

A.2 名称各部分的语义

名称各部分是由离散的术语组成的。本附录中的术语是从GB/T 18391.3描述的**MDR**元模型中的管理项导出的。这些术语是：对象类术语，特性术语，表示术语和限定词术语。由于这些术语在**MDR**元模型中是可选的，因此在这里它们只是作为示例来说明名称构成的语义原则。

对象类术语

在**MDR**元模型中，对象类是概念、抽象或客观事物的集合，它们具有明确的边界和含义，且其特性和行为都遵循相同的规则。每个对象类都有一个名称。对象类在注册系统中的注册是可选的，如果进行注册，则实际的和潜在的对象类名称的集合就会提供一个对象类术语的分类体系。

一个对象类术语可以是管理项概念域、数据元概念和数据元的名称的一部分，它表示了一个语境中的活动或对象。建模方法，例如，实体关系图(**ERD**)或对象模型的使用，是根据更高层的模型实体定位和离散放置管理项的一种方法。实体关系模型中的实体的属性相当于管理项，这些管理项通过方法学的更深层应用而相互关联。在对象模型中，数据元表示为对象的属性。

模型为管理项提供了一种分类方案。包含了对象类的管理项通过将对象类术语映射到模型实体名称上可以和与它们相关的建模实体一起被标识。在GB/T 18391.1—2009中，附录A给出了在对象类术语、实体关系图及对象模型实体之间相互映射的一个示例。

在下列数据元名称中

Employee Last Name（雇员姓氏）

Cost Budget Period Total Amount（成本预算期间总金额）

Tree Height Measure（树高度测量）

Member Last Name（成员姓氏）

术语**Employee**（雇员）、**Cost**（成本）、**Tree**（树）和**Member**（成员）是对象类术语。

对象类术语自身可以作为概念域名称使用。

特性术语

在**MDR**元模型中，特性就是一个对象类的所有成员共有的特征。每个特性都有一个名称。特性在注册系统中的注册是可选的，如果进行注册，则实际的和潜在的特性名称的集合就会提供一个特性术语的分类体系。

一个特性术语集可以由一个特性分类体系中的一个名称部分的集合构成。这个集合应由既离散（术语的定义之间不重迭）又完整[作为一个整体，该集合包括了规范使用特性的管理项（如数据元，数据元概念和值域）所需的所有信息概念]的术语构成。

在下列数据元名称中

Employee Last Name(雇员姓氏)

Cost Budget Period Total Amount(成本预算期间总金额)

Member Last Name(成员姓氏)

Tree Height Measure(树高度测量)

术语 **Last Name**(姓氏)、**Total Amount**(总金额)和 **Height**(高度)是特性术语。

通过两个结构集术语的使用,给出了一种分类的补充方法。数据元概念和数据元的对象类术语和特性术语用来构成一个包含管理项重要信息的名称,同时排除了那些因没有命名约定而导致的无关的或不合理元素的引入。数据元概念名称可通过对象类术语和特性术语的组合来构成。

表示术语

表示术语可以是管理项名称的一部分,它描述了含有表示的管理项(数据元和值域)的表示形式。每个术语可以从一个受控词表或一个分类中得出。在 MDR 元模型中,表示类就是表示类型的分类。每个表示类都有一个名称。表示类在注册系统中的注册是可选的,如果进行注册,则实际的和潜在的表示类名称的集合就会提供一个表示类术语的分类体系。

表示术语分类的表示形式如下:

-**Name**(名称)	-**Amount**(金额)
-**Measure**(测量)	-**Number** …(数)
-**Quantity**(量)	-**Text**(文本)

表示术语描述了包含表示的管理项的有效值集合的形式。表示术语经常会与特性术语的部分出现冗余,这时,可以从结构化名称中将某个术语或术语的部分删除。这种处理方式可以确立为命名约定中的一条规则。

使用上述规则,一个描述测量树的高度的数据元应有一个数据元名称"**Tree Height Measure**"(树的高度测量)。词"**Measure**"(测量)是数据元的表示术语。描述人的姓氏的数据元也应有一个数据元名称"**Person Last Name Name**"(人的姓氏名称)。第二个词"**Name**"是数据元的表示术语。为了更为清晰,可将多余的词删除。

限定词术语

如果必须对一个数据元概念、概念域、数据元或值域与另一个加以区分,可以将限定词术语附加到对象类术语、特性术语和表示术语上。这些限定词术语可从一个语境特定的结构集合中获取。在命名约定的规则中,建议对限定词术语的数目加以限制。

例如,在下面的数据元名称中:

Cost Budget Period Total Amount(成本预算期间总金额)

术语 **Budget Period**(预算期间)是限定词术语。

注:对允许的限定词术语加以限制有助于减少冗余,并通过删除一些同义词来增加数据的重用范围。这些限制也适用于对象类术语、特性术语和表示术语。通过使用诸如术语辞典这样的方法可以使上述工作更为便捷。

分隔符语义

用各种标点符号连接名称的各部分,这些标点符号包括诸如空格、连字符等分隔符和像圆括号这类分组符号。这些符号可以:

a) 没有语义含义。命名规则规定分隔符由一个空格或一个确切的特定字符(如一个连字符或下划线)组成,而不考虑各部分间的语义关系如何。这样的规则简化了名称的构成。

b) 有语义含义。分隔符能表达语义含义,例如,分配给限定词术语中各词之间的分隔符不同于分配给分隔其他术语中各词的分隔符。用这种方法,分隔符就把限定词术语从名称的其余部分清晰地标识出来。

例如,在数据元名称中:

Cost_Budget-Period_Total_Amount(成本_预算-期间_总_金额)

限定词术语中各词之间的分隔符是连字符;其他名称部分的分隔符是下划线。

某些语言,如德语和荷兰语,通常是把单个词用语法结构连接在一起(在英语或法语中产生的词可以是名词和形容词组成的短语)。这些语言能够使用不把各词间断开的分隔符,如连字符、空格和下划线,但是在一个词中每个名称部分的第一个字母应大写(有时也称作驼峰效应)。该命名约定通常还可在程序设计语言中使用,如,**C ++**和 **Java**。

亚洲语言中通常是由两个字符构成词汇,这些字符单独使用时,都有不同的含义,当它们结合在一起时,就会产生另一种含义,且与它们各自本身的意思不相关。由于通过字符排列可能产生不明确的含义,因此这就会在名称的解释上带来问题。可能的解决方案是当两个字符形成一个词汇时用一个分隔符来区分,而当这些字符是单独词汇时使用另一个分隔符来区分。

表 A.1 给出了可以结合在一起构成管理项名称的名称部分。见 A.4 具有相关名称的管理项的示例。

表 A.1 名称部分与管理项名称的关系

	概念域	数据元概念	数据元	值域
对象类术语		×	×	
特性术语		×	×	
表示术语			×	×
限定词术语	×	×	×	×

A.3 命名约定的完整规则集合的示例

这些规则实现了上述的各语义,并把它们与基于第 7 章的原则的其他规则相结合。

注册系统名称的规则集合示例

Name: MDR Registry Name(名称:**MDR** 注册系统名称)

Context: Registry preferred name(语境:注册系统首选名称)

Scope: MDR Example Registry(范围:**MDR** 注册系统示例)

Authority: ISO/IEC SC 32/WG 2(机构:**ISO/IEC SC 32/WG 2**)

语义规则

a) 对象类表示在一个所讨论的范围内所关心的事物,例如:在某个领域的模型中发现的事物。

EXAMPLE Cost(示例 成本)

b) 名称中应有且仅有一个对象类术语。

c) 特性术语应从特性系统结构集合中产生,且表示对象类的特征。

EXAMPLE Total Amount (示例 总金额)

d) 名称中应有且仅有一个特性术语。

注:对象类术语与特性术语的组合构成了数据元概念的名称。

e) 限定词应由主题领域机构决定产生,并且当需要时应在名称中增加这些限定词使得名称在特定的语境中唯一。限定词术语的顺序并不重要。限定词术语是可选的。

EXAMPLE Budget Period(示例 预算期间)

f) 数据元或值域的有效值集合的表示由表示术语来描述。

g) 名称中应有且仅有一个表示术语。

EXAMPLE Amount(示例 金额)

注:表示术语,通常附加上限定词来构成值域名称。

句法规则

a) 对象类术语应置于名称的第一(最左)位置。

b) 限定词术语应置于所限定部分的前面。不应使用限定词的顺序来区别名称。

c) 特性术语应置于第二位置。

d) 表示术语应置于最后位置。如果表示术语中有任何词与特性术语中的词重复，则应删除冗余词。

EXAMPLE Cost Budget Period Total Amount（示例 成本预算期间总金额）

词法规则

a) 名词仅用单数形式，动词（若有的话）用现在时。

b) 多词组成的术语中名称的各部分和词用空格分隔。不允许使用特殊字符。

c) 名称中所有词都是大小写混合。"大小写混合"的规则由 **RA** 来定义。对于管理项名称的不同部分（对象类，特性，表示类），该规则可以不同。

d) 允许使用缩写词、首字母缩略词和大写首字母。

EXAMPLE Cost Budget Period Total Amount（示例 成本预算期间总金额）

唯一性规则

在同一语言（语境）中的所有名称应唯一。

A.4 XML 标签中数据元名称的规则集示例

XML 名称空间为在可扩展置标语言中所使用的元素和属性的合格命名提供了一个简单方法：通过给元素和属性名称分配一个前缀，将名称与由 **IRI** 引用所标识的名称空间相关联。下面的示例给出了在命名约定中如何应用这项规则。

这些规则是从第 7 章中所描述的原则中得出的。第一个示例仅在 **XML** 特有的词法限定的应用方面与上述所描述的规则不同。

Name：**XML tag name**（名称：**XML** 标记名称）

Context：**XML schema for reports**（语境：报告的 **XML** 模式）

Scope：**All element and attribute names in XML DTD′s**

（范围：在 **XML DTD**（文档类型定义）中的所有元素和属性名称）

Authority：**XML data administrator**（机构：**XML** 数据管理者）

语义规则

a) 对象类表示在一个所讨论的范围内所关心的事物，例如：在某个领域的模型中发现的事物。

EXAMPLE Cost（示例 成本）

b) 名称中应有且仅有一个对象类术语。

c) 特性术语应从特性系统结构集合中产生，且表示对象类的特征。

EXAMPLE Total Amount（示例 总金额）

d) 名称中应有且仅有一个特性术语。

e) 限定词应由主题领域机构决定产生，并且当需要时应在名称中增加这些限定词使得名称在特定的语境中唯一。限定词术语的顺序并不重要。限定词术语是可选的。

EXAMPLE Budget Period（示例 预算期间）

f) 数据元或值域的有效值集合的表示由表示术语来描述。

g) 名称中应有且仅有一个表示术语。

EXAMPLE Amount（示例 金额）

句法规则

a) 对象类术语应置于名称的第一（最左）位置。

b) 限定词术语应置于所限定部分的前面。不应使用限定词的顺序来区别名称。

c) 特性术语应置于第二位置。

d) 表示术语应置于最后位置。如果表示术语中有任何词与特性术语中的词重复，则应删除冗余词。

EXAMPLE Cost Budget Period Total Amount(示例 成本预算期间总金额)

词法规则

a) 除非概念本身是复数的,否则名词仅用单数形式。动词(如果有的话)用现在时。

b) 通过对第一个名称部分后的每个名称部分的首字母大写来分隔名称的各部分。

c) 名称中所有词都是大小写混合出现。

d) 仅允许在业务术语中使用缩写词、首字母缩略词和大写首字母。

e) 词仅包括字母和数字。

EXAMPLE CostBudgetPeriodTotalAmount(示例 成本预算期间总金额)

唯一性规则:

在一个 **DTD** 中,所有名称应唯一。

应用示例

在该示例中,数据元名称用于 **XML** 元素标记

〈! **ELEMENT** 成本预算期间总金额(♯**PCDATA**)〉

还可以用另一个示例说明使用前缀来标识分配给 **XML** 模式元素或属性的名称空间。附加的语义规则定义如下:

h) 名称空间指示符不应多于一个。

附加的句法规则定义如下:

e) 如果使用名称空间指示符,则应置于其他术语之前。

附加的词法规则定义如下:

f) 名称空间指示符用小写字母表示,且通过冒号将它与其他术语分隔开。

使用名称空间指示符的 **XML** 名称的示例:

〈! **ELEMENT acct**:成本预算期间总金额(♯**PCDATA**)〉

A.5 数据元的属性示例

表 A.2 给出了数据元的属性和所有已命名的管理项来源的示例。该数据元源自:

数据元概念:国家标识符

由概念域和值域组成

概念域:国家

及其

值域:**ISO** 英语-语言国家短名。

该数据元示例给出了三个名称:

a) 注册系统名称:国家邮政地址名称;

b) 应用系统中出现的名称,命名约定要求使用带有语义含义的分隔符:国家.邮政_地址.名称;

c) **XML** 模式名称,使用前缀标识名称空间:**addr**:国家邮政地址名称。

语义、句法和词法规则假定记录在其他地方。

表 A.2 数据元的属性和所有已命名的管理项来源

元数据属性名称		应用系统
1	数据元定义	
	数据元(DE)定义语境	注册系统
	DE 定义	接收邮件的国家名称
	DE 定义语境	机构数据系统
	DE 定义	收件人所在国家名称

表 A.2（续）

元数据属性名称		应用系统
	DE 定义语境	XML 地址模式
	DE 定义	在地址中国家的名称
2	允许值和值域	
	允许值(每个 PV)	与值的含义相匹配的所有符合 ISO 3166-1 的国家名称的英语短名(如:Afghanistan，Albania，……，Zimbabwe)
	PV 起始日期(每个 PV)	19970110
	PV 结束日期(每个 PV)	(不适用)
	值域(VD)语境	注册系统
	VD 条目名称	ISO 英语国家短名称
	VD 定义	ISO 承认的所有英语国家短名称
	VD 描述	(不适用)
	VD 条目标识符	{RAI} 5678:1
	数据类型	可变长字符
	数据类型模式/源	ANSI ISO SQL
	最大字符长度	44
	格式	(不适用)
	计量单位	(不适用)
	精度	(不适用)
	VD 起源	ISO 3166-1:1997
	VD 注释说明	值域仅包括所指国家的名称构成的子集;不包括区域的名称
3	表示类属性	
	表示类	名称
	表示类限定词	短名
4	数据元名称和标识符	
	DE 名称	国家邮政地址名称
	DE 名称语境	注册系统
	NC 名称	注册系统首选命名约定
	DE 名称	国家.邮政_地址.名称
	DE 名称语境	机构数据系统
	NC 名称	机构数据系统命名约定
	DE 名称	addr:国家邮政地址名称
	DE 名称语境	XML 地址模式
	NC 名称	XML 模式命名约定
	DE 条目标识符	{RAI} 5394:1

表 A.2（续）

元数据属性名称		应用系统
5	其他数据元属性	
	DE 示例	丹麦
	DE 起源	应用系统
	DE 注释	当向境外投递邮件时，这个数据元是必需的
	提交组织	实施部门
	主管联系信息	机构数据系统管理员
6	数据元概念和概念域	
	数据元概念(DEC)语境	注册系统
	DEC 名称	国家标识符
	DEC 定义	世界上主要的地缘政治实体的标识符
	对象类	国家
	对象类限定词	邮政地址
	特性	标识符
	特性限定词	(无)
	DEC 条目标识符	{RAI} 12468:1
	概念域(CD)语境	注册系统
	CD 名称	国家
	CD 定义	世界上主要的地缘政治实体
	CD 条目标识符	{RAI} 2468:1
	CD 起源	**ISO** 3166-1
	值含义(对于每个 VM)	主要地缘政治实体，如〈中国〉
	VM 起始日期(对于每个 VM)	19970110
	VM 结束日期(对于每个 VM)	(不适用)
	VM 标识符(对于每个 VM)	〈由系统给每个 VM 分配一个标识符，如 1001…1230〉
7	分类类型示例	分类类型的分类值
	关键词	国家，地址，邮递
	组	邮政地址
	对象	地址，国家
	抽象层类型	具体化
8	注册和管理状态	
	DE 注册状态	已记录
	DE 管理状态	质量审核
	VD 注册状态	标准
	VD 管理状态	最终

表 A.2(续)

元数据属性名称		应用系统
	DEC 注册状态	已记录
	DEC 管理状态	质量审核
	CD 注册状态	标准
	CD 管理状态	最终

注:
DE (Data Element):数据元
PV (Permissible Values):允许值
VD (Value Domain):值域
DEC(Data Element concept):数据元概念
CD (Conceptual Domain):概念域
VM (Value Meaning):值含义

附　录　B
（资料性附录）
亚洲语言命名约定示例

本附录中的规则都是从第7章所描述的原则中导出的。这里所描述的示例和附录A中描述的示例完全相同。

亚洲语言中通常是由两个字符构成词汇，这些字符单独使用时，都有不同的含义，当它们结合在一起时，就会产生另一种含义，且与它们各自本身的意思毫不相关。由于通过字符排列可能产生不明确的含义，因此这就会在名称的解释上带来问题。

这些示例分别是用美式英语、日语、朝鲜语和汉语给出的。

注：为了更方便地阅读亚洲语言文本，读者应安装亚洲语言字符集。

语义规则

a) 对象类表示在一个所讨论的范围内有关的事物，例如：在某领域的一个模型中发现的事物。

例如：

——英语：Cost；

——日语：経費；

——朝鲜语：비용；

——汉语：成本。

b) 名称中应有且仅有一个对象类术语。

c) 特性术语应当从特性系统结构集合中产生，并表示数据的类别。

例如：

——英语：Total Amount；

——日语：総計；

——朝鲜语：총합계；

——汉语：总金额。

d) 名称中应有且仅有一个特性术语。

注：对象类术语与特性术语的结合构成数据元概念的名称。

e) 限定词应由主题领域机构决定产生，并且当需要时应在名称中增加这些限定词使得名称在特定的语境中唯一。限定词术语的顺序并不重要。限定词术语是可选的。

例如：

——英语：Budget Period；

——日语：予算期間；

——朝鲜语：예산기간；

——汉语：预算期间。

f) 表示数据元或值域的有效值集合由表示术语来描述。

g) 名称中应有且仅有一个表示术语。

例如：

——英语：Amount；

——日语：計；

——朝鲜语：합계；

——汉语:金额。

注:表示术语,通常附加上限定词来构成值域名称。

句法规则

a) 对象类术语应处于名称的第一(最左)位置。

b) 限定词术语应位于所限定部分的前面,不应使用限定词的顺序来区别数据元名称。

c) 特性术语应处于第二位置。

d) 表示术语应处于最后位置。假如表示术语中有任何字与特性术语中的字重复,则删去冗余字。

例如:

——英语:Cost Budget Period Total Amount;

——日语:経費予算期間総計 or 経費・予算期間・総計;

——朝鲜语:예산기간비용합계;

——汉语:成本预算期间总金额。

词法规则

a) 名词仅用单数形式,动词(若有的话)为现在时。

注:由于日语中名词没有复数形式,而动词则不分时态,因此本条规则不适用于日语。

b) 名称的各部分和多字词术语的词之间用空格分隔。不允许用特殊字符。

注:日语中,由于多字词通常都不使用空格表示,因此不应使用任何字符来分隔这些词,但可使用圆点来分隔。

c) 名称中所有词是大小写混合使用的。

注:日语中,名称中所有词都是大小写混合使用,如 Zen-kaku 和 Han-kaku。

d) 允许使用缩写词、首字母缩略词和大写首字母。

例如:

——英语:Cost Budget Period Total Amount;

——日语:経費予算期間総計 or 経費・予算期間・総計;

——朝鲜语:예산기간비용합계;

——汉语:成本预算期间总金额。

唯一性规则

在同一语言(这个语境)中的所有名称应唯一。

ICS 35.040
A 24

中华人民共和国国家标准

GB/T 18391.6—2009/ISO/IEC 11179-6:2005
代替 GB/T 18391.6—2001

信息技术 元数据注册系统(MDR) 第6部分:注册

Information technology—Metadata registries (MDR)— Part 6: Registration

(ISO/IEC 11179-6:2005,IDT)

2009-09-30 发布 2009-12-01 实施

中华人民共和国国家质量监督检验检疫总局
中国国家标准化管理委员会 发布

前言

GB/T 18391《信息技术 元数据注册系统(MDR)》分为六个部分:

——第1部分:框架;

——第2部分:分类;

——第3部分:注册系统元模型与基本属性;

——第4部分:数据定义的形成;

——第5部分:命名和标识原则;

——第6部分:注册。

本部分为GB/T 18391的第6部分,等同采用ISO/IEC 11179-6:2005《信息技术 元数据注册系统(MDR) 第6部分:注册》(英文版),仅有编辑性修改。

本部分代替GB/T 18391.6—2001《信息技术 数据元的规范与标准化 第6部分:数据元的注册》。

本部分与GB/T 18391.6—2001相比,主要变化如下:

——标准名称改变。

——标准化对象的扩展:GB/T 18391.6—2001主要阐述了对不同应用领域所需的数据元进行注册和赋予国际唯一标识符的全过程。GB/T 18391的本部分规定了对不同应用领域的管理项进行注册和赋予国际唯一标识符的规程。修订后的本部分除了数据元,还能够满足其他类型管理项的要求:数据元概念、概念域和值域。

——注册状态的细化:GB/T 18391.6—2001中数据元的注册状态分为已登录、已审核、已标准化、已失效等四项,本部分中管理项的注册状态首先分为生命周期型和记录型,其中生命周期型注册状态划分为首选、标准、合格、已记录、候选、未完成、失效、被替代等八项,记录型注册状态划分为历史和应用两项。

——附录由3个增加为7个。

为了保持与英文版本的一致性,英文版中斜体表示的内容本部分也使用斜体表示,第3章中术语的英文名称保留英文版本中的大小写格式。

本部分的附录A和附录B为规范性附录,附录C、附录D、附录E、附录F和附录G为资料性附录。

本部分由中国标准化研究院提出。

本部分由全国信息技术标准化技术委员会(SAC/TC 28)归口。

本部分由中国标准化研究院负责起草。

本部分主要起草人:孙广芝、邢立强、刘植婷、李小林、史立武。

本部分于2001年首次发布,本次为第一次修订。

引　言

GB/T 18391 的本部分规定了对不同应用领域的管理项进行注册和赋予国际唯一标识符的规程。已注册管理项标识的唯一性由注册机构标识符（RAI）、注册机构(RA)分配给管理项的唯一标识符和管理项提交或更新注册的版本的组合来确定。注册后的管理项，存储在其逻辑和功能上所隶属的注册机构(RA)维护的管理项注册系统中。希望成为注册机构的组织，可以按照附录 A 规定的程序办理。

修订后的本部分除了数据元，还能够满足其他类型管理项的要求：数据元概念，概念域和值域。包括数据元在内的每类管理项，由元数据注册系统中的管理记录来表示，管理记录中记录的是管理项通用的管理、标识、命名、定义的细节以及各管理项的特有细节。

本部分中的“元数据注册系统”指的是由一个注册机构管理，且符合 GB/T 18391 的一个实现。

信息技术　元数据注册系统(MDR)
第6部分:注册

1　范围

GB/T 18391的本部分规定了对不同应用领域的管理项进行注册和赋予国际唯一标识符的规程。对于要注册的管理项,本部分定义了需规定的信息类型、应满足的条件以及应遵循的规程。

本部分中的要求和规程适用于GB/T 18391.3所规定的所有管理项。此外,本部分还适用于对管理记录的管理,管理记录是管理项的特有细节及其所要求和所关联的管理项通用的管理、标识、命名、定义的细节。

本部分只满足GB/T 18391.3中规定的管理项所有类型共用的元数据。但可尝试用本部分来注册和管理GB/T 18391.3中未定义其类型的本地管理项。

本部分并不满足用来规定特定管理项类型,如数据元和值域的元数据。本部分并不规定注册系统实施层面的系统设计、文件组织技术、存储介质、编程语言等。

2　规范性引用文件

下列文件中的条款通过GB/T 18391的本部分的引用而成为本部分的条款。凡是注日期的引用文件,其随后所有的修改单(不包括勘误的内容)或修订版均不适用于本部分,然而,鼓励根据本部分达成协议的各方研究是否可使用这些文件的最新版本。凡是不注日期的引用文件,其最新版本适用于本部分。

GB/T 18391.1　信息技术　元数据注册系统(MDR)　第1部分:框架(GB/T 18391.1—2009,ISO/IEC 11179-1:2004,IDT)

GB/T 18391.3　信息技术　元数据注册系统(MDR)　第3部分:注册系统元模型与基本属性(GB/T 18391.3—2009,ISO/IEC 11179-3:2003,IDT)

ISO/IEC 6523-1　信息技术　组织与组织成分的标识结构　第1部分:组织标识方案的标识

3　术语和定义

下列术语和定义适用于GB/T 18391的本部分。

3.1

管理项　Administered Item

通过管理记录记录其管理信息的注册项。

[GB/T 18391.3—2009,定义3.3.1]

3.2

管理状态　administrative status

注册机构处理注册请求中赋予管理过程状态的一个指称。

[GB/T 18391.3—2009,定义3.3.7]

3.3

数据标识符　data identifier

DI

一个注册机构内一个管理项的唯一标识符。

[GB/T 18391.3—2009,定义3.3.52]

3.4

信息交换 information interchange

在传输中不变更数据的信息内容或含义的方式发送和接收数据的过程。

3.5

国际代码分配符 International Code Designator

ICD

一个组织标识方案的标识符。

注：基于 ISO/IEC 6523-1:1998，定义 3.8。

3.6

国际代码分配符值 International Code Designator value

ICD 值

分配给一个特定的组织标识方案的标识符。

[ISO/ IEC 6523-1:1998，定义 3.9]

3.7

国际注册数据标识符 international registration data identifier

IRDI

GB/T 18391 框架下定义的一个管理项的国际唯一标识符。

3.8

项标识符 item identifier

一个项的标识符。

[GB/T 18391.3—2009，定义 3.3.76]

3.9

项注册机构标识符 item registration authority identifier

对项进行注册的注册机构的标识符。

[GB/T 18391.3—2009，定义 3.3.77]

3.10

元数据项 metadata item

元数据对象的一个实例。

[GB/T 18391.3—2009，定义 3.2.19]

注：在 GB/T 18391 的所有部分中，此术语仅用于 GB/T 18391.3—2009 第 4 章中元模型描述的元数据对象的实例。如，数据元、数据元概念和允许值等的实例。

3.11

元数据对象 metadata object

由元模型定义的一个对象类型。

[GB/T 18391.3—2009，定义 3.2.20]

3.12

元数据注册簿 metadata register

由一个元数据注册系统维护的信息库或数据库。

[GB/T 18391.3—2009，定义 3.2.21]

3.13

元数据注册系统 Metadata Registry

MDR

注册元数据的信息系统。

[GB/T 18391.3—2009,定义 3.2.22]

注：相关的信息存储或数据库称为元数据注册簿。

3.14

OPI 来源指示符　OPI Source Indicator

OPIS

组织内部机构标识符的来源。

[ISO/IEC 6523-1:1998,定义 3.12]

3.15

OPIS 值　OPIS value

用于指明组织内部机构标识符来源的特定值(数字或大写字母)。

[ISO/IEC 6523-1:1998,定义 3.13]

3.16

组织标识符　organization identifier

在一个组织标识方案中赋予一个组织,且在该方案中具有唯一性的标识符。

[ISO/IEC 6523-1:1998,定义 3.10]

3.17

组织内部机构标识符　organization part identifier

OPI

分配给一个特定组织内部机构的一个标识符。

[ISO/IEC 6523-1:1998,定义 3.11]

3.18

注册　registration

以使每个组织机构都可以获得的方式赋予管理项一个无歧义的标识符。

注：改编自 ISO/IEC JTC 1 导则附录 E 中的定义。

3.19

注册执行机构　registration acting body

RAB

参与管理项注册过程的组织类型。

注：目前有三类注册执行机构:注册机构(RA),主管组织(RO)和提交组织(SO)。

3.20

注册机构　Registration Authority

RA

负责维护一个注册簿的组织。

[GB/T 18391.3—2009,定义 3.3.121]

3.21

注册机构标识符　registration authority identifier

赋予一个注册机构的标识符。

[GB/T 18391.3—2009,定义 3.3.122]

3.22

注册状态　registration status

一个管理项在注册生命周期中状态的一个指称。

[GB/T 18391.3—2009,定义 3.3.125]

3.23

注册项 registry item

记录在元数据注册系统中的一个元数据项。

[GB/T 18391.3—2009,定义 3.2.29]

3.24

主管组织 responsible organization

RO

提供管理项属性权威来源的组织或组织内部机构。

3.25

提交组织 submitting organization

SO

提出注册请求的组织或组织内部机构。

3.26

版本标识符 version identifier

VI

分配给管理项的一个版本的标识符。

4 操作概念

4.1 管理项

4.1.1 管理项的类型

GB/T 18391.3 给出了描述数据的元数据注册系统的概念模型,规定了一系列的管理项:数据元、数据元概念、值域、概念域、分类方案、语境(面向管理项)、衍生规则、对象类、特性和表示类。GB/T 18391.1提供了理解和关联各个部分的途径,它也是概念上理解元数据和元数据注册系统的基础。

本部分规定了所有管理项的通用特性。可以预见,一个组织可以通过增加需要管理的附加项来扩展它的元数据注册系统。同样,随后也可以通过修订本标准来管理增列的项。在具体应用中,也可以尝试用本部分来注册和管理 GB/T 18391.3 中未定义的本地的管理项类型。

4.1.2 管理项的标识

按照本部分条款注册的每一个管理项将被赋予一个国际注册数据标识符(IRDI)。国际注册数据标识符中的注册机构标识符由 ISO/IEC 6523 规定,注册机构标识符在那些不与其他注册系统交换内容的注册系统中属于可选项。国际数据注册标识符的值在 GB/T 18391 本部分的框架下唯一标识了相应的管理项。附录 A 描述了用于标识每个管理项的国际注册数据标识符的结构。

4.1.3 状态类别

4.1.3.1 概述

状态分两类。注册状态是指注册、元数据的质量或者管理项的进程的级别。管理状态是指注册机构处理注册请求的管理流程中的状态。进入到元数据注册系统中的每个管理项都应当有一个注册状态。

管理状态详述了某个注册状态下的管理项所经历的过程。它标识出管理项在某一注册状态中发展的过程。管理状态的允许值很可能依赖于该管理项当前所处的注册状态。注册机构负责管理状态的设置和使用,并决定管理状态的允许值。注册机构负责管理状态的细化、发布和实施。

4.1.3.2 注册状态类别概述

注册状态详细说明了元数据注册系统中的管理项的情况。进入到元数据注册系统中的管理项都应当规定其注册状态。注册状态类别应当应用到已经进入元数据注册簿中的单个管理项。管理项的注册状态分两类，生命周期型和记录型。生命周期型注册状态处理的是管理项的元数据的质量逐渐提高、完善的过程，以及管理项使用上的优先选择问题。记录型注册状态用于表明元数据的质量不再继续优化或者管理项不再被推荐使用。这些状态类的关系，以及管理项要达到某个特定的注册状态级别的准则，见表1。

表1 注册状态级别和准则

管理项注册状态类别	状态准则
生命周期状态	
首选	注册机构确认该管理项： ● 在使用该注册系统的团体中被优先选用
标准	注册机构确认该管理项： 在使用该注册系统的团体中， ● 质量合格； ● 且得到广泛应用
合格	注册机构确认： ● 必选元数据属性完整； ● 且必选元数据属性符合应用质量要求
已记录	注册机构确认： ● 所有必选元数据属性完整
候选	管理项被提议按照注册级别逐渐完善。
未完成	提交者期望使用该元数据注册系统的团体意识到其本地领域内的一个管理项的存在
失效	注册机构批准该管理项： ● 不再推荐给使用该元数据注册系统的团体使用； ● 且不应当继续被使用
被替代	注册机构确认该管理项： ● 不再推荐给使用该元数据注册系统的团体使用； ● 且一个继承的管理项被优先选用
记录状态	
历史	提交者希望使用该元数据注册系统的团体意识到在其本地领域内一个管理项曾经存在过
应用	注册机构希望使用该元数据注册系统的团体意识到其本地领域内一个管理项的存在，该管理项存在于一个应用系统中，尚未在逻辑层次上进行规范。有可能会对该管理项进行规范描述

虽然总的目标是将尽可能多的管理项从“未完成”状态升级到“首选”状态，但有些管理项的注册水平可能并不适宜提高到比“已记录”或“合格”更高的级别。就是说，管理项可能缺乏必要的元数据属性记录使其符合“已记录”状态的要求，必要的元数据属性的质量可能不符合“合格”状态的要求，管理项也可能不适于被作为“首选”。这些管理项应当在注册系统中保留其当前状态，以便使用该注册系统的团体理解和获取这些管理项。

管理项的状态类别应该建立在记录的数据的完整性、准确性及其与已经建立的格式和句法一致性的基础之上。注册状态类别的要求如下：

a) 未完成——处于“未完成”状态的管理项表明提交者期望使用该元数据注册系统的团体意识到

其本地领域内的一个管理项的存在。元数据注册簿中状态为“未完成”的管理项不应在版本控制下进行维护。元数据注册簿中状态为“未完成”的管理项至少要记录如下属性：

1) 管理项标识符；
2) 指称；
3) 定义；
4) 提交组织名称；
5) 提交组织联系方名称；
6) 提交组织联系信息。

已注册的管理项可能不包括所有必选属性的值。

b) 候选——处于“候选”状态的管理项表明其已被提议按照注册级别逐渐提升其注册水平。处于“候选”状态的管理项在版本控制下维护。状态为“候选”的管理项至少要记录以下属性：管理项标识符、指称、定义、提交组织名称、提交组织联系方名称、提交组织联系信息、主管组织名称、主管组织联系方名称和主管组织联系信息。已注册的管理项可能不包括所有必选属性的值。
c) 已记录——处于“已记录”状态的管理项表明其所有必选的元数据属性都是完整的。处于“已记录”状态的管理项意味着管理项可以跨领域共享。必选元数据属性的内容可能不符合质量要求。提交者随时可以要求淘汰处于“已记录”注册状态的管理项。注册状态为“已记录”或更高级别的管理项在版本控制下维护。
d) 合格——处于“合格”状态的管理项表明其达到“已记录”的注册状态，同时注册机构已经确认必选的元数据属性是完整的，而且符合应用的质量要求。如果管理项没有被注册机构认定符合“合格”的注册状态，它将继续处于“已记录”注册状态级别。
e) 标准——处于“标准”状态的管理项是指，管理项达到“合格”的注册状态，而且注册机构确认管理项质量合格且能给使用元数据注册簿的团体带来广泛的利益。对于一个同样的功能、概念等可能存在不只一个“标准”管理项。
f) 首选——处于“首选”状态的管理项意味着，注册机构确认管理项在使用元数据注册簿的团体中应当被优先选用。
g) 失效——处于“失效”状态的管理项是指，注册机构已经决定不再将管理项推荐给使用元数据注册簿的团体使用。“失效”的管理项不应再被使用。这样的管理项被保存在元数据注册档案库中用于历史参考和研究目的。如果有适当的替代管理项，“失效”的管理项应该包括指向该替代管理项的参照。对“失效”的管理项仅允许进行编辑性的修改工作。
h) 被替代——处于“被替代”状态的管理项是指，注册机构已经决定不再将管理项推荐给使用元数据注册簿的团体使用。“被替代”的管理项可以使用，但是推荐使用后继管理项。这样的管理项被保存在元数据注册档案库中以用于历史参考。如果有适当的替代管理项，“被替代”的管理项应该包括指向该替代管理项的参照。对“被替代”的管理项仅允许进行编辑性的修改工作。
i) 历史——处于“历史”状态的管理项是指，提交者期望使用该元数据注册系统的团体意识到一个过去使用、最近已经不再使用的管理项的存在。做这些记录是很重要的，这样与之相关的管理项可以通过该管理项的知识获得更多的理解。“历史”状态的管理项没有经历注册级别的动态变化。
j) 应用——处于“应用”状态的管理项意味着，提交者期望使用该元数据注册系统的团体意识到本地领域中被应用系统使用的一个管理项的存在。该管理项可能得到了很好的描述。“应用”状态的管理项可能来自正在开发中的应用系统。

4.1.3.3 管理状态的描述

应当使用管理状态来表示那些待定的、对使用元数据注册簿的团体非常重要的变化。这些状态级别可以让使用该元数据注册簿的团体预先了解那些对他们的利益可能具有重要影响的变化。

4.2 程序

注册机构应当为元数据注册系统的必要活动建立流程。下面列出的是需要建立流程的功能活动的例子：

a) 管理项的提交注册——提交者应提交进入元数据注册簿的管理项条目。这些管理项可以根据提交者的判断记录为"未完成"或"候选"注册状态。"未完成"注册状态表示其应用仅限于提交者的领域，登录只是为了提供信息。"候选"状态意味着提交者打算将管理项升级为更高的注册级别。提交者或管理者可以通过完整记录管理项的所有必选元数据属性来将处于"候选"状态的管理项升级为"已记录"状态的管理项。

b) 管理项的升级——提交者应将管理项升级到"已记录"状态。管理项升级到"合格"或更高的注册状态要求得到管理者的认可和注册机构的批准。

c) 管理项的协调一致——协调一致的目的是消除任何潜在的管理项的重复或交叠，并理解那些可能存在于协调项之间的合理差异。应设置程序以促进管理项的协调一致和重用。

d) 管理项的修改——应设置修改管理项的程序。

e) 管理项的淘汰——应设置淘汰管理项的程序。

f) 管理处理过程——为了跟踪一个管理项的中间状态，注册者可以为其分配管理注册状态。

开发、运作和/或维护一个元数据注册系统需要功能运作程序。GB/T 18391 要求组织参与一定的角色，如注册机构、注册者、提交联系方和主管联系方等。附录 C 给出了一系列建议的角色和职责以及根据角色设计的元数据注册系统的功能运作程序。附录 D 给出了建议的运作概念。附录 E 给出了处理这些功能要求和运作概念的建议流程。附录 F 给出了用于管理项协调的建议程序。

5 管理项元数据注册系统

5.1 概述

元数据注册系统用于管理在其范围内的管理项。元数据注册系统是一个用于注册元数据的系统。一个元数据注册系统可用来管理任何数量的元数据注册簿、信息库或元数据数据库。每一个元数据注册簿由一个或多个注册机构维护。在一个具体的元数据注册系统实现中，元数据注册簿和注册机构的数目由该元数据注册系统的实施者和/或操作者决定。

在任何元数据注册簿中的每一个管理项，通过管理项的项标识符仅与一个注册机构相关联。

元数据注册系统的主要参与者是注册机构，提交组织和主管组织。注册机构有一个或多个注册者作为它的联系方。提交组织向元数据注册簿提交管理项条目。提交者是提交组织中负责一个特定管理项的联系方。提交组织可以有任意数量的提交者。每一个管理项仅与一个提交者相关联。主管组织是管理项属性的权威来源。主管者是主管组织中面向一个特定管理项的联系方。主管组织可以有任意数量的主管者。每一个管理项仅与一个主管者相关联。

5.2 内容

5.2.1 元数据注册系统视角

在本部分的语境中，元数据注册簿的内容可能会根据元数据注册簿的参与者的角色和每一个参与者所属的一致性水平而改变。

5.2.2 元数据注册系统的内容和一致性级别

主管组织可能会影响每一个管理项个别属性的内容。主管组织无权规定注册簿本身的组成，例如，每一个管理项应当包含哪些元数据属性。由注册机构规定各种要求。例如，根据本标准，注册机构决定每一个管理项必须有一个定义，主管组织保证元数据项的定义在语义上正确。

注册机构可以采纳较严格或较宽容的一致性准则，对提交组织提出相应的要求。这时，元数据注册簿的内容会相应地改变。GB/T 18391.3—2009 第 6 章详细规定了元数据注册系统的一致性要求。

5.2.3 元数据注册系统的内容和管理项类型

并非所有的元数据注册系统都需要支持在 GB/T 18391.3 元数据模型中描述的元数据项的所有类型。一些元数据注册系统会首先建立“数据元概念”的元数据注册簿；一些可能会首先建立“概念域”的元数据注册簿，然后，在随后的某个时间，再建立“数据元”和“值域”的元数据注册簿。读者可以到 GB/T 18391.3 中去查找管理项特殊类型的注册元数据属性。本部分仅使用所有管理项共有的注册元数据属性。

但是元数据注册系统不应该违反 GB/T 18391.3 中为处于“已记录”注册状态的管理项规定的注册元模型的业务规则(通过关系和基数规定)。

5.3 语言

注册机构应当记录元数据注册系统使用的语言。

5.4 管理项元数据注册系统的可用性

应当根据适当的注册机构规定的程序来管理元数据注册簿内容的存取利用。

6 一致性

一致性的实施应当符合第 4 章，第 5 章，附录 A 和附录 B。

附　录　A
（规范性附录）
管理项标识符

A.1　概述

在 GB/T 18391 的本部分的条款下注册的每个管理项都被分配一个国际注册数据标识符(IRDI)。这个标识符的值在 GB/T 18391 本部分的框架内唯一地标识这个管理项。

A.2　国际注册数据标识符(IRDI)的组成部分

已注册管理项的唯一性由图 A.1 所示的三个标识属性的值的组合决定,GB/T 18391.3 也作了同样的规定:

a)　赋予一个注册机构的标识符,称为注册机构标识符（RAI）;

b)　在注册机构内部分配给管理项的标识符,称为数据标识符（DI）;

c)　分配给管理项用于注册或更新的版本标识符,称为版本标识符（VI）。

注 1:尽管在一个元数据注册簿内部,管理项的唯一性不一定需要版本标识符,但是在出现冲突时,在国际注册数据标识符中包含版本标识符能提供一个唯一的参考点。

注 2:根据 ISO/IEC 6523,OPI 和 OPIS 是可选的。本部分使用 ISO/IEC 6523 的整体结构作为注册机构标识符。

A.3　国际注册数据标识符(IRDI)组成部分的值的分配

A.3.1　分配

为提交注册的管理项分配一个国际注册数据标识符。国际注册数据标识符每一部分的值按下列方法分配。

A.3.2　注册机构标识符（RAI）的分配

每个希望成为注册机构的机构都应当拥有一个国际认可的机构代码,该代码按照 ISO/IEC 6523 规定的程序分配。鉴于 GB/T 18391 本部分的目的,应当将 ISO/IEC 6523-1:1998 的第 4 章所描述的机构标识的完整结构作为国际唯一的注册机构标识符。

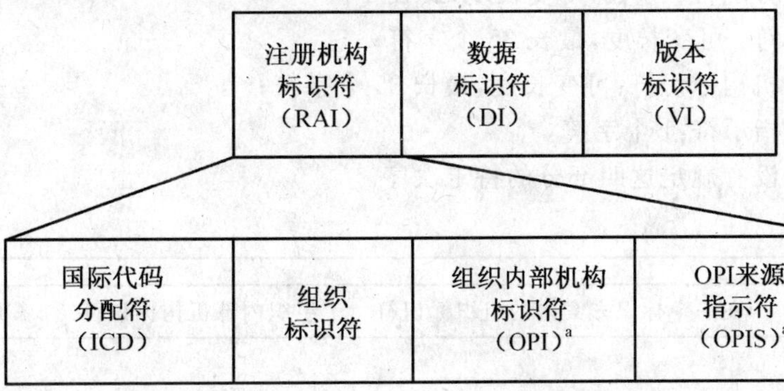

a　表示可选　　（参见:ISO/IEC 6523）

图 A.1　国际注册数据标识符(IRDI)的结构

A.3.3　数据标识符(DI)的分配

新加入元数据注册簿的每一个管理项都应当被分配一个新的数据标识符。现存的管理项如果进行了修改导致其意义或值的表示形式发生变化时,也应当为其分配一个新的数据标识符。例如,必选属性、定义和/或表示形式的改变都要求分配一个新的数据标识符。但是,对定义进行的编辑性修改,只要定义所表达的本质意义没有发生改变，就不需要为管理项分配新的数据标识符。例如，列举在附录B中的管理属性的值的变化，可能不会产生一个新的数据标识符。

每个注册机构都应当根据元数据注册簿的主题事务的需求，针对其元数据注册簿的必选属性值的改变，建立和发布适当的、专门的指南，列出任何需要分配新的数据标识符(即新的管理项的产生)的其他条件。

每个注册机构都应当建立和发布关于元数据注册簿内部使用的数据标识符的格式、表示和产生的指南。

A.3.4 版本标识符(VI)的分配

一般来说，任何属性值的变化(除了需要新的数据标识符的情况)都有可能产生一个新的版本标识符。但是，每一个管理项可能需要不同的版本处理方式。例如，“雇员姓名”的“数据元允许值”的变化，可能不需要一个新的版本标识符，而“账目类型”的“数据元允许值”的变化，则很可能要求修改版本标识符。每一个注册机构都应当为其专门研究并负责的主题事务建立专门的指南。

每一个注册机构都应当建立和发布关于元数据注册簿内部使用的版本标识符的格式、表示和产生的指南。

A.4 使用ISO/IEC 6523组织代码作为注册机构标识符

A.4.1 组织代码结构

为方便使用，将ISO/IEC 6523-1摘录如下，以便使人们充分理解代码结构。

> 组织及组织内部机构标识符的结构包括以下四部分：
>
> a) 国际代码分配符(ICD)；
>
> b) 在一个标识方案内的组织标识：包含有组织标识符的数据元；
>
> c) 组织内部机构标识符：包含有组织内部机构标识符(OPI)的数据元；
>
> d) OPI来源指示符(OPIS)：包含有标识OPI来源的代码值的数据元。
>
> 第三部分——组织内部机构标识符，是可选的。当且仅当想要在一个组织内清楚地标识其内部机构时，才使用组织内部机构标识符。
>
> 第四部分——OPI来源指示符，如果不使用第三部分组织内部机构标识符，也不应当使用OPIS；如果使用组织内部机构标识符，则OPIS是可选的。
>
> 这些数据元的格式如下：
>
> ——国际代码分配符：整数，可变长度，最长4位；
>
> ——组织标识符：可变长度，最长35个字符；
>
> ——组织内部机构标识符：可变长度，最长35个字符；
>
> ——OPI来源指示符：1个字符。
>
> 本国际标准中没有规定这四部分的特定次序。

本结构图示如下：

国际代码分配符	在一个标识方案内的组织标识符	组织内部机构标识符	OPI来源指示符
整数 可变长度 最长4位	可变长度 最长35个字符	可变长度 最长35个字符	1个字符

图1 组织及组织内部机构标识的结构

(ISO/IEC 6523-1没有规定四部分的特定次序：见4.6)

来源：ISO/IEC 6523-1:1998。

A.4.2 ISO/ IEC 6523 ICD 的注册机构

在本标准出版时上述注册簿的注册机构（RA)是：

British Standards Institution-DISC

389 Chiswick High Rd

London W4 4AL

United Kingdom

电话：+44 020 8996 7448

传真：+44 020 8996 7412

英国标准化机构协会(BSI)的网站是 http://www.bsi-global.com

现在的联系人是 Ms. Nicola Harrison 和 Simone Seeds。

电子邮件：Telecoms@bsi-global.com。

不需获得 ICD 的 RA：ISO/IEC 6523 的注册机构只维护国际代码分配符(ICD)。想获得一个组织代码的组织不一定必须获得一个 ICD,它可以和已拥有 ICD 的组织/贸易协会联系，如 DUNS 和 SIRENE 等，并在它们各自的 ICD 下申请一个组织代码。ICD 和由 ICD 所有者分配的组织代码一起组成了申请者的组织代码。

示例：大多数组织已经有了自己的国际组织代码，但它们并没有意识到这一点。例如，大多数的拥有 DUNS 代码的组织可以将其与 DUNS 的 ICD(0600)联合组成自已的组织代码。在 DUNS ICD 下的 DUNS 成员的组织代码将采用 DUNS 格式并由邓白氏公司配置。表 A.1 是由 BSI 维护的“已公布的所有 ICD 列表”中的 DUNS 条目详情。

表 A.1 ISO/IEC 6523 注册簿的通用数据编码系统(DUNS)条目

ICD	0060
编码系统名称	通用数据编码系统(D-U-N-S 代码)
发行组织的名称和地址	邓白氏公司 Holmers Farm Way High Wycombe Bucks HP12 4UL United Kingdom
代码结构	1) 八位标识码和一位校验码。将来会增加一个两位的前缀码，但不用于计算校验位。 2) 组织名称不是通用数据编码系统代码的一部分
显示需求	IIIIIIIIC,其中所有的字符都是 0～9,I 是标识位，C 是校验位。当增加前缀(P)时，显示需求为十一位代码，PPIIIIIIIIC
编码系统覆盖的机构的描述	邓白氏公司的目标是将 D-U-N-S 代码分配给所有从事特定商业活动的公司和机构
代码使用注释	D-U-N-S 代码最初用于编写涉及商业交易的财务状态报告，但现在也被广泛用于其他目的。此代码在世界范围内被用于标识企业和机构
主办机构	BSI/DISC
ICD 签发日期	1993 年 6 月
附加说明	注册机构已提供详细的方案说明

附　录　B
（规范性附录）
元数据注册系统的内容:管理项的元数据属性

B.1　引言

本附录给出了一系列的表格,这些表格描绘了元数据注册簿中每一个管理项包含的元数据属性的要求。这里并不规定适用于特定管理项类型的元数据属性,仅规定那些适用于所有管理项的元数据属性。

在所有表里,每一列都是一个基本属性或一个复合元数据属性。

B.2　GB/T 18391.3—2009 中的元数据属性

本条概括了 GB/T 18391.3—2009 中用于所有管理项的属性,如表 B.1 所示。第一栏是元数据属性名称,缩进排列表示属性的等级。必选的基本元数据属性在第一栏左边带有“*”号。第二栏是取自 GB/T 18391.3—2009 的元数据属性的定义。第五栏是元数据属性在复合元数据属性中的最大出现次数。第六栏表明元数据属性的数据类型。

第四栏规定了元数据属性的约束情况,使用下列代码表示:

——“M”=必选。管理项要求必选的元数据属性,没有例外。

——“O”=可选。可选的元数据属性,管理项的管理员如果愿意提供额外的关于管理项的信息时可以选用。

——“C”=条件选。条件选的元数据属性,依赖于一个可选的元数据属性的使用。当该可选元数据属性使用时,需要使用相应的条件选元数据属性。

——“I”=指明条件。指明条件的元数据属性依赖于一个独立于任何其他的元数据属性的“假设条件”。如果该“假设条件”成立,则指明条件的元数据属性必选,否则可选。

当元数据项的注册状态为“已记录”或更高时,要求满足其最小出现次数的约束。换句话说,“已记录”的注册状态表明所有的必选属性都已被记载。

表 B.1　管理项元数据属性

元数据属性名称和结构	GB/T 18391.3—2009 中的定义	GB/T 18391.3—2009 中的引用条款	约束/条件	最大出现次数	数据类型
管理项	通过管理记录记录其管理信息的注册项	3.3.1			
管理记录	有关一个管理项的管理信息的总和	3.3.5	M	1	
管理项标识符	赋予一个管理项的标识符	3.3.4	M	1	
项注册机构标识符	对项进行注册的注册机构的标识符	3.3.77	M	1	
*　　　　国际代码分配符	一个组织标识方案的标识符	3.3.75	M	1	字符串
*　　　　组织标识符	在一个组织标识方案中赋予一个组织,且在该方案中具有唯一性的标识符	3.3.92	M	1	字符串

表 B.1(续)

元数据属性名称和结构	GB/T 18391.3—2009 中的定义	GB/T 18391.3—2009 中的引用条款	约束/条件	最大出现次数	数据类型
OPI 来源	组织内部机构标识符的来源	3.3.97	C/如果组织内部机构标识符被用	1	字符串
组织内部机构标识符	分配给一个特定组织内部机构的一个标识符	3.3.96	O	1	字符串
* 数据标识符	一个注册机构内一个管理项的唯一标识符	3.3.52	M	1	字符串
* 版本	管理项唯一的版本标识符	3.3.156	M	1	字符串
* 注册状态	一个管理项在注册生命周期中状态的一个指称	3.3.125	M	1	字符串
* 管理状态	注册机构处理注册请求中赋予管理过程状态的一个指称	3.3.7	M	1	字符串
* 生成日期	管理项生成的日期	3.3.35	M	1	日期
生效日期	一个管理项对注册系统用户生效的日期	3.3.70	O	1	日期
最新更改日期	管理项最近修改的日期	3.3.82	O	1	日期
终止日期	一个管理项在注册系统中不再有效的日期	3.3.138	O	1	日期
管理注解	关于管理项的概要性注释	3.3.6	O	1	字符串
更改描述	对管理项自前一个版本以来所发生的变化的描述	3.3.8	O	1	字符串
解释性备注	关于管理项的描述性备注	3.3.74	O	1	字符串
起源	〈管理项〉管理项的来源(文件、项目、学科或模型)	3.3.98	O	1	字符串
未决事项	尚未解决的有关管理项彻底文档化的任何问题	3.3.137	O	1	字符串
注册机构	负责维护一个注册簿的组织	3.3.121	M	1	
注册机构标识符	赋予一个注册机构的标识符	3.3.123	M	1	
* 国际代码分配符	一个组织标识方案的标识符	3.3.75	M	1	字符串
* 组织标识符	在一个组织标识方案中赋予一个组织,且在该方案中具有唯一性的标识符	3.3.92	M	1	字符串
组织内部机构标识符	分配给一个特定组织内部机构的一个标识符	3.3.96	O	1	字符串

表 B.1（续）

元数据属性名称和结构	GB/T 18391.3—2009 中的定义	GB/T 18391.3—2009 中的引用条款	约束/条件	最大出现次数	数据类型
OPI 来源	组织内部机构标识符的来源	3.3.97	C/如果组织内部机构标识符被用	1	字符串
组织	为了某种目的，一个或多个人运作或指定其运作的一个特定机构架构	3.3.91	M		
* 组织名称	组织的一个指称	3.3.94	M	1	字符串
组织通信地址	组织的自然、邮政或递送地址	3.3.93	O	1	字符串
注册者	一个注册机构的代表	3.3.117	M	1	
* 注册者标识符	用于注册者的标识符	3.3.119	M	1	字符串
注册者联系	与一个注册者相关联的联系信息	3.3.118	M	1	
* 联系方名称	联系方的名称	3.3.28	M	1	字符串
* 联系信息	能够定位或联络到一个联系方的信息	3.3.27	M	1	字符串
联系方职衔	联系方职位的名称	3.3.29	O	1	字符串
文档语言标识符	注册机构用于文档记录的语言的标识符	3.3.69	M	n	
* 语言标识符	一个术语条目中表明某种语言的名称的信息	3.3.79	M	1	字符串
国家标识符	〈语言标识〉可进一步规定与语言相关联的地理政治区域的国家的标识符	3.3.34	O	1	字符串
组织通信地址	组织的自然、邮政或递送地址	3.3.93	O	1	字符串
(管理项的)提交	元数据提交中涉及的管理项、联系和组织之间的关系	3.3.131	M	1	
组织	为了某种目的，一个或多个人运作或指定其运作的一个特定机构架构	3.3.91	M		
* 组织名称	组织的一个指称	3.3.94	M	1	字符串
组织通信地址	组织的自然、邮政或递送地址	3.3.93	O	1	字符串
提交联系	与一个提交相关联的联系信息	3.3.132	M	1	
* 联系方名称	联系方的名称	3.3.28	M	1	字符串
* 联系信息	能够定位或联络到一个联系方的信息	3.3.27	M	1	字符串

表 B.1(续)

元数据属性名称和结构	GB/T 18391.3—2009 中的定义	GB/T 18391.3—2009 中的引用条款	约束/条件	最大出现次数	数据类型
联系方职衔	联系方职位的名称	3.3.29	O	1	字符串
(管理项的)主管	元数据主管中涉及的管理项、联系和组织之间的关系	3.3.129	M		
组织	为了某种目的,一个或多个人运作或指定其运作的一个特定机构架构	3.3.91	M		
* 组织名称	组织的一个指称	3.3.94	M	1	字符串
组织通信地址	组织的自然、邮政或递送地址	3.3.93	O	1	字符串
主管联系	与一个主管相关联的联系信息	3.3.130	M	1	
* 联系方名称	联系方的名称	3.3.28	M	1	字符串
* 联系信息	能够定位或联络到一个联系方的信息	3.3.27	M	1	字符串
联系方职衔	联系方职位的名称	3.3.29	O	1	字符串
(管理项的)语境	一个名称或定义被使用的一个论域	3.3.30	M	n	
语境管理记录	一个语境的管理记录	3.3.31 (ISO/IEC 11179-3:2003 中已将此元数据属性删除)	M	1	
* 语境描述	语境的文本描述	3.3.32	M	1	字符串
语境描述语言标识符	用于语境描述的语言的标识符	3.3.33	O	1	
语言标识符	一个术语条目中表明某种语言的名称的信息	3.3.79	C	1	字符串
国家标识符	〈语言标识〉可进一步指明与语言相关联的地理政治区域的国家的标识符	3.3.34	O	1	字符串
术语条目	包含一个语境(主题域)内特定管理项的术语单元信息的一个条目	3.3.133	M	1	
语言块	一个术语条目中包含有关一种语言信息的部分	3.3.80	M	n	
语言块语言标识符	用于对指称和定义集合进行分组的语言的标识符	3.3.81	M	1	
* 语言标识符	一个术语条目中表明某种语言的名称的信息	3.3.79	M	1	字符串

表 B.1(续)

元数据属性名称和结构	GB/T 18391.3—2009 中的定义	GB/T 18391.3—2009 中的引用条款	约束/条件	最大出现次数	数据类型
国家标识符	〈语言标识〉可进一步指明与语言相关联的地理政治区域的国家的标识符	3.3.34	O	1	字符串
(管理项的)指称	一个管理项在一个语境中的指称	3.3.67	I/任一语境中至少一个	n	
* 名称	〈管理项〉在一个特定语境中指定给一个管理项的名称	3.3.83	M	1	字符串
首选指称	用以表明管理项的某个名称在一种语言中是首选术语的指示符	3.3.106	O	1	T/F
术语定义对			O	1	
(管理项的)定义	管理项在一个语境中的定义	3.3.58	I/任一语境中至少一个	n	
* 定义文本	定义的文本	3.3.60	M	1	字符串
首选定义	用以表明管理项的某个定义文本在一种语言中是首选定义的指示符	3.3.105	O	1	T/F
定义来源引用	定义来源的一个依据	3.3.59	O	1	
引用文档标识符	引用文档的一个标识符	3.3.112	C	1	字符串
引用组织	一份引用文档与一个组织之间的关系	3.3.116	C	1	
组织名称	组织的一个指称	3.3.94	C	1	字符串
组织通信地址	组织的自然、邮政或递送地址	3.3.93	O	1	字符串
引用文档语言标识符	引用文档所使用的自然或专用语言的标识符	3.3.113	O	n	
语言标识符	一个术语条目中表明某种语言的名称的信息	3.3.79	C	1	字符串
国家标识符	〈语言标识〉可进一步指明与语言相关联的地理政治区域的国家的标识符	3.3.34	O	1	字符串
引用文档标题	引用文档的标题	3.3.114	O	1	字符串
引用文档类型描述	引用文档类型的一个描述	3.3.115	O	1	字符串
引用文档	一份文档,它为查阅一个主题提供相关细节	3.3.111	O	n	
引用文档标识符	引用文档的一个标识符	3.3.112	C	1	字符串
引用组织	一份引用文档与一个组织之间的关系	3.3.116	C	n	

表 B.1（续）

元数据属性名称和结构	GB/T 18391.3—2009 中的定义	GB/T 18391.3—2009 中的引用条款	约束/条件	最大出现次数	数据类型
组织名称	组织的一个指称	3.3.94	C	1	字符串
组织通信地址	组织的自然、邮政或递送地址	3.3.93	O	1	字符串
引用文档语言标识符	引用文档所使用的自然或专用语言的标识符	3.3.113	O	n	
语言标识符	一个术语条目中表明某种语言的名称的信息	3.3.79	C	1	字符串
国家标识符	〈语言标识〉可进一步指明与语言相关联的地理政治区域的国家的标识符	3.3.34	O	1	字符串
引用文档标题	引用文档的标题	3.3.114	O	1	字符串
引用文档类型描述	引用文档类型的一个描述	3.3.115	O	1	字符串

注 1：*——必选的基本元数据属性。

注 2：M——必选；

O——可选；

C——条件选；

I——指明条件。

注 3：在本表中，除非特别说明，“C”表示的项是否选用取决于表中排在它前面的可选项。

B.3 每种注册状态的元数据属性要求

这一条将 GB/T 18391.3—2009 中用于所有管理项的属性与注册状态的值关联起来。

表 B.2 给出了基于注册状态值的每个元数据属性的要求。第一栏是元数据属性名称。元数据属性名称的缩进表示其级别。第二栏是取自 GB/T 18391.3—2009 的元数据属性的约束和条件。第三至十四栏给出了在每一个注册状态下元数据属性的约束和条件。

表 B.3 到表 B.12 为每一注册状态所需要的元数据属性的列表。

表 B.2 每一注册状态下需要的元数据基本属性

元数据属性名称和结构	元模型约束/条件	生命周期状态								记录状态			
		未完成	候选	已记录	合格	标准	首选	失效	被替代		历史	应用	
管理项													
管理记录	M												
管理项标识符	M												
项注册机构标识符	M												
* 国际代码分配符	M	M	M	M	M	M	M	M	M		M	M	

表 B.2（续）

元数据属性名称和结构	元模型约束/条件	生命周期状态								记录状态	
		未完成	候选	已记录	合格	标准	首选	失效	被替代	历史	应用
* 组织标识符	M	M	M	M	M	M	M	M	M	M	M
组织内部机构标识符	O	O	O	O	O	O	O	O	O	O	O
OPI 来源	C/如果组织内部机构标识符被使用	C	C	C	C	C	C	C	C	C	C
* 数据标识符	M	M	M	M	M	M	M	M	M	M	M
* 版本	M	M	M	M	M	M	M	M	M	M	M
* 注册状态	M	M	M	M	M	M	M	M	M	M	M
* 管理状态	M	D	D	M	M	M	M	M	M	M	M
* 生成日期	M	D	M	M	M	M	M	M	M	M	M
生效日期	O				M	M	M			M	
最新更改日期	O										
终止日期	O				I	I	I	M	M	M	
管理注解	O										
更改描述	O										
解释性备注	O									M	
起源	O										
未决事项	O										
注册机构	M										
注册机构标识符	M										
* 国际代码分配符	M	D	D	M	M	M	M	M	M	M	D
* 组织标识符	M	D	D	M	M	M	M	M	M	M	D
组织内部机构标识符	O	D	D	O	O	O	O	O	O	O	D
OPI 来源	C/如果组织内部机构标识符被使用	D	D	C	C	C	C	C	C	C	D
组织	M										
* 组织名称	M	D	D	M	M	M	M	M	M	D	D
组织通信地址	O										
注册者	M										
* 注册者标识符	M	D	D	M	M	M	M	M	M	D	D
注册者联系	M										
* 联系方名称	M	D	D	M	M	M	M	M	M	D	D
* 联系信息	M	D	D	M	M	M	M	M	M	D	D
联系方职衔	O										
记录语言标识符	M										
* 语言标识符	M	D	D	M	M	M	M	M	M	D	D

表 B.2（续）

元数据属性名称和结构	元模型约束/条件	生命周期状态								记录状态			
		未完成	候选	已记录	合格	标准	首选	失效	被替代		历史	应用	
国家标识符	O												
组织通信地址	O												
(管理项)提交	M												
组织	M												
* 组织名称	M	M	M	M	M	M	M	M	M		M	M	
组织通信地址	O												
提交联系	M												
* 联系方姓名	M	M	M	M	M	M	M	M	M		M	M	
* 联系信息	M	M	M	M	M	M	M	M	M		M	M	
联系方职衔	O												
(管理项)主管	M												
组织	M												
* 组织名称	M		M	M	M	M	M	M	M		M		
组织通信地址	O												
主管联系	M												
* 联系方姓名	M		M	M	M	M	M	M	M		M		
* 联系信息	M		M	M	M	M	M	M	M		M		
联系方职衔	O												
(管理项)语境	M												
语境管理记录	M	D	D	M	M	M	M	M	M		M	D	
* 语境描述	M	D	M	M	M	M	M	M	M		M	D	
语境描述语言标识符	O												
语言标识符	C												
国家标识符	O												
术语条目	M												
语言块	M												
语言块语言标识符	M												
* 语言标识符	M	D	D	M	M	M	M	M	M		M	D	
国家标识符	O												
(管理项)指称	I/每个语境中至少有一个												

表 B.2（续）

元数据属性名称和结构	元模型约束/条件	生命周期状态								记录状态			
		未完成	候选	已记录	合格	标准	首选	失效	被替代		历史	应用	
* 名称	M	M	M	M	M	M	M	M	M		M	M	
首选名称	O												
术语定义对	O												
（管理项的）定义	I/每个语境中至少有一个												
* 定义文本	M		M	M	M	M	M	M	M		M	M	
首选定义	O												
定义来源引用{0…1}	O				I	I	I						
引用文档标识符	C				C	C	C						
引用组织	C												
组织名称	C												
组织通信地址	C												
引用文档语言标识符	C												
语言标识符	C												
国家标识符	O												
引用文档标题	O												
引用文档类型描述	O												
引用文档	O				I	I	I						
引用文档标识符	C				C	C	C						
引用组织	C												
组织名称	C												
组织通信地址	O												
引用文档语言标识符	O				C	C	C						
语言标识符	C				C	C	C						
国家标识符	O				C	C	C						
引用文档标题	O												
引用文档类型描述	O												

注 1：*——必选的基本元数据属性。

注 2：M——必选；

O——可选；

C——条件选；

I——指明条件；

D——必选，但使用元数据注册系统的缺省值。

注 3：在本表中，除非特别说明，“C”表示的项是否选用取决于表中排在它前面的可选项。

表 B.3 “未完成”状态所需的元数据属性

元数据属性结构	基本元数据属性	未完成状态
管理记录		
管理项标识符		
项注册机构标识符	国际代码分配符	M
	组织标识符	M
	组织内部机构标识符	O
	OPI 来源	C
数据标识符	数据标识符	M
版本	版本	M
注册状态	注册状态	“未完成”
管理状态	管理状态	D
生成日期	生成日期	D
注册机构	注册机构标识符	D
组织	组织名称	D
注册者	注册者标识符	D
注册者联系	联系方姓名	D
	联系信息	D
记录语言标识符	语言标识符	D
(管理项)提交		
组织	组织名称	M
提交联系	联系方姓名	M
	联系信息	M
(管理项)语境	语境管理记录	D
	语境描述	D
术语条目		
语言块		
语言块语言标识符	语言标识符	D
(管理项)指称	名称	M

注 1：M——必选；
O——可选；
C——条件选；
I——指明条件；
D——必选，但使用元数据注册系统的缺省值。

注 2：在本表中，除非特别说明，“C”表示的项是否选用取决于表中排在它前面的可选项。

表 B.4 “候选”状态所需的元数据属性

元数据属性结构	基础元数据属性	候选状态
管理记录		
管理项标识符		
项注册机构标识符	国际代码分配符	M
	组织标识符	M
	组织内部机构标识符	O
	OPI 来源	C
数据标识符	数据标识符	M
版本	版本	M
注册状态	注册状态	候选
管理状态	管理状态	D
生成日期	生成日期	M
注册机构	注册机构标识符	D
组织	组织名称	D
注册者	注册者标识符	D
注册者联系	联系方姓名	D
	联系信息	D
记录语言标识符	语言标识符	D
(管理项的)提交		
组织	组织名称	M
提交联系	联系方姓名	M
	联系信息	M
(管理项的)主管		
组织	组织名称	M
主管联系	联系方姓名	M
	联系信息	M
(管理项的)语境	语境管理记录	D
	语境描述	M
术语条目		
语言块		
语言块语言标识符	语言标识符	D
(管理项)指称	名称	M
(管理项)定义	定义文本	M

注 1：M——必选；
O——可选；
C——条件选；
I——指明条件；
D——必选，但使用元数据注册系统的缺省值。

注 2：在本表中，除非特别说明，“C”表示的项是否选用取决于表中排在它前面的可选项。

表 B.5 "已记录"状态所需的元数据属性

元数据属性结构	基本元数据属性	记录状态
管理记录		
管理项标识符		
项注册机构标识符	国际代码分配符	M
	组织标识符	M
	组织内部机构标识符	O
	OPI 来源	C
数据标识符	数据标识符	M
版本	版本	M
注册状态	注册状态	"已记录"
管理状态	管理状态	M
生成日期	生成日期	M
注册机构	注册机构标识符	M
组织	组织名称	M
注册者	注册者标识符	M
注册者联系	联系方名称	M
	联系信息	M
记录语言标识符	语言标识符	M
(管理项的)提交		
组织	组织名称	M
提交联系	联系方名称	M
	联系信息	M
(管理项的)主管		
组织	组织名称	M
主管联系	联系方名称	M
	联系信息	M
(管理项的)语境	语境管理记录	M
	语境描述	M
术语条目		
语言块		
语言块语言标识符	语言标识符	M
(管理项的)指称	名称	M
(管理项的)定义	定义文本	M

注 1：M——必选；

O——可选；

C——条件选；

I——指明条件；

D——必选，但使用元数据注册系统的缺省值。

注 2：在本表中，除非特别说明，"C"表示的项是否选用取决于表中排在它前面的可选项。

表 B.6 “合格”状态所需的元数据属性

元数据属性结构	基本元数据属性	合格状态
管理记录		
管理项标识符		
项注册机构标识符	国际代码分配符	M
	机构标识符	M
	组织内部机构标识符	O
	OPI 来源	C
数据标识符	数据标识符	M
版本	版本	M
注册状态	注册状态	“合格”
管理状态	管理状态	M
生成日期	生成日期	M
生效日期	生效日期	M
终止日期	终止日期	I
注册机构	注册机构标识符	M
组织	组织名称	M
注册者	注册者标识符	M
注册者联系	联系方名称	M
	联系信息	M
记录语言标识符	语言标识符	M
(管理项的)提交		
组织	机构名称	M
提交联系	联系方名称	M
	联系信息	M
(管理项的)主管组织		
组织	组织名称	M
主管联系	联系方名称	M
	联系信息	M
(管理项的)语境	语境管理记录	
	语境描述	M
术语条目		
语言块		
语言块语言标识符	语言标识符	M
(管理项的)指称	名称	M
(管理项的)定义	定义文本	M
定义来源引用	引用文档标识符	I

表 B.6（续）

元数据属性结构	基本元数据属性	合格状态
引用文档	引用文档标识符	I
引用文档语言标识符	语言标识符	I
	国家标识符	I

注 1：M——必选；
O——可选；
C——条件选；
I——指明条件；
D——必选，但使用元数据注册系统的缺省值。

注 2：在本表中，除非特别说明，“C”表示的项是否选用取决于表中排在它前面的可选项。

表 B.7 “标准”状态所需的元数据属性

元数据属性结构	基本元数据属性	标准状态
管理记录		
管理项标识符		
项注册机构标识符	国际代码分配符	M
	组织标识符	M
	组织内部机构标识符	O
	OPI 来源	C
数据标识符	数据标识符	M
版本	版本	M
注册状态	注册状态	“标准”
管理状态	管理状态	M
生成日期	生成日期	M
生效日期	生效日期	M
终止日期	终止日期	I
注册机构	注册机构标识符	M
组织	组织名称	M
注册者	注册者标识符	M
注册者联系	联系方名称	M
	联系信息	M
记录语言标识符	语言标识符	M
(管理项的)提交		
组织	组织名称	M
提交联系	联系方名称	M
	联系信息	M

表 B.7(续)

元数据属性结构	基本元数据属性	标准状态
(管理项的)主管组织		
组织	组织名称	M
主管联系	联系方名称	M
	联系信息	M
(管理项的)语境	语境管理记录	
	语境描述	M
术语条目		
语言块		
语言块语言标识符	语言标识符	M
(管理项的)指称	名称	M
(管理项的)定义	定义文本	M
定义来源引用	引用文档标识符	I
引用文档	引用文档标识符	I
引用文档语言标识符	语言标识符	I
	国家标识符	I

注 1：M——必选；
O——可选；
C——条件选；
I——指明条件；
D——必选，但使用元数据注册系统的缺省值。

注 2：在本表中，除非特别说明，"C"表示的项是否选用取决于表中排在它前面的可选项。

表 B.8 "首选"状态所需的元数据属性

元数据属性结构	元数据基本属性	首选状态
管理记录		
管理项标识符		
项注册机构标识符	国际代码分配符	M
	组织标识符	M
	组织内部机构标识符	O
	OPI 来源	C
数据标识符	数据标识符	M
版本	版本	M
注册状态	注册状态	"首选"
管理状态	管理状态	M
生成日期	生成日期	M

表 B.8（续）

元数据属性结构	元数据基本属性	首选状态
生效日期	生效日期	M
终止日期	终止日期	I
注册机构	注册机构标识符	M
组织	组织名称	M
注册者	注册者标识符	M
注册者联系	联系方姓名	M
	联系信息	M
记录语言标识符	语言标识符	M
（管理项的）提交		
组织	组织名称	M
提交联系	联系方姓名	M
	联系信息	M
（管理项的）主管组织		
组织	组织名称	M
主管联系	联系方姓名	M
	联系信息	M
（管理项的）语境	语境管理记录	
	语境描述	M
术语条目		
语言块		
语言块语言标识符	语言标识符	M
（管理项目）指称	名称	M
（管理项目）定义	定义文本	M
定义来源引用	引用文档标识符	I
引用文档	引用文档标识符	I
引用文档语言标识符	语言标识符	I
	国家标识符	I

注 1：M——必选；
O——可选；
C——条件选；
I——指明条件；
D——必选，但使用元数据注册系统的缺省值。

注 2：在本表中，除非特别说明，“C”表示的项是否选用取决于表中排在它前面的可选项。

表 B.9 “失效”状态所需的元数据属性

元数据属性结构	元数据基本属性	失效状态
管理记录		
管理项标识符		
项注册机构标识符	国际代码分配符	M
	组织标识符	M
	组织内部机构标识符	O
	OPI 来源	C
数据标识符	数据标识符	M
版本	版本	M
注册状态	注册状态	“失效”
管理状态	管理状态	M
生成日期	生成日期	M
终止日期	终止日期	M
注册机构	注册机构标识符	M
	组织名称	M
注册者	注册者标识符	M
注册者联系	联系方姓名	M
	联系信息	M
记录语言标识符	语言标识符	M
(管理项的)提交		
组织	组织名称	M
提交联系	联系方姓名	M
	联系信息	M
(管理项的)主管组织		
组织	组织名称	M
主管联系	联系方姓名	M
	联系信息	M
(管理项)语境	语境管理记录	
	语境描述	M
术语条目		
语言块		
语言块语言标识符	语言标识符	M
(管理项)指称	名称	M
(管理项)定义	定义文本	M

注 1：M——必选；
O——可选；
C——条件选；
I——指明条件；
D——必选，但使用元数据注册系统的缺省值。

注 2：在本表中，除非特别说明，“C”表示的项是否选用取决于表中排在它前面的可选项。

表 B.10 “被替代”状态所需的元数据属性

元数据属性结构	元数据基本属性	被替代状态
管理记录		
管理项标识符		
项注册机构标识符	国际代码分配符	M
	组织标识符	M
	组织内部机构标识符	O
	OPI 来源	C
数据标识符	数据标识符	M
版本	版本	M
注册状态	注册状态	“被替代”
管理状态	管理状态	M
生成日期	生成日期	M
终止日期	终止日期	M
注册机构	注册机构标识符	M
	组织名称	M
注册者	注册者标识符	M
注册者联系	联系方姓名	M
	联系信息	M
记录语言标识符	语言标识符	M
(管理项的)提交		
组织	组织名称	M
提交联系	联系方姓名	M
	联系信息	M
(管理项的)主管组织		
组织	组织名称	M
主管联系	联系方姓名	M
	联系信息	M
(管理项的)语境	语境管理记录	
	语境描述	M
术语条目		
语言块		
语言块语言标识符	语言标识符	M
(管理项目)指称	名称	M
(管理项目)定义	定义文本	M

注 1：M——必选；
O——可选；
C——条件选；
I——指明条件；
D——必选，但使用元数据注册系统的缺省值。

注 2：在本表中，除非特别说明，“C”表示的项是否选用取决于表中排在它前面的可选项。

表 B.11 “应用”状态所需的元数据属性

元数据属性结构	基本元数据属性	应用状态
管理记录		
管理项标识符		
项注册机构标识符	国际代码分配符	M
	组织标识符	M
	组织内部机构标识符	O
	OPI 来源	C
* 数据标识符	数据标识符	M
版本	版本	M
注册状态	注册状态	“应用”
管理状态	管理状态	M
生成日期	生成日期	M
注册机构	注册机构标识符	D
组织	组织名称	D
注册者	注册者标识符	D
注册者标识符		D
注册者联系	联系方姓名	D
	联系信息	D
记录语言标识符	语言标识符	D
(管理项的)提交		
组织	组织名称	M
提交联系	联系方姓名	M
	联系信息	M
(管理项的)语境	语境管理记录	D
	语境描述	D
术语条目		
语言块		
语言块语言标识符	语言标识符	D
(管理项)指称	名称	M
(管理项)定义	定义文本	M

注 1：M——必选；

O——可选；

C——条件选；

I——指明条件；

D——必选，但使用元数据注册系统的缺省值。

注 2：在本表中，除非特别说明，“C”表示的项是否选用取决于表中排在它前面的可选项。

表 B.12 “历史”状态所需的元数据基本属性

元数据属性结构	基本元数据属性	历史状态
管理项标识符		
项注册机构标识符	国际代码分配符	M
	组织标识符	M
	组织内部机构标识符	O
	OPI 来源	C
* 数据标识符	数据标识符	M
* 版本	版本	M
* 注册状态	注册状态	“历史”
* 管理状态	管理状态	M
* 生成日期	生成日期	M
生效日期	生效日期	M
终止日期	终止日期	M
说明性解释	说明性解释	M
注册机构	注册机构标识符	M
组织	组织名称	D
注册者	注册者标识符	D
注册者联系	联系方姓名	D
	联系信息	D
记录语言标识符	语言标识符	D
(管理项的)提交		
组织	组织名称	M
提交联系	联系方姓名	M
	联系信息	M
(管理项的)主管		
组织	组织名称	M
主管联系	联系方姓名	M
	联系信息	M
(管理项的)语境	语境管理记录	M
	语境描述	M
术语条目		
语言块		
语言块语言标识符	语言标识符	M
(管理项)指称	名称	M

表 B.12（续）

元数据属性结构	基本元数据属性	历史状态
（管理项）定义	定义文本	M

注 1：M——必选；
O——可选；
C——条件选；
I——指明条件；
D——必选，但使用元数据注册系统的缺省值。

注 2：在本表中，除非特别说明，“C”表示的项是否选用取决于表中排在它前面的可选项。

附　录　C
（资料性附录）
功能操作流程：角色和责任

C.1　简介

GB/T 18391 系列标准和技术报告为建立支持来自不同的组织和团体的管理项（例如数据元、数据元概念和值域等）的发布和协调的系统提供了规范。团体及组织通常数量巨大、种类繁多。关键数据元、数据元概念和其他管理项的定义将来自众多来源。此外，不同的团体还会对相同的管理项进行定义，这就造成了重复或相似定义的存在。

本附录给出了建议的角色和责任，并提供了根据角色用于元数据注册系统的功能操作流程。这些流程支持文档化、标准化和协调一致化，以便不同的组织和团体共享管理项。附录 D 详述了组织角色和职责（以及它们之间的关系）的建议性程序，以及注册状态级别程序。

应该建立同管理项注册过程相关联的组织角色。组织角色应该包括注册机构，注册者，主管者，提交者和只读用户。本附录给出了每个角色的小结。附录 D 给出了每个角色的目的、特殊职责以及成员或选择标准的描述。

图 C.1 揭示了在元数据注册系统中各组织之间如何联系的高层次的视图。

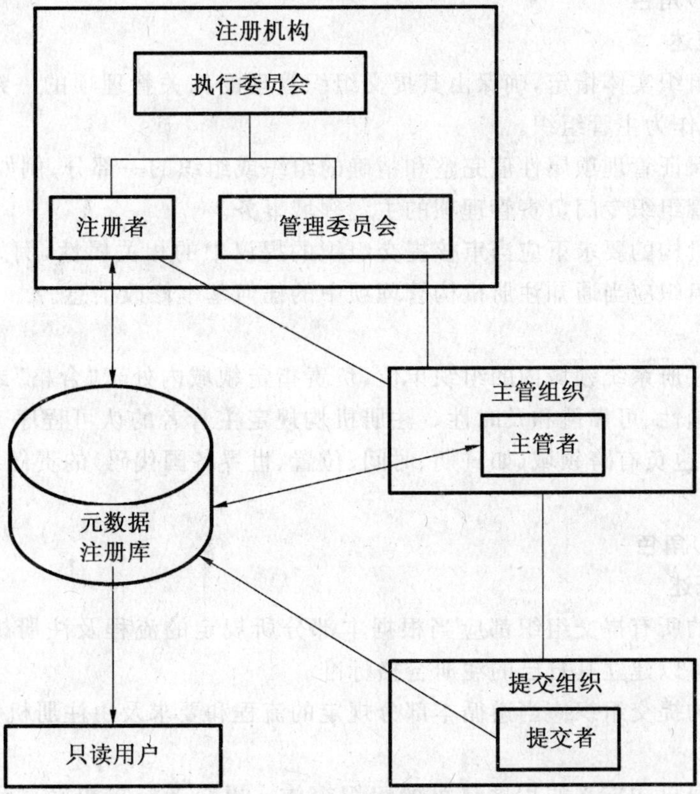

图 C.1　元数据注册系统的组织角色及关系

C.2　元数据注册系统的相关角色

C.2.1　概述

在 GB/T 18391 本部分框架下有三种注册执行机构：注册机构，提交组织和主管组织。注册执行机构的每一类型都应该满足GB/T 18391本部分随后规定的标准,并承担相应的责任。

C.2.2 注册机构(RA)角色

C.2.2.1 注册机构概述

注册机构应当是一个愿意运作和管理基于GB/T 18391元数据注册系统标准的元数据注册系统的组织实体。任何希望成为注册机构,建立以注册管理项为目的的元数据注册系统的组织都可以这样做。

注册机构应当制定并公布其元数据注册系统的运作程序。注册机构应当接收和处理在其注册域内的来自提交组织的管理项注册的申请建议。注册机构也负责维护管理项的元数据注册簿,分配国际注册数据标识符(IRDIs)。

C.2.2.2 注册者

注册者是注册机构内的组织单位,精通注册程序,负责帮助管理项的注册并使这些管理项能被团体广泛接受和使用。注册者也是注册机构的联系方。注册机构应当指定注册者。

C.2.2.3 执行委员会

执行委员会是由注册机构建立的一个组织实体。它负责管理注册机构的职责和权力。执行委员会的职责包括制定整体元数据注册政策和为元数据注册系统的业务方向提供指导。

C.2.2.4 管理委员会

管理委员会是注册机构的组织实体,负责为元数据注册系统提供技术指导、对管理项进行协调。管理委员会的结构、职位安排、工作流程和成员构成由注册机构决定。管理委员会的成员可以包括注册者和主管者。

C.2.3 主管组织(RO)角色

C.2.3.1 主管组织概述

主管组织通常由组织实体指定,确保由其提交组织管理的相关管理项的一致性。如果没有指定的主管组织,提交组织应作为主管组织。

主管组织是负责保证管理项属性值完整和精确的组织或组织的一部分;例如,由主管组织维护和控制管理项的语义。主管组织专门负责管理项的主题领域事务。

主管组织在注册机构的要求下应当审核提交组织的提议中的相关属性,例如,管理项属性的名称、定义和允许值。主管组织应当通知注册机构管理项中的任何基本修改信息。

C.2.3.2 主管者

主管者是元数据注册系统领域内的组织单位,负责指定领域内处于"合格"或更高注册状态的管理项描述性元数据的精确性、可靠性和及时性。注册机构规定主管者的认可程序。主管者应当负责特定领域内的元数据,同时也负有跨领域(如日期、时间、位置、世界各国代码)的责任。主管者是主管组织的联系方。

C.2.4 提交组织(SO)角色

C.2.4.1 提交组织概述

希望注册管理项的所有提交组织都应当根据本部分所规定的流程及注册机构所规定的程序来运作。每个注册机构都可以建立其自已的注册合格标准。

希望注册管理项的提交组织应当遵循本部分规定的流程和要求及由注册机构制定的程序。

C.2.4.2 提交者

提交者是根据注册机构定义的程序认可的组织个体。提交者经授权确认和汇报适于注册的管理项。提交者是提交组织的联系方。

C.2.5 其他角色

C.2.5.1 其他角色概述

注册机构可以为元数据注册系统的其他用户建立使用指南。一般情况下应当提供一个开放的区域供他人获取和查找元数据注册系统中管理的元数据。

C.2.5.2 只读用户

只读用户是被批准可以对元数据注册簿的内容进行浏览的组织单位或个体。只读用户可以阅读注册簿中的内容，但是不允许提交、修改或删除内容。

C.3 注册执行机构(RAB)的职责

C.3.1 注册机构(RA)的职责

一个组织要成为注册机构，需要完成如下工作：

a) 根据A.3.1的要求，申请获得一个注册机构标识符。

b) 依据本部分制定、改进和解释管理项注册需遵循的程序。

c) 确定其注册领域内元数据注册系统特别要求的补充条件。

d) 规定本标准附录B列出的每个属性和注册机构认为需要的附加属性的格式，以及提交注册管理项使用的媒体。应将所规定的注册形式和相应的程序，提供给有需要的提交组织。

e) 确定提交申请管理项使用的形式和媒体。注册机构还应向提交组织提供提交管理项的指南。

f) 制定并颁布元数据注册簿的使用规则。注册机构应详细说明许可的用户、可访问的内容、可访问的次数，以及提供给元数据注册系统的信息的语言、媒体和格式。

关于管理项注册的申请，注册机构应受理有关管理项的注册申请，分配国际注册数据标识符值，并依据以下条款维护元数据注册簿：

a) 如申请涉及到正在注册的管理项必选属性值时，同有关主管组织磋商。

b) 按照商业惯例，全面处理注册的各个方面，尤其要采取有效措施，以确保元数据注册簿的安全。注册机构负有以下职责：

——受理提交组织关于管理项注册的申请。

——审查并推动注册申请按照注册周期的进展。

——设定适当的注册状态。

——根据其规则中规定的程序，将决定通知提交组织。

C.3.2 主管组织(RO)的职责

主管组织应做到：

a) 按注册机构的申请，对提交注册的管理项属性值，就其语义、名称和允许值提出建议。

b) 对分配给主管组织的管理项所作的任何修改，要通知注册机构。

c) 当管理项发生混淆、冲突时，对其属性值作出裁决。

C.3.3 提交组织(SO)的职责

提交组织负责下列业务：

a) 按注册机构要求的格式提供附录B规定的信息。

b) 提供注册机构要求的附加信息，以满足其履行职责的要求。

c) 当管理项注册时，在未咨询注册机构之前，确保其属性值的规范不作改变。

C.4 注册活动机构中的组织职责

C.4.1 注册者

注册者提供一个单独的联系点，在注册机构的许可下负责管理和维护元数据注册簿中的数据信息。注册者应当负责：

a) 监督和管理元数据注册系统的内容，即元数据注册簿。

注：元数据注册系统由注册机构建立、操作和维护。

b) 执行推广和使用元数据注册系统的政策、程序和形式。

c) 对元数据注册的程序和标准形式提出建议，提交给管理委员会审查。

d) 记录当前元数据注册簿中的管理项的注册状态。

e) 保证授权用户能够使用元数据注册系统中的内容。

f) 帮助管理项在注册状态级别上的升级。

g) 帮助识别和解决元数据注册簿中的管理项语义重复或重叠。

h) 执行注册机构的指示。

i) 实现管理项在外部元数据注册簿或字典中的注册。

j) 执行将管理项提交给元数据注册系统的数据注册程序,例如:

——如何准备、提交和处理管理项的提交;

——如何使用元数据注册系统以避免提交重复的管理项;

——如何使用元数据注册系统以实现参与组织的元数据注册簿的数据一致性;

——如何使用外部的元数据注册簿作为管理项的来源在元数据注册簿中重用。

k) 维护一个独立的文档用于记录管理委员会和执行委员会全体成员的联系信息。

l) 新增授权使用元数据注册簿的用户或机构实体。

m) 维护元数据注册系统中的其他受控词表。

C.4.2 主管者

主管者是在指定的功能领域内负责协调所有企业使用的已注册数据的标识、组织和建立的专家。主管者应当负责:

a) 在其职责领域内协调管理项的标识和记录;

b) 保证在其职责领域内正确注册适当的管理项;

c) 同其他的主管者合作以避免或解决管理项定义的重复问题;

d) 检查达到"已记录"状态的管理项以便识别和解决同其他主管者职责领域内的管理项的冲突;

e) 保证推荐的"合格"注册状态级别的管理项的元数据属性值的质量,适当的情况下重用外部元数据注册簿中的标准化数据;

f) 在其职责领域内推荐"标准"注册状态级别的管理项;

g) 在其职责领域内推荐"首选"注册状态级别的管理项;

h) 保证其职责领域内的数据注册符合元数据注册程序和形式;

i) 为注册机构推荐提交者。

C.4.3 提交者

提交者是熟悉或参与开发和操作环境的组织单元。提交者维护当前的管理项,并根据注册需求描述和提交新的管理项。

提交者应当负责:

a) 向注册者确认自己的身份;

b) 识别和记录适当的管理项以注册到元数据注册簿;

c) 将管理项提交给元数据注册簿;

d) 保证推荐为"已记录"注册状态级别的管理项的必选元数据属性的完整。

C.4.4 只读用户

只读用户是由注册者授权的组织实体,可以查看元数据注册簿的内容。只读用户不能增加、删除或者修改元数据注册簿的内容。

C.4.5 管理委员会

管理委员会提供全面的技术指导,以及与元数据注册系统及其容和技术操作有关的技术问题的解决方案。

管理委员会应当负责:

a) 对注册操作的全面管理;

b) 促进职责领域内、跨职责领域或外部利益团体和企业的元数据注册簿中的数据分享和重用；

c) 促使管理项通过“合格”、“标准”、“首选”注册状态级别；

d) 解决与已注册的管理项有关的语义问题，如交叠、重复等；

e) 批准将管理项的注册状态级别升级为“合格”、“标准”或“首选”；

f) 向执行委员会提供元数据注册系统的政策建议；

g) 批准元数据注册系统中的授权提交者、只读用户和用户的类型；

h) 批准元数据注册系统的内容、程序和格式；

i) 向执行委员会提交与管理有关的建议和问题；

j) 执行执行委员会的指示；

k) 定期召开会议，或根据需要召开附加会议或远程电话会议。

管理委员会通常根据规定的程序通过一致同意实现其职责，困难问题的处理通过已制定的程序来解决。

C.4.6 执行委员会(ExCom)

执行委员会的职责是为元数据注册系统提供全面的政策和业务指导，包括：

a) 制定全面的元数据注册系统政策；

b) 解决与元数据注册系统相关的所有商业管理问题，如版权、管理人员职位、执行委员会的会员资格等；

c) 保证元数据注册系统的长期顺利执行；

d) 制定和更新元数据注册系统的章程和战略计划；

e) 定期召开会议，或根据需要召开附加会议或远程电话会议。

执行委员会通常通过一致同意实现其职责，困难问题的处理通过已制定的程序来解决。

附 录 D
（资料性附录）
建议的功能管理程序：操作

D.1 操作的注册概念

本附录为元数据注册系统定义了全面的操作概念，为元数据注册系统的使用给出了建议的角色和责任，以及功能管理程序。元数据注册系统的管理程序也在本附录中做了总结。这些程序描述了面向元数据注册系统的注册和协调活动。机构角色和责任（及它们之间的关系）见附录C，注册状态级别定义见4.1.3.2。本附录还描述了与提交者、主管者、注册者和管理委员会角色相联系的注册活动。图D.1概述了相关的功能活动。

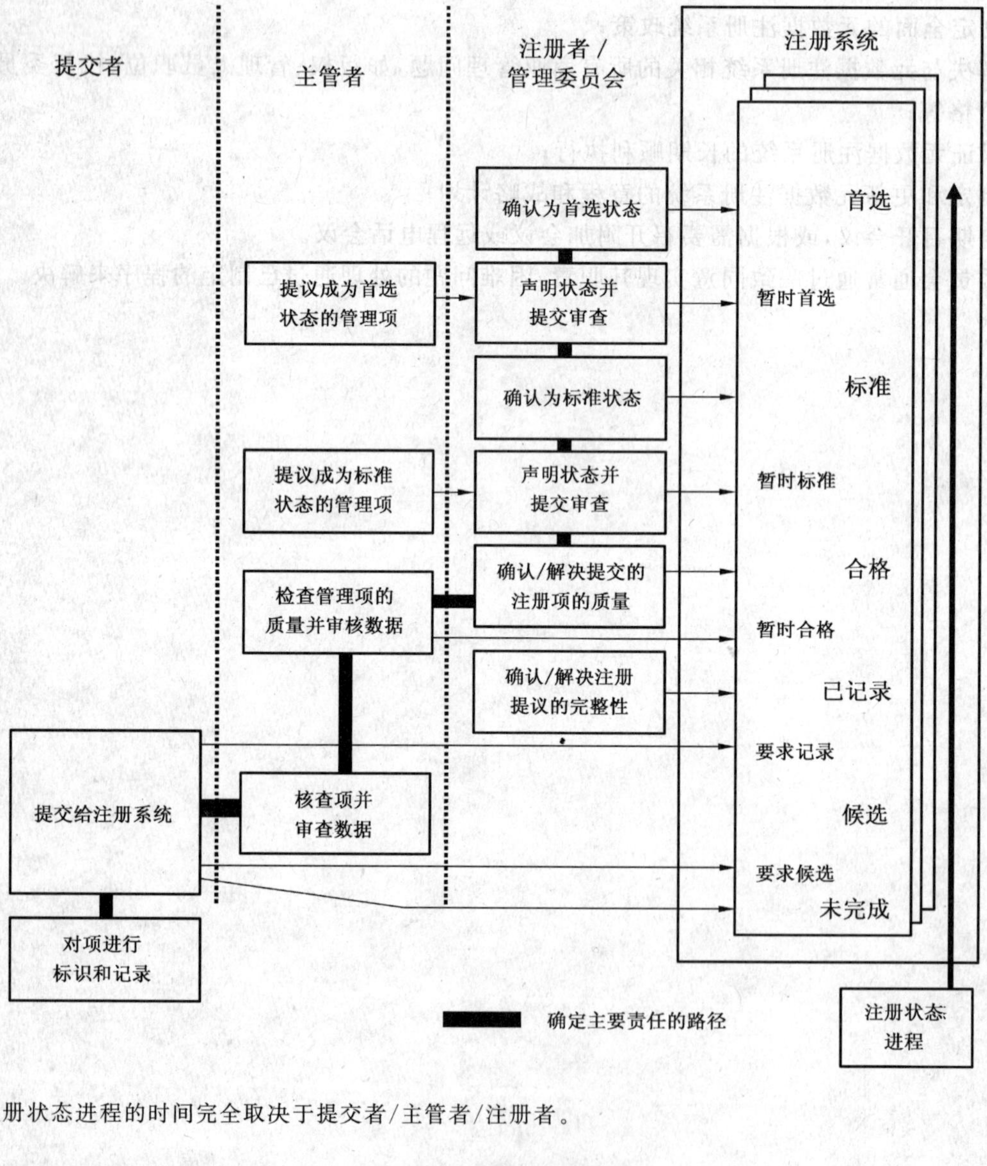

注：注册状态进程的时间完全取决于提交者/主管者/注册者。

图D.1 注册功能活动

D.2 注册开始

所有的提交者依据功能管理程序以同样的方式完成注册活动，以便管理项能被一致、准确地注册。提交者的职责是提交和归档属于“未完成”注册状态的管理项用于注册；如果愿意也可以提交处于“候选”及“已记录”注册状态的管理项。提交者需要了解管理项、管理项的语境和来源，以及它们在实施常规运作、设计、开发，或管理活动过程中的意义。

D.3 质量审查

主管者的职责是确保将指定功能范围内的质量合格的候选管理项递交给注册者以便向管理委员会呈交。对这些提交的候选管理项进行评估以判断它们是否满足“合格”注册状态标准。主管者也负责推荐“标准”和“首选”注册状态的管理项。

D.4 元数据注册系统管理

注册者的职责是协调元数据注册系统环境并管理元数据注册系统，使得它的内容在尽可能大的范围内可用。可以设定管理级别来追踪管理项从一种状态转变为另一种状态的进程。例如：

a) 暂时合格——处于“暂时合格”状态的管理项意味着主管者已经确认了元数据必选属性完整且符合元数据属性的质量要求。当主管者认为该管理项已达到所有质量要求时，他有权将处在“已记录”状态的管理项提升为“暂时合格”状态。

b) 暂时标准——处于“暂时标准”状态的管理项意味着主管者提议该管理项作为“标准”供注册团体进行使用；但是，管理委员会对该管理项“标准”状态的审核尚未完成。当主管者认为该管理项应当成为“标准”管理项时，他有权将管理项从“合格”状态提升为“暂时标准”状态。

c) 暂时首选——处于“暂时首选”状态的管理项意味着主管者提议将该管理项作为“首选”供注册团体首先选用；但是，管理委员会对该管理项“首选”状态的审核尚未完成。当主管者认为该管理项应当成为“首选”管理项时，他有权将管理项从“标准”状态提升为“暂时首选”状态。

附 录 E
（资料性附录）
建议的功能管理规程：程序

E.1 一般程序

E.1.1 审查和回复

应依据下面的步骤对提交申请进行审查：

1） 初步审查以核实提交申请的完整性。

2） 对申请人进行审查以鉴别申请人的身份和支持组织及联系信息。

3） 如果需要，对提交申请进行技术审查。

4） 在注册簿中处理提交申请（如进行补充、变更、删除）。

5） 以书面形式和/或电子邮件形式回复申请人。

6） 如可行，发布更新材料。

E.1.2 拒绝准则

提交申请可因下述任一原因而被拒绝：

1） 如果提交申请没有提供必须（必选）的信息。

2） 如果提交申请提供了错误或误导的信息。

3） 如果申请人不回答需要澄清的问题或提交申请含混不清。

4） 如果提交申请与注册要求不一致。

5） 如果注册要求进行技术审查，但提交者未能通过此技术审查。

上述情况中，申请人在提交申请被正式拒绝前可有适当的一段时间回复和修改相关问题。

E.1.3 修改和审查程序

管理项一旦注册后，可被修改和/或被审查，或者在特殊情况下被撤销。

E.1.4 修改程序

E.1.4.1 概述

除非有特别说明，下面的修订程序适用于所有管理项。

E.1.4.2 变更注册联系信息

提交者和主管者可以更新其联系信息。只更新联系信息：

1） 不应要求技术审查；

2） 也不应作为出于系统审查周期目的而进行的修订。

E.1.4.3 更新程序

提交者和主管者可以按照元数据注册程序的许可，更新关于其管理项的信息。

按照当前程序，如果最初管理项需要技术审查，那么在更新的注册中也要进行技术审查。

注：换句话说，更新注册中的技术审查要求和初始注册中的技术审查要求是一样的。

E.1.4.4 注册者变动程序

提交者可以将注册项重新分配给另一个提交者。

主管者可以将注册项重新分配给另一个主管者。

按照当前程序，如果最初注册项需要技术审查，那么在变动的注册中也要进行技术审查。

注：换句话说，变动注册中的技术审查要求和初始注册中的技术审查要求是一样的。

E.1.5 审查程序

E.1.5.1 概述

除非有特别说明，下面的审查程序适用于所有管理项。

注：审查管理项的一个目的是更新与管理项相关联的任何信息；另一个目的是确定现有的注册信息仍然通用并有效。

E.1.5.2 注册者发起的审查程序

注册者可以审查其管理项。

E.1.5.3 有效期

注册机构应当为保存在元数据注册簿中的项设置并发布有效期。

E.1.5.4 系统审查程序

所有的管理项都应定期进行审查。在初始注册或最终注册更新之后，应当在有效期内对管理项进行审查。

注册机构应当制定并公布系统审查程序。这些程序应包括：

1） 在审查日期之前，预期的注册审查通知应发送给主管者的截止时间。

2） 在审查日期之前，应再次发送提醒通知的截止时间。

3） 由主管者负责执行和记录审查的方法。

4） 用于处理应被审查而未进行审查的项目的程序。

注：改变联系信息不视为对注册的更新。

E.1.6 关于处理争议的决议

注册机构应当制定并公布解决争议的程序。

如果申请者、提交者、主管者和注册机构之间存在争议，那么注册机构应为解决此争议做出相应的努力。

申请者应当：

1） 以书面方式提出问题；

2） 提出合理的解决方案；

3） 提供必要的联系信息（如手机号）；

4） 就有关争议与注册机构进行沟通。

当收到争议申请时，注册机构应在元数据注册系统规定的时间内与申请者联系，并提供争议的可能解决方案或时间表。

如果申请人和注册机构不能解决争议，申请人可依据已制定的程序上诉。

E.2 注册状态分类的程序

E.2.1 概述

管理项应拥有注册状态。每一个注册状态的进展步骤如下：

E.2.2 "未完成"状态管理项

步骤1：提交者在正常工作过程中，确认符合这一注册状态的管理项。提交者需准备好注册申请文件，尽可能多地记录标准中规定的元数据属性。提交者应保证定义的准确有效。提交者为其提交到元数据注册簿的管理项设定这一注册状态。

步骤2：提交者审查管理项以确定其能否从"未完成"状态进入更高一级注册状态。如果不能，该管理项在元数据注册簿中保持现有的状态不变。

步骤3：主管者和相应的提交者一起进行审查，共同决定管理项能否从"未完成"注册状态进入更高一级注册状态。如果不能，该管理项在元数据注册簿中保持现有的状态不变。

步骤4：注册者应与相关提交者和主管者一起进行审查，共同决定管理项能否从"未完成"注册状态进入更高一级注册状态。管理项可能被设定“生命周期”这一注册状态，以便进一步标准化。管理项可能被设定“应用”或“历史”这两类“记录”注册状态。注册者、提交者和主管者可以确认该管理项不适合元数据注册簿，并将其从注册簿中删除。如果管理项既不改进也不删除，则在元数据注册簿中保持其原有的状态。

“未完成”注册状态管理项的可能进展。管理项可能保持原有注册状态或进入下列注册状态之一：

- 候选；
- 历史；
- 应用。

E.2.3 “候选”状态管理项

步骤1：由提交者决定管理项应从“候选”注册状态进入更高一级注册状态。提交者确认必选的元数据属性已完善，并在必要时对其进行更新。然后，提交者申请将该管理项设定为“已记录”状态或其他注册状态。

步骤2：主管者与提交者一起评审管理项，确认其是否具备所有必选的、需要的元数据属性，从而决定是否可以从“候选”注册状态进入更高一级注册状态。

步骤3：主管者决定管理项应进入“已记录”注册状态。对于这样的管理项，主管者确认必需的元数据属性已完善，并在必要时对其进行更新。然后，主管者要求符合要求的管理项进入“已记录”或其他注册状态。如果该管理项不能进入下一级注册状态，则保留其原有注册状态。

步骤4：在处理提交者和主管者提出的“已记录”注册状态申请时，元数据注册系统核实所提交的管理项是否具备所有必选的元数据属性，并请求将具备所有必选元数据属性的管理项的注册状态变更为“已记录”。如果出现任何必选元数据属性的遗漏，元数据注册系统要立即通知申请人。

步骤5：注册者与相关提交者和主管者一起，共同评审提交的管理项是否可以从“候选”注册状态进入下一级注册状态。注册者、提交者和主管者可以确认该管理项不适合元数据注册簿，并将其从注册簿中删除。如果管理项不能进入下一级注册状态则保留其原有注册状态不变。

“候选”注册状态管理项的可能进展。管理项可能保持原有注册状态或进入下列注册状态之一：

- 已记录；
- 历史；
- 应用。

E.2.4 “已记录”状态管理项

步骤1：主管者定期对“已记录”注册状态管理项进行审查，判断管理项是否可以进入到“合格”注册状态。主管者审查元数据属性是否符合本标准和元数据管理委员会认定的元数据注册管理条例。如果提交的元数据属性不符合上述标准，主管者要为提交者提供适当的政策规定、注册过程和指南等帮助。

步骤2：主管者查看相关的外部元数据注册簿和数据字典，确定本管理项是否在本领域外已被注册过，是否符合本团体和原提交者的需要。对管理项外部相关资料的检查范围取决于主管者对潜在相关外部资料的了解情况。主管者可向注册者咨询，注册者会提供和公布那些对本团体有用的外部注册簿的列表。

注：当重复使用外部管理项时，应先将其注册状态设定为“候选”，并以原有形式进行下一步注册(前提是外部管理项的最小元数据属性已经完善)。或者，本地化之后将其注册状态设定为“已记录”(前提是外部管理项的最小元数据属性已经完善)。

如果一个外部管理项依此步骤得到确认，该外部管理项可被提议用于提交者申请注册的管理项使用的场合。

步骤3：注册者定期对所有处于“临时合格”状态的管理项进行审查，再次验证必选的元数据属性是否完整，确认元数据属性符合管理项的质量要求，包括标识符的唯一性和定义的准确性。

如果符合质量要求，注册者就将该管理项升级到“合格”注册状态。

如果不符合质量要求，注册者要尽可能帮助主管者和提交者采取必要的措施使该管理项符合要求。如果不能采取其他措施补救，该管理项继续保持在“已记录”注册状态。一旦元数据属性达到了质量标准，要进入“合格”注册状态，注册者就要定期向管理委员会提交符合要求的元数据清单，以及所有元数据属性，以便管理委员会批准所提交的管理项为“合格”的管理项。如果管理委员会未批准，管理项返回到“已记录”注册状态。

符合下列要求的管理项会最后获准进入“合格”注册状态，即该管理项是全新的“合格”管理项，是原“合格”管理项的新版本或该管理项已确定为“合格”注册状态。在这种情况下，或该管理项已经是元数据注册簿中“合格”的管理项，那么主管者、提交者和相关的系统开发者可以在其应用开发中重复使用这样的管理项。进入“合格”注册状态的管理项也可能被重新分配给另外的主管者。

“已记录”注册状态管理项的可能进展。管理项将保留原有注册状态或进入下列注册状态之一：

- 合格；
- 失效；
- 被替代。

E.2.5 “合格”注册状态管理项

步骤1：主管者和注册者应定期审查处于“合格”注册状态的管理项，判断该管理项是否可以进入“标准”注册状态。对于已确定的此类管理项，注册者可以将其升级到“临时标准”注册状态，主管者要为注册者提供该管理项进入“标准”注册状态原因的简单说明。

步骤2：注册者定期审核所有处于“临时标准”注册状态的管理项，确认它们可成为“标准”管理项。注册者定期向管理委员会提交清单，列出所有建议升级为“标准”状态的管理项，附上它们的元数据属性以及主管者提供的说明。注册者和管理委员会审查的重点是不同主管者负责的管理项申请中是否存在交叉或冗余的现象。注册者会将获得批准的管理项升级至“标准”注册状态。如果未获批准，该管理项将返回“合格”注册状态。如果管理项符合质量标准，注册者应允许其进入“标准”注册状态。

步骤3：主管者和注册者要定期对“合格”管理项进行审核，判断管理项是否应该进入“失效”注册状态。已经过认定的管理项，注册者可以将其注册状态更新为“临时失效”状态，主管者要向注册者提供管理项准许进入“失效”状态的简短说明。如果处于“临时失效”注册状态的管理项未获管理委员会的批准进入“失效”注册状态，它们会返回到“合格”注册状态。

“合格”注册状态的管理项的可能进展。管理项将保留原有注册状态或进入下列注册状态之一：

- 标准；
- 失效；
- 被替代。

E.2.6 “标准”状态管理项

步骤1：主管者应定期审核处于“标准”状态的管理项，判断该管理项是否能够进入“首选”注册状态。对已经过认定的管理项，主管者可以使其进入“临时首选”注册状态，并向注册者提交申请管理项进入“首选”注册状态的简短说明。

步骤2：注册者要定期审查所有处于“临时首选”注册状态的管理项，并确认是否可成为“首选”管理项。注册者要定期向管理委员会提交提议进入“首选”注册状态的管理项清单、管理项的元数据属性以及主管者的陈述说明，由管理委员会批准符合条件的管理项进入“首选”注册状态。注册者和管理委员会审查的重点是，确认管理项在本元数据注册系统团体内是否可以被优先使用。注册者将获得批准的管理项更改为“首选”注册状态。如未获批准，将继续保留在“标准”注册状态。如果符合注册要求，注册者就应当允许该管理项进入“首选”注册状态。

“标准”注册状态管理项的可能进展。管理项将保留原有注册状态或进入下列注册状态之一：

- 首选；
- 失效；

- 被替代。

E.2.7 “首选”注册状态管理项

步骤1:主管者要定期审核处于“首选”注册状态的管理项,以确保该管理项能继续保留“首选”注册状态。

步骤2:注册者提交包含用于降级到“标准”注册状态的所有管理项的列表以及其元数据属性和主管者的声明给管理委员会会议,以批准其降为“标准”状态。注册者和管理委员会审查的关键是元数据注册系统团体中管理项优先选用权的变化。

“首选”状态管理项的可能进展。管理项将保留原有注册状态或进入下列注册状态之一:

- 标准;
- 失效;
- 被替代。

E.2.8 “失效”状态管理项

“失效”状态管理项的可能进展。处于这一注册状态的管理项不应改变其状态。

- 此种注册状态无任何变化。

E.2.9 “被替代”状态管理项

步骤1:注册者和主管者定期对“被替代”注册状态下的管理项进行审查,以确定是否应将其进入“失效”注册状态。对已确认的管理项,注册者将其管理状态更新到“临时失效”状态,同时管理者对管理项为何成为“失效”状态给予简短说明。如果“临时失效”管理项未经管理委员会批准而变成“失效”注册状态,则仍保留其“被替代”注册状态。

“被替代”状态管理项的可能进展。管理项将保留原有注册状态或进入下列注册状态:

- 失效。

E.2.10 “历史”状态管理项

“历史”状态管理项的可能进展。处于这一注册状态的管理项不应改变其状态。

此注册状态无任何变化。

E.2.11 “应用”状态管理项

“应用”状态管理项的可能进展。处于这一注册状态的管理项很有可能不改变状态,但是也有可能在一定情况下变为“候选”状态。

- 候选。

E.3 变更管理程序

E.3.1 元数据注册簿中管理项的变更程序

元数据注册簿中管理项的变更过程同新的管理项的提交过程基本一样,区别在于如果提出变更申请的提交者不是该管理项最初的提交者,主管者要通知最初的提交者参加。对于处于“合格”或更高注册状态的管理项,只有初始提交者或责任主管者才有权编辑。当“已记录”状态的管理项发生变化时,元数据注册系统应当自动通知“相关团体”这一元数据属性中所登记的主管者。未经管理委员会的批准,不能变更处于“合格”或更高注册状态的管理项。主管者要调解与一项变更相关的各个提交者之间的冲突。同样,当申请递交到注册者处,其他主管者也会参与对申请的审查,这时候注册者负责调解各个主管者之间的冲突。注册者将处于“合格”或更高注册状态管理项的变更申请提交给管理委员会,并建议更新版本号或者在管理项的语义或表示形式发生重大变化时生成新的管理项。语义的微小修正、管理元数据属性的变化或者注册状态的变化并不能带来版本变化。主管者决定管理项语义的变化是否重大到需要给予新的版本号。主管者还要决定变化是否大到需要给予一个新的标识符,而不仅仅是版本的变化。代码集值的增加可能引起版本变化也可能保持版本不变。

E.3.2 元数据注册簿中管理项的失效程序

元数据注册簿中的管理项被提议失效的程序一般与管理项的变更程序相同。“失效”管理项不再被使用，而被替代的管理项还有可能被使用。

在元数据注册簿中的一个管理项被提议失效有许多原因，例如，它被元数据注册簿中一个全新的管理项所取代，或者它是被错误地放进了元数据注册簿。如果可能，“失效”管理项应该由提交者或主管者链接到替代的管理项，其中，替代管理项的生效日期被记录下来（同上次变更日期一起），并在元数据库中保留新、旧管理项之间的映射。

处于“合格”或更高注册状态的管理项经管理委员会认可失效之后，由注册者将其状态改变为“失效”。处于“已记录”状态的管理项不需管理委员会审查就可由提交者随时将其注册状态从“已记录”级别改变为“失效”状态级别。

E.3.3 元数据注册簿中管理项的替代程序

元数据注册簿中管理项的替代程序一般与变更程序相同。被替代的管理项可能被使用，而失效的管理项不再被使用。

元数据注册簿中的管理项被提议替代有很多原因，例如，它可能被一个新的管理项替代，也可能在元数据注册簿中完全被一个新的管理项所取代，或它被错误地放入了元数据注册簿中。如果可能，“被替代”管理项应该由提交者或主管者链接到替代的管理项，其中，替代的生效日期被记录下来（同上次变更日期一起），元数据库中保留新、旧管理项之间的映射。

处于“合格”或更高级注册状态的管理项经管理委员会认可被替代之后，由注册者将其状态改变为“被替代”。处于“已记录”状态的管理项不需管理委员会审查就可由提交者随时将其注册状态从“已记录”级别改变为“被替代”状态级别。

E.3.4 变更管理程序

E.3.4.1 适用性

本部分的变更管理程序适用于元数据注册簿。

E.3.4.2 确定配置项

确定配置项的目的是明确规定什么样的管理项适用于变更管理。

配置项是元数据注册簿中的管理项。

E.3.4.3 管理项

管理项的正式变更管理仅用于管理处于“已记录”、“合格”、“标准”或“首选”注册质量种类中的管理项的变更。处于“失效”、“被替代”、“历史”注册状态中的管理项不允许变更。处于“未完成”或“候选”注册类别中的管理项从管理委员会的参与或批准活动的角度看，并不属于正式的变更管理。

管理项配置项是在元数据注册簿中归档的管理项。配置项的标识符号码是管理项标识符加上版本标识符。

附 录 F
(资料性附录)
功能管理程序:协调和重用

F.1 概述

本附录详细描述了管理委员会和主管者如何履行C.2为其规定的职责,包括识别,协调和记录那些跨主管者认知领域的管理项的重复和交叠(以及在主管者认知领域内重用管理项)。

当注册系统中出现管理项重复注册时,主管者和元数据注册系统管理者应向注册机构反映这一情况。

F.2 元数据协调问题的确认和解决

由于元数据注册簿中存储的是管理项,这些管理项的协调问题就可以解决。

管理项存在的潜在问题由主管者、注册者来确认,或者按照管理委员会的指南进行专门处理,具体步骤如下:

步骤0:管理委员会可以进一步指示注册者在特定领域(如地点参考或突发事件管理)内或管理项(如值域)上集中分析。

步骤1:主管者审查元数据注册簿内容以寻找潜在的管理项问题。

步骤2:主管者应当把任何潜在的管理项问题报告给注册者,并指明相关管理项的管理项标识符。

步骤3:注册者应当利用元数据注册系统来确定管理项潜在的重叠和冗余的语义问题。注册者通过对名称、定义和一般元数据规范的分析来确定潜在的管理项问题。

步骤4:注册者应当准备一份总结清单,列出潜在的管理项问题以及清单上每一个管理项的元数据属性。这个总结清单包括任何自最后审查之后所确定的新的潜在问题,以及所有过去发现的但尚未解决的问题,包括之前所发现的问题目前所处的一致性状态。同样,该清单也列出有望牵头解决问题的领导主管者以及与潜在问题相关的主管者。需要注意的是,如果可以证明在某一问题上第三方牵头更有助于问题的解决,此时就不需要确认领导主管者。当然,也应注意,如果涉及存在问题的管理项的所有其他主管者一致同意,可以更换领导主管者,并将新的领导主管者告知注册者。

步骤5:注册者应公布此清单。

步骤6:注册者应向主管者和其他管理委员会成员公布问题清单是否可用。

步骤7:收到阶段性清单后,每个领导主管者应分析该清单中潜在的管理项问题,在需要的时候与其他主管者进行商讨,以决定解决问题的正确方法。对于每个主管者来说,此过程的第一步是,应该先理解在争论中的管理项的语义。如果语义不同,那么管理项应保持独立。如果语义相同或者基本相同,那么主管者可以同意使用其中某一个管理项,可以修改某一个管理项以便共同使用,或者可以达成协议用一个新的管理项来代替那些存在问题的管理项。该项检查的目的是对存在问题的管理项达成一致的解决方案。

解决方法有三种:一是选择一个管理项,其他的管理项被替代,并引用这个被选择的管理项;二是将存在问题的管理项合并为一个新的管理项,其他存在问题的管理项被替代,并引用这个新的管理项;三是这些存在问题的管理项依然保持分离和独立。

一旦解决方法确定,每一个领导主管者都会向注册者报告管理项解决方法的状态,包括任何中间解决方法状态(如解决方法如何确定或者无法解决)。此报告应当以电子方式完成并返回给注册者,内容仅包括清单中被改变的条目,并在每个管理项的备注栏中插入解决状态注释。解决状态注释应指向存在问题的管理项的标识符,并说明与该管理项有关的协调状态。该注释也应说明协调状态的生效日期。

这些注释应该放在每一个存在问题的管理项清单备注的开始部分。随着问题的解决，每一领导主管者应逐渐向注册者提供更完整的报告。

步骤 8：在管理委员会会议开始前，注册者应分发依然存在问题的管理项清单摘要，每一管理项当前解决方法状态以及存在问题的每一管理项的所有元数据属性的完整陈述。该清单分发给所有的主管者。

步骤 9：在管理委员会会议开始前，管理者可以向注册者报告这份清单中存在的任何问题，目的是能为管理委员会会议准备完整的材料，以反映协调问题的当前状态。注册者应在管理委员会会议开始前，将主要清单和主管者提出的所有评论转送给管理委员会秘书。

步骤 10：管理委员会秘书应把协调清单分发给管理委员会成员。

步骤 11：管理委员会应审查协调结果，并给注册者发放说明。对于那些相关主管者之间对存在问题达成协调的管理项，管理委员会应审查和批准管理者的协调状态，或者根据情况要求附加协调活动。管理委员会还应审查相关主管者未能解决问题的管理项，尽可能提供解决方案。注册者应在协调清单上保留每一个存在问题的管理项以及目前的协调状态，直到最终确定的解决方法获得相应的标准委员会的批准，并且该最终协调状态获得管理委员会的批准。这些管理项将被包含在步骤 4 所要求发布的下一个协调清单中。

附 录 G
（资料性附录）
常见问题

G.1 为什么没有一个单一的国际注册机构负责所有管理项？

为所有管理项设置一个单一注册机构，在概念上而言更具有吸引力。如果存在一个单一的参考点，冗余度将减小，数据共享也会变得更容易。但事实上，本部分已经从一个单一的全球注册机构演进为一个预先设定的层级结构，该结构与之前 ISO/IEC-JTC 1 指南(2003)中第 18 章描述的类似。尽管这些方法适合于有限对象，如图片项注册(参见 ISO/IEC 9973)，但它们对管理项注册却既不可行也不实际。需要进行注册的管理项数量非常多，没有任何单独的组织拥有资源和专家来审查和注册不同主题领域的管理项。

G.2 对于注册机构标识符(RAI)的配置，ISO/IEC 6523 是可行的标准吗？

已提出的可用方法有：

——如设有单一的国际注册机构，则不需注册机构标识符；

——利用随机生成号码作为注册机构标识符，如 IRDS 模型中的对象 ID(OID)；

——利用 ISO/IEC 6523 注册机构为工具分配用于注册机构标识符的组织机构代码。

ISO/IEC 6523 注册机构已经吸引了像 EAN，邓白氏，SWIFT 这样拥有数百万注册成员的机构参加进来。同时，ISO/IEC 6523 也已经被 EDIRA(EDI 注册机构)采用作为其为 EDI 分配组织代码的框架。

我们认为在目前情况下，ISO/IEC 6523 是本部分框架内注册机构标识符分配的一个合适的工具。

电信组织寻址标识符(IOTA)的 ICD 号为“0124”。它采用定义在 ISO/IEC 8384 标准中的 ICD 系统格式。当一个组织需要一个标识符，用于构建电信地址(如 ATM 地址)时，可以依据在 ISO/IEC 8348 标准中规定的 ISO 6523 ICD 格式，注册一个 IOTA。IOTA 标识符也可以用于其他目的，包括采用 ISO/IEC 882-1 中规定的已标识组织来创建对象标志符组成部分的值。

G.3 注册机构如何获得注册机构标识符？

一般来说，几乎每个组织都已经分配有一个国际唯一的组织代码；因此，在默认情况下，它们已拥有一个注册机构标识符。根据 ISO/IEC 6523，如本部分图 A.1 所示，将会出现下列情况：

——诸如邓白氏或 SWIFT 这样的机构已经通过 ISO/IEC 6523 的维护机构分配了 ICD。

——随即，上述机构为其成员机构分配组织标识符(组织的标识)。

——随即，如果 ICD 允许，这些成员机构为其内部机构分配组织内部机构标识符(组织内部机构的标识)。

国际代码分配符、组织标识符和组织内部机构标识符三者合并在一起才能产生一个国际唯一的注册机构标识符。

G.4 是否能够使用自动维护系统，使得机构，尤其是参与 EDI 系统的机构可以在线注册并在几分钟内获得注册许可认证？

本部分的范围是建立一个标准框架，组织机构可据此设立注册机构处理其利益范围内的管理项。这些注册机构制定的注册簿/目录可以使用，事实上也被鼓励充分利用适合它们的电子方法。

G.5 人们对注册状态和管理状态作为两种不同信息有所顾虑。当用户因一个管理项的注册状态为“标准”而信任该管理项，但用户未注意这个管理项的管理状态仅为“草案”时，将会发生什么样的情况？

这种情况仅当管理项处于下列注册状态时才会发生：

未完成；

草案；

已记录；

认证候选；

临时认证；

已认证；

标准候选；

临时标准；

标准。

保留注册状态一般用来作为在元数据注册簿中维护的一个管理项元数据状态和质量的一个指标。在我们看来，所有的公共用户应该可以通过注册状态自动地进行与特定管理项相关的行动。遗憾的是，处于审查中的管理项，可能包含错误信息，从而也可能不可靠。这里真正的问题是那些没有通过管理和技术审查的管理项是否应允许进入“正式”注册簿中。

假设只有一个元数据注册簿，而且管理状态属性被包含在上述建议的注册状态属性中。在这种情况下，所有申请注册的管理项将被保存在元数据注册簿中，并给予一个注册状态，即使审查尚未完成。让我们进一步假设，一个特定的管理项在当前被注册为“已认证”的状态，同时，伴随更新的信息，有一个新的申请要求将此管理项更新为“标准”的状态。在这种情况下，注册簿是否用更新的信息覆盖“已认证”的管理项并将其注册状态变为“标准候选”？在我们看来，答案是否定的。数据如果没有通过适合的审查，不应该被允许破坏“好的”数据。换句话说，就如本部分4.1.3.2规定的，任何不符合注册状态赋值标准的管理项，将被逻辑地（如通过视图）或者物理地（如在分离的数据库中）与已经符合赋值标准的管理项分离。注册者需要在其可用资源和技术方法的基础上解决这一实施问题。

在存在两个元数据注册簿（逻辑的或物理的）的情况下，可将一个作为“正式”元数据注册簿，另一个则作为工作元数据注册簿，这样注册状态和管理状态之间就不会产生任何冲突。如果一个管理项还处在审查之中，它应该位于工作元数据注册簿中，而且不能有任何的注册状态。反之，如果一个管理项已经被分配了一个注册状态，则不能有任何的管理状态，因为所有的管理步骤都已经完成。在现实生活中，信息专家使用良好的配置计划来处理类似的问题，将系统从“开发”环境升级为“生产”环境。

参 考 文 献

[1] GB/T 20606—2006 智能运输系统 数据字典要求

[2] ISO CD 19135,Geographic information—Procedures for registration of items of geographic information,ISO/TC 211 N 1493,2003-07-03

ICS 65.100.10
G 25

中华人民共和国国家标准

GB/T 18416—2009
代替 GB 18416—2001

家用卫生杀虫用品 蚊香

Domestic sanitary insecticide—Mosquito coils

2009-09-30 发布　　2010-05-01 实施

中华人民共和国国家质量监督检验检疫总局
中国国家标准化管理委员会　发布

前　言

本标准代替 GB 18416—2001《家用卫生杀虫用品　盘式蚊香》。

本标准与 GB 18416—2001 相比，主要变化如下：

——增加了农药登记证号或农药临时登记证号；

——增加了农药生产批准文件号或生产许可证号；

——增加了毒性标识；

——增加了注意事项；

——标准名称修改为《家用卫生杀虫用品　蚊香》；

——抗折力指标修改为应不小于 1.5 N。

本标准由中国轻工业联合会提出。

本标准由全国家用卫生杀虫用品标准化技术委员会归口。

本标准起草单位：中山榄菊日化实业有限公司、北京市轻工产品质量监督检验一站、成都彩虹电器(集团)股份有限公司、廊坊乐万家联合家化有限公司、浙江黑猫神蚊香集团有限公司、福建金鹿日化股份有限公司、浙江正点实业有限公司、河北益康制香有限公司、江苏三笑集团有限公司、江西山峰日化有限公司。

本标准主要起草人：李传和、林炜、麻毅、耿玉川、王建强、秦孝明、吴智福、雷东平、张宝泉、王宝勤、晏希贤、杨颖梅、宫宝利。

本标准所代替标准的历次版本发布情况为：

——GB 18416—2001。

家用卫生杀虫用品　蚊香

1　范围

本标准规定了家用卫生杀虫用品蚊香的术语和定义、要求、试验方法、检验规则及标志、包装、运输、贮存、使用说明。

本标准适用于由有效成分、植物性粉末、炭质粉末、粘合剂等为原材料混合制成的蚊香。

本标准不适用于线蚊香。

2　规范性引用文件

下列文件中的条款通过本标准的引用而成为本标准的条款。凡是注日期的引用文件，其随后所有的修改单(不包括勘误的内容)或修订版均不适用于本标准，然而，鼓励根据本标准达成协议的各方研究是否可使用这些文件的最新版本。凡是不注日期的引用文件，其最新版本适用于本标准。

GB/T 2828.1—2003　计数抽样检验程序　第1部分：按接收质量限(AQL)检索的逐批检验抽样计划(ISO 2859-1:1999,IDT)

GB/T 2829—2002　周期检验计数抽样程序及表(适用于过程稳定性的检验)

GB 5296.1—1997　消费品使用说明　总则

GB 24330—2009　家用卫生杀虫用品安全通用技术条件

3　术语和定义

下列术语和定义适用于本标准。

3.1

抗折力　strength of coil

单圈蚊香抗折断的能力。

3.2

平整度　level off

蚊香平面的翘曲程度。

3.3

圈　coil

不能再拆分的蚊香单元。

3.4

盘　a plate of several coils

一次成型的两个或两个以上的圈组成的蚊香。

4　要求

4.1　通则

有效成分使用要求、毒理、有效成分含量及允许波动范围、药效、热贮稳定性、烟尘量应符合GB 24330—2009的规定。

4.2　外观和感官

4.2.1　产品完整，色泽均匀，无霉斑，无断裂、变形和缺损。

4.2.2　无刺激性异味。

4.2.3 同一产品可使用多种香型，其香型应与明示香型相符合。

4.3 抗折力

每单圈的抗折力大于等于1.5 N。

4.4 脱圈性

除连结点外，产品其他部分均易完整脱开。

4.5 平整度

产品表面平整度应符合5.5试验要求。

4.6 水分

水分小于等于10%。

4.7 连续燃点时间

蚊香连续燃点时间大于等于7.0 h，中途不得熄灭（特殊规格的产品按明示燃点时间要求）。

5 试验方法

5.1 通则

有效成分使用要求、毒理、有效成分含量及允许波动范围、药效、热贮稳定性、烟尘量按GB 24330—2009中的试验方法测试。

5.2 外观和感官

5.2.1 外观：目测。

5.2.2 感官：点燃后用嗅觉判断。

5.3 抗折力

抗折力测定仪，量程0～2 000 g。

5.3.1 测试条件

室温(25±3)℃，相对湿度(65±15)%。

5.3.2 操作步骤

打开包装，在上述测试条件下放置24 h后测试，将1个单圈蚊香置于蚊香支架中（见图1），其中一边槽距蚊香点燃端2 cm，然后将蚊香与蚊香支架一起放在蚊香抗折力测试仪上，并调整零位。用手转动螺丝指针降低并调至蚊香的头（或眼）中，螺丝轻轻的旋转压下直至蚊香断裂。记录蚊香断裂时蚊香抗折力测试仪上的读数（见图2）。

单位为毫米

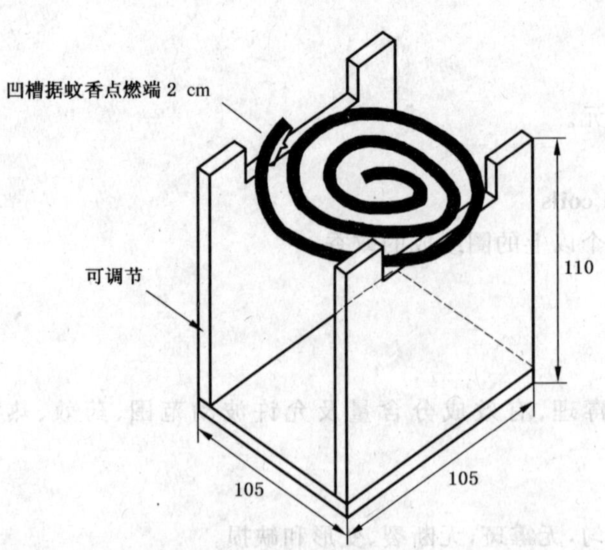

图1 蚊香支架

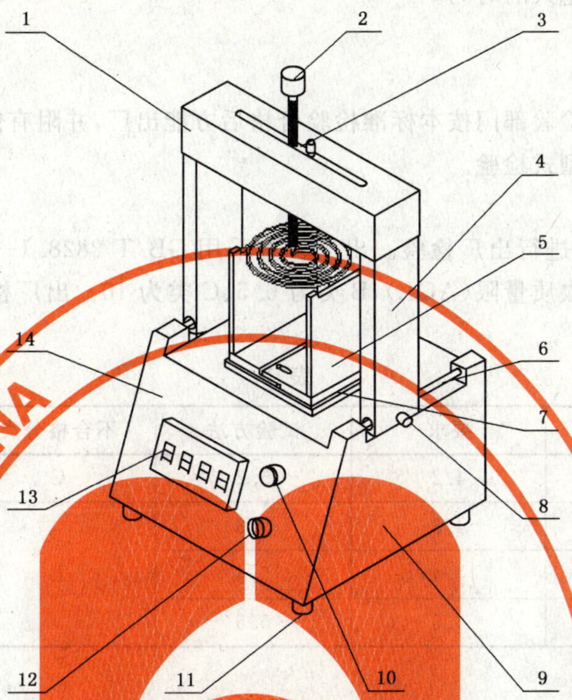

1——护罩；
2——下压调节螺杆；
3——螺杆快速复位；
4——螺杆调节支架；
5——蚊香可调支架；
6——滑杆；
7——力值采集平板；
8——螺杆调节支架锁紧；
9——底座；
10——电源指示；
11——底座脚；
12——主电源开关；
13——力值显示屏；
14——前面板。

图 2　蚊香抗折力测试仪

5.4　脱圈性

掰开蚊香的连结点，从相反方向轻推蚊香，逐渐分为两单圈，香体不应断裂。

5.5　平整度

用两块长 150 mm、宽 135 mm 的透明平板玻璃组合成平行间距为 8 mm 的卡板，蚊香能在卡板中间自然通过。

5.6　水分

将一盘蚊香用天平称量为 m_1（精确至 0.01 g），放入温度为(105±5)℃的烘箱中 1.5 h，取出放置在干燥器中，冷却至室温后立即称量直至恒重 m_2（精确至 0.01 g），称量前后两次差值不大于 5%。

按式(1)计算蚊香的水分含量(X)，以%表示。

$$X = \frac{m_1 - m_2}{m_1} \times 100\% \qquad \cdots\cdots(1)$$

式中：

m_1——干燥前的质量，单位为克(g)；

m_2——干燥后的质量，单位为克(g)。

5.7　连续燃点时间

5.7.1　测试条件

室温(25±3)℃，相对湿度(65±15)%。

5.7.2　在抽取的产品中取 5 个单圈，在上述测试条件下放置 24 h 后，分别置于 1 m^3 敞口的燃点柜中间区域内点燃，记录点燃到熄灭的时间。

6 检验规则

6.1 产品需经生产厂质量检验部门按本标准检验合格后方能出厂，并附有使用说明和检验合格证明。

6.2 检验分为出厂检验和型式检验。

6.2.1 出厂检验

凡提出交货的产品均应进行出厂检验。出厂检查采用 GB/T 2828.1—2003 特殊检查水平 S-2 的正常检查一次抽样方案，接收质量限(AQL)，B 类为 6.5、C 类为 10。出厂检验项目、要求、试验方法及不合格分类见表 1。

表 1

<table>
<tr><th>序号</th><th>检验项目</th><th>要求</th><th>试验方法</th><th>不合格分类</th><th>接收质量限(AQL)</th></tr>
<tr><td>1</td><td>外观和感官</td><td>4.2</td><td>5.2</td><td>C</td><td>10</td></tr>
<tr><td>2</td><td>抗折力</td><td>4.3</td><td>5.3</td><td rowspan="3">B</td><td rowspan="3">6.5</td></tr>
<tr><td>3</td><td>脱圈性</td><td>4.4</td><td>5.4</td></tr>
<tr><td>4</td><td>平整度</td><td>4.5</td><td>5.5</td></tr>
</table>

6.2.2 型式检验

6.2.2.1 有下列情况之一时应进行型式检验：

a) 新产品或老产品转厂生产的试制定型鉴定；

b) 正式生产后，如结构、材料、工艺有较大改变，可能影响产品性能时；

c) 正常生产时，对批量产品进行抽样检查，每年至少一次；

d) 产品停产半年以上，恢复生产时；

e) 出厂检验结果与上次型式检验有较大差异时；

f) 国家质量监督检验机构提出进行型式检验要求时。

6.2.2.2 型式检验采用 GB/T 2829—2002 判别水平Ⅱ的一次抽样方案，其检验项目、要求、试验方法、不合格分类、样本大小、不合格质量水平(RQL)及判定数组见表 2。型式检验出现一项不合格即综合判定为不合格。

表 2

<table>
<tr><th>序号</th><th>检验项目</th><th>要求</th><th>试验方法</th><th>不合格分类</th><th>样本大小</th><th>RQL</th><th>判定数组</th></tr>
<tr><td>1</td><td>外观和感官</td><td>4.2</td><td>5.2</td><td rowspan="2">C</td><td rowspan="2">10 盘</td><td rowspan="2">50</td><td rowspan="2">3 4</td></tr>
<tr><td>2</td><td>平整度</td><td>4.5</td><td>5.5</td></tr>
<tr><td>3</td><td>抗折力</td><td>4.3</td><td>5.3</td><td rowspan="3">B</td><td>10 圈</td><td rowspan="3">40</td><td rowspan="3">2 3</td></tr>
<tr><td>4</td><td>脱圈性</td><td>4.4</td><td>5.4</td><td>10 盘</td></tr>
<tr><td>5</td><td>连续燃点时间</td><td>4.7</td><td>5.7</td><td>10 圈</td></tr>
<tr><td>6</td><td>水分</td><td>4.6</td><td>5.6</td><td colspan="4">不符合 4.6 要求，即判定为不合格</td></tr>
</table>

7 标志、包装、运输、贮存、使用说明

7.1 标志

7.1.1 产品包装盒上应有以下中文内容：

a) 产品名称、商标、厂名、厂址；

b) 有效成分及含量；

c） 产品执行标准编号；

d） 生产日期、产品批号和有效期；

e） 产品质量检验合格证明；

f） 农药登记证号或农药临时登记证号；

g） 农药生产批准文件号或生产许可证号；

h） 毒性标识；

i） 注意事项（如注意远离儿童，不得在高温、明火处存放等）；

j） 规格（型号）及数量；

k） 蚊香烟尘量产品分类；

l） 特殊规格的蚊香连续点燃时间需在产品包装上明示。

7.1.2 产品包装箱上应有以下中文内容：

a） 包装储运图示标志；

b） 品名规格；

c） 数量；

d） 毛重；

e） 生产厂厂名、厂址；

f） 外形尺寸：长×宽×高（cm）；

g） 注意事项："小心轻放"、"切勿受潮"、"切勿重压"等文字或储运图示标志；

h） 生产日期或批号。

7.2 包装

产品包装应牢固，无破损，能防潮，防震。

7.3 运输

产品运输时应轻取轻放，防止剧烈震动、日晒、雨淋和重压。

7.4 贮存

产品应存放在阴凉、干燥、通风的仓库内，不得和易燃、易爆品混放。产品在上述条件下，产品有效期不少于两年。

7.5 使用说明

产品使用说明应符合 GB 5296.1—1997 中的规定。

ICS 65.100.10
G 25

中华人民共和国国家标准

GB/T 18417—2009
代替 GB 18417—2001

家用卫生杀虫用品　电热蚊香片

Domestic sanitary insecticide—Electrothermal vaporizing mats

2009-09-30 发布　　2010-05-01 实施

中华人民共和国国家质量监督检验检疫总局
中国国家标准化管理委员会　发布

前　言

本标准代替 GB 18417—2001《家用卫生杀虫用品　电热片蚊香》。

本标准与 GB 18417—2001 相比，主要变化如下：

——增加了挥发速率定义、要求及试验方法；

——增加了农药登记证号或农药临时登记证号；

——增加了农药生产批准文件号或生产许可证号；

——增加了毒性标识；

——增加了注意事项；

——标准名称修改为《家用卫生杀虫用品　电热蚊香片》。

本标准由中国轻工业联合会提出。

本标准由全国家用卫生杀虫用品标准化技术委员会归口。

本标准起草单位：中山榄菊日化实业有限公司、北京市轻工产品质量监督检验一站、成都彩虹电器(集团)股份有限公司、浙江黑猫神蚊香集团有限公司、福建省金鹿日化股份有限公司、廊坊乐万家联合家化有限公司、河北康达有限公司、温州瓯斯达电器实业有限公司、中山市凯达精细化工股份有限公司、柳州华力家庭品业股份有限公司、浙江正点实业有限公司。

本标准主要起草人：李传和、林炜、麻毅、耿玉川、秦孝明、吴智福、王建强、王学民、陈大为、崔茹平、覃勇、何建国、雷东平。

本标准所代替标准的历次版本发布情况为：

——GB 18417—2001。

家用卫生杀虫用品　电热蚊香片

1　范围

本标准规定了家用卫生杀虫用品电热蚊香片的术语和定义、要求、试验方法、检验规则及标志、包装、运输、贮存、使用说明。

本标准适用于由可吸性材料为载体，添加杀虫有效成分制成的作为驱(灭)蚊虫用的药片，与恒温电加热器配套使用，在额定的加热温度下，有效成分以气体状态作用于蚊虫，起到驱(灭)蚊虫效果的产品。

2　规范性引用文件

下列文件中的条款通过本标准的引用而成为本标准的条款。凡是注日期的引用文件，其随后所有的修改单(不包括勘误的内容)或修订版均不适用于本标准，然而，鼓励根据本标准达成协议的各方研究是否可使用这些文件的最新版本。凡是不注日期的引用文件，其最新版本适用于本标准。

GB/T 2828.1—2003　计数抽样检验程序　第1部分：按接收质量限(AQL)检索的逐批检验抽样计划(ISO 2859-1:1999,IDT)

GB/T 2829—2002　周期检验计数抽样程序及表(适用于过程稳定性的检验)

GB 5296.1—1997　消费品使用说明　总则

GB 24330—2009　家用卫生杀虫用品安全通用技术条件

3　术语和定义

下列术语和定义适用于本标准。

3.1

挥发速率　vaporization rate

在明示持效期内一半时间有效成分与明示有效成分的比值。

4　要求

4.1　通则

有效成分使用要求、毒理、有效成分含量及允许波动范围、药效、热贮稳定性应符合 GB 24330 的规定。

4.2　尺寸

蚊香片外形尺寸应符合表1的规定。

表 1　　单位为毫米

长	宽	厚
35.0±0.5	22.0±0.5	2.5±0.5

4.3　外观和感官

4.3.1　外观

产品应有指示色，色泽均匀，不得有霉变。

4.3.2　感官

无刺激性气味，同一产品可为无味型或多种香型，其香型应与明示香型相符合。

4.4 挥发速率

将蚊香片放入配套的加热器中加热至明示时间的一半时，测试其残留总有效成分含量不得低于明示总有效成分含量的30%。

5 试验方法

5.1 通则

有效成分使用要求、毒理、有效成分含量及允许波动范围、药效、热贮稳定性应符合GB 24330—2009中试验方法的规定。

5.2 外形尺寸

用游标卡尺(分度值0.02 mm)测量。

5.3 外观和感官

5.3.1 外观：目测。

5.3.2 感官：嗅觉判断。

5.4 挥发速率

在室温(25±3)℃，湿度(65±15)%下，用电热蚊香片配套经检验合格的电热蚊香片恒温电加热器，按说明书操作，将电热蚊香片放入电热蚊香片恒温电加热器中加热并开始记时。当加热至明示时间的一半时立即取下电热蚊香片，按GB 24330—2009中附录B中规定的方法测试其总有效成分含量。

有效成分的挥发速率(A)按式(1)计算：

$$A = \frac{m_2}{m_1} \times 100\% \qquad (1)$$

式中：

m_1——明示总有效成分含量，单位为毫克每片(mg/片)；

m_2——明示时间一半时总有效成分含量，单位为毫克每片(mg/片)。

6 检验规则

6.1 产品需经生产厂质量检验部门按本标准检验合格后方能出厂，并附有使用说明和检验合格证。

6.2 检验分为出厂检验和型式检验。

6.2.1 出厂检验

凡提出交货的产品，均应进行出厂检验。出厂检验采用GB/T 2828.1—2003特殊检查水平S-2的正常检查一次抽样方案，检验项目、要求、试验方法及接收质量限(AQL)见表2。

表2

检验项目	要　求	试验方法	AQL
外观和感官	4.3	5.3	6.5

6.2.2 型式检验

6.2.2.1 有下列情况之一时应进行型式检验：

a) 新产品或老产品转厂生产的试制定型鉴定；

b) 正式生产后，如结构、材料、工艺有较大改变，可能影响产品性能时；

c) 正常生产时，对批量产品进行抽样检查，每年至少一次；

d) 产品停产半年以上，恢复生产时；

e) 出厂检验结果与上次型式检验有较大差异时；

f) 国家质量监督检验机构提出进行型式检验要求时。

6.2.2.2 型式检验采用GB/T 2829—2002判别水平Ⅱ的一次抽样方案，其检验项目、要求、试验方法、不合格分类、样本大小、不合格质量水平(RQL)及判定数组见表3。型式检验出现一项不合格即综合判定为不合格。

表3

序　号	检验项目	要　求	试验方法	RQL	不合格分类	样本大小	判定数组 Ac	判定数组 Re
1	外形尺寸	4.2	5.2	65	B	5	1	2
2	外观和感官	4.3	5.3					
3	挥发速率	4.4	5.4	65	A	2	0	1

7　标志、包装、运输、贮存、使用说明

7.1　标志

7.1.1　产品包装盒上应有以下中文内容:

a)　产品名称、商标、厂名、厂址;
b)　有效成分及含量;
c)　产品执行标准编号;
d)　生产日期、产品批号和有效期;
e)　产品质量检验合格证明;
f)　型号或规格及数量;
g)　农药登记证号或农药临时登记证号;
h)　农药生产批准文件号或生产许可证号;
i)　毒性标识;
j)　注意事项(如注意远离儿童,不得在高温、明火处存放等)。

7.1.2　产品包装箱应有如下中文标志:

a)　图示标志;
b)　品名规格;
c)　数量;
d)　毛重;
e)　生产厂厂名、厂址;
f)　外形尺寸:长×宽×高(cm);
g)　注意事项:“小心轻放”、“切勿受潮”、“切勿重压”等文字或储运图示标志;
h)　生产日期或批号。

7.2　包装

应采用能防潮、避光、气密性良好的包装材料(如铝箔复合包装袋)密封包装。包装应牢固,无破损,能防潮,防震。

7.3　运输

产品运输时应轻取轻放,防止剧烈震动、日晒、雨淋和重压。

7.4　贮存

产品应存放在阴凉、干燥、通风的仓库内,不得和易燃、易爆品混放。产品在上述条件下,有效期不少于两年。

7.5　使用说明

产品使用说明应符合 GB 5296.1—1997 中的规定。

ICS 65.100.10
G 25

中华人民共和国国家标准

GB/T 18418—2009
代替 GB 18418—2001

家用卫生杀虫用品　电热蚊香液

Domestic sanitary insecticide—Electrothermal vaporizing liquid

2009-09-30 发布　　　　2010-05-01 实施

中华人民共和国国家质量监督检验检疫总局
中国国家标准化管理委员会　发布

前　言

本标准代替 GB 18418—2001《家用卫生杀虫用品　电热液体蚊香》。

本标准与 GB 18418—2001 相比，主要变化如下：

——增加了特殊规格的导线长度需明示；

——增加了电加热器中的螺钉和连接、内部布线；

——增加了电加热器中的说明；

——增加了挥发速率定义、要求及试验方法；

——增加了农药登记证号或农药临时登记证号；

——增加了农药生产批准文件号或生产许可证号；

——增加了毒性标识和注意事项；

——标准名称修改为《家用卫生杀虫用品　电热蚊香液》；

——耗量名称修改为最低持效期。

本标准的附录 A 为规范性附录。

本标准由中国轻工业联合会提出。

本标准由全国家用卫生杀虫用品标准化技术委员会归口。

本标准起草单位：中山榄菊日化实业有限公司、北京市轻工产品质量监督检验一站、成都彩虹电器(集团)股份有限公司、廊坊乐万家联合家化有限公司、温州瓯斯达电器实业有限公司、浙江黑猫神蚊香集团有限公司、江苏同大股份有限公司、河北康达有限公司、浙江正点实业有限公司、福建金鹿日化股份有限公司、温州市雄正电器有限公司、温州市大瓯电器有限公司、中山市凯达精细化工股份有限公司。

本标准主要起草人：李传和、林炜、麻毅、耿玉川、王建强、陈大为、秦孝明、金宪杨、王学民、雷东平、吴智福、黄东海、林为国、崔茹平、杨颖梅、王昕瑶、张国林。

本标准所代替标准的历次版本发布情况为：

——GB 18418—2001。

家用卫生杀虫用品　电热蚊香液

1　范围

本标准规定了家用卫生杀虫用品电热蚊香液(包括电加热器)的术语和定义、要求、试验方法、检验规则及标志、包装、运输、贮存、使用说明。

本标准适用于将可吸性芯棒放置在装有有效成分的瓶中,经配套使用的电加热器加热后,以气态作用于蚊虫,起到驱(灭)蚊虫效果的产品。

2　规范性引用文件

下列文件中的条款通过本标准的引用而成为本标准的条款。凡是注日期的引用文件,其随后所有的修改单(不包括勘误的内容)或修订版均不适用于本标准,然而,鼓励根据本标准达成协议的各方研究是否可使用这些文件的最新版本。凡是不注日期的引用文件,其最新版本适用于本标准。

GB/T 2423.8—1995　电工电子产品环境试验　第二部分:试验方法　试验 Ed:自由跌落

GB/T 2828.1—2003　计数抽样检验程序　第1部分:按接收质量限(AQL)检索的逐批检验抽样计划(ISO 2859-1:1999,IDT)

GB/T 2829—2002　周期检验计数抽样程序及表(适用于过程稳定性的检验)

GB 4706.1—2005　家用和类似用途电器的安全　第一部分:通用要求

GB 5296.1—1997　消费品使用说明　总则

GB 5296.2—1999　消费品使用说明　家用和类似用途电器的使用说明

GB 24330—2009　家用卫生杀虫用品安全通用技术条件

3　术语和定义

下列术语和定义适用于本标准。

3.1

测试角　testing angle

能使被测样品处于无外界气流作用的装置。

3.2

工作温度(辐射温度)　operating temperature

在充分发热的条件下,电加热器发热圈内的中心温度。

3.3

挥发速率　vaporization rate

在明示持效期内一半时间的药液剩余量与明示净含量的比值和剩余药液的有效成分与明示有效成分的比值。

4　要求

4.1　通则

有效成分使用要求、毒理、有效成分含量及允许波动范围、药效、热贮稳定性、电热蚊香液最低持效期、电热蚊香液净含量,应符合 GB 24330 的规定。

4.2　外观、感官和尺寸

4.2.1　外观

药液瓶应由瓶体、药液、吸液芯棒、瓶塞、瓶盖等组成。

4.2.2 感官

4.2.2.1 同一产品可为无味型或多种香型，其香型应与明示香型相符合。

4.2.2.2 使用时应无明显烟雾及刺激性气味，药液应澄清，无絮状、分层、结晶、沉淀。

4.2.3 尺寸

4.2.3.1 吸液芯棒直径(7±0.1)mm。

4.2.3.2 药液瓶口径的外螺纹尺寸：螺纹外径 D 为 $24.5^{0}_{-0.33}$ mm，螺距 t 为 2.5 mm，螺纹宽度 A 为 1.25 mm，螺纹高度 h 大于 0.95 mm。

4.3 密闭性

4.3.1 药液瓶经 5.3.1 试验后，瓶体外部应无药液外溢。

4.3.2 电热蚊香液与电加热器装配后经 5.3.2 试验后，药液应无明显泄漏。

4.4 自由跌落

药液瓶经 5.4 试验后，瓶体外部应无药液外溢，瓶体无破损，芯棒不断裂。

4.5 挥发速率

连续使用至明示时间的一半时，测试其剩余药液量不低于明示净含量的 30%，剩余药液有效成分含量不得低于明示含量的 80%。

4.6 电加热器

见附录 A。

5 试验方法

5.1 通则

有效成分使用要求、毒理、有效成分含量及允许波动范围、药效、热贮稳定性、电热蚊香液最低持效期、电热蚊香液净含量应符合 GB 24330—2009 中试验方法的规定。

5.2 外观、感官和尺寸

5.2.1 外观

目测。

5.2.2 感官

药液在通电加热后，用目测和嗅觉判断。

5.2.3 尺寸

吸液芯棒的直径测量用游标卡尺；药液瓶口的外螺纹口径尺寸，用工具显微镜或专用螺纹环规测量。

5.3 密闭性

5.3.1 将药液瓶盖旋紧置于平面上倒置 24 h 后，再平置 2 h，目测。

5.3.2 按正常工作状态组装好电热蚊香液，在最不利的倒置角度倾斜 1 h 后，目测。

5.4 自由跌落

将药液瓶盖旋紧，于 300 mm 高度，底面三次、侧面三次分别自由跌落于硬质地面。

5.5 挥发速率

5.5.1 试验条件

室温(25±3)℃，湿度(65±15)%。

5.5.2 操作步骤

5.5.2.1 按说明书操作，将蚊香液与配套的加热器组装好，电加热器在额定电压下加热并开始计时，当加热至明示时间的一半时停止加热。

5.5.2.2 剩余药液量再按 GB 24330—2009 中 5.8 规定的方法测试为 m_2。有效成分含量按 GB 24330—2009 中附录 C 规定的方法测试为 m_4。

药液的挥发速率(*A*)按式(1)计算：

$$A=\frac{m_2}{m_1}\times 100\% \qquad \cdots\cdots(1)$$

式中：

m_1——明示的净含量，单位为毫升或克(mL 或 g)；

m_2——明示时间一半时净含量，单位为毫升或克(mL 或 g)。

有效成分的挥发速率(*B*)按式(2)计算：

$$B=\frac{m_4}{m_3}\times 100\% \qquad \cdots\cdots(2)$$

式中：

m_3——明示有效成分含量，%；

m_4——明示时间一半时有效成分含量，%。

5.6 电加热器

按附录A方法测试。

6 检验规则

6.1 产品需经生产厂质量检验部门按本标准检验合格后方能出厂，并附有使用说明和检验合格证明。

6.2 检验分为出厂检验和型式检验。

6.2.1 出厂检验

凡提出交货的产品，均应进行出厂检验。

6.2.1.1 药液及药液瓶的出厂检验

出厂检验采用GB/T 2828.1—2003特殊检查水平S-2的正常检查一次抽样方案，接收质量限(AQL)，B类为6.5、C类为10。检验项目、要求、试验方法及不合格分类见表1。

表1

序 号	检验项目	要 求	试验方法	不合格分类	接收质量限(AQL)
1	外观、感官	4.2	5.2	C	10
2	密闭性	4.3	5.3	B	6.5

6.2.1.2 电加热器的出厂检验

出厂检验采用GB/T 2828.1—2003特殊检查水平S-2的正常检查一次抽样方案，接收质量限(AQL)，A类为1.0、B类为6.5、C类为10。检验项目、要求、试验方法及不合格分类见表2。

表2

序 号	检验项目	要 求	试验方法	不合格分类	接收质量限(AQL)
1	外观	A.1.1	A.2.1	C	10
2	电加热器工作温度(辐射温度)及偏差	A.1.2	A.2.2	B	6.5
3	标志和说明	A.1.4	A.2.4	A	1.0
4	电气强度	A.1.9	A.2.9	A	1.0

6.2.2 型式检验

6.2.2.1 有下列情况之一时应进行型式检验：

a) 新产品或老产品转厂生产的试制定型鉴定；

b) 正式生产后，如结构、材料、工艺有较大改变，可能影响产品性能时；

c) 正常生产时，对批量产品进行抽样检查，每年至少一次；

d) 产品停产半年以上，恢复生产时；

e) 出厂检验结果与上次型式检验有较大差异时；

f) 国家质量监督检验机构提出进行型式检验要求时。

6.2.2.2 药液及药液瓶的型式检验

型式检验采用 GB/T 2829—2002 判别水平Ⅱ的一次抽样方案，其检验项目、要求、试验方法、不合格分类、样本大小、不合格质量水平 RQL 值及判定数组见表 3。型式检验出现一项不合格即综合判定为不合格。

表 3

序 号	检验项目	要 求	试验方法	不合格分类	样本大小	RQL	判定数组 Ac	判定数组 Re
1	外观、感官和尺寸	4.2	5.2					
2	密闭性	4.3	5.3	B	4	80	1	2
3	自由跌落	4.4	5.4					
4	挥发速率	4.5	5.5	A	2	65	0	1

6.2.2.3 电加热器的型式检验

型式检验采用 GB/T 2829—2002 判别水平Ⅱ的一次抽样方案，其检验项目、要求、试验方法、不合格分类、样本大小、不合格质量水平(RQL)及判别数组见表 4。型式检验出现一项不合格即综合判定为不合格(安全性能指标，应在一个器具上进行，此器具应经受所有有关的试验，但 A.1.12、A.1.15 的试验可在另外单独试样上进行)。

表 4

序 号	检验项目	要 求	试验方法	不合格分类	样本大小	RQL	判定数组 Ac	判定数组 Re
1	标志和说明	A.1.4	A.2.4					
2	对触及带电部件的防护	A.1.5	A.2.5					
3	输入功率和电流	A.1.6	A.2.6					
4	发热	A.1.7	A.2.7					
5	泄漏电流	A.1.8	A.2.8					
6	电气强度	A.1.9	A.2.9					
7	非正常工作	A.1.11	A.2.11	A	1	80	0	1
8	机械强度	A.1.12	A.2.12					
9	结构	A.1.13	A.2.13					
10	内部布线	A.1.14	A.2.14					
11	螺钉和连接	A.1.15	A.2.15					
12	电源连接和外部软线	A.1.16	A.2.16					
13	爬电距离、电气间隙和固体绝缘	A.1.17	A.2.17					
14	外观	A.1.1	A.2.1					
15	电加热器工作温度(辐射温度)及偏差	A.1.2	A.2.2	B	4	80	1	2
16	电压波动性	A.1.3	A.2.3					
17	耐久性	A.1.10	A.2.10					

7 标志、包装、运输、贮存、使用说明

7.1 标志

7.1.1 产品或包装上应有以下中文内容：

a) 产品名称、商标、厂名、厂址；

b) 有效成分及含量；

c) 产品执行标准编号；

d) 生产日期、产品批号和有效期；

e) 产品质量检验合格证明；

f) 型号或规格；

g) 农药登记证号或农药临时登记证号；

h) 农药生产批准文件号或生产许可证号；

i) 毒性标识；

j) 注意事项(如注意远离儿童，不得在高温、明火处存放等)；

k) 电热蚊香液的净含量；

l) 电热蚊香液最低持效期；

m) 特殊规格的导线长度需明示。

7.1.2 产品包装箱上应有以下中文内容：

a) 包装储运图示标志；

b) 品名规格；

c) 数量；

d) 毛重；

e) 生产厂厂名、厂址；

f) 外形尺寸：长×宽×高(cm)；

g) 注意事项："小心轻放"、"切勿受潮"、"切勿重压"等文字或储运图示标志；

h) 生产日期或批号。

7.2 包装

包装应牢固，无破损，能防潮，防震。

7.3 运输

产品运输时应轻取轻放，防止剧烈震动、日晒、雨淋和重压。

7.4 贮存

产品应存放在阴凉、干燥、通风的仓库内，不得和易燃、易爆品混放。产品在上述条件下，产品保质期不少于两年。

7.5 使用说明

产品使用说明应符合 GB 5296.1—1997 及 GB 5296.2—1999 的规定。

附 录 A
（规范性附录）
电加热器要求和试验方法

A.1 要求

A.1.1 外观

A.1.1.1 塑料件不得有明显塑性缺陷及翘曲变形、裂纹、划痕、毛刺。

A.1.1.2 电加热器各零部件组装配合牢固，紧固件不得松动。

A.1.1.3 金属部件不得有锈斑。

A.1.2 电加热器工作温度（辐射温度）及偏差

电加热器的工作温度（辐射温度）由生产企业自定，应在器具或包装上明示，温度偏差为±7 ℃。

A.1.3 电压波动性

电源电压在额定电压±10％范围内变动，应不影响正常使用。

A.1.4 标志和说明

A.1.4.1 器具应含有下述内容的标志：

a） 额定电压或额定电压范围，单位为伏（V）；

b） 电源性质的符号，标有额定频率的除外；

c） 额定输入功率，单位为瓦（W）或额定电流，单位为安（A）；

d） 制造商或责任承销商的名称、商标或识别标志；

e） 器具名称、型号或系列号；

f） Ⅱ类结构的符号（仅在Ⅱ类器具上标出）；

g） 防水等级的 IP 代码，IPXO 不标出。

A.1.4.2 当使用符号时，应使用 GB 4706.1—2005 中 7.6 规定的符号。

A.1.4.3 使用说明书应随器具一起提供，以保证器具能安全使用。

A.1.4.4 带有电源软线的器具应按 GB 4706.1—2005 中 7.12.5 的要求给予说明。

A.1.4.5 使用说明和本标准要求的其他内容，应使用国家的官方语言文字写出。

A.1.4.6 本标准所要求的标志应清晰易读并持久耐用。

A.1.4.7 使用说明书应包括下述内容：器具只能使用推荐的挥发介质，使用其他介质可能会产生毒性或者火灾。

A.1.4.8 对于直接插入电源插座的器具，使用说明书应包括以下内容：使用中不应触及器具挥发介质的热表面。

A.1.5 对触及带电部件的防护

器具的结构和外壳应使其对意外触及带电部件有足够的防护。

A.1.6 输入功率（≤25 W）和电流

器具在额定电压且在正常工作温度下，其输入功率（工作电流）对其额定输入功率（额定电流）的偏差不应大于＋20％。

A.1.7 发热

A.1.7.1 电加热器外壳手握持部分的表面温升不应超过 50 K。

A.1.7.2 对于直接插入电源插座的器具，器具电源插座附近表面的温升不应超过 40 K。

A.1.8 泄漏电流

A.1.8.1 工作温度下的泄漏电流小于等于 0.25 mA。

A.1.8.2 潮态泄漏电流小于等于 0.25 mA。

A.1.9 电气强度

电加热器应能承受频率为 50 Hz 的交流电压历时 1 min 的耐压试验，不应出现击穿。不同试验施加的电压值如下：

a) 冷态电气强度：3 000 V；

b) 工作温度下的电气强度：3 000 V；

c) 潮态电气强度：3 000 V。

A.1.10 耐久性

在正常使用状态下施加 1.15 倍额定电压，经试验后应符合 A.1.2、A.1.7 的要求，同时不得有影响正常使用的明显变形损坏。

A.1.11 非正常工作

器具的结构，应可消除非正常工作或误操作导致的火灾危险、有损安全或电击防护的机械性损坏。

A.1.12 机械强度

A.1.12.1 跌落

A.1.12.1.1 电加热器经自由跌落试验后能正常使用，器具无损坏并应符合 A.1.9 的要求。

A.1.12.1.2 直接插入电源插座的器具应按 A.2.12.1.2 试验，器具不应出现不符合 A.1.5、A.1.17 要求的损坏。

A.1.12.2 冲击

器具经 A.2.12.2 试验后，仍能正常使用，并符合 A.1.5、A.1.8、A.1.9、A.1.17 的要求。

A.1.13 结构

产品应为Ⅱ类电器结构，并符合 GB 4706.1—2005 中第 22 章(22.4 不适用)有关要求。

A.1.14 内部布线

A.1.14.1 应符合 GB 4706.1—2005 中第 23 章的规定。

A.1.14.2 经 A.2.14.2 试验后器具应符合 A.1.5 和 A.1.17 的要求并且电器连接不应松动。

A.1.15 螺钉和连接

应符合 GB 4706.1—2005 中第 28 章的规定。

A.1.16 电源连接和外部软线

A.1.16.1 电源线尺寸

对带有电源线的电加热器，其导线标称截面积应不小于 0.5 mm^2，导线长度为 1 000 mm～2 000 mm，有特殊规格的产品长度需明示。

A.1.16.2 电源线

电源线应符合 GB 4706.1—2005 中 25.7 的规定。

A.1.16.3 电源线拉力

电源线应有防止从电加热器拉脱的固定装置，并能承受 30 N 的拉力试验 25 次；试验期间，电源线不应损坏；试验后，电源线的纵向位移不得超过 2 mm，电气间隙和爬电距离不应减少到低于 A.1.17 规定的数值。

A.1.16.4 电源线抗弯曲

对于无卷线盘的电加热器应进行电源线抗弯曲试验。

电源线进入器具入口处，经受 1 万次的抗弯曲试验，试验后绝缘体不能损坏，护套不脱落，铜芯线断股不得超过 10%。

A.1.17 爬电距离、电气间隙和固体绝缘

A.1.17.1 电加热器不同电位的带电部件之间，以及带电部件与其他金属部件之间的电气间隙和爬电距离应符合表 A.1 的规定。

表 A.1

单位为毫米

部　　位		电气间隙	爬电距离
不同电位的带电部件之间	≥	2.0	2.0
带电部件与其他金属部件之间	≥	8.0	8.0

A.1.17.2　附加绝缘与加强绝缘应具有足够的厚度，或具有足够的层数，以经受器具在使用中可能出现的电气应力。

A.2　试验方法

A.2.1　外观

用目测和手感检查。

A.2.2　电加热器工作温度(辐射温度)及偏差

A.2.2.1　测试条件

在温度(25±3)℃，相对湿度(65±15)%，无外界气流的测试角内进行。

A.2.2.2　仪器名称

电热液体蚊香器测温仪。

A.2.2.3　仪器精度

±0.5 ℃(分辨率不小于 0.1 ℃)。

A.2.2.4　测温范围

0 ℃～200 ℃。

A.2.2.5　专用测头

专用铂电阻温度计。

A.2.2.6　测试步骤

A.2.2.6.1　螺口式电加热器

将测温瓶(见图 A.1)旋入被测电加热器，转动调整钮(5)，使测温头(1)上平面和电加热器加热圈上平面为同一高度(用专用挡板，见图 A.2)，定位，再摆动调整钮(5)，使测温头位置在电加热器加热圈中心，调整好后，放在支架板上将测温头引线连接在支架接线柱(3)上并紧固，连接测量仪表及被测电加热器电源，并打开开关，将整个测温系统放入测试角内，充分加热 1 h 待温度稳定后读数。

单位为毫米

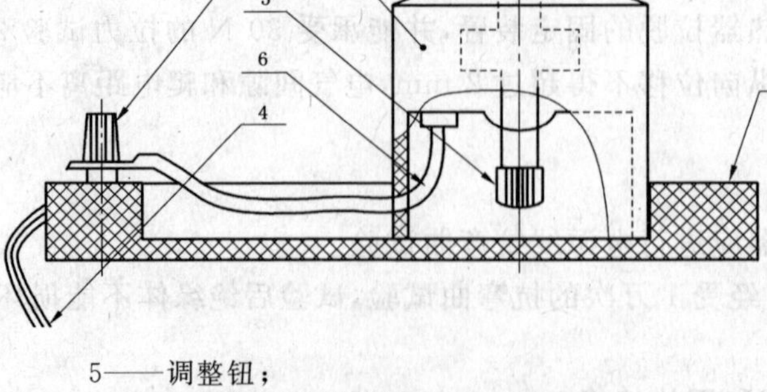

1——测温头；
2——测温瓶；
3——支架接线柱；
4——支架连接线；
5——调整钮；
6——铂电阻温度计引线；
7——支架。

图 A.1　测温瓶及支架

单位为毫米

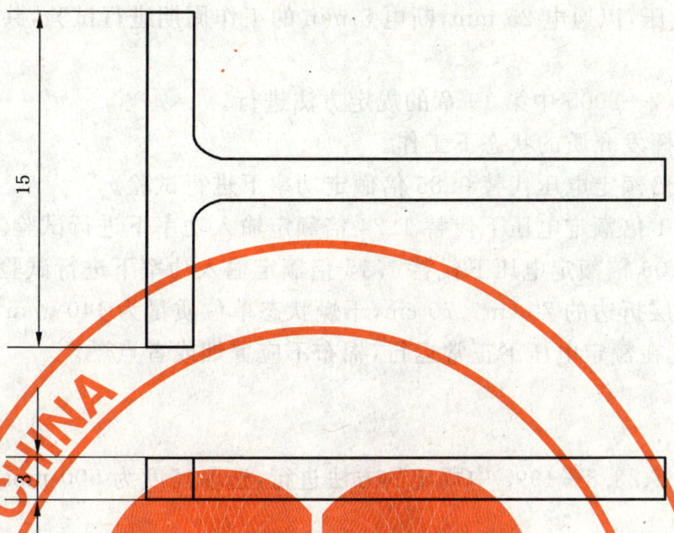

图 A.2 专用挡板

A.2.2.6.2 托盘式电加热器

在托盘底部中心开孔，孔的尺寸约 ϕ25 mm，以通过连接线及调整钮操作方便为准，测温瓶选用托盘式测温瓶，测试方法同螺口式。

A.2.3 电压波动特性

在室温下调节电压分别在额定电压±10%两个电压值上器具仍能正常使用。

A.2.4 标志和说明

按 GB 4706.1—2005 中第 7 章有关要求方法进行。

A.2.5 对触及带电部件的防护

按 GB 4706.1—2005 中第 8 章有关要求方法进行。

A.2.6 输入功率和电流

按 GB 4706.1—2005 中 10.1、10.2 有关要求方法进行。

A.2.7 发热

施加 1.15 倍额定电压，器具工作直到建立稳定状态，测量电加热器外壳手握持部分表面及电加热器外壳底部温升值及器具电源插座附近表面温升值，测试按 GB 4706.1—2005 中第 11 章要求的方法进行。

A.2.8 泄漏电流

A.2.8.1 工作温度下的泄漏电流

按 GB 4706.1—2005 中第 13 章有关方法进行。测试电压取额定值的 1.15 倍。

A.2.8.2 潮态泄漏电流

按 GB 4706.1—2005 中 15.3 和 16.2 的条件和方法进行。测试电压取额定值的 1.15 倍。

A.2.9 电气强度

A.2.9.1 冷态电气强度

按 GB 4706.1—2005 中 16.3 的条件和方法进行，试验置定电流为 100 mA。

A.2.9.2 工作温度下的电气强度

按 GB 4706.1—2005 中 13.3 有关方法进行，试验置定电流为 100 mA。

A.2.9.3 潮态电气强度

按 GB 4706.1—2005 中 15.3 和 16.3 的条件和方法进行，试验置定电流为 100 mA。

A.2.10 耐久性

施加1.15倍额定电压，以通电25 min，断电5 min的工作周期进行试验，共进行1 000个周期。

A.2.11 非正常工作

A.2.11.1 按GB 4706.1—2005中第19章的规定方法进行。

A.2.11.2 器具在不充挥发介质的状态下工作。

A.2.11.3 器具用0.9倍额定电压代替0.85倍额定功率下进行试验。

A.2.11.4 器具用在1.1倍额定电压下代替1.24倍额定输入功率下进行试验。

A.2.11.5 器具用在1.06倍额定电压下代替1.15倍额定输入功率下进行试验。

A.2.11.6 用预洗的双层折边的70 cm×70 cm，干燥状态单位质量为140 g/m^2 和170 g/m^2 之间的单层棉布片盖住器具，器具在额定电压下正常运行，棉布不应冒烟或者点燃。

A.2.12 机械强度

A.2.12.1 跌落

A.2.12.1.1 按GB/T 2423.8—1995中规定的方法进行，选取高度为500 mm，正面、侧面跌落次数各为两次。

A.2.12.1.2 试验在一台新的器具上进行，用一台空器具按GB/T 2423.8—1995中规定的方法2进行跌落试验。跌落次数：器具质量大于250 g时50次；其他器具100次。

A.2.12.2 冲击

按GB 4706.1—2005中第21章的规定方法进行。

A.2.13 结构

按GB 4706.1—2005中第22章规定方法进行。

A.2.14 内部布线

A.2.14.1 按GB 4706.1—2005中第23章规定的方法进行。

A.2.14.2 直接插入电源插座并可以沿插座方向转动的器具应经受下述试验，可沿逆时针和顺时针方向转动的移动部件按器具结构对插座允许的最大角度转动，以10 r/min的速度转动100次。

A.2.15 螺钉和连接

按GB 4706.1—2005中第28章规定的方法进行。

A.2.16 电源连接和外部软线

A.2.16.1 电源线尺寸

长度用钢卷尺测量、电源线截面积用外径千分尺测量。

A.2.16.2 电源线

按GB 4706.1—2005中25.7有关方法检测。

A.2.16.3 电源线拉力

按GB 4706.1—2005中25.15规定进行。

A.2.16.4 电源线抗弯曲

按GB 4706.1—2005中25.14规定进行。

A.2.17 爬电距离、电气间隙和固体绝缘

按GB 4706.1—2005中第29章规定的方法测量。

ICS 65.100.10
G 25

中华人民共和国国家标准

GB/T 18419—2009
代替 GB 18419—2001

家用卫生杀虫用品　杀虫气雾剂

Domestic sanitary insecticidal—Aerosols

2009-09-30 发布　　　　2010-05-01 实施

中华人民共和国国家质量监督检验检疫总局
中国国家标准化管理委员会　发布

前　言

本标准代替 GB 18419—2001《家用卫生杀虫用品　杀虫气雾剂》。

本标准与 GB 18419—2001 相比，主要变化如下：

——增加了水基或醇基 pH 值范围；

——增加了水分；

——增加了农药登记证号或农药临时登记证号；

——增加了农药生产批准文件号或生产许可证号；

——增加了毒性标识；

——增加了注意事项；

——标准中将喷出率修改为雾化率。

本标准由中国轻工业联合会提出。

本标准由全国家用卫生杀虫用品标准化技术委员会归口。

本标准起草单位：中山榄菊日化实业有限公司、北京市轻工产品质量监督检验一站、成都彩虹电器(集团)股份有限公司、河北康达有限公司、廊坊乐万家联合家化有限公司、江苏同大股份有限公司、浙江黑猫神蚊香集团有限公司、福建省金鹿日化股份有限公司、浙江正点实业有限公司、中山市凯达精细化工股份有限公司、广州立白企业集团有限公司、江西山峰日化有限公司、广东莱雅化工有限公司、江苏爱特福股份有限公司。

本标准主要起草人：李传和、林炜、麻毅、耿玉川、王金萍、王建强、金宪杨、秦孝明、吴智福、雷东平、崔茹平、杨作毅、晏希贤、梁伟明、赵建洲、何建国、侯桂丽、王昕瑶。

本标准所代替标准的历次版本发布情况为：

——GB 18419—2001。

家用卫生杀虫用品　杀虫气雾剂

1　范围

本标准规定了家用卫生杀虫用品杀虫气雾剂的术语和定义、要求、试验方法、检验规则及标志、包装、运输、贮存、使用说明。

本标准适用于卫生杀虫剂允许使用的有效成分与适宜溶剂和助剂配制而成的，以抛射剂为动力灌装于耐压容器内，内容物按预定方式喷出，用以杀灭害虫的产品。

2　规范性引用文件

下列文件中的条款通过本标准的引用而成为本标准的条款。凡是注日期的引用文件，其随后所有的修改单(不包括勘误的内容)或修订版均不适用于本标准，然而，鼓励根据本标准达成协议的各方研究是否可使用这些文件的最新版本。凡是不注日期的引用文件，其最新版本适用于本标准。

GB/T 601　化学试剂　标准滴定溶液的制备

GB/T 1600—2001　农药水分测定方法

GB/T 2828.1—2003　计数抽样检验程序　第1部分：按接收质量限(AQL)检索的逐批检验抽样计划(ISO 2859-1:1999,IDT)

GB/T 2829—2002　周期检验计数抽样程序及表(适用于过程稳定性的检验)

GB 5296.1—1997　消费品使用说明　总则

GB 24330—2009　家用卫生杀虫用品安全通用技术条件

3　术语和定义

下列术语和定义适用于本标准。

3.1

杀虫气雾剂　aerosols insecticide

将有效成分、溶剂、助剂密封充装在气雾包装容器内，借助抛射剂的压力把内容物通过阀门和促动器按预定形态喷出，用于杀灭害虫的一种制品。

3.2

雾化率　spray rate

杀虫气雾剂可喷出物占内容物总量的质量百分比。

4　要求

4.1　通则

有效成分使用要求、毒理、有效成分含量及允许波动范围、药效、热贮稳定性、杀虫气雾剂内压、杀虫气雾剂净含量应符合 GB 24330 的规定。

4.2　外观和感官

4.2.1　图文清晰，罐体平整，无锈斑，印刷主要部位无明显划伤和污迹。

4.2.2　同一产品可为无味型或多种香型，其香型应与明示香型相符合。

4.3　雾化率

雾化率大于等于 98.0%。

4.4 酸度

4.4.1 油基类产品(以 HCl 计)小于等于 0.02%(质量分数)。

4.4.2 水基、醇基类产品 pH 范围为 4.0~8.0。

4.5 水分(水基、醇基类除外)

水分(水基、醇基类除外)小于等于 0.15%。

5 试验方法

5.1 通则

有效成分使用要求、毒理、有效成分含量及允许波动范围、药效、热贮稳定性、杀虫气雾剂内压、杀虫气雾剂净含量应符合 GB 24330—2009 中试验方法的规定。

5.2 外观和感官

5.2.1 外观:目测。

5.2.2 感官:嗅觉判断。

5.3 雾化率

5.3.1 仪器

5.3.1.1 恒温水浴锅:控温精度±2 ℃;

5.3.1.2 天平:分度值不低于 0.01 g。

5.3.2 测试步骤

取试样置于(25±2)℃的水浴中,使水浸至试样高度的五分之四处,恒温 30 min,取出试样擦干,称取质量 m_1(精确至 0.1 g),摇动试样,按试样标示的喷射方向喷出内容物,直到喷不出内容物为止,再称取质量 m_2(精确到 0.1 g),将试样开孔并清除余液,再称取皮重 m_3(精确至 0.1 g)。

雾化率(A)按式(1)进行计算:

$$A = \frac{m_1 - m_2}{m_1 - m_3} \times 100\% \quad \cdots\cdots(1)$$

式中:

m_1——试样喷射前的质量,单位为克(g);

m_2——试样喷射后的质量,单位为克(g);

m_3——试样清除余液后的质量,单位为克(g)。

5.4 酸度

5.4.1 酸度测试(油基类产品)

5.4.1.1 试剂

5.4.1.1.1 氢氧化钾标准滴定溶液:$c(KOH)=0.02$ mol/L,按 GB/T 601 配制和标定。

5.4.1.1.2 中性乙醇:取 95%分析纯乙醇,加入数滴酚酞指示液,用氢氧化钾标准滴定溶液[$c(KOH)=0.02$ mol/L]滴定至出现微红色。

5.4.1.1.3 酚酞指示液:5 g/L 乙醇溶液。

5.4.1.2 测试步骤

将试样按罐上标明的使用方法喷射 1 s~2 s,然后摘下原配喷头,换上一只带导管的气雾阀促动头(或用注射器针头代替),称取试样此时的质量为 m_4(精确至 0.01 g)。

摇匀试样,将促动头导管末端浸入体积约 50 mL 的中性乙醇(置于一个 150 mL 的锥形瓶)中,按下促动头(或者注射器针头),间歇喷入内容物约 20 g(注意控制喷入速度,以防液滴溅出),称取试样此时的质量为 m_5(精确至 0.01 g)。

加入 1 mL 酚酞指示液,以尽可能快的速度用氢氧化钾标准滴定溶液滴定至出现微红色为终点。

5.4.1.3 结果的计算

按式(2)计算试样的酸度(B):

$$B=\frac{0.036\,5cV_1}{m_4-m_5}\times 100\% \quad \cdots\cdots(2)$$

式中：

c——氢氧化钾标准滴定溶液的浓度，单位为摩尔每升(mol/L)；

V_1——滴定试样溶液消耗的氢氧化钾标准滴定溶液的体积，单位为毫升(mL)；

m_4——取样前的试样质量，单位为克(g)；

m_5——取样后的试样质量，单位为克(g)；

0.036 5——与1.00 mL氢氧化钾标准滴定溶液的浓度[c(KOH)=1.00 mol/L]相当的盐酸的质量。

5.4.2 pH值测定(水基、醇基类产品)

5.4.2.1 仪器

pH计：分度值为0.02。

5.4.2.2 试样溶液的配制

摇匀试样，用带导管的喷头慢慢喷入适量的杀虫剂于试管中，放入55 ℃水浴中，将推进剂慢慢赶尽后(直至无明显气泡)，称取1 g试样于100 mL烧杯中，加入100 mL煮沸后密封冷却到室温的去离子水，充分搅拌1 min，再静置1 min。

5.4.2.3 测定

测其pH值，至少平行测定两次，测定结果的绝对差值应小于0.1，取其算术平均值即为该试样的pH值。

5.5 水分

取经前处理后的试样，按GB/T 1600—2001中卡尔·费休法测定(允许使用精度相当的微量水分测定仪)。

注："前处理后的试样"为有效成分含量测定时进行前处理过的试样。

6 检验规则

6.1 产品需经生产厂质量检验部门按本标准检验合格后方能出厂，并附有使用说明和检验合格证明。

6.2 检验分为出厂检验和型式检验。

6.2.1 出厂检验

凡提出交货的产品，均应进行出厂检验。出厂检验采用GB/T 2828.1—2003特殊检查水平S-2的正常检查一次抽样方案，检验项目、要求、试验方法及接收质量限(AQL)见表1。

表1

检验项目	要　求	试验方法	接收质量限(AQL)
外观和感官	4.2	5.2	6.5

6.2.2 型式检验

6.2.2.1 有下列情况之一时应进行型式检验：

a) 新产品或老产品转厂生产的试制定型鉴定；

b) 正式生产后，如结构、材料、工艺有较大改变，可能影响产品性能时；

c) 正常生产时，对批量产品进行抽样检查，每年至少一次；

d) 产品停产半年以上，恢复生产时；

e) 出厂检验结果与上次型式检验有较大差异时；

f) 国家质量监督检验机构提出进行型式检验要求时。

6.2.2.2 型式检验采用GB/T 2829—2002判别水平Ⅱ的一次抽样方案，其检验项目、要求、试验方法、不合格分类、样本大小、不合格质量水平(RQL)及判定数组见表2，型式检验出现一项不合格即综合判定为不合格。

表 2

序号	检测项目	要求	试验方法	不合格分类	RQL	样本大小	判定数组	
							Ac	Re
1	外观和感官	4.2	5.2	B	100	3	1	2
2	雾化率	4.3	5.3	B	100		1	2
3	酸度	4.4	5.4	A	50		0	1
4	水分	4.5	5.5	B	100		1	2

7 标志、包装、运输、贮存、使用说明

7.1 标志

7.1.1 罐体上应有以下中文内容：

a) 产品名称、商标、厂名、厂址；

b) 有效成分及含量；

c) 产品执行标准编号；

d) 生产日期、产品批号和有效期；

e) 产品质量检验合格证明；

f) 型号或规格；

g) 农药登记证号或农药临时登记证号；

h) 农药生产批准文件号或生产许可证号；

i) 毒性标识；

j) 注意事项(如注意远离儿童，不得在高温、明火处存放等)；

k) 气雾剂的净含量。

7.1.2 产品包装箱上应有以下中文内容：

a) 包装储运图示标志；

b) 品名规格；

c) 数量；

d) 毛重；

e) 生产厂厂名、厂址；

f) 外形尺寸：长×宽×高(cm)；

g) 注意事项："小心轻放"、"切勿受潮"、"切勿重压"等文字或储运图示标志；

h) 生产日期或批号。

7.2 包装

包装应牢固，无破损，能防潮，防震。

7.3 运输

产品运输时应轻取轻放，防止剧烈震动、日晒、雨淋和重压。

7.4 贮存

产品应存放在阴凉、干燥、通风的仓库内，不得和易燃、易爆品混放。产品在上述条件下，有效期不少于两年。

7.5 使用说明

产品使用说明书应符合 GB 5296.1—1997 中的规定。

ICS 13.030.20
Z 17

中华人民共和国国家标准

GB 18420.1—2009
代替 GB 18420.1—2001

海洋石油勘探开发污染物生物毒性 第1部分:分级

Biological toxicity for pollutants from marine petroleum exploration and exploitation—Part 1:Grading

2009-03-11 发布　　2009-11-01 实施

中华人民共和国国家质量监督检验检疫总局
中国国家标准化管理委员会　发布

前　言

本部分的全部技术内容为强制性。

《海洋石油勘探开发污染物生物毒性》分为两个部分：

——第1部分：分级

——第2部分：检验方法

本部分为第1部分。

本部分代替GB 18420.1—2001《海洋石油勘探开发污染物生物毒性分级》。

本部分与GB 18420.1—2001相比主要变化如下：

——将有关“泥浆”的术语和定义修改为有关“钻井液”的术语和定义(2001年版的3.4和3.5，本版的3.4和3.6)；

——增加了“合成基钻井液”、“基液”的术语和定义(本版的3.4.3和3.5)；

——增加了对基液和合成基钻井液的生物毒性分级要求(本版的6.1.1、6.1.2、6.2.1和6.2.2)；

——调整了钻屑和生产水的生物毒性分级要求(2001年版的5.3、6.2和6.3，本版的6.1.3、6.1.4和6.2.3)。

本部分由国家海洋局提出。

本部分由全国海洋标准化技术委员会(SAC/TC 283)归口。

本部分起草单位：国家海洋局南海分局、广东省实验动物监测所。

本部分主要起草人：吴进孝、黄韧、郑琰晶、魏社林、周锦、王颖、王国栋。

本部分所代替标准的历次版本发布情况为：

——GB 18420.1—2001。

海洋石油勘探开发污染物生物毒性
第1部分:分级

1 范围

本部分规定了海洋石油勘探开发作业中使用或生成后并排入海洋中的部分污染物在不同海区的生物毒性检验的频率和容许值,并对样品的检验方法、结果判定等提出了要求。

本部分适用于海洋石油勘探开发作业中使用或生成后并排入海洋中的钻井液、基液、钻屑和生产水的生物毒性分级,本部分限定外的污染物的生物毒性分级参照使用。

2 规范性引用文件

下列文件中的条款通过本部分的引用而成为本部分的条款。凡是注日期的引用文件,其随后所有的修改单(不包括勘误的内容)或修订版均不适用于本部分,然而,鼓励根据本部分达成协议的各方研究是否可使用这些文件的最新版本。凡是不注日期的引用文件,其最新版本适用于本部分。

GB/T 18420.2 海洋石油勘探开发污染物生物毒性 第2部分:检验方法

3 术语和定义

下列术语和定义适用于本部分。

3.1

海洋石油勘探开发污染物 pollutant from marine petroleum exploration and exploitation

海洋石油勘探开发作业中使用或生成后并向海洋排放、且可能对海洋生态环境造成污染的任何物质。

3.2

污染物生物毒性分级 biological toxicity grading of pollutants

根据海洋石油勘探开发污染物对海洋生物的影响程度,划分污染物的生物毒性的不同等级。

3.3

海洋石油勘探开发作业 operation of marine petroleum exploration and exploitation

海洋石油勘探、开发、生产、储存和管线运输等作业活动。

3.4

钻井液 drilling fluid

在钻井过程中使用的具有润滑和冷却钻头、携带钻屑、平衡地层压力等作用的循环流体。包括水基钻井液、油基钻井液和合成基钻井液。

3.4.1

水基钻井液 water-based drilling fluid

固相颗粒的悬浮液为水溶性的,即固相颗粒悬浮在水中或盐水中,油可以乳化到水中,水为连续相的钻井液。

3.4.2

油基钻井液 oil-based drilling fluid

连续相为柴油、矿物油或其他一些不含合成物质的油类的钻井液。

3.4.3

合成基钻井液 synthetic-based drilling fluid

连续相为某些合成有机物(例如植物性酯、聚 α-烯烃、内烯烃、线性 α-烯烃、乙醚、线性烷基苯等)或这些合成有机物的混合物的钻井液。

3.5

基液 base fluid

油基钻井液或合成基钻井液配方中的连续相。

3.6

钻屑 drill cuttings

海洋石油勘探开发中钻探地层作业时产生并随钻井液从井底带出的岩屑。分为水基钻屑、油基钻屑和合成基钻屑。

3.7

生产水 produced water

开采油层时来自地层的油水混合流体经分离后的水部分,包括油层水、注入水及油水分离过程中添加的化学物质。

3.8

生物毒性容许值 biological toxicity limit

容许海洋石油勘探开发污染物在海区排放的生物毒性限定值。

3.9

检验频率 test frequency

一定时间内,在不同海区排放的海洋石油勘探开发污染物的生物毒性检验的次数。

3.10

生物毒性检验 biological toxicity test

在试验条件下对生物体施加污染物以判定污染物对生物体所产生的毒性影响的一种检验方法。

4 海区等级

海洋石油勘探开发污染物应按照本部分规定的倾倒海区的等级执行分级标准。海区等级划分如下:

——一级海区,包括辽东湾、渤海湾、莱州湾、北部湾,国家划定的海洋特别保护区及其他保护区域,海滨风景游览区及其他距离海岸 10 海里以内的海域;

——二级海区,包括一级海区以外的中华人民共和国所辖的其他海域。

5 生物毒性检验

海洋石油勘探开发作业者在使用或排放本部分规定的污染物前应按照 GB/T 18420.2 的规定进行生物毒性检验。

6 生物毒性分级

6.1 生物毒性容许值

6.1.1 基液

基液的生物毒性容许值见表 1。

表 1　基液的生物毒性容许值

项　　目	海区等级	生物毒性容许值/(mg/L)
基液	一级	15 000
	二级	10 000

6.1.2　**钻井液**

钻井液的生物毒性容许值见表 2。

表 2　钻井液的生物毒性容许值

项　　目	海区等级	生物毒性容许值/(mg/L)
水基钻井液	一级	30 000
	二级	20 000
非水基钻井液	一级	15 000
	二级	10 000

6.1.3　**钻屑**

钻屑排放前，携带该钻屑的钻井液应符合其生物毒性容许值要求。

6.1.4　**生产水**

生产水的生物毒性容许值见表 3。

表 3　生产水的生物毒性容许值

项　　目	海区等级	生物毒性容许值/(mg/L)
生产水	一级	100 000
	二级	50 000

6.2　**检验频率**

6.2.1　**基液**

基液应在供应商提出使用申请前检验一次。

6.2.2　**钻井液**

在使用水基、油基或合成基钻井液钻探时，应每井每月检验一次。

6.2.3　**生产水**

生产水的检验频率见表 4。

表 4　生产水的检验频率

项　　目	海区等级	排放速率/(m^3/d)	检验频率
生产水	一级	0～100(含 100)	一次/年/排放口
		100～1 000(含 1 000)	一次/季/排放口
		＞1 000	一次/月/排放口
	二级	0～500(含 500)	一次/年/排放口
		500～5 000(含 5 000)	一次/季/排放口
		＞5 000	一次/月/排放口

7　结果判定

生物毒性检验结果大于或等于 6.1 规定的生物毒性容许值，为符合生物毒性要求；生物毒性检验结果小于 6.1 规定的生物毒性容许值，为不符合生物毒性要求。

ICS 13.030.20
Z 17

中华人民共和国国家标准

GB/T 18420.2—2009
代替 GB/T 18420.2—2001

海洋石油勘探开发污染物生物毒性
第2部分:检验方法

Biological toxicity for pollutants from marine petroleum exploration and exploitation—Part 2: Test method

2009-03-11 发布 2009-11-01 实施

中华人民共和国国家质量监督检验检疫总局
中国国家标准化管理委员会 发布

前　言

《海洋石油勘探开发污染物生物毒性》分为两个部分：

——第1部分：分级；

——第2部分：检验方法。

本部分为第2部分。

本部分代替GB/T 18420.2—2001《海洋石油勘探开发污染物生物毒性检验方法》。

本部分与GB/T 18420.2—2001相比主要变化如下：

——将“96 h换水式生物毒性试验”的术语和定义修改为“静水式生物毒性试验”的术语和定义（2001年版的3.2，本版的3.1），增加了“半数有效浓度”的术语和定义（本版的3.4）；

——在“采样、送样和样品保存”一条中增加了关于“基液”的内容（本版的5.1.1和5.1.2.2）；

——在“实验生物”一章增加了4种实验生物及其相关内容（本版的6.1～6.4）；

——增加了“基液”和“合成基钻井液”的贮备液配制方法（本版的8.1.2.1.3和8.1.2.2）；

——增加了以生长作为观测指标的生物毒性试验方法的相关操作（本版的8.4.6.2.2）；

——修订了“结果的有效性”的部分内容（2001年版的10.1，本版的9.1）；

——在附录中增加了部分数据处理和结果计算的方法示例，以及生长毒性试验的原始记录表（本版的附录A～附录F）。

本部分的附录B为规范性附录，附录A、附录C、附录D、附录E、附录F、附录G为资料性附录。

本部分由国家海洋局提出。

本部分由全国海洋标准化技术委员会（SAC/TC 283）归口。

本部分起草单位：广东省实验动物监测所、国家海洋局南海分局。

本部分起草人：黄韧、魏社林、吴进孝、郑琰晶、王颖、王国栋、周锦。

本部分所代替标准的历次版本发布情况为：

——GB/T 18420.2—2001。

海洋石油勘探开发污染物生物毒性
第2部分：检验方法

1 范围

本部分规定了海洋石油勘探开发作业中使用或生成后并排入海洋的部分污染物在生物毒性检验中采用的试验方法，以及试验方法中有关样品的处理、实验生物、试验程序、结果判定、质量控制等要求。

本部分适用于海洋石油勘探开发作业中使用或生成后并排入海洋的钻井液、基液、钻屑和生产水的生物毒性检验，本部分限定外的污染物的生物毒性检验可参照使用。

2 规范性引用文件

下列文件中的条款通过本部分的引用而成为本部分的条款。凡是注日期的引用文件，其随后所有的修改单(不包括勘误的内容)或修订版均不适用于本部分，然而，鼓励根据本部分达成协议的各方研究是否可使用这些文件的最新版本。凡是不注日期的引用文件，其最新版本适用于本部分。

GB 17378.3 海洋监测规范 第3部分：样品采集、贮存与运输

GB 17378.4—2007 海洋监测规范 第4部分：海水分析

3 术语和定义

下列术语和定义适用于本部分。

3.1

静水式生物毒性试验 static biological toxicity test

试验期间内不更换试验溶液，进行观察、测定生物异常或死亡效应的试验。

3.2

无可见影响浓度 no observed effect concentration(NOEC)

实验生物暴露在一组不同浓度的试验溶液一定时间后，通过观察实验生物的不良影响，并比较试验组与对照组统计分析结果，判定出对实验生物无显著影响的最大浓度。

3.3

半数致死浓度 half lethal concentration

LC_{50}

在一定观察期内，造成50%的受试生物死亡的毒物浓度。

[GB 17378.7—2007，定义3.10]

3.4

半数有效浓度 half effective concentration

EC_{50}

在一定观察期内，引起50%受试生物产生某一特定效应，或者是实验生物的某效应指标被抑制一半时的毒物浓度，以EC_{50}表示。

4 原理

海洋生物的各种生理活动受海洋环境影响，通过观察测定实验生物在一定试验期间内接触试验物质后的异常或死亡效应，得到海洋石油勘探开发污染物对实验生物有明显影响的具体浓度。

5 采样、送样和样品保存

5.1 样品的采集

5.1.1 采样数量

采样量:钻井液 5 L,基液 5 L,生产水 5 L;采样量应足够供 3 次重复试验的用量。

5.1.2 采样地点

5.1.2.1 钻井液样品从排放口或泥浆池采集。

5.1.2.2 基液样品采自贮存基液。

5.1.2.3 生产水在排放点的排放口采样。

5.2 包装、运输和贮存

5.2.1 包装

采送样品应用惰性材料制成的容器密封包装,如聚乙烯塑料桶。

5.2.2 运输

按照 GB 17378.3 的规定贮存和运输样品,受检样品应在 48 h 内送达生物毒性实验室。

5.2.3 标签

所有样品容器上应标明样品名称、钻井代号、油井代号、生产或使用者、采样人、采样时间、采样方式、采样数量等。

样品送达实验室后送样人应填写送样表,样品接受人应检查样品标签和包装是否完整,并对样品进行编号、签字和记录存档。

5.2.4 贮存

生产水样品应贮存于 4 ℃～8 ℃,其他样品应贮存在阴凉处。

6 实验生物

6.1 实验生物的种类

6.1.1 仔虾:中国明对虾(*Fenneropenaeus chinensis*)、斑节对虾(*Penaeus monodon*)、长毛明对虾(*Fenneropenaeus penicillatus*)、脊尾白虾(*Palaemon carincauda*)、凡纳滨对虾(*Litopenaeus vannamei*)五种虾的仔虾。

6.1.2 卤虫(*Artemia*)

6.1.3 蒙古裸腹溞(*Moina mongolica*)

6.1.4 裸项栉虾虎鱼(*Ctenogobius gymnauchen*)

6.2 实验生物来源及品质

6.2.1 仔虾

仔虾宜实验室自繁饲养,也可自货源稳定、信誉好的苗种场购买。仔虾购入后应在实验室驯养48 h后用于毒性试验,自繁饲养的仔虾应驯化 24 h 后用于毒性试验。应选活力好,体色透明的仔虾用于试验。

6.2.2 卤虫

可实验室自繁收集卤虫,也可购买商品卵孵化:按 1.0 g/L 的比例取适量卤虫卵加入稀释水中,在 25 ℃、盐度 30～35、光照 2 000 lx～3 000 lx 的环境条件下充氧孵化。应取同一批次孵出的无节幼体用于毒性试验。

6.2.3 蒙古裸腹溞

宜实验室自繁收集。

6.2.4 裸项栉虾虎鱼

宜实验室自繁收集。

6.3 实验生物饲养条件

6.3.1 仔虾

仔虾饲养的适宜条件见表1。

表1 仔虾实验室饲养条件

饲养条件	中国明对虾仔虾	斑节对虾仔虾	长毛明对虾仔虾	脊尾白虾仔虾	凡纳滨对虾仔虾
水温/℃	22～25	27～29	26～29	24～28	23～30
盐度	25～33	28～33	25～30	22～28	8～28
pH	7.6～8.2	7.6～8.2	7.6～8.2	7.9～8.6	8.0～8.3

6.3.2 卤虫

在水温22 ℃～27 ℃、盐度30～35、自然光照的条件下培养，每天投喂盐藻、扁藻或小球藻等单胞藻。

6.3.3 蒙古裸腹溞

在水温22 ℃～27 ℃、盐度26～30、自然光照的条件下培养，每天投喂盐藻、扁藻或小球藻等单胞藻。

6.3.4 裸项栉虾虎鱼

实验前1周采收受精卵并置于水温27 ℃～28 ℃、盐度25～32、pH7.6～8.2条件下充气孵化，收集初孵仔鱼并记录孵出日期，同一批收集的仔鱼孵出时间间隔不能超过24 h。仔鱼的饲养条件为水温25 ℃～30 ℃、盐度20～30，自然光照，2日龄投喂轮虫，15日龄后可投喂卤虫幼体或轮虫。

6.4 实验生物开始试验的日龄和观测指标

6.4.1 仔虾：小于仔虾期10 d(P_{10}期)的仔虾，以死亡做观测指标。

6.4.2 卤虫：卤虫卵孵化20 h～24 h的幼体，以死亡或生长做观测指标。

6.4.3 蒙古裸腹溞：Ⅰ龄幼体，以死亡做观测指标。

6.4.4 裸项栉虾虎鱼：3日～10日龄的仔鱼，以死亡做观测指标。

6.5 实验生物的质量控制

6.5.1 实验生物应健康正常，驯养阶段的死亡率应小于10%。

6.5.2 应进行标准毒物对实验生物的24 h急性毒性试验，建立各批次实验生物的24 hLC_{50}范围，本试验所用标准毒物为分析纯的十二烷基硫酸钠(sodium dodecyl sulfate，SDS)。

7 设施和设备

7.1 设施

7.1.1 饲养实验生物的水池或水族箱等。

7.1.2 可控照明装置。

7.1.3 饲养实验生物的控温、充氧、循环清洁海水的设备，包括制冷和加热的控温设备、充气设备、循环水设备、水过滤设备等。

7.2 试验容器及溶液体积

7.2.1 仔虾试验溶液体积应为1 000 mL，试验容器可采用玻璃水槽等玻璃容器。

7.2.2 卤虫无节幼体试验溶液体积应为100 mL，试验容器可采用烧杯等玻璃容器。

7.2.3 蒙古裸腹溞试验溶液体积应为100 mL，试验容器可采用烧杯等玻璃容器。

7.2.4 裸项栉虾虎鱼仔鱼试验溶液体积应为200 mL，试验容器可采用烧杯、水槽等玻璃容器。

7.3 环境因子测定的试剂和仪器

溶氧仪、盐度计、pH计、温度计。也可采用分光光度法测定溶解氧含量，测定的试剂和仪器应符合GB 17378.4—2007第32章的规定。

7.4 其他

高速搅拌器、显微镜、胶头滴管、量筒、手抄网、酶标板或者小离心管等。

8 试验程序

8.1 检验样品的准备

8.1.1 稀释水的准备

稀释水应清洁、无毒、水质稳定且对实验生物适宜,宜使用取自清洁无污染海区水质稳定的海水作为稀释水。若条件不许可,可使用人工配制海水,配制成与纳污水体相同的盐度后使用。

8.1.2 贮备液的配制

8.1.2.1 钻井液贮备液的配制

8.1.2.1.1 水基钻井液

按体积比取1份钻井液加入9份稀释水,2 000 r/min～3 000 r/min 搅拌15 min,然后加水稀释为试验组的最高浓度,继续搅拌5 min,静置60 min后取上层悬浮液作为贮备液。

8.1.2.1.2 油基钻井液

按体积比取1份钻井液加入9份稀释水,2 000 r/min～3 000 r/min 搅拌15 h至絮状,然后加水稀释为试验组的最高浓度,继续搅拌5 min,静置60 min后,避开表面油膜,取水相部分作为贮备液。

8.1.2.1.3 合成基钻井液

按8.1.2.1.2的规定配制。

8.1.2.2 基液贮备液的配制

按8.1.2.1.2的规定配制。

8.1.2.3 生产水贮备液的配制

取一定体积的生产水加入稀释水中,2 000 r/min 搅拌15 min,配制成预定浓度的贮备液。

8.2 组织固定液的配制

8.2.1 固定液的使用

固定液用于以生长做观测指标的生物毒性试验中生物个体的组织固定。固定液可采用中性甲醛固定液(3%～5%)或鲁哥氏液。

8.2.2 中性甲醛固定液(3%～5%)

以pH 7.2～7.4的磷酸缓冲液为溶剂配制,配制后应密封并保存在阴凉处,保存时间不超过一个月。3%中性甲醛固定液配方:蒸馏水925 mL,加入无水磷酸氢二钠6.5 g,及磷酸二氢钠4.0 g,充分溶解后加入甲醛(40%)溶液75 mL。5%中性甲醛固定液配方:蒸馏水875 mL,加入无水磷酸氢二钠6.5 g,及磷酸二氢钠4.0 g,充分溶解后加入甲醛(40%)溶液125 mL。

8.2.3 鲁哥氏液

鲁哥氏液又称碘液,配制方法:取6 g碘化钾溶于20 mL蒸馏水中,搅拌到完全溶解后,加入4 g碘,等碘充分溶解后,加入80 mL蒸馏水,贮存在棕色试剂瓶内。

8.3 预备试验

宜选用2种或2种以上的实验生物进行试验。以死亡率为观测指标的预试验应尽量确定出全部死亡和无死亡的浓度范围,以生长为观测指标的预试验应确定出能引起50%以上(低于100%)作用效果和50%以下(高于0%)作用效果的浓度范围。具体操作按照8.4。

8.4 正式试验

8.4.1 试验浓度设置

用贮备液和稀释水配制试验溶液,参考预试验结果设定5个等比浓度组和1个空白对照组,等比系数不宜大于2.0,每个试验组应设4个重复,每个容器应放10个实验生物个体。如果样品毒性较低,则应保证试验死亡数据至少能满足计算LC_{50}或EC_{50}的最低要求。

8.4.2 **实验生物移入**

8.4.2.1 **仔虾**

用手抄网在驯养池中随机选择实验生物并及时放入试验容器内。弃用跃出或损伤的生物。在试验操作过程中,应在 30 min 内完成分放实验生物。

8.4.2.2 **卤虫**

用胶头滴管在驯养容器随机吸取卤虫幼体,然后小心移入试验容器。尽量减少分放实验生物的时间,尽量减少生物移入过程中对各浓度组试验溶液的稀释。

8.4.2.3 **蒙古裸腹溞**

按照 8.4.2.2 规定的方法操作。

8.4.2.4 **裸项栉虾虎鱼仔鱼**

按照 8.4.2.2 规定的方法操作。

8.4.3 **充气要求**

当试验溶液的溶解氧饱和度低于 60%时,应对试验溶液进行轻微充气,充气气泡为 60 个/min～100 个/min。如浓度组进行充气,同样对照组也应充气。

8.4.4 **试验的环境因子**

试验适宜的环境条件为:水温 23 ℃～28 ℃,盐度 20～35,pH7.6～8.6。试验过程中水温变化范围不应超过 2 ℃,盐度变化范围不宜超过 2,pH 值变化范围不宜超过 0.4。

8.4.5 **饲喂**

8.4.5.1 仔虾宜饲喂卤虫无节幼体,每个仔虾每天饲喂 10 个卤虫无节幼体。

8.4.5.2 卤虫幼体和蒙古裸腹溞饲喂扁藻、小球藻等单细胞藻类,藻液离心后饲喂(离心转数 3 000 r/min～4 000 r/min),避免加入藻液引起试验溶液体积的明显改变。

8.4.5.3 裸项栉虾虎鱼仔鱼宜饲喂轮虫,每条仔鱼每天投喂 500 个轮虫,每个试验容器投喂体积不超过 0.2 mL。

8.4.6 **观察和记录**

8.4.6.1 **仔虾**

毒性试验持续时间为 96 h,每 24 h 观察实验生物,移去死亡个体,将死亡个体数记录在原始记录表内,见表 A.1。轻触无反应或在体视显微镜下观测心脏停止跳动均可判定为死亡。

8.4.6.2 **卤虫**

8.4.6.2.1 以死亡为观测指标的毒性试验,持续时间为 96 h,每 24 h 观察实验生物,移去死亡个体,将死亡个体数记录在原始记录表内,见表 A.1。沉到容器底部的幼体在 15 s 内仍不能游动者,即认为已死亡。

8.4.6.2.2 以生长为观测指标的毒性试验,持续时间为 72 h。72 h 时用吸管吸出存活个体置于酶标板或离心管中,加入鲁哥氏液或中性甲醛固定液(3%～5%)固定后,吸出卤虫置载玻片上,在 4 倍物镜下用目镜测微尺观测体长,或使用显微镜摄像系统的软件进行体长测量,卤虫体长为尾凹到头部的最长距离。将体长观测值记录在原始记录表内,见表 A.2。

8.4.6.3 **蒙古裸腹溞**

毒性试验持续时间为 72 h,每 24 h 观察实验生物,移去死亡个体,将死亡个体数记录在原始记录表内,见表 A.1。沉到容器底部的蒙古裸腹溞在 15 s 内仍不能游动者,即认为已死亡。

8.4.6.4 **裸项栉虾虎鱼仔鱼**

毒性试验持续时间为 96 h,每 24 h 观察实验生物,移去死亡个体,将死亡个体数记录在原始记录表内,见表 A.1。体色不透明或身体弯曲,且用胶头滴管轻吹无反应的判为死亡个体。

8.4.6.5 **环境因子的测定和记录**

每次试验溶液配制后应测定并记录各项环境因子,如溶解氧、pH 值、水温、盐度等,结束试验时宜相应地测定并记录这些环境因子。测定值记录在原始记录表上，参见附录 A。

9 试验结果分析和判断

9.1 结果的有效性

试验溶液的溶解氧饱和度应达到 60%以上。以卤虫作为实验生物的试验，对照组的死亡率不超过 10%；以仔虾及仔鱼作为实验生物的试验，对照组的死亡率不超过 20%。

9.2 试验结果的判定

9.2.1 试验结果判定流程

试验结果判定流程见附录 B。

9.2.2 以死亡为观测指标的生物毒性试验

9.2.2.1 在大于或等于生物毒性容许值的试验浓度组未出现实验生物死亡，直接判定为大于生物毒性容许值。

9.2.2.2 当小于生物毒性容许值的试验浓度组出现实验生物死亡，通过概率单位法、图表法等方法计算 LC_{50} 值。概率单位法、Spearman-karber 法和 Trimmed Spearman-karber 法计算 LC_{50} 值和置信区间，作为受检物的生物毒性结果，计算方法参见附录 C 和附录 D。

9.2.2.3 在小于生物毒性容许值的试验浓度组出现实验生物死亡，通过计算 NOEC 值辅助判定受检物的生物毒性。对试验结果进行正态分布和方差齐次检验，参见附录 E，如符合正态检验和方差齐次检验则采用附录 F 的参数检验方法（Dunnett's 检验）判定 NOEC 值。如不符合正态检验或方差齐次检验则采用附录 F 的非参数秩检验方法（Steel's 多对一检验）判定 NOEC 值。

9.2.3 以生长为观测指标的生物毒性试验

通过线性内插法计算 EC_{50}，以 EC_{50} 值作为受检物的生物毒性结果，计算方法参见附录 C；可以通过计算 NOEC 值来辅助判定受检物的生物毒性，按 9.2.2.3 规定的方法计算。

10 质量控制

10.1 批间和批内质量控制

10.1.1 每批次试验必须同时进行标准毒物的 24 h 生物毒性试验，通过比较 LC_{50} 值评价实验生物质量的稳定性。

10.1.2 保证试验过程试验环境因子的稳定性，即试验期间的水温变化不应超过 2 ℃，盐度变化不宜超过 2，pH 变化范围不应超过 0.4，溶解氧饱和度应大于 60%。

10.2 原始记录

原始记录应完整，包括采样的时间和地点、试验时间、样品的保存方法、采样和试验人员签名、试验所用的方法和技术、质量控制记录、试验的原始资料、仪器校准和维修记录、试验报告等。

11 检验报告

检验报告应包括检验报告表和试验报告。

检验报告表包括：送样单位、送样人、送样时间、样品名称、样品编号、样品接受人、检验依据的标准、试验结果、出具检验结果的生物毒性试验室签章等。生物毒性检验报告表的格式参见附录 G。不同试验的检验报告应分别撰写。

试验报告包括：受试样品表观描述；稀释水、贮备液和试验溶液的配制；试验所用仪器设备；实验生物介绍；对照组和各个浓度组死亡数；用浓度反应曲线或方程表示的试验浓度与实验生物反应的关系；检验人签名。

附 录 A
（资料性附录）
生物毒性试验结果原始记录表

表 A.1 为生物死亡毒性试验结果原始记录表。

表 A.2 为生物生长毒性试验结果原始记录表。

表 A.1 72 h/96 h 静水式生物死亡毒性试验原始记录表

受试物质： 样品编号： 送样单位：

实验生物： 送样日期： 试验日期：

检验依据： 样品表观性状：

时间	项目	对照组				组 1： mg/L				组 2： mg/L			
		A	B	C	D	A	B	C	D	A	B	C	D
0 h	存活数												
	水温 ℃												
	盐度												
	pH												
	DO mg/L												
24 h	存活数												
	水温 ℃												
	盐度												
48 h	存活数												
	水温 ℃												
	盐度												
72 h	存活数												
	水温 ℃												
	盐度												
96 h	存活数												
	水温 ℃												
	盐度												
	pH												
	DO mg/L												

表 A.1（续）

受试物质：　　　　　　　　　样品编号：　　　　　　　　送样单位：
实验生物：　　　　　　　　　送样日期：　　　　　　　　试验日期：
检验依据：　　　　　　　　　样品表观性状：

时间	项目	组 3：　mg/L				组 4：　mg/L				组 5：　mg/L			
		A	B	C	D	A	B	C	D	A	B	C	D
0 h	存活数												
	水温 ℃												
	盐度												
	pH												
	DO mg/L												
24 h	存活数												
	水温 ℃												
	盐度												
48 h	存活数												
	水温 ℃												
	盐度												
72 h	存活数												
	水温 ℃												
	盐度												
96 h	存活数												
	水温 ℃												
	盐度												
	pH												
	DO mg/L												

检测人：　　　　　　　　　　　　　　复核人：

表 A.2　72 h 生物生长毒性试验原始记录表

受试物质：　　　　　　　　样品编号：　　　　　　　　送样单位：

实验生物：　　　　　　　　送样日期：　　　　　　　　试验日期：

检验依据：　　　　　　　　样品表观性状：

时间	项目		对照组				试验组 1：　mg/L				试验组 2：　mg/L			
			A	B	C	D	A	B	C	D	A	B	C	D
0 h	水温 ℃													
	盐度													
	pH													
	DO mg/L													
24 h	水温 ℃													
	盐度													
48 h	水温 ℃													
	盐度													
72 h	水温 ℃													
	盐度													
	pH													
	DO mg/L													
	体长 mm	1												
		2												
		3												
		4												
		5												
		6												
		7												
		8												
		9												
		10												

表 A.2（续）

受试物质：　　　　　　　　样品编号：　　　　　　　　送样单位：

实验生物：　　　　　　　　送样日期：　　　　　　　　试验日期：

检验依据：　　　　　　　　样品表观性状：

时间	项目		试验组 3：　mg/L				试验组 4：　mg/L				试验组 5：　mg/L			
			A	B	C	D	A	B	C	D	A	B	C	D
0 h	水温 ℃													
	盐度													
	pH													
	DO mg/L													
24 h	水温 ℃													
	盐度													
48 h	水温 ℃													
	盐度													
72 h	水温 ℃													
	盐度													
	pH													
	DO mg/L													
	体长 mm	1												
		2												
		3												
		4												
		5												
		6												
		7												
		8												
		9												
		10												

检测人：　　　　　　　　　　　　复核人：

附　录　B
（规范性附录）
生物毒性试验结果判定流程图

图 B.1、图 B.2、图 B.3 为生物毒性试验结果判定流程图。

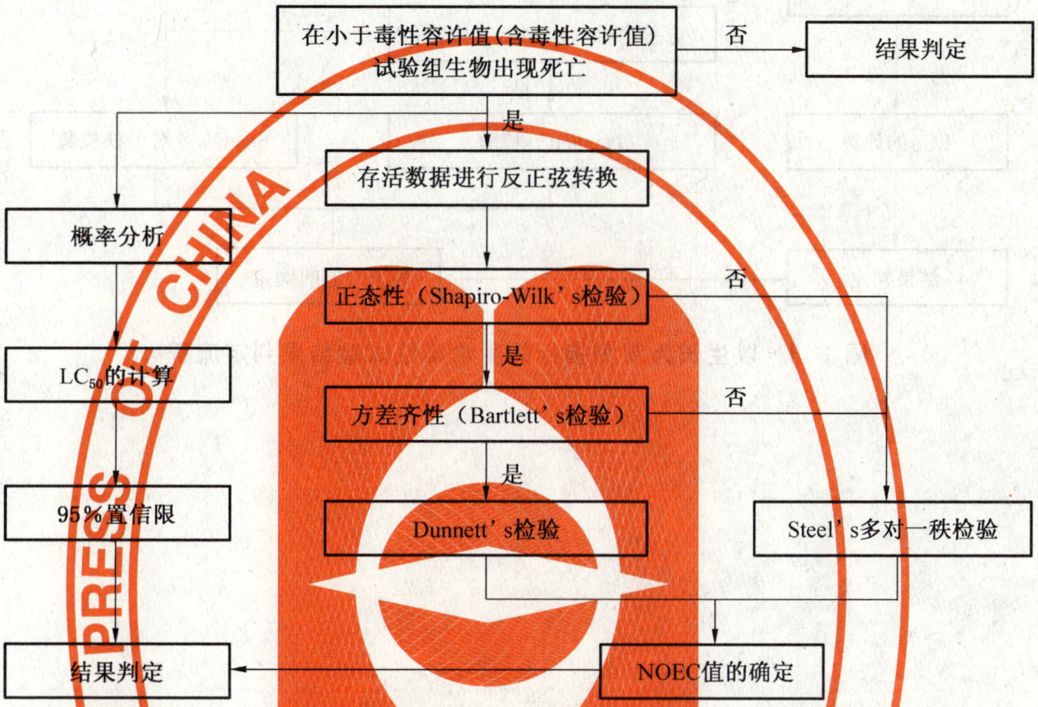

图 B.1　以死亡为观测指标的生物毒性试验结果判定流程

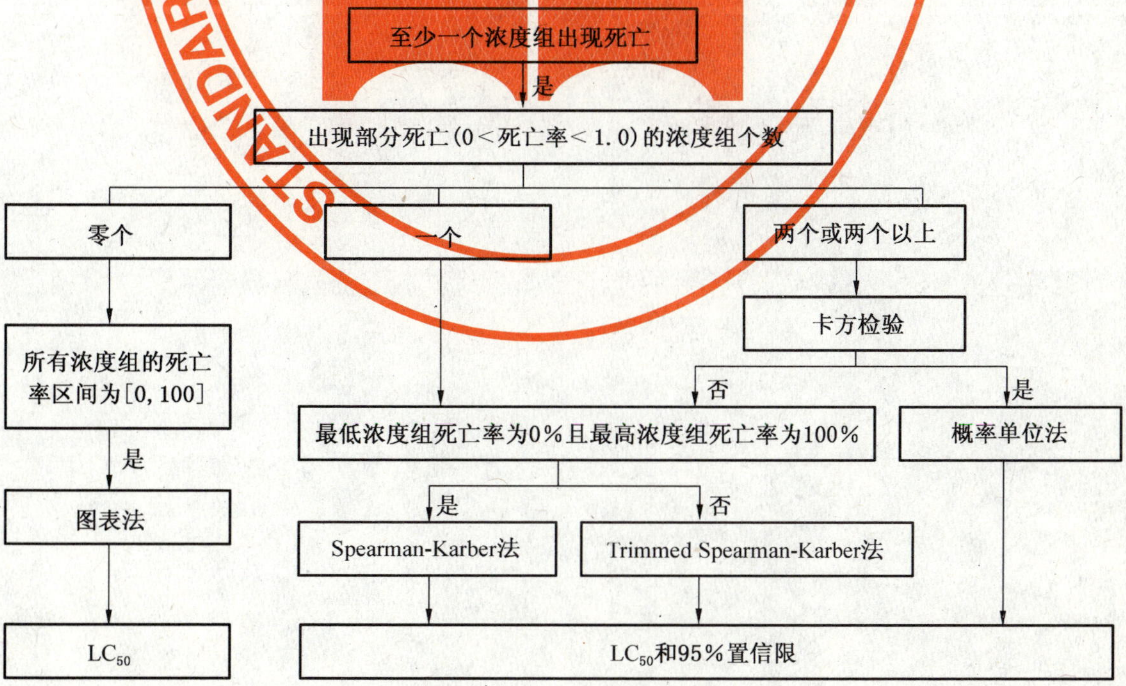

图 B.2　LC_{50}的计算流程

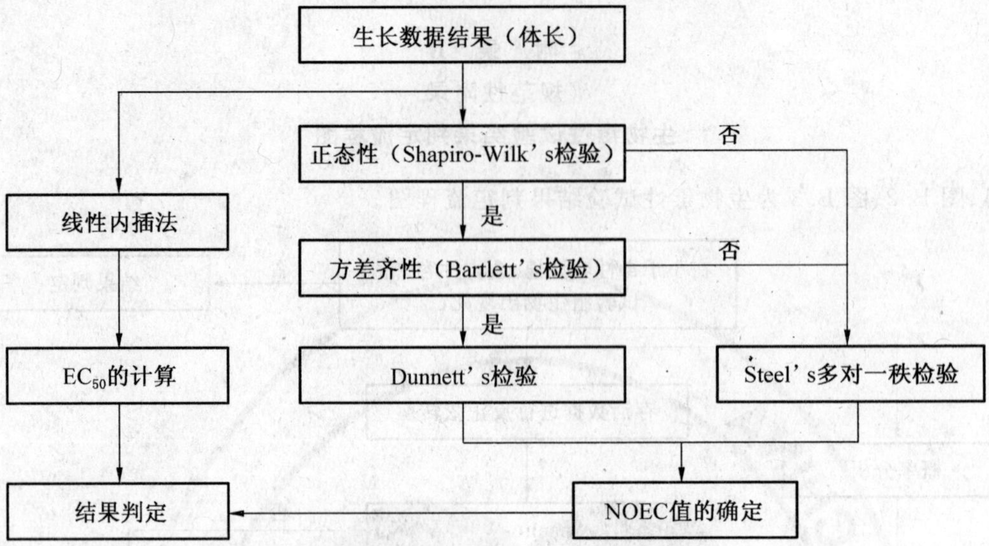

图 B.3　以生长为观测指标的生物毒性试验结果判定流程

附 录 C
（资料性附录）
LC_{50}和EC_{50}的计算方法

C.1 LC_{50}的概率单位计算法

C.1.1 一组生物毒性试验的数据如下，将试验的原始数据进行浓度对数转换、死亡率查表转换为概率单位，列表见表C.1计算表。

表 C.1 计算表

浓度 %	浓度对数 X	实验生物数 n ind	死亡数 r ind	死亡率 %	概率单位
1.35	0.130 3	40	12	30	4.48
1.80	0.255 3	40	24	60	5.25
2.40	0.380 2	40	28	70	5.52
3.20	0.505 1	40	36	90	6.28
4.20	0.623 2	40	40	100	—
对照	—	40	0	0	—

若对照组出现死亡时还要对各个试验组的数据进行校正，按式(C.1)进行（本例中无需进行此步骤）：

$$p_i^a=(p_i^s-p_o^s)/(1-p_o^s) \quad \cdots\cdots(C.1)$$

式中：

p_i^a——经过校正的第 i 组的死亡率；

p_i^s——观察的第 i 组的死亡率；

p_o^s——对照组的死亡率。

C.1.2 以表C.1中的浓度对数 X 为横轴，概率单位为纵轴做散点图，按照最小二乘法划出拟合直线（图C.1），标出概率单位为5时的浓度对数 $\lg LC_{50}$，本例中 $\lg LC_{50}=0.24$，求反对数得 LC_{50} 为1.74%。

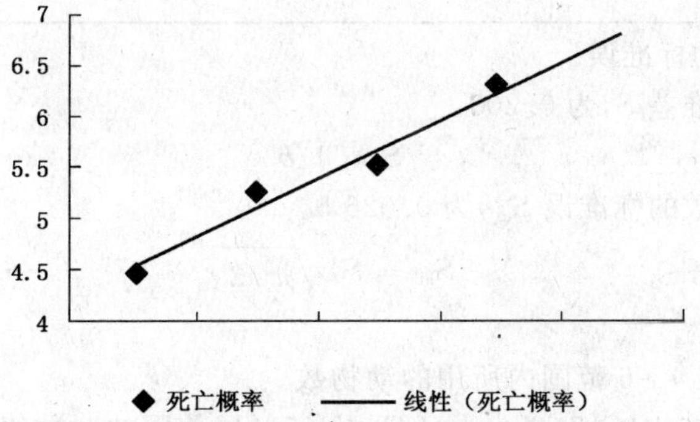

图 C.1 浓度对数和死亡概率单位关系图

C.1.3 求浓度-反应的回归方程。

C.1.3.1 在直线上取距离较远的两个点，如取概率单位 4(y_1)和 6(y_2)，然后在图中读出相应的 $x_1=0.035$ 和 $x_2=0.445$，按式(C.2)计算斜率 b，为4.878。

$$b=(y_2-y_1)/(x_2-x_1) \quad \cdots\cdots(C.2)$$

C.1.3.2 将 b 值和 $\lg LC_{50}$ 值代入式(C.3),计算得浓度-反应的回归方程。

$$y = Y + b(x - X) \quad \cdots\cdots(C.3)$$

式中:

y——任一浓度组的期望概率单位;

Y——概率单位 5;

x——概率单位为 y 时的浓度对数;

X——概率单位为 5 时的浓度对数。

本例中:

$b=4.878$, $X=0.24$

$y=5+4.878(x-0.24)$

$=4.878x+3.829$

C.1.4 χ^2 检验

χ^2 检验的公式:

$$\chi^2 = \sum(r-np)^2/np(1-p) \quad \cdots\cdots(C.4)$$

式中:

n——实验生物数;

r——死亡数;

p——期望死亡率;

np——期望死亡数。

列出回归线 χ^2 检验表,见表 C.2。

本例中自由度为 2,查表得 $\chi^2_{0.05}=5.99$,而回归线的 $\chi^2=1.3396$,$\chi^2_{0.05}>\chi^2$,所以回归线符合检验。

表 C.2 回归线的 χ^2 检验表

x	n	r	y	P %	np	$r-np$	$(r-np)^2$	$np(1-p)$	$\frac{(r-np)^2}{np(1-p)}$
0.130 3	40	12	4.464 9	29	11.6	0.4	0.16	8.236	0.019 4
0.255 3	40	24	5.074 2	53	21.2	2.8	7.84	9.964	0.786 8
0.380 2	40	28	5.683 9	75	30.0	−2.0	4.00	7.500	0.533 3
0.505 1	40	36	6.293 2	90	36.0	0	0	3.600	0
χ^2									1.339 6

C.1.5 求 $\lg LC_{50}$ 的均数的标准误

C.1.5.1 按式(C.5)求标准差 S,为 0.205。

$$S = 1/b \quad \cdots\cdots(C.5)$$

C.1.5.2 按式(C.6)求均数的标准误 S_m,为 0.026 5。

$$S_m = S/\sqrt{n'/2} \quad \cdots\cdots(C.6)$$

式中:

n'——死亡概率单位在 4~6 范围内所用的动物数。

C.1.6 求 LC_{50} 的置信限:按式(C.7)求出 $\lg LC_{50}$ 的 95%置信限的对数值,为 0.188 1~0.291 9,然后取反对数得 LC_{50} 的 95%置信限为 1.542 1%~1.958 4%。

$$95\% \text{ 置信限} = \lg LC_{50} \pm 1.96 \times S_m \quad \cdots\cdots(C.7)$$

C.2 EC_{50} 的线性内插计算法

C.2.1 以某个生产水样品对卤虫生长的毒性试验为例,说明 EC_{50} 的计算方法,试验结果见表 C.3。该试验共设五个浓度组和一个对照组，每个浓度组设六个重复处理，每个重复下 10 只卤虫，将一个重复下的 10 只卤虫体长取平均值，即得该重复下的平均体长。如果某个重复下出现死亡个体，则将存活个体的体长总和除以 10，即为该重复下的平均体长。

C.2.2 平均值平滑处理

C.2.2.1 以线性内插法计算 EC_{50} 需满足的前提是，随浓度增加，各浓度组观测值（体长）递减。因此在计算 EC_{50} 之前，需对各浓度组的平均值进行平滑处理。处理前的平均值以 $\overline{Y_i}$ 表示，处理后的平均值以 M_i 表示。

C.2.2.2 本例中，$\overline{Y_1}>\overline{Y_2}$，则 $M_1=\overline{Y_1}$，接着比较 $\overline{Y_2}$ 和 $\overline{Y_3}$，$\overline{Y_2}<\overline{Y_3}$。

表 C.3 生产水样品对卤虫生长的毒性试验结果

单位为毫米

重　复	各试验组浓度 g/L					
	对照	50	100	200	400	800
1	1.313	1.125	1.263	1.163	1.125	0.108
2	1.288	1.188	1.269	1.288	0.775	0.219
3	1.225	1.188	1.153	1.275	1.225	0.154
4	1.225	1.375	1.288	1.238	1.238	0.345
5	1.313	1.300	1.325	1.188	1.288	0.332
6	1.188	1.275	1.167	1.250	1.213	0.411
平均值 Y_i	1.259	1.242	1.244	1.234	1.144	0.262
i	1	2	3	4	5	6

C.2.2.3 平均值平滑处理：

$$M_2 = M_3 = (\overline{Y_2}+\overline{Y_3})/2 = 1.243$$

C.2.2.4 因为 $\overline{Y_6}=0.262<\overline{Y_5}=1.144<\overline{Y_4}=1.233<\overline{Y_3}=1.243$，设 $M_3=1.243$，$M_4=1.233$，$M_5=1.144$，$M_6=0.262$，见表 C.4。

C.2.2.5 如果浓度组的平均值大于对照组，则将浓度组和对照组取平均值做为平滑平均值。

表 C.4 各浓度组平均值和平滑处理后结果

各试验组浓度 C_i g/L	i	平均值 $\overline{Y_i}$ mm	平滑处理后的平均值 M_i mm
对照	1	1.259	1.259
50	2	1.242	1.243
100	3	1.244	1.243
200	4	1.234	1.234
400	5	1.144	1.144
800	6	0.262	0.262

C.2.3 由 $M_1=1.259$，计算出样品对卤虫生长起到 50% 抑制效果时的体长值为 0.630 mm，由表 C.4 查出，该值落在 M_5 和 M_6 之间。

C.2.4 将 M_5、M_6 和这两个组的浓度值 C_5、C_6 代入下面的式（C.8），计算 EC_{50}。

$$EC_{p} = C_j + [M_1 \times (1 - p/100) - M_j] \times (C_{j+1} - C_j)/(M_{j+1} - M_j) \quad \text{(C.8)}$$

式中：

p——样品对卤虫生长的抑制百分数；

j——试验组中样品抑制百分数小于50的最高浓度组的编号；

C_j——第 j 组的浓度；

C_{j+1}——第$(j+1)$组的浓度；

M_j——第 j 组的平滑平均值；

M_{j+1}——第$(j+1)$组的平滑平均值。

$$EC_{50} = C_5 + [M_1 \times (1 - 50/100) - M_5] \times (C_6 - C_5)/(M_6 - M_5)$$
$$= 400 + [1.259 \times (1 - 50/100) - 1.144] \times (800 - 400)/(0.262 - 1.144)$$
$$= 633.56$$

同样方法还可计算出样品产生25%抑制效果时的浓度 EC_{25}：

$$EC_{25} = C_5 + [M_1 \times (1 - 25/100) - M_5] \times (C_6 - C_5)/(M_6 - M_5)$$
$$= 400 + [1.258 \times (1 - 25/100) - 1.144] \times (800 - 400)/(0.262 - 1.144)$$
$$= 490.93$$

附 录 D
(资料性附录)
Spearman-Karber 计算法和 Trimmed Spearman-Karber 计算法

D.1 Spearman-Karber 计算法

D.1.1 原理和适用范围

Spearman-Karber 计算法属于非参数分析法，用于估计容许值分布的均值，当分布对称时相当于估计其中值。当处理和校正过的试验数据满足最低浓度组（除去对照组之外）的死亡比例为 0、最高浓度组的死亡比例为 1.0，并且至少有一组在 0～1.0 之间时，适用本方法计算 LC_{50} 及其 95% 置信限。

D.1.2 数据平滑处理和校正

首先观察试验数据是否满足：死亡率随着受试物浓度的升高而升高，即 $p_o \leqslant \cdots \leqslant p_k$（$p_o$ 指对照组的死亡率，p_k 指最高浓度组的死亡率）。如果不是就要按式(D.1)对数据进行平滑处理，当 $p_i < p_{i-1}$ 时：

$$p_{i-1}^s = p_i^s = (p_i + p_{i-1})/2 \qquad \cdots\cdots\cdots\cdots\cdots\cdots\cdots\cdots(\text{D.1})$$

式中：

p_i^s——经过处理的第 i 组的死亡率。

其次，若对照组出现死亡时还要按式(D.2)对平滑处理后的数据进行校正：

$$p_i^a = (p_i^s - p_o^s)/(1 - p_o^s) \qquad \cdots\cdots\cdots\cdots\cdots\cdots\cdots\cdots(\text{D.2})$$

式中：

p_i^a——经过校正的第 i 组的死亡率；

p_i^s——经过平滑处理的第 i 组的死亡率；

p_o^s——经过平滑处理的对照组的死亡率。

D.1.3 计算 m 及 m 的估计方差 $V(m)$

依据式(D.3)计算 m 值，即 $\lg LC_{50}$；依据式(D.4)计算 m 的估计方差 $V(m)$。

$$m = \sum_{i=1}^{k-1}[(p_{i+1}^a - p_i^a)(X_i + X_{i+1})]/2 \qquad \cdots\cdots\cdots\cdots\cdots\cdots\cdots\cdots(\text{D.3})$$

$$V(m) = \sum_{i=2}^{k-1}[p_i^a(1-p_i^a)(X_{i+1} - X_{i-1})^2]/4(n_i - 1) \qquad \cdots\cdots\cdots\cdots(\text{D.4})$$

式中：

X_i——第 i 组浓度的以 10 为底的对数值；

k——除去对照组外的试验组数；

n_i——第 i 组的受试动物数；

p_i^a——经过平滑处理和校正后的第 i 组的死亡率。

m 的 95% 置信限为：$m \pm 2.0 \times \sqrt{V(m)}$，取 m 值及其置信限的反对数即可求出 LC_{50} 及 LC_{50} 的置信限。

D.1.4 示例

表 D.1 为一组 96 h 毒性试验结果的原始数据以及平滑处理、校正后的数据结果，所有试验组的受试动物总数均为 20 只。

表 D.1 96 h 毒性试验结果数据表

试验组 %	浓度对数	Spearman-Karber 法			Trimmed Spearman-Karber 法		
		死亡数 ind	平滑处理	校正	死亡数 ind	平滑处理	校正
对照组	—	1	0.025	0.000	1	0.05	0.000
6.25	0.795 9	1	0.025	0.000	0	0.05	0.000
12.50	1.096 9	0	0.025	0.000	2	0.067	0.013
25.00	1.397 9	0	0.025	0.000	0	0.067	0.013
50.00	1.699 0	13	0.65	0.641	0	0.067	0.013
100.00	2.000 0	20	1.00	1.000	16	0.08	0.032

依据数据求 $\lg LC_{50}$ 即 m，以及 $V(m)$：

$$\begin{aligned} m= & [(0.000\,0-0.000\,0)\times(0.795\,9+1.096\,9)]/2+[(0.000\,0-0.000\,0)\times \\ & (1.096\,9+1.397\,9)]/2+[(0.641\,0-0.000\,0)\times(1.397\,9+1.699\,0)]/2+ \\ & [(1.000\,0-0.641\,0)\times(1.699\,0+2.000\,0)]/2 \\ = & 1.656\,5 \end{aligned}$$

$$\begin{aligned} V(m)= & 0.000\,0\times(1-0.000\,0)\times(1.397\,9-0.795\,9)^2/4\times 19+ \\ & 0.000\,0\times(1-0.000\,0)\times(1.699\,0-1.096\,9)^2/4\times 19+ \\ & 0.641\,0\times(1-0.641\,0)\times(2.000\,0-1.397\,9)^2/4\times 19 \\ = & 0.001\,098 \end{aligned}$$

依据值 m 和 $V(m)$ 确定 95％置信限为：$1.656\,5\pm 2.0\times\sqrt{0.001\,097}=(1.590\,3,1.722\,8)$

对所得值取反对数，$LC_{50}=10^{1.656\,5}=45.3$

LC_{50} 的 95％置信区间下限为 $10^{1.590\,3}=38.9$，上限为 $10^{1.722\,8}=52.8$。

D.2 Trimmed Spearman-Karber 计算法

D.2.1 适用范围

当试验数据不满足概率单位计算法及 Spearman-Karber 计算法时，方可采用 Trimmed Spearman-Karber 计算法。要求浓度组数据在经过平滑处理及校正后，至少有一组数据的死亡率在 0～1.0 之间，并且所有浓度组的死亡率数据区间包括 0.5。由于本方法比较繁杂，建议适用电脑分析。

D.2.2 对试验数据的要求及处理方法同 D.1.2。

D.2.3 在求 LC_{50} 及其 95％置信限时，还需要计算 $Trim$：

$$Trim = max(p_1^a, 1-p_k^a) \qquad \cdots\cdots (D.5)$$

式中：

p_1^a——经过处理和校正后的最低浓度组(除去对照组之外)的死亡比例；

k——除去对照组外的试验组数；

p_k^a——经过处理和校正后的最高浓度组的死亡比例。

附　录　E
（资料性附录）
正态性检验和方差齐性检验

E.1　Shapiro-Wilk’s 检验

E.1.1　原理和适用范围

Shapiro-Wilk’s 检验通过用一个指标对分布的偏度、峰度进行综合检验，该方法适用于小样本资料的正态性检验，尤其是 $n \leqslant 50$ 时。在本试验中，一个样本指试验组中的一个重复，样本观测值指经过反正弦方根变换的数值。

E.1.2　把一组 96 h 毒性试验结果的原始数据、反正弦方根变换值、平均值和方差列表（表 E.1）。

表 E.1　96 h 毒性试验存活数据表

	重复	对照组 mg/L	试验组 mg/L				
			32	64	128	256	512
原始数据	A	1.0	0.8	0.9	0.9	0.7	0.4
	B	1.0	0.8	1.0	0.9	0.9	0.3
	C	0.9	1.0	1.0	0.8	1.0	0.4
	D	0.9	0.8	1.0	1.0	0.5	0.2
反正弦方根转换	A	1.412	1.107	1.249	1.249	0.991	0.685
	B	1.412	1.107	1.412	1.249	1.249	0.580
	C	1.249	1.412	1.412	1.107	1.412	0.685
	D	1.249	1.107	1.412	1.412	0.785	0.464
平均值$\overline{Y}_i$		1.331	1.183	1.371	1.254	1.109	0.603
S_i^2		0.008 9	0.023 2	0.006 6	0.015 5	0.076 7	0.011 1
i		1	2	3	4	5	6

E.1.3　将每个样本观测值减去其所属试验组的平均值，得到集中观测值并列表（表 E.2），根据所得值和式（E.1）计算 D（离均差平方和），$D=0.426\ 5$。

表 E.2　集中观测值表

重复	对照组 mg/L	浓度组 mg/L				
		32	64	128	256	512
A	0.081	−0.076	−0.122	−0.005	−0.118	0.082
B	0.081	−0.076	0.041	−0.005	0.140	−0.024
C	−0.082	0.229	0.041	−0.147	0.303	0.082
D	−0.082	−0.076	0.041	0.158	−0.324	−0.139

$$D=\sum_{i=1}^{n}(X_i-\overline{X})^2 \quad \cdots\cdots(E.1)$$

式中：

n——样本数；

X_i——第 i 个样本观测值；

$\overline{X}$——所有集中观测值的平均值。

E.1.4 将各个集中观测值由小到大排列(表 E.3)$X^{(1)}\leqslant X^{(2)}\leqslant\cdots\leqslant X^{(i)}$，$X^{(i)}$ 为排序后的第 i 个集中观测值。根据样本数 n 查 Shapiro Wilk's test 系数表得 $a_1, a_2, \cdots a_k$，当 n 为偶数时，$k=n/2$，当 n 为奇数时 $k=(n-1)/2$。然后依据式(E.2)计算 W 值，$W=(0.644\ 4)^2/0.426\ 5=0.974$。

表 E.3 集中观测值的秩序表

i	$X^{(i)}$	i	$X^{(i)}$
1	−0.324	13	−0.005
2	−0.147	14	0.041
3	−0.139	15	0.041
4	−0.122	16	0.041
5	−0.118	17	0.081
6	−0.082	18	0.081
7	−0.082	19	0.082
8	−0.076	20	0.082
9	−0.076	21	0.140
10	−0.076	22	0.158
11	−0.024	23	0.229
12	−0.005	24	0.303

$$W=\left[\sum_{i=1}^{k}a_i(X^{(n-i+1)}-X^{(i)})\right]^2/D \quad \cdots\cdots(E.2)$$

E.1.4.1 查 Shapiro Wilk's test 分位数表得临界值 $W(n,\alpha)$，比较 W 和临界值的大小并做出推断结论。若 $W>W(n,\alpha)$ 则资料服从正态分布；若 $W\leqslant W(n,\alpha)$，则资料不服从正态分布。本例中 $\alpha=0.05$，$n=24$，临界值 $W_{(24,0.05)}=0.916\leqslant W=0.974$，因此本次毒性试验数据符合正态分布。

E.2 Bartlett's 检验

E.2.1 原理和适用范围

Bartlett's 检验用于多个样本方差的齐性检验，通过比较各个试验组的总体均数的变异来判定它们之间的差异是否有统计学意义。在本试验中，一个样本指试验组中的一个重复，样本观测值指经过反正弦方根变换的数值。该方法所计算的统计量近似服从于 χ^2 分布。

E.2.2 一组 96 h 毒性试验结果(见表 E.1)经正态检验后证明服从正态分布，然后依据式(E.3)、(E.4)、(E.5)计算 B 值：

$$B=\left(\ln\overline{S^2}\sum_{i=1}^{k}f_i-\sum_{i=1}^{k}f_i\ln S_i^2\right)/C \quad \cdots\cdots(E.3)$$

$$C=1+1/[3(k-1)]\left[\sum_{i=1}^{k}f_i^{-1}-1/\left(\sum_{i=1}^{k}f_i\right)\right] \quad \cdots\cdots(E.4)$$

$$\overline{S^2}=(\sum_{i=1}^{k} f_i S_i^2)/\sum_{i=1}^{k} f_i \qquad \cdots\cdots(E.5)$$

式中：

f_i——各试验组的自由度，$f_i=(n_i-1)$；

n_i——每个试验组的重复数；

i——包括对照组在内的试验组数$(1,2,\cdots,k)$；

S_i^2——各试验组的方差；

C——校正系数。

计算得 $B=[18\ln(0.023\ 7)-3\sum_{i=1}^{k}\ln S_i^2]/1.129\ 6$

$=[18\times(-3.742\ 4)-3\times(-24.737\ 8)]/1.129\ 6$

$=6.064$

E.2.3 当多个样本满足方差相齐时，B值近似服从自由度为$(k-1)$的χ^2分布。当自由度为5，显著性水平为0.01时，查表得临界值为15.086。由于$B=6.064$，差异不显著，故方差相齐。

附 录 F
（资料性附录）
Dunnett's 检验和 Steel's 多对一秩检验

F.1 Dunnett's 检验

F.1.1 原理和适用范围

Dunnett's 检验通过比较各试验组均数和对照组均数来判定两者之间是否有统计学上的差异。本分析方法适用于毒性试验的原始数据符合正态和方差齐次检验后的数据分析。把一组 96 h 污染物的毒性试验结果的原始数据、反正弦方根变换值、总和和平均值列表，见表 F.1。

表 F.1 96 h 毒性试验存活数据表

	重复	对照组 mg/L	试验组 mg/L				
			32	64	128	256	512
原始数据	A	1.0	0.8	0.9	0.9	0.7	0.4
	B	1.0	0.8	1.0	0.9	0.9	0.3
	C	0.9	1.0	1.0	0.8	1.0	0.4
	D	0.9	0.8	1.0	1.0	0.5	0.2
反正弦方根转换	A	1.412	1.107	1.249	1.249	0.991	0.685
	B	1.412	1.107	1.412	1.249	1.249	0.580
	C	1.249	1.412	1.412	1.107	1.412	0.685
	D	1.249	1.107	1.412	1.412	0.785	0.464
总和 T		5.322	4.733	5.485	5.017	4.438	2.413
平均值 X		1.331	1.183	1.371	1.254	1.109	0.603
i		1	2	3	4	5	6
$G=\sum T$		11.319					

F.1.2 建立 ANOVA（方差分析）计算表，见表 F.2。

表 F.2 ANOVA 计算表

方差来源	自由度 ν	离均差平方和 SS	均方 $MS=SS/\nu$
组间	$p-1=5$	SSB	SB^2
组内	$N-p=18$	SSW	SW^2
总数	$N-1=23$	SST	

表中各项的计算公式为：

$$SSB=\sum_{i=1}^{p}T_i^2/n_i-G^2/N \quad \cdots\cdots(F.1)$$

$$SST=\sum_{i=1}^{p}\sum_{j=1}^{n_i}Y_{ij}^2-G^2/N \quad \cdots\cdots(F.2)$$

$$SSW=SST-SSB \quad \cdots\cdots(F.3)$$

$$SB^2=SSB/(p-1) \quad \cdots\cdots(F.4)$$

$$SW^2 = SSW/(N-p) \quad \cdots\cdots\cdots\cdots\cdots\cdots\cdots\cdots\cdots(F.5)$$

式中：

p——试验组和对照组的总数；

N——样本含量；

n_i——第 i 组。

本例中：

$n_1 = n_2 = n_3 = n_4 = n_5 = n_6 = 4$

$N = 24$

$$G = \sum_{i=1}^{p} T_i = 27.408$$

$$SSB = \sum_{i=1}^{p} T_i^2/n_i - G^2/N$$
$$= 131.495/4 - 27.408^2/24$$
$$= 1.574$$

$$SST = \sum_{i=1}^{p}\sum_{j=1}^{n_i} Y_{ij}^2 - G^2/N$$
$$= 33.300 - 27.408^2/24$$
$$= 2.000$$

$SSW = SST - SSB = 2.000 - 1.574 = 0.4260$

$SB^2 = SSB/(p-1) = 1.574/(6-1) = 0.3150$

$SW^2 = SSW/(N-p) = 0.426/(24-6) = 0.024$

F.1.3 t 值的计算，按式(F.6)进行。

按式(F.6)计算 t 值：

$$t = (\overline{Y_1} - \overline{Y_i})/\sqrt{SW^2 \times (1/n_1 + 1/n_i)} \quad \cdots\cdots\cdots\cdots\cdots\cdots\cdots\cdots\cdots(F.6)$$

式中：

Y_1——对照组的平均存活率；

Y_i——第 i 试验组的平均存活率；

n_1——对照组的重复样；

n_i——试验组的重复样。

数据代入式(F.6)为：

$$t_2 = (1.331 - 1.183)/\sqrt{0.024 \times (1/4 + 1/4)} = 1.351$$

计算得各浓度组的 t 值(表 F.3)。

表 F.3 t 值计算表

污染物浓度 mg/L	i	t_i
32	2	1.351
64	3	−0.365
128	4	0.703
256	5	2.027
512	6	6.646

F.1.4 方差分析 T 介值表(见表 F.4)使用举例。当 $\alpha=0.05$ 时,查表 F.4 可知 t_α 值为 2.41。那么 $t_5<2.41$, $t_6>2.41$,从而判定 NOEC 为 256 mg/L。

表 F.4 方差分析(Dunnett's test) T 介值表

$\alpha=0.05$ 单侧检验						
ν/n	3	4	5	6	7	8
15	2.24	2.36	2.44	2.51	2.57	2.62
16	2.23	2.34	2.43	2.50	2.56	2.61
17	2.22	2.33	2.42	2.49	2.54	2.59
18	2.21	2.32	2.41	2.48	2.53	2.58
19	2.20	2.31	2.40	2.47	2.52	2.57
20	2.19	2.30	2.38	2.46	2.51	2.56

F.2 Steel's 多对一秩检验

F.2.1 原理和适用范围

Steel's 检验将各试验组和浓度组编秩后,通过比较各浓度组和对照组的秩和来判定两者之间是否有统计学的差异。本分析方法适用于毒性试验的原始数据不符合正态检验和方差齐次检验后的数据分析。

F.2.2 分析步骤

F.2.2.1 把一组 96 h 污染物的毒性试验结果的原始数据、反正弦方根变换值、平均值和标准离差列表,见表 F.5。

F.2.2.2 把每个对照组和试验组的数据进行合并,然后将对照组和每个试验组的数据从小到大排序,统一编秩(1,2,…)。当数据相同时,秩次取位置序数的平均值;最后把所有排序结果列表,并计算每个试验浓度组的秩和。见表 F.6 秩计算表。

F.2.2.3 本例检验水平 α 为 0.05,试验组数(除对照组)为 4,查表 F.7, $T_\alpha=10$,只有 1 个试验组的秩和值等于 T_α,而其余试验组的秩和值均大于 T_α,所以本例中 NOEC 为 10%。符合生物毒性容许值。

表 F.5 平均值和标准离差计算表

	重复	对照组 %	试验组 %			
			1.8	3.2	5.6	10
原始数据	A	1.0	1.0	1.0	1.0	0.8
	B	1.0	1.0	1.0	1.0	0.8
	C	1.0	1.0	1.0	1.0	0.7
	D	1.0	0.9	1.0	0.8	0.6
反正弦方根变换	A	1.412	1.412	1.412	1.412	1.107
	B	1.412	1.412	1.412	1.412	1.107
	C	1.412	1.412	1.412	1.412	0.991
	D	1.412	1.249	1.412	1.107	0.886
平均值		1.412	1.371	1.412	1.336	1.023
离差		0.0	0.006	0.0	0.023	0.011
i		1	2	3	4	5

表 F.6 秩计算表

重复	对照组 %	试验组 %			
		1.8	3.2	5.6	10
A	1.412(5,4.5,5,6.5)	1.412(5)	1.412(4.5)	1.412(5)	1.107(3.5)
B	1.412(5,4.5,5,6.5)	1.412(5)	1.412(4.5)	1.412(5)	1.107(3.5)
C	1.412(5,4.5,5,6.5)	1.249(1)	1.412(4.5)	1.412(5)	0.991(2)
D	1.412(5,4.5,5,6.5)	1.412(5)	1.412(4.5)	1.107(1)	0.886(1)
秩和		16	18	16	10

表 F.7 *T* 介值表

重复样	试验组数(不包括对照组)							
	2	3	4	5	6	7	8	9
4	11	10	10	10	10	—	—	—
5	18	17	17	16	16	16	16	15
6	27	26	25	25	24	24	24	23
7	37	36	35	35	34	34	33	33
8	49	48	47	46	46	45	45	44
9	63	62	61	60	59	59	58	58
10	79	77	76	75	74	74	73	72
11	97	95	93	92	91	90	90	89
12	116	114	112	111	110	109	108	108

附 录 G
（资料性附录）
生物毒性检验报告表

表 G.1 所示为生物毒性检验报告表。

表 G.1 生物毒性检验报告表 No.

样品名称		产品出品日期	
种 类		产品编号或批号	
等 级		抽(送)样表号	
受检单位		检验类别	
委托单位		样品数量	
生产单位		抽(送)样日期	
抽样地点		到样日期	
来样方式		样品编号	
检验依据			
检验结论			
备 注			

签发人： 签发时间：

参 考 文 献

[1] GB 17378.7—2007 海洋监测规范 第7部分:近海污染生态调查和生物监测.

[2] ASTM E1463-92 Standard guide for conducting static and flow-through acute toxicity tests with mysids from the west coast of the United States.

[3] USEPA Test method-method 1007.0 Mysid, *mysdopsis bahia*, survival, growth, and fecundity test.

[4] United States Environment Protection Agency edited. Short-term methods for estimating the chronic toxicity of effluents and receiving waters to marine and estuarine organisms. Washington: USEPA Office of Water, 2002.

[5] United States Environment Protection Agency edited. Methods for measuring the acute toxicity of effluents and receiving waters to freshwater and marine organisms. Washington: USEPA Office of Water, 2002.

ICS 43.060.40;03.220.20
T 13

中华人民共和国国家标准

GB/T 18437.1—2009
代替 GB/T 18437.1—2001

燃气汽车改装技术要求 第1部分:压缩天然气汽车

The technical criterion of refitting for vehicle by using gas—Part 1:Compressed natural gas automobile

2009-03-09 发布　　2010-01-01 实施

中华人民共和国国家质量监督检验检疫总局
中国国家标准化管理委员会　发布

前　言

GB/T 18437《燃气汽车改装技术要求》分为两部分：

——第1部分：压缩天然气汽车；

——第2部分：液化石油气汽车。

本部分为GB/T 18437的第1部分，参照联合国欧洲经济委员会2001年发布的ECE R110《关于CNG专用装置及安装了CNG专用装置的机动车的统一规定》部分条款修订。

本部分代替GB/T 18437.1—2001《燃气汽车改装技术要求　第1部分：压缩天然气汽车》。

本部分与GB/T 18437.1—2001相比主要变化如下：

——增加了对改装前汽车动力性和排放的要求（见4.1、4.3）；

——对改装技术要求中的一些具体规定和尺寸进行了修订（见5.1.8、5.2.1.7）；

——对检漏方法进行了修订（见6.3.1）；

——改装后的技术要求中整车质量修订为车辆整备质量的5%（见7.2）。

本部分由中华人民共和国交通运输部提出。

本部分由全国汽车维修标准化技术委员会（SAC/TC 247）归口。

本部分起草单位：吉林大学交通学院。

本部分主要起草人：王云鹏、李世武、隗海林、鹿应荣、王羽、郑峥。

本部分所代替标准的历次版本发布情况为：

——GB/T 18437.1—2001。

燃气汽车改装技术要求
第1部分:压缩天然气汽车

1 范围

GB/T 18437的本部分规定了在用汽车改装为汽油/压缩天然气两用燃料汽车和柴油-压缩天然气双燃料汽车改装前技术条件、改装技术要求、检验及测试方法、改装后的整车技术要求、标志以及其他要求。

本部分适用于天然气额定工作压力不大于20 MPa的汽油/压缩天然气两用燃料汽车和柴油-压缩天然气双燃料汽车的改装。

2 规范性引用文件

下列文件中的条款通过GB/T 18437的本部分的引用而成为本部分的条款。凡是注日期的引用文件其随后所有的修改单(不包括勘误的内容)或修订版均不适用于本部分。然而,鼓励根据本部分达成协议的各方研究是否可使用这些文件的最新版本。凡是不注日期的引用文件,其最新版本适用于本部分。

GB/T 3765 卡套式管接头技术条件

GB 3847 车用压燃式发动机和压燃式发动机汽车排气烟度排放限值及测量方法

GB 7258 机动车运行安全技术条件

GB 15382 气瓶阀通用技术条件

GB 15383 气瓶阀出气口连接型式和尺寸

GB 17258 汽车用压缩天然气钢瓶(GB 17258—1998,neq ISO/CD 11439:1996)

GB/T 17676 天然气汽车和液化石油气汽车 标志(GB/T 17676—1999,neq ECE 67)

GB/T 17895 天然气汽车和液化石油气汽车 词汇

GB/T 18276 汽车动力性台架试验方法和评价指标

GB 18285 点燃式发动机汽车排气污染物排放限值及测量方法(双怠速法及简易工况法)

GB/T 18363 汽车用压缩天然气加气口(GB/T 18363—2001,neq ISO/DIS 14469:2000)

GB/T 19240 压缩天然气汽车专用装置的安装要求

GB/T 20735 汽车用压缩天然气减压调节器

QC/T 245 压缩天然气汽车专用装置技术条件

QC/T 413 汽车电气设备基本技术条件

QC/T 674 汽车用压缩天然气电磁阀

QC/T 675 汽车用汽油电磁阀

QC/T 746 压缩天然气汽车高压管路

QC/T 29009 汽车用电线接头技术条件

3 术语和定义

GB/T 17895确立的术语和定义适用于本部分。

4 改装前的汽车技术条件

4.1 汽车动力性应符合GB/T 18276的要求。

4.2 汽车的安全技术性能应符合 GB 7258 的要求。

4.3 汽车的排放应满足 GB 18285 或 GB 3847 的要求。

5 改装技术要求

5.1 一般要求

5.1.1 改装使用的压缩天然气专用装置的零部件，应满足 GB 17258、GB/T 18363、GB/T 3765、GB 15382、GB 15383、GB/T 20735、QC/T 245、QC/T 413、QC/T 674、QC/T 675、QC/T 746 等标准的要求。

5.1.2 安装在发动机机舱中的改装部件，应适应－40 ℃～120 ℃的工作温度范围，其他改装部件应适应－40 ℃～85 ℃的工作温度。

5.1.3 所有压缩天然气专用装置应安装牢固，符合 GB/T 19240 的要求。

5.1.4 改装部件安装工艺应设计合理，确保安装维修方便；应充分考虑汽车承载件的强度，对强度较弱的安装部位应有增加强度的措施，不允许采用导致降低汽车承载件强度和刚度的安装方法，专用装置不应作为承载件使用。

5.1.5 改装使用的装置应确保当发动机停止运转时，应具有即使燃料开关打开，也能自动切断天然气供给的装置。

5.1.6 已装车使用过的旧储气瓶，应按 GB 17258 的有关规定进行检查。

5.1.7 天然气专用装置安装后，不应改变原车的外廓尺寸，不应影响驾驶操作，不应改变原车的通过性。

5.1.8 在任何情况下，专用装置与排气管之间的距离不得小于 100 mm，距离在 100 mm～200 mm 之间时，应设置固定牢固的隔热防护板。

5.1.9 气压(量)显示装置可采用压力表或其他气量显示装置。若采用压力表，其压力量程应为储气系统额定工作压力的 1.5 倍～2.0 倍。采用其他气量显示装置时，宜采用压力传感器及气量显示器。

5.2 技术要求

5.2.1 车用压缩天然气气瓶

5.2.1.1 储气瓶安装位置应远离热源，其工作环境温度不得高于 60 ℃。在汽车车架下安装储气瓶时，储气瓶及其附件不应布置在汽车前桥之前和后保险杠之后，储气瓶最小离地距离应不小于 200 mm。

5.2.1.2 应保证汽车在空载和满载状态下的载荷分布符合 GB 7258 的规定。

5.2.1.3 储气瓶的固定座应确保有四个固定点连接在结构件上，其间距应确保储气瓶的稳定。储气瓶与固定座之间应有防止储气瓶旋转、移动和震动松动的橡胶垫，且橡胶垫在结构上具有防止自身移动和脱落的功能，橡胶垫厚度不应小于 4 mm。储气瓶的安装应牢固，紧固螺栓的尺寸满足 5.2.1.4 的受力要求并有防松装置，扭紧力矩符合设计要求。固定座的安装应便于拆装工作。

5.2.1.4 储气瓶安装紧固后，在上、下、左、右、前、后六个方向上应能承受 8 倍于充满额定工作压力的天然气储气瓶重力的静力，且储气瓶与固定座的固定点相对位移不许超过 13 mm。

5.2.1.5 多个储气瓶的安装应布置合理、排列整齐。

5.2.1.6 储气瓶的气瓶阀和接头应有防止碰撞、倾覆等事故的保护装置；气瓶阀与汽车外轮廓边缘的距离不应小于 200 mm。

5.2.1.7 储气瓶应安装在通风位置或采取有效的通风措施，阀门渗漏的气体不应进入驾驶室或客厢。储气瓶不应直接安装在驾驶室或载人车厢内，当不得不安装在驾驶室或载人车厢内时，应用密封盒、波纹管及通气接口将瓶口阀及连接的高压接头与驾驶室或载人车厢安全隔离。通气接口排气方向应指向车尾方向并与地面成 45°圆锥的范围内，能将泄漏气体排出车外，通气接口至排气管和其他热源距离不应小于250 mm,通气总面积不应小于450 mm^2。密封盒、波纹管及通气接口安装后按6.3进行试验后,应无泄漏,且不得有永久变形。

5.2.1.8 在货车车厢内安装储气瓶时,应安装金属或非金属保护罩。

5.2.2 加气口

5.2.2.1 加气口应安装在有适当防护和易于充气操作的位置,应配备一个防止气体从储气瓶回流的装置。

5.2.2.2 加气口与高压管线之间应设置单向阀和截止阀;加气口至汽车外轮廓边缘的距离不应小于15 mm。

5.2.3 管路

5.2.3.1 在可能产生相对位移的部件之间应采用非刚性连接。

5.2.3.2 高压管路一般采用刚性管线,特殊部位采用柔性管线。高压管路应沿着最短的可行路线安装。高压管接头应安装在能看得见或操作者易于操作的位置。所有高压管路和高压管接头应得到有效的保护,高压管路和高压管接头不得重复使用。

5.2.3.3 刚性高压管路应排列整齐,布置合理,不得与相邻部件刮碰和摩擦;刚性高压管路应用固定卡有效地固定在车架或车身上,固定卡的间距不应大于600 mm;如果管路与相邻部件接触或穿越孔板,应采用橡胶套管进行保护,两个部件之间的管路应采用能消除热胀冷缩影响和抗震的措施,如采用盘管或"U"型弯管等。管路中心线曲率半径不应小于管路外直径的5倍。

5.2.3.4 铰接式客车的铰接部位的高压管路应采用压缩天然气专用柔性高压软管总成。

5.2.3.5 柔性高压软管应使用有弹性的固定卡固定在车架或车身上,固定卡间距不大于300 mm,并应在每一弯曲处的前、后进行卡固。

5.2.3.6 低压柔性管路应安装牢固并有足够的长度,以适应发动机振动引起的位移,软管中心线曲率半径不应小于管路外直径的5倍。

5.2.3.7 管线和接头与移动、旋转件之间的间距不得小于75 mm。

5.2.4 气压(量)显示装置

压力表应安装在易于观察、防震和避免损坏的位置,确保安装牢固;不应安装在驾驶室内;当安装在裸露位置时,应加装压力表防护罩。气量显示器应安装在驾驶室内驾驶员易于观察的位置。

5.2.5 截止阀

截止阀应设置在储气瓶到减压调节器之间易于操作的位置,阀体不应安装在驾驶室内。

5.2.6 天然气滤清装置

储气瓶到减压调节器之间应安装天然气滤清装置,并易于检查、清洗和更换。

5.2.7 减压调节器

5.2.7.1 减压调节器应安装在振动较小、靠近发动机的位置,但不应安装在发动机上,与发动机间应采用柔性连接;减压调节器和天然气喷射器或燃料轨之间应采用柔性连接,连接处应密封可靠;安装位置应便于对调节器的常规调整、检查和维修;调节器的布置不应影响所有软管的自由移动。

5.2.7.2 当减压调节器采用发动机冷却液加热时,其安装高度应低于散热器顶部,且宜安装在节温器以下。

5.2.8 燃料转换开关

5.2.8.1 燃料转换开关应安装在驾驶员操作方便的位置。

5.2.8.2 燃料转换开关挡位标记明显,能分别控制供油、供气和油气全切断三种状态。

5.2.9 电磁阀

5.2.9.1 电磁阀的操作应由燃料转换开关统一控制,电流被切断时,阀应处于"关闭"位置。

5.2.9.2 电磁阀应安装在远离其他电气设备的位置。

5.2.10 **电子控制单元及电路**

5.2.10.1 电子控制单元应安装在振动较小的位置,不应放置在发动机上。

5.2.10.2 改装后车辆不应影响原车车载诊断系统的功能。

5.2.10.3 电器线路接头采用插接件,其性能应符合 QC/T 29009 的有关规定。所有电器线路应卡固良好,不得与相邻部件摩擦,线路应绝缘良好并设置过电流保护。

5.2.10.4 电子元件安装时,线束插接口应向下,安装位置应远离高压电器元件和可能渗漏水的部位。

6 检验

6.1 检验前的准备

检验前应按照安装技术要求,检视储气瓶、管路、电路稳固程度及压缩天然气专用装置各部件安装位置是否符合要求。

6.2 紧固性检验

按照要求检查各主要部件安装紧固程度。

6.3 气密性检验

6.3.1 天然气检漏应采用以下任一种方法进行气密性检验:

a) 检漏液检验:用肥皂泡沫或其他非腐蚀性的发泡水涂于所有管路接头上,待消除附着的表面气体后,3 min 内应无气泡产生;进行 20 MPa 天然气的高压气密性检验时,5 min 内不得有气泡产生。

b) 气体检漏仪检验:使用气体检漏仪检查所有管路接头,不应出现漏气现象。当气体检漏仪发现泄漏后,需采用 6.3.1.a)确定泄漏部位。

6.3.2 如发现管路有气体泄漏,应关闭气瓶阀,待管路中的气体排出后,再拧紧卡套或接头。不应带压紧固。

6.4 改装后经调试,整车技术性能应满足第 7 章的要求。

7 改装后的整车技术要求

7.1 整车性能应符合 GB 7258 的规定,汽车的排放应满足 GB 18285 或 GB 3847 的要求。

7.2 整车质量增加不得超过原车整备质量的 5%。

7.3 整车的动力性能在燃气时的功率输出值不得小于改装前功率输出值的 90%。

8 标志

8.1 改装后的汽车应按照 GB/T 17676 的规定设置天然气汽车的标志。

8.2 改装车出厂前,应在发动机舱内或充气阀附近安装永久性铭牌,应包括以下内容:

a) 燃料系统工作压力;

b) 改装公司(厂)的名称及改装出厂日期;

c) 储气瓶安装个数和容积;

d) 储气瓶的出厂日期。

9 其他

9.1 随车技术文件

9.1.1 压缩天然气专用装置的合格证和使用说明书。

9.1.2 改装车使用维护说明书。

9.1.3 出厂合格证书。

9.2 用户在验收改装车时，可查阅检验或试验记录，但不许做拆卸检查。必要时，可按照 GB 7258 中规定的检验项目进行检验。

9.3 用户在遵守使用操作规程的前提下，从出厂之日起六个月内，因改装或改装件质量不良而导致汽车无法正常行驶的，改装厂应负责免费修理或更换零件。

ICS 43.060.40;03.220.20
T 13

中华人民共和国国家标准

GB/T 18437.2—2009
代替 GB/T 18437.2—2001

燃气汽车改装技术要求 第2部分:液化石油气汽车

The technical criterion of refitting for vehicle by using gas—Part 2:Liquid petrol gas automobile

2009-03-09 发布　　2010-01-01 实施

中华人民共和国国家质量监督检验检疫总局
中国国家标准化管理委员会　发布

前　言

GB/T 18437《燃气汽车改装技术要求》分为两部分：

——第1部分：压缩天然气汽车；

——第2部分：液化石油气汽车。

本部分为 GB/T 18437 的第2部分，参照联合国欧洲经济委员会 2000 年发布的 ECE R67《关于 LPG 专用装置及安装了 LPG 专用装置的机动车的统一规定》部分条款修订。

本部分代替 GB/T 18437.2—2001《燃气汽车改装技术要求　第2部分：液化石油气汽车》。本部分与 GB/T 18437.2—2001 相比主要变化如下：

——增加了对改装前汽车动力性和排放的要求（见 4.1、4.3）；

——关于检验与测试，对检漏方法进行了修订（见 6.3）；

——关于改装后的技术要求，整车质量修订为车辆整备质量的 5%（见 7.2）。

本部分由中华人民共和国交通运输部提出。

本部分由全国汽车维修标准化技术委员会（SAC/TC 247）归口。

本部分起草单位：吉林大学交通学院。

本部分主要起草人：隗海林、王云鹏、李显生、周茹波、张景海、朱荣涛。

本部分所代替标准的历次版本发布情况为：

——GB/T 18437.2—2001。

燃气汽车改装技术要求
第2部分:液化石油气汽车

1 范围

GB/T 18437的本部分规定了在用汽车改装为汽油/液化石油气两用燃料汽车和柴油-液化石油气双燃料汽车改装前技术条件、改装技术要求、检验及测试方法、改装后的整车技术要求、标志以及其他要求。

本部分适用于液化石油气额定工作压力不大于2.2 MPa的汽油/液化石油气两用燃料汽车和柴油-液化石油气双燃料汽车的改装。

2 规范性引用文件

下列文件中的条款通过GB/T 18437的本部分的引用而成为本部分的条款。凡是注日期的引用文件,其随后所有的修改单(不包括勘误的内容)或修订版均不适用于本部分,然而,鼓励根据本部分达成协议的各方研究是否可使用这些文件的最新版本。凡是不注日期的引用文件,其最新版本适用于本部分。

GB/T 3765 卡套式管接头技术条件

GB 3847 车用压燃式发动机和压燃式发动机汽车排气烟度排放限值及测量方法

GB 7258 机动车运行安全技术条件

GB 7512 液化石油气瓶阀

GB 15382 气瓶阀通用技术条件

GB 17259 机动车用液化石油气钢瓶(GB 17259—1998,neq ISO 4706:1989)

GB/T 17676 天然气汽车和液化石油气汽车 标志(GB/T 17676—1999,neq ECE 67)

GB/T 17895 天然气汽车和液化石油气汽车 词汇

GB/T 18276 汽车动力性台架试验方法和评价指标

GB 18285 点燃式发动机汽车排气污染物排放限值及测量方法(双怠速法及简易工况法)

GB/T 18364.1 汽车用液化石油气加气口(螺旋式)(GB/T 18364.1—2001,neq AS 1425:1989)

GB/T 18364.2 汽车用液化石油气加气口 第2部分:快插式

GB/T 19239 液化石油气汽车专用装置的安装要求

GB 20912 汽车用液化石油气蒸发调节器(GB 20912—2007,ECE R67:2000,NEQ)

QC/T 247 液化石油气汽车专用装置技术条件

QC/T 413 汽车电气设备基本技术条件

QC/T 673 汽车用液化石油气电磁阀

QC/T 693 液化石油气发动机技术条件

QC/T 745 液化石油气汽车橡胶管路

QC/T 29009 汽车用电线接头技术条件

3 术语和定义

GB/T 17895确立的术语和定义适用于本部分。

4 汽车改装前的技术条件

4.1 汽车动力性应符合 GB/T 18276 的要求。

4.2 汽车的安全技术性能应符合 GB 7258 的要求。

4.3 汽车的排放应满足 GB 18285 或 GB 3847 的要求。

5 改装技术要求

5.1 一般要求

5.1.1 改装使用的液化石油气专用装置的零部件，应符合 GB 7512、GB 15382、GB 17259、GB/T 18364.1、GB/T 18364.2、GB 20912、QC/T 673、QC/T 247、QC/T 693、QC/T 745 等标准的要求。

5.1.2 安装在发动机机舱中的改装部件，应适应－40 ℃～120 ℃的工作温度范围，其他改装部件应适应－40 ℃～65 ℃的工作温度。

5.1.3 所有液化石油气专用装置应安装牢固，符合 GB/T 19239 的要求。

5.1.4 安装工艺应设计合理，确保安装、检验和维修方便；应充分考虑汽车承载件的强度，对强度较弱的安装部位应有增加强度的措施，不允许采用导致降低汽车承载件强度和刚度的安装方法，专用装置不应作为承载件使用。

5.1.5 改装使用的装置应确保当发动机停止运转时，即使燃料开关打开，应具有能自动切断石油气供给的装置。

5.1.6 液化石油气专用装置安装后，不应改变原车的外廓尺寸，不应影响驾驶操作，不应改变原车的通过性。

5.1.7 在任何情况下，所有改装部件与排气管和传动轴之间的距离不得小于 100 mm，距离在 100 mm～200 mm 之间时，应设置固定牢固的隔热防护板。

5.1.8 气量显示装置性能应符合 QC/T 413 的有关规定。

5.1.9 已装车使用过的液化石油气所有管路或软管、管接头以及密封管道的橡胶圈等不能重复使用。

5.1.10 高压管路应采用车用液化石油气专用管路，爆破压力应不小于工作压力的 3.5 倍。高压管接头应采用卡套式接头，并符合 GB/T 3765 的规定。

5.2 技术要求

5.2.1 车用液化石油气气瓶

5.2.1.1 储气瓶安装位置应远离热源，其工作环境温度不得高于 60 ℃。在汽车车架下安装储气瓶时，储气瓶及其附件不应布置在汽车前桥之前和后保险杠之后，储气瓶最小离地距离应不小于 200 mm。

5.2.1.2 应保证汽车在空载和满载状态下的载荷分布符合 GB 7258 的规定。

5.2.1.3 储气瓶的固定座应确保有四个固定点连接在结构件上，其间距应确保储气瓶的稳定。储气瓶宜安装在固定于汽车上的固定座上，其接触面的曲率应与储气瓶的曲率相同。所选择的夹持方式应具有阻止储气瓶旋转移动的能力且便于拆装工作。当选用夹环夹持时，至少应使用两条金属夹环，其强度应符合 5.2.1.4 的要求。

5.2.1.4 储气瓶安装紧固后，在上、下、左、右、前、后六个方向上应能承受 8 倍于充满额定工作压力的石油气气瓶重力的静力，且储气瓶与固定座最大位移不许超过 13 mm。

5.2.1.5 储气瓶的安装应按照制造商说明书的规定进行，其安装角度应保证液位计和限量充气阀的准确度。多个储气瓶的安装应布置合理、排列整齐，必须在每个储气瓶和共用输气管间都安装一个单向阀。不允许采用导致降低储气瓶强度和刚度的安装方法。

5.2.1.6 储气瓶的气瓶阀和接头应有防止碰撞、倾覆等事故的保护装置；气瓶阀与汽车外轮廓边缘的距离不应小于 200 mm。

5.2.1.7 储气瓶应安装在通风位置或采取有效的通风措施，阀门渗漏的气体不应进入驾驶室或客厢。储气瓶不应直接安装在驾驶室或载人车厢内，当不得不安装在驾驶室或载人车厢内时，应用密封盒、波纹管及通气接口将瓶口阀及连接的高压接头与驾驶室或载人车厢安全隔离。通气接口排气方向应指向车尾方向并与地面成45°圆锥的范围内，能将泄漏气体排出车外，通气接口至排气管和其他热源距离不应小于250 mm，通气总面积不应小于450 mm^2。密封盒、波纹管及通气接口安装后按6.3进行试验后，应无泄漏，且不得有永久变形。

5.2.1.8 当储气瓶放置在驾驶室或客厢内时，应将整个储气瓶及其附件封闭在一个金属或非金属的保护箱内。其结构应能使任何可能泄漏的气体不会流到驾驶室、客厢和行李箱；保护箱的任何一点在受到一个从1 m高处掉下的50 N重的钢球撞击后，所产生的损伤应不会导致气体的泄漏；保护箱在30 kPa的内压力作用30 min后，其密封材料或密封件不会移位或失去完整性；在保护箱关闭的情况下，构件、密封件和密封材料在100 ℃的温度时仍能保持其气密性。

5.2.1.9 在货车车厢内安装储气瓶时，应安装金属或非金属保护罩。

5.2.2 加气口

加气口应安装汽车上合适的位置，以保证加气方便、操作安全。应配备一个以防气体从储气瓶回流的装置。

5.2.3 管路

5.2.3.1 液化石油气管路和接头不应裸露在驾驶室和客厢内部，不应穿越牵引车和挂车之间，不应安装在高热源、易磨损或易受冲击的位置。在可能产生相对位移的部件之间应采用非刚性连接。

5.2.3.2 高压管路一般采用刚性管线，特殊部位采用柔性管线。高压管路应沿着最短的可行路线安装。高压管接头应安装在能看得见或操作者易于操作的位置。所有高压管路和高压管接头应得到有效的保护，高压管路和高压管接头不得重复使用。

5.2.3.3 刚性高压管路应排列整齐，布置合理，不得与相邻部件刮撞和摩擦；刚性高压管路应用固定卡有效地固定在车架或车身上，固定卡的间距不应大于600 mm；如果管路与相邻部件接触或穿越孔板，应采用橡胶套管进行保护，两个部件之间的管路应采用能消除热胀冷缩影响和抗震的措施，如采用盘管或“U”型弯管等。管路中心线曲率半径不应小于管路外直径的5倍。

5.2.3.4 铰接式客车的铰接部位的高压管路应采用液化石油气专用柔性高压软管总成。

5.2.3.5 柔性高压软管应使用有弹性的固定卡固定在车架或车身上，固定卡间距不大于300 mm，并应在每一弯曲处的前、后进行卡固。

5.2.3.6 低压柔性管路应安装牢固并有足够的长度，以适应发动机振动引起的位移，软管中心线曲率半径不应小于管路外直径的5倍，柔性管路与发动机排气管距离不得小于100 mm。

5.2.4 气压(量)显示装置

压力表应安装在易于观察、防震和避免损坏的位置，确保安装牢固；不应安装在驾驶室内；当安装在裸露位置时，应加装压力表防护罩。气量显示器应安装在驾驶室内驾驶员易于观察的位置。

5.2.5 石油气滤清装置

储气瓶到蒸发调压器之间应安装石油气滤清装置，并易于检查、清洗和更换。

5.2.6 蒸发调压器

5.2.6.1 蒸发调压器应安装在振动较小、靠近发动机的位置，但不应安装在发动机上，与发动机间应采用柔性连接；安装位置应便于对调压器的常规调整、检查和维修；调压器应尽量远离排气系统。如果离排气系统的距离小于150 mm时，应设置固定可靠的隔热装置；调压器的布置应不影响所有软管的自由移动。

5.2.6.2 当蒸发调压器采用发动机冷却液加热时，其安装高度应低于散热器顶部，且宜安装在节温器下面。

5.2.7 **燃料转换开关**

5.2.7.1 燃料转换开关挡位标记应明显，能分别控制供油、供气和油气全切断三种状态。

5.2.7.2 燃料转换开关应安装在驾驶员操作方便的位置。

5.2.8 **电磁阀**

5.2.8.1 电磁阀的操作应由燃料转换开关统一控制，电流被切断时，阀应处于"关闭"位置。

5.2.8.2 电磁阀应安装在尽量远离其他电气设备的位置。电磁阀必须安装牢固，不应使燃料管路承重。

5.2.9 **电子控制单元及电路**

5.2.9.1 电子控制单元应安装在振动较小的位置，不应放置在发动机上。

5.2.9.2 改装后车辆不应影响原车车载诊断系统的功能。

5.2.9.3 电器线路接头采用插接件，其性能应符合 QC/T 29009 的有关规定。所有电器线路应卡固良好，不得与相邻部件摩擦，线路应绝缘良好并设置过电流保护。

5.2.9.4 电子元件安装时，线束插接口应向下，安装位置应远离高压电器元件和可能渗漏水的部位。

6 检验

6.1 检验前的准备

检验前，应按照安装技术要求，检视储气瓶、管路、电路稳固程度及液化石油气专用装置各部件安装位置是否符合要求。

6.2 紧固性检验

6.2.1 按照安装技术要求，检查储气瓶、管路、电路稳固程度及专用装置各部件安装位置是否符合要求。

6.2.2 按照要求检查各主要部件安装紧固程度。

6.3 储气系统的气密性检验

可任选以下一种方法进行气密性检验。

6.3.1 检漏液检验

用肥皂泡沫水或其他非腐蚀性的发泡水涂于所有管路接头上，待消除附着的表面气体后，观察有无气泡产生，试验持续时间不得少于 1 min。

6.3.2 气体检漏仪检验

使用气体检漏仪检查所有管路接头，不应出现漏气现象。当气体检漏仪发现泄漏后，需采用 6.3.1 确定泄漏部位。

6.3.3 压力计检验

将压力计与管路连接，当在额定工作压力 2.2 MPa 下，切断电源后观察 1 min，压力表不应有降压现象。

6.4 保护箱密封性检验

保护箱密封性检验可采用以下方法之一进行。

6.4.1 二氧化碳检验法

将直径为 4 mm 或 6 mm 的二氧化碳充气橡皮管插入保护箱任一孔口，封闭其他孔口，灌入二氧化碳，金属保护箱的压力不应大于 30 kPa，塑料类保护箱的压力不应大于 10 kPa，持续 30 s 后，气压不下降为合格。

6.4.2 发烟剂检验法

将直径为 4 mm 或 6 mm 的橡皮管穿入保护箱任一孔口，封闭其他孔口，将发烟剂产生的烟气混入压力为 0.1 MPa 的压缩空气灌入保护箱，持续 30 s，目测检查无烟气泄漏为合格。

6.5 改装后经调试，整车技术性能应满足第 7 章的要求。

7 改装后的整车技术条件

7.1 整车性能应符合 GB 7258 的规定，汽车的排放性能应满足 GB 18285 或 GB 3847 的要求。

7.2 整车质量增加不得超过原车装备质量的 5%。

7.3 整车的动力性能在燃气时的功率输出值不得小于改装前功率输出值的 92%。

8 标志

8.1 改装后的汽车应按照 GB/T 17676 的规定设置液化石油气的标志。

8.2 改装车出厂前，应在发动机舱内或充气阀附近安装永久性铭牌，应包括以下内容：

a) 燃料系统工作压力；

b) 改装公司(厂)的名称及改装出厂日期；

c) 储气瓶安装个数和容积；

d) 储气瓶的出厂日期。

9 其他

9.1 随车技术文件

9.1.1 液化石油气专用装置的合格证和使用说明书。

9.1.2 改装车使用维护说明书。

9.1.3 出厂合格证书。

9.2 用户在验收改装车时，可查阅检验或试验记录，但不许做拆卸检查。必要时，可按照 GB 7258 中规定的检验项目进行检验。

9.3 用户在遵守使用操作规程的前提下，从出厂之日起六个月内，因改装或改装件质量不良而导致汽车无法正常行驶的，改装厂应负责免费修理或更换零件。

ICS 03.220.40;53.020.20
R 46

中华人民共和国国家标准

GB/T 18441—2009
代替 GB/T 18440—2001、GB/T 18441—2001

港口起重机　供需文件

Harbour crane—Technical characteristics and acceptance documents

(ISO 9374-1:1989,Cranes—Information to be provided—Part 1:General,NEQ)

2009-03-31 发布　　2009-11-01 实施

中华人民共和国国家质量监督检验检疫总局
中国国家标准化管理委员会　发布

前　言

本标准对应于ISO 9374-1:1989《起重机　应该提供的信息　总则》、ISO 9374-4:1989《起重机　应该提供的信息　臂架式起重机》、ISO 9374-5:1991《起重机　应该提供的信息　桥式和门式起重机》和ISO 7363:1986《起重机和起重机械技术性能和验收文件》,与ISO 9374-1:1989,ISO 9374-4:1989,ISO 9374-5:1991和ISO 7363:1986的一致性程度为非等效。

本标准代替GB/T 18440—2001《港口起重机　技术性能和验收文件》和GB/T 18441—2001《港口起重机　供需必备文件》,对GB/T 18440—2001和GB/T 18441—2001进行整合修订。

本标准将GB/T 18440—2001的内容并入GB/T 18441—2001中,并对GB/T 18441—2001内容的表述作了适当的调整与补充(见4.1)。

本标准的附录A和附录B是规范性附录。

本标准由中华人民共和国交通运输部提出。

本标准由交通部港机标准归口单位归口。

本标准起草单位:上海海事大学。

本标准主要起草人:董达善、宓为建、梅潇。

本标准所代替标准的历次版本发布情况为:

——GB/T 18440—2001;

——GB/T 18441—2001。

港口起重机　供需文件

1　范围

本标准规定了港口起重机(以下简称起重机)订购时购买方(以下简称需方)应准备并应向起重机生产厂商(以下简称供方)提供的文件,以及供方交货验收时应提交的文件的内容与样式。

本标准适用于岸边集装箱起重机、桥式抓斗卸船机、轮胎式集装箱门式起重机、港口门座起重机产品供需方使用。其他港口起重机也可参照执行。

2　规范性引用文件

下列文件中的条款通过本标准的引用而成为本标准的条款。凡是注日期的引用文件,其随后所有的修改单(不包括勘误的内容)或修订版均不适用于本标准,然而,鼓励根据本标准达成协议的各方研究是否可使用这些文件的最新版本。凡是不注日期的引用文件,其最新版本适用于本标准。

GB/T 3811　起重机设计规范

GB/T 6974.18　起重机械名词术语　港口起重机

GB/T 6974.19　起重机械名词术语　集装箱起重机

3　订购时需方应提供的文件

3.1　需方应提供的文件内容

3.1.1　需方的身份证明及联系方式。

3.1.2　按 GB/T 3811 对整台起重机和各个机构进行分级所需的工况或指明级别。

3.1.3　起重机使用或安装地点的详细情况,包括码头承载能力、允许的最大腿压和最大轮压、常年最大平均风速等气象水文资料以及任何可能遇到的特殊的或危险的工况。

3.1.4　起升载荷、吊具、工作速度、工作范围(起升高度、下降深度、幅度、尾径等)以及其他任何可能影响起重机类型选择的工作要求。

3.1.5　外形、关联尺寸及净空的限制。

3.1.6　码头供电情况。

3.1.7　运输通航限高说明。

3.1.8　需方其他的特殊要求。

3.2　文件样式(格式)

需方应当提供的文件样式见附录 A。

4　验收时供方应提交的文件

4.1　供方应提交的文件

4.1.1　提交文件种类

验收时供方应提交的文件包括:基本信息、技术参数和性能和验收文件;还应提供产品使用说明书、操作维修指导手册,以及其他有关资料。

4.1.2　基本信息

基本信息包括:供需双方的有关情况,起重机基本资料,设计使用环境和起重机设计,制造试验和验收所遵循的规范或标准。

4.1.3 技术参数和性能

技术参数和性能包括起重机及其主要部件的基本尺寸、主要特征参数、各部件质量以及其他相关信息。

4.1.4 验收文件

验收文件包括整机和各部件的试验证书或合格证;材质证明;起重机及其主要部件实际状况的技术测试数据,并且在验收前的最后调试过程中,由具有资质的第三方工程师或需方专业人员现场确认。

4.1.5 操作维修指导手册

操作维修指导手册包括对起重机进行日常操作、常规检查和维修保养等内容。

4.1.6 相关资料

含有主要尺寸的总图、电气布置和原理图、主要部件图和易损件图,以及起重机安装所需资料和设计计算文件。

4.1.7 其他

国家质量监督检验检疫机构开展工作所需要的资料。

4.2 文件样式(格式)

4.2.1 基本信息样式见表 B.1。

4.2.2 技术参数和性能样式见表 B.2、表 B.3。

4.2.3 验收文件样式见表 B.4。

附 录 A
（规范性附录）
需方应提供文件的样式

A.1 岸边集装箱起重机

A.1.1 岸边集装箱起重机需方订货表见表 A.1。

表 A.1

需方订货表

公司名称：
地　　址：
邮政编码：
联系人姓名：
电话号码：
电子邮件信箱：
传真号：
起重机将安装于：　　　（国家）　　（省、区）　　（市、县）　　（港区、公司）
需要的起重机台数：

起重量
a) 吊具下起重量：　　t；
b) 吊梁下起重量：　　t。
生产率
a) 运动路径（坐标示意）：

i	1	2	3	4	5	
x_i						(m)
y_i						(m)

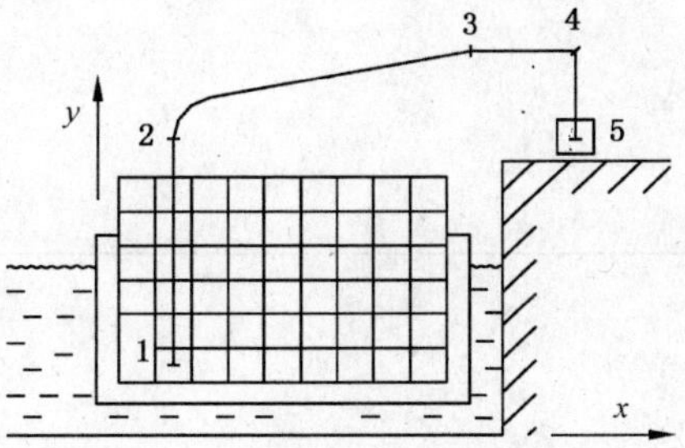

b) 一个工作循环时间：　　　s；
c) 每小时工作循环次数：　　h^{-1}；
d) 100％额定标准箱载荷的生产率：　　TEU/h。

设计船型
a) 装箱数（折算成标准箱）：　　个；
b) 船型尺寸（长×宽×满载吃水）：　m×　　m×　　m。
适于装卸的集装箱规格种类：　　　；
吊具类型：　　。

表 A.1（续）

需方订货表
运动速度 　　　　　　　　额定载荷速度　　　　慢速或微速（要求时）　　　　空载最大速度（要求时） 起升　　　　　　m/min，　　　　m/min，　　　　m/min； 小车运行　　　　m/min，　　　　m/min，　　　　m/min； 大车运行　　　　m/min，　　　　m/min，　　　　m/min； 外伸臂俯/仰单程时间　　min，　　　　min，　　　　min。
起重机及机构使用参数 a）当已知起重机预期完成的工况和每个作业阶段装卸的不同载荷情况，应提供如下资料： 利用情况： 1）起升 每小时平均起升次数：　　，平均起升高度：　　m； 2）小车运行 每小时平均运行次数：　　，平均运行距离：　　m； 3）大车运行 每小时平均运行次数：　　，平均运行距离：　　m； 4）外伸臂俯仰 每天平均俯仰次数：　　。 起重机每天运行时间：　　h； 或每月运行时间：　　h； 工作载荷： 1）接近额定起重量的百分比：　　%； 2）接近 75%额定起重量的百分比：　　%； 3）接近 50%额定起重量的百分比：　　%； 4）接近 25%额定起重量的百分比：　　%； 期望设计寿命：　　年。 b）若有关起重机预期完成运行情况的资料不够，也可由需方直接给出整机工作级别和每个机构的工作级别，或要求供方按预定任务推荐最合适的整机工作级别和每个机构的工作级别。如下： 起重机整机工作级别： 起重机各机构的工作级别： 大车运行机构： 小车运行机构： 起升机构： 俯仰机构：
小车形式 a）自行式小车　　□； b）绳索牵引托架式小车　　□； c）绳索牵引固定托辊式小车　　□； d）载重式小车　　□； e）其他形式（说明）　　□。 扶梯 第 1 级的位置（海侧、陆侧、内侧、外侧）： 电梯（若有需要） a）额定载荷：　　kg，乘载人数：　　人； b）额定速度：　　m/min； c）出入口位置描述： d）停层数：

表 A.1（续）

需方订货表

对环境条件的说明

温、湿度条件：

a) 平均温度：　　　　℃；

b) 最高温度：　　　　℃；

c) 最低温度：　　　　℃；

d) 最大相对湿度：　　　　。

风载荷情况：

a) 非工作状态(按照 GB/T 3811,或根据当地气象资料提供的 10 m 高处 50 年一遇 10 min 年平均最大风速换算出最大风速和计算风压)：

最大风速　　　　m/s，计算风压　　　　Pa(N/m^2)；

b) 工作状态(按照 GB/T 3811 确定)：

最大风速　　　　m/s，计算风压　　　　Pa(N/m^2)；

c) 是否属于强热带风暴多发地区：　　　　。

年平均降水量：　　　　mm。

积雪情况：

航空或其他限高：　　　　m。

地震描述(频度、烈度)：　　　　。

大车轨距：　　　　m；轨道类型：　　　　。

允许的大车轮压：　　　　kN。

每米轨道的允许载荷：　　　　kN/m。

锚定/防风系固装置布置

码头潮位：

a) 参照零位：　　　　；

b) 设计高潮位：　　　　m；

c) 设计低潮位：　　　　m；

d) 平均水位：　　　　m；

e) 码头面标高：　　　　m；

带有方向指针的起重机场地布置图

特殊工作条件

说明适用的特殊条件，例如：

a) 用于危险品特殊物品的装卸；

b) 用于含盐大气中，说明暴露程度；

c) 供电电压大于正常电压±6%的任何变化；

d) 对桥架工作平台以上空间的任何特殊要求以及工作平台上有无其他活动；

e) 使用无线电控制的限制；

f) 任何其他条件：

表 A.1（续）

需方订货表
控制与通讯 控制是由： a）司机室控制 □； 司机室在小车上的位置： 或，在桥架上单独移动： 或，固定在桥架上（给出具体位置）： b）程序控制 □； c）无线电控制 □； d）遥控 □； e）其他方式 □（说明） 通讯要求（说明）：
供电系统 a）电缆卷筒 □，电流集电系统 □，拖挂电缆 □； b）供电：已有 □，需要新的供电系统 □； c）电缆长度： m； d）位置说明： 。 电源 a）电压： V，相数： ，频率： Hz； b）导线： ； c）零线： ； d）接地系统： 。
限位及联锁装置 说明要求：
法规要求或技术上的特殊要求： 轨道上有无其他起重机：有 □；无 □。 建议设置： a）防止起重机或载荷碰撞的装置：□； b）设置最小间隔距离： mm。
注：“□”为选择框，选中则在框内打“√”。

A.1.2 岸边集装箱起重机示意图见图 A.1。

示意图的方框内由需方填写数据（单位：毫米，度）。图中数字框的填写允许使用～、〈、〉等符号，未填的数字框由供方酌情确定。

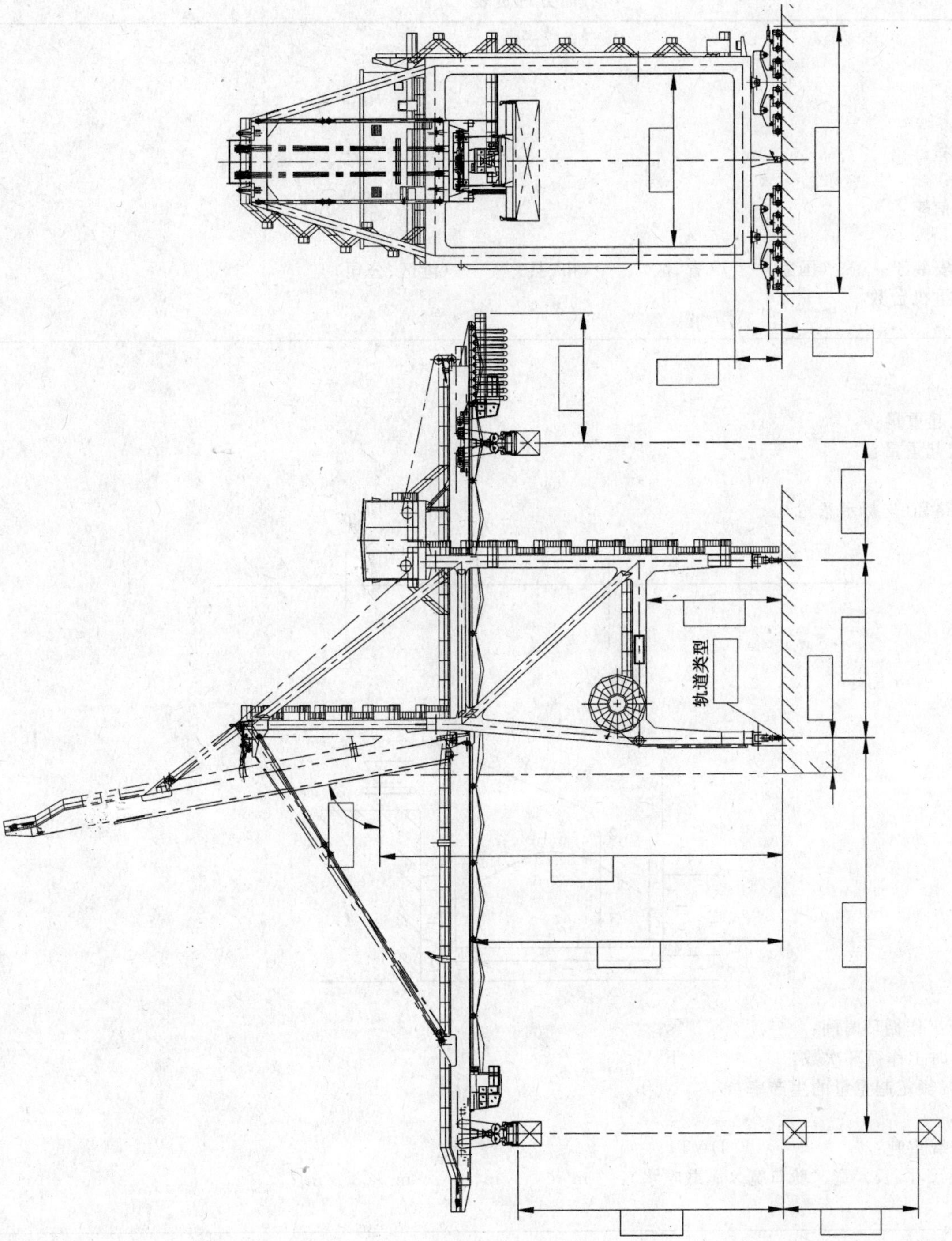

图 A.1 岸边集装箱起重机示意图

A.2 桥式抓斗卸船机

A.2.1 桥式抓斗卸船机需方订货表见表 A.2。

表 A.2

需方订货表

公司名称：
地　　址：
邮政编码：
联系人姓名：
电话号码：
电子邮件信箱：
传真号：
起重机将安装于：　　（国家）　　（省、区）　　（市、县）　　　（港区、公司）
需要的起重机台数：

起重量
　a）有效起重量：　　　　t；
　b）额定起重量：　　　　t。
生产率
　a）运动路径（坐标示意）：

i	1	2	3	4	
x_i					(m)
y_i					(m)

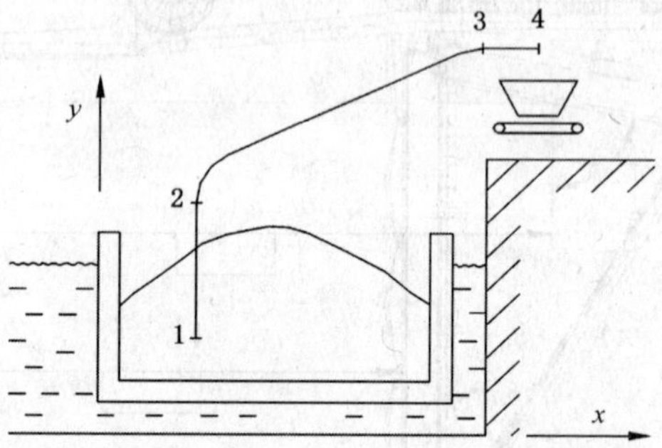

　b）一个工作循环时间：　　　　s；
　c）每小时工作循环次数：　　　　h^{-1}；
　d）100%额定起重量的生产率：　　　t/h。
设计船型
　a）船舶载重吨：　　　　DWT；
　b）船型尺寸（长×宽×舱口宽×满载吃水）：　m ×　　m ×　　m ×　　m。

所装卸物料类型
散装货物的比重：　　　t/m^3；粒度：　　　　mm；
含水率：　　　　%；物料堆积角：　　　°。
料斗容积：　　　　m^3；
物料性质说明（是否易燃易爆，及环境要求）

表 A.2（续）

需方订货表

运动速度

	额定载荷速度	慢速或微速（要求时）	空载最大速度（要求时）
起升	m/min，	m/min，	m/min；
小车运行	m/min，	m/min，	m/min；
大车运行	m/min，	m/min，	m/min；
外伸臂俯/仰单程时间	min，	min，	min。

起重机及机构使用参数

a）当已知起重机预期完成的工况和每个作业阶段装卸的不同载荷情况，应提供如下资料：

利用情况：

1）起升

每小时平均起升次数：　　　，平均起升高度：　　　m；

2）小车运行

每小时平均运行次数：　　　，平均运行距离：　　　m；

3）大车运行

每小时平均运行次数：　　　，平均运行距离：　　　m；

4）外伸臂俯仰

每天平均俯仰次数：　　　。

起重机每天运行时间：　　　h；

或每月运行时间：　　　h；

工作载荷：

1）接近额定起重量的百分比：　　　%；

2）接近75%额定起重量的百分比：　　　%；

3）接近50%额定起重量的百分比：　　　%；

4）接近25%额定起重量的百分比：　　　%；

期望设计寿命：　　　年。

b）若有关起重机预期完成运行情况的资料不够，也可由需方直接给出整机工作级别和每个机构的工作级别，或要求供方按预定任务推荐最合适的整机工作级别和每个机构的工作级别。如下：

起重机整机工作级别：

起重机各机构工作级别：

大车运行机构：

小车运行机构：

起升机构：

俯仰机构：

小车形式

a）自行式小车：　　　□；

b）绳索牵引托架式小车：　　　□；

c）绳索牵引固定托辊式小车：　　　□；

d）差动式小车：　　　□；

e）其他形式（说明）：　　　□。

扶梯

第1级的位置（海侧、陆侧、内侧、外侧）：　　　。

电梯（若有需要）

a）额定载荷：　　　kg，乘载人数：　　　人。

b）额定速度：　　　m/min。

c）出入口位置描述：

d）停层数：

表 A.2（续）

需方订货表
对环境条件的说明 温、湿度条件： a) 平均温度： ℃； b) 最高温度： ℃； c) 最低温度： ℃； d) 最大相对湿度： 。 风载荷情况： a) 非工作状态(按照 GB/T 3811，或根据当地气象资料提供的 10 m 高处 50 年一遇 10 min 年平均最大风速换算出最大风速和计算风压)： 最大风速 m/s，计算风压 Pa(N/m^2)； b) 工作状态(按照 GB/T 3811 确定)： 最大风速 m/s，计算风压 Pa(N/m^2)； c) 是否属于强热带风暴多发地区： 。 年平均降水量： mm。 积雪情况： 。 航空或其他限高 m。 地震描述(频度、烈度)： 。 大车轨距： m；轨道类型： 。 允许的大车轮压： kN。 每米轨道的允许载荷： kN/m。 锚定/防风系固装置布置： 。 码头潮位： a) 参照零位： ； b) 设计高潮位： m； c) 设计低潮位： m； d) 平均水位： m； e) 码头面标高： m。
带有方向指针的起重机场地布置图
特殊工作条件 说明适用的特殊条件，例如： a) 用于危险品特殊物品的装卸； b) 用于含盐大气中，说明暴露程度； c) 供电电压大于正常电压±6%的任何变化； d) 对桥架工作平台以上空间的任何特殊要求以及工作平台上是否有其他活动； e) 使用无线电控制的限制； f) 粉尘、噪音等环境指标要求； g) 任何其他条件。

表 A.2（续）

需方订货表
控制与通讯 控制是由： a）司机室控制 □； 司机室在小车上的位置： 或，在桥架上单独移动： 或，固定在桥架上（给出具体位置）： b）程序控制 □； c）无线电控制 □； d）遥控 □； e）其他方式 □（说明）。 通讯要求（说明）：
供电系统 a）电缆卷筒 □ ，电流集电系统 □ ，拖挂电缆 □； b）供电：已有 □ ，需要新的供电系统 □； c）电缆长度： m； d）位置说明： 。 电源 a）电压： V，相数： ，频率： Hz； b）导线： c）零线： d）接地系统：
限位及联锁装置 说明要求：
法规要求或技术上的特殊要求： 轨道上有无其他起重机：有 □；无 □。 建议设置： a）防止起重机或载荷碰撞的装置：□； b）设置最小间隔距离： mm。
注：□为选择框，选中则在框内打“√”。

A.2.2 桥式抓斗卸船机示意图见图 A.2。

示意图的方框内由需方填写数据（单位：毫米，度）。图中数字框的填写允许使用～、〈、〉等符号，未填的数字框由供方酌情确定。

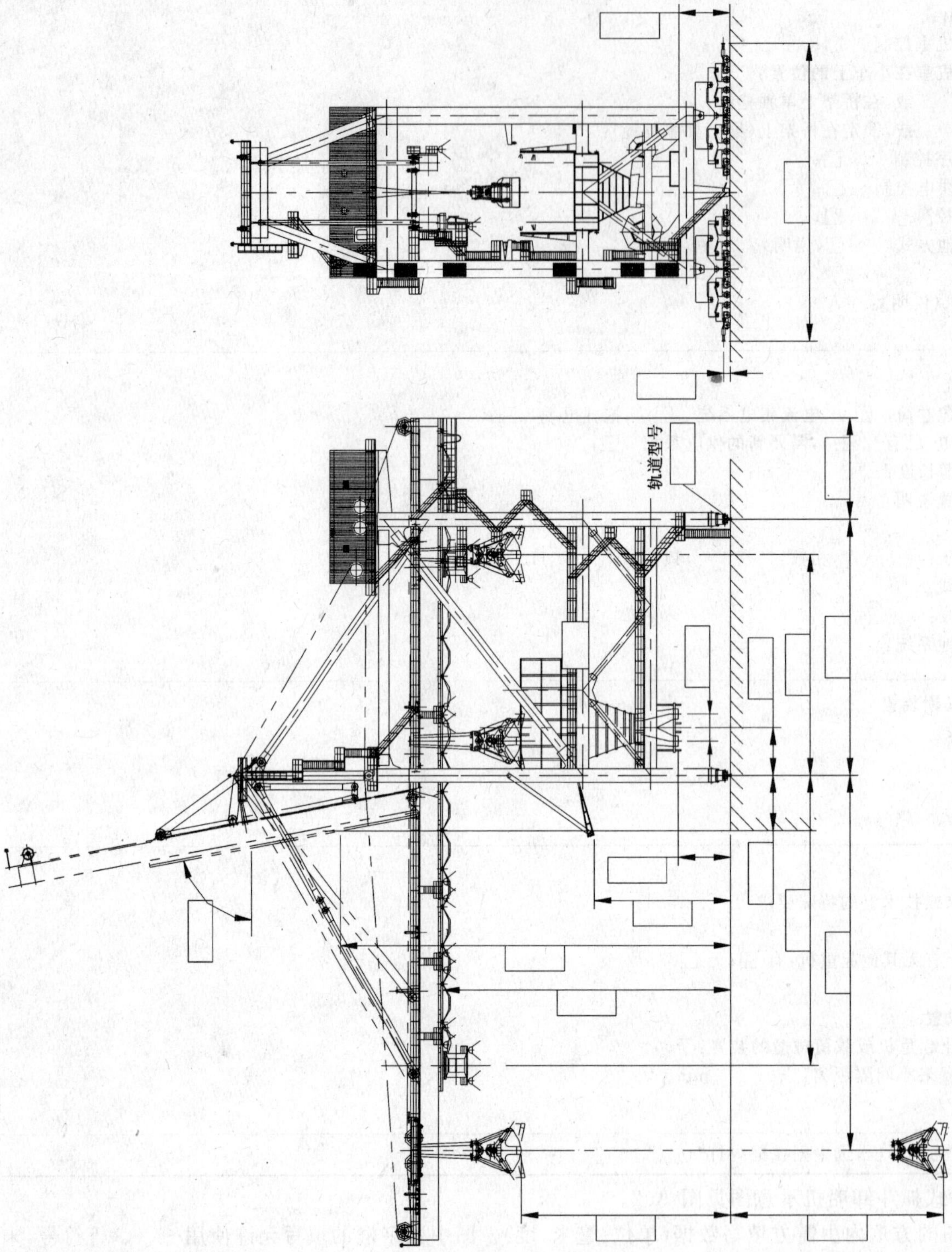

图 A.2 桥式抓斗卸船机示意图

A.3 轮胎式集装箱门式起重机

A.3.1 轮胎式集装箱门式起重机需方订货表见表 A.3。

表 A.3

需方订货表
公司名称： 地　　址： 邮政编码： 联系人姓名： 电话号码： 电子邮件信箱： 传真号： 起重机将安装于：　　（国家）　　（省、区）　　（市、县）　　（港区、公司） 需要的起重机台数：　　。
起重量 a) 吊具下起重量：　　t； b) 吊梁下起重量：　　t。 生产率 a) 运动路径(坐标示意)：  b) 一个工作循环时间：　　s； c) 每小时工作循环次数：　　h^{-1}； d) 100%额定标准箱载荷的生产率：　　TEU/h。 作业要求 a) 堆箱层数：　　层，带箱越过层数：　　层； b) 堆箱列数(留一个车位)：　　列。 适于装卸的集装箱规格种类： 吊具类型：
运动速度 　　额定载荷速度　　慢速或微速(要求时)　　空载最大速度(要求时) 起升　　m/min，　　m/min，　　m/min； 小车运行　　m/min，　　m/min，　　m/min； 大车运行　　m/min，　　m/min，　　m/min。

表 A.3（续）

需方订货表
起重机及机构使用参数 a）当已知起重机预期完成的工况和每个作业阶段装卸的不同载荷情况，应提供如下资料： 利用情况： 1）起升 每小时平均起升次数：　　　　，平均起升高度：　　　　m； 2）小车运行 每小时平均运行次数：　　　　，平均运行距离：　　　　m； 3）大车运行 每小时平均运行次数：　　　　，平均运行距离：　　　　m。 起重机每天运行时间：　　　　h； 或每月运行时间：　　　　h。 工作载荷： 1）接近额定起重量的百分比：　　　　%； 2）接近75%额定起重量的百分比：　　　　%； 3）接近50%额定起重量的百分比：　　　　%； 4）接近25%额定起重量的百分比：　　　　%。 期望设计寿命：　　　　年。 b）若有关起重机预期完成运行情况的资料不够，也可由需方直接给出整机工作级别和每个机构的工作级别，或要求供方按预定任务推荐最合适的整机工作级别和每个机构的工作级别。如下： 起重机整机工作级别： 起重机各机构工作级别： 大车运行机构： 小车运行机构： 起升机构：
对环境条件的说明 温、湿度条件 a）平均温度：　　　　℃； b）最高温度：　　　　℃； c）最低温度：　　　　℃； d）最大相对湿度　　　　。
风载荷情况 a）非工作状态（按照 GB/T 3811，或根据当地气象资料提供的 10 m 高处 50 年一遇 10 min 年平均最大风速换算出最大风速和计算风压）： 最大风速　　　　m/s，计算风压　　　　Pa(N/m²)； b）工作状态（按照 GB/T 3811 确定）： 最大风速　　　　m/s，计算风压　　　　Pa(N/m²)； c）是否属于强热带风暴多发地区：　　　　。 年平均降雨量：　　　　mm。 积雪情况： 地震描述（频度、烈度）： 允许的大车轮压：　　　　kN 每平方米场地的允许载荷：　　　　kN/m²

表 A.3（续）

需方订货表
特殊工作条件 说明适用的特殊条件，例如： a）用于危险品特殊物品的装卸； b）用于含盐大气中，说明暴露程度； c）使用无线电控制的限制； d）任何其他条件：
控制与通讯 控制是由： a）司机室控制 □； 司机室在小车上的位置： 或，在桥架上单独移动： 或，固定在桥架上（给出具体位置）： b）程序控制 □； c）无线电控制 □； d）遥控 □； e）其他方式 □（说明）： 通讯要求（说明）：
动力系统 a）供电：柴油机—交流发电机 □， 或其他形式（说明） □： b）维修用岸电接口位置： c）供电电压： V，相数： ，频率： Hz； d）导线： e）零线： f）接地系统：
限位及联锁装置 说明要求：
法规要求或技术上的特殊要求：
注：□为选择框，选中则在框内打"√"。

A.3.2 轮胎式集装箱门式起重机示意图见图 A.3。

示意图的方框内由需方填写数据（单位：毫米）。图中数字框的填写允许使用～、〈、〉等符号，未填的数字框由供方酌情确定。

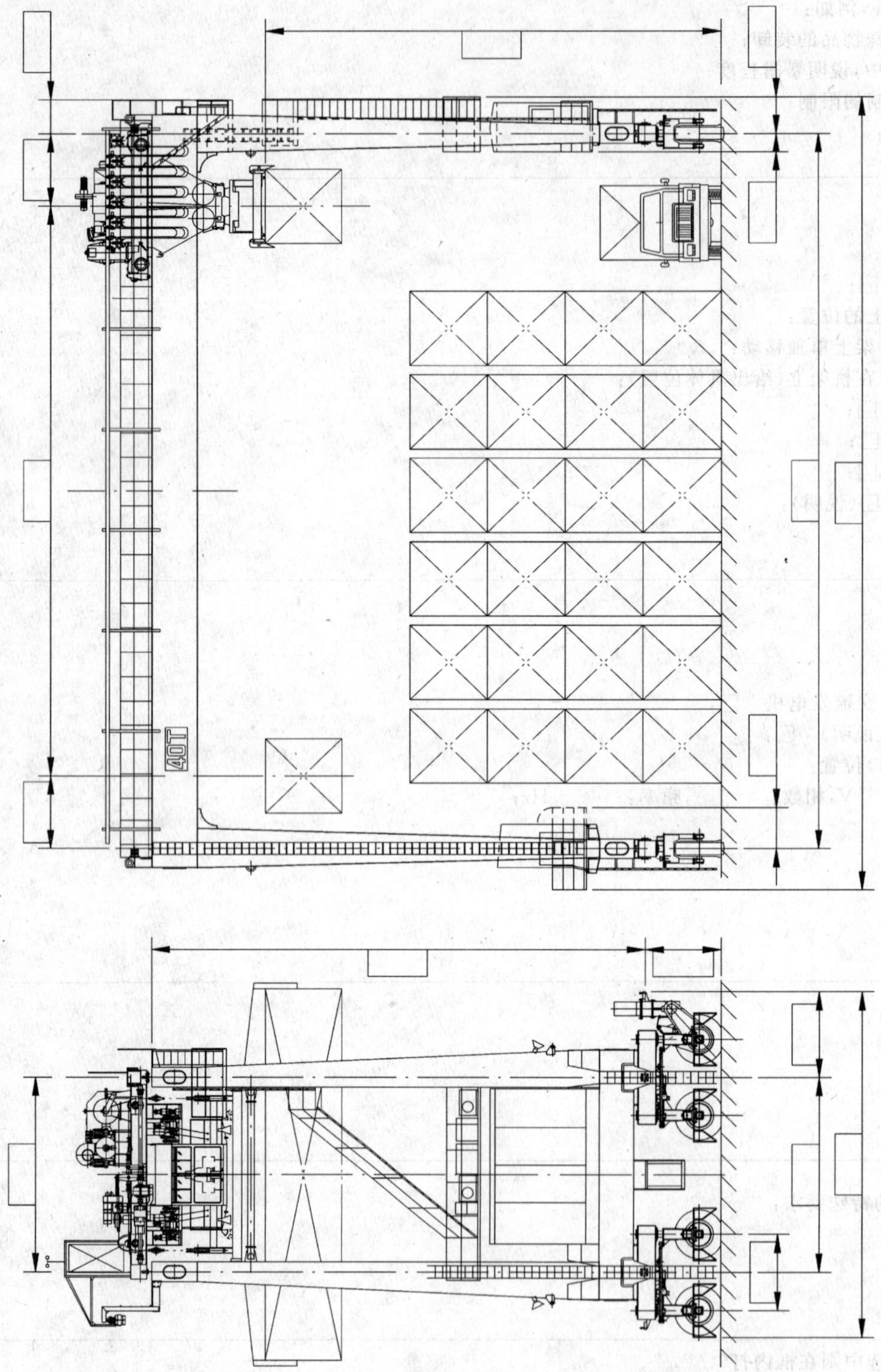

图 A.3 轮胎式集装箱门式起重机示意图

A.4 港口门座起重机

A.4.1 港口门座起重机需方订货表见表 A.4。

表 A.4

需方订货表

公司名称：

地　　址：

邮政编码：

联系人姓名：

电话号码：

电子邮件信箱：

传真号：

起重机将安装于：　　（国家）　　（省、区）　　（市、县）　　（港区、公司）

需要的起重机台数：

起重量

　额定起重量：　　t。

幅度

　最大幅度：　　m，最小幅度：　　m。

起升高度

　轨面以上：　　m，轨面以下：　　m。

　司机座位高度(至轨面)：　　m。

生产率

　a) 运动路径(坐标示意)

i	1	2	3	4	5	
x_i						(m)
y_i						(m)

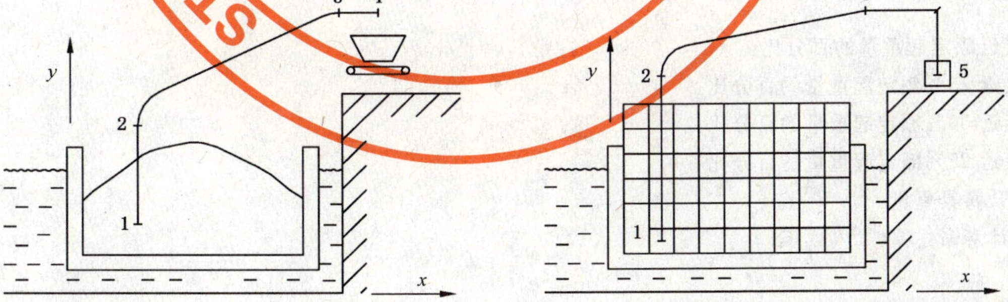

　b) 一个工作循环时间：　　s；

　c) 每小时工作循环次数：　　h^{-1}；

　d) 100%额定起重量(最大载荷)的生产率：　　t/h。

表 A.4（续）

需方订货表

有效载荷类型

所装卸的物料及其特性（粒度、含水等，或箱及长大件尺寸）：

散装货物的容重：　　　　　t/m^3；

吊钩或取物装置的类型（包括可分属具）：

设计船型

a）船舶载重吨：　　　　DWT；

b）船型尺寸（长×宽×舱口宽×满载吃水）：　m×　m×　m×　m。

运动速度

	额定载荷速度	慢速或微速（要求时）	空载最大速度（要求时）
起升	m/min，	m/min，	m/min；
变幅（平均）	m/min，	m/min，	m/min；
回转	r/min，	r/min，	r/min；
运行	m/min，	m/min，	m/min。

起重机及机构使用参数

a）当已知起重机预期完成的工况和每个作业阶段装卸的不同载荷情况，应提供如下资料：

利用情况：

1）起升

每小时平均起升次数：　　　，平均起升高度：　　　m；

2）变幅

每小时平均变幅次数：　　　，平均变幅距离：　　　m；

3）回转

每小时平均旋转次数：　　　，平均旋转角度：　　　°；

4）运行

每小时平均运行次数：　　　，平均运行距离：　　　m。

起重机每天运行时间：　　　h，或每月运行时间：　　　h

工作载荷：

1）接近额定起重量的百分比：　　　%；

2）接近75%额定起重量的百分比：　　　%；

3）接近50%额定起重量的百分比：　　　%；

4）接近25%额定起重量的百分比：　　　%。

可分起升属具重量：　　t。

期望设计寿命：　　　年。

b）若有关起重机预期完成运行情况的资料不够，也可由需方直接给出整机工作级别和每个机构的工作级别，或要求供方按预定任务推荐最合适的整机工作级别和每个机构的工作级别。如下：

起重机整机工作级别：

起重机各机构工作级别：

起升机构：　　　　变幅机构：

回转机构：　　　　运行机构：

表 A.4（续）

需方订货表
对环境条件的说明： 温、湿度条件 a) 平均温度：　　　　℃； b) 最高温度：　　　　℃； c) 最低温度：　　　　℃； d) 最大相对湿度： 风载荷情况 a) 非工作状态(按照 GB/T 3811，或根据当地气象资料提供的 10 m 高处 50 年一遇 10 min 年平均最大风速换算出最大风速和计算风压)： 最大风速　　　　m/s，计算风压　　　　Pa(N/m²)； b) 工作状态(按照 GB/T 3811 确定)： 最大风速　　　　m/s，计算风压　　　　Pa(N/m²)； c) 是否属于强热带风暴多发地区：　　　　。 年平均降水量：　　　　mm。 积雪情况： 地震描述(频度、烈度等) 轨距：　　　　m。 轨道类型： 允许的轮压：　　　　kN。 每米轨道的允许载荷：　　　　kN/m。 锚定/防风系固装置布置： 码头潮位： a) 参照零位：　　　　； b) 设计高潮位：　　　　m； c) 设计低潮位：　　　　m； d) 平均水位：　　　　m； e) 码头面标高：　　　　m。
带有方向指针的起重机场地布置图
特殊工作条件 说明适用的特殊条件，例如： a) 用于危险品特殊物品的装卸； b) 用于含盐大气中，说明暴露程度； c) 供电电压大于正常电压±6%的任何变化； d) 对工作平台上部空间的任何特殊要求以及工作平台上是否有其他活动； e) 使用无线电控制的限制； f) 任何其他条件：

表 A.4(续)

需方订货表
控制与通讯 控制是由： a) 司机室控制　□； b) 程序控制　□； c) 无线电控制　□； d) 遥控　□； e) 其他方式　□(说明)： 通讯要求(说明)：　。
供电系统 a) 电缆卷筒 □，电流集电系统 □，拖挂电缆 □； b) 供电：已有 □，需要新的供电系统 □； c) 电缆长度：　m； d) 位置说明：　。 电源 a) 电压：　V，相数：　，频率：　Hz； b) 导线： c) 零线： d) 接地系统：
限位装置 说明要求：　。
法规要求或技术上的特殊要求： 轨道上有无其他起重机：有 □；无 □。 建议设置： a) 防止起重机或载荷碰撞的装置：□； b) 设置最小间隔距离：　mm。
注：□为选择框，选中则在框内打"√"。

A.4.2　港口门座起重机示意图见图 A.4。

示意图的方框内由需方填写数据(单位：毫米)。图中数字框的填写允许使用～、〈、〉等符号，未填的数字框由供方酌情确定。

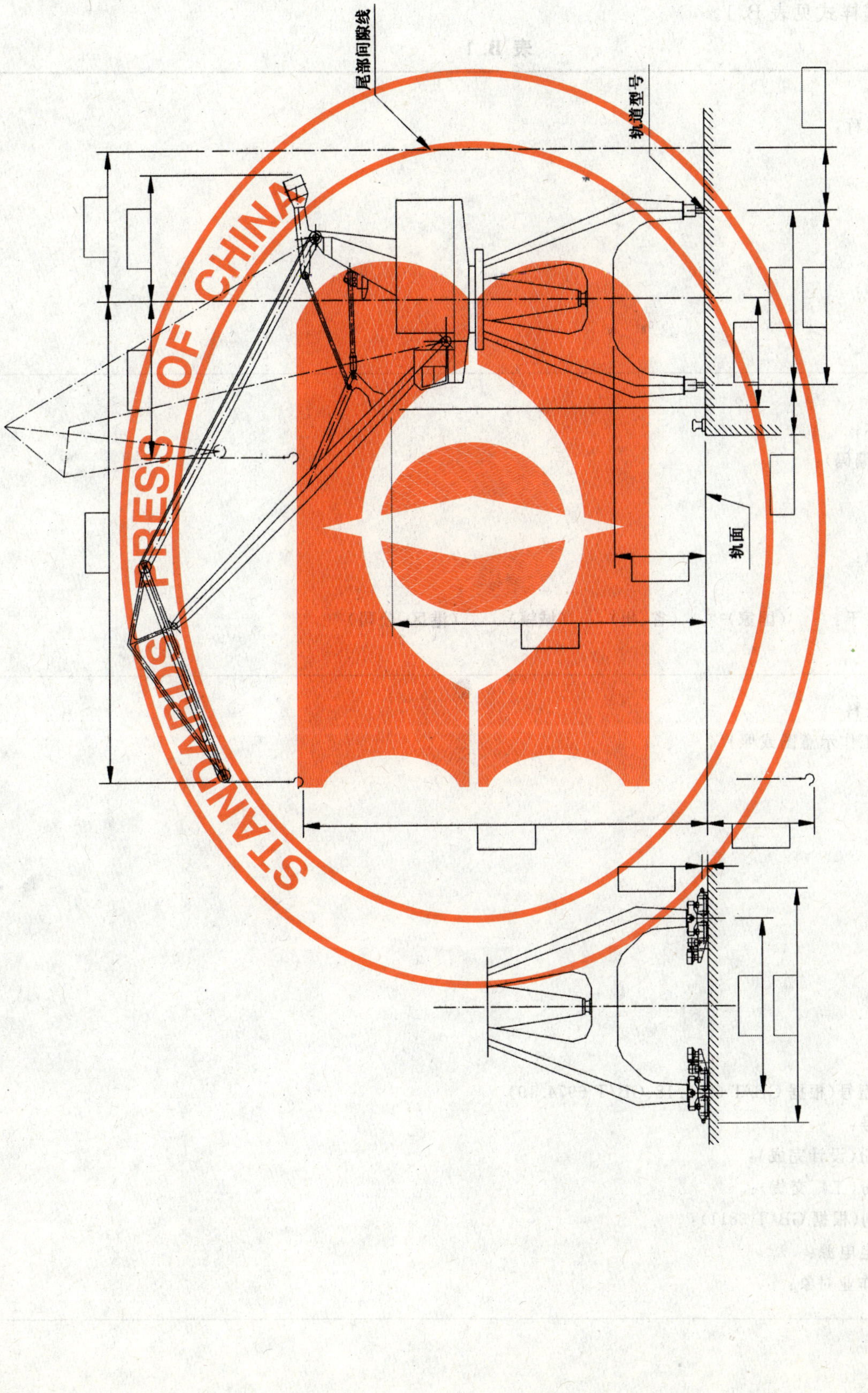

图 A.4 港口门座起重机示意图

附 录 B
（规范性附录）
技术性能及验收文件样式

B.1 主要数据样式见表 B.1。

表 B.1

制造商公司名称： 地　　址： 邮政编码： 联系人姓名： 电话号码： 电子邮件信箱： 传真号：
买主公司名称： 地址（含邮政编码）： 联系人姓名： 电话号码： 电子邮件信箱： 传真号： 起重机将安装于：　（国家）　（省、州）　（城镇）　（港区、公司）
起重机基本资料 a）起重机工作示意图或照片   b）起重机型号（根据 GB/T 6974.18、GB/T 6974.19） c）出厂编号： d）设计年份（设计完成）： e）制造年份（工厂交货）： f）工作级别（根据 GB/T 3811）： g）码头供电电源： h）起重机作业对象：

表 B.1（续）

起重机设计使用环境 温、湿度条件： a) 平均温度：　　　　℃ b) 最高温度：　　　　℃ c) 最低温度：　　　　℃ d) 最大相对湿度 风载荷情况： a) 非工作状态(按照 GB/T 3811，或根据当地气象资料提供的 10 m 高处 50 年一遇 10 min 年平均最大风速换算出最大风速和计算风压)： 最大风速　　　　m/min，计算风压　　　　(N/m²)； b) 工作状态(按照 GB/T 3811 确定)： 最大风速　　　　m/min，计算风压　　　　(N/m²)； c) 是否属于强热带风暴多发地区： 积雪情况： 地震描述(频度、烈度)： 大车轨距：　　　　m 轨道类型： 允许的大车轮压：　　　　kN 每米轨道的允许载荷：　　　　kN/m 轨道安装的允许误差： a) 平行度　　　　mm；b) 水平度　　　　mm；c) 直线度　　　　mm；d) 轨道间距　　　　mm 锚定/防风系固装置布置： 码头潮位： a) 参照零位： b) 设计高潮位：　　　　m c) 设计低潮位：　　　　m d) 平均水位：　　　　m e) 码头面标高：　　　　m
起重机设计、制造时主要遵循的技术规范、安全规程和试验验收标准：

B.2 起重机规格与技术性能样式见表 B.2。

表 B.2

起重机基本性能

a) 额定起重量：　　　　t

b) 最大起重力矩：　　　　t·m

c) 最大工作幅度/最大前伸距：　　　　m

d) 最小工作幅度/最大后伸距：　　　　m

e) 起升高度：　　　　m；　下降深度：　　　　m

f) 整机装机容量　　　　kw

传动与控制

a) 控制型式：

b) 机构联动的可能组合：

c) 司机室的位置：

d) 电源：

	电流(交流 AC/直流 DC)(A)	电压(V)	频率(Hz)	相数
动力				
控制				
工作照明				
维修照明				

额定生产率

a) 典型工况下起重机生产率计算图表：

b) 一个工作循环时间：　　　　s

c) 每小时工作循环次数：　　　　h^{-1}

运动速度

	额定载荷速度	慢速或微速(要求时)	卸载后最大速度(要求时)
起升	m/min	m/min	m/min
小车运行	m/min	m/min	m/min
大车运行	m/min	m/min	m/min
变幅	m/min	m/min	m/min
俯仰单程时间	min	min	min
回转	r/min	r/min	r/min

起重机基本尺寸(绘出起重机的草图并用表格列出起重机的基本尺寸)

表 B.2（续）

起重机质量 a）整机质量： b）各主要部件的质量表： c）整机非工作停机位置时的重心位置（至水侧轨道/门腿）： m
起重机轮压 a）工作状态最大轮压 海侧： kN； 陆侧： kN b）非工作状态最大轮压 海侧： kN； 陆侧： kN
附加信息（例如，起重机的最小回转半径等）：

B.3 起重机主要部件规格与技术性能样式见表 B.3。

表 B.3

发动机/电动机（额定值）

	类型	功率（kW）	转速（r/min）	扭矩（N·m）	油耗（kg/kW·h）
起升					
小车/回转					
大车					
变幅/俯仰					

传动装置（额定值）

	类型	功率（kW）	转速（r/min）	扭矩（N·m）
起升				
小车/回转				
大车				
变幅/俯仰				

传动与控制系统方案图
a）电路图及电气原理图
b）液压系统图
c）传动系统图（应标明齿轮参数和减速齿轮比）

表 B.3（续）

机构工作级别 a) 起升 b) 小车/回转 c) 大车 d) 变幅/俯仰
制动器 规格型号　制动盘直径(mm)　制动力矩(N·m)　数量 起升 小车/回转 大车 变幅/俯仰
钢丝绳 规格型号　直径(mm)　长度(mm)　抗拉强度等级(MPa)　表面状态　名义破断载荷(N)　设计载荷(N) 起升 小车 变幅/俯仰
取物装置 吊钩　抓斗　集装箱吊具　其他吊具 取物装置质量 额定取物质量 适用货种/箱型 制造商/供货商 出厂编号 检验机构印章(鉴定标记)
安全装置及仪表 a) 防风装置(主要技术规格) b) 限位开关(清单及主要技术规格) c) 超载(力矩)限制器(清单及主要技术规格) d) 碰撞缓冲器(清单及主要技术规格) e) 报警器(清单及主要技术规格) f) 指示器(清单及主要技术规格) g) 信号及对讲装置(清单及主要技术规格) h) 其他装置(清单及主要技术规格)
司机室(主要技术规格及设备)
起重机金属结构的主要材质数据(按合同要求给出简要说明)

B.4 验收文件样式见表 B.4。

表 B.4

验收地点： 验收日期：
起重机验收文件 由制造商移交给买主的交接文件应包括： a）本标准表 B.1、表 B.2、表 B.3 所列条款 b）技术说明书 c）使用手册 d）维修手册 e）备件附件及随机工具交接清单 f）竣工图纸和资料 g）设计计算文件
起重机制造、安装和试车检验报告 a）起重机制造与安装检验报告 b）产品合格证 c）起重机主要部件的制造与安装检验报告，或外购件的产品合格证与质检报告 d）试车大纲与试车报告 文件应由专业技术人员签名，并注明专业技术人员的职位。
工程检查验收文件 当合同规定，工程由第三方监理时，关于工程全面检查的验收文件应由第三方监理或其他有资质机构的代表在验收过程中按以下格式填写。 日期　　项目　　检验结果　　下次检验日期　　监理代表的职位、姓名及签名

ICS 87.040
G 50

中华人民共和国国家标准

GB/T 18446—2009/ISO 10283:2007
代替 GB/T 18446—2001

色漆和清漆用漆基　异氰酸酯树脂中二异氰酸酯单体的测定

Binders for paints and varnishes—Determination of monomeric diisocyanates in isocyanate resins

(ISO 10283:2007,IDT)

2009-06-02 发布　　2010-02-01 实施

中华人民共和国国家质量监督检验检疫总局
中国国家标准化管理委员会　发布

前言

本标准等同采用国际标准 ISO 10283:2007《色漆和清漆用漆基——异氰酸酯树脂中二异氰酸酯单体的测定》(英文版)。

本标准等同翻译 ISO 10283:2007。

为了便于使用,本标准编辑性修改内容如下:

——用“本标准”代替“本国际标准”;

——删除国际标准的前言。

本标准代替 GB/T 18446—2001《气相色谱法测定氨基甲酸酯预聚物和涂料溶液中未反应的甲苯二异氰酸酯(TDI)单体》。

本标准与 GB/T 18446—2001 的主要技术差异为:

——范围中增加了可测定的二异氰酸酯单体的种类;

——使用毛细管色谱柱测定二异氰酸酯单体的含量;

——使用十四烷或蒽作为内标物;

——提高了测试方法的精密度。

本标准由中国石油和化学工业协会提出。

本标准由全国涂料和颜料标准化技术委员会归口。

本标准起草单位:中海油常州涂料化工研究院。

本标准主要起草人:于滨。

本标准所代替标准的历次版本发布情况为:

——GB/T 18446—2001。

色漆和清漆用漆基　异氰酸酯树脂中二异氰酸酯单体的测定

1　范围

本标准规定了采用气相色谱法测定二异氰酸酯单体含量的方法。本标准适用于第3章中定义的异氰酸酯树脂以及由这样的树脂制备的溶液(用于制备涂料及类似涂覆材料)中的甲苯二异氰酸酯[1]、六亚甲基二异氰酸酯、异佛尔酮二异氰酸酯[2]、二苯基甲烷二异氰酸酯[3]以及其他类型的二异氰酸酯含量的测定。

2　规范性引用文件

下列文件中的条款通过本标准的引用而成为本标准的条款。凡是注日期的引用文件,其随后所有的修改单(不包括勘误的内容)或修订版均不适用于本标准,然而,鼓励根据本标准达成协议的各方研究是否可使用这些文件的最新版本。凡是不注日期的引用文件,其最新版本适用于本标准。

GB/T 3186　色漆、清漆和色漆与清漆用原材料　取样(GB/T 3186—2006,ISO 15528:2000,IDT)

3　术语和定义

下列术语和定义适用于本标准。

3.1

异氰酸酯树脂　isocyanate resin

以含异氰酸酯(NCO)基团的芳香族、脂肪族或脂环族异氰酸酯制备的有溶剂或无溶剂的合成树脂。

注:就本标准而言,这样的异氰酸酯树脂包括:

——由任何一种二异氰酸酯尤其是甲苯二异氰酸酯(TDI)、六亚甲基二异氰酸酯(HDI)、异佛尔酮二异氰酸酯(IPDI)或二苯基甲烷二异氰酸酯(MDI)制成的异氰酸酯树脂,并且树脂中含有氨基甲酸酯和/或缩二脲和/或异氰脲酸酯基团;

——由上面所列异氰酸酯树脂的混合物制备的异氰酸酯树脂。

4　原理

用气相色谱法,以十四烷或对低挥发性二异氰酸酯单体用蒽作内标物,测定异氰酸酯树脂中二异氰酸酯单体的含量。

5　试剂

分析时,仅使用确认为分析纯的试剂。

---

1)　此处和文本中所用的术语"甲苯二异氰酸酯"是指4-甲基-1,3-苯撑二异氰酸酯(2,4-甲苯二异氰酸酯)和2-甲基-1,3-苯撑二异氰酸酯(2,6-甲苯二异氰酸酯)。

2)　此处和文本中所用的术语"异佛尔酮二异氰酸酯"是指2-异氰酸酯甲基-3,5,5三甲基环己基异氰酸酯。本文适当处用(Ⅰ)和(Ⅱ)来识别立体异构体。

3)　此处和文本中所用的术语"二苯甲烷二异氰酸酯"是指4,4-二异氰酸酯二苯基甲烷、2,4-二异氰酸酯二苯基甲烷和2,2-二异氰酸酯二苯基甲烷。

5.1 乙酸乙酯：无水(用 0.5 nm 的分子筛干燥)，无乙醇(乙醇含量$<200\times10^{-6}$)；

5.2 十四烷或蒽；

5.3 甲苯二异氰酸酯(同分异构体的混合物)；

5.4 六亚甲基二异氰酸酯；

5.5 异佛尔酮二异氰酸酯(同分异构体的混合物)；

5.6 二苯基甲烷二异氰酸酯。

5.7 内标溶液

称取约 1.4 g 十四烷或蒽，准确至 0.1 mg，置于 1 000 mL 容量瓶中，用乙酸乙酯(5.1)稀释至刻度。

5.8 二异氰酸酯单体标准溶液

称取约 1.4 g 相关的二异氰酸酯单体，准确至 0.1 mg，置于 1 000 mL 容量瓶中，用乙酸乙酯(5.1)稀释至刻度。

应避免二异氰酸酯单体标准溶液与空气中的湿气接触。

注：如果储存适当，标准溶液可保持稳定约二星期。

5.9 校准溶液

用移液管吸取 10 mL 内标溶液(5.7)和 10 mL 标准溶液(5.8)置于样品瓶中或锥形瓶中(见 6.2)。用 25 mL 量筒加入 15 mL 醋酸乙酯并混合均匀。

注：如果不制备校准溶液，可将内标和二异氰酸酯单体直接加入 50 mL 样品瓶中并加入 40 mL 乙酸乙酯，用(干燥无水的)隔垫瓶盖密封，就无需 5.7 和 5.8 步骤。

6 仪器设备

常用的实验室仪器设备和玻璃器皿，以及下列仪器设备。

6.1 分析天平；

6.2 锥形瓶，容量 50 mL，配有磨口玻璃塞，或容量为 50 mL 配有隔垫瓶盖密封的样品瓶；

6.3 单刻度移液管，容量 10 mL；

6.4 量筒，容量 25 mL；

6.5 单刻度容量瓶，容量 1 000 mL；

6.6 样品注射器，容量 2 μL 或 10 μL；

6.7 气相色谱仪，具有可更换的玻璃材质的衬管、氢火焰离子检测器和积分仪。

7 取样

按 GB/T 3186 的规定取受试产品的代表性样品。将样品储存于低温、干燥处及暗处。

若样品储存条件不适当，特别是在高温下会发生反应，从而改变某些异氰酸酯树脂中异氰酸酯单体的含量。为了尽量防止这些反应发生，样品必须储存在低温、暗处。然而，在打开容器之前必须将样品调节至室温，以防大气中的湿气进入样品与其反应，由此改变异氰酸酯单体的含量。如有任何疑问，就应废弃已长期储存的标准物质或样品。

8 测试步骤

8.1 操作条件

在下面各示例中所列的试验条件是推荐的合适条件。也可采用相当或优于所列条件的色谱柱和试验条件。

对于进样口和色谱柱规定的温度取决于受试的多异氰酸酯树脂的热稳定性。许多多异氰酸酯树脂中的二异氰酸酯单体含量，例如带有缩二脲结构的那些树脂，在高温时会发生变化。在这种情况下，应采用示例中规定的温度。玻璃材质的衬管应根据需要进行清洗和更换，至少每天工作开始时应这样做。

8.1.1 示例:六亚甲基二异氰酸酯(HDI)和甲苯二异氰酸酯(TDI)

色谱柱:	石英毛细管,长 15 m,内径 0.32 mm	
柱填料:	苯基甲基硅酮树脂(OV®1701),膜厚 0.25 μm	
温度:	进样口	125 ℃
	柱温	130 ℃
	检测器	250 ℃
载气:	氦气	
	柱前压	约 100 kPa
	柱流速	约 4 mL/min
	分流	约 60 mL/min
检测器燃气:	氢气	约 35 mL/min
	空气	约 400 mL/min
吹扫:	氮气	约 25 mL/min
进样量:	约 1 μL	
保留时间:	十四烷(内标)	1.82 min
	TDI(2,4-)	2.62 min
	HDI	3.52 min

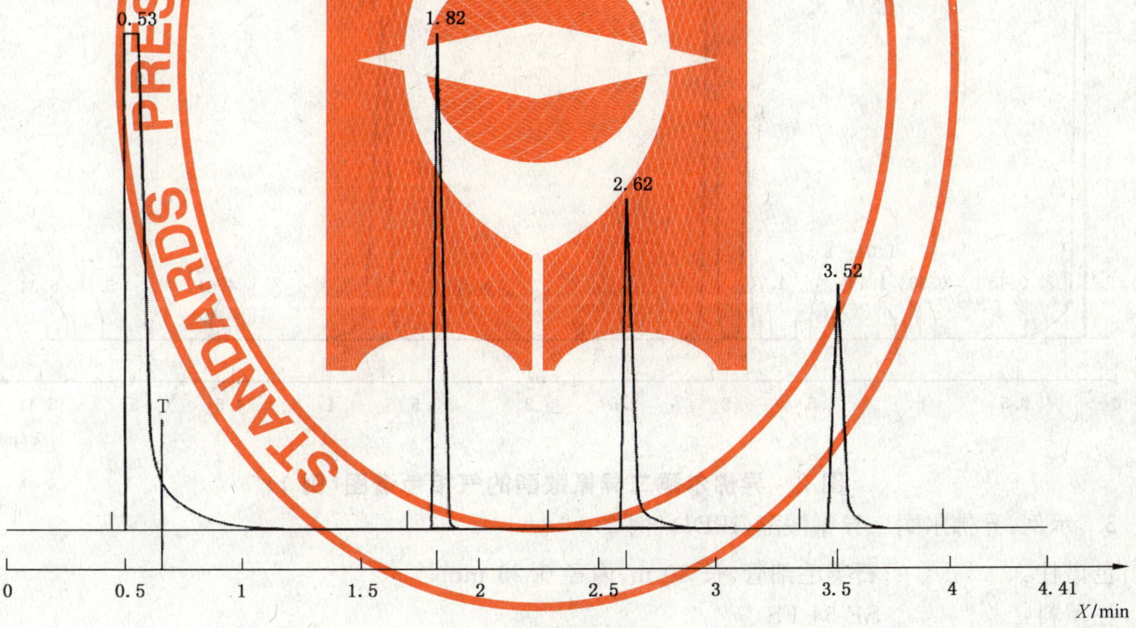

图 1 六亚甲基二异氰酸酯和甲苯二异氰酸酯的气相色谱图

8.1.2 示例:异佛尔酮二异氰酸酯(IPDI)(例 1)

色谱柱:	石英毛细管,长 15 m,内径 0.32 mm	
柱填料:	苯基甲基聚硅氧烷树脂(OV®1701),膜厚 0.25 μm。	
温度:	进样口	160 ℃
	柱温	140 ℃
	检测器	250 ℃

载气：	氮气	
	柱前压	约 120 kPa
	柱流速	约 6 mL/min
	分流	约 60 mL/min
检测器燃气：	氢气	约 35 mL/min
	空气	约 400 mL/min
吹扫：	氮气	约 25 mL/min
进样量：	约 1 μL	
保留时间：	IPDI Ⅰ	1.89 min
	IPDI Ⅱ	2.08 min
	蒽(内标)	3.74 min

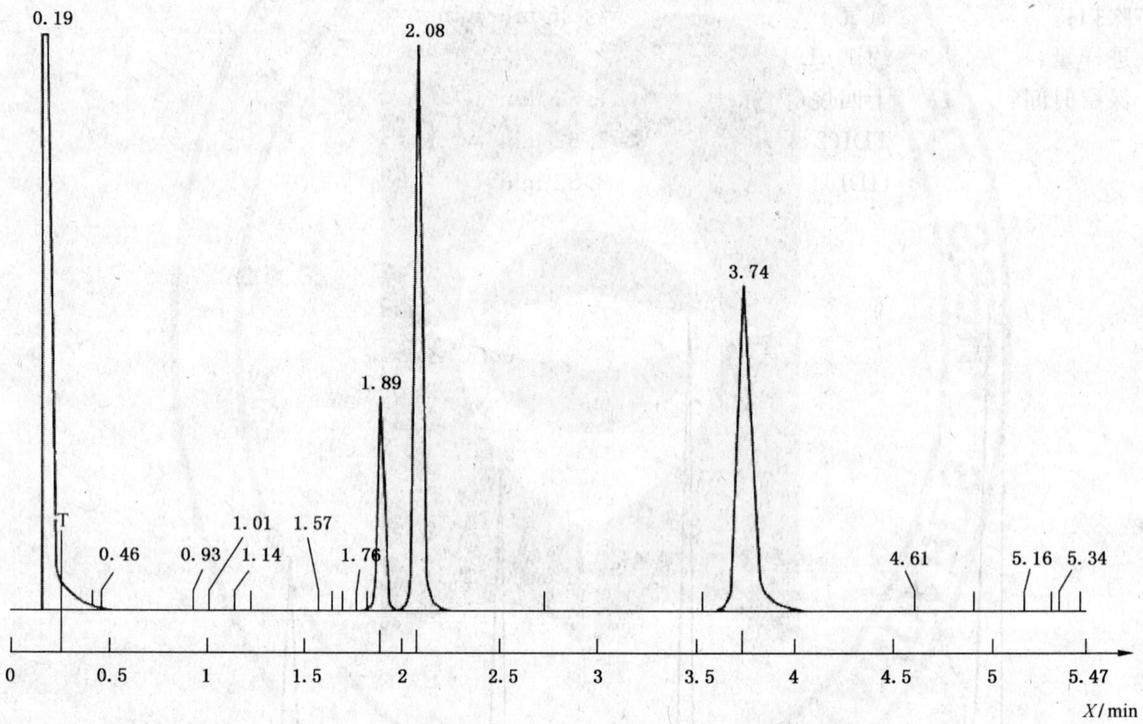

图 2　异佛尔酮二异氰酸酯的气相色谱图(例 1)

8.1.3　示例:异佛尔酮二异氰酸酯(IPDI)(例 2)

色谱柱：	石英毛细管，长 30 m，内径 0.25 mm	
柱填料：	SE-54 FS	
温度：	进样口	200 ℃
	柱温	140 ℃　0 min，以 3 ℃/min 升至 200 ℃
	检测器	250 ℃
载气：	氦气	
	柱前压	约 150 kPa
	分流比	1∶200
检测器燃气：	氢气	约 35 mL/min
	空气	约 300 mL/min

进样量：	0.8 μL	
运行时间：	约 10 min	
保留时间：	十四烷(内标)	4.801 min
	IPDI Ⅰ	8.066 min
	IPDI Ⅱ	8.594 min

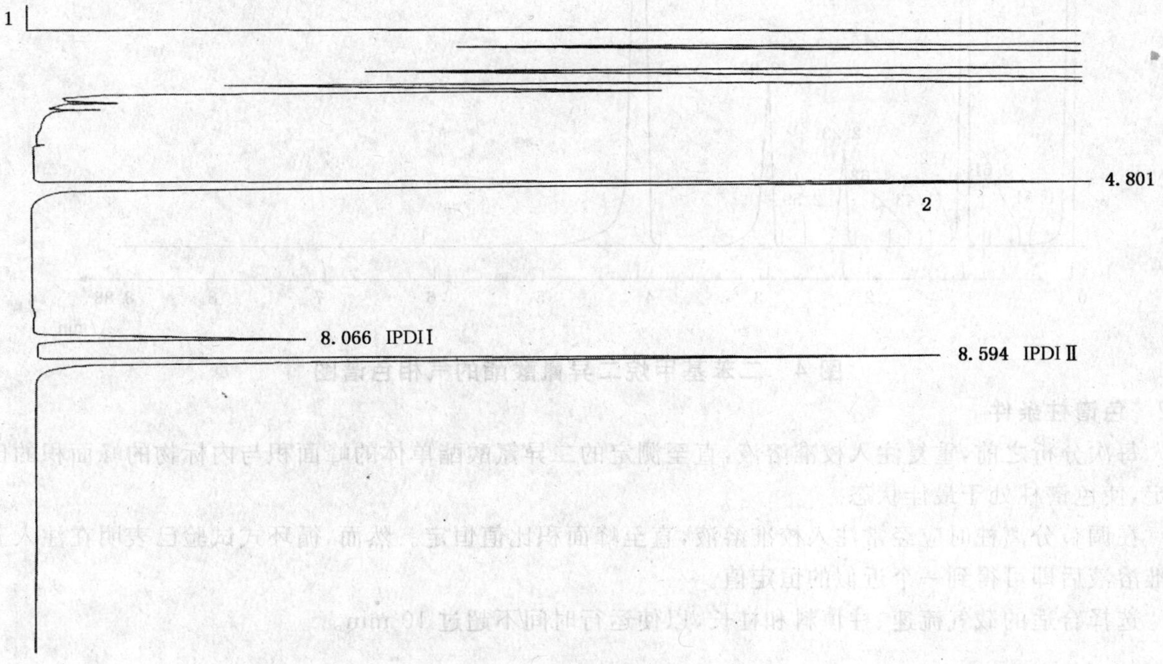

1——开始；

2——内标。

图 3 异佛尔酮二异氰酸酯的气相色谱图(例 2)

8.1.4 示例：二苯甲烷二异氰酸酯(MDI)

色谱柱：	石英毛细管，长 15 m，内径 0.32 mm	
柱填料：	苯基甲基硅酮树脂(OV®1701)，膜厚 0.25 μm。	
温度：	进样口	200 ℃
	柱温	160 ℃
	检测器	250 ℃
载气：	氦气或氢气	
	柱前压	约 200 kPa
	柱流速	约 12 mL/min
	分流	约 60 mL/min
检测器燃气：	氢气	约 35 mL/min
	空气	约 400 mL/min
吹扫：	氮气	约 25 mL/min
进样量：	约 1 μL	
保留时间：	蒽(内标)	1.12 min
	MDI(2,2-)	2.23 min
	MDI(2,4-)	2.93 min
	MDI(4,4-)	4.13 min

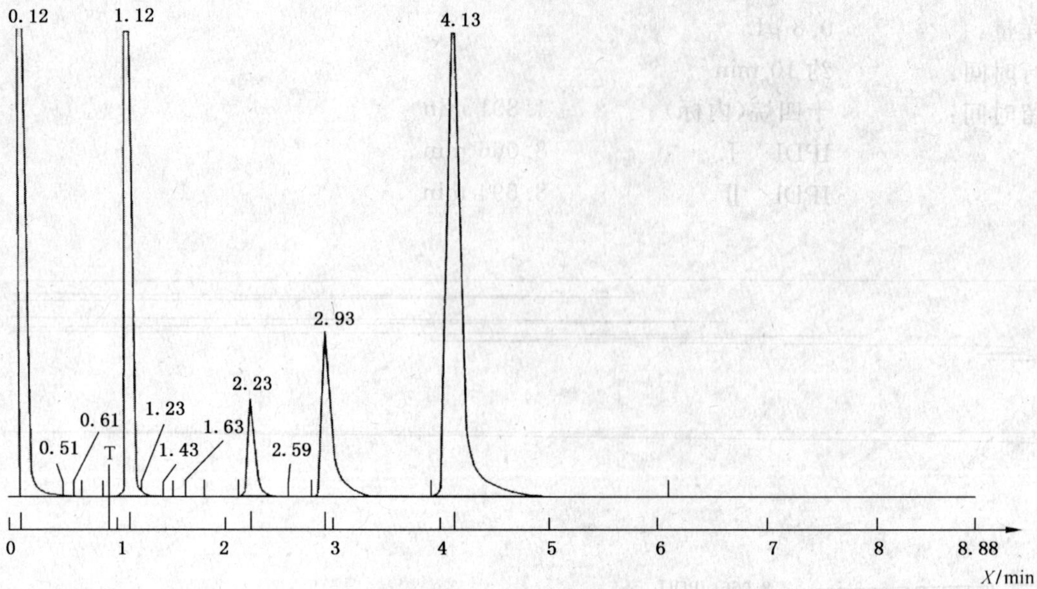

图 4 二苯基甲烷二异氰酸酯的气相色谱图

8.2 色谱柱条件

每次分析之前，重复注入校准溶液，直至测定的二异氰酸酯单体的峰面积与内标物的峰面积的比值恒定，使色谱柱处于最佳状态。

在调节分离柱时应经常注入校准溶液，直至峰面积比值恒定。然而，循环式试验已表明在注入五次校准溶液后即可得到一个近似的恒定值。

选择合适的载气流速、柱填料和柱长，以使运行时间不超过 10 min。

8.3 气相色谱测定

相对校正因子的测定，按照 8.1 中规定的色谱条件，注入 1 μL 校准溶液，至少注入二次。

试样的称样量取决于预期的二异氰酸酯含量(见表 1)。

表 1

预计的二异氰酸酯含量/%(质量分数)	试样的称样量/g
≤0.5	2
>0.5 但≤1	1
>1 但≤2	0.5
>2 但≤4	0.2
>4	0.1

称取试样，准确至 0.1 mg(质量 m_0)，置于锥形瓶(6.2)中，用移液管(6.3)移取 10 mL 内标溶液(5.7)[4]。加入约 25 mL 的乙酸乙酯，密封锥形瓶并充分摇晃使样品溶解。

注：试样也可以称准至 0.1 mg，置入配有隔膜密封的 50 mL 样品瓶中。在样品瓶中加入约(15±0.1)mg 的内标物，用 40 mL 的乙酸乙酯稀释溶解样品。

取 1 μL 这种溶液(试验溶液)进行气相色谱分析。

每次测定应遵循下列顺序：

——注入校准溶液至少二次；

——注入试验溶液二次。

4) 称取约 15 mg 准确至±0.1 mg 的内标能用来代替内标溶液。

9 结果的表示

9.1 相对校正因子的测定

对每一次的校正色谱图，用式(1)计算相对校正因子 f：

$$f=\frac{m_{\mathrm{DI}}\times A_{\mathrm{St}}}{m_{\mathrm{St}}\times A_{\mathrm{DI}}} \qquad \cdots\cdots(1)$$

式中：

m_{St}——内标溶液中(5.7)内标物(十四烷或蒽)的质量；

m_{DI}——标准溶液(5.8)中二异氰酸酯单体的质量；

A_{DI}——标准溶液中二异氰酸酯单体的峰面积；

A_{St}——内标物的峰面积。

9.2 二异氰酸酯单体含量的计算

用式(2)按峰面积计算二异氰酸酯单体的含量 w_{DI}：

$$w_{\mathrm{DI}}=\frac{m_1\times A_2\times f}{m_2\times A_1} \qquad \cdots\cdots(2)$$

式中：

m_1——试验溶液中内标物的质量；

m_2——试样的质量；

A_2——试验溶液中二异氰酸酯单体的峰面积；

A_1——试验溶液中内标物的峰面积。

计算两次测定结果的平均值，该平均值是每次测定值通过相对校正因子平均值校正后计算所得。

检出限：在8.1规定的条件下为0.01%(质量分数)的二异氰酸酯单体。

10 精密度

在二异氰酸酯单体含量为(0.50±0.05)%(质量分数)时的精密度。

10.1 重复性(*r*)

同一操作者在同一实验室用标准的试验方法，对同一样品在短时间内得到的两个单一试验结果(每个结果均为两个试样的平均值)之间的绝对差低于0.02%，可预计其置信度为95%。

10.2 再现性(*R*)

不同操作者在不同实验室用标准的试验方法，对同一样品测得的两个试验结果。(每个结果均为两个试样的平均值)之间的绝对差低于0.05%，可预计其置信度为95%。

11 试验报告

试验报告应至少包括下列内容

a) 识别受试产品所必需的全部细节；

b) 注明本标准编号；

c) 二异氰酸酯单体含量的单个值和平均值(9.2中说明)；

d) 与规定方法的任何不同之处；

e) 试验日期。

ICS 77.040.10
H 22

中华人民共和国国家标准

GB/T 18449.1—2009
代替 GB/T 18449.1—2001

金属材料 努氏硬度试验 第1部分:试验方法

Metallic materials—Knoop hardness test—Part 1:Test method

(ISO 4545-1:2005,MOD)

2009-06-25 发布　　2010-04-01 实施

中华人民共和国国家质量监督检验检疫总局
中国国家标准化管理委员会　发布

前　言

GB/T 18449《金属材料　努氏硬度试验》分为如下四部分：

——第1部分：试验方法；

——第2部分：硬度计的检验与校准；

——第3部分：标准硬度块的标定；

——第4部分：硬度值表。

本部分为GB/T 18449的第1部分。

本部分修改采用ISO 4545-1:2005《金属材料　努氏硬度试验　第1部分：试验方法》(英文版)。

本部分根据ISO 4545-1:2005重新起草，根据我国的实际情况，本部分在采用国际标准时进行了修改和补充。这些技术性差异用垂直单线标识在它们所涉及的条款的页边空白处。

本部分结构和技术内容与ISO 4545-1:2005基本一致，根据我国情况在以下几方面进行了修改：

——删除了国际标准的引言；

——修改了国际标准的前言；

——将规范性引用文件中的国际标准转化为对应的国标；

——修改了附录B硬度测量值的不确定度。

本部分代替GB/T 18449.1—2001《金属材料　努氏硬度试验　第1部分：试验方法》，本部分与原国家标准对下列内容进行了修改：

——在5.3中增加了对压痕测量装置的具体要求；

——增加了6.3条；

——在6.5条增加了“保证在加力过程中试样不发生移动”的相关说明；

——增加了7.9条；

——在7.10增加了对压痕测量装置的具体要求；

——增加了7.11条；

——增加了7.12条；

——增加了第8章“试验结果的不确定度”；

——增加了资料性附录A《使用者对硬度计的期间核查》；

——增加了资料性附录B《硬度值测量不确定度》。

本部分的附录A和附录B均为资料性附录。

本部分由中国钢铁工业协会提出。

本部分由全国钢标准化技术委员会归口。

本部分起草单位：钢铁研究总院，冶金工业信息标准研究院。

本部分起草人：高怡斐、董莉。

本部分所代替标准的历次版本发布情况为：

GB/T 18449.1—2001。

金属材料　努氏硬度试验 第1部分：试验方法

1　范围

GB/T 18449 的本部分规定了金属材料努氏硬度试验的原理、符号及说明、硬度计、试样、试验方法、结果的不确定度及试验报告。

本部分规定的试验力值范围为 0.098 07 N 到 19.614 N。

本方法只适用于压痕对角线长度≥0.02 mm。

2　规范性引用文件

下列文件中的条款通过 GB/T 18449 的本部分的引用而成为本部分的条款。凡是注日期的引用文件，其随后所有的修改单或修订版均不适用于本部分，然而，鼓励根据本部分达成协议的各方研究是否可使用这些文件的最新版本。凡是不注日期的引用文件，其最新版本适用于本部分。

GB/T 18449.2　金属努氏硬度试验　第 2 部分：硬度计的校验与校准(GB/T 18449.2—2001，idt ISO 4546:1993)

GB/T 18449.3　金属努氏硬度试验　第 3 部分：标准硬度块的标定(GB/T 18449.3—2001，idt ISO 4547:1993)

GB/T 18449.4　金属材料　努氏硬度试验　第 4 部分：硬度值表(GB/T 18449.4—2009，ISO 4545-4:2005,IDT)

JJF 1059　测量不确定度评定与表示

3　原理

将顶部两相对面具有规定角度的菱形棱锥体金刚石压头用试验力压入试样表面，经规定保持时间后卸除试验力，测量试样表面压痕长对角线的长度(见图 1 和图 2)。

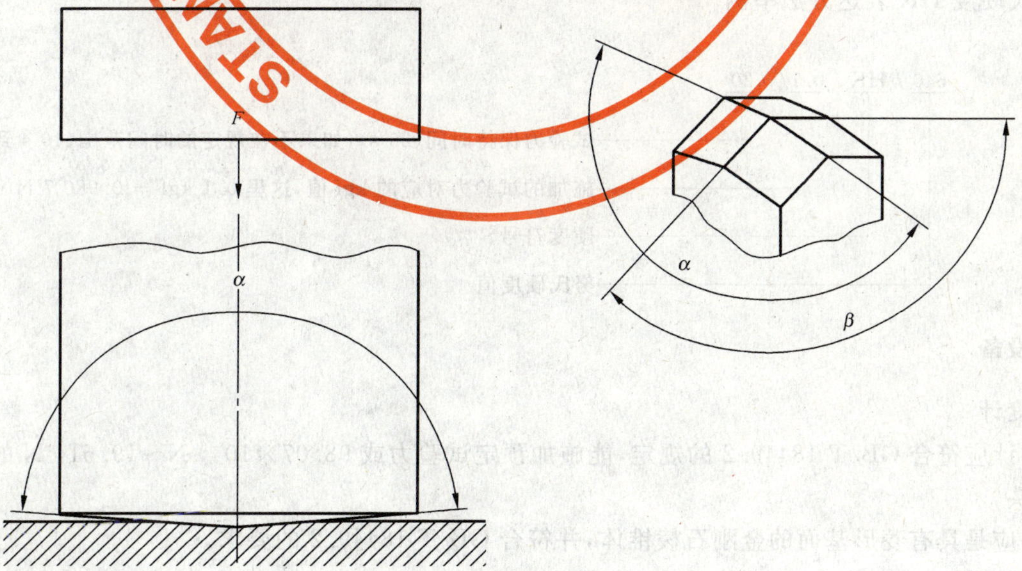

图 1　努氏硬度压头

努氏硬度与试验力除以压痕投影面积所得的商成正比，压痕被视为具有与压头顶部角度相同的菱面棱锥体形状。

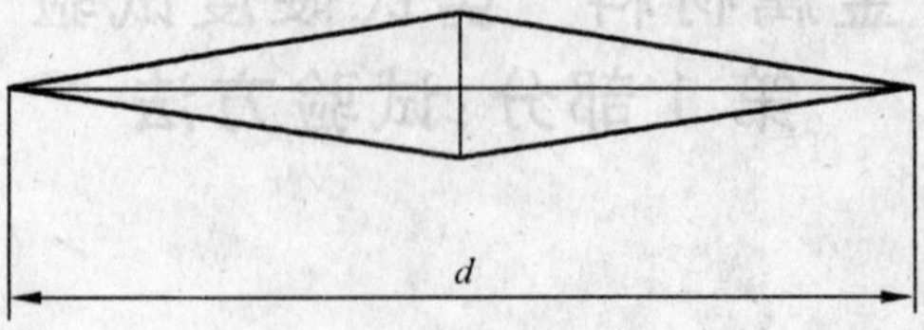

图 2 努氏硬度压痕

4 符号及说明

4.1 符号及说明见表 1 及图 1 和图 2。

表 1 符号及说明

符号	说明
F	试验力，单位为 N
d	压痕长对角线长度，单位为 mm
c	压头常数，与用长对角线长度的平方计算的压痕投影面积相关 压头常数 $c=\dfrac{\tan\frac{\beta}{2}}{2\tan\frac{\alpha}{2}}$，$c=0.702\ 8$ α 及 β 是相对棱边之间的夹角，见图 1。
HK	努氏硬度＝常数×$\dfrac{试验力}{压痕投影面积}$ $=0.102\dfrac{F}{d^2c}=0.102\times\dfrac{F}{0.702\ 8d^2}=1.451\dfrac{F}{d^2}$
注：常数＝$\dfrac{1}{g_n}=\dfrac{1}{9.806\ 65}\approx0.102$，9.806 65 是从 kgf 转换成 N 的转换因子。	

4.2 努氏硬度 HK 表达方法举例

示例：

640 HK 0.1/ 20

- 20 — 试验力保持时间（20 s），如果不在规定的时间范围（10 s 到 15 s）
- 0.1 — 施加的试验力对应的 kgf 值，这里 0.1 kgf = 0.980 7 N
- HK — 硬度符号
- 640 — 努氏硬度值

5 试验设备

5.1 硬度计

硬度计应符合 GB/T 18449.2 的规定，能施加预定试验力或 98.07×10^{-3} N～19.614 N 的试验力。

5.2 压头

压头应是具有菱形基面的金刚石棱锥体，并符合 GB/T 18449.2 的要求。

5.3 测量装置

测量系统的光学部分应满足 GB/T 18449.3 中对柯勒照明系统的要求。

努氏硬度压痕测量装置应符合 GB/T 18449.2 的相应要求。

压痕测量装置应能将对角线放大到视场的 25%～75%。

测量系统报出的对角线长度应精确至 0.1 μm。

注：附录 A 提供了使用者对硬度计的日常检查方法。

6 试样

6.1 应在平坦光滑的试样表面上进行试验，试样表面应抛光，并应无氧化皮及外界污物，尤其不应有油脂。在各种试验条件下，压痕周边均应清晰地出现在显微镜视场中。试样表面应保证精确测量压痕对角线长度的测定。

6.2 制备试样时应采取措施，使例如由于发热或冷加工等因素对试样表面硬度的影响减至最小。

6.3 由于努氏硬度压痕很浅，在准备样品时应采取特殊措施。推荐根据被测材料选取适合的抛光和电解抛光技术。

6.4 试验后试样背面不应出现可见变形。

6.5 对于小横截面或形状不规则的试样，可使用类似镶嵌的辅助支承，保证在加力过程中试样不发生移动。

7 试验程序

7.1 试验一般在 23 ℃±5 ℃室温下进行，如果不在此温度范围内试验，应在报告中说明。

7.2 推荐选用表 2 中示出的试验力进行试验。

表 2 不同条件下的试验力

硬度符号	试验力值 F	
	N	近似的 kgf[a] 当量数
HK0.01	0.098 07	0.010
HK0.02	0.196 1	0.020
HK0.025	0.245 2	0.025
HK0.05	0.490 3	0.050
HK0.1	0.980 7	0.100
HK0.2	1.961	0.200
HK0.3	2.942	0.300
HK0.5	4.903	0.500
HK1	9.807	1.000
HK2	19.614	2.000

[a] kgf 不是国际单位制单位。

7.3 试样应放置于试台上。试样支承面应清洁且无其他污物（氧化皮、油脂、灰尘等）。试样应稳固地放置于试台上以确保试验中不产生位移。压痕对角线端部必需能清晰地显示出。

7.4 调整测量显微镜的焦距，保证试样表面能够被观测到。

7.5 使压头于试样表面接触，垂直于试验面施加试验力，加力过程中不应有冲击和振动，直至将试验力施加至规定值。从加力开始至全部试验力施加完毕的时间应不超过 10 s。压头下降速度应在 15 μm/s～70 μm/s 之间。初始试验力到全部试验力的施加时间不应超过 10 s。

7.6 除非另有规定试验力的保持时间应为 10 s～15 s。对于特殊材料，试验力保持时间可以延长，但误差应在±2 s 之内。

7.7 在整个试验期间，硬度计应避免受到冲击和震动。

7.8 任一压痕中心距试样边缘距离，至少应为短压痕对角线长度的3倍。

7.9 对于肩并肩的两相邻压痕之间的最小距离至少应为压痕短对角线长度的2.5倍；对于头碰头的两相邻压痕之间的最小距离至少应为压痕长对角线长度的1倍。如果两压痕的大小不同，压痕之间的最小距离至少应为较大压痕短对角线长度的1倍。

7.10 应测量压痕长对角线的长度，用长对角线的长度计算努氏硬度。对于所有试验，压痕的周边在显微镜的视场里应被清晰地定义。

注：总之，降低试验力也就增加了测量结果的分散性。这尤其适用于低力值的努氏硬度试验，在测量长压痕对角线时将出现主要缺陷。对于努氏硬度，长对角线的测量精度不可能优于±0.001 mm。

压痕测量装置应能将对角线放大到视场的25%～75%。

7.11 努氏硬度值应按照表1给出的公式进行计算，或使用GB/T 18449.4给出的硬度值表。

7.12 如果长压痕对角线的一半与另一半相差超过10%，应检查试样测量表面与支撑表面之间的平行度，最终保证压头与试样之间的同轴性。试验结果偏差超过10%的应该舍弃。

8 结果的不确定度

如需要，一次完整的不确定度评估宜依照测量不确定度表示指南JJF 1059进行。

对于硬度试验，可能有以下两种评定测量不确定度的方法。

——基于在直接校准中对所有出现的相关不确定度分量的评估；

——基于用标准硬度块（有证标准物质）进行间接校准，测定指导参见附录B。

9 试验报告

试验报告应包括以下内容：

a) GB/T 18449本部分的编号；

b) 与试样有关的详细资料；

c) 试验结果；

d) 不在本部分规定之内的操作；

e) 影响试验结果的各种细节；

f) 如果试验温度不在7.1规定范围时，应注明试验温度。

注1：尚无普遍通用的方法将努氏硬度精确地换算成其他硬度或抗拉强度。因此应避免这种换算，除非通过对比试验建立换算的基础。

注2：试验力相同的情况下，才可以对硬度值作精确比较。

附　录　A
（资料性附录）
使用者对硬度计的期间核查

使用者应在当天使用硬度计之前，对其使用的硬度标尺或范围进行检查。

日常检查之前，(对于每个范围/标尺和硬度水平）应使用依照 GB/T 18449.3 标定过的标准硬度块上的标准压痕进行压痕测量装置的间接检验。压痕测量值应与标准硬度块证书上的标准值相差在 0.5％和 0.4 μm(取两者中的较大值)以内。如果测量装置不能满足上述要求，应采取相应措施。

日常检查应在按照 GB/T 18449.3 标定的标准硬度块上至少打一个压痕。如果测量的硬度(平均）值与标准硬度块标准值的差值在 GB/T 18449.2 中给出的允许误差之内，则硬度计被认为是满意的。如果超出，应立即进行间接检验。

所测数据应当保存一段时间，以便监测硬度计的再现性和测量设备的稳定性。

附 录 B
（资料性附录）
硬度值测量的不确定度

B.1 通常要求

本附录定义的不确定度只考虑硬度计与标准硬度块(CRM)相关测量的不确定度。这些不确定度反映了所有分量不确定度的组合影响(间接检定)。由于本方法要求硬度计的各个独立部件均在其允许偏差范围内正常工作,故强烈建议在硬度计通过直接检定一年内采用本方法计算。

图B.1显示用于定义和区分各硬度标尺的四级的计量朔源链的结构图。朔源链起始于用于定义国际比对的各硬度标尺的国际基准。一定数量的国家基准——基础标准硬度计"定值"校准实验室用基础参考硬度块。当然,基础标准硬度计应当在尽可能高的准确度下进行直接标定和校准。

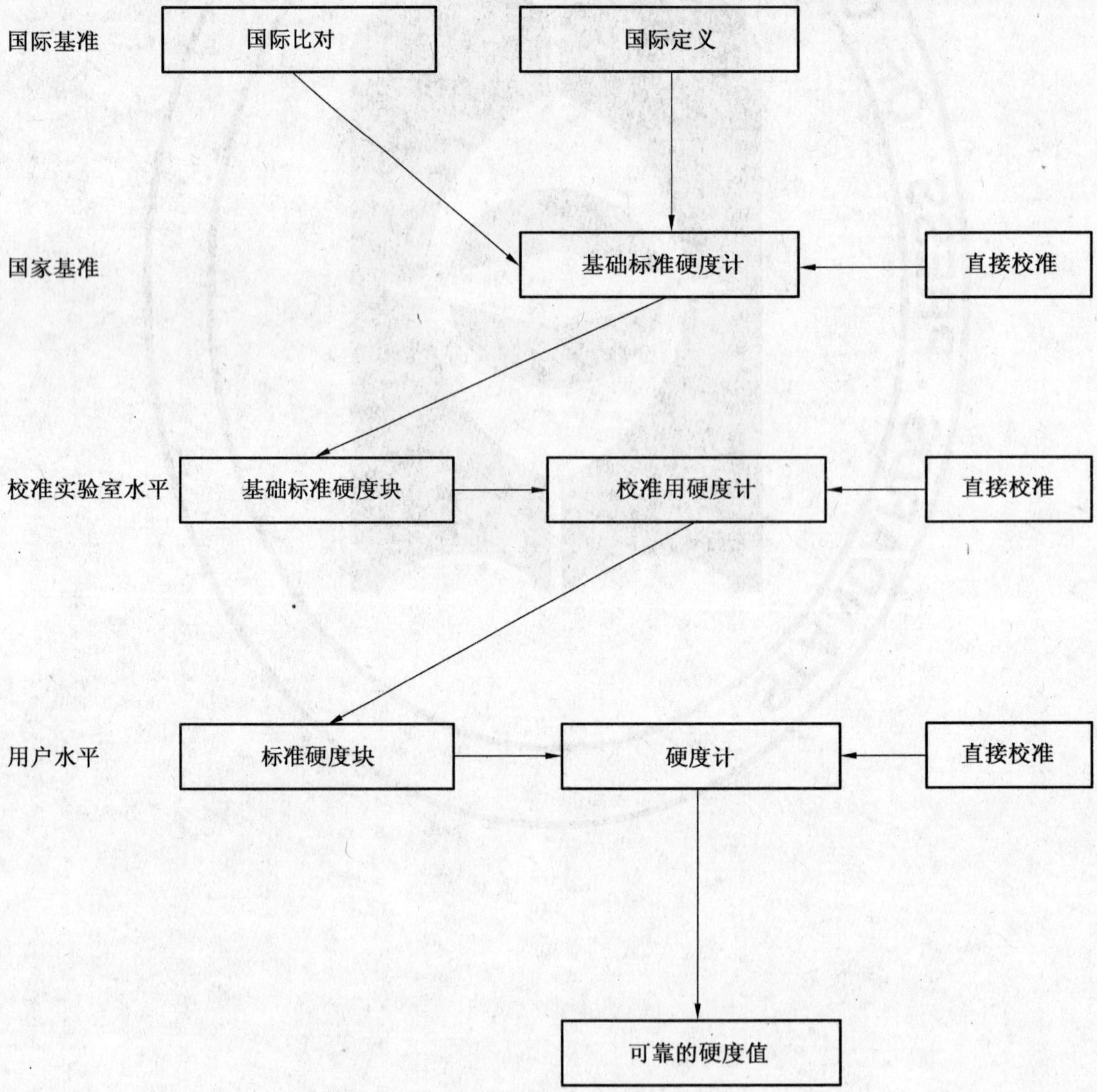

图 B.1 硬度标尺的定义和量值传递图

B.2 通常程序

本程序用平方根求和的方法(RSS)合成 u_1(各不确定度分项见表 B.1)。扩展不确定度 U 是 u_1 和包含因子 $k(k=2)$的乘积。表 B.1 给出了全部的符号和定义。

B.3 硬度计的偏差

硬度计的偏差 b 起源于下面两部分之间的差异:

——校准硬度计的五个硬度压痕的平均值。

——标准硬度块的标准值。

可以用不同的方法确定不确定度。

B.4 计算不确定度的步骤:硬度测量值

注:CRM(Certified Reference Material)是由标准硬度计标定的标准硬度块。

B.4.1 考虑硬度计最大允许误差的方法(方法 1)

方法 1 是一种简单的方法,它不考虑硬度计的系统误差,即是一种按照硬度计最大允许误差考虑的方法。

测定扩展不确定度 U(见表 B.1)

$$U = k \cdot \sqrt{u_E^2 + u_{CRM}^2 + u_{\bar{H}}^2 + u_x^2 + u_{ms}^2} \qquad \text{(B.1)}$$

测量结果:

$$X = \bar{x} \pm U \qquad \text{(B.2)}$$

B.4.2 考虑硬度计系统误差的方法(方法 2)

除去方法 1,也可以选择方法 2。方法 2 是与控制流程相关的方法,可能获得较小的不确定度。

$$U = k \cdot \sqrt{u_x^2 + u_{\bar{H}}^2 + u_{CRM}^2 + u_{ms}^2 + u_b^2} \qquad \text{(B.3)}$$

测量结果:

$$X = \bar{x} \pm U \qquad \text{(B.4)}$$

B.5 硬度测量结果的表示

表示测量结果时应注明不确定度的表示方法。通常用方法 1 表达测量不确定度(见表 B.1 中第 10 步)。

表 B.1 扩展不确定度的说明

方法步骤	不确定度来源	符号	公式	依据	例:[…]=HK1
1 方法 1 方法 2	测量试样的平均值及其标准偏差	$\overline{x}$ s_x	$\overline{x}=\frac{\sum_{i=1}^{n}x_{i}}{n}$ $s_x=\frac{R}{C}$	测量结果的标准偏差 采用极差法计算 当 $n=5$ 时极差系数 $C=2.33$	单次测量值 402.6,404.7,403.0,400.9,399.2 $\overline{x}=402.1$ $s_x=\frac{5.5}{2.33}=2.36$
2 方法 1 方法 2	对试样测量重复性的标准不确定度	u_x	$u_x=s_x$	评定单次测量的标准不确定度	$u_x=2.36$
3 方法 1 方法 2	用标准硬度块检定的平均值和标准偏差	$\overline{H}$ s_H	$\overline{H}=\frac{\sum_{i=1}^{n}H_i}{n}$ $s_H=\frac{R}{C}$	检定结果的标准偏差 采用极差法计算 当 $n=5$ 时极差系数 $C=2.33$	406.5,403.0,400.9,403.4,397.5 $\overline{H}=402.3$ $s_H=\frac{9.0}{2.33}=3.86$
4 方法 1 方法 2	用标准硬度块检定的平均值的标准不确定度	$u_{\overline{H}}$	$u_{\overline{H}}=s_H/\sqrt{5}$	评定 5 次平均值的标准不确定度	$u_H=\frac{3.86}{\sqrt{5}}=1.73$
5 方法 1 方法 2	标准硬度块的标准不确定度	u_{CRM}	$u_{CRM}=2\cdot u_{CRMrel}(\overline{d})\times H_{CRM}$ $u_{CRMrel}(\overline{d})=\frac{0.04\overline{d}}{2.83}\div\overline{d}=\frac{0.04}{2.83}$ $=1.413\%$	标准硬度块不均匀性 最大允许值见 GB/T 18449.2	$u_{CRM}=2\times1.413\%\times396.8=11.21$
6 方法 1	最大允许误差下的标准不确定度	u_E	$\mathrm{HK}=1.451\frac{F}{d^2}$ $u_E(d)=\frac{E_{rel}(d)}{\sqrt{3}}\cdot\overline{x}$	GB/T 18449.2 压痕最大允许误差 $E_{rel}(d)=\pm2\%$	$u_E=2\cdot u_E(d)$ $u_E=2\times\frac{2\%}{\sqrt{3}}\times402.1$ $=2\times1.154\%\times402.1=9.28$

表 B.1（续）

方法步骤	不确定度来源	符号	公　式	依　据	例：[…]＝HK1
7 方法 1 方法 2	压痕测量分辨力的标准不确定度	u_{ms}	$HK=1.451\frac{F}{d^2}$ $u_{rel}(HK)=2\cdot u_{rel}(d)$ $u_{rel(d)}=\frac{\delta_{ms}}{2\sqrt{3}}$	GB/T 18449.2 压痕测量装置的分辨力为 0.000 5 mm。按均匀分布考虑。硬度值为 402.1 HK1 时，压痕长度为 0.188 1 mm。则 $u_{rel}(d)=\frac{0.0005}{2\sqrt{3}}\div 0.1881=0.077\%$	$u_{ms}=2\times 0.077\%\times 402.1=0.62$
8 方法 2	硬度计校准值与硬度块标准值差	b	$b=\overline{H}-H_{CRM}$	第 3 步和第 5 步	$b=402.3-396.8=5.5$
9 方法 2	硬度计系统误差带来的不确定度	u_b	$u_b=\vert b\vert$	两点分布	$u_b=5.5$
10 方法 1	扩展不确定度的评定	U	$U=k\cdot\sqrt{u_x^2+u_{\overline{H}}^2+u_E^2+u_{CRM}^2+u_{ms}^2}$	第 1 步到第 7 步 $k=2$	$U=2\sqrt{2.36^2+1.73^2+9.28^2+11.21^2+0.62^2}$ $=2\times 14.86=29.7$
11 方法 1	测量结果	X	$X=\overline{x}\pm U$	第 1 步和第 10 步	$X=(402.1\pm 29.7)$HK(方法 1)
12 方法 2	扩展不确定度的评定	U	$U=k\cdot\sqrt{u_x^2+u_{\overline{H}}^2+u_{CRM}^2+u_{ms}^2+u_b^2}$	第 1 步到第 5 步 第 7 步到第 9 步	$U=2\times\sqrt{2.36^2+1.73^2+11.21^2+0.62^2+5.5^2}$ $U=25.7$HK
13 方法 2	测量结果	X	$X=\overline{x}\pm U$	第 1 步和第 12 步	$X=(402.1\pm 25.7)$HK(方法 2)

ICS 77.040.10
H 22

中华人民共和国国家标准

GB/T 18449.4—2009/ISO 4545-4:2005

金属材料　努氏硬度试验　第4部分：硬度值表

Metallic materials—Knoop hardness test—Part 4: Tables of hardness values

(ISO 4545-4:2005, IDT)

2009-06-25 发布　　2010-04-01 实施

中华人民共和国国家质量监督检验检疫总局
中国国家标准化管理委员会　发布

前　言

GB/T 18449《金属材料　努氏硬度试验》分为如下四部分：

——第1部分：试验方法；

——第2部分：硬度计的检验与校准；

——第3部分：标准硬度块的标定；

——第4部分：硬度值表。

本部分为GB/T 18449的第4部分。

本部分等同采用ISO 4545-4:2005《金属材料　努氏硬度试验　第4部分：努氏硬度值表》(英文版)。

本部分的整体结构、层次划分、编写方法和技术内容与ISO 4545-4:2005完全一致。本部分对ISO 4545-4:2005在以下方面进行了编辑性修改：

——用中文惯用的小数点符号"."代替英文采用的小数点符号","；

——重新编写了前言，代替国际标准的前言。

本部分由中国钢铁工业协会提出。

本部分由全国钢标准化技术委员会归口。

本部分起草单位：钢铁研究总院、冶金工业信息标准研究院。

本部分起草人：高怡斐、董莉。

金属材料 努氏硬度试验 第4部分：硬度值表

1 范围

GB/T 18449 的本部分给出了努氏硬度值计算表。

2 规范性引用文件

下列文件中的条款通过 GB/T 18449 的本部分的引用而成为本部分的条款。凡是注日期的引用文件，其随后所有的修改单(不包括勘误的内容)或修订版均不适用于本部分，然而，鼓励根据本部分达成协议的各方研究是否可使用这些文件的最新版本。凡是不注日期的引用文件，其最新版本适用于本部分。

GB/T 18449.1 金属材料 努氏硬度试验 第1部分：试验方法(GB/T 18449.1—2009,ISO 4545-1:2005,MOD)

GB/T 18449.2 金属努氏硬度试验 第2部分：硬度计的检验(GB/T 18449.2—2001,ISO 4546:1993,IDT)

3 计算

表1中努氏硬度值按下面的公式(1)计算：

$$HK = 常数 \times \frac{试验力}{压痕投影面积} = 0.102\frac{F}{d^2c} = 0.102 \times \frac{F}{0.702\,8d^2} = 1.451\frac{F}{d^2} \quad \cdots\cdots(1)$$

式中：

HK——努氏硬度；

F——试验力，单位为牛顿(N)；

d——压痕长对角线长度，单位为毫米(mm)；

c——压头常数 $c=\dfrac{\tan\dfrac{\beta}{2}}{2\tan\dfrac{\alpha}{2}}$；

α 及 β——相对棱边之间的夹角。

表1为压痕对角线长度 d 在 0.020 0 mm 和 0.200 0 mm 之间的努氏硬度值表。

表1 努氏硬度值表

压痕对角线 d/mm	试验力/N								
	0.098 07	0.196 1	0.245 2	0.490 3	0.980 7	1.961 2	2.942 0	4.903	9.807
	努氏硬度								
	HK 0.01	HK 0.02	HK 0.025	HK 0.05	HK 0.1	HK 0.2	HK 0.3	HK 0.5	HK 1
0.020 0	355.8	711.3	889.5	1 779	—	—	—	—	—

表 1（续）

压痕对角线 d/mm	试验力/N								
	0.098 07	0.196 1	0.245 2	0.490 3	0.980 7	1.961 2	2.942 0	4.903	9.807
	努氏硬度								
	HK 0.01	HK 0.02	HK 0.025	HK 0.05	HK 0.1	HK 0.2	HK 0.3	HK 0.5	HK 1
0.020 2	348.7	697.2	872.0	1 743	—	—	—	—	—
0.020 4	341.9	683.6	855.0	1 709	—	—	—	—	—
0.020 6	335.3	670.4	838.4	1 676	—	—	—	—	—
0.020 8	328.9	657.6	822.4	1 644	—	—	—	—	—
0.021 0	322.7	645.1	806.8	1 613	—	—	—	—	—
0.021 2	316.6	633.0	791.7	1 583	—	—	—	—	—
0.021 4	310.7	621.2	776.9	1 553	—	—	—	—	—
0.021 6	305.0	609.8	762.6	1 525	—	—	—	—	—
0.021 8	299.4	598.6	748.7	1 497	2 994	—	—	—	—
0.022 0	294.0	587.8	735.1	1 470	2 940	—	—	—	—
0.022 2	288.7	577.3	721.9	1 443	2 887	—	—	—	—
0.022 4	283.6	567.0	709.1	1 418	2 836	—	—	—	—
0.022 6	278.6	557.0	696.6	1 393	2 786	—	—	—	—
0.022 8	273.7	547.3	684.4	1 368	2 737	—	—	—	—
0.023 0	269.0	537.8	672.6	1 345	2 690	—	—	—	—
0.023 2	264.4	528.6	661.0	1 322	2 644	—	—	—	—
0.023 4	259.9	519.6	649.8	1 299	2 599	—	—	—	—
0.023 6	255.5	510.8	638.8	1 277	2 555	—	—	—	—
0.023 8	251.2	502.3	628.1	1 256	2 512	—	—	—	—
0.024 0	247.0	493.9	617.7	1 235	2 470	—	—	—	—
0.024 2	243.0	485.8	607.5	1 215	2 430	—	—	—	—
0.024 4	239.0	477.9	597.6	1 195	2 390	—	—	—	—
0.024 6	235.1	470.1	587.9	1 176	2 351	—	—	—	—
0.024 8	231.4	462.6	578.5	1 157	2 314	—	—	—	—
0.025 0	227.7	455.2	569.3	1 138	2 277	—	—	—	—
0.025 2	224.1	448.0	560.3	1 120	2 241	—	—	—	—
0.025 4	220.6	441.0	551.5	1 103	2 206	—	—	—	—
0.025 6	217.1	434.1	542.9	1 086	2 171	—	—	—	—
0.025 8	213.8	427.4	534.5	1 069	2 138	—	—	—	—
0.026 0	210.5	420.9	526.3	1 052	2 105	—	—	—	—
0.026 2	207.3	414.5	518.3	1 036	2 073	—	—	—	—

表 1（续）

压痕对角线 d/mm	试验力/N								
	0.098 07	0.196 1	0.245 2	0.490 3	0.980 7	1.961 2	2.942 0	4.903	9.807
	努氏硬度								
	HK 0.01	HK 0.02	HK 0.025	HK 0.05	HK 0.1	HK 0.2	HK 0.3	HK 0.5	HK 1
0.026 4	204.2	408.2	510.5	1 021	2 042	—	—	—	—
0.026 6	201.1	402.1	502.9	1 005	2 011	—	—	—	—
0.026 8	198.1	396.1	495.4	990.5	1 981	—	—	—	—
0.027 0	195.2	390.3	488.1	975.9	1 952	—	—	—	—
0.027 2	192.3	384.5	480.9	961.6	1 923	—	—	—	—
0.027 4	189.5	378.9	473.9	947.6	1 895	—	—	—	—
0.027 6	186.8	373.5	467.1	933.9	1 868	—	—	—	—
0.027 8	184.1	368.1	460.4	920.5	1 841	—	—	—	—
0.028 0	181.5	362.9	453.8	907.4	1 815	—	—	—	—
0.028 2	178.9	357.8	447.4	894.6	1 789	—	—	—	—
0.028 4	176.4	352.7	441.1	882.0	1 764	—	—	—	—
0.028 6	174.0	347.8	435.0	869.7	1 740	—	—	—	—
0.028 8	171.6	343.0	429.0	857.7	1 716	—	—	—	—
0.029 0	169.2	338.3	423.1	845.9	1 692	—	—	—	—
0.029 2	166.9	333.7	417.3	834.3	1 669	—	—	—	—
0.029 4	164.6	329.1	411.6	823.0	1 646	—	—	—	—
0.029 6	162.4	324.7	406.1	812.0	1 624	—	—	—	—
0.029 8	160.2	320.4	400.7	801.1	1 602	—	—	—	—
0.030 0	158.1	316.1	395.3	790.4	1 581	—	—	—	—
0.030 2	156.0	311.9	390.1	780.0	1 560	—	—	—	—
0.030 4	154.0	307.8	385.0	769.8	1 540	—	—	—	—
0.030 6	152.0	303.8	380.0	759.8	1 520	—	—	—	—
0.030 8	150.0	299.9	375.1	749.9	1 500	2 999	—	—	—
0.031 0	148.1	296.0	370.2	740.3	1 481	2 960	—	—	—
0.031 2	146.2	292.3	365.5	730.8	1 462	2 923	—	—	—
0.031 4	144.3	288.6	360.9	721.5	1 443	2 886	—	—	—
0.031 6	142.5	284.9	356.3	712.4	1 425	2 849	—	—	—
0.031 8	140.7	281.3	351.8	703.5	1 407	2 813	—	—	—
0.032 0	139.0	277.8	347.5	694.7	1 390	2 778	—	—	—
0.032 2	137.2	274.4	343.2	686.1	1 372	2 744	—	—	—
0.032 4	135.6	271.0	338.9	677.7	1 356	2 710	—	—	—

表 1（续）

压痕对角线 d/mm	试验力/N								
	0.098 07	0.196 1	0.245 2	0.490 3	0.980 7	1.961 2	2.942 0	4.903	9.807
	努氏硬度								
	HK 0.01	HK 0.02	HK 0.025	HK 0.05	HK 0.1	HK 0.2	HK 0.3	HK 0.5	HK 1
0.032 6	133.9	267.7	334.8	669.4	1 339	2 677	—	—	—
0.032 8	132.3	264.4	330.7	661.3	1 323	2 644	—	—	—
0.033 0	130.7	261.2	326.7	653.3	1 307	2 612	—	—	—
0.033 2	129.1	258.1	322.8	645.4	1 291	2 581	—	—	—
0.033 4	127.6	255.0	318.9	637.7	1 276	2 550	—	—	—
0.033 6	126.0	252.0	315.2	630.1	1 260	2 520	—	—	—
0.033 8	124.6	249.0	311.4	622.7	1 246	2 490	—	—	—
0.034 0	123.1	246.1	307.8	615.4	1 231	2 461	—	—	—
0.034 2	121.7	243.2	304.2	608.2	1 217	2 432	—	—	—
0.034 4	120.3	240.4	300.7	601.2	1 203	2 404	—	—	—
0.034 6	118.9	237.6	297.2	594.2	1 189	2 376	—	—	—
0.034 8	117.5	234.9	293.8	587.4	1 175	2 349	—	—	—
0.035 0	116.2	232.2	290.4	580.7	1 162	2 322	—	—	—
0.035 2	114.8	229.6	287.2	574.2	1 148	2 296	—	—	—
0.035 4	113.0	227.0	283.9	567.7	1 136	2 270	—	—	—
0.035 6	112.3	224.5	280.7	561.3	1 123	2 245	—	—	—
0.035 8	111.0	222.0	277.6	555.1	1 110	2 220	—	—	—
0.036 0	109.8	219.5	274.5	548.9	1 098	2 195	—	—	—
0.036 2	108.6	217.1	271.5	542.9	1 086	2 171	—	—	—
0.036 4	107.4	214.7	268.5	536.9	1 074	2 147	—	—	—
0.036 6	106.2	212.4	265.6	531.1	1 062	2 124	—	—	—
0.036 8	105.1	210.1	262.7	525.3	1 051	2 101	—	—	—
0.037 0	103.9	207.8	259.9	519.6	1 039	2 078	—	—	—
0.037 2	102.8	205.6	257.1	514.1	1 028	2 056	—	—	—
0.037 4	101.7	203.4	254.4	508.6	1 017	2 034	—	—	—
0.037 6	100.7	201.2	251.7	503.2	1 007	2 012	—	—	—
0.037 8	99.59	199.1	249.0	497.9	995.9	1 991	2 988	—	—
0.038 0	98.55	197.0	246.4	492.7	985.5	1 970	2 956	—	—
0.038 2	97.52	195.0	243.8	487.5	975.2	1 950	2 925	—	—
0.038 4	96.50	192.9	241.3	482.4	965.0	1 929	2 895	—	—
0.038 6	95.51	190.9	238.8	477.5	955.1	1 909	2 865	—	—

表 1（续）

压痕对角线 d/mm	试验力/N								
	0.098 07	0.196 1	0.245 2	0.490 3	0.980 7	1.961 2	2.942 0	4.903	9.807
	努氏硬度								
	HK 0.01	HK 0.02	HK 0.025	HK 0.05	HK 0.1	HK 0.2	HK 0.3	HK 0.5	HK 1
0.038 8	94.52	189.0	236.3	472.6	945.2	1 890	2 836	—	—
0.039 0	93.56	187.0	233.9	467.7	935.6	1 870	2 807	—	—
0.039 2	92.60	185.1	231.5	463.0	926.0	1 851	2 778	—	—
0.039 4	91.67	183.3	229.2	458.3	916.7	1 833	2 750	—	—
0.039 6	90.74	181.4	226.9	453.7	907.4	1 814	2 722	—	—
0.039 8	89.83	179.6	224.6	449.1	898.3	1 796	2 695	—	—
0.040 0	88.94	177.8	222.4	444.6	889.4	1 778	2 668	—	—
0.040 2	88.05	176.0	220.2	440.2	880.5	1 760	2 642	—	—
0.040 4	87.19	174.3	218.0	435.9	871.9	1 743	2 616	—	—
0.040 6	86.33	172.6	215.9	431.6	863.3	1 726	2 590	—	—
0.040 8	85.48	170.9	213.7	427.4	854.8	1 709	2 565	—	—
0.041 0	84.65	169.2	211.7	423.2	846.5	1 692	2 540	—	—
0.041 2	83.83	167.6	209.6	419.1	838.3	1 676	2 515	—	—
0.041 4	83.02	166.0	207.6	415.1	830.2	1 660	2 491	—	—
0.041 6	82.23	164.4	205.6	411.1	822.3	1 644	2 467	—	—
0.041 8	81.44	162.8	203.6	407.2	814.4	1 628	2 443	—	—
0.042 0	80.67	161.3	201.7	403.3	806.7	1 613	2 420	—	—
0.042 2	79.91	159.8	199.8	399.5	799.1	1 598	2 397	—	—
0.042 4	79.15	158.3	197.9	395.7	791.5	1 583	2 375	—	—
0.042 6	78.41	156.8	196.1	392.0	784.1	1 568	2 352	—	—
0.042 8	77.68	155.3	194.2	388.4	776.8	1 553	2 330	—	—
0.043 0	76.96	153.9	192.4	384.7	769.6	1 539	2 309	—	—
0.043 2	76.25	152.4	190.7	381.2	762.5	1 524	2 287	—	—
0.043 4	75.55	151.0	188.9	377.7	755.5	1 510	2 266	—	—
0.043 6	74.86	149.7	187.2	374.2	748.6	1 497	2 246	—	—
0.043 8	74.17	148.3	185.5	370.8	741.7	1 483	2 225	—	—
0.044 0	73.50	147.0	183.8	367.5	735.0	1 470	2 205	—	—
0.044 2	72.84	145.6	182.1	364.1	728.4	1 456	2 185	—	—
0.044 4	72.18	144.3	180.5	360.9	721.8	1 443	2 166	—	—
0.044 6	71.54	143.0	178.9	357.6	715.4	1 430	2 146	—	—
0.044 8	70.90	141.8	177.3	354.5	709.0	1 418	2 127	—	—

表 1（续）

压痕对角线 d/mm	试验力/N								
	0.098 07	0.196 1	0.245 2	0.490 3	0.980 7	1.961 2	2.942 0	4.903	9.807
	努氏硬度								
	HK 0.01	HK 0.02	HK 0.025	HK 0.05	HK 0.1	HK 0.2	HK 0.3	HK 0.5	HK 1
0.045 0	70.27	140.5	175.7	351.3	702.7	1 405	2 108	—	—
0.045 2	69.65	139.3	174.2	348.2	696.5	1 393	2 090	—	—
0.045 4	69.04	138.0	172.6	345.1	690.4	1 380	2 071	—	—
0.045 6	68.43	136.8	171.1	342.1	684.3	1 368	2 053	—	—
0.045 8	67.84	135.6	169.6	339.1	678.4	1 356	2 035	—	—
0.046 0	67.25	134.5	168.1	336.2	672.5	1 345	2 017	—	—
0.046 2	66.67	133.3	166.7	333.3	666.7	1 333	2 000	—	—
0.046 4	66.10	132.1	165.3	330.4	661.0	1 321	1 983	—	—
0.046 6	65.53	131.0	163.8	327.6	655.3	1 310	1 966	—	—
0.046 8	64.97	129.9	162.4	324.8	649.7	1 299	1 949	—	—
0.047 0	64.42	128.8	161.1	322.0	644.2	1 288	1 933	—	—
0.047 2	63.87	127.7	159.7	319.3	638.7	1 277	1 916	—	—
0.047 4	63.34	126.6	158.4	316.6	633.4	1 266	1 900	—	—
0.047 6	62.80	125.6	157.0	314.0	628.0	1 256	1 884	—	—
0.047 8	62.28	124.5	155.7	311.4	622.8	1 245	1 868	—	—
0.048 0	61.76	123.5	154.4	308.8	617.6	1 235	1 853	—	—
0.048 2	61.25	122.5	153.1	306.2	612.5	1 225	1 838	—	—
0.048 4	60.75	121.4	151.9	303.7	607.5	1 214	1 822	—	—
0.048 6	60.25	120.5	150.6	301.2	602.5	1 205	1 807	—	—
0.048 8	59.75	119.5	149.4	298.7	597.5	1 195	1 793	2 987	—
0.049 0	59.27	118.5	148.2	296.3	592.7	1 185	1 778	2 963	—
0.049 2	58.79	117.5	147.0	293.9	587.9	1 175	1 764	2 939	—
0.049 4	58.31	116.6	145.8	291.5	583.1	1 166	1 749	2 915	—
0.049 6	57.84	115.6	144.6	289.2	578.4	1 156	1 735	2 892	—
0.049 8	57.38	114.7	143.5	286.9	573.8	1 147	1 721	2 869	—
0.050 0	56.92	113.8	142.3	284.6	569.2	1 138	1 708	2 846	—
0.050 2	56.47	112.9	141.2	282.3	564.7	1 129	1 694	2 823	—
0.050 4	56.02	112.0	140.1	280.1	560.2	1 120	1 681	2 801	—
0.050 6	55.58	111.1	139.0	277.9	555.8	1 111	1 667	2 779	—
0.050 8	55.14	110.2	137.9	275.7	551.4	1 102	1 654	2 757	—
0.051 0	54.71	109.4	136.8	273.5	547.1	1 094	1 641	2 735	—

表 1(续)

压痕对角线 d/mm	试验力/N								
	0.098 07	0.196 1	0.245 2	0.490 3	0.980 7	1.961 2	2.942 0	4.903	9.807
	努氏硬度								
	HK 0.01	HK 0.02	HK 0.025	HK 0.05	HK 0.1	HK 0.2	HK 0.3	HK 0.5	HK 1
0.051 2	54.28	108.5	135.7	271.4	542.8	1 085	1 628	2 714	—
0.051 4	53.86	107.7	134.7	269.3	538.6	1 077	1 616	2 693	—
0.051 6	53.44	106.9	133.6	267.2	534.4	1 069	1 603	2 672	—
0.051 8	53.03	106.0	132.6	265.1	530.3	1 060	1 591	2 651	—
0.052 0	52.63	105.2	131.6	263.1	526.3	1 052	1 579	2 631	—
0.052 2	52.22	104.4	130.6	261.1	522.2	1 044	1 567	2 611	—
0.052 4	51.83	103.6	129.6	259.1	518.3	1 036	1 555	2 591	—
0.052 6	51.43	102.8	128.6	257.1	514.3	1 028	1 543	2 571	—
0.052 8	51.04	102.1	127.6	255.2	510.4	1 021	1 531	2 552	—
0.053 0	50.66	101.3	126.7	253.3	506.6	1 013	1 520	2 533	—
0.053 2	50.28	100.5	125.7	251.4	502.8	1 005	1 508	2 514	—
0.053 4	49.90	99.77	124.8	249.5	499.0	997.7	1 497	2 495	—
0.053 6	49.53	99.03	123.8	247.6	495.3	990.3	1 486	2 476	—
0.053 8	49.16	98.29	122.9	245.8	491.6	982.9	1 475	2 458	—
0.054 0	48.80	97.57	122.0	244.0	488.0	975.7	1 453	2 440	—
0.054 2	48.44	96.85	121.1	242.2	484.4	968.5	1 453	2 422	—
0.054 4	48.08	96.14	120.2	240.4	480.8	961.4	1 443	2 404	—
0.054 6	47.73	95.43	119.3	238.6	477.3	954.3	1 432	2 369	—
0.054 8	47.39	94.74	118.5	236.9	473.9	947.4	1 422	2 369	—
0.055 0	47.04	94.05	117.6	235.2	470.4	940.5	1 411	2 352	—
0.055 2	46.70	93.37	116.8	233.5	467.0	933.7	1 401	2 335	—
0.055 4	46.36	92.70	115.9	231.8	463.6	927.0	1 391	2 318	—
0.055 6	46.03	92.03	115.1	230.1	460.3	920.3	1 381	2 301	—
0.055 8	45.70	91.37	114.3	228.5	457.0	913.7	1 371	2 285	—
0.056 0	45.38	90.72	113.5	226.8	453.8	907.2	1 361	2 268	—
0.056 2	45.05	90.08	112.7	225.2	450.5	900.8	1 352	2 252	—
0.056 4	44.73	89.44	111.9	223.6	447.3	894.4	1 342	2 236	—
0.056 6	44.42	88.81	111.1	222.1	444.2	888.1	1 333	2 221	—
0.056 8	44.11	88.18	110.3	220.5	441.1	881.8	1 323	2 205	—
0.057 0	43.80	87.57	109.5	219.0	438.0	875.7	1 314	2 190	—
0.057 2	43.49	86.95	108.7	217.4	434.9	869.5	1 305	2 174	—

表 1（续）

压痕对角线 ～ d/mm	试验力/N								
	0.098 07	0.196 1	0.245 2	0.490 3	0.980 7	1.961 2	2.942 0	4.903	9.807
	努氏硬度								
	HK 0.01	HK 0.02	HK 0.025	HK 0.05	HK 0.1	HK 0.2	HK 0.3	HK 0.5	HK 1
0.057 4	43.19	86.35	108.0	215.9	431.9	863.5	1 296	2 159	—
0.057 6	42.89	85.75	107.2	214.4	428.9	857.5	1 287	2 144	—
0.057 8	42.59	85.16	106.5	212.9	425.9	851.6	1 278	2 129	—
0.058 0	42.30	84.57	105.8	211.5	423.0	845.7	1 269	2 115	—
0.058 2	42.01	83.99	105.0	210.0	420.1	839.9	1 260	2 100	—
0.058 4	41.72	83.42	104.3	208.6	417.2	834.2	1 252	2 086	—
0.058 6	41.44	82.85	103.6	207.2	414.2	828.5	1 243	2 072	—
0.058 8	41.16	82.29	102.9	205.8	411.6	822.9	1 235	2 058	—
0.059 0	40.88	81.73	102.2	204.4	408.8	817.3	1 226	2 044	—
0.059 2	40.60	81.18	101.5	203.0	406.0	811.8	1 218	2 030	—
0.059 4	40.33	80.63	100.8	201.6	403.3	806.3	1 210	2 016	—
0.059 6	40.06	80.09	100.2	200.3	400.6	800.9	1 202	2 003	—
0.059 8	39.79	79.56	99.50	198.9	397.9	795.6	1 194	1 989	—
0.060 0	39.53	79.03	98.83	197.6	395.3	790.3	1 186	1 976	—
0.060 2	39.27	78.50	98.18	196.3	392.7	785.0	1 178	1 963	—
0.060 4	39.01	77.98	97.53	195.0	390.1	779.8	1 170	1 950	—
0.060 6	38.75	77.47	96.89	193.7	387.5	774.7	1 162	1 937	—
0.060 8	38.49	76.96	96.25	192.4	384.9	769.6	1 155	1 924	—
0.061 0	38.24	76.46	95.62	191.2	382.4	764.6	1 147	1 912	—
0.061 2	37.99	75.96	95.00	189.9	379.9	759.6	1 140	1 899	—
0.061 4	37.75	75.46	94.38	188.7	377.5	754.6	1 132	1 887	—
0.061 6	37.50	74.98	93.77	187.5	375.0	749.8	1 125	1 875	—
0.061 8	37.26	74.49	93.16	186.3	372.6	744.9	1 118	1 863	—
0.062 0	37.02	74.01	92.56	185.1	370.2	740.1	1 111	1 851	—
0.062 2	36.78	73.54	91.97	183.9	367.8	735.4	1 103	1 839	—
0.062 4	36.55	73.07	91.38	182.7	365.5	730.7	1 096	1 827	—
0.062 6	36.31	72.60	90.79	181.5	363.1	726.0	1 089	1 815	—
0.062 8	36.08	72.14	90.22	180.4	360.8	721.4	1 082	1 804	—
0.063 0	35.85	71.68	89.64	179.2	358.5	716.8	1 076	1 792	—
0.063 2	35.63	71.23	89.08	178.1	356.3	712.3	1 069	1 781	—
0.063 4	35.40	70.78	88.52	177.0	354.0	707.8	1 062	1 770	—

表 1（续）

压痕对角线 d/mm	试验力/N								
	0.098 07	0.196 1	0.245 2	0.490 3	0.980 7	1.961 2	2.942 0	4.903	9.807
	努氏硬度								
	HK 0.01	HK 0.02	HK 0.025	HK 0.05	HK 0.1	HK 0.2	HK 0.3	HK 0.5	HK 1
0.063 6	35.18	70.33	87.96	175.9	351.8	703.3	1 055	1 759	—
0.063 8	34.96	69.89	87.41	174.8	349.6	698.9	1 049	1 748	—
0.064 0	34.74	69.46	86.87	173.7	347.4	694.6	1 042	1 737	—
0.064 2	34.53	69.03	86.32	172.6	345.3	690.3	1 036	1 726	—
0.064 4	34.31	68.60	85.79	171.5	343.1	686.0	1 029	1 715	—
0.064 6	34.10	68.17	85.26	170.5	341.0	681.7	1 023	1 705	—
0.064 8	33.89	67.75	84.73	169.4	338.9	677.5	1 017	1 694	—
0.065 0	33.68	67.34	84.21	168.4	336.8	673.4	1 010	1 684	—
0.065 2	33.47	66.92	83.70	167.3	334.7	669.2	1 004	1 673	—
0.065 4	33.27	66.52	83.19	166.3	332.7	665.2	998.1	1 663	—
0.065 6	33.07	66.11	82.68	165.3	330.7	661.1	992.0	1 653	—
0.065 8	32.87	65.71	82.18	164.3	328.7	657.1	986.0	1 643	—
0.066 0	32.67	65.31	81.68	163.3	326.7	653.1	980.0	1 633	—
0.066 2	32.47	64.92	81.19	162.3	324.7	649.2	974.1	1 623	—
0.066 4	32.28	64.53	80.70	161.4	322.8	645.3	968.3	1 614	—
0.066 6	32.08	64.14	80.22	160.4	320.8	641.4	962.4	1 604	—
0.066 8	31.89	63.76	79.74	159.4	318.9	637.6	956.7	1 594	—
0.067 0	31.70	63.38	79.26	158.5	317.0	633.8	951.0	1 585	—
0.067 2	31.51	63.00	78.79	157.5	315.1	630.0	945.3	1 575	—
0.067 4	31.32	62.63	78.32	156.6	313.2	626.3	939.7	1 566	—
0.067 6	31.14	62.26	77.86	155.7	311.4	622.6	934.2	1 557	—
0.067 8	30.96	61.89	77.40	154.8	309.6	618.9	928.7	1 548	—
0.068 0	30.77	61.53	76.95	153.8	307.7	615.3	923.2	1 538	—
0.068 2	30.59	61.17	76.50	152.9	305.9	611.7	917.8	1 529	—
0.068 4	30.42	60.81	76.05	152.1	304.2	608.1	912.5	1 521	—
0.068 6	30.24	60.46	75.61	151.2	302.4	604.6	907.1	1 512	—
0.068 8	30.06	60.10	75.17	150.3	300.6	601.0	901.9	1 503	—
0.069 0	29.89	59.76	74.73	149.4	298.9	597.6	896.7	1 494	2 988
0.069 2	29.72	59.41	74.30	148.6	297.2	594.1	891.5	1 486	2 972
0.069 4	29.55	59.07	73.87	147.7	295.5	590.7	886.4	1 477	2 955
0.069 6	29.38	58.73	73.45	146.9	293.8	587.3	881.3	1 469	2 938

表 1(续)

压痕对角线 d/mm	试验力/N								
	0.098 07	0.196 1	0.245 2	0.490 3	0.980 7	1.961 2	2.942 0	4.903	9.807
	努氏硬度								
	HK 0.01	HK 0.02	HK 0.025	HK 0.05	HK 0.1	HK 0.2	HK 0.3	HK 0.5	HK 1
0.069 8	29.21	58.39	73.03	146.0	292.1	583.9	876.2	1 460	2 921
0.070 0	29.04	58.06	72.61	145.2	290.4	580.6	871.2	1 452	2 904
0.070 2	28.88	57.73	72.20	144.4	288.8	577.3	866.3	1 444	2 888
0.070 4	28.71	57.40	71.79	143.5	287.1	574.0	861.4	1 435	2 871
0.070 6	28.55	57.08	71.38	142.7	285.5	570.8	856.5	1 427	2 855
0.070 8	28.39	56.76	70.98	141.9	283.9	567.6	851.6	1 419	2 839
0.071 0	28.23	56.44	70.58	141.1	282.3	564.4	846.9	1 411	2 823
0.071 2	28.07	56.12	70.19	140.3	280.7	561.2	842.1	1 403	2 807
0.071 4	27.91	55.81	69.79	139.5	279.1	558.1	837.4	1 395	2 791
0.071 6	27.76	55.50	69.40	138.8	277.6	555.0	832.7	1 388	2 776
0.071 8	27.60	55.19	69.02	138.0	276.0	551.9	828.1	1 380	2 760
0.072 0	27.45	54.88	68.63	137.2	274.5	548.8	823.5	1 372	2 745
0.072 2	27.30	54.58	68.25	136.5	273.0	545.8	818.9	1 365	2 730
0.072 4	27.15	54.28	67.88	135.7	271.5	542.8	814.4	1 357	2 715
0.072 6	27.00	53.98	67.50	135.0	270.0	539.8	809.9	1 350	2 700
0.072 8	26.85	53.68	67.13	134.2	268.5	536.8	805.5	1 342	2 685
0.073 0	26.70	53.69	66.77	133.5	267.0	533.9	801.1	1 335	2 670
0.073 2	26.56	53.10	66.40	132.8	265.6	531.0	796.7	1 328	2 656
0.073 4	26.41	52.81	66.04	132.0	264.1	528.1	792.4	1 320	2 641
0.073 6	26.27	52.52	65.68	131.3	262.7	525.2	788.1	1 313	2 627
0.073 8	26.13	52.24	65.33	130.6	261.3	522.4	783.8	1 306	2 613
0.074 0	25.99	51.95	64.97	129.9	259.9	519.5	779.6	1 299	2 599
0.074 2	25.85	51.67	64.62	129.2	258.5	516.7	775.4	1 292	2 585
0.074 4	25.71	51.40	64.28	128.5	257.1	514.0	771.2	1 285	2 571
0.074 6	25.57	51.12	63.93	127.8	255.7	511.2	767.1	1 278	2 557
0.074 8	25.43	50.85	63.59	127.1	254.3	508.5	763.0	1 271	2 543
0.075 0	25.30	50.58	63.25	126.5	253.0	505.8	758.9	1 265	2 530
0.075 2	25.16	50.31	62.92	125.8	251.6	503.1	754.9	1 258	2 516
0.075 4	25.03	50.04	62.58	125.1	250.3	500.4	750.9	1 251	2 503
0.075 6	24.90	49.78	62.25	124.5	249.0	497.8	746.9	1 245	2 490
0.075 8	24.77	49.52	61.93	123.8	247.7	495.2	743.0	1 238	2 477

表 1（续）

压痕对角线 d/mm	试验力/N								
	0.098 07	0.196 1	0.245 2	0.490 3	0.980 7	1.961 2	2.942 0	4.903	9.807
	努氏硬度								
	HK 0.01	HK 0.02	HK 0.025	HK 0.05	HK 0.1	HK 0.2	HK 0.3	HK 0.5	HK 1
0.076 0	24.64	49.26	61.60	123.2	246.4	492.6	739.1	1 232	2 464
0.076 2	24.51	49.00	61.28	122.5	245.1	490.0	735.2	1 225	2 451
0.076 4	24.38	48.74	60.96	121.9	243.8	487.4	731.4	1 219	2 438
0.076 6	24.25	48.49	60.64	121.2	242.5	484.9	727.6	1 212	2 425
0.076 8	24.13	48.23	60.32	120.6	241.3	482.3	723.8	1 206	2 413
0.077 0	24.00	47.98	60.01	120.0	240.0	479.8	720.0	1 200	2 400
0.077 2	23.88	47.74	59.70	119.4	238.8	477.4	716.3	1 194	2 388
0.077 4	23.75	47.49	59.39	118.7	237.5	474.9	712.6	1 187	2 375
0.077 6	23.63	47.25	59.09	118.1	236.3	472.5	708.9	1 181	2 363
0.077 8	23.51	47.00	58.78	117.5	235.1	470.0	705.3	1 175	2 351
0.078 0	23.39	46.76	58.48	116.0	233.9	467.6	701.7	1 169	2 339
0.078 2	23.27	46.52	58.18	116.3	232.7	465.2	698.1	1 163	2 327
0.078 4	23.15	46.29	57.89	115.7	231.5	462.9	694.5	1 157	2 315
0.078 6	23.03	46.05	57.59	115.2	230.3	460.5	691.0	1 152	2 303
0.078 8	22.92	45.82	57.30	114.6	229.2	458.2	687.5	1 146	2 292
0.079 0	22.80	45.59	57.01	114.0	228.0	455.9	684.0	1 140	2 280
0.079 2	22.69	45.36	56.72	113.4	226.9	453.6	680.6	1 134	2 269
0.079 4	22.57	45.13	56.44	112.8	225.7	451.3	677.2	1 128	2 257
0.079 6	22.46	44.90	56.15	112.3	224.6	449.0	673.8	1 123	2 246
0.079 8	22.35	44.68	55.87	111.7	223.5	446.8	670.4	1 117	2 235
0.080 0	22.23	44.45	55.59	111.2	222.3	444.5	667.0	1 112	2 223
0.080 2	22.12	44.23	55.32	110.6	221.2	442.3	663.7	1 106	2 212
0.080 4	22.01	44.01	55.04	110.1	220.1	440.1	660.4	1 101	2 201
0.080 6	21.90	43.79	54.77	109.5	219.0	437.9	657.1	1 095	2 190
0.080 8	21.80	43.58	54.50	109.5	218.0	435.8	653.9	1 090	2 180
0.081 0	21.69	43.36	54.23	108.4	216.9	433.6	650.7	1 084	2 169
0.081 2	21.58	43.15	53.96	107.9	215.8	431.5	647.5	1 079	2 158
0.081 4	21.48	42.94	53.70	107.4	214.8	429.4	644.3	1 074	2 148
0.081 6	21.37	42.73	53.43	106.8	213.7	427.3	641.1	1 068	2 137
0.081 8	21.27	42.52	53.17	106.3	212.7	425.2	638.0	1 063	2 127
0.082 0	21.16	42.31	52.91	105.8	211.6	423.1	634.9	1 058	2 116

表 1（续）

压痕对角线 d/mm	试验力/N								
	0.098 07	0.196 1	0.245 2	0.490 3	0.980 7	1.961 2	2.942 0	4.903	9.807
	努氏硬度								
	HK 0.01	HK 0.02	HK 0.025	HK 0.05	HK 0.1	HK 0.2	HK 0.3	HK 0.5	HK 1
0.082 2	21.06	42.11	52.66	105.3	210.6	421.1	631.8	1 053	2 106
0.082 4	20.96	41.90	52.40	104.8	209.6	419.0	628.7	1 048	2 096
0.082 6	20.86	41.70	52.15	104.3	208.6	417.0	625.7	1 043	2 086
0.082 8	20.76	41.50	51.90	103.8	207.6	415.0	622.7	1 038	2 076
0.083 0	20.66	41.30	51.65	103.3	206.6	413.0	619.7	1 033	2 066
0.083 2	20.56	41.10	51.40	102.8	205.6	411.0	616.7	1 028	2 056
0.083 4	20.46	40.90	51.15	102.3	204.6	409.0	613.8	1 023	2 046
0.083 6	20.36	40.71	50.91	101.8	203.6	407.1	610.8	1 018	2 036
0.083 8	20.26	40.51	50.67	101.3	202.6	405.1	607.9	1 013	2 026
0.084 0	20.17	40.32	50.43	100.8	201.7	403.2	605.0	1 008	2 017
0.084 2	20.07	40.13	50.19	100.3	200.7	401.3	602.1	1 003	2 007
0.084 4	19.98	39.94	49.95	99.87	199.8	399.4	599.3	998.7	1 998
0.084 6	19.88	39.75	49.71	99.40	198.8	397.5	596.5	994.0	1 988
0.084 8	19.79	39.56	49.48	98.93	197.9	395.6	593.7	989.3	1 979
0.085 0	19.70	39.38	49.25	98.46	197.0	393.8	590.9	984.6	1 970
0.085 2	19.60	39.19	49.01	98.00	196.0	391.9	588.1	980.0	1 960
0.085 4	19.51	39.01	48.79	97.54	195.1	390.1	585.3	975.4	1 951
0.085 6	19.42	38.83	48.56	97.09	194.2	388.3	582.6	970.9	1 942
0.085 8	19.33	38.65	48.33	96.64	193.3	386.5	579.9	966.4	1 933
0.086 0	19.24	38.47	48.11	96.19	192.4	384.7	577.2	961.9	1 924
0.086 2	19.15	38.29	47.88	95.74	191.5	382.9	574.5	957.4	1 915
0.086 4	19.06	38.11	47.66	95.30	190.6	381.1	571.9	953.0	1 906
0.086 6	18.97	37.94	47.44	94.86	189.7	379.4	569.2	948.6	1 897
0.086 8	18.89	37.76	47.22	94.42	188.9	377.6	566.6	944.2	1 889
0.087 0	18.80	37.59	47.01	93.99	188.0	375.9	564.0	939.9	1 880
0.087 2	18.71	37.42	46.79	93.56	187.1	374.2	561.4	935.6	1 871
0.087 4	18.63	37.24	46.58	93.13	186.3	372.4	558.9	931.3	1 863
0.087 6	18.54	37.07	46.37	92.71	185.4	370.7	556.3	927.1	1 854
0.087 8	18.46	36.91	46.15	92.28	184.6	369.1	553.8	922.8	1 846
0.088 0	18.38	36.74	45.95	91.86	183.8	367.4	551.3	918.6	1 838
0.088 2	18.29	36.57	45.74	91.45	182.9	365.7	548.8	914.5	1 829

表 1（续）

压痕对角线 d/mm	试验力/N								
	0.098 07	0.196 1	0.245 2	0.490 3	0.980 7	1.961 2	2.942 0	4.903	9.807
	努氏硬度								
	HK 0.01	HK 0.02	HK 0.025	HK 0.05	HK 0.1	HK 0.2	HK 0.3	HK 0.5	HK 1
0.088 4	18.21	36.41	45.53	91.04	182.1	364.1	546.3	910.4	1 821
0.088 6	18.13	36.24	45.33	90.62	181.3	362.4	543.8	906.2	1 813
0.088 8	18.05	36.08	45.12	90.22	180.5	360.8	541.4	902.2	1 805
0.089 0	17.96	35.92	44.92	89.81	179.6	359.2	538.9	898.1	1 796
0.089 2	17.88	35.76	44.72	89.41	178.8	357.6	536.5	894.1	1 788
0.089 4	17.80	35.60	44.52	89.01	178.0	356.0	534.1	890.1	1 780
0.089 6	17.73	35.44	44.32	88.61	177.3	354.4	531.8	886.1	1 773
0.089 8	17.65	35.28	44.12	88.22	176.5	352.8	529.4	882.2	1 765
0.090 0	17.57	35.12	43.93	87.83	175.7	351.2	527.0	878.3	1 757
0.090 2	17.49	34.97	43.73	87.44	174.9	349.7	524.7	874.4	1 749
0.090 4	17.41	34.81	43.54	87.05	174.1	348.1	522.4	870.5	1 741
0.090 6	17.34	34.66	43.35	86.67	173.4	346.6	520.1	866.7	1 734
0.090 8	17.26	34.51	43.16	86.29	172.6	345.1	517.8	862.9	1 726
0.091 0	17.18	34.36	42.97	85.91	171.8	343.6	515.5	859.1	1 718
0.091 2	17.11	34.21	42.78	85.53	171.1	342.1	513.3	855.3	1 711
0.091 4	17.03	34.06	42.59	85.16	170.3	340.6	511.0	851.6	1 703
0.091 6	16.96	33.91	42.40	84.79	169.6	339.1	508.8	847.9	1 696
0.091 8	16.89	33.76	42.22	84.42	168.9	337.6	506.6	844.2	1 689
0.092 0	16.81	33.61	42.04	84.05	168.1	336.1	504.4	840.5	1 681
0.092 2	16.74	33.47	41.85	83.69	167.4	334.7	502.2	836.9	1 674
0.092 4	16.67	33.32	41.67	83.32	166.7	333.2	500.0	833.2	1 667
0.092 6	16.60	33.18	41.49	82.96	166.0	331.8	497.9	829.6	1 660
0.092 8	16.52	33.04	41.32	82.61	165.2	330.4	495.7	826.1	1 652
0.093 0	16.45	32.89	41.14	82.25	164.5	328.9	493.6	822.5	1 645
0.093 2	16.38	32.75	40.96	81.90	163.8	327.5	491.5	819.0	1 638
0.093 4	16.31	32.61	40.79	81.55	163.1	326.1	489.4	815.5	1 631
0.093 6	16.24	32.47	40.61	81.20	162.4	324.7	487.3	812.0	1 624
0.093 8	16.17	32.34	40.44	80.86	161.7	323.4	485.2	808.6	1 617
0.094 0	16.10	32.20	40.27	80.51	161.0	322.0	483.1	805.1	1 610
0.094 2	16.04	32.06	40.10	80.17	160.4	320.6	481.1	801.7	1 604
0.094 4	15.97	31.93	39.93	79.83	159.7	319.3	479.1	798.3	1 597

表 1（续）

压痕对角线 d/mm	试验力/N								
	0.098 07	0.196 1	0.245 2	0.490 3	0.980 7	1.961 2	2.942 0	4.903	9.807
	努氏硬度								
	HK 0.01	HK 0.02	HK 0.025	HK 0.05	HK 0.1	HK 0.2	HK 0.3	HK 0.5	HK 1
0.094 6	15.90	31.79	39.76	79.49	159.0	317.9	477.0	794.9	1 590
0.094 8	15.83	31.66	39.59	79.16	158.3	316.6	475.0	791.6	1 583
0.095 0	15.77	31.52	39.42	78.83	157.7	315.2	473.0	788.3	1 577
0.095 2	15.70	31.39	39.26	78.49	157.0	313.9	471.0	784.9	1 570
0.095 4	15.64	31.26	39.09	78.17	156.4	312.6	469.1	781.7	1 564
0.095 6	15.57	31.13	38.93	77.84	155.7	311.3	467.1	778.4	1 557
0.095 8	15.51	31.00	38.77	77.51	155.1	310.0	465.2	775.1	1 551
0.096 0	15.44	30.87	38.61	77.19	154.4	308.7	463.2	771.9	1 544
0.096 2	15.38	30.74	38.45	76.87	153.8	307.4	461.3	768.7	1 538
0.096 4	15.31	30.61	38.29	76.55	153.1	306.1	459.4	765.5	1 531
0.096 6	15.25	30.49	38.13	76.24	152.5	304.9	457.5	762.4	1 525
0.096 8	15.19	30.36	37.97	75.92	151.9	303.6	455.6	759.2	1 519
0.097 0	15.12	30.24	37.81	75.61	151.2	302.4	453.7	756.1	1 512
0.097 2	15.06	30.11	37.66	75.30	150.6	301.1	451.8	753.0	1 506
0.097 4	15.00	29.99	37.50	74.99	150.0	299.9	450.0	749.9	1 500
0.097 6	14.94	29.87	37.35	74.68	149.4	298.7	448.2	746.8	1 494
0.097 8	14.88	29.74	37.20	74.38	148.8	297.4	446.3	743.8	1 488
0.098 0	14.82	29.62	37.05	74.07	148.2	296.2	444.5	740.7	1 482
0.098 2	14.76	29.50	36.90	73.77	147.6	295.0	442.7	737.7	1 476
0.098 4	14.70	29.38	36.75	73.47	147.0	293.8	440.9	734.7	1 470
0.098 6	14.64	29.26	36.60	73.17	146.4	292.6	439.1	731.7	1 464
0.098 8	14.58	29.15	36.45	72.88	145.8	291.5	437.3	728.8	1 458
0.099 0	14.52	29.03	36.30	72.58	145.2	290.3	435.6	725.8	1 452
0.099 2	14.46	28.91	36.16	72.29	144.6	289.1	433.8	722.9	1 446
0.099 4	14.40	28.79	36.01	72.00	144.0	287.9	432.1	720.0	1 440
0.099 6	14.34	28.68	35.87	71.71	143.4	286.8	430.3	717.1	1 434
0.099 8	14.29	28.56	35.72	71.43	142.9	285.6	428.6	714.3	1 429
0.100 0	14.23	28.45	35.58	71.14	142.3	284.5	426.9	711.4	1 423
0.100 2	14.17	28.34	35.44	70.86	141.7	283.4	425.2	708.6	1 417
0.100 4	14.12	28.22	35.30	70.57	141.2	282.2	423.5	705.7	1 412
0.100 6	14.06	28.11	35.16	70.29	140.6	281.1	421.8	702.9	1 406

表 1（续）

压痕对角线 d/mm	试验力/N								
	0.098 07	0.196 1	0.245 2	0.490 3	0.980 7	1.961 2	2.942 0	4.903	9.807
	努氏硬度								
	HK 0.01	HK 0.02	HK 0.025	HK 0.05	HK 0.1	HK 0.2	HK 0.3	HK 0.5	HK 1
0.100 8	14.01	28.00	35.02	72.02	140.1	280.0	420.2	700.2	1 401
0.101 0	13.95	27.89	34.88	69.74	139.5	278.9	418.5	697.4	1 395
0.101 2	13.89	27.78	34.74	69.46	138.9	277.8	416.8	694.6	1 389
0.101 4	13.84	27.67	34.60	69.19	138.4	276.7	415.2	691.9	1 384
0.101 6	13.79	27.56	34.47	68.92	137.9	275.6	413.6	689.2	1 379
0.101 8	13.73	27.45	34.33	68.85	137.3	274.5	411.9	686.5	1 373
0.102 0	13.68	27.35	34.20	68.38	136.8	273.5	410.3	683.8	1 368
0.102 2	13.62	27.24	34.06	68.11	136.2	272.4	408.7	681.1	1 362
0.102 4	13.57	27.13	33.93	67.84	135.7	271.3	407.1	678.4	1 357
0.102 6	13.52	27.03	33.80	67.58	135.2	270.3	405.5	675.8	1 352
0.102 8	13.47	26.92	33.67	67.32	134.7	269.2	404.0	673.2	1 347
0.103 0	13.41	26.82	33.54	67.06	134.1	268.2	402.4	670.6	1 341
0.103 2	13.36	26.71	33.41	66.80	133.6	267.1	400.8	668.0	1 336
0.103 4	13.31	26.61	33.28	66.54	133.1	266.1	399.3	665.4	1 331
0.103 6	13.26	26.51	33.15	66.28	132.6	265.1	397.7	662.8	1 326
0.103 8	13.21	26.41	33.02	66.03	132.1	264.1	396.2	660.3	1 321
0.104 0	13.16	26.30	32.90	65.77	131.6	263.0	394.7	657.7	1 316
0.104 2	13.11	26.20	32.77	65.52	131.1	262.0	393.2	655.2	1 311
0.104 4	13.06	26.10	32.64	65.27	130.6	261.0	391.7	652.7	1 306
0.104 6	13.01	26.00	32.52	65.02	130.1	260.0	390.2	650.2	1 301
0.104 8	12.96	25.90	32.40	64.77	129.6	259.0	388.7	647.7	1 296
0.105 0	12.91	25.80	32.27	64.53	129.1	258.0	387.2	645.3	1 291
0.105 2	12.86	25.71	32.15	64.28	128.6	257.1	385.7	642.8	1 286
0.105 4	12.81	25.61	32.03	64.04	128.1	256.1	384.3	640.4	1 281
0.105 6	12.76	25.51	31.91	63.79	127.6	255.1	382.8	637.9	1 276
0.105 8	12.71	25.42	31.79	63.55	127.1	254.2	381.4	635.5	1 271
0.106 0	12.66	25.32	31.67	63.31	126.6	253.2	379.9	633.1	1 266
0.106 2	12.62	25.23	31.55	63.08	126.2	252.3	378.5	630.8	1 262
0.106 4	12.57	25.13	31.43	62.84	125.7	251.3	377.1	628.4	1 257
0.106 6	12.52	25.04	31.31	62.60	125.2	250.4	375.7	626.0	1 252
0.106 8	12.48	24.94	31.19	62.37	124.8	249.4	374.3	623.7	1 248

表 1（续）

压痕对角线 d/mm	试验力/N								
	0.098 07	0.196 1	0.245 2	0.490 3	0.980 7	1.961 2	2.942 0	4.903	9.807
	努氏硬度								
	HK 0.01	HK 0.02	HK 0.025	HK 0.05	HK 0.1	HK 0.2	HK 0.3	HK 0.5	HK 1
0.107 0	12.43	24.85	31.08	62.14	124.3	248.5	372.9	621.4	1 243
0.107 2	12.38	24.76	30.96	61.90	123.8	247.5	371.5	619.0	1 238
0.107 4	12.34	24.66	30.85	61.67	123.4	246.6	370.1	616.7	1 234
0.107 6	12.29	24.57	30.73	61.45	122.9	245.7	368.7	614.5	1 229
0.107 8	12.25	24.48	30.62	61.22	122.5	244.8	367.4	612.2	1 225
0.108 0	12.20	24.39	30.50	60.99	122.0	243.9	366.0	609.9	1 220
0.108 2	12.15	24.30	30.39	60.77	121.5	243.0	364.6	607.7	1 215
0.108 4	12.11	24.21	30.28	60.54	121.1	242.1	363.3	605.4	1 211
0.108 6	12.07	24.12	30.17	60.32	120.7	241.2	362.0	603.2	1 207
0.108 8	12.02	24.03	30.06	60.10	120.2	240.3	360.6	601.0	1 202
0.109 0	11.98	23.95	29.95	59.88	119.8	239.5	359.3	598.8	1 198
0.109 2	11.93	23.86	29.84	59.66	119.3	238.6	358.0	596.6	1 193
0.109 4	11.89	23.77	29.73	59.44	118.9	237.7	356.7	594.4	1 189
0.109 6	11.85	23.68	29.62	59.22	118.5	236.8	355.4	592.2	1 185
0.109 8	11.80	23.60	29.51	59.01	118.0	236.0	354.1	590.1	1 180
0.110 0	11.76	23.51	29.40	58.79	117.6	235.1	352.8	587.9	1 176
0.110 2	11.72	23.43	29.30	58.58	117.2	234.3	351.5	585.8	1 172
0.110 4	11.68	23.34	29.19	58.37	116.8	233.4	350.3	583.7	1 168
0.110 6	11.63	23.26	29.09	58.16	116.3	232.6	349.0	581.6	1 163
0.110 8	11.59	23.17	28.98	57.95	115.9	231.7	347.7	579.5	1 159
0.111 0	11.55	23.09	28.88	57.74	115.5	230.9	346.5	577.4	1 155
0.111 2	11.51	23.01	28.77	57.53	115.1	230.1	345.2	575.3	1 151
0.111 4	11.47	22.93	28.67	57.32	114.7	229.3	344.0	573.2	1 147
0.111 6	11.43	22.84	28.57	57.12	114.3	228.4	342.8	571.2	1 143
0.111 8	11.38	22.76	28.47	56.92	113.8	227.6	341.5	569.2	1 138
0.112 0	11.34	22.68	28.36	56.71	113.4	226.8	340.3	567.1	1 134
0.112 2	11.30	22.60	28.26	56.51	113.0	226.0	339.1	565.1	1 130
0.112 4	11.26	22.52	28.16	56.31	112.6	225.2	337.9	563.1	1 126
0.112 6	11.22	22.44	28.06	56.11	112.2	224.4	336.7	561.1	1 122
0.112 8	11.18	22.36	27.96	55.91	111.8	223.6	335.5	559.1	1 118
0.113 0	11.14	22.28	27.86	55.71	111.4	222.8	334.3	557.1	1 114

表 1（续）

压痕对角线 d/mm	试验力/N								
	0.098 07	0.196 1	0.245 2	0.490 3	0.980 7	1.961 2	2.942 0	4.903	9.807
	努氏硬度								
	HK 0.01	HK 0.02	HK 0.025	HK 0.05	HK 0.1	HK 0.2	HK 0.3	HK 0.5	HK 1
0.113 2	11.10	22.20	27.77	55.52	111.0	222.0	333.1	555.2	1 110
0.113 4	11.07	22.12	27.67	55.32	110.7	221.2	332.0	553.2	1 107
0.113 6	11.03	22.05	27.57	55.13	110.3	220.5	330.8	551.3	1 103
0.113 8	10.99	21.97	27.47	54.93	109.9	219.7	329.6	549.3	1 099
0.114 0	10.95	21.89	27.38	54.74	109.5	218.9	328.5	547.4	1 095
0.114 2	10.91	21.81	27.28	54.55	109.1	218.1	327.3	545.5	1 091
0.114 4	10.87	21.74	27.19	54.36	108.7	217.4	326.2	543.6	1 087
0.114 6	10.84	21.66	27.09	54.17	108.4	216.6	325.1	541.7	1 084
0.114 8	10.80	21.59	27.00	53.98	108.0	215.9	323.9	539.8	1 080
0.115 0	10.76	21.51	26.90	53.79	107.6	215.1	322.8	537.9	1 076
0.115 2	10.72	21.44	26.81	53.61	107.2	214.4	321.7	536.1	1 072
0.115 4	10.69	21.36	26.72	53.42	106.9	213.6	320.6	534.2	1 069
0.115 6	10.65	21.29	26.63	53.24	106.5	212.9	319.5	532.4	1 065
0.115 8	10.61	21.22	26.53	53.05	106.1	212.2	318.4	530.5	1 061
0.116 0	10.58	21.14	26.44	52.87	105.8	211.4	317.3	528.7	1 058
0.116 2	10.54	21.07	26.35	52.69	105.4	210.7	316.2	526.9	1 054
0.116 4	10.50	21.00	26.26	52.51	105.0	210.0	315.1	525.1	1 050
0.116 6	10.47	20.93	26.17	52.33	104.7	209.3	314.0	523.5	1 047
0.116 8	10.43	20.85	26.08	52.15	104.3	208.5	312.9	521.3	1 043
0.117 0	10.40	20.78	25.99	51.97	104.0	207.8	311.9	519.7	1 040
0.117 2	10.36	20.71	25.90	51.79	103.6	207.1	310.8	517.9	1 036
0.117 4	10.32	20.64	25.81	51.62	103.2	206.4	309.7	516.2	1 032
0.117 6	10.29	20.57	25.73	51.44	102.9	205.7	308.7	514.4	1 029
0.117 8	10.25	20.50	25.64	51.27	102.5	205.0	307.6	512.7	1 025
0.118 0	10.22	20.43	25.55	51.09	102.2	204.3	306.6	510.9	1 022
0.118 2	10.19	20.36	25.47	50.92	101.9	203.6	305.6	509.2	1 019
0.118 4	10.15	20.29	25.38	50.75	101.5	202.9	304.5	507.5	1 015
0.118 6	10.12	20.23	25.30	50.58	101.2	202.3	303.5	505.8	1 012
0.118 8	10.08	20.16	25.21	50.41	100.8	201.6	302.5	504.1	1 008
0.119 0	10.05	20.09	25.13	50.24	100.5	200.9	301.5	502.4	1 005
0.119 2	10.02	20.02	25.04	50.07	100.2	200.2	300.5	500.7	1 002

表 1（续）

压痕对角线 d/mm	试验力/N								
	0.098 07	0.196 1	0.245 2	0.490 3	0.980 7	1.961 2	2.942 0	4.903	9.807
	努氏硬度								
	HK 0.01	HK 0.02	HK 0.025	HK 0.05	HK 0.1	HK 0.2	HK 0.3	HK 0.5	HK 1
0.119 4	9.98	19.96	24.96	49.90	99.82	199.6	299.4	499.0	998.2
0.119 6	9.95	19.89	24.87	49.73	99.48	198.9	298.4	497.3	994.8
0.119 8	9.91	19.82	24.79	49.57	99.15	198.2	297.4	495.7	991.5
0.120 0	9.88	19.76	24.71	49.40	98.82	197.6	296.5	494.0	988.2
0.120 2	9.85	19.69	24.63	49.24	98.49	196.9	295.5	492.4	984.9
0.120 4	9.82	19.63	24.54	49.08	98.16	196.3	294.5	490.8	981.6
0.120 6	9.78	19.56	24.46	48.91	97.84	195.6	293.5	489.1	978.4
0.120 8	9.75	19.50	24.38	48.75	97.51	195.0	292.5	487.5	975.1
0.121 0	9.72	19.43	24.30	48.59	97.19	194.3	291.6	485.9	971.9
0.121 2	9.69	19.37	24.22	48.43	96.87	193.7	290.6	484.3	968.7
0.121 4	9.66	19.30	24.14	48.27	96.55	193.0	289.7	482.7	965.5
0.121 6	9.62	19.24	24.06	48.11	96.24	192.4	288.7	481.1	962.4
0.121 8	9.59	19.18	23.98	47.95	95.92	191.8	287.8	479.5	959.2
0.122 0	9.56	19.11	23.90	47.80	95.61	191.1	286.8	478.0	956.1
0.122 2	9.53	19.05	23.83	47.64	95.29	190.5	285.9	476.4	952.9
0.122 4	9.50	18.99	23.75	47.48	94.98	189.9	284.9	474.8	949.8
0.122 6	9.47	18.93	23.67	47.33	94.67	189.3	284.0	473.3	946.7
0.122 8	9.44	18.87	23.59	47.18	94.36	188.7	283.1	471.8	943.6
0.123 0	9.41	18.80	23.52	47.02	94.06	188.0	282.2	470.2	940.6
0.123 2	9.38	18.74	23.44	46.87	93.75	187.4	281.3	468.7	937.5
0.123 4	9.34	18.68	23.37	46.72	93.45	186.8	280.3	467.2	934.5
0.123 6	9.31	18.62	23.29	46.57	93.15	186.2	279.4	465.7	931.5
0.123 8	9.28	18.56	23.21	46.42	92.85	185.6	278.5	464.2	928.5
0.124 0	9.25	18.50	23.14	46.27	92.55	185.0	277.6	462.7	925.5
0.124 2	9.22	18.44	23.07	46.12	92.25	184.4	276.7	461.2	922.5
0.124 4	9.20	18.38	22.99	45.97	91.95	183.8	275.9	459.7	919.5
0.124 6	9.17	18.33	22.92	45.82	91.66	183.3	275.0	458.2	916.6
0.124 8	9.14	18.27	22.84	45.68	91.36	182.7	274.1	456.8	913.6
0.125 0	9.11	18.21	22.77	45.53	91.07	182.1	273.2	455.3	910.7
0.125 2	9.08	18.15	22.70	45.38	90.78	181.5	272.3	453.8	907.8
0.125 4	9.05	18.09	22.63	45.24	90.49	180.9	271.5	452.4	904.9

表 1（续）

压痕对角线 d/mm	试验力/N								
	0.098 07	0.196 1	0.245 2	0.490 3	0.980 7	1.961 2	2.942 0	4.903	9.807
	努氏硬度								
	HK 0.01	HK 0.02	HK 0.025	HK 0.05	HK 0.1	HK 0.2	HK 0.3	HK 0.5	HK 1
0.125 6	9.02	18.03	22.55	45.10	90.20	180.3	270.6	451.0	902.0
0.125 8	8.99	17.98	22.48	44.95	89.92	179.8	269.8	449.5	899.2
0.126 0	8.96	17.92	22.41	44.81	89.63	179.2	268.9	448.1	896.3
0.126 2	8.93	17.86	22.34	44.67	89.35	178.6	268.0	446.7	893.5
0.126 4	8.91	17.81	22.27	44.53	89.07	178.1	267.2	445.3	890.7
0.126 6	8.88	17.75	22.20	44.39	88.78	177.5	266.4	443.9	887.8
0.126 8	8.85	17.69	22.13	44.25	88.50	176.9	265.5	442.5	885.0
0.127 0	8.82	17.64	22.06	44.11	88.23	176.4	264.7	441.1	882.3
0.127 2	8.79	17.58	21.99	43.97	87.95	175.8	263.8	439.7	879.5
0.127 4	8.77	17.53	21.92	43.83	87.67	175.3	263.0	438.3	876.7
0.127 6	8.74	17.47	21.85	43.69	87.40	174.7	262.2	436.9	874.0
0.127 8	8.71	17.42	21.78	43.56	87.13	174.2	261.4	435.6	871.3
0.128 0	8.69	17.36	21.72	43.42	86.85	173.6	260.6	434.2	868.5
0.128 2	8.66	17.31	21.65	43.29	86.58	173.1	259.7	432.9	865.8
0.128 4	8.63	17.26	21.58	43.15	86.31	172.6	258.9	431.5	863.1
0.128 6	8.60	17.20	21.51	43.02	86.04	172.0	258.1	430.2	860.4
0.128 8	8.58	17.15	21.45	42.88	85.78	171.5	257.3	428.8	857.8
0.129 0	8.55	17.10	21.38	42.75	85.51	171.0	256.5	427.5	855.1
0.129 2	8.52	17.04	21.31	42.62	85.25	170.4	255.7	426.2	852.5
0.129 4	8.50	16.99	21.25	42.49	84.98	169.9	255.0	424.9	849.8
0.129 6	8.47	16.94	21.18	42.35	84.72	169.4	254.2	423.5	847.2
0.129 8	8.42	16.89	21.12	42.22	84.46	168.9	253.4	422.2	844.6
0.130 0	8.39	16.83	21.05	42.09	84.20	168.3	252.6	420.9	842.0
0.130 2	8.37	16.78	20.99	41.97	83.94	167.8	251.8	419.7	839.4
0.130 4	8.37	16.73	20.92	41.84	83.69	167.3	251.1	418.4	836.9
0.130 6	8.34	16.68	20.86	41.71	83.43	166.8	250.3	417.1	834.3
0.130 8	8.32	16.63	20.80	41.58	83.17	166.3	249.5	415.8	831.7
0.131 0	8.29	16.58	20.73	41.45	82.92	165.8	248.8	414.5	829.2
0.131 2	8.27	16.53	20.67	41.33	82.67	165.3	248.0	413.3	826.7
0.131 4	8.24	16.48	20.61	41.20	82.42	164.8	247.2	412.0	824.2
0.131 6	8.22	16.43	20.54	41.08	82.17	164.3	246.5	410.8	821.7

表 1(续)

压痕对角线 *d*/mm	试验力/N 0.098 07	0.196 1	0.245 2	0.490 3	0.980 7	1.961 2	2.942 0	4.903	9.807
	努氏硬度 HK 0.01	HK 0.02	HK 0.025	HK 0.05	HK 0.1	HK 0.2	HK 0.3	HK 0.5	HK 1
0.131 8	8.19	16.38	20.48	40.95	81.92	163.8	245.8	409.5	819.2
0.132 0	8.17	16.33	20.42	40.83	81.67	163.3	245.0	408.3	816.7
0.132 2	8.14	16.28	20.36	40.71	81.42	162.8	244.3	407.1	814.2
0.132 4	8.12	16.23	20.30	40.58	81.18	162.3	243.5	405.8	311.8
0.132 6	8.09	16.18	20.24	40.46	80.93	161.8	242.8	404.6	809.3
0.132 8	8.07	16.13	20.17	40.34	80.69	161.3	242.1	403.4	806.9
0.133 0	8.04	16.08	20.11	40.22	80.45	160.8	241.3	402.2	804.5
0.133 2	8.02	16.04	20.05	40.10	80.20	160.4	240.6	401.0	802.0
0.133 4	8.00	15.99	19.99	39.98	79.96	159.9	239.9	399.8	799.6
0.133 6	7.97	15.94	19.93	39.86	79.72	159.4	239.2	398.6	797.2
0.133 8	7.95	15.89	19.87	39.74	79.49	158.9	238.5	397.4	794.9
0.134 0	7.92	15.84	19.82	39.62	79.25	158.4	237.7	396.2	792.5
0.134 2	7.90	15.80	19.76	39.50	79.01	158.0	237.0	395.0	790.1
0.134 4	7.88	15.75	19.70	39.38	78.78	157.5	236.3	393.8	787.8
0.134 6	7.85	15.70	19.64	39.27	78.54	157.0	235.6	392.7	785.4
0.134 8	7.83	15.66	19.58	39.15	78.31	156.6	234.9	391.5	783.1
0.135 0	7.81	15.61	19.52	39.03	78.08	156.1	234.2	390.3	780.8
0.135 2	7.78	15.56	19.46	38.92	77.85	155.6	233.5	389.2	778.5
0.135 4	7.76	15.52	19.41	38.80	77.62	155.2	232.9	388.0	776.2
0.135 6	7.74	15.47	19.35	38.69	77.39	154.7	232.2	386.9	773.9
0.135 8	7.72	15.43	19.29	38.58	77.16	154.3	231.5	385.8	771.6
0.136 0	7.69	15.38	19.24	38.46	76.94	153.8	230.8	384.6	769.4
0.136 2	7.67	15.34	19.18	38.35	76.71	153.4	230.1	383.5	767.1
0.136 4	7.65	15.29	19.12	38.24	76.48	152.9	229.5	382.4	764.8
0.136 6	7.63	15.25	19.07	38.13	76.26	152.5	228.8	381.3	762.6
0.136 8	7.60	15.20	19.01	38.01	76.04	152.0	228.1	380.1	760.4
0.137 0	7.58	15.16	18.96	37.90	75.82	151.6	227.4	379.0	758.2
0.137 2	7.56	15.11	18.90	37.79	75.60	151.1	226.8	377.9	756.0
0.137 4	7.54	15.07	18.85	37.68	75.38	150.7	226.1	376.8	753.8
0.137 6	7.52	15.03	18.79	37.57	75.16	150.3	225.5	375.7	751.6
0.137 8	7.49	14.98	18.74	37.46	74.94	149.8	224.8	374.6	749.4

表 1(续)

压痕对角线 d/mm	试验力/N								
	0.098 07	0.196 1	0.245 2	0.490 3	0.980 7	1.961 2	2.942 0	4.903	9.807
	努氏硬度								
	HK 0.01	HK 0.02	HK 0.025	HK 0.05	HK 0.1	HK 0.2	HK 0.3	HK 0.5	HK 1
0.138 0	7.47	14.94	18.68	37.36	74.72	149.4	224.2	373.6	747.2
0.138 2	7.45	14.90	18.63	37.25	74.51	149.0	223.5	372.5	745.1
0.138 4	7.43	14.85	18.58	37.14	74.29	148.5	222.9	371.4	742.9
0.138 6	7.41	14.81	18.52	37.03	74.08	148.1	222.2	370.3	740.8
0.138 8	7.39	14.77	18.47	36.93	73.86	147.7	221.6	369.3	738.6
0.139 0	7.37	14.72	18.42	36.82	73.65	147.2	221.0	368.2	736.5
0.139 2	7.34	14.68	18.36	36.71	73.44	146.8	220.3	367.1	734.4
0.139 4	7.32	14.64	18.31	36.61	73.23	146.4	219.7	366.1	732.3
0.139 6	7.30	14.60	18.26	36.50	73.02	146.0	219.1	365.0	730.2
0.139 8	7.28	14.56	18.21	36.40	72.81	145.6	218.4	364.0	728.1
0.140 0	7.26	14.52	18.15	36.30	72.60	145.2	217.8	363.0	726.0
0.140 2	7.24	14.47	18.10	36.19	72.40	144.7	217.2	361.9	724.0
0.140 4	7.22	14.43	18.05	36.09	72.19	144.3	216.6	360.9	721.9
0.140 6	7.20	14.39	18.00	35.99	71.98	143.9	216.0	359.9	719.8
0.140 8	7.18	14.35	17.95	35.88	71.78	143.5	215.3	358.8	717.8
0.141 0	7.16	14.31	17.90	35.78	71.58	143.1	214.7	357.8	715.8
0.141 2	7.14	14.27	17.85	35.68	71.37	142.7	214.1	356.8	713.7
0.141 4	7.12	14.23	17.80	35.58	71.17	142.3	213.5	355.8	711.7
0.141 6	7.10	14.19	17.75	35.48	70.97	141.9	212.9	354.8	709.7
0.141 8	7.08	14.15	17.70	35.38	70.77	141.5	212.3	353.8	707.7
0.142 0	7.06	14.11	17.65	35.28	70.57	141.1	211.7	352.8	705.7
0.142 2	7.04	14.07	17.60	35.18	70.37	140.7	211.1	351.8	703.7
0.142 4	7.02	14.03	17.55	35.08	70.18	140.3	210.5	350.8	701.8
0.142 6	7.00	13.99	17.50	34.98	69.98	139.9	209.9	349.8	699.8
0.142 8	6.98	13.95	17.45	34.89	69.78	139.5	209.3	348.9	697.8
0.143 0	6.96	13.91	17.40	34.79	69.59	139.1	208.8	347.9	695.9
0.143 2	6.94	13.87	17.35	34.69	69.39	138.7	208.2	346.9	693.9
0.143 4	6.92	13.84	17.30	34.60	69.20	138.4	207.6	346.0	692.0
0.143 6	6.90	13.80	17.25	34.50	69.01	138.0	207.0	345.0	690.1
0.143 8	6.88	13.76	17.21	34.40	68.82	137.6	206.4	344.0	688.2
0.144 0	6.86	13.72	17.16	34.31	68.62	137.2	205.9	343.1	686.2

表 1（续）

压痕对角线 d/mm	试验力/N								
	0.098 07	0.196 1	0.245 2	0.490 3	0.980 7	1.961 2	2.942 0	4.903	9.807
	努氏硬度								
	HK 0.01	HK 0.02	HK 0.025	HK 0.05	HK 0.1	HK 0.2	HK 0.3	HK 0.5	HK 1
0.144 2	6.84	13.68	17.11	34.21	68.43	136.8	205.3	342.1	684.3
0.144 4	6.82	13.64	17.06	34.12	68.24	136.4	204.7	341.2	682.4
0.144 6	6.81	13.61	17.02	34.02	68.06	136.1	204.2	340.2	680.6
0.144 8	6.79	13.57	16.97	33.93	67.87	135.7	203.6	339.3	678.7
0.145 0	6.77	13.53	16.92	33.84	67.68	135.3	203.0	338.4	676.8
0.145 2	6.75	13.49	16.88	33.74	67.50	134.9	202.5	337.4	675.0
0.145 4	6.73	13.46	16.83	33.65	67.31	134.6	201.9	336.5	673.1
0.145 6	6.71	13.42	16.78	33.56	67.12	134.2	201.4	335.6	671.2
0.145 8	6.69	13.38	16.74	33.47	66.94	133.8	200.8	334.7	669.4
0.146 0	6.68	13.35	16.69	33.37	66.76	133.5	200.3	333.7	667.6
0.146 2	6.66	13.31	16.65	33.28	66.57	133.1	199.7	332.8	665.7
0.146 4	6.64	13.27	16.60	33.19	66.39	132.7	199.2	331.9	663.9
0.146 6	6.62	13.24	16.56	33.10	66.21	132.4	198.6	331.0	662.1
0.146 8	6.60	13.20	16.51	33.01	66.03	132.0	198.1	330.1	660.3
0.147 0	6.59	13.17	16.47	32.92	65.85	131.7	197.6	329.2	658.5
0.147 2	6.57	13.13	16.42	32.83	65.67	131.3	197.0	328.3	656.7
0.147 4	6.55	13.09	16.38	32.74	65.50	130.9	196.5	327.4	655.0
0.147 6	6.53	13.06	16.33	32.65	65.32	130.6	196.0	326.5	653.2
0.147 8	6.51	13.02	16.29	32.57	65.14	130.2	195.4	325.7	651.4
0.148 0	6.50	12.99	16.24	32.48	64.97	129.9	194.9	324.8	649.7
0.148 2	6.48	12.95	16.20	32.39	64.79	129.5	194.4	323.9	647.9
0.148 4	6.46	12.92	16.16	32.30	64.62	129.2	193.8	323.0	646.2
0.148 6	6.44	12.88	16.11	32.22	64.44	128.8	193.3	322.2	644.4
0.148 8	6.43	12.85	16.07	32.13	64.27	128.5	192.8	321.3	642.7
0.149 0	6.41	12.81	16.03	32.04	64.10	128.1	192.3	320.4	641.0
0.149 2	6.39	12.78	15.98	31.96	63.92	127.8	191.8	319.6	639.2
0.149 4	6.38	12.75	15.94	31.87	63.75	127.5	191.3	318.7	637.5
0.149 6	6.36	12.71	15.90	31.79	63.58	127.1	190.7	317.9	635.8
0.149 8	6.34	12.68	15.86	31.70	63.41	126.8	190.2	317.0	634.1
0.150 0	6.32	12.64	15.81	31.62	63.24	126.4	189.7	316.2	632.4
0.150 2	6.31	12.61	15.77	31.53	63.08	126.1	189.2	315.3	630.8

表 1（续）

压痕对角线 d/mm	试验力/N								
	0.098 07	0.196 1	0.245 2	0.490 3	0.980 7	1.961 2	2.942 0	4.903	9.807
	努氏硬度								
	HK 0.01	HK 0.02	HK 0.025	HK 0.05	HK 0.1	HK 0.2	HK 0.3	HK 0.5	HK 1
0.150 4	6.29	12.58	15.73	31.45	62.91	125.8	188.7	314.5	629.1
0.150 6	6.27	12.54	15.69	31.37	62.74	125.4	188.2	313.7	627.4
0.150 8	6.26	12.51	15.65	31.28	62.58	125.1	188.7	312.8	625.8
0.151 0	6.24	12.48	15.60	31.20	62.41	124.8	187.2	312.0	624.1
0.151 2	6.22	12.44	15.56	31.12	62.24	124.4	186.7	311.2	622.4
0.151 4	6.21	12.41	15.52	31.04	62.08	124.1	186.2	310.4	620.8
0.151 6	6.19	12.38	15.48	30.95	61.92	123.8	185.7	309.5	619.2
0.151 8	6.18	12.35	15.44	30.87	61.75	123.5	185.3	308.7	617.5
0.152 0	6.16	12.31	15.40	30.79	61.59	123.1	184.8	307.9	615.9
0.152 2	6.14	12.28	15.36	30.71	61.43	122.8	184.3	307.1	614.3
0.152 4	6.13	12.25	15.32	30.63	61.27	122.5	183.8	306.3	612.7
0.152 6	6.11	12.22	15.28	30.55	61.11	122.2	183.3	305.5	611.1
0.152 8	6.09	12.19	15.24	30.47	60.95	121.9	182.8	304.7	609.5
0.153 0	6.08	12.15	15.20	30.39	60.79	121.5	182.4	303.9	607.9
0.153 2	6.06	12.12	15.16	30.31	60.63	121.2	181.9	303.1	606.3
0.153 4	6.05	12.09	15.12	30.23	60.47	120.9	181.4	302.3	604.7
0.153 6	6.03	12.06	15.08	30.15	60.31	120.6	180.9	301.5	603.1
0.153 8	6.02	12.03	15.04	30.07	60.16	120.3	180.5	300.7	601.6
0.154 0	6.00	12.00	15.00	30.00	60.00	120.0	180.0	300.0	600.0
0.154 2	5.98	11.97	14.96	29.92	59.85	119.7	179.5	299.2	598.5
0.154 4	5.97	11.93	14.92	29.84	59.69	119.3	179.1	298.4	596.9
0.154 6	5.95	11.90	14.89	29.76	59.54	119.0	178.6	297.6	595.4
0.154 8	5.94	11.87	14.85	29.69	59.38	118.7	178.1	296.9	593.8
0.155 0	5.92	11.84	14.81	29.61	59.23	118.4	177.7	296.1	592.3
0.155 2	5.91	11.81	14.77	29.53	59.08	118.1	177.2	295.3	590.8
0.155 4	5.89	11.78	14.73	29.46	58.93	117.8	176.8	294.6	589.3
0.155 6	5.88	11.75	14.70	29.38	58.77	117.5	176.3	293.8	587.7
0.155 8	5.86	11.72	14.66	29.31	58.62	117.2	175.9	293.1	586.2
0.156 0	5.85	11.69	14.62	29.23	58.47	116.9	175.4	292.3	584.7
0.156 2	5.83	11.66	14.58	29.16	58.32	116.6	175.0	291.6	583.2
0.156 4	5.82	11.63	14.55	29.08	58.17	116.3	174.5	290.8	581.7

表 1（续）

压痕对角线 d/mm	试验力/N								
	0.098 07	0.196 1	0.245 2	0.490 3	0.980 7	1.961 2	2.942 0	4.903	9.807
	努氏硬度								
	HK 0.01	HK 0.02	HK 0.025	HK 0.05	HK 0.1	HK 0.2	HK 0.3	HK 0.5	HK 1
0.156 6	5.80	11.60	14.51	29.01	58.03	116.0	174.1	290.1	580.3
0.156 8	5.79	11.57	14.47	28.93	57.88	115.7	173.6	289.3	578.8
0.157 0	5.77	11.54	14.43	28.86	57.73	115.4	173.2	288.6	577.3
0.157 2	5.76	11.51	14.40	28.79	57.58	115.1	172.8	287.9	575.8
0.157 4	5.74	11.48	14.36	28.71	57.44	114.8	172.3	287.1	574.4
0.157 6	5.73	11.45	14.32	28.64	57.29	114.5	171.9	286.4	572.9
0.157 8	5.71	11.43	14.29	28.57	57.15	114.3	171.4	285.7	571.5
0.158 0	5.70	11.40	14.25	28.50	57.00	114.0	171.0	285.0	570.0
0.158 2	5.69	11.37	14.22	28.43	56.86	113.7	170.6	284.3	568.6
0.158 4	5.67	11.34	14.18	28.35	56.71	113.4	170.1	283.5	567.1
0.158 6	5.66	11.31	14.14	28.28	56.57	113.1	169.7	282.8	565.7
0.158 8	5.64	11.28	14.11	28.11	56.43	112.8	169.3	282.1	564.3
0.159 0	5.63	11.25	14.07	28.14	56.29	112.5	168.9	281.4	562.9
0.159 2	5.61	11.23	14.04	28.07	56.15	112.3	168.4	280.7	561.5
0.159 4	5.60	11.20	14.00	28.00	56.01	112.0	168.0	280.0	560.1
0.159 6	5.59	11.17	13.97	27.93	55.86	111.7	167.6	279.3	558.6
0.159 8	5.57	11.14	13.93	27.86	55.73	111.4	167.2	278.6	557.8
0.160 0	5.56	11.11	13.90	27.79	55.59	111.1	166.8	277.9	555.9
0.160 2	5.54	11.09	13.86	27.72	55.45	110.9	166.3	277.2	554.5
0.160 4	5.53	11.06	13.83	27.65	55.31	110.6	165.9	276.5	553.1
0.160 6	5.52	11.03	13.79	27.58	55.17	110.3	165.5	275.8	551.7
0.160 8	5.50	11.00	13.76	27.51	55.03	110.0	165.1	275.1	550.3
0.161 0	5.49	10.98	13.73	27.44	54.90	109.8	164.7	274.4	549.0
0.161 2	5.48	10.95	13.69	27.38	54.76	109.5	164.3	273.8	547.6
0.161 4	5.46	10.92	13.66	27.31	54.63	109.2	163.9	273.1	546.3
0.161 6	5.45	10.89	13.62	27.24	54.49	108.9	163.5	272.4	544.9
0.161 8	5.44	10.87	13.59	27.17	54.36	108.7	163.1	271.7	543.6
0.162 0	5.42	10.84	13.56	27.11	54.22	108.4	162.7	271.1	542.2
0.162 2	5.41	10.81	13.52	27.04	54.09	108.1	162.3	270.4	540.9
0.162 4	5.40	10.79	13.49	26.97	53.96	107.9	161.9	269.7	539.6
0.162 6	5.38	10.76	13.46	26.91	53.82	107.6	161.5	269.1	538.2

表 1（续）

压痕对角线 d/mm	试验力/N								
	0.098 07	0.196 1	0.245 2	0.490 3	0.980 7	1.961 2	2.942 0	4.903	9.807
	努氏硬度								
	HK 0.01	HK 0.02	HK 0.025	HK 0.05	HK 0.1	HK 0.2	HK 0.3	HK 0.5	HK 1
0.162 8	5.37	10.73	13.42	26.84	53.69	107.3	161.1	268.4	536.9
0.163 0	5.36	10.71	13.39	26.78	53.56	107.1	160.7	267.8	535.6
0.163 2	5.34	10.68	13.36	26.71	53.43	106.8	160.3	267.1	534.3
0.163 4	5.33	10.66	13.33	26.64	53.30	106.6	159.9	266.4	533.0
0.163 6	5.32	10.63	13.29	26.58	53.17	106.3	159.5	265.8	531.7
0.163 8	5.30	10.60	13.26	26.51	53.04	106.0	159.1	265.1	530.4
0.164 0	5.29	10.58	13.23	26.45	52.91	105.8	158.7	264.5	529.1
0.164 2	5.28	10.55	13.20	26.39	52.78	105.5	158.3	263.9	527.8
0.164 4	5.27	10.53	13.16	26.32	52.65	105.3	158.0	263.2	526.5
0.164 6	5.25	10.50	13.13	26.26	52.52	105.0	157.6	262.6	525.2
0.164 8	5.24	10.48	13.10	26.19	52.40	104.8	157.2	261.9	524.0
0.165 0	5.23	10.45	13.07	26.13	52.27	104.5	156.8	261.3	522.7
0.165 2	5.21	10.42	13.04	26.07	52.14	104.2	156.4	260.7	521.4
0.165 4	5.20	10.40	13.01	26.00	52.02	104.0	156.0	260.0	520.2
0.165 6	5.19	10.37	12.97	25.94	51.89	103.7	155.7	259.4	518.9
0.165 8	5.18	10.35	12.94	25.88	51.76	103.5	155.3	258.8	517.6
0.166 0	5.16	10.32	12.91	25.82	51.64	103.2	154.9	258.2	516.4
0.166 2	5.15	10.30	12.88	25.75	51.52	103.0	154.5	257.5	515.2
0.166 4	5.14	10.27	12.85	25.69	51.39	102.7	154.2	256.9	513.9
0.166 6	5.13	10.25	12.82	25.63	51.27	102.5	153.8	256.3	512.7
0.166 8	5.11	10.23	12.79	25.57	51.15	102.3	153.4	255.7	511.5
0.167 0	5.10	10.20	12.76	25.51	51.02	102.0	153.1	255.1	510.2
0.167 2	5.09	10.18	12.73	25.45	50.90	101.8	152.7	254.5	509.0
0.167 4	5.08	10.15	12.70	25.39	50.78	101.5	152.3	253.9	507.8
0.167 6	5.07	10.13	12.67	25.33	50.66	101.3	152.0	253.3	506.6
0.167 8	5.05	10.10	12.64	25.27	50.54	101.0	151.6	252.7	505.4
0.168 0	5.04	10.08	12.61	25.21	50.42	100.8	151.3	252.1	504.2
0.168 2	5.03	10.06	12.58	25.15	50.30	100.6	150.9	251.5	503.0
0.168 4	5.02	10.03	12.55	25.09	50.18	100.3	150.5	250.9	501.8
0.168 6	5.01	10.01	12.52	25.03	50.06	100.1	150.2	250.3	500.6
0.168 8	4.99	9.98	12.49	24.97	49.94	99.85	149.8	249.7	499.4

表 1（续）

压痕对角线 d/mm	试验力/N								
	0.098 07	0.196 1	0.245 2	0.490 3	0.980 7	1.961 2	2.942 0	4.903	9.807
	努氏硬度								
	HK 0.01	HK 0.02	HK 0.025	HK 0.05	HK 0.1	HK 0.2	HK 0.3	HK 0.5	HK 1
0.169 0	4.98	9.96	12.46	24.91	49.82	99.61	149.5	249.1	498.2
0.169 2	4.97	9.94	12.43	24.85	49.71	99.38	149.1	248.5	497.1
0.169 4	4.96	9.91	12.40	24.79	49.59	99.14	148.8	247.9	495.9
0.169 6	4.95	9.89	12.37	24.73	49.47	98.91	148.4	247.3	494.7
0.169 8	4.94	9.87	12.34	24.67	49.35	98.67	148.1	246.7	493.5
0.170 0	4.92	9.84	12.31	24.62	49.24	98.44	147.7	246.2	492.4
0.170 2	4.91	9.82	12.28	24.56	49.12	98.21	147.4	245.6	491.2
0.170 4	4.90	9.80	12.25	21.50	49.01	97.98	147.0	245.0	490.1
0.170 6	4.89	9.78	12.22	24.44	48.89	97.75	146.7	244.4	488.9
0.170 8	4.88	9.75	12.20	24.39	48.78	97.52	146.3	243.9	487.8
0.171 0	4.87	9.73	12.17	24.33	48.66	97.29	146.0	243.3	486.6
0.171 2	4.86	9.71	12.14	24.27	48.55	97.07	145.7	242.7	485.5
0.171 4	4.84	9.68	12.11	24.22	48.44	96.84	145.3	242.2	484.4
0.171 6	4.83	9.66	12.08	24.16	48.32	96.62	145.0	241.6	483.2
0.171 8	4.82	9.64	12.05	24.10	48.21	96.39	144.6	241.0	482.1
0.172 0	4.81	9.62	12.03	24.05	48.10	96.17	144.3	240.5	481.0
0.172 2	4.80	9.59	12.00	23.99	47.99	95.94	144.0	239.9	479.9
0.172 4	4.79	9.57	11.97	23.94	47.88	95.72	143.6	239.4	478.8
0.172 6	4.78	9.55	11.94	23.88	47.77	95.50	143.3	238.8	477.7
0.172 8	4.77	9.53	11.92	23.82	47.66	95.28	143.0	238.2	476.6
0.173 0	4.75	9.51	11.89	23.77	47.55	95.06	142.6	237.7	475.5
0.173 2	4.74	9.48	11.86	23.71	47.44	94.84	142.3	237.1	474.4
0.173 4	4.73	9.46	11.83	23.66	47.33	94.62	142.0	236.6	473.3
0.173 6	4.72	9.44	11.81	23.61	47.22	94.40	141.7	236.1	472.2
0.173 8	4.71	9.42	11.78	23.55	47.11	94.19	141.3	235.5	471.1
0.174 0	4.70	9.40	11.75	23.50	47.00	93.97	141.0	235.0	470.0
0.174 2	4.69	9.38	11.72	23.44	46.89	93.75	140.7	234.4	468.9
0.174 4	4.68	9.35	11.70	23.39	46.79	93.54	140.4	233.9	467.9
0.174 6	4.67	9.33	11.67	23.34	46.57	93.32	140.0	233.4	466.8
0.174 8	4.66	9.31	11.64	23.28	46.57	93.11	139.7	232.8	465.7
0.175 0	4.65	9.29	11.62	23.23	46.47	92.90	139.4	232.3	464.7

表 1（续）

压痕对角线 d/mm	试验力/N								
	0.098 07	0.196 1	0.245 2	0.490 3	0.980 7	1.961 2	2.942 0	4.903	9.807
	努氏硬度								
	HK 0.01	HK 0.02	HK 0.025	HK 0.05	HK 0.1	HK 0.2	HK 0.3	HK 0.5	HK 1
0.175 2	4.64	9.27	11.59	23.18	46.36	92.69	139.1	231.8	463.6
0.175 4	4.63	9.25	11.57	23.12	46.25	92.47	138.8	231.2	462.5
0.175 6	4.61	9.23	11.54	23.07	46.15	92.26	138.4	230.7	461.5
0.175 8	4.60	9.21	11.51	23.02	46.04	92.05	138.1	230.2	460.4
0.176 0	4.59	9.18	11.49	22.97	45.94	91.85	137.8	229.7	459.4
0.176 2	4.58	9.16	11.46	22.91	45.83	91.64	137.5	229.1	458.3
0.176 4	4.57	9.14	11.43	22.86	45.73	91.43	137.2	228.6	457.3
0.176 6	4.56	9.12	11.41	22.81	45.63	91.22	136.9	228.1	456.3
0.176 8	4.55	9.10	11.38	22.76	45.52	91.02	136.6	227.6	455.2
0.177 0	4.54	9.08	11.36	22.71	45.42	90.81	136.3	227.1	454.2
0.177 2	4.53	9.06	11.33	22.66	45.32	90.61	136.0	226.6	453.2
0.177 4	4.52	9.04	11.31	22.61	45.22	90.40	135.6	226.1	452.2
0.177 6	4.51	9.02	11.28	22.55	45.11	90.20	135.3	225.5	451.1
0.177 8	4.50	9.00	11.25	22.50	45.01	90.00	135.0	225.0	450.1
0.178 0	4.49	8.98	11.23	22.45	44.91	89.79	134.7	224.5	449.1
0.178 2	4.48	8.96	11.20	22.40	44.81	89.59	134.4	224.0	448.1
0.178 4	4.47	8.94	11.18	22.35	44.71	89.39	134.1	223.5	447.1
0.178 6	4.46	8.92	11.15	22.30	44.61	89.19	133.8	223.0	446.1
0.178 8	4.45	8.90	11.13	22.25	44.51	88.99	133.5	222.5	445.1
0.179 0	4.44	8.88	11.10	22.20	44.41	88.79	133.2	222.0	444.1
0.179 2	4.43	8.86	11.08	22.15	44.31	88.59	132.9	221.5	443.1
0.179 4	4.42	8.84	11.06	22.10	44.21	88.40	132.6	221.0	442.1
0.179 6	4.41	8.82	11.03	22.05	44.12	88.20	132.3	220.5	441.2
0.179 8	4.40	8.80	11.01	22.01	44.02	88.00	132.1	220.1	440.2
0.180 0	4.39	8.78	10.98	21.96	43.92	87.81	131.8	219.6	439.2
0.180 2	4.38	8.76	10.96	21.91	43.82	87.61	131.5	219.1	438.2
0.180 4	4.37	8.74	10.93	21.86	43.73	87.42	131.2	218.6	437.3
0.180 6	4.36	8.72	10.91	21.81	43.63	87.23	130.9	218.1	436.8
0.180 8	4.35	8.70	10.88	21.76	43.53	87.03	130.6	217.6	435.3
0.181 0	4.34	8.68	10.86	21.71	43.44	86.84	130.3	217.1	434.4
0.181 2	4.33	8.66	10.84	21.67	43.34	86.65	130.0	216.7	433.4

表 1（续）

压痕对角线 d/mm	试验力/N								
	0.098 07	0.196 1	0.245 2	0.490 3	0.980 7	1.961 2	2.942 0	4.903	9.807
	努氏硬度								
	HK 0.01	HK 0.02	HK 0.025	HK 0.05	HK 0.1	HK 0.2	HK 0.3	HK 0.5	HK 1
0.181 4	4.32	8.65	10.81	21.62	43.24	86.46	129.7	216.2	432.4
0.181 6	4.31	8.63	10.79	21.57	43.15	86.27	129.4	215.7	431.5
0.181 8	4.31	8.61	10.77	21.52	43.05	86.08	129.2	215.2	430.5
0.182 0	4.30	8.59	10.74	21.48	42.96	85.89	128.9	214.8	429.6
0.182 2	4.29	8.57	10.72	21.43	42.87	85.70	128.6	214.3	428.7
0.182 4	4.28	8.55	10.69	21.38	42.77	85.51	128.3	213.8	427.7
0.182 6	4.27	8.53	10.67	21.34	42.68	85.33	128.0	213.4	426.8
0.182 8	4.26	8.51	10.65	21.29	42.58	85.14	127.8	212.9	425.8
0.183 0	4.25	8.50	10.62	21.24	42.49	84.95	127.5	212.4	424.9
0.183 2	4.24	8.48	10.60	21.20	42.40	84.77	127.2	212.0	424.0
0.183 4	4.23	8.46	10.58	21.15	42.31	84.58	126.9	211.5	423.1
0.183 6	4.22	8.44	10.56	21.10	42.21	84.40	126.6	211.0	422.1
0.183 8	4.21	8.42	10.53	21.06	42.12	84.22	126.4	210.6	421.2
0.184 0	4.20	8.40	10.51	21.01	42.03	84.03	126.1	210.1	420.3
0.184 2	4.19	8.38	10.49	20.97	41.94	83.85	125.8	209.7	419.4
0.184 4	4.18	8.37	10.46	20.92	41.85	83.67	125.5	209.2	418.5
0.184 6	4.18	8.35	10.44	20.88	41.76	83.49	125.3	208.8	417.6
0.184 8	4.17	8.33	10.42	20.83	41.67	83.31	125.0	208.3	416.7
0.185 0	4.16	8.31	10.40	20.79	41.58	83.13	124.7	207.9	415.8
0.185 2	4.15	8.29	10.37	20.74	41.49	82.95	124.5	207.4	414.9
0.185 4	4.14	8.28	10.35	20.70	41.40	82.77	124.2	207.0	414.0
0.185 6	4.13	8.26	10.33	20.65	41.31	82.59	123.9	206.5	413.1
0.185 8	4.12	8.24	10.31	20.61	41.22	82.41	123.7	206.1	412.2
0.186 0	4.11	8.22	10.28	20.56	41.13	82.23	123.4	205.6	411.3
0.186 2	4.10	8.21	10.26	20.52	41.04	82.06	123.1	205.2	410.4
0.186 4	4.10	8.19	10.24	20.47	40.96	81.88	122.9	204.7	409.6
0.186 6	4.09	8.17	10.22	20.43	40.87	81.71	122.6	204.3	408.7
0.186 8	4.08	8.15	10.20	20.39	40.78	81.53	122.3	203.9	407.8
0.187 0	4.07	8.14	10.17	20.34	40.69	81.36	122.1	203.4	406.9
0.187 2	4.06	8.12	10.15	20.30	40.61	81.18	121.8	203.0	406.1
0.187 4	4.05	8.10	10.13	20.26	40.52	81.01	121.6	202.6	405.2

表 1（续）

压痕对角线 *d*/mm	试验力/N								
	0.098 07	0.196 1	0.245 2	0.490 3	0.980 7	1.961 2	2.942 0	4.903	9.807
	努氏硬度								
	HK 0.01	HK 0.02	HK 0.025	HK 0.05	HK 0.1	HK 0.2	HK 0.3	HK 0.5	HK 1
0.187 6	4.04	8.08	10.11	20.21	40.43	80.84	121.3	202.1	404.3
0.187 8	4.03	8.07	10.09	20.17	40.35	80.67	121.0	201.7	403.5
0.188 0	4.03	8.05	10.07	20.13	40.26	80.49	120.8	201.3	402.6
0.188 2	4.02	8.03	10.05	20.09	40.18	80.32	120.5	200.9	401.8
0.188 4	4.01	8.02	10.02	20.04	40.09	80.15	120.3	200.4	400.9
0.188 6	4.00	8.00	10.00	20.00	40.01	79.98	120.0	200.0	400.1
0.188 8	3.99	7.98	9.98	19.96	39.92	79.81	119.8	199.6	399.2
0.189 0	3.98	7.96	9.96	19.92	39.84	79.65	119.5	199.2	398.4
0.189 2	3.98	7.95	9.94	19.87	39.75	79.48	119.3	198.7	397.5
0.189 4	3.97	7.93	9.92	19.83	39.67	79.31	119.0	198.3	396.7
0.189 6	3.96	7.91	9.90	19.79	39.58	79.14	118.8	197.9	395.8
0.189 8	3.95	7.90	9.88	19.75	39.50	78.98	118.5	197.5	395.0
0.190 0	3.94	7.88	9.86	19.71	39.42	78.81	118.3	197.1	394.0
0.190 2	3.93	7.86	9.84	19.66	39.34	78.64	118.0	196.6	393.4
0.190 4	3.93	7.85	9.81	19.62	39.25	78.48	117.8	196.2	392.5
0.190 6	3.92	7.83	9.79	19.58	39.17	78.31	117.5	195.8	391.7
0.190 8	3.91	7.81	9.77	19.54	39.09	78.15	117.3	195.4	390.9
0.191 0	3.90	7.80	9.75	19.50	39.01	77.99	117.0	195.0	390.1
0.191 2	3.89	7.78	9.73	19.46	38.93	77.82	116.8	194.6	389.3
0.191 4	3.88	7.77	9.71	19.42	38.84	77.66	116.5	194.2	388.4
0.191 6	3.88	7.75	9.69	19.38	38.76	77.50	116.3	193.8	387.6
0.191 8	3.87	7.73	9.67	19.34	38.68	77.34	116.0	193.4	386.8
0.192 0	3.86	7.72	9.65	19.30	38.60	77.18	115.8	193.0	386.0
0.192 2	3.85	7.70	9.63	19.26	38.52	77.02	115.6	192.6	385.2
0.192 4	3.84	7.69	9.61	19.22	38.44	76.85	115.3	192.2	384.4
0.192 6	3.84	7.67	9.59	19.18	38.36	76.70	115.1	191.8	383.6
0.192 8	3.83	7.65	9.57	19.14	38.28	76.54	114.8	191.4	382.8
0.193 0	3.82	7.64	9.55	19.10	38.20	76.38	114.6	191.0	382.0
0.193 2	3.81	7.62	9.53	19.06	38.12	76.22	114.4	190.6	381.2
0.193 4	3.80	7.61	9.51	19.02	38.04	76.06	114.1	190.2	380.4
0.193 6	3.80	7.59	9.49	18.98	37.97	75.91	113.9	189.8	379.7

表 1（续）

压痕对角线 d/mm	试验力/N								
	0.098 07	0.196 1	0.245 2	0.490 3	0.980 7	1.961 2	2.942 0	4.903	9.807
	努氏硬度								
	HK 0.01	HK 0.02	HK 0.025	HK 0.05	HK 0.1	HK 0.2	HK 0.3	HK 0.5	HK 1
0.193 8	3.79	7.57	9.47	18.94	37.89	75.75	113.7	189.4	378.9
0.194 0	3.78	7.56	9.45	18.90	37.81	75.59	113.4	189.0	378.1
0.194 2	3.77	7.54	9.43	18.86	37.73	75.44	113.2	188.6	377.3
0.194 4	3.77	7.53	9.41	18.82	37.65	75.28	113.0	188.2	376.5
0.194 6	3.76	7.51	9.40	18.79	37.58	75.13	112.7	187.9	375.8
0.194 8	3.75	7.50	9.38	18.75	37.50	74.97	112.5	187.5	375.0
0.195 0	3.74	7.48	9.36	18.71	37.42	74.82	112.3	187.1	374.2
0.195 2	3.73	7.47	9.34	18.67	37.35	74.67	112.0	186.7	373.5
0.195 4	3.73	7.45	9.32	18.63	37.27	74.51	111.8	186.3	372.7
0.195 6	3.72	7.44	9.30	18.59	37.19	74.36	111.6	185.9	371.9
0.195 8	3.71	7.42	9.28	18.56	37.12	74.21	111.4	185.6	371.2
0.196 0	3.70	7.41	9.26	18.52	37.04	74.06	111.1	185.2	370.4
0.196 2	3.70	7.39	9.24	18.48	36.97	73.91	110.9	184.8	369.7
0.196 4	3.69	7.38	9.22	18.44	36.89	73.76	110.7	184.4	368.9
0.196 6	3.68	7.36	9.21	18.41	36.82	73.61	110.4	184.1	368.2
0.196 8	3.67	7.35	9.19	18.37	36.74	73.46	110.2	183.7	367.4
0.197 0	3.67	7.33	9.17	18.33	36.67	73.31	110.0	183.3	366.7
0.197 2	3.66	7.32	9.15	18.29	36.59	73.16	109.8	182.9	365.9
0.197 4	3.65	7.30	9.13	18.26	36.52	73.01	109.6	182.6	365.2
0.197 6	3.64	7.29	9.11	18.22	36.44	72.86	109.3	182.2	364.4
0.197 8	3.64	7.27	9.09	18.18	36.37	72.72	109.1	181.8	363.7
0.198 0	3.63	7.26	9.08	18.15	36.30	72.57	108.9	181.5	363.0
0.198 2	3.62	7.24	9.06	18.11	36.22	72.42	108.7	181.1	362.2
0.198 4	3.62	7.23	9.04	18.07	36.15	72.28	108.5	180.7	361.5
0.198 6	3.61	7.21	9.02	18.04	36.08	72.13	108.2	180.4	360.8
0.198 8	3.60	7.20	9.00	18.00	36.01	71.99	108.0	180.0	360.1
0.199 0	3.59	7.18	8.98	17.96	35.93	71.84	107.8	179.6	359.3
0.199 2	3.59	7.17	8.97	17.93	35.86	71.70	107.6	179.3	358.6
0.199 4	3.58	7.16	8.95	17.89	35.79	71.55	107.4	178.9	357.9
0.199 6	3.57	7.14	8.93	17.86	35.72	71.41	107.2	178.6	357.2
0.199 8	3.56	7.13	8.91	17.82	35.65	71.27	106.9	178.2	356.5

表 1（续）

压痕对角线 d/mm	试验力/N								
	0.098 07	0.196 1	0.245 2	0.490 3	0.980 7	1.961 2	2.942 0	4.903	9.807
	努氏硬度								
	HK 0.01	HK 0.02	HK 0.025	HK 0.05	HK 0.1	HK 0.2	HK 0.3	HK 0.5	HK 1
0.200 0	3.56	7.11	8.90	17.79	35.58	71.13	106.7	177.9	355.8

ICS 83.140.30
G 33

中华人民共和国国家标准

GB/T 18477.3—2009

埋地排水用硬聚氯乙烯(PVC-U)结构壁管道系统 第3部分:双层轴向中空壁管材

Unplasticized polyvinyl chloride (PVC-U) structure wall pipeline system for underground soil waste and drainage—Part 3: Bilayer and hollow-wall construction with axial hollow pipes

2009-10-15 发布　　2010-03-01 实施

中华人民共和国国家质量监督检验检疫总局
中国国家标准化管理委员会　发布

前　言

GB/T 18477《埋地排水用硬聚氯乙烯(PVC-U)结构壁管道系统》由以下三个部分组成:

——第1部分:双壁波纹管材;

——第2部分:加筋管材;

——第3部分:双层轴向中空壁管材。

本部分为GB/T 18477的第3部分。

请注意本部分的某些内容可能涉及专利,本部分的发布机构不承担识别这些专利的责任。

本部分由中国轻工业联合会提出。

本部分由全国塑料制品标准化技术委员会塑料管材、管件及阀门分技术委员会(SAC/TC 48/SC 3)归口。

本部分起草单位:上海汤臣塑胶实业有限公司、常州市河马塑胶有限公司、公元塑业集团、重庆顾地塑胶电器有限公司、江苏省产品质量监督检验研究院。

本部分主要起草人:唐克能、周佰兴、黄剑、吴晓芬、朱宇宏。

埋地排水用硬聚氯乙烯(PVC-U)
结构壁管道系统
第3部分:双层轴向中空壁管材

1 范围

GB/T 18477 的本部分规定了以聚氯乙烯树脂(PVC)为主要原料,经挤出成型的埋地排水用硬聚氯乙烯(PVC-U)双层轴向中空壁管材(以下简称管材)的术语和定义、符号、材料、分类与标记、结构型式与连接方式、技术要求、试验方法、检验规则及标志、运输、贮存。

本部分适用于市政工程、公共建筑室外、住宅小区的埋地排污、排水、埋地无压农田排水用管材。

本部分亦可用于工业排污、排水管材,此时应考虑材料的耐化学性和耐温性。

2 规范性引用文件

下列文件中的条款通过 GB/T 18477 的本部分的引用而成为本部分的条款。凡是注日期的引用文件,其随后所有的修改单(不包括勘误的内容)或修订版均不适用于本部分,然而,鼓励根据本部分达成协议的各方研究是否可使用这些文件的最新版本。凡是不注日期的引用文件,其最新版本适用于本部分。

GB/T 1033.1—2008 塑料 非泡沫塑料密度的测定 第1部分:浸渍法、液体比重瓶法和滴定法(ISO 1183-1:2004,IDT)

GB/T 2828.1—2003 计数抽样检验程序 第1部分:按接收质量限(AQL)检索的逐批检验抽样计划(ISO 2859-1:1999,IDT)

GB/T 2918—1998 塑料试样状态调节和试验的标准环境(ISO 291:1997,IDT)

GB/T 6671—2001 热塑性塑料管材 纵向回缩率的测定(eqv ISO 2505:1994)

GB/T 8806—2008 塑料管道系统 塑料部件 尺寸的测定(ISO 3126:2005,IDT)

GB/T 9647—2003 热塑性塑料管材 环刚度的测定(ISO 9969:1994,IDT)

GB/T 13526—2007 硬聚氯乙烯(PVC-U)管材二氯甲烷浸渍试验方法

GB/T 14152—2001 热塑性塑料管材耐外冲击性能试验方法 时针旋转法(eqv ISO 3127:1994)

GB/T 18042—2000 热塑性塑料管材蠕变比率的试验方法(eqv ISO 9967:1994)

GB/T 19278—2003 热塑性塑料管材、管件及阀门通用术语及其定义

GB/T 20221—2006 无压埋地排污、排水用硬聚氯乙烯(PVC-U)管材(ISO 4435:2003,NEQ)

HG/T 3091—2000 橡胶密封件 给排水及污水管道用接口密封圈 材料规范

3 术语和定义、符号

3.1 术语和定义

GB/T 19278—2003 确立的以及下列术语和定义适用于 GB/T 18477 的本部分。

3.1.1

公称尺寸 nominal size

表示部件尺寸的名义数值,单位为毫米(mm)。

3.1.2

公称外径 nominal outside diameter

管材外径的规定数值,单位为毫米(mm)。

3.1.3

任一点外径　outside diameter (at any point)

通过管材任一点横断面测量的外径，单位为毫米(mm)。

3.1.4

平均外径　mean outside diameter

管材任一横断面的外圆周长除以 3.142(圆周率)并向大圆整到 0.1 mm 得到的值。

3.1.5

任一点内径　inside diameter (at any point)

通过管材任一点横断面测量的内径，单位为毫米(mm)。

3.1.6

平均内径　mean inside diameter

相互垂直的两个或多个内径测量值的算术平均值，单位为毫米(mm)。

3.1.7

承口平均内径　mean inside diameter of socket

承口规定部位的平均内径，单位为毫米(mm)。

3.1.8

管材中空部分的内、外层壁厚　wall thickness of the inside and outside layer

构成管材中空区的内、外层壁厚，单位为毫米(mm)。

3.2　符号

下列符号适用于 GB/T 18477 的本部分。

A	承口配合深度
C	承口密封区长度
d_e	管材任一点外径
d_{em}	平均外径
$d_{im,min}$	最小平均内径
d_n	公称外径
d_s	承口内径
$d_{sm,min}$	承口最小平均内径
e_c	管材总壁厚
e_1	密封环槽处的壁厚
e_2	管材空腔部分内、外层壁厚
$e_{2,min}$	管材空腔部分最小内、外层壁厚
L	管材的有效长度
$L_{1,min}$	最小承插深度
SN	公称环刚度

4　材料

4.1　生产管材所用的材料应以聚氯乙烯(PVC)树脂为主，其中可含有利于管材性能的添加剂。材料的维卡软化温度应大于等于 79 ℃。

4.2　只允许使用来自本厂的同种产品的清洁回用料。

5　分类与标记

5.1　管材按环刚度等级分类

管材的环刚度分为 5 个等级，见表 1。

表 1 公称环刚度等级

等级	SN 4	SN (6.3)	SN 8	SN (12.5)	SN 16
环刚度/(kN/m^2)	4.0	(6.3)	8.0	(12.5)	16.0
注：括号内数值为非首选等级。					

5.2 标记

埋地排水用硬聚氯乙烯(PVC-U)管道系统用双层轴向中空壁管材的产品标记由以下部分组成：

材料代号 名称 标准代号 顺序号 公称尺寸 环刚度等级代号

示例：公称尺寸 DN 为 200 mm、环刚度等级为 SN 8 的双层轴向中空壁管材，其产品标记为：

PVC-U 双层轴向中空壁管 GB/T 18477.3 DN 200 SN 8

6 结构型式与连接方式

6.1 结构型式

典型的结构型式见图 1。

图 1 典型的结构型式

6.2 连接方式

6.2.1 管材应使用弹性密封圈连接方式，弹性密封圈应符合 HG/T 3091—2000 的要求。

弹性密封圈式承口和最小配合深度应符合表 2 的规定，示意图见图 2。

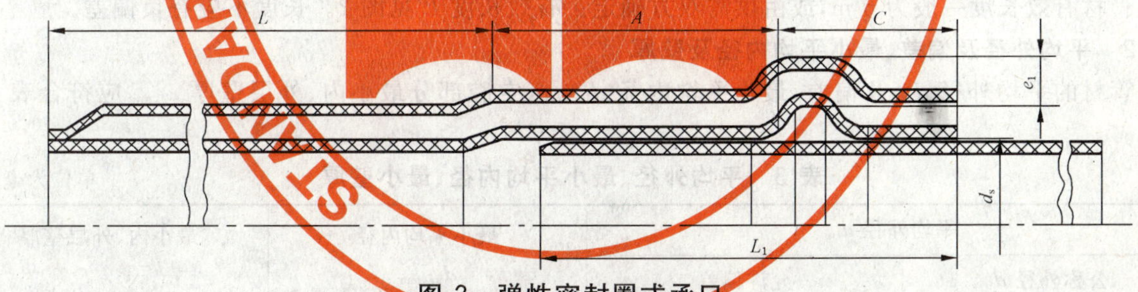

图 2 弹性密封圈式承口

表 2 弹性密封圈式承口和配合深度基本尺寸 单位为毫米

公称外径 d_n	管材承口最小平均内径 $d_{sm,min}$	弹性密封圈承口最小配合深度 A_{min}	最大密封区长度 C_{max}	最小承插深度 $L_{1,min}$
110	110.4	32	26	60
125	125.4	35	26	67
160	160.6	42	32	81
200	200.6	50	40	99
250	250.8	55	70	125

表 2（续） 单位为毫米

公称外径 d_n	管材承口最小平均内径 $d_{sm,min}$	弹性密封圈承口最小配合深度 A_{min}	最大密封区长度 C_{max}	最小承插深度 $L_{1,min}$
315	316.0	62	70	132
400	401.2	70	80	150
500	501.5	80	80[a]	160
630	631.9	93	95[a]	188
800	802.4	110	110[a]	220
1 000	1 003.0	130	140[a]	270
1 200	1 203.6	150	—	—

[a] 允许高于 C 值，生产商应提供实际的 $L_{1,min}$，并使 $L_{1,min}=A_{min}+C$

当管材长度大于 6 m 时，承口深度 A_{min} 需另行设计。

6.2.2 弹性密封圈式承口的密封环槽处的壁厚 e_1，应不小于管材总壁厚的 0.8 倍。

6.2.3 管材连接时，应对管材插口端的空腔进行有效的封堵，封口应密闭良好，无毛刺，不渗水。若需坡口，其斜角应为 15°～45°。若无需坡口，管材端面应切割平整并与轴线垂直。

7 技术要求

7.1 外观

管材内壁和外壁不应有气泡、砂眼、明显的杂质和其他影响产品性能的表面缺陷。管材的两端应平整并与轴线垂直。管材内、外壁与中间连接筋不应出现脱开现象。管材内、外表面的颜色应均匀一致。

7.2 规格尺寸

7.2.1 有效长度

管材有效长度一般为 6 m，或由供需双方确定。有效长度 L 见图 2。长度不应有负偏差。

7.2.2 平均外径及偏差、最小平均内径及壁厚

管材的平均外径 d_{em} 及偏差，最小平均内径 $d_{im,min}$，空腔部分最小内、外层壁厚 $e_{2,min}$ 应符合表 3 的规定。

表 3 平均外径、最小平均内径、最小壁厚 单位为毫米

平均外径 d_{em}		最小平均内径 $d_{im,min}$	最小内、外层壁厚 $e_{2,min}$
公称外径 d_n	允许偏差		
110	$^{+0.3}_{0}$	97	0.6
125	$^{+0.3}_{0}$	107	0.6
160	$^{+0.4}_{0}$	135	0.8
200	$^{+0.5}_{0}$	172	1.0
250	$^{+0.5}_{0}$	216	1.1
315	$^{+0.6}_{0}$	270	1.2
400	$^{+0.7}_{0}$	340	1.5
500	$^{+0.9}_{0}$	432	2.1
630	$^{+1.1}_{0}$	540	2.6

表 3（续） 单位为毫米

平均外径 d_{em}		最小平均内径 $d_{im,min}$	最小内、外层壁厚 $e_{2,min}$
公称外径 d_n	允许偏差		
800	$^{+1.3}_{0}$	680	3.0
1 000	$^{+1.6}_{0}$	864	3.5
1 200	$^{+2.0}_{0}$	1 037	4.7

7.3 物理力学性能

物理力学性能应符合表 4 的规定。

表 4 物理力学性能

项目		指标
密度/(kg/m³)		≤1 550
纵向回缩率/%		≤5
环刚度/(kN/m²)	SN 4	≥4.0
	(SN 6.3)	≥6.3
	SN 8	≥8.0
	(SN 12.5)	≥12.5
	SN 16	≥16.0
环柔性		试样圆滑，无反向弯曲，无破裂，两壁无脱开
烘箱试验		无分层，无开裂
蠕变比率		≤2.5
冲击性能(TIR)/%		≤10
二氯甲烷浸渍试验		表面无变化

7.4 系统的适用性

管材应进行弹性密封圈连接的密封性试验，要求见表 5。

表 5 系统的适用性要求

试验参数	要求	
条件 B：试验温度：(23±2)℃ 径向变形：插口变形 10% 承口变形 5%	较低的内部静液压 0.005 MPa(15 min) 较高的内部静液压 0.05 MPa(15 min) 内部气压 −0.03 MPa(15 min)	无泄漏 无泄漏 $\Delta p \leqslant -0.027$ MPa
条件 C：试验温度：(23±2)℃ 角度偏转： $d_n \leqslant 315$ mm：2° 315 mm$<d_n \leqslant 630$ mm：1.5° $d_n>630$ mm：1°	较低的内部静液压 0.005 MPa(15 min) 较高的内部静液压 0.05 MPa(15 min) 内部气压 −0.03 MPa(15 min)	无泄漏 无泄漏 $\Delta p \leqslant -0.027$ MPa

8 试验方法

8.1 状态调节和试验的环境

除另有规定外，试样应按 GB/T 2918—1998 的规定，在(23±2)℃环境下进行状态调节和试验，状态调节时间应不少于 24 h。

8.2 外观

在自然光线下，目测观察检查。

8.3 规格尺寸

8.3.1 有效长度

按图 2 所示位置，按 GB/T 8806—2008 的规定进行。

8.3.2 平均外径

按 GB/T 8806—2008 的规定进行。

8.3.3 平均内径

按 GB/T 8806—2008 的规定进行。

8.3.4 壁厚

按 GB/T 8806—2008 的规定进行。

8.3.5 承口深度

用精度不低于 1 mm 的量具，按图 2 规定的部位测量。

8.4 物理力学性能

8.4.1 密度

按 GB/T 1033.1—2008 中的 A 法测试。

8.4.2 纵向回缩率

8.4.2.1 试样

取(200±20)mm 长的管材 3 段，d_n 小于等于 400 mm 的管材，沿轴向切成 2 个大小相同的试样；d_n 大于 400 mm 并小于 600 mm 时，沿轴向切成 4 个大小相同的试样；d_n 大于等于 600 mm 的管材，沿轴向切成 8 个大小相同的试样。

8.4.2.2 试验步骤

按 GB/T 6671—2001 中方法 B 进行试验，试验参数如下：

试验温度：(150±2)℃；

试验时间：30 min。

8.4.3 环刚度

按 GB/T 9647—2003 的规定进行。

8.4.4 环柔性

按 GB/T 9647—2003 规定进行。试验速度按管材的外径确定，压缩使试样产生 30% 的径向变形后，观察试样是否保持圆滑，有无反向弯曲，是否破裂，两壁是否脱开。

8.4.5 烘箱试验

8.4.5.1 试样

取(300±20)mm 长的管材 3 段，d_n 小于等于 400 mm 的管材，沿轴向切成 2 个大小相同的试样；d_n 大于 400 mm 并小于 600 mm 时，沿轴向切成 4 个大小相同的试样；d_n 大于等于 600 mm 的管材，沿轴向切成 8 个大小相同的试样。

8.4.5.2 试验步骤

在(150±2)℃下加热 30 min，冷却至室温后，观察试样有无分层与开裂。

8.4.6 蠕变比率

按 GB/T 18042—2000 规定进行。

8.4.7 冲击性能

按 GB/T 14152—2001 规定进行，冲头球面曲率半径为(90.0±0.5)mm，试验温度为(0±1)℃，其他试验参数见表 6。

观察冲击后的试样内壁有无破裂。

表 6 落锤冲击质量和冲击高度

公称外径 d_n/mm	落锤质量/kg	冲击高度/mm
110	1.0	800
160	1.0	1 600
200	1.6	2 000
250	2.0	2 000
315	2.5	2 000
＞315	3.2	2 000

8.4.8 二氯甲烷浸渍试验

按 GB/T 13526—2007 规定进行试验，试验温度为(15±0.5)℃，浸泡时间为 30 min。

8.4.9 系统的适用性

按 GB/T 20221—2006 附录 A 的规定测试。

9 检验规则

9.1 产品需经检验合格并附有合格证方可出厂。

9.2 组批

同一批原料、同一配方和工艺连续生产的同一规格管材为一批，每批数量不超过 30 t。如生产数量少，生产期 7 d 尚不足 30 t，则以 7 d 产量为一批。

9.3 出厂检验

9.3.1 出厂检验项目为 7.1～7.2 规定和 7.3 表 4 中规定的环刚度、环柔性、纵向回缩率、烘箱试验、冲击性能和二氯甲烷浸渍试验。

9.3.2 7.1～7.2 的出厂检验执行 GB/T 2828.1—2003 的抽样检验程序。采用检验水平为一般检验水平Ⅰ、接收质量限(AQL)为 6.5 的正常检验的一次抽样，其批量、样本量、判定数组见表 7。

表 7 抽样方案

单位为根

批量 N	样本量 n	接收数 Ac	拒收数 Re
≤150	8	1	2
151～280	13	2	3
281～500	20	3	4
501～1 200	32	5	6
1 201～3 200	50	7	8
3 201～10 000	80	10	11

9.3.3 在按 9.3.2 抽样检查合格的样品中，随机抽取足够的样品，进行 7.3 表 4 中的环刚度、环柔性、纵向回缩率、烘箱试验、冲击性能和二氯甲烷浸渍试验。

9.4 型式检验

型式检验项目为第 7 章规定的全部技术要求项目。一般情况下每两年至少一次，若有以下情况之一，亦应进行型式检验：

a) 新产品或老产品转厂生产的试制定型鉴定；

b) 设备、原料、工艺、配方有较大变动可能影响产品性能时；

c) 产品停产半年后恢复生产时；

d) 出厂检验结果与上次型式检验结果有较大的差异时；

e) 国家质量监督机构提出进行型式检验要求时。

9.5 判定规则

项目7.1～7.2中任一条不符合表7规定时，判该批为不合格。物理力学性能中有一项达不到指标时，按9.3.2抽取的合格样品中再随机抽取双倍样品进行该项的复验。若仍不合格，即判该批为不合格批。

10 标志、运输、贮存

10.1 标志

10.1.1 每根管材至少有一永久性标记，管材标记间距不应大于2 m。

10.1.2 标志的大小应适当，并应在贮存、搬运和安装后仍清晰易读。

10.1.3 产品应有下列明显标志：

a) 生产厂名称或商标；

b) 按5.2规定的标记；

c) GB/T 18477的本部分编号；

d) 生产日期。

10.2 运输

产品在装卸运输时，不应受剧烈撞击、抛摔和重压，不应露天曝晒。

10.3 贮存

管材存放场地应平整，堆放应整齐，承口部位应交错放置，避免挤压变形。管材不应曝晒，远离热源，堆放高度不超过2 m。

ICS 25.220.10
A 29

中华人民共和国国家标准

GB/T 18570.2—2009/ISO 8502-2:2005
代替 GB/T 18570.2—2001

涂覆涂料前钢材表面处理 表面清洁度的评定试验 第2部分:清理过的表面上氯化物的实验室测定

Preparation of steel substrates before application of paints and related products—Tests for the assessment of surface cleanliness— Part 2: Laboratory determination of chloride on cleaned surfaces

(ISO 8502-2:2005,IDT)

2009-03-09 发布

2009-11-01 实施

中华人民共和国国家质量监督检验检疫总局
中国国家标准化管理委员会 发布

前 言

GB/T 18570《涂覆涂料前钢材表面处理 表面清洁度的评定试验》分为下列几部分：

——第1部分：可溶性铁的腐蚀产物的现场试验(技术报告)；

——第2部分：清理过的表面上氯化物的实验室测定；

——第3部分：涂覆涂料前钢材表面的灰尘评定(压敏粘带法)；

——第4部分：涂覆涂料前凝露可能性的评定导则；

——第5部分：涂覆涂料前钢材表面的氯化物测定(离子探测管法)；

——第6部分：可溶性杂质的取样 Bresle法；

——第7部分：油和脂类的现场测定法；

——第8部分：湿气的现场折射测定法；

——第9部分：水溶性盐的现场电导率测定法；

——第10部分：水溶性氯化物的现场滴定测定法；

——第11部分：水溶性硫酸盐的现场浊度测定法；

——第12部分：水溶性铁离子的现场滴定测定法。

本部分为GB/T 18570的第2部分。

本部分等同采用ISO 8502-2:2005《涂覆涂料前钢材表面处理 表面清洁度的评定试验 第2部分：清理过的表面上氯化物的实验室测定》及2006勘误版(英文版)。

本部分等同翻译ISO 8502-2:2005及2006年勘误版。

技术勘误的内容已在本部分正文中做了修改，并在它们所涉及的条款的页边空白处用垂直双线标识。

为便于使用，本部分做了下列编辑性修改：

——"本国际标准"一词改为"本部分"；

——用小数点"."代替作为小数点的逗号","；

——用顿号"、"代替作为分述的逗号","；

——删除国际标准的目录、前言和引言。

本部分代替GB/T 18570.2—2001《涂覆涂料前钢材表面处理 表面清洁度的评定试验 清理过的表面上氯化物的实验室测定》。

本部分与GB/T 18570.2—2001相比，主要有下列变化：

——增加了范围内容；

——在第4章中，将标题"试剂"改为"试剂和材料"，将试验用水要求单独列项，将第5章中的"粉笔、吸水棉垫"调整到第4章，化学分子式前加注中文名称，增加了硝酸汞溶液浓度的计算公式；

——修改了滴定器的规定；

——将擦洗时间增加为10 min。

本部分由中国船舶工业集团公司提出。

本部分由全国涂料和颜料标准化技术委员会涂漆前金属表面处理及涂漆工艺分技术委员会(SAC/TC 5/SC 6)归口。

本部分起草单位：中国船舶工业集团公司第十一研究所、中国船舶工业综合技术经济研究院。
本部分主要起草人：傅建华、宋艳媛、刘冰扬。
本部分所代替标准的历次版本发布情况为：
——GB/T 18570.2—2001。

涂覆涂料前钢材表面处理
表面清洁度的评定试验
第2部分:清理过的表面上氯化物的实验室测定

警告:GB/T 18570的本部分所描述的实验步骤应由专业人员或经过专业培训的人员或管理人员执行。如未采取适当防范措施,本方法中所用物质可能会损害操作人员的健康。应注意文中(见4.5)某些特指的危害。本部分只提及它的技术适宜性,没有免除操作人员对健康和安全的法定义务。

1 范围

GB/T 18570的本部分规定了测定钢材表面水溶性氯化物的实验室方法。

本部分适用于清洗前、清洗中或者清洗后钢材表面氯化物的测定,也适用于以前涂覆过涂料的表面。通常用于来自现场的钢材表面经实验室清洗处理后的样品。

注1:虽然氯离子的测定程序是正确的,但方法的精确度会受到取样过程的不确定因素的影响。另外,存在于锈蚀坑的氯化铁很难提取到试样中。

本部分不适用于用铬酸盐、亚硝酸盐或胺盐处理的钢材表面。[这些盐一般是在湿喷砂清理时添加作为缓蚀剂。这是因为冲洗水中铬酸盐浓度等于或大于10 mg/L、硝酸盐浓度等于或大于20 mg/L时会干扰氯化物的测定;胺缓蚀剂会在钢材表面上形成一层氢氧化物层(非水溶性)阻碍冲洗水与其下应被除去的盐分接触,影响盐分的移取。]

三价铁离子浓度不小于10 mg/L时会干扰测定,但三价铁离子会沉集在铁锈沉淀物中,经过过滤从试验溶液中去除。

注2:涂层系统性能受到表面残余可溶性氯化物浓度的影响。可接受的污染程度和涂层保养情况有关。要获得更多水溶性盐污染物影响的信息,请参考ISO/TR 15235。

2 规范性引用文件

下列文件中的条款通过GB/T 18570的本部分的引用而成为本部分的条款。凡是注日期的引用文件,其随后所有的修改单(不包括勘误的内容)或修订版均不适用于本部分,然而,鼓励根据本部分达成协议的各方研究是否可使用这些文件的最新版本。凡是不注日期的引用文件,其最新版本适用于本部分。

ISO 3696:1987[1)] 分析实验室用水 规格和试验方法

3 原理

取已知体积水冲洗确定面积的钢材表面,以二苯卡巴腙-溴酚蓝作为混合指示剂,用硝酸汞溶液滴定冲洗液中的氯化物。

滴定时,汞离子同氯离子反应生成不溶于水的游离氯化汞,氯离子反应完全后,过量的汞离子与二苯卡巴腙反应生成亮紫色,即为滴定终点。

1) GB/T 6682—2008为修改采用ISO 3696:1987。

4 试剂和材料

所用分析用试剂均为分析纯。

4.1 水

试验所用的水应符合 ISO 3696:1987 中 3 级纯度的要求。

4.2 硝酸溶液

硝酸(HNO_3)溶液浓度约为 0.05 mol/L。

将 3.5 mL 浓硝酸(ρ=1.40 g/mL)加入水中，倒入 1 000 mL 容量瓶中，加水至刻度线。

4.3 氢氧化钠溶液

氢氧化钠(NaOH)溶液浓度约为 0.025 mol/L。

溶解 1.0 g 氢氧化钠于水中，倒入 1 000 mL 容量瓶中，加水至刻度线。

4.4 氯化钾标准溶液

氯化钾(KCl)标准溶液中氯离子浓度为 0.002 8 mol/L。

溶解 0.210 3 g 氯化钾于水中，倒入 1 000 mL 容量瓶中，加水至刻度线，这样配制的溶液每 1 mL 含 0.1 mg 氯化物。

4.5 硝酸汞标准溶液

硝酸汞[$Hg(NO_3)_2 \cdot 0.5H_2O$]标准溶液的浓度约为 0.012 5 mol/L。

警告：硝酸汞是有毒物，应避免与眼睛和皮肤接触。

4.5.1 制备

溶解 4.171 g 硝酸汞[$Hg(NO_3)_2 \cdot 0.5H_2O$]于水中，倒入 1 000 mL 容量瓶中，加水至刻度线。

4.5.2 标定

用移液管(5.10)吸取 20 mL 氯化钾标准溶液(4.4)于 250 mL 锥形瓶(5.4)中，加入 5 滴二苯卡巴腙-溴酚蓝混合指示剂溶液(4.6)，搅拌。如果蓝紫或者红色出现，逐滴加入硝酸溶液(4.2)，直至颜色变为黄色，然后再加 1 mL 过量硝酸溶液。如果在加入指示剂后立即形成黄色或棕色，则通过逐滴加入氢氧化钠溶液(4.3)，获得蓝紫色。然后进行酸化处理，用硝酸汞标准溶液(4.5)滴定黄色酸化溶液，直至溶液全部变为蓝紫色。保留滴定液，与 6.1 的空白滴定液比较。计算硝酸汞溶液浓度。

硝酸汞溶液的摩尔浓度，单位为摩尔每升(mol/L)，按公式(1)计算：

$$c = \frac{2.8 \times 10^{-2}}{V} \quad \cdots\cdots(1)$$

式中：

V——滴定消耗的硝酸汞标准溶液的体积的数值，单位为毫升(mL)。

注：2 mol 氯离子相当于 1 mol 汞离子。

4.6 二苯卡巴腙-溴酚蓝混合指示剂溶液

溶解 0.5 g 二苯卡巴腙晶体和 0.05 g 溴酚蓝晶体于 75 mL 乙醇(体积分数为 95%)中，加乙醇至 100 mL。贮存于棕色瓶中。

4.7 粉笔

无氯的粉笔或其他能标记出试验区域的适当工具。

4.8 吸水棉垫(脱脂棉)

吸水棉垫(脱脂棉)质量为 1 g～1.5 g。

5 仪器

5.1 直尺。

5.2 金属刮刀或刀片。

5.3 塑料手套。

5.4 烧杯、锥形瓶：容量约为 250 mL。

5.5 小玻璃棒。

5.6 漏斗。

5.7 滤纸：直径约 120 mm。

5.8 量筒：50 mL。

5.9 容量瓶：50 mL、100 mL 和 1 000 mL。

5.10 移液管：1 mL 和 20 mL。

5.11 滴定器：数字式滴定器。

6 步骤

6.1 空白滴定

为比较每次冲洗液滴定结果的平行样，进行空白滴定。按 4.5.2 中的步骤，用 20 mL 水(4.1)取代氯化钾标准溶液(4.4)进行空白滴定，保留滴定后的溶液，以 4.5.2 中的滴定溶液颜色作为滴定终点的标志。

6.2 表面冲洗

试验至少进行两次。在擦洗过程中，每次应使用干净的塑料手套(5.3)，以保证冲洗液中没有酸性污染物带入。

用直尺(5.1)和粉笔或其他适当的工具(4.7)量出约 25 000 mm^2(如 250 mm×100 mm)表面，标出试验区域，记录实际面积(mm^2)。

取两个烧杯(5.4)A 和 B，用量筒量(5.8)取 45 mL 水(4.1)，倒入烧杯 A 中。将一块吸水棉垫(4.8)浸于水中，然后用棉垫擦洗整个试验区域，不允许水从棉垫上滴出或溢出试验区域，用吸水棉垫擦干表面，然后将棉垫上的清洗液挤入烧杯 B 中。

对裸露的钢材，用金属刮刀或刀片(5.2)将表面刮到至少有 50% 的试验区域显示出金属本色。

将烧杯 A 中的水分多次重复擦洗，如果棉垫用坏了，使用新的棉垫，用同样方法继续进行，直到所有水用完。保留用过的吸水棉垫。擦洗过程至少 10 min。

用滤纸(5.7)和漏斗(5.6)过滤冲洗液，用 50 mL(5.9)的容量瓶收集滤液，用少量水约 5 mL、烧杯 B和小玻璃棒(5.5)清洗用过的吸水棉垫和滤纸，然后挤吸并收集冲洗液到容量瓶中，加水至刻度线。

注：更精确的取样方法见 GB/T 18570.6。

6.3 冲洗液滴定

小心摇匀 50 mL 容量瓶，用移液管(5.10)吸取 20 mL 冲洗液(取代 4.4 中的氯化钾溶液)于干净的烧杯(5.4)中，用 4.5.2 中给出的方法测定氯化物的含量。

7 结果表示

单位面积上氯化物的含量 $\rho_A(Cl)$，单位为毫克每平方米(mg/m^2)，按公式(2)计算：

$$\rho_A(Cl) = \frac{(V_1 - V_0)c \times 1.773 \times 10^8}{A} \qquad \cdots\cdots(2)$$

式中：

V_1——滴定冲洗液所消耗的硝酸汞溶液的体积的数值，单位为毫升(mL)；

V_0——空白滴定冲洗液时所消耗的硝酸汞溶液的体积的数值，单位为毫升(mL)；

c——硝酸汞溶液的实际浓度的数值,单位为[$Hg(NO_3)_2 \cdot 0.5H_2O$]摩尔每升{[$Hg(NO_3)_2 \cdot 0.5H_2O$]mol/L};

A——冲洗的表面面积的数值,单位为平方毫米(mm^2)。

每次报告结果精确到 10 mg/m^2。

8 试验报告

试验报告应至少包含下列内容:

a) 标识试验表面的所有细节,包括形状、位置(例如:水平、垂直和角度);

b) 本部分标准号(GB/T 18570.2—2009);

c) 测试结果,包括所有单个测试的结果和它们的平均值,计算表达式见本部分第 7 章;

d) 与本部分规定的试验方法的任何差异;

e) 测试过程中观察到的任何异常现象;

f) 试验日期。

参 考 文 献

[1] GB/T 18570.6 涂覆涂料前钢材表面处理 表面清洁度的评定试验 第6部分：可溶性杂质的取样 Bresle法(GB/T 18570.6—2005，ISO 8502-6:1995,IDT).

[2] ISO/TR 15235 涂覆涂料前钢材表面处理 水溶性盐污染物的影响程度技术报告.

ICS 25.220.10
A 29

中华人民共和国国家标准

GB/T 18570.11—2009/ISO 8502-11:2006

涂覆涂料前钢材表面处理 表面清洁度的评定试验 第11部分:水溶性硫酸盐的现场浊度测定法

Preparation of steel substrates before application of paints and related products—Tests for the assessment of surface cleanliness—Part 11: Field method for the turbidimetric determination of water-soluble sulfate

(ISO 8502-11:2006,IDT)

2009-03-09 发布　　　　2009-11-01 实施

中华人民共和国国家质量监督检验检疫总局
中国国家标准化管理委员会　发布

前　言

GB/T 18570《涂覆涂料前钢材表面处理　表面清洁度的评定试验》分为下列几部分：

——第1部分：可溶性铁的腐蚀产物的现场试验（技术报告）；

——第2部分：清理过的表面上氯化物的实验室测定；

——第3部分：涂覆涂料前钢材表面的灰尘评定（压敏粘带法）；

——第4部分：涂覆涂料前凝露可能性的评定导则；

——第5部分：涂覆涂料前钢材表面的氯化物测定（离子探测管法）；

——第6部分：可溶性杂质的取样　Bresle法；

——第7部分：油和脂类的现场测定法；

——第8部分：湿气的现场折射测定法；

——第9部分：水溶性盐的现场电导率测定法；

——第10部分：水溶性氯化物的现场滴定测定法；

——第11部分：水溶性硫酸盐的现场浊度测定法；

——第12部分：水溶性铁离子的现场滴定测定法。

本部分为GB/T 18570的第11部分。

本部分等同采用ISO 8502-11:2006《涂覆涂料前钢材表面处理　表面清洁度的评定试验　第11部分：水溶性硫酸盐的现场浊度测定法》（英文版）。

本部分等同翻译ISO 8502-11:2006。

为便于使用，本部分做了下列编辑性修改：

——“本国际标准”一词改为“本部分”；

——用小数点“.”代替作为小数点的逗号“,”；

——用顿号“、”代替作为分述的逗号“,”；

——删除国际标准的目录、前言和引言。

本部分由中国船舶工业集团公司提出。

本部分由全国涂料和颜料标准化技术委员会涂漆前金属表面处理及涂漆工艺分技术委员会（SAC/TC 5/SC 6）归口。

本部分起草单位：中国船舶工业综合技术经济研究院、中国船舶工业集团公司第十一研究所。

本部分主要起草人：宋艳媛、傅建华。

涂覆涂料前钢材表面处理
表面清洁度的评定试验
第11部分:水溶性硫酸盐
的现场浊度测定法

1 范围

GB/T 18570的本部分规定了表面处理前后钢材表面水溶性硫酸盐的表面浓度的现场评定法。

本部分主要适用于表面杂质的评估。

2 规范性引用文件

下列文件中的条款通过GB/T 18570的本部分的引用而成为本部分的条款。凡是注日期的引用文件,其随后所有的修改单(不包括勘误的内容)或修订版均不适用于本部分,然而,鼓励根据本部分达成协议的各方研究是否可使用这些文件的最新版本。凡是不注日期的引用文件,其最新版本适用于本部分。

ISO 3696:1987[1)] 分析实验室用水 规格和试验方法

ISO 8502-6:2006[2)] 涂覆涂料前钢材表面处理 表面清洁度的评定试验 第6部分:可溶性杂质的取样 Bresle法

3 原理

以ISO 3696:1987规定的3级纯度的水作为溶剂,采用Bresle法(见ISO 8502-6:2006)移取钢材表面水溶性硫酸盐和其他盐类。

以硝酸钡或氯化钡为沉淀剂,和凝聚剂一起加入移取的硫酸盐溶液中,生成一种胶状硫酸钡溶液。根据硫酸盐含量的不同,其吸光率不同,可测定移取的溶液中硫酸盐的浓度。然后,依据简单的公式即可算出被测表面的硫酸盐的表面浓度。

4 试剂

4.1 水

试验所用的水应符合ISO 3696:1987中3级纯度的要求。

4.2 沉淀剂[$Ba(NO_3)_2$ 或 $BaCl_2$]

试验所用的沉淀剂按浊度计(5.1)制造商的规定。

4.3 凝聚剂

试验所用的凝聚剂按浊度计(5.1)制造商的规定。

5 仪器

5.1 浊度计

测量胶状溶液吸光率的仪器。该仪器应进行校准,以使其上的刻度或数字至少显示出胶状溶液中SO_4^{2-}的质量浓度范围为0 mg/L～80 mg/L。

---

1) GB/T 6682—2008为修改采用ISO 3696:1987。

2) GB/T 18570.6—2005为等同采用ISO 8502-6:1995。

注：浊度计是商品并且常常与要求的试剂(4.2和4.3)一起销售，近来有时已经将这些试剂以一定的数量相混合以便于直接使用。

5.2 两个测量盒(槽)

测量盒(槽)设计用于并且属于浊度计(5.1)，分为第一个盒(槽)和第二个盒(槽)。

5.3 塑料烧杯

5.4 标准胶贴袋

标准胶贴袋符合 ISO 8502-6:2006 中 4.1 的要求，例如：型号 A-1250。

5.5 注射器

注射器符合 ISO 8502-6:2006 中 4.2 的要求。

5.6 温度计

温度计测量周围空气温度，精度为 0.5 ℃。

6 步骤

6.1 溶剂的制备

将足量的溶剂(水)(4.1)倒入塑料烧杯(5.3)中，水量应满足浊度计(5.1)两次测量的使用要求。记录体积，例如：20 mL，精确到 0.5 mL。

6.2 钢材表面的水溶性杂质的移取

按 ISO 8502-6:2006 中第 5 章规定的步骤，并以下列附加要求为条件进行操作：

a) 将 6.1(见 ISO 8502-6:2006 的 5.3)制备的溶剂，抽入注射器(5.5)中。

b) 总抽取时间应为 10 min±1 min。在此期间，重复下列操作 10 遍：

在保持注射器针头不移出胶贴袋的情况下，将溶剂注入胶贴袋空腔，然后再抽回到注射器针筒内(见 ISO 8502-6:2006 的 5.6)。

在最后一次注入、抽回循环终止时，从胶贴袋空腔内尽可能多地收回溶液，转移到烧杯(5.3)中，由此使溶液量接近按 ISO 8502-6:2006 中 5.7 规定的原体积(见 6.1)(例如：20 mL)，也可见 6.4 的第二段。

6.3 空白试验和胶状溶液的制备

6.3.1 将按 6.2 制备的溶液的一半，例如：10 mL，倒入第一个测量盒(见 5.2)中，完成下述空白试验。

6.3.2 将第一个测量盒放入浊度计中，记录指示值，代表 SO_4^{2-} 的质量浓度为零。

6.3.3 将按浊度计(5.1)制造商规定的沉淀剂(4.2)和凝聚剂(4.3)加入按 6.2 制备的溶液的另一半中。溶液被迅速吸收而变成胶状，也可见 6.4 的第二段。

6.3.4 将这种胶状溶液倒入第二个测量盒(见 5.2)中，并将第二个测量盒放置在浊度计中。

6.4 浊度计测量

记录第二个测量盒中胶状散射物的浊度计指示值。减去空白试验值(见 6.3.2)，并记录差异，差异值代表按 6.2 制备的溶液中 SO_4^{2-} 的质量浓度。

浊度计的测量范围过窄时，加入新鲜溶剂，稀释按 6.2 制备的溶液，以满足充分减少质量浓度的需要，例如：10 mL 或 20 mL。记录烧杯中得到的总溶液体积，例如：30 mL 或 40 mL。这种操作应在加入沉淀剂(4.2)和凝聚剂(4.3)之前进行。

7 计算和结果表述

水溶性硫酸盐的表面浓度 ρ_A，单位为千克每平方米(kg/m^2)，按公式(1)计算：

$$\rho_A = m/A \qquad \cdots\cdots(1)$$

式中：

m——从胶贴袋空腔覆盖的表面移取的水溶性硫酸盐的质量的数值，单位为千克(kg)；

A——试验面积的数值,单位为平方米(m^2)。

公式(1)中的 m 按公式(2)计算:

$$m = V \times \rho_B \quad \cdots\cdots\cdots\cdots (2)$$

式中:

V——在可能的稀释之后和空白试验之前,按 6.2 制备的溶液的体积的数值,单位为立方米(m^3);

ρ_B——溶液(见 6.4 的第二段)中 $SO_4{}^{2-}$ 的质量浓度的数值,单位为千克每立方米(kg/m^3)。

由公式(1)和公式(2),得到公式(3):

$$\rho_A = \frac{V \times \rho_B}{A} \quad \cdots\cdots\cdots\cdots (3)$$

示例:若 $V=20$ mL(见 6.2),$A=1\ 250\ mm^2$(见 5.4),则按公式(4)计算 ρ_A:

$$\begin{aligned}\rho_A &= \frac{20 \times 10^{-6}}{1\ 250 \times 10^{-6}} \times \rho_B \\ &= 16 \times 10^{-3} \times \rho_B\end{aligned} \quad \cdots\cdots\cdots\cdots (4)$$

式中:ρ_A 的单位为千克每平方米(kg/m^2),ρ_B 的单位为千克每立方米(kg/m^3)($1\ kg/m^3 = 1\ 000\ mg/L$)。

公式(4)得出的数值乘以 10^6,得出以毫克每平方米(mg/m^2)为单位的 ρ_A。

公式(4)得出的数值乘以 10^5,得出以微克每平方厘米($\mu g/cm^2$)为单位的 ρ_A。

若取按 6.2 制备的溶液的不同体积,则在公式(3)中代入不同的 V 值,得出类似公式(4)的公式。

图 1 绘出按三个不同计算公式得到的三条直线。

注:每条直线代表烧杯中溶液的不同体积。每次所用的胶贴袋型号均为符合 ISO 8502-6:2006 要求的 A-1250。

图 1 硫酸盐的表面浓度 ρ_A 和质量浓度 ρ_B 的关系

8 精密度

各种因素均可影响本方法的精密度，比如温度的变化。对于有影响的情况，公开发表的资料文献很少。然而，实践经验表明，大多数变化对整体精密度的影响可以忽略不计。

没有合作试验得到过产生的精密度数据。这样的数据有效时将被加入结果的计算。

9 试验报告

试验报告至少应包括下列内容：

a) 标识试验试样必需的所有细节。

b) 本部分标准号(GB/T 18570.11—2009)。

c) 试验步骤的细节，包括：

   1) 浊度计(5.1)的测量范围；

   2) 试验表面(见5.4)的面积；

   3) 按6.2制备的溶液体积。

d) 试验结果，包括任何单独测量和按第7章规定计算得出的结果，包括：

   1) 溶液(见6.4)中 SO_4^{2-} 的质量浓度；

   2) 按第7章公式(3)规定测得的可溶性硫酸盐的表面浓度。

e) 与第6章规定步骤的任何差异。

f) 试验过程中观察到的任何异常现象。

g) 试验日期。

ICS 47.080
U 37

中华人民共和国国家标准

GB/T 18573—2009/ISO 10134:2003
代替 GB/T 18573—2001

小艇 电气装置 避雷保护

Small craft—Electrical devices—Lightning-protection systems

(ISO 10134:2003,IDT)

2009-03-09 发布 2009-11-01 实施

中华人民共和国国家质量监督检验检疫总局
中国国家标准化管理委员会 发布

前言

本标准等同采用 ISO 10134:2003 Ed2《小艇　电气装置　避雷保护》。

本标准代替 GB/T 18573—2001《小艇　电气装置　避雷保护》。

本标准与 GB/T 18573—2001 相比，主要有下列变化：

——第 1 章内增加“注：……”，说明小艇遭受雷击的可能性；

——第 2 章内增加术语“侧面放电”，“避雷跨接导体”，“避雷接地导体”；

——3.2 中避雷接地导体截面积由原来 8 mm^2 增大至 21 mm^2；

——3.3 中避雷跨接导体截面积由原来 8 mm^2 增大至 13 mm^2；

——4.2.1 中线状导体截面积由原来 8 mm^2 增大至 13 mm^2；

——增加 5.1，其他条编号顺延；

——5.4.2 中，增加注 3，规定碳纤维材料视为不具有导电性材料；

——增加 5.4.3，对于临时避雷保护桅的采用，设置位置及其下引导体截面积和水下接地板总面积作了规定；

——原标准 5.6“内部金属物体”中不确切部分作了修正，原标准中“且其任何一点都在……”改为“任何一点处于……”；

——增加 5.8.2，对于金属通海阀和穿越船体的装置避雷姐弟系统作了规定；

——在 5.9“避雷接地板”中，增加了对接地点及接地片的详细规定；

——第 8 章中对原标准本节中“摩托艇”改为“机动艇”。

本标准的附录 A 是规范性附录。

本标准由中国船舶工业集团公司提出。

本标准由全国小艇标准化技术委员会归口。

本标准起草单位：中国船舶工业集团公司第七〇八研究所。

本标准主要起草人：傅晓红、傅洁。

本标准所代替标准的历次版本发布情况为：

——GB/T 18573—2001。

小艇　电气装置　避雷保护

1　范围

本标准规定了在艇体长度不大于 24 m 的小艇上所设避雷设备的设计、制造和安装的要求。

注：雷击的可能性随着地理位置和时间的不同而不同，但是，当云层和大地之间存在放电条件时，就无法避免雷击放电发生。在宽阔的水面上或码头，小艇很可能被雷电击中。小艇上的避雷系统并不能完全避免设备损害及人员伤害，本标准也不涉及这种完全保护。

2　术语和定义

下列术语和定义适用于本标准。

2.1

空气间隙　air gap

导电通路中距离不超过 2 mm，用以防止低压电流通过，但不会阻断雷电电流通过的距离。

2.2

空中端头　air terminal

于拦截雷电放电，位于避雷保护系统中较高部分的尖点。

2.3

避雷接地板、避雷接地片　lightning groud plate

使电流从艇的导电部件流至该艇所漂浮的水中的设施。

2.4

避雷保护桅　lightning-protective mast

用于空中端头至避雷接地板之间进行电气连接的导电结构或设施。

2.5

侧面放电　side flash

发生在避雷保护系统与任何金属物体间的电弧放电。

2.6

避雷跨接导体　lightning bonding conductor

用于平衡金属物体与避雷保护系统之间电压的导体。

2.7

避雷接地导体　lightning grouding conductor

连接空中端头或避雷保护桅至避雷接地板的导体。

2.8

保护区域　protection zone

在接地的空中端头、桅或架空接地线下面，实际上可避免直接雷击的区域。

注 1：并不涉及可避免设备损坏或人员伤害的完全保护。

注 2：当艇离开水面时，避雷保护系统不提供保护；而且当艇浮在水上或在岸上时，若艇的任何部分与电力线路相连接，则避雷保护系统也不会给予保护。

3　一般要求

3.1　保护人员和小艇免受雷击，不仅与设备的设计和维护这两者的配合有关，而且与人员的行为有关。

在设计和安装避雷保护系统时，应考虑和采用本标准中所包含的基本原则。但是鉴于艇的结构设计有很大的变化以及雷电的不可预见性，故不可能作出对所有情况都适用的具体建议。

3.2 为了提供充分避雷接地导体或避雷保护桅，从避雷保护桅顶至避雷接地板的整个电路所具有的机械强度和导电率应不小于截面积为 21 mm^2 铜导体的机械强度和导电率。且连接导体的至地电路基本上应为直线形。其他建议参见 IEC 60092-352。

3.3 如果在避雷接地导体附近半径为 2 m 的区域内有大的金属物体，如箱柜、发动机、甲板绞车、炉子等，那么在其最接近点处，极易发生从接地导体跳至金属物体的火花放电或侧面放电。为了防止由于这些侧面放电所引起的损坏，应在可能出现侧面放电的所有位置处，都设有相互连接的避雷跨接导体(见4.2.1)，其导电率至少等于截面积为 13 mm^2 的铜导体的导电率。其他建议参见 IEC 60092-352。

3.4 对于不构成艇的电气系统的一部分，且由于其自身的功能或其他要求而不接地的较大金属物体，如果其实际上不与 3.2 和 5.4 中的避雷接地导体或避雷跨接导体相互连接，那么可以直接接至避雷接地板。

3.5 如果艇上装设避雷保护系统，则其艇主手册应包括附录 A 中所列的内容。

4 材料

4.1 耐腐蚀

在避雷保护系统中所采用的材料应耐腐蚀，如果在某些装置中不同金属的连接不可避免，则可通过采用适当的镀层或适用于此种用途的特殊接头来减小腐蚀效应。

4.2 线状导体

4.2.1 线状导体应为截面积不小于 13 mm^2 的铜导体，或为导电率等于或大于截面积为 13 mm^2 铜导线的导电率的导体。其他建议参见 IEC 60092-352。

4.2.2 裸铜线的任一股绞线的截面积应不小于 0.71 mm^2。绝缘铜线应至少有 19 股绞线。

4.2.3 金属带或条的厚度至少应为 1 mm。

5 安装

5.1 一般预防措施

为了将侧面放电和电气线路的高压感应减到最小，接近电气线路的避雷导体不应与其平行敷设。

5.2 导体接头

导体接头的制作和支承不应损坏导体，且提供与该导体相等的导电率。

5.3 避雷保护桅的高度

5.3.1 避雷保护桅的高度应可提供符合 5.3.2～5.3.4 要求的保护区域。

5.3.2 当桅高在水面以上不超过 15 m 时，保护区域底面半径近似地等于桅高 h(见图 1)。

5.3.3 当桅高超过 15 m，保护区域根据雷击的闪击距离而定。

因为雷击可以在最终出现对地击穿点的闪击距离之内，闪击任何接地物体，所以保护区域由一圆弧确定(见图 2)。

该圆弧的半径就是闪击距离(30 m)。该圆弧通过桅顶且与水面相切。如果所使用的桅多于 1 根，则此保护区域由所有各桅的圆弧确定。

5.3.4 在单桅不可行的情况下，应采用其他避雷保护手段形成保护重叠区保护小艇。

注：由各个桅杆或其他升高的、导电的及接地物体的任何轮廓所提供的保护区域可以方便地以图解确定。增加桅高使其超过闪击距离，不会增大保护区域。

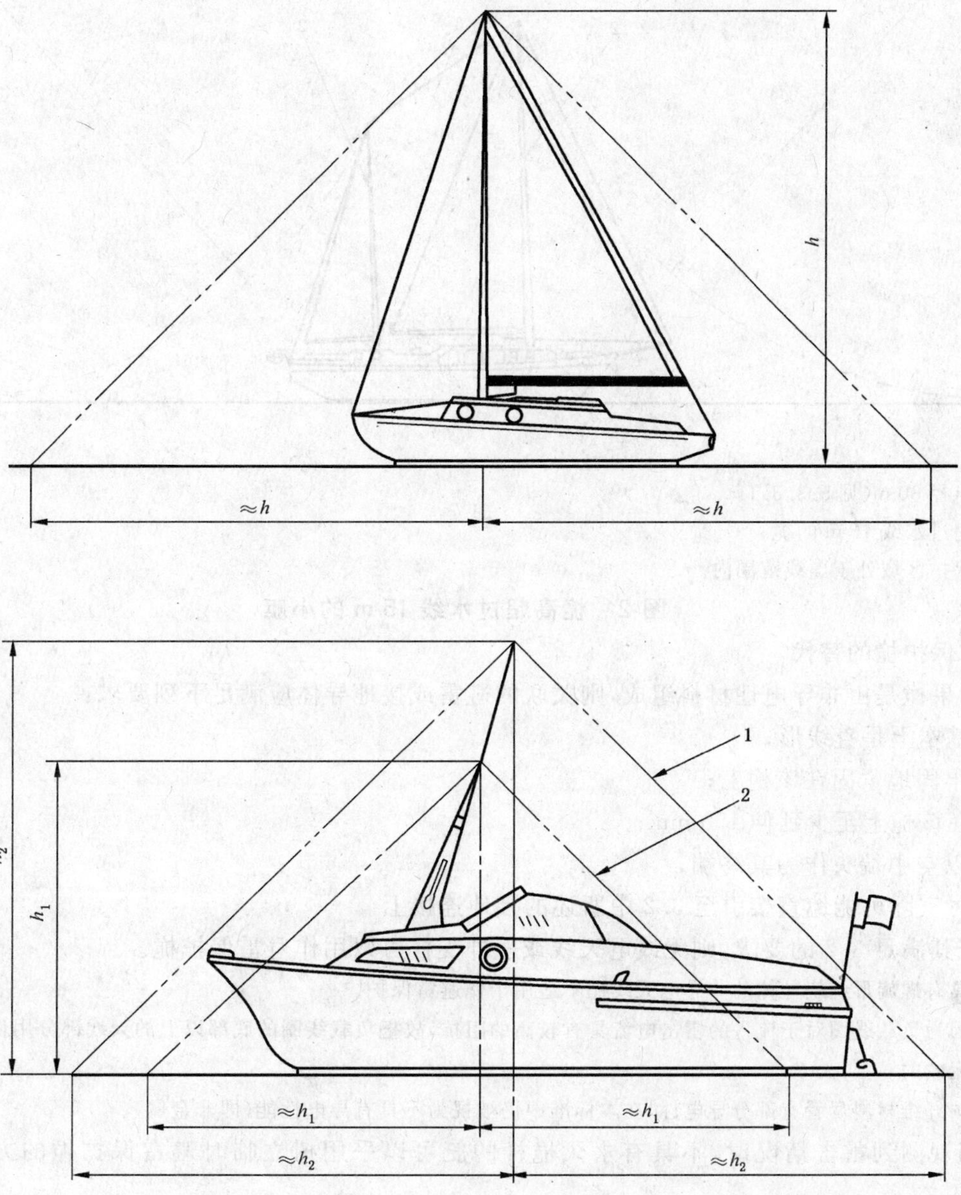

h——桅高。

1——带延伸天线的避雷保护桅的保护区域；

2——避雷保护桅的保护区域。

图 1　桅高不超过水线 15 m 的小艇

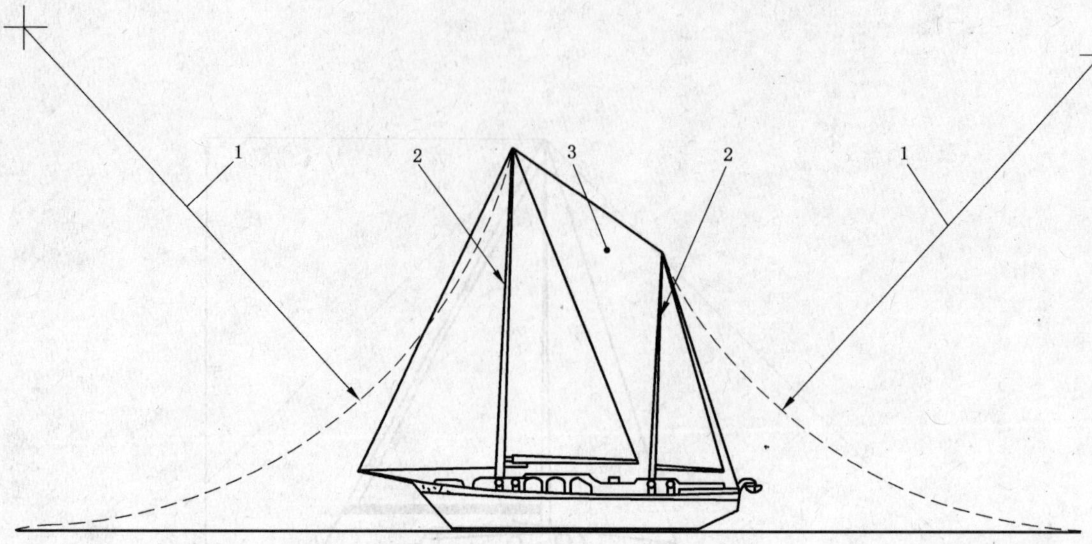

1——半径 30 m(见 5.3.3)；

2——超过水线 15 m 的桅；

3——保护区域处于虚线范围内。

图 2　桅高超过水线 15 m 的小艇

5.4　避雷保护桅的替代

5.4.1　如果桅是由非导电性材料组成，则关联的避雷或接地导体应满足下列要求：

a)　基本上是直线形；

b)　牢固地紧固在该桅上；

c)　在该桅上至少延伸 150 mm；

d)　以空中端头作为其终端；

e)　尽实际可能地直接引至 3.2 中所述的接地连接上。

5.4.2　若其满足 3.2 的要求，则无线电天线或舷外支杆可以用作避雷保护桅。

注 1：具有螺旋形缠绕导体的非导电天线桅不适用于作避雷保护。

注 2：因为负载线圈对于流入的雷击电流具有较高的阻抗，故把负载线圈的底部以上的天线部分用作避雷保护桅是无效的。

注 3：碳纤维材料尽管有部分导电性，在本标准中仍被视为不具有导电性能(即非金属)。

5.4.3　当观测到雷击情况时，不具有永久桅杆的艇可以采用树立临时避雷保护桅的方式进行避雷保护。

5.4.3.1　临时避雷保护桅应尽可能地位于艇的几何中心，若有必要，可以有偏移，以提供覆盖整个艇的保护区域。

5.4.3.2　临时避雷保护桅应完全采用金属导体制成，如果安装有一个下引导体，则可以采用其他材料，该导体的导电率应和一个截面积为 21 mm^2 的铜导体相同。临时桅应和总面积至少 0.1 m^2 的水下接地板相连。

5.5　金属物件的相互连接

5.5.1　作为艇的永久性部分，或者永久性地安装在艇内或艇上各处的且其功能不会严重受到接地影响的艇上金属物件，应通过将其与避雷导电系统相互连接或通过空气间隙与之连接，使之成为避雷导体系统的一部分。

尺寸较小的金属物体例外。

5.5.2 把艇上金属部件与导体相互连接的目的是为了防止由于侧面放电而引起损坏，特别是在附近有较大金属物体时。在防止引起此类损坏中应注意的主要原则是确认艇上最可能发生侧面放电的地方，且为这些地方提供金属通路。

5.5.3 为了使流过发动机轴承的雷击放电电流减至最小，最好能将发动机本体直接连接至接地板，而不是连接至避雷导体的中间点上。

5.6 外部金属物体

完全位于艇外部的金属物体应采用电气与接地导体相连。

艇上的外部金属物体，包括所有大的物件，例如水平护栏、在舱顶上的扶手、从厨房炉子出来的烟囱、电动绞车、吊柱、金属信号桅以及金属舱口盖。

5.7 内部金属物体

完全位于艇的内部，且其任何一点处于避雷导体的 2 m 范围之内的金属物体，应电气连接至该避雷导体。

内部金属物体包括发动机、水箱和燃油箱，以及操舵装置和换向装置的控制杆。它并不是指诸如磁罗经、钟、厨房炉子、医药箱和艇的其他五金件之类的小金属物体也要接地。

5.8 外部/内部金属物体

5.8.1 穿出舱顶、甲板或舷弧之上的艇侧的金属物体，应在此金属物体穿出艇体处与最接近的避雷导体相连接、且应与其在艇内的较低点或末端予以接地。

5.8.2 金属通海阀和穿越船体的装置，如果已经和避雷接地系统连接，就不必再和避雷接地导体连接。它们应通过避雷连接导体连接至：

a) 避雷接地板；

b) 避雷接地片，或；

c) 与 5.9.3 中等同的水下部件。

5.9 避雷接地板

5.9.1 艇的避雷接地板可以由任何横倾或纵倾条件下浸入水中的任何金属表面所组成，其浸水面积至少为 0.1 m^2。接地点的组成至少为下述之一：

a) 一个外部接地板或等同物，尽可能靠近避雷保护桅的基座，使避雷接地导体内横向流动的电流减至最小；

b) 一个外部接地片：采用铜、铜合金、不锈钢或铝，最小厚度为 5 mm，最小宽度为 19 mm。

外部接地板或接地片的边缘应明显、裸露在外，突出邻接面。

注：与接地板相比，宽约 20 mm，长 4 m 的接地片有更大的边缘区域处于水中，将改善电荷的消散。

5.9.2 如果使用接地片，应从尽可能靠近避雷保护桅基座的地方延伸到艇艉部，与艇发动机直接相连。

5.9.3 若能满足 5.9.1a) 中要求的表面面积和位置要求，金属舵表面、支柱、金属中插板、龙骨或无线电发射机用的接地板可用作外部接地板。

5.9.4 金属船体本身也可以作为合适的避雷接地板。

6 金属艇体艇

如果在金属艇体与避雷保护桅或具有适当高度的其他金属上层建筑之间，具有符合第 5 章要求的电气连续性，那么不必对避雷作进一步的保护。

7 非金属艇体帆艇

7.1 金属索具和侧支索、金属桅和非金属桅上的帆架均应予以接地。

7.2 帆艇上其他物体的接地应符合第 5 章的要求。

7.3 多艇体的艇，对于具有附着或安装在其上、需要接地的物件的每一艇体，均应设有符合 5.9 的避雷接地板。

8 非金属艇体机动艇

8.1 只要桅的高度符合对于保护区域所述的要求，那么机动艇可以由接地的无线电天线、支杆或符合第 5 章要求的其他接地的避雷保护桅进行足够的保护。

8.2 金属物体的相互连接和接地应符合第 5 章的要求。

附 录 A
(规范性附录)
艇主手册

A.1 总则

如果艇上装设避雷保护系统,则艇主手册(GB/T 19917)应包括与该系统维护有关的内容以及乘员个人行为有关的说明。

A.2 维护

A.2.1 在艇主手册中应包括 A.2.2～A.2.4 中所列事项的内容。

A.2.2 如果鞭状天线已被设计成作为避雷保护系统的一部分,则在雷击期间不应栓系此鞭状无线电天线。

A.2.3 如果艇已被雷击,则应对磁罗经、电气和电子装置进行检查,以确定其是否已损坏或标定已变化。

A.2.4 如果艇已被雷击,则应对其避雷保护系统的外形损坏、系统的完整性和接地的连续性进行检查。

A.3 雷击期间对乘员的预防措施

A.3.1 避雷保护的基本目的是确保人员安全,因此在艇主手册中应包括 A.3.2～A.3.5 中所列的预防措施。

A.3.2 乘员应尽可能地停留在封闭的艇内。

A.3.3 乘员不应在水中,手和脚不应悬吊在水中。

A.3.4 按照艇的安全操纵和航行规定,应避免人员与任何接至避雷保护系统的设备相接触,特别是不应以跨接在这些设备上的方式相接触。例如不推荐操作者同时与反向装置的手柄和聚光灯的控制手柄相接触。

A.3.5 乘员应避免与帆船的索具、横桁、属具和栏杆的金属部件相接触。

参 考 文 献

[1] IEC 60092-352 船舶电气装置 低压电力电缆选择及敷设

引 用 文 件

[1] GB/T 19917—2005 小艇 艇主手册

ICS 87.040
G 51

中华人民共和国国家标准

GB 18581—2009
代替 GB 18581—2001

室内装饰装修材料 溶剂型木器涂料中有害物质限量

Indoor decorating and refurbishing materials—Limit of harmful substances of solvent based coatings for woodenware

2009-09-30 发布　　　　2010-06-01 实施

中华人民共和国国家质量监督检验检疫总局
中国国家标准化管理委员会　发布

前言

本标准全部技术内容为强制性。

本标准代替 GB 18581—2001《室内装饰装修材料　溶剂型木器涂料中有害物质限量》。

本标准与 GB 18581—2001 相比主要技术差异：

——适用范围明确为室内装饰装修和工厂化涂装用聚氨酯类、硝基类和醇酸类溶剂型木器涂料(包括底漆和面漆)及木器用溶剂型腻子；

——适用范围中增加了木器用溶剂型腻子，并对其规定了有害物质限量值；

——适用范围明确规定不适用于辐射固化涂料和不饱和聚酯腻子；

——硝基类涂料增加甲醇含量控制项目；

——甲苯和二甲苯含量总和控制项目明确为甲苯、乙苯和二甲苯含量总和控制项目；

——将原标准游离甲苯二异氰酸酯(TDI)含量控制项目改为游离二异氰酸酯(TDI、HDI)含量总和控制项目；

——增加了卤代烃含量控制项目；

——涂料中挥发性有机化合物含量、游离二异氰酸酯(TDI、HDI)含量总和、甲苯、乙苯和二甲苯含量总和以及苯含量的限量值更加严格；

——增加了挥发性有机化合物及挥发性有机化合物含量的定义，建立了相应的测试方法；

——建立了甲醇和卤代烃含量测试方法；

——修改完善了苯、甲苯、乙苯和二甲苯含量测试方法；

——修改完善了可溶性重金属含量测试方法。

本标准附录 A、附录 B、附录 C 为规范性附录。

本标准由中国石油和化学工业协会提出。

本标准由全国涂料和颜料标准化技术委员会归口。

本标准负责起草单位：中海油常州涂料化工研究院、立邦涂料(中国)有限公司、卜内门太古漆油(中国)有限公司、广东华润涂料有限公司、广东嘉宝莉化工有限公司、拜耳材料科技贸易(上海)有限公司、天津天寰聚氨酯株式会社、三棵树涂料股份有限公司、中华制漆(深圳)有限公司、浙江天女集团制漆有限公司、深圳市广田环保涂料有限公司。

本标准参加起草单位：深圳市展辰达化工有限公司、东莞大宝化工制品有限公司、江苏大象东亚制漆有限公司、恒昌石油化工有限公司、新欧宝化工(上海)有限公司、南京天祥涂料有限公司、广东巴德士化工有限公司、重庆三峡油漆股份有限公司、江苏长江涂料有限公司、常州光辉化工有限公司、上海三银制漆有限公司、广东华隆涂料实业有限公司。

本标准主要起草人：张俊智、冯世芳、赵玲、杨鹂、陈小文、王庆生、许有为、施国萍、孙连东、罗启涛、王智、姚珪铭、胡基如、陈寿生、黄建华、杨少武、陈刘杰、曾一文、李洪金、方学平、甘劲、邱绕生、曹震、彭武明、麦全旺。

本标准所代替标准的历次版本发布情况为：

——GB 18581—2001。

室内装饰装修材料
溶剂型木器涂料中有害物质限量

1 范围

本标准规定了室内装饰装修用聚氨酯类、硝基类和醇酸类溶剂型木器涂料以及木器用溶剂型腻子中对人体和环境有害物质容许限值的要求，试验方法、检验规则、包装标志、涂装安全及防护等内容。

本标准适用于室内装饰装修和工厂化涂装用聚氨酯类、硝基类和醇酸类溶剂型木器涂料（包括底漆和面漆）及木器用溶剂型腻子。不适用于辐射固化涂料和不饱和聚酯腻子。

2 规范性引用文件

下列文件中的条款通过本标准的引用而成为本标准的条款。凡是注日期的引用文件，其随后所有的修改单（不包括勘误的内容）或修订版均不适用于本标准，然而，鼓励根据本标准达成协议的各方研究是否可使用这些文件的最新版本。凡是不注日期的引用文件，其最新版本适用于本标准。

GB/T 1250　极限数值的表示方法和判定方法

GB/T 1725—2007　色漆、清漆和塑料　不挥发物含量的测定（ISO 3251:2003，IDT）

GB/T 3186　色漆、清漆和色漆与清漆用原材料　取样（GB/T 3186—2006，ISO 15528:2000，IDT）

GB/T 6750—2007　色漆和清漆　密度的测定　比重瓶法（ISO 2811-1:1997，Paints and varnishes—Determination of density—Part 1:Pyknometer method，IDT）

GB/T 9750　涂料产品包装标志

GB/T 9754—2007　色漆和清漆　不含金属颜料的色漆漆膜的20°、60°和85°镜面光泽的测定（ISO 2813:1994，IDT）

GB/T 18446—2009　色漆和清漆用漆基　异氰酸酯树脂中二异氰酸酯单体的测定（ISO 10283:2007，IDT）

GB 18582—2008　室内装饰装修材料　内墙涂料中有害物质限量

3 术语和定义

下列术语和定义适用于本标准。

3.1

挥发性有机化合物（VOC）　volatile organic compounds

在101.3 kPa标准大气压下，任何初沸点低于或等于250 ℃的有机化合物。

3.2

挥发性有机化合物含量　volatile organic compounds content

按规定的测试方法测试产品所得到的挥发性有机化合物的含量。

3.3

聚氨酯类涂料　polyurethane coatings

以由多异氰酸酯与含活性氢的化合物反应而成的聚氨（基甲酸）酯树脂为主要成膜物质的一类涂料。

3.4

硝基类涂料　nitrocellulose coatings

以由硝酸和硫酸的混合物与纤维素酯化反应制得的硝酸纤维素为主要成膜物质的一类涂料。

3.5

醇酸类涂料　alkyd coatings

以由多元酸、脂肪酸(或植物油)与多元醇缩聚制得的醇酸树脂为主要成膜物质的一类涂料。

4　要求

产品中有害物质限量应符合表1的要求:

表1　有害物质限量的要求

<table>
<tr><th rowspan="3" colspan="2">项　　目</th><th colspan="5">限　量　值</th></tr>
<tr><th colspan="2">聚氨酯类涂料</th><th rowspan="2">硝基类涂料</th><th rowspan="2">醇酸类涂料</th><th rowspan="2">腻子</th></tr>
<tr><th>面漆</th><th>底漆</th></tr>
<tr><td colspan="2">挥发性有机化合物(VOC)含量[a]/(g/L)　≤</td><td>光泽(60°)≥80,580
光泽(60°)<80,670</td><td>670</td><td>720</td><td>500</td><td>550</td></tr>
<tr><td colspan="2">苯含量[a]/%　≤</td><td colspan="5">0.3</td></tr>
<tr><td colspan="2">甲苯、二甲苯、乙苯含量总和[a]/%　≤</td><td colspan="2">30</td><td>30</td><td>5</td><td>30</td></tr>
<tr><td colspan="2">游离二异氰酸酯(TDI、HDI)含量总和[b]/%　≤</td><td colspan="2">0.4</td><td>—</td><td>—</td><td>0.4
(限聚氨酯类腻子)</td></tr>
<tr><td colspan="2">甲醇含量[a]/%　≤</td><td colspan="2">—</td><td>0.3</td><td>—</td><td>0.3
(限硝基类腻子)</td></tr>
<tr><td colspan="2">卤代烃含量[a,c]/%　≤</td><td colspan="5">0.1</td></tr>
<tr><td rowspan="4">可溶性重金属含量(限色漆、腻子和醇酸清漆)/(mg/kg)　≤</td><td>铅 Pb</td><td colspan="5">90</td></tr>
<tr><td>镉 Cd</td><td colspan="5">75</td></tr>
<tr><td>铬 Cr</td><td colspan="5">60</td></tr>
<tr><td>汞 Hg</td><td colspan="5">60</td></tr>
<tr><td colspan="7">a 按产品明示的施工配比混合后测定。如稀释剂的使用量为某一范围时,应按照产品施工配比规定的最大稀释比例混合后进行测定。
b 如聚氨酯类涂料和腻子规定了稀释比例或由双组分或多组分组成时,应先测定固化剂(含游离二异氰酸酯预聚物)中的含量,再按产品明示的施工配比计算混合后涂料中的含量。如稀释剂的使用量为某一范围时,应按照产品施工配比规定的最小稀释比例进行计算。
c 包括二氯甲烷、1,1-二氯乙烷、1,2-二氯乙烷、三氯甲烷、1,1,1-三氯乙烷、1,1,2-三氯乙烷、四氯化碳。</td></tr>
</table>

5　试验方法

5.1　取样

产品取样应按GB/T 3186的规定进行。

5.2　试验方法

5.2.1　挥发性有机化合物(VOC)含量的测试按本标准中附录A的规定进行。

5.2.2　苯、甲苯、乙苯、二甲苯和甲醇含量的测试按本标准中附录B的规定进行。

5.2.3　游离二异氰酸酯(TDI、HDI)含量的测试按照GB/T 18446—2009的规定进行。

5.2.4　卤代烃含量的测试按本标准中附录C的规定进行。

5.2.5　可溶性重金属(铅、镉、铬、汞)含量的测试按GB 18582—2008中附录D的规定进行。

注:也可使用其他合适的分析仪器如电感耦合等离子体原子发射光谱法(ICP—OES)等测试处理后试验溶液中的可溶性铅、镉、铬、汞的含量,并根据仪器制造商的相关说明进行操作和测试,但应在检测报告中注明采用的分析仪器。

6 检验规则

6.1 本标准所列的全部要求均为型式检验项目。

6.1.1 在正常生产情况下，每年至少进行一次型式检验。

6.1.2 有下列情况之一时应随时进行型式检验：

——新产品最初定型时；

——产品异地生产时；

——生产配方、工艺、关键原材料来源及产品施工配比有较大改变时；

——停产三个月后又恢复生产时。

6.2 检验结果的判定

6.2.1 检验结果的判定按 GB/T 1250 中修约值比较法进行。当修约后的检验结果为 0、0.0 时，结果以一位有效数字报出。

6.2.2 报出检验结果时应同时注明产品明示的施工配比。

6.2.3 所有项目的检验结果均达到本标准的要求时，产品为符合本标准要求。

7 包装标志

7.1 产品包装标志除应符合 GB/T 9750 的规定外，按本标准检验合格的产品可在包装标志上明示。

7.2 对于由双组分或多组分配套组成的涂料和腻子，包装标志上或产品说明书中应明确各组分的施工配比。对于施工时需要稀释的涂料和腻子，包装标志上或产品说明书中应明确稀释比例。

8 涂装安全及防护

8.1 涂装时应保证室内通风良好。

8.2 涂装时施工人员应穿戴好必要的防护用品。

8.3 涂装完成后继续保持室内空气流通。

附 录 A
（规范性附录）
挥发性有机化合物（VOC）含量的测定

A.1 原理

试样经气相色谱法测试，如未检测出沸点大于250 ℃的有机化合物，所测试的挥发物含量即为产品的VOC含量；如检测出沸点大于250 ℃的有机化合物，则对试样中沸点大于250 ℃的有机化合物进行定性鉴定和定量分析。从挥发物含量中扣除试样中沸点大于250 ℃的有机化合物的含量即为产品的VOC含量。

A.2 材料和试剂

A.2.1 载气：氮气，纯度≥99.995%。

A.2.2 燃气：氢气，纯度≥99.995%。

A.2.3 助燃气：空气。

A.2.4 辅助气体（隔垫吹扫和尾吹气）：与载气具有相同性质的氮气。

A.2.5 内标物：试样中不存在的化合物，且该化合物能够与色谱图上其他成分完全分离，纯度至少为99%（质量分数）或已知纯度。例如：邻苯二甲酸二甲酯、邻苯二甲酸二乙酯等。

A.2.6 校准化合物：用于校准的化合物，其纯度至少为99%（质量分数）或已知纯度。

A.2.7 稀释溶剂：用于稀释试样的有机溶剂，不含有任何干扰测试的物质，纯度至少为99%（质量分数）或已知纯度。例如：乙酸乙酯等。

A.2.8 标记物：用于按VOC定义区分VOC组分与非VOC组分的化合物。本标准规定为己二酸二乙酯（沸点251 ℃）。

A.3 仪器设备

A.3.1 气相色谱仪，具有以下配置：

A.3.1.1 分流装置的进样口，并且汽化室内衬可更换。

A.3.1.2 程序升温控制器。

A.3.1.3 检测器

可以使用下列三种检测器中的任意一种：

A.3.1.3.1 火焰离子化检测器（FID）。

A.3.1.3.2 已校准并调谐过的质谱仪或其他质量选择检测器。

A.3.1.3.3 已校准过的傅立叶变换红外光谱仪（FT-IR光谱仪）。

注：如果选用A.3.1.3.2或A.3.1.3.3检测器对沸点大于250 ℃的有机化合物进行定性鉴定，仪器应与气相色谱仪相连并根据仪器制造商的相关说明进行操作。

A.3.1.4 色谱柱：应能使被测物足够分离，如聚二甲基硅氧烷毛细管柱或相当型号。

A.3.2 进样器：容量至少应为进样量的两倍。

A.3.3 配样瓶：约10 mL的玻璃瓶，具有可密封的瓶盖。

A.3.4 天平：精度0.1 mg。

A.4 气相色谱测试条件

色谱柱：聚二甲基硅氧烷毛细管柱，30 m×0.25 mm×0.25 μm；

进样口温度：300 ℃；

检测器：FID，温度：300 ℃；

柱温：起始温度 160 ℃保持 1 min，然后以 10 ℃/min 升至 290 ℃保持 15 min；

载气流速：1.2 mL/min；

分流比：分流进样，分流比可调；

进样量：1.0 μL。

注：也可根据所用仪器的性能及待测试样的实际情况选择最佳的气相色谱测试条件。

A.5 测试步骤

所有试验进行二次平行测定。

A.5.1 密度

按产品明示的施工配比制备混合试样，搅拌均匀后，按 GB/T 6750—2007 的规定测定试样的密度。试验温度：(23±2)℃。

A.5.2 挥发物含量

按产品明示的施工配比制备混合试样，搅拌均匀后，按 GB/T 1725—2007 的规定测定试样的不挥发物含量，单位为克每克(g/g)，以 1 减去不挥发物含量得出挥发物含量，单位为克每克(g/g)。称取试样量(1±0.1)g，试验条件：(105±2)℃/h。

A.5.3 光泽

聚氨酯类涂料的涂膜光泽按 GB/T 9754—2007 的规定进行。按产品明示的施工配比制备混合试样，搅拌均匀后，用槽深(100±2)μm 的湿膜制备器在平板玻璃上制备样板，对清漆应使用黑玻璃或背面预涂有无光黑漆的平板玻璃作底材。在(23±2)℃和相对湿度为(50±5)%的条件下干燥样板 48 h后，用 60°镜面光泽计测试。

A.5.4 挥发性有机化合物(VOC)含量

A.5.4.1 试样中不含沸点大于 250 ℃有机化合物的 VOC 含量的测定

如试样经 A.5.4.2.2 定性分析未发现沸点大于 250℃的有机化合物，按式(A.1)计算试样的 VOC 含量。

$$\rho(\mathrm{VOC}) = w \times \rho_s \times 1\,000 \qquad \cdots\cdots(\mathrm{A.1})$$

式中：

$\rho(\mathrm{VOC})$——试样的 VOC 含量，单位为克每升(g/L)；

w——试样中挥发物含量的质量分数，单位为克每克(g/g)；

ρ_s——试样的密度，单位为克每毫升(g/mL)；

1 000——转换因子。

A.5.4.2 试样中含沸点大于 250 ℃有机化合物的 VOC 含量的测定

A.5.4.2.1 色谱仪参数优化

按 A.4 中的色谱测试条件，每次都应该使用已知的校准化合物对仪器进行最优化处理，使仪器的灵敏度、稳定性和分离效果处于最佳状态。

进样量和分流比应相匹配，以免超出色谱柱的容量，并在仪器检测器的线性范围内。

A.5.4.2.2 定性分析

将标记物(A.2.8)注入色谱仪中，测定其在聚二甲基硅氧烷毛细柱上的保留时间，以便按 3.1 给出的 VOC 定义确定色谱图中的积分起点。

按产品明示的施工配比制备混合试样，搅拌均匀后，称取约 2 g 的样品，用适量的稀释剂(A.2.7)稀释试样，用进样器(A.3.2)取 1.0 μL 混合均匀的试样注入色谱仪，记录色谱图，并对每种保留时间高于标记物的化合物进行定性鉴定。优先选用的方法是气相色谱仪与质量选择检测器(A.3.1.3.2)或

FT-IR 光谱仪(A.3.1.3.3)联用，并使用 A.4 中给出的气相色谱测试条件。

注：对聚氨酯类涂料制备好混合试样后应尽快测试。

A.5.4.2.3 校准

A.5.4.2.3.1 如果校准中用到的化合物都可以购买到，应使用下列方法测定其相对校正因子。

A.5.4.2.3.1.1 校准样品的配制：分别称取一定量(精确至 0.1 mg)经 A.5.4.2.2 鉴定出的各种校准化合物(A.2.6)于配样瓶(A.3.3)中，称取的质量与待测试样中各自化合物的含量应在同一数量级。再称取与待测化合物相同数量级的内标物(A.2.5)于同一配样瓶中，用适量稀释溶剂(A.2.7)稀释混合物，密封配样瓶并摇匀。

A.5.4.2.3.1.2 相对校正因子的测试：在与测试试样相同的气相色谱测试条件下按 A.5.4.2.1 的规定优化仪器参数。将适量的校准混合物注入气相色谱仪中，记录色谱图，按式(A.2)分别计算每种化合物的相对校正因子：

$$R_i = \frac{m_{ci} \times A_{is}}{m_{is} \times A_{ci}} \qquad \cdots\cdots\cdots\cdots(\text{A.2})$$

式中：

R_i——化合物 i 的相对校正因子；

m_{ci}——校准混合物中化合物 i 的质量，单位为克(g)；

m_{is}——校准混合物中内标物的质量，单位为克(g)；

A_{is}——内标物的峰面积；

A_{ci}——化合物 i 的峰面积。

测定结果保留三位有效数字。

A.5.4.2.3.2 若出现未能定性的色谱峰或者校准用的有机化合物未商品化，则假设其相对于邻苯二甲酸二甲酯的校正因子为 1.0。

A.5.4.2.4 试样的测试

A.5.4.2.4.1 试样的配制：按产品明示的施工配比制备混合试样，搅拌均匀后，称取试样约 2 g(精确至 0.1 mg)以及与被测物相同数量级的内标物(A.2.5)于配样瓶(A.3.3)中，加入适量稀释溶剂(A.2.7)于同一配样瓶中稀释试样，密封配样瓶并摇匀。

注：对聚氨酯类涂料制备好混合试样后应尽快测试。

A.5.4.2.4.2 按校准时的最优化条件设定仪器参数。

A.5.4.2.4.3 将标记物(A.2.8)注入气相色谱仪中，记录其在聚二甲基硅氧烷毛细管柱上的保留时间，以便按 3.1 给出的 VOC 定义确定色谱图中的积分起点。

A.5.4.2.4.4 将 1.0 μL 按 A.5.4.2.4.1 配制的试样注入气相色谱仪，记录色谱图，并计算各种保留时间高于标记物的化合物峰面积，然后按式(A.3)分别计算试样中所含的各种沸点大于 250 ℃的有机化合物的质量分数。

$$w_{漆 i} = \frac{m_{is} \times A_i \times R_i}{m_s \times A_{is}} \qquad \cdots\cdots\cdots\cdots(\text{A.3})$$

式中：

$w_{漆 i}$——试样中沸点大于 250 ℃的有机化合物 i 的质量分数，单位为克每克(g/g)；

R_i——被测化合物 i 的相对校正因子；

m_{is}——内标物的质量，单位为克(g)；

m_s——试样的质量，单位为克(g)；

A_i——被测化合物 i 的峰面积；

A_{is}——内标物的峰面积。

A.5.4.2.4.5 试样中沸点大于 250 ℃的有机化合物的含量按式(A.4)计算。

$$w_{漆} = \sum_{i=1}^{n} w_{漆 i} \quad \cdots\cdots (A.4)$$

式中：

$w_{漆}$——试样中沸点大于 250 ℃的有机化合物的质量分数，单位为克每克(g/g)。

A.5.4.2.5 试样中沸点小于等于 250 ℃ VOC 的含量按式(A.5)计算。

$$\rho(VOC) = (w - w_{漆}) \times \rho_s \times 1\,000 \quad \cdots\cdots (A.5)$$

式中：

$\rho(VOC)$——试样中沸点小于或等于 250 ℃的 VOC 含量，单位为克每升(g/L)；

w——试样中挥发物含量的质量分数，单位为克每克(g/g)；

$w_{漆}$——试样中沸点大于 250 ℃的有机化合物的质量分数，单位为克每克(g/g)；

ρ_s——试样的密度，单位为克每毫升(g/mL)；

1 000——转换因子。

A.6 精密度

A.6.1 重复性

同一操作者二次测试结果的相对偏差应小于 5%。

A.6.2 再现性

不同的实验室间测试结果的相对偏差应小于 10%。

附 录 B
（规范性附录）
苯、甲苯、乙苯、二甲苯和甲醇含量的测定

B.1 原理

试样经稀释后直接注入气相色谱仪中，经色谱柱分离后，用氢火焰离子化检测器检测，以内标法定量。

B.2 材料和试剂

B.2.1 载气：氮气，纯度≥99.995%。
B.2.2 燃气：氢气，纯度≥99.995%。
B.2.3 助燃气：空气。
B.2.4 辅助气体(隔垫吹扫和尾吹气)：与载气具有相同性质的氮气。
B.2.5 内标物：试样中不存在的化合物，且该化合物能够与色谱图上其他成分完全分离，纯度至少为99%(质量分数)或已知纯度。例如：正庚烷、正戊烷等。
B.2.6 校准化合物：苯、甲苯、乙苯、二甲苯和甲醇，纯度至少为99%(质量分数)或已知纯度。
B.2.7 稀释溶剂：用于稀释试样的有机溶剂，不含有任何干扰测试的物质，纯度至少为99%(质量分数)或已知纯度。例如：乙酸乙酯、正己烷等。

B.3 仪器设备

B.3.1 气相色谱仪，具有以下配置：
B.3.1.1 分流装置的进样口，并且汽化室内衬可更换。
B.3.1.2 程序升温控制器。
B.3.1.3 检测器：火焰离子化检测器(FID)。
B.3.1.4 色谱柱：应能使被测物足够分离，如聚二甲基硅氧烷毛细管柱、6%腈丙苯基/94%聚二甲基硅氧烷毛细管柱、聚乙二醇毛细管柱或相当型号。
B.3.2 进样器：容量至少应为进样量的两倍。
B.3.3 配样瓶：约10 mL的玻璃瓶，具有可密封的瓶盖。
B.3.4 天平：精度0.1 mg。

B.4 气相色谱测试条件

色谱柱：聚二甲基硅氧烷毛细管柱，30 m×0.25 mm×0.25 μm；
进样口温度：240 ℃；
检测器温度：280 ℃；
柱温：初始温度50 ℃保持5 min，然后以10 ℃/min升至280 ℃保持5 min；
载气流速：1.0 mL/min；
分流比：分流进样，分流比可调；
进样量：1.0 μL。

注：也可根据所用仪器的性能及待测试样的实际情况选择最佳的气相色谱测试条件。

B.5 测试步骤

所有试验进行二次平行测定。

B.5.1 色谱仪参数优化

按 B.4 中的色谱测试条件，每次都应该使用已知的校准化合物对仪器进行最优化处理，使仪器的灵敏度、稳定性和分离效果处于最佳状态。

进样量和分流比应相匹配，以免超出色谱柱的容量，并在仪器检测器的线性范围内。

B.5.2 定性分析

B.5.2.1 按 B.5.1 的规定使仪器参数最优化。

B.5.2.2 被测化合物保留时间的测定

将 1.0 μL 含 B.2.6 所示被测化合物的标准混合溶液注入色谱仪，记录各被测化合物的保留时间。

B.5.2.3 定性分析

按产品明示的施工配比制备混合试样，搅拌均匀后称取约 2 g 的样品用适量的稀释剂(B.2.7)稀释试样，用进样器(B.3.2)取 1.0 μL 混合均匀的试样注入色谱仪，记录色谱图，并与经 B.5.2.2 测定的标准被测化合物的保留时间对比确定是否存在被测化合物。

注：对聚氨酯类涂料制备好混合试样后应尽快测试。

B.5.3 校准

B.5.3.1 校准样品的配制：分别称取一定量(精确至 0.1 mg)B.2.6 中的各种校准化合物于配样瓶(B.3.3)中，称取的质量与待测试样中所含的各种化合物的含量应在同一数量级；再称取与待测化合物相同数量级的内标物(B.2.5)于同一配样瓶中，用适量稀释溶剂(B.2.7)稀释混合物，密封配样瓶并摇匀。

B.5.3.2 相对校正因子的测试：在与测试试样相同的色谱测试条件下按 B.5.1 的规定优化仪器参数。将适量的校准混合物注入气相色谱仪中，记录色谱图，按式(B.1)分别计算每种化合物的相对校正因子：

$$R_i = \frac{m_{ci} \times A_{is}}{m_{is} \times A_{ci}} \qquad \cdots\cdots\cdots\cdots(\text{B.1})$$

式中：

R_i——化合物 i 的相对校正因子；

m_{ci}——校准混合物中化合物 i 的质量，单位为克(g)；

m_{is}——校准混合物中内标物的质量，单位为克(g)；

A_{is}——内标物的峰面积；

A_{ci}——化合物 i 的峰面积。

测定结果保留三位有效数字。

B.5.4 试样的测试

B.5.4.1 试样的配制：按产品明示的施工配比制备混合试样，搅拌均匀后，称取试样约 2 g(精确至 0.1 mg)以及与被测化合物相同数量级的内标物(B.2.5)于配样瓶(B.3.3)中，加入适量稀释溶剂(B.2.7)于同一配样瓶中稀释试样，密封配样瓶并摇匀。

注：对聚氨酯类涂料制备好混合试样后应尽快测试。

B.5.4.2 按校准时的最优化条件设定仪器参数。

B.5.4.3 将 1.0 μL 按 B.5.4.1 配制的试样注入气相色谱仪中，记录色谱图，然后按式(B.2)分别计算试样中所含被测化合物(苯、甲苯、乙苯、二甲苯、甲醇)的含量。

$$w_i = \frac{m_{is} \times A_i \times R_i}{m_s \times A_{is}} \times 100 \qquad \cdots\cdots\cdots\cdots(\text{B.2})$$

式中：

w_i——试样中被测化合物 i 的质量分数，%；

R_i——被测化合物 i 的相对校正因子；

m_{is}——内标物的质量,单位为克(g);

m_s——试样的质量,单位为克(g);

A_i——被测化合物 i 的峰面积;

A_{is}——内标物的峰面积。

注:如遇到采用 B.4 中的色谱测试条件不能有效分离的被测化合物而难以准确定量测定时,可换用其他类型的色谱柱(见 B.3.1.4 所列)或色谱测试条件,使被测化合物有效分离后再定量测定。

B.6 精密度

B.6.1 重复性

同一操作者二次测试结果的相对偏差应小于 5%。

B.6.2 再现性

不同实验室间测试结果的相对偏差应小于 10%。

附 录 C
（规范性附录）
卤代烃含量的测定

C.1 原理

试样经稀释后直接注入气相色谱仪中，二氯甲烷、二氯乙烷、三氯甲烷、三氯乙烷、四氯化碳经毛细管色谱柱与其他组分完全分离后，用电子捕获检测器检测，以内标法定量。

C.2 材料和试剂

C.2.1 载气：氮气，纯度≥99.995%。

C.2.2 辅助气体（隔垫吹扫和尾吹气）：与载气具有相同性质的氮气。

C.2.3 内标物：试样中不存在的化合物，且该化合物能够与色谱图上其他成分完全分离，纯度至少为99%（质量分数）或已知纯度。例如：溴丙烷等。

C.2.4 校准化合物：二氯甲烷、1,1-二氯乙烷、1,2-二氯乙烷、三氯甲烷、1,1,1-三氯乙烷、1,1,2-三氯乙烷、四氯化碳，纯度至少为99%（质量分数）或已知纯度。

C.2.5 稀释溶剂：适于稀释试样的有机溶剂，不含有任何干扰测试的物质，纯度至少为99%（质量分数）或已知纯度。例如：乙酸乙酯、正己烷等。

C.3 仪器设备

C.3.1 气相色谱仪，具有以下配置：

C.3.1.1 分流装置的进样口，并且汽化室内衬可更换。

C.3.1.2 程序升温控制器。

C.3.1.3 电子捕获检测器（ECD）。

C.3.1.4 色谱柱：能使被测组分与其他组分完全分离的色谱柱，如（5%苯基）95%甲基聚硅氧烷毛细管柱或相当型号。

C.3.2 进样器：容量至少应为进样量的两倍。

C.3.3 配样瓶：约10 mL玻璃瓶，具有可密封的瓶盖。

C.3.4 天平：精度0.1 mg。

C.4 色谱分析条件

色谱柱：（5%苯基）95%甲基聚硅氧烷毛细管柱，30 m×0.25 mm×0.25 μm；

进样口温度：250 ℃；

柱温：初始温度40 ℃保持15 min，再以10 ℃/min升至150 ℃保持2 min，然后以50 ℃/min升至250 ℃保持2 min；

检测器温度：300 ℃；

载气流速：2.0 mL/min；

分流比：分流进样，分流比可调；

进样量：0.2 μL。

注：也可根据所用气相色谱仪的型号、性能及待测试样的实际情况选择最佳的气相色谱测试条件。

C.5 测试步骤

所有试验进行二次平行测定。

C.5.1　色谱仪参数优化

按C.4给出的参考色谱条件，每次都应使用已知的校准化合物对仪器进行最优化处理，使仪器的灵敏度、稳定性和分离效果处于最佳状态。

进样量和分流比应相匹配，以免超出色谱柱的容量，并在仪器检测器的线性范围内。

C.5.2　定性分析

C.5.2.1　按C.5.1的规定使仪器参数最优化。

C.5.2.2　被测化合物保留时间的测定

将0.2 μL含C.2.4所示被测化合物的标准混合溶液注入色谱仪，记录各被测化合物的保留时间。

C.5.2.3　定性分析

按产品明示的施工配比制备混合试样，搅拌均匀后，称取约2 g的样品，用适量的稀释剂(C.2.5)稀释试样，用进样器(C.3.2)取0.2 μL混合均匀的试样注入色谱仪，记录色谱图，并与经C.5.2.2测定的标准被测化合物的保留时间对比确定是否存在被测化合物。

注：对聚氨酯类涂料制备好混合试样后应尽快测试。

C.5.3　校准

C.5.3.1　校准样品的配制：分别称取一定量(精确至0.1 mg)C.2.4所示的校准化合物于样品瓶(C.3.3)中，称取的质量与待测样品中所含的各种化合物的含量应在同一数量级，再称取与待测化合物相近数量级的内标物(C.2.3)于同一样品瓶中，用稀释溶剂(C.2.5)稀释混合物(其稀释浓度应在仪器检测器线性范围内，若超出应加大稀释倍数或逐级多次稀释)，密封样品瓶并摇匀。

C.5.3.2　相对校正因子的测定

在与测试试样相同的色谱条件下按C.5.1的规定优化仪器参数，将适量的校准化合物注入气相色谱仪中，记录色谱图。按式(C.1)分别计算每种被测化合物的相对校正因子：

$$R_i = \frac{m_{ci} \times A_{is}}{m_{is} \times A_{ci}} \qquad \cdots\cdots(C.1)$$

式中：

R_i——化合物 i 的相对校正因子；

m_{ci}——校准混合物中化合物 i 的质量，单位为克(g)；

m_{is}——校准混合物中内标物的质量，单位为克(g)；

A_{is}——内标物的峰面积；

A_{ci}——化合物 i 的峰面积。

测定结果保留三位有效数字。

C.5.4　试样的测定

C.5.4.1　试样的配制：按产品明示的施工配比制备混合试样，搅拌均匀后，称取试样约2 g(精确至0.1 mg)以及与被测化合物相同数量级的内标物(C.2.3)于配样瓶(C.3.3)中，加入适量稀释溶剂(C.2.5)于同一配样瓶中稀释试样，密封配样瓶并摇匀。

注：对聚氨酯类涂料制备好混合试样后应尽快测试。

C.5.4.2　按校准时的最优化条件设定仪器参数。

C.5.4.3　将0.2 μL按C.5.4.1配制的试样注入气相色谱仪中，记录色谱图，然后按式(C.2)分别计算试样中所含被测化合物(二氯甲烷、1,1-二氯乙烷、1,2-二氯乙烷、三氯甲烷、1,1,1-三氯乙烷、1,1,2-三氯乙烷、四氯化碳)的含量。

$$w_i = \frac{m_{is} \times A_i \times R_i}{m_s \times A_{is}} \times 100 \qquad \cdots\cdots(C.2)$$

式中：

w_i——试样中被测化合物 i 的质量分数，%；

R_i——被测化合物 i 的相对校正因子；

m_{is}——内标物的质量，单位为克(g)；

m_s——试样的质量，单位为克(g)；

A_{is}——内标物的峰面积；

A_i——被测化合物 i 的峰面积。

C.6 计算

按式(C.3)计算试样中卤代烃含量 $w_{卤代烃}$：

$$w_{卤代烃} = w_{二氯甲烷} + w_{1,1-二氯乙烷} + w_{1,2-二氯乙烷} + w_{三氯甲烷} + w_{1,1,1-三氯乙烷} + w_{1,1,2-三氯乙烷} + w_{四氯化碳} \quad \cdots\cdots(C.3)$$

C.7 精密度

C.7.1 重复性

同一操作者两次测试结果的相对偏差应小于5%。

C.7.2 再现性

不同实验室间测试结果的相对偏差应小于10%。